海河流域水生态环境评价及“十四五”保护战略研究

海河流域北海海域生态环境监督管理局　编著

中国环境出版集团·北京

图书在版编目（CIP）数据

海河流域水生态环境评价及“十四五”保护战略研究/海河流域北海海域生态环境监督管理局编著. —北京：中国环境出版集团，2021.11

ISBN 978-7-5111-4966-4

Ⅰ. ①海… Ⅱ. ①海… Ⅲ. ①海河—流域—水环境—环境生态评价－研究②海河—流域—水环境—环境保护－研究 Ⅳ. ①X143

中国版本图书馆 CIP 数据核字（2021）第 233234 号

出 版 人　武德凯
责任编辑　林双双
文字编辑　张　颖
责任校对　任　丽
封面设计　刘金山

出版发行　中国环境出版集团
（100062　北京市东城区广渠门内大街 16 号）
网　　址：http://www.cesp.com.cn
电子邮箱：bjgl@cesp.com.cn
联系电话：010-67112765（编辑管理部）
发行热线：010-67125803，010-67113405（传真）

印　　刷　北京中科印刷有限公司
经　　销　各地新华书店
版　　次　2021 年 11 月第 1 版
印　　次　2021 年 11 月第 1 次印刷
开　　本　787×1092　1/16
印　　张　35.5
字　　数　770 千字
定　　价　275.00 元

《海河流域水生态环境评价及“十四五”保护战略研究》
编写人员名单

郭丽峰　郭　勇　张　浩　张世禄　张鹏宇　宋　爽　高　曼
张　辉　孔凡青　李玉娣　赵雅倩　韩　静　王　星　李丹蕾
吕志伟　郭玉玲　薛　静　张云程　周琳普　许　维　郭纯子
高晓月　尹京晨　陈佳琳　张文静　谢阳村　郭黎卿　赫　瑞
郭建生　王玉秋　韩守彬　张新利　赵雪峰　李　杨

前　言

海河流域是当前承载京津冀协同发展、雄安新区建设的国家重要区域，地位极其重要。“十三五”期间，海河流域水生态环境治理成效显著，水环境考核指标全部完成，是海河流域水生态环境改善最显著的五年，但流域生态环境质量改善成效并不稳固，水生态环境治理体系和治理能力仍有待完善和提高，与美丽中国建设目标要求仍有一定差距。“十四五”时期是我国开启全面建设社会主义现代化国家新征程、向第二个百年奋斗目标进军的第一个五年，是在全面建成小康社会的基础上向美丽中国建设目标迈进的第一个五年，流域水生态环境保护工作必须立足新发展阶段、贯彻新发展理念、构建新发展格局，深入贯彻习近平生态文明思想，推进水生态环境持续改善，以生态环境高水平保护促进经济高质量发展。“十四五”时期水生态环境保护仍处于压力叠加、负重前行的关键期。

海河流域北海海域生态环境监督管理局（以下简称海河局）作为生态环境部的派出机构，承担海河流域北海海域水资源、水生态、水环境的监管责任。自 2019 年转隶以来，海河局按照生态环境部的安排，在流域内各省（自治区、直辖市）的密切配合下，组织开展了海河流域水生态环境保护“十四五”规划编制工作，目前流域规划工作已经基本完成，成果已经纳入全国规划，为流域生态监督管理提供了重要支撑和依据。

为更好地履行职能和指导流域监督管理工作，海河局组织编制了本书。本书在海河流域水生态环境保护“十四五”规划成果的基础上，增加了海陆统筹和典型区域的专题研究，并补充了相关基础资料，以期为流域生态监督管理提供权威、准确和实用的基础支撑。

全书共 11 章和 9 个附件，第 1 章为流域概况，由韩静编写。第 2 章为水资源评价与分析，对流域水资源现状及趋势进行评价与分析，由宋爽、赵雅倩、吕志伟编写。第3章为水环境评价与分析，对流域水环境状况及趋势进行评价与分析，由高曼、郭丽峰、李玉娣编写。第4章为水生态调查与评价，分析评价了流域水生态环境状况，由孔凡青、郭丽峰、周琳普、李丹蕾编写。第5章为“十三五”水生态环境保护成效，由郭玉玲、张云程编写。第6章为面临的形势与存在的问题，由薛静编写。第7章为“十四五”水生态环境保护思路与布局，确定了保护目标，构建了流域水生态环境保护格局，由郭丽峰、郭勇、张浩编写。第8章为“十四五”水生态环境保护任务措施，提出水生态环境保护任务措施，初步探索了流域监管体系，由郭丽峰、张辉编写。第9章为“十四五”流域监测站网布设，由李玉娣、高晓月编写。第10章以大同市为例进行了典型区域评价与保护战略研究，由张鹏宇、高曼编写。第11章为保障措施，由许维、郭纯子编写。附件详细介绍了各河系基本情况，对陆海统筹等方面进行了研究，主要由张鹏宇、宋爽、尹京晨、王星编写。全书由郭丽峰、郭勇、高曼、张浩、张世禄统稿，张鹏宇、宋爽、赵雅倩、韩静、吕志伟、王星校稿。

本书编写过程中，得到了生态环境部、生态环境部环境规划院、大同市生态环境局等单位领导和专家的大力指导和帮助，得到了流域内各省（自治区、直辖市）、相关地市生态环境保护部门的大力协助和支持，在此表示衷心的感谢！不足之处也恳请读者批评指正。

编　者

2021年9月24日

目　录

上篇　流域现状评价与趋势分析

下篇　流域“十四五”水生态环境保护布局与主要任务

上篇

流域现状评价与趋势分析

第 1 章

流域概况

1.1 自然地理

1.1.1 地理位置

海河流域位于东经 112°～120°、北纬 35°～43°，西以山西高原与黄河流域接界，北以内蒙古高原与内陆河流域接界，南界黄河，东临渤海。海河流域地跨北京、天津、河北、山西、河南、山东、内蒙古、辽宁 8 个省（自治区、直辖市），面积约为 32.06 万 km^2，约占陆域国土面积的 3.3%，其海岸线总长为 920 km。

1.1.2 地形地貌

海河流域总的地势是西北高、东南低。燕山、太行山等山脉自东北至西南形成一道高耸的屏障，环抱海河平原。海河平原地势自西、北、西南三面向渤海湾倾斜；山脊高程多为 1 400～2 000 m，五台山呈陡峰，海拔 3 061 m，为流域最高峰；山地和平原近乎直接相交，丘陵过渡段甚短。海河平原坡降变化较大，山前平原一般为 1/2 000～1/300，中部平原为 1/10 000～1/2 000，东部平原为 1/15 000～1/10 000。受黄河历次改道和海河各支流冲积的影响，高地与洼地相连，再加上南运河贯穿南北，使海河平原微地形相当复杂。

海河流域地貌划分为内蒙古高原、华北山地和海河平原 3 个区。内蒙古高原位于大同市、张家口市、御道口风景区以北的地区，海拔在 1 500 m 以上，大部分属草原地貌，并且被第四纪松散物质覆盖，小部分为基岩裸露区。华北山地位于大同市、张家口市、御道口风景区以南，山海关、蓟州区、房山区、满城区、邯郸市、焦作市以北地区，海拔为 100～3 000 m，主要为基岩裸露的山地，其次为第四纪松散物质覆盖的盆地。海河平原位于山海关、蓟州区、房山区、满城区、邯郸市、焦作市以南，以东到渤海，海拔在 100 m 以下，除个别点有基岩裸露，大部分为第四纪松散物质所覆盖。

1.1.3 土壤植被

海河流域内土壤主要有栗钙土、灰褐土、棕壤和潮土等类型。太行山背风区黄土分布较广，土壤类型以栗钙土和灰褐土为主；太行山迎风区广泛分布山地棕壤和褐土；山间盆地以半水成型的草甸土、盐成型的盐渍土以及岩成型的风沙土为主。沿太行山及燕山山麓和冲积扇地区，地势较高，土壤类型大部为褐土。冲积扇中下部地势较平缓，土壤类型多为潮土。广大冲积平原土壤类型主要为潮土，间有褐土化潮土和盐化潮土。褐土化潮土主要分布在冲积平原的古黄河滩高地、古河道缓地等地势相对较高的地区以及浅井灌溉所形成的潜水位降落区。潮土一般分布在土壤接受地下水补充而又未发生盐化的地区，或是在地势稍高、潜水不致强烈蒸发的地区。当潜水位长时间在临界水位上下浮动、土壤受潜水的强烈影响时，加上潜水会发生不同程度的矿质化，潮土便逐渐形成盐化潮土甚至盐渍化。滨海地区土壤类型为氯化物盐渍土。

海河流域植被区划由内蒙古高原温带草原区域、华北山地暖温带落叶阔叶林区域、平原暖温带落叶阔叶林栽培作物区域 3 个区域组成。海河流域天然植被大都遭到人为破坏，只有山区有少量天然植被分布。天然次生林主要分布在海拔达 1 000 m 以上的山峰上和山脉里。燕山、太行山迎风坡存在一条年降水量为 600 mm 以上的弧形多雨带，植被生长良好，形成了一道绿色屏障。燕山、太行山背风坡因受山脉阻隔，年降水量只有 400 mm 左右，植被稀疏，生态脆弱。

1.1.4 气候特征

海河流域地处温带半湿润半干旱大陆性季风气候区，春季受大陆变性气团的影响，气温升高快，蒸发量大，多大风，降水量较少；夏季太平洋副热带高压势力加强，热带海洋气团与极地大陆气团在本流域交绥，气候湿润，降水量较多；秋季东南季风减退，极地大陆气团增强，天气秋高气爽，降水量减少；冬季受极地大陆气团控制，气候干冷，雨雪稀少。

海河流域的气温由北向南递增。年平均气温为 0～14.5℃，1 月气温最低，7 月气温最高，极端最低气温可达-35℃，极端最高气温在 40℃以上。五台山是流域最冷地区，河南省获嘉县、修武县是流域最暖地区。

海河平原北部大部分地区无霜期为 150～200 d，部分地区无霜期为 100～150 d，平原南部及沿海地区无霜期在 200 d 以上；相对湿度西部小、东南部大，全年平均值为 50%～70%。

海河流域年日照时数一般为 2 400～3 100 h。长城以北大部分地区及渤海沿岸年日照时数为 2 800～3 100 h；燕山、太行山山麓及附近平原年日照时数在 2 700 h 以下。

海河流域是我国各大流域中降水量较少的地区之一，1956—2000 年多年平均降水量为 535 mm。1980—2000 年多年平均水面蒸发量为 850～1 300 mm，蒸发量为平原大于山区。

1.2 河流水系

海河流域发源于内蒙古高原、黄土高原、燕山、太行山，流域包括滦河、海河、徒骇马颊河三大水系。滦河水系包括滦河和冀东沿海诸河；海河水系包括蓟运河、潮白河、北运河、永定河、大清河、子牙河、漳卫河等河流，以及黑龙港及运东地区和海河干流；徒骇马颊河由徒骇河、马颊河、德惠新河及滨海小河等组成。流域面积在 100 km^2 及以上的河流有 575 条，总长度为 30 709 km。

1.2.1 滦河水系

滦河上源称闪电河，发源于河北省丰宁满族自治县西北大滩镇，流经内蒙古，又折回河北，经承德到潘家口穿过长城至滦州进入冀东平原，由乐亭县南入海。主要支流有小滦河、兴洲河、伊逊河、武烈河、老牛河、青龙河等。

冀东沿海诸河，在海河流域东北部冀东沿海一带，有若干条单独入海的河流，主要有陡河、沙河、洋河、石河等。

1.2.2 海河水系

历史上，海河水系是一个扇形水系，集中于天津市海河干流入海。20 世纪 60—70 年代，为了提高下游河道泄洪入海的能力，先后开挖和疏浚了潮白新河、独流减河、子牙新河、漳卫新河和永定新河，使各河系单独入海，改变了过去各河系集中于天津入海的局面。海河干流起自天津市子北汇流口（子牙河与北运河汇流口），经天津市区东流至塘沽区海河防潮闸入海，全长 73 km，目前只承泄大清河、永定河部分洪水，并承担天津市中心城区的排涝任务。

（1）北三河系

蓟运河、潮白河、北运河统称为北三河。

①蓟运河主要支流有泃河、州河和还乡河，分别发源于燕山南麓河北省兴隆县、遵化市和迁西县境内。州河、泃河于天津市九王庄汇合后称蓟运河，至阎庄接纳还乡河，南流至北塘汇入永定新河入海。青甸洼是泃河的滞洪洼淀，盛庄洼是还乡河的滞洪洼淀。

②潮白河上游有潮河、白河两支流，分别发源于河北省的丰宁满族自治县和沽源县，在北京市密云区汇合后称潮白河，至怀柔接纳怀河后流入平原，下游河道从北京市苏庄至河北省香河吴村闸。吴村闸以下称潮白新河，至天津市宁车沽汇入永定新河入海。黄庄洼是潮白新河的滞洪洼淀，位于潮白新河和蓟运河之间。

③北运河发源于北京市昌平区燕山南麓，通州北关闸以上称温榆河，北关闸以下称北运河，沿途接纳凉水河、凤港减河等平原河道，于屈家店水利枢纽与永定河交汇，至天津市子北汇流口与子牙河汇合入海河干流。运潮减河是分泄北运河洪水入潮白河的人工减河，

北运河洪水至土门楼枢纽主要经青龙湾减河入潮白新河。大黄堡洼是北运河的滞洪洼淀。

（2）永定河系

永定河上游有桑干河、洋河两大支流。桑干河发源于山西高原北部宁武县管涔山，洋河发源于内蒙古高原南缘，两河于河北省怀来县朱官屯村汇合后称永定河，在官厅附近接纳妫水河，经官厅山峡于三家店进入平原。三家店以下，洪水均靠两岸堤防约束，卢沟桥至梁各庄段为地上河，梁各庄以下进入永定河泛区。屈家店以下为永定新河，在大张庄以下接纳北京排污河、金钟河、潮白新河和蓟运河，于北塘入海。

（3）大清河系

大清河源于太行山东侧，分南、北两支流。南支为赵王河水系，包括潴龙河（支流有磁河、沙河）、瀑河、漕河、府河、唐河等，均汇入白洋淀。北支为白沟河水系，主要支流有小清河、琉璃河、拒马河等。拒马河在张坊以下分为南拒马河、北拒马河两支流，北拒马河至东茨村附近接纳琉璃河、小清河后称白沟河，白沟河至白沟镇与南拒马河汇合称大清河。南支洪水由白洋淀经赵王新渠入东淀，北支洪水由新盖房分洪道入东淀。东淀以下洪水分别经独流减河和海河干流入海。河系中下游地势相对低洼，形成了小清河分洪区、兰沟洼、白洋淀、东淀、文安洼、贾口洼、团泊洼等滞洪区。

（4）子牙河系

子牙河有滹沱河、滏阳河两大支流。滹沱河发源于山西省五台山北麓，流经忻定盆地，至东冶镇以下穿行于峡谷之中，至河北省岗南附近出山峡，接纳冶河经黄壁庄水库后入平原，再进入献县泛区。滏阳河发源于太行山南段东侧河北省磁县，支流众多，主要有洺河、沣河、泜河、槐河等，艾辛庄以下为滏阳新河，在献县枢纽与滹沱河相汇后称子牙河。滏阳河沿河有永年洼、大陆泽、宁晋泊等滞洪洼地。子牙河经天津市西河闸于子北汇流口入海河干流入海，1967 年，新辟从子牙新河东行至马棚口入海的路径。

（5）黑龙港及运东地区（南排河、北排河）

黑龙港及运东地区的河流主要有南排河和北排河。南排河上游接纳老漳河、滏东排河、索泸河、老盐河、老沙河、清凉江及江江河等支流，于赵家堡入海。北排河自滏东排河下口冯庄闸始，于兴济穿过南运河至歧口入海，主要支流有黑龙港西支、中支、东支和本支等。此外，运东地区有宣惠河、大浪淀排水渠、沧浪渠、黄浪渠等。

（6）漳卫河系

漳卫河上游有漳河和卫河两大支流。漳河支流有清漳河和浊漳河，均发源于太行山的背风区，清漳河、浊漳河于合漳村汇成漳河，经岳城出太行山，讲武城以下两岸有堤防约束，大名泛区为漳河的滞洪洼淀。卫河发源于太行山南麓，由 10 余条支流汇成，较大的支流有淇河、汤河、安阳河（洹河）等。1958 年为引黄淤灌而修建共产主义渠，1962 年停止引黄淤灌后用于行洪。卫河两侧良相坡、白寺坡、柳围坡、长虹渠、小滩坡、任固坡、共产主义渠以西地区，以及卫河支流上的广润坡等坡洼为行洪滞洪区。漳河、卫河于徐万仓汇合后称卫运河，至四女寺枢纽，以下为漳卫新河和南运河。恩县洼为卫运河的滞洪区。

1.2.3　徒骇马颊河水系

徒骇河、马颊河位于黄河与卫运河及漳卫新河之间，由西南向东北流入渤海，为平原防洪排涝河。徒骇河发源于河南省清丰县，于山东省滨州市沾化区暴风站入海。马颊河发源于河南省濮阳县金堤闸，于山东省无棣县入海。马颊河与徒骇河之间开挖了一条德惠新河，德惠新河于无棣县下泊头村向东 12 km 处与马颊河汇合，两河共用一个河口入海。此外，在沿海一带还有若干条独流入海的小河。

海河流域主要河流河长及流域面积见表 1-1，海河流域水系情况见图 1-1，各河系具体基本情况见附件 1。

表 1-1　海河流域主要河流河长及流域面积

水系	河系	河流名称	起点	终点	河长/km	流域面积/km²
滦河	滦河及冀东沿海	滦河	丰宁满族自治县大滩镇	乐亭县	888	45 872
		冀东沿海诸河	—	—	—	9 650
		小计				55 522
海河	北三河	潮白河	丰宁满族自治县和沽源县	宁车沽防潮闸	467	19 327
		北运河	昌平区燕山南麓	子北汇流口（子牙河与北运河汇流处）	238	6 051
		蓟运河	兴隆、遵化和迁西	蓟运河防潮闸	316	11 827
		小计				37 205
	永定河	洋河	内蒙古高原南缘	朱官屯	278	16 440
		桑干河	宁武县管涔山	朱官屯	437	26 248
		永定河	朱官屯	北塘	369	3 544*
		小计				46 232
	大清河	北支	涞源县涞山	新盖房枢纽	303	12 918
		南支	灵丘县太白山	枣林庄枢纽	336	27 308
		大清河	新盖房、枣林庄	独流减河防潮闸	215	2 746*
		小计				42 972
	子牙河	滹沱河	五台山北麓	献县枢纽	605	31 696**
		滏阳河	磁县	献县枢纽	413	14 632
		子牙新河	献县枢纽	马棚口	143	0*
		小计				46 328
	黑龙港及运东地区（南北排河）	南排河	乔官屯	赵家堡	99	13 730
		北排河	冯庄闸	歧口闸	162	1 328
		其余河道	—	—	—	7 386
		小计				22 444
	漳卫河	漳河	沁县漳源村	徐万仓	466	18 284
		卫河	陵川县夺火镇南岭	徐万仓	388	16 578

水系	河系	河流名称	起点	终点	河长/km	流域面积/km^2
海河	漳卫河	卫运河	徐万仓	四女寺枢纽	157	413*
		漳卫新河	四女寺枢纽	大口河	257	2 668
		南运河	四女寺枢纽	十一堡	309	0*
		小计				37 943
	海河干流	海河干流	子北汇流口	海河防潮闸	73	2 066
徒骇马颊河	徒骇马颊河	马颊河	濮阳县金堤闸	无棣县埕口	428	8 338
		德惠新河	平原县王凤楼	无棣县下泊头	173	3 252
		徒骇河	清丰县	沾化区暴风站	417	13 884
		滨海小河	—	—	—	4 460
		小计				29 934
流域合计						320 646

注：本表来自《海河流域综合规划（2012—2030 年）》。

* 表示区间汇流面积，**表示含滹滏区间面积（6 643 km^2）。

1.3 社会经济

海河流域共有 26 个地级及以上建制市，以及 38 个县级建制市。海河流域行政区面积见表 1-2。

表 1-2 海河流域行政区面积

单位：km^2

省份	地级市	面积	省份	地级市	面积	省份	地级市	面积
北京市		16 410	山西省	大同	14 017	山东省	德州	10 270
天津市		11 920		阳泉	4 503		聊城	8 467
河北省	石家庄	14 077		长治	11 103		滨州	7 067
	唐山	13 385		晋城*	1 063	内蒙古自治区	锡林郭勒*	6 950
	秦皇岛	7 750		朔州	7 659		乌兰察布*	5 626
	邯郸	12 047		晋中*	7 158		赤峰*	992
	邢台	12 456		忻州	13 005	辽宁省	朝阳*	1 478
	保定	22 122	河南省	安阳	5 662		葫芦岛*	232
	张家口	25 309		鹤壁	2 137	流域合计		320 646
	承德	35 188		新乡	3 718			
	沧州	14 056		焦作	1 901			
	廊坊	6 429		濮阳	1 918			
	衡水	8 815	山东省	济南*	2 403			
山西省	太原*	625		东营*	2 738			

注：本表来自《海河流域综合规划（2012—2030 年）》。

*表示市区或盟府不在海河流域内。

本表面积包含雄安新区。

呼和浩特市
乌兰察布市
张家口市
赤峰市
承德市
大同市
北京市
秦皇岛市
唐山市
廊坊市
朔州市
天津市
保定市
渤
海
忻州市
沧州市
石家庄市
太原市
阳泉市
晋中市
衡水市
东营市
德州市
滨州市
邢台市
淄博市
潍坊市
邯郸市
济南市
聊城市
长治市
莱芜市
泰安市
安阳市
鹤壁市
濮阳市
晋城市
济宁市
日照市
焦作市
新乡市
菏泽市
枣庄市
洛阳市
开封市
郑州市
商丘市
图例
首都
省界
省
海河流域界
地市
河系界
水库、湖泊
河流
比例尺 1∶270 万

图 1-1　海河流域水系

据统计，2020 年海河流域总人口约为 1.59 亿人，约占全国总人口的 11.4%，其中城镇人口为 10 359 万人，城镇化率约为 65%。流域人口密度为 502 人/km^2，人口主要集中在京津地区和水资源条件相对较好的山前平原。流域生产总值达到 11.11 万亿元，约占国内生产总值（GDP）的 10.7%。人均流域生产总值达到 6.97 万元，其中京津冀地区对全流域生产总值的贡献率约为 78%。海河流域现状年社会经济统计见表 1-3。

表 1-3 海河流域现状年社会经济统计

省份	总人口/万人	城镇人口/万人	流域生产总值/亿元			
			一产	二产	三产	合计
北京市	2 189	1 917	108	5 716	30 279	36 103
天津市	1 387	1 174	210	4 804	9 069	14 083
河北省	7 461	4 482	3 880	13 597	18 730	36 207
山西省	1 219	754	291	2 629	3 039	5 959
内蒙古自治区	73	27	29	64	77	170
山东省	1 549	849	903	3 053	3 948	7 904
河南省	2 059	1 156	1 001	4 978	4 729	10 708
流域合计	15 937	10 359	6 422	34 841	69 871	111 134

海河流域现状年社会经济总体区域格局可划分为西部北部山区、海河中部及沿黄河平原和滨海平原三部分。西部北部山区矿产资源丰富，山西、内蒙古是我国的能源基地，河北唐山、邯郸等地的铁矿资源丰富，是重要的冶金工业基地。海河中部及沿黄河平原是我国粮食主产区之一，土地、光热资源丰富，粮食产量高。滨海平原拥有先进制造业、现代服务业和科技创新与技术研发基地，是我国人口集聚最多、创新能力最强、综合实力最强的区域之一。近年来京津冀协同发展的推进和雄安新区的设立，给海河流域社会经济发展带来了新的机遇。

第2章

水资源评价与分析

水资源是一种重要的基础性自然资源，也是战略性经济资源，是人类赖以生存和发展的最基础的物质条件之一，支撑着生态环境的可持续发展。降水是地表水和地下水的重要补给来源之一，地表水和地下水资源是支撑经济社会可持续发展和维系良好生态环境的重要资源，当前海河流域地下水供水量占流域总供水量的2/3，是无法替代的生命之水。本章主要对水资源量、水资源开发利用、污水处理及回用、生态需水量（水位）满足程度、河湖干涸断流现状及历史变化趋势进行评价与分析，为海河流域“十四五”保护策略研究提供基础和支撑。

2.1 流域总体水资源评价与分析

2.1.1 水资源量

2.1.1.1 降水量

受气候、地形等因素的影响，海河流域降水量时空差异性较大，沿太行山、燕山迎风坡有一条弧形多雨带，多年平均降水量大于600 mm，而迎风坡西北（背风山区）和东南（平原区）方向的降水量明显减少，背风山区多年平均降水量为 450～550 mm，平原为 500～550 mm。2020 年海河流域年降水量为 552.4 mm，比多年平均降水量的值偏多3.3%，比2019年增加23%。从行政区划看，北京市、天津市年降水量分别比多年平均降水量的值偏少4.1%和7%，其余行政区的年降水量均高于多年平均降水量值。自2010年以来，海河流域多年平均降水量为 538.3 mm，其中，山区约为 561.6 mm，平原区约为528.3 mm，山区的多年平均降水量略高于平原区；各河系分区中漳卫河系多年平均降水量最大，为579.9 mm，徒骇马颊河水系最小，为562.1 mm；各行政区多年平均降水量中山东省最大，内蒙古自治区最小。此外，海流域降水量年际变化大，2016年的年降水量最大，为631.5 mm，比2015年增加了23.2%，较2014年多192 mm左右。各河系和各行政区2010—2017年降水量详见图2-1和图2-2。

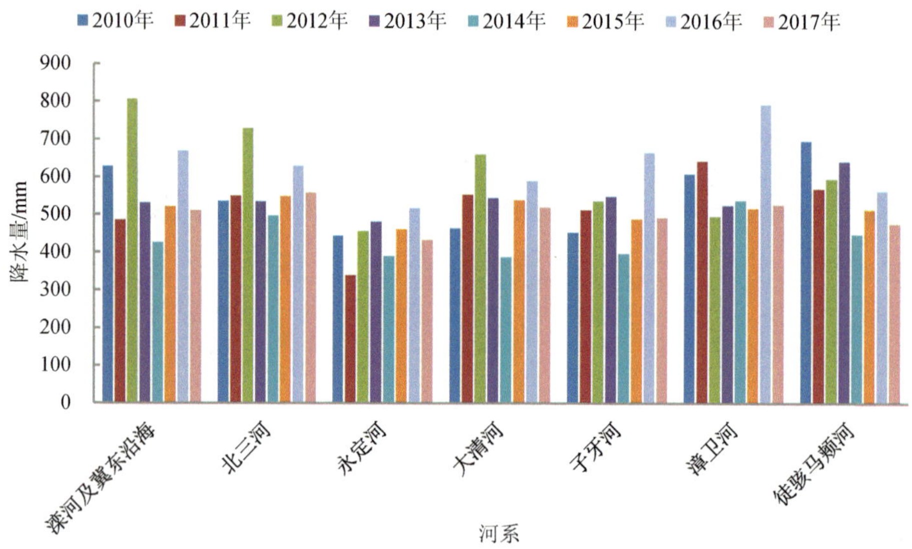

图 2-1 各河系 2010—2017 年降水量

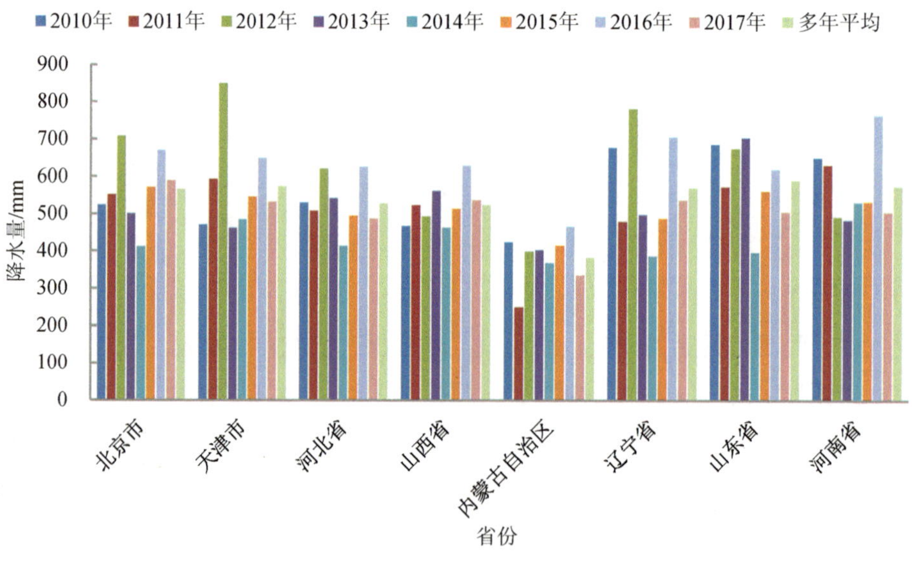

图 2-2 各省份 2010—2017 年降水量

降水量时空分布不均匀，水资源年内分布较为集中。全年 75%～85%的降水量集中在汛期（6—9 月），尤其集中在 7 月和 8 月，其降水量占全年降水量的 45%～65%；最小的 4 个月（从 11 月至次年 2 月或从 12 月至次年 3 月）降水量仅占全年降水量的 3%～10%。因此，海河流域易形成春旱夏涝的局面，导致江河汛期洪水和非汛期枯水的情况发生，大幅降低水资源可利用量。以北京市为例，2017 年汛期累积降水量 481 mm，占全年降水量的 81%，其中 8 月降雨量近 200 mm。

2.1.1.2 地表水资源量

2020 年海河流域地表水资源量为 121.5 亿 m^3，比多年地表水资源量平均值降低近 43.8%，比 2019 年增加 16.2%。从行政区划看，北京市、天津市、河北省、山西省、内蒙古自治区及河南省的地表水资源量均比多年平均值少，其中北京市和河北省的地表水资源量比多年平均值少 50%以上。自 2010 年以来，海河流域多年平均地表水资源量为 154.43 亿 m^3；其中 2012 年地表水资源量最大，为 253.52 亿 m^3，其余大部分年份均不足多年平均地表水资源量的 60%；滦河及冀东沿海、北三河、永定河、大清河（含海河干流）、子牙河（含黑龙港及运东）、漳卫河和徒骇马颊河多年平均地表水资源量分别为 35.44 亿 m^3、23.09 亿 m^3、8.95 亿 m^3、18.75 亿 m^3、25.53 亿 m^3、22.78 亿 m^3、19.98 亿 m^3，滦河及冀东沿海和子牙河（含黑龙港及运东）的地表水资源量相对丰富，永定河和徒骇马颊河的地表水资源量相对短缺。各河系 2010—2017 年地表水资源量见图 2-3。

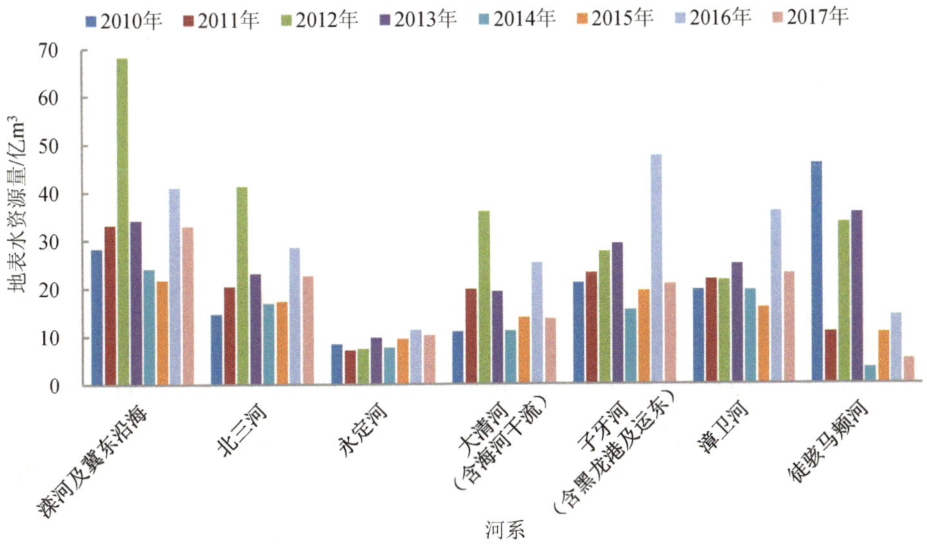

图 2-3 各河系 2010—2017 年地表水资源量

海河流域地表水资源量常年偏少。自 2010 年以来，地表水资源量时空分布特征与降水量基本相同，但变化幅度更大。在年内分配上，地表水资源量的增长大部分集中在汛期，即山区全年地表水资源量的 45%～75%、平原的 85%以上集中在汛期。除天然降雨量变化的影响外，地下水开发利用及水土保持、生态建设等因素的影响加剧，改变了植被、土壤、水面、耕地、潜水位等流域下垫面条件，间接造成河流径流量发生变化。

2.1.1.3 地下水资源量

2020 年海河流域地下水资源量为 238.5 亿 m^3，海河流域浅层地下水总补给量为 185.7 亿 m^3。自 2010 年以来，海河流域多年平均地下水资源量为 238.87 亿 m^3，2012 年地下水资源量最大，为 288.72 亿 m^3；滦河及冀东沿海、北三河、永定河、大清河（含海河干流）、子牙河（含黑龙港及运东）、漳卫河和徒骇马颊河多年平均地下水资源量分别为 31.57 亿 m^3、32.01 亿 m^3、20.52 亿 m^3、37.92 亿 m^3、48.57 亿 m^3、34.88 亿 m^3、33.39 亿 m^3，其中子牙河（含黑龙港及运东）的地下水资源量相对丰富，永定河地下水资源量短缺。各河系 2010—2017 年地下水资源量见图 2-4。

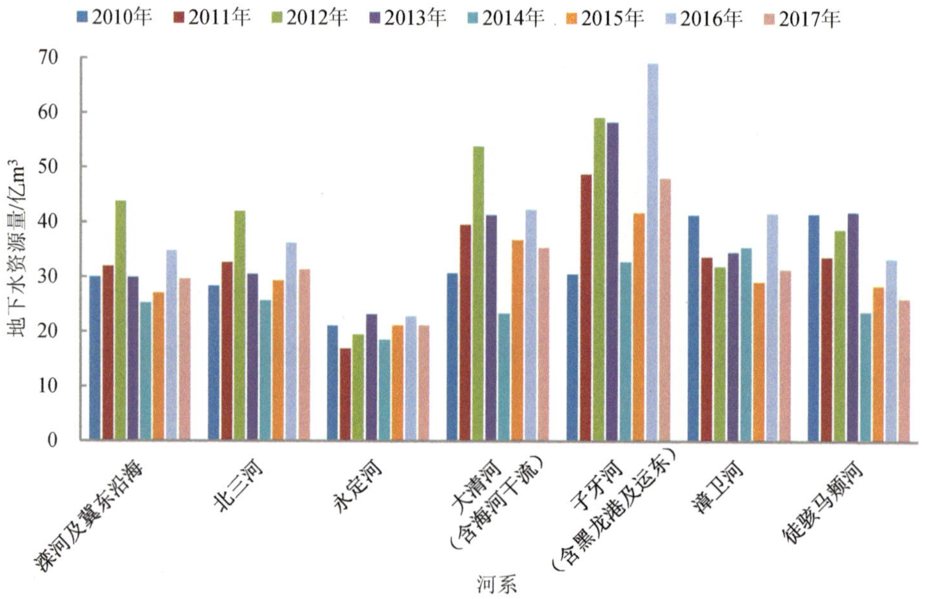

图 2-4 各河系 2010—2017 年地下水资源量

海河流域地下水资源量的变化呈波动态势。海河流域平原开采区（11.27 万 km^2）资料显示，2017 年海河流域地下水水位上升区（水位升幅在 0.5 m 以上）面积占开采区总面积的 11.8%，地下水水位下降区（水位降幅在 0.5 m 以上）面积占开采区总面积的 35.1%，地下水水位稳定区（水位变幅在 0.5 m 以内）面积占 53.1%。

2.1.1.4 水资源总量

海河流域水资源总量严重短缺。2020 年海河流域水资源总量为 283.1 亿 m^3，人均水资源占有量不足 300 m^3，约为全国平均水平的 10%。其中，地表水资源量为 121.5 亿 m^3，地下水资源量为 238.5 亿 m^3，不重复量为 161.6 亿 m^3。自 2010 年以来，海河流域多年平均水资源总量为 316.7 亿 m^3，仅 2012 年、2013 年和 2016 年水资源总量超过多年平均值；从河系来看，滦河及冀东沿海、北三河、永定河、大清河（含海河干流）、子牙河（含黑龙港及运东）、漳卫河和徒骇马颊河多年平均水资源总量分别为 50.72 亿 m^3、47.37 亿 m^3、22.97 亿 m^3、47.26 亿 m^3、59.44 亿 m^3、41.79 亿 m^3、47.16 亿 m^3，其中子牙河（含黑龙港及运东）的地下水资源量相对丰富，永定河和徒骇马颊河的水资源总量短缺。各河系 2010—2017 年水资源总量见图 2-5。

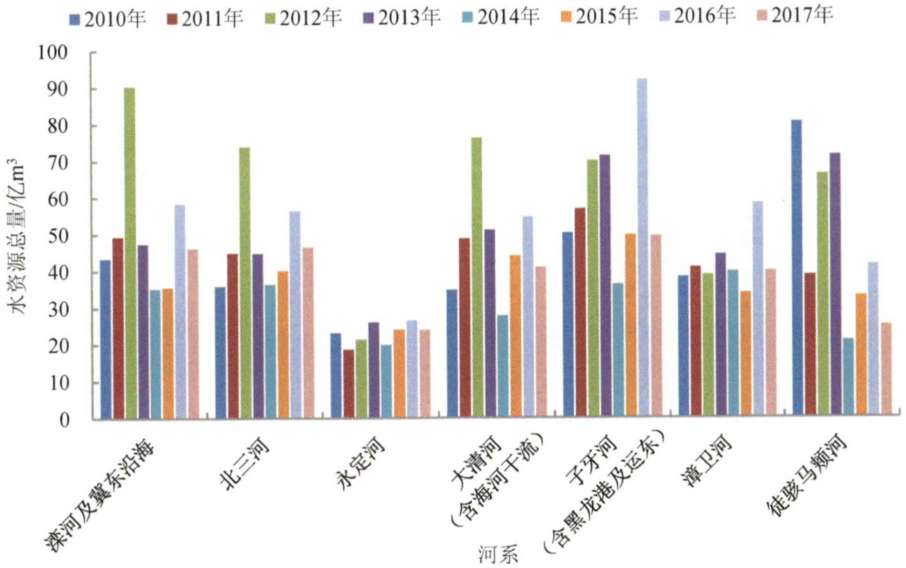

图 2-5 各河系 2010—2017 年水资源总量

2.1.2 水资源开发利用状况

2.1.2.1 供水量及重点供水工程

1）供水量

海河流域总体以地表水供水为主。2020 年海河流域总供水量为 372 亿 m^3，其中，地表水供水量为 192.5 亿 m^3、地下水供水量为 147.8 亿 m^3、非常规水供水量为 31.7 亿 m^3，分别约占总供水量的 52%、40%、8%。供水量占比结构见图 2-6。

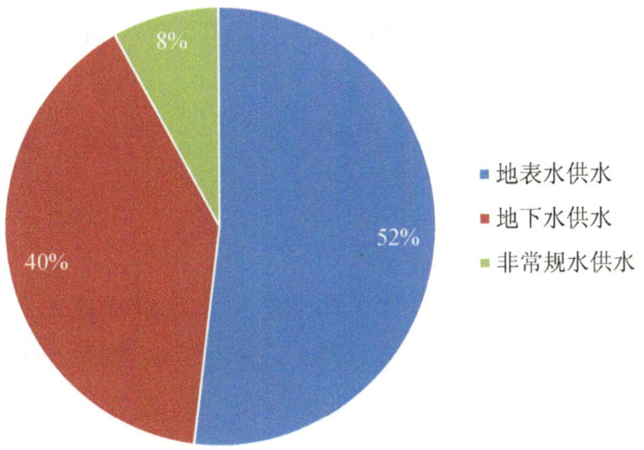

图 2-6 海河流域 2020 年供水量占比结构

自 2010 年以来，海河流域的供水量维持在 368.72 亿 m^3 左右，2016 年供水量最小，为 363.11 亿 m^3，2014 年供水量最大，为 370.41 亿 m^3。其中，地表水供水量变化为 121.46 亿～161.98 亿 m^3，占总供水量的比重逐年上升；地下水供水量变化为 194.99 亿～237.20 亿 m^3，占总供水量的比重逐年下降；非常规水供水量逐年增加，从 10.40 亿 m^3 增加到 23.03 亿 m^3，占总供水量的比重逐年上升。流域 2010—2017 年不同供水来源供水量占比变化情况见图 2-7。

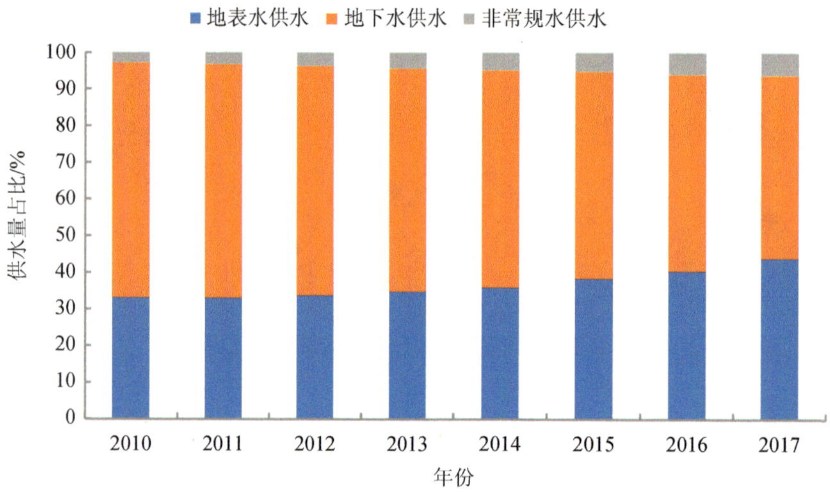

图 2-7 海河流域 2010—2017 年不同供水来源供水量占比变化情况

2）重点供水工程

当前，海河流域已建成大型、中型、小型水库共计 1 879 座，总库容为 321 亿 m^3。其中，大型水库有 36 座（山区分布有 33 座、平原分布有 3 座），总库容为 272.5 亿 m^3；中型水库有 136 座，小型水库有 1 707 座，中小型水库总库容为 48.5 亿 m^3。全流域建成蓄水塘坝有 17 505 座，大中型调水工程有 27 处，井深小于 120 m 的浅水井 122 万眼，井深大于 120 m 的深水井有 14 万眼。

目前海河流域引调水工程主要有南水北调、引滦、引黄入冀补淀等工程，具体介绍如下。

（1）南水北调工程

南水北调中线工程自 2014 年年底正式通水以来累计调水量超过 400 亿 m^3，其中向海河流域供水 156.61 亿 m^3（表 2-1），缓解了海河流域曾经“有河皆干、有水皆污”的困局[①]，增加了海河流域重点城市的供水来源，大大提高了北京、天津等大城市的供水保障，北京地下水水位回升，天津市改变了引滦水单一水源供水的困境，工程输水沿线城

① 资料来源：2014—2019 年的《海河流域水资源公报》。

市的供水保证程度显著提高，海河流域供水保障能力实现重大突破，社会效益、经济效益、生态效益逐步显现。

2015—2019 年，南水北调东线鲁北干线从东平湖调水共计 2.1 亿 m^3，鲁北干线共计向德州市和聊城市供水 1.9 亿 m^3，其中向大屯水库供水 0.69 亿 m^3。

表 2-1　2015—2019 年海河流域南水北调中线工程供水量

年份	供水量/亿 m^3			
	北京市	天津市	河北省	河南省
2015	7.02	3.14	0.52	0.73
2016	11.05	8.39	2.77	1.97
2017	10.33	10.29	7.31	2.98
2018	12.10	10.33	22.42	5.34
2019	11.53	11.02	13.02	4.35
合计	52.03	43.17	46.04	15.37

（2）引滦工程

引滦工程分为南北二线，北线即引滦入（天）津工程，南线即引滦入唐（山）工程。截至 2020 年 8 月，引滦工程向津唐地区累计供水 431.86 亿 m^3，其中向天津市、唐山市和滦河下游分别供水 198.86 亿 m^3、58.18 亿 m^3、174.82 亿 m^3 ①。

（3）引黄入冀补淀工程

2017 年《引黄入冀（补淀）供水协议》（2021 年《引黄入冀供水协议》完成续签）正式签署，每年 11 月至次年 2 月引水，多年平均引黄河水量为 6.2 亿 m^3，其中向白洋淀供水 1.1 亿 m^3（引黄渠首为 2.55 亿 m^3）②。截至 2020 年 2 月 7 日，共放水 5.68 亿 m^3，进入河北省的水量为 4.54 亿 m^3，补充白洋淀的水量为 1.23 亿 $m^3$③。调水工程为沿线部分地区提供了农业灌溉水并向白洋淀实施生态补水，缓解了沿线农业灌溉缺水及地下水超采状况，改善了白洋淀生态环境。

2.1.2.2　用水量

海河流域农业用水占比最高，工业用水占比最低。2020 年海河流域总用水量为 372 亿 m^3。其中，生活用水量为 65.8 亿 m^3、工业用水量为 41.3 亿 m^3、农业用水量为 199.5 亿 m^3、生态环境用水量为 65.4 亿 m^3，分别占总用水量的 17.7%、11.1%、53.6%和 17.6%。用水量占比结构情况见图 2-8。

---

① 资料来源：韩清波，《风雨兼程四十载　继往开来谱华章——记引滦局成立 40 周年》，http://www.hwcc.gov.cn/ylgcglj/ylxw/ 202008/t20200831_85271.html。

② 资料来源：《2017 年海河流域水资源公报》。

③ 资料来源：《2019 年海河流域水资源公报》。

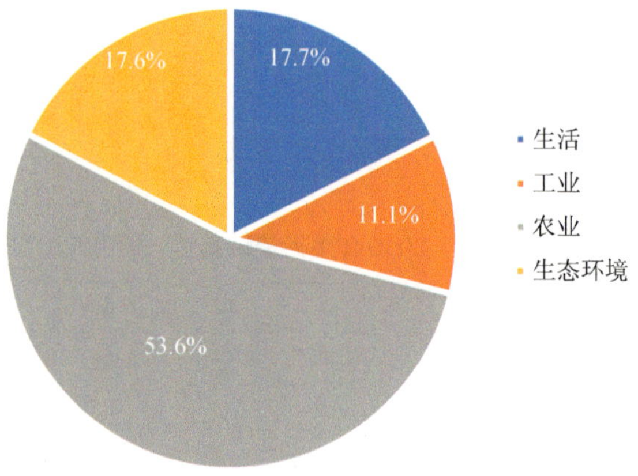

图 2-8　海河流域 2020 年用水量占比结构

2010—2017 年，海河流域总用水量基本维持在 369.25 亿 m^3 左右，城镇用水、工农业用水总体上呈逐渐减少趋势。农业用水从 253.85 亿 m^3 减少到 224.23 亿 m^3；工业用水从 51.72 亿 m^3 减少到 46.20 亿 m^3；生活及生态环境用水呈逐渐增加趋势，生活用水从 52.74 亿 m^3 增加到 65.65 亿 m^3，生态环境用水从 11.59 亿 m^3 增加到 33.68 亿 m^3。海河流域 2010—2017 年不同用水类型用水量占总用水量比例变化情况见图 2-9。

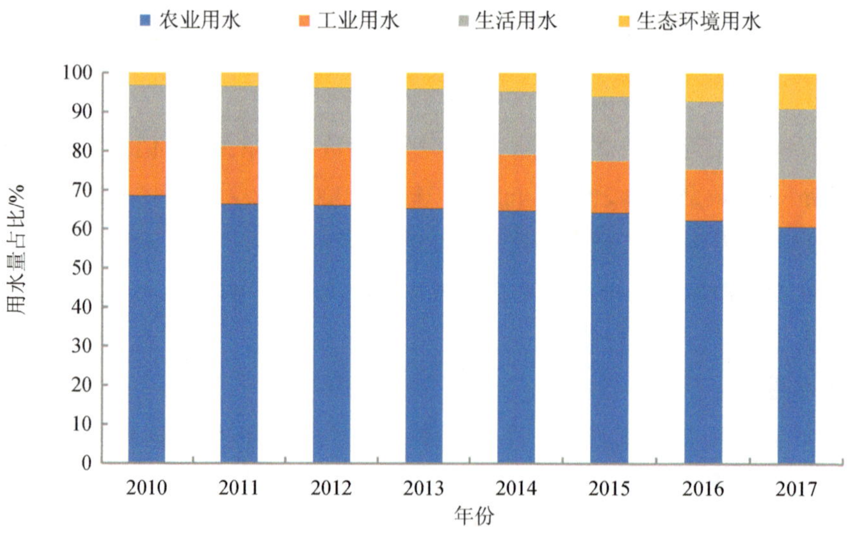

图 2-9　海河流域 2010—2017 年不同用水类型用水量占比变化情况

2.1.2.3　耗水量

海河流域高耗水行业占比大，高耗水生产方式仍未根本改变。2020 年，流域内总耗水量维持在 256.7 亿 m^3 左右。海河流域高耗水行业（纺织、造纸、冶金、石油、化工等行业）累计产值占规模以上工业企业总产值的 32.8%，累计取水量占规模以上工业企业总取水量的 34.8%。唐山、安阳、长治、邯郸等城市高耗水行业取水量占城市取水总量的 60%以上。海河流域高耗水行业取水量、工业总产值具体情况见表 2-2。

表 2-2 海河流域高耗水行业取水量、工业总产值情况

单位：%

省份	高耗水行业取水量占规模以上工业企业总取水量的比例	高耗水行业工业总产值占规模以上工业企业总产值的比例
北京市	14.75	4.41
天津市	18.16	21.66
河北省	41.89	51.68
山西省	42.50	16.69
内蒙古自治区	9.44	47.92
山东省	29.59	53.60
河南省	33.03	43.41

2010—2017 年，海河流域总耗水量基本维持在 255 亿 m^3 左右，其中农田灌溉耗水量大体呈逐年下降趋势，2017 年相较 2010 年下降了 12.4%，占总耗水量的比例由 68.7%下降至 60.6%；而生态环境耗水量逐年升高，由 2010 年的 8.69 亿 m^3 升高至 2017 年的 27.01 亿 m^3，占总耗水量的比例由 3.4%升高至 10.6%；其余各耗水方式耗水量变化趋势较平稳（表 2-3，图 2-10）。

表 2-3 海河流域 2010—2017 年不同耗水方式耗水量统计

单位：亿 m^3

年份	农田灌溉	林牧渔畜	工业	城镇公共	居民生活	生态环境	总耗水量
2010	176.54	20.05	26.19	4.7	20.62	8.69	256.79
2011	170.15	20.36	26.89	5.99	20.84	10.44	254.67
2012	170.48	20.13	28.47	6.50	20.90	11.70	258.18
2013	167.86	20.06	26.93	6.32	20.81	12.54	254.52
2014	166.09	19.21	28.32	6.19	21.33	14.63	255.77
2015	163.41	19.14	25.56	6.44	20.77	17.45	252.77
2016	156.27	18.25	25.14	6.89	23.32	20.92	250.79
2017	154.69	18.69	24.35	6.73	23.70	27.01	255.17

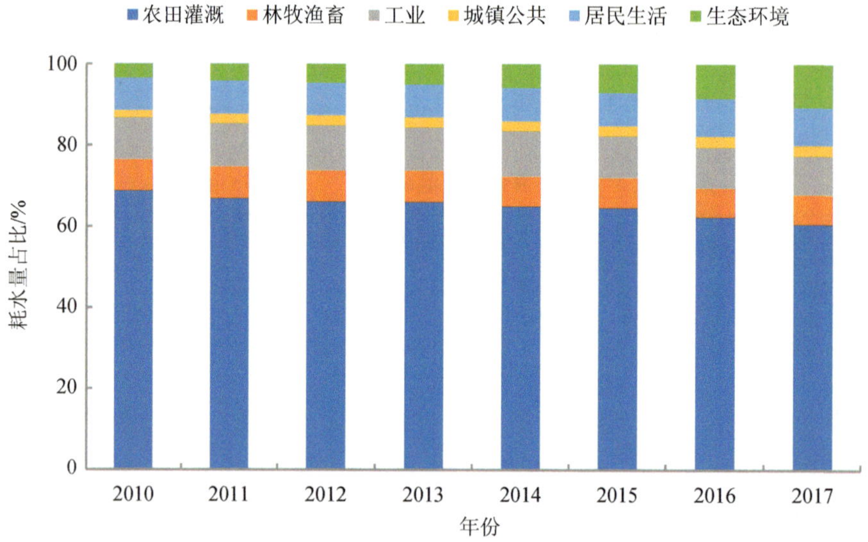

图 2-10 2010—2017 年不同耗水方式耗水量占总耗水量比例变化情况

2.1.3 污水处理及回用情况

海河流域 2019 年共有污水集中处理设施 934 座（设计处理能力为 500 m^3/d 及以上），设计处理能力为 3 219.1 万 m^3/d，年实际处理水量为 81.9 亿 m^3，平均负荷率为 69.7%。其中，城镇污水集中处理设施有 672 座，设计处理能力为 2 901.6 万 m^3/d，年实际处理水量为 76.4 亿 m^3，平均负荷率为 72.1%。海河流域 2019 年各省份污水集中处理设施数量见图 2-11。

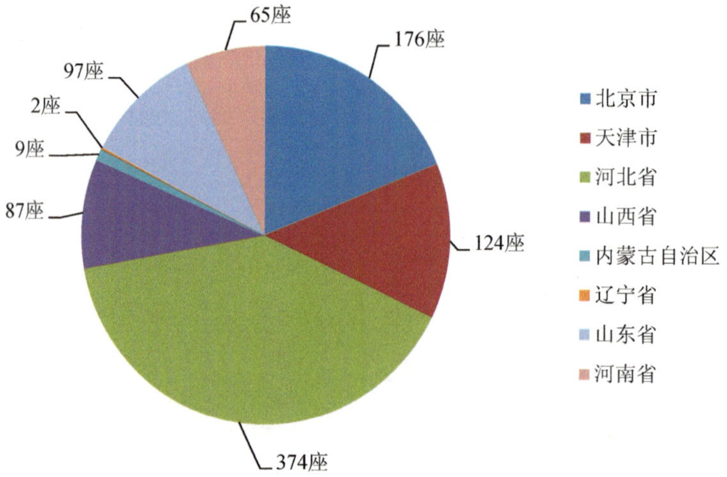

图 2-11 海河流域各省份污水集中处理设施数量

重点调查了主要城镇污水集中处理设施共 571 座，其中，达到《城镇污水处理厂污染物排放标准》（GB 18918—2002）一级标准 A 标准的污水集中处理设施有 562 座，占调查处理设施总数的 98.4%，年实际处理水量为 69.5 亿 m^3；其他 9 座污水集中处理设施达到一级标准 B 标准。污水回用于农田灌溉、城市杂用、工业生产、环境保护等方面的水量为 29.4 亿 m^3，污水回用率为 35.17%。排入河道的水量为 51.9 亿 m^3，其中，化学需氧量（COD）、氨氮、总磷、五日生化需氧量（BOD_5）等主要指标达到地表水Ⅴ类标准的水量有 28 亿 m^3，占排水量的 53.88%；水质达到地表水Ⅳ类标准的水量有 21.8 亿 m^3，占排水量的 42%。海河流域各省份污水回用情况见表 2-4。

表 2-4　海河流域各省份污水回用情况

省份	污水回用		排入河道	排河水质达到Ⅴ类标准		排河水质达到Ⅳ类标准	
	回用量/亿 m^3	回用率/%	水量/亿 m^3	水量/亿 m^3	比例/%	水量/亿 m^3	比例/%
北京市	11.5	46.89	7	7	100	7	100
天津市	4.9	46.55	10.9	10.9	99.95	10.2	94.07
河北省	9.3	34	16.7	4.6	27.68	3.7	22.42
山西省	0.9	20.7	3.2	2.8	85.27	0	0
内蒙古自治区	0.1	54	0.1	0	0	0	0
山东省	1.6	17.98	7.3	1.7	22.74	0.9	12.69
河南省	1.1	13.7	6.7	1	15.34	0	0
流域各省份合计	29.4	35.17	51.9	28	53.88	21.8	42

2.1.4　生态需水量（水位）满足程度

《河湖生态环境需水计算规范》（SL/Z 712—2021）明确提出，河流生态环境需水量是为维持河流生态环境功能而需要保留在河道内的水量。其中，维持河流生态环境功能不丧失所需要的最小水量（水位）为基本生态环境需水量（水位），保障河流生态环境功能正常发挥所需要的水量（水位）为目标生态环境需水量（水位）。本节通过分析多年实测径流年均值（或水面面积）与生态需水量（水位）目标的差距，评价河湖生态需水量保障情况。

2.1.4.1　评价方法

根据《海河流域综合规划（2012—2030 年）》（简称《综合规划》）、《永定河综合治理与生态修复总体方案》（简称《永定河方案》）和《京津冀协同发展六河五湖综合治理与生态修复总体方案》等相关规划成果，确定海河流域有 16 条山区河流、25 条平原河流，共 41 个断面和 12 个湿地的生态需水量。

依据 2012—2016 年实测径流数据（或水面面积），通过分析河湖 5 年实测径流年均值（或水面面积）与生态需水量目标的差距，评价河湖生态需水量（水位）满足度。河流生态需水量过程满足度评价，根据 2012—2016 年月径流资料，逐月评价生态需水量满足程度。由于《综合规划》和《永定河方案》仅给出了年生态需水量目标，未细化到月过程目标，因此本次评价根据海河流域汛期径流量占全年径流量的 70%，非汛期径流量占全年径流量 30%的特点，将年生态需水量目标分摊到每个月，作为月过程水量目标。湿地生态需水量满足度评价，根据 2013—2016 年实测水面资料，评价近 4 年实测水面平均值及逐年度生态水面满足度。根据以上评价方法，满足度 100%为优，80%～100%为良，60%～80%为中，50%～60%为差，小于 50%为劣。

根据《水利部关于印发第一批重点河湖生态流量保障目标的函》（水资管函〔2020〕43 号）和《水利部关于印发第二批重点河湖生态流量保障目标的函》（水资管〔2020〕285 号）确定的重点河湖生态流量保障目标，依据各控制站实测径流（水位）数据，通过分析河湖实测径流（或水位）与生态流量保障目标的差距，评价海河流域重点河湖生态需水量的保障情况。

2.1.4.2 评价结果

（1）主要河湖生态需水量（水位）满足度评价

评价结果表明，海河流域重要河湖生态需水量满足度总体较差，但局部有改善趋势。41 个重点断面河流（流域）生态需水量逐年满足度为 58%，满足度山区优于平原。12 个主要湿地生态水面面积逐年满足度为 37.5%，平均水面面积较 2005 年增加 31%（主要是黄庄洼、青甸洼等洼地增加幅度较大），超过规划目标的 14%。满足度评价结果详见表 2-5。

表 2-5 海河流域生态需水量满足度评价结果统计情况

评价方法	范围		评价个数/个	满足度/%
逐年满足度评价	河流	流域	41	58
		山区河流	16	68
		平原河流	25	48
	湿地		12	37.5

由海河流域 41 个重点断面（流域）满足度评价结果可知，断面 5 年全部满足的有 13 个，约占全部断面的 32%；4 年满足的有 5 个，约占全部断面的 12%；3 年满足的有 6 个，约占全部断面的 15%；2 年满足的有 3 个，约占全部断面的 7%；1 年满足的有 5 个，约占全部断面的 12%；5 年全部不满足的有 9 个，约占全部断面的 22%。海河流域山区和平原河流 5 年实测径流量满足度评价结果分别详见表 2-6 和表 2-7。山区河流满足度在 80%及以上的有 10 条，其中 8 条满足度为 100%；平原河流满足度在 80%及以上的有 8 条，其中 5 条满足度为 100%，山区满足度状况整体优于平原。

表 2-6 海河流域山区河流 5 年实测径流量满足度评价结果

逐年满足度/%	河流（控制站）
0	闪电河（白城子）、桑干河（册田水库和石匣里）、唐河（城头会）
60	洋河（响水堡）、淇河（新村）
80	二道河（兴和）、清漳河（刘家庄）
100	滦河（三道河子）、沙河（水平口）、白河（张家坟）、潮河（戴营）、拒马河（紫荆关）、滹沱河（南庄）、浊漳河（侯壁）、漳河（观台）

表 2-7 海河流域平原河流 5 年实测径流量满足度评价结果

逐年满足度/%	河流（控制站）
0	陡河（陡河水库）、潮白河（苏庄）、永定河（官厅水库、三家店）、潴龙河（北郭村）
20	永定新河（屈家店）、南拒马河（北河店）、滹沱河（北中山）、子牙河（献县）、南运河（四女寺）
40	蓟运河（九王庄）、独流减河（防潮闸）、漳卫新河（四女寺）
60	白沟河（东茨村）、滏阳河（艾辛庄）、漳河（蔡小庄）、德惠新河（郑店闸）
80	卫运河（临清）、徒骇河（堡集闸）、马颊河（大道王）
100	滦河（滦州）、北运河（通州）、唐河（西大洋）、海河干流（二道闸）、卫河（元村）

水利部公布的《第二批重点河湖生态流量保障目标（试行）》中，确定了海河流域内滦河的滦州站、永定河的三家店、桑干河的册田水库、洋河的响水铺 4 个控制断面生态流量保障目标，从 4 个断面 5 年实测径流量平均值与近期生态流量保障目标的差距看，响水铺、滦州站和册田水库均达到了近期生态流量保障目标，三家店还远未达到目标。海河流域重点河流生态流量保障情况见表 2-8。

表 2-8 海河流域重点河流生态流量保障情况

序号	河系	河流	主要控制断面	5 年平均实测径流量/亿 m^3	基本生态水量/亿 m^3	平均实测径流量是否满足近期目标
1	滦河及冀东沿海	滦河	滦州站	14.53	近期：1.22；远期：2.45	是
2	永定河	永定河	三家店	0.03	近期：0.23；中期：0.38；远期：0.76；远景：1.15	否
3	永定河	桑干河	册田水库	0.31	近期：0.13；中期：0.22；远期：0.44；远景：0.66	是
4	永定河	洋河	响水铺	0.94	近期：0.07；中期：0.12；远期：0.24；远景：0.37	是

（2）平原主要湿地生态需水量（水位）满足度评价结果

根据生态水面面积对平原主要湿地进行满足度评价，结果显示，12 个湿地平均满足度为 37.5%。其中，4 年全部满足的有 3 个，占湿地总数的 25%，分别为青甸洼、黄庄洼和衡水湖；3 年满足的有 2 个，占湿地总数的 16.7%，分别为团泊洼和北大港；其余 7 个湿地 4 年全部不满足，约占湿地总数的 58.3%，分别为七里海、大黄堡洼、白洋淀、永年洼、大浪淀、南大港和恩县洼。海河流域平原主要湿地 2013—2016 年实测水面面积满足度评价结果详见表 2-9。

表 2-9 海河流域平原主要湿地 2013—2016 年实测水面面积满足度评价结果

逐年满足度/%	湿地名称
0	七里海、大黄堡洼、白洋淀、永年洼、大浪淀、南大港、恩县洼
75	团泊洼、北大港
100	青甸洼、黄庄洼、衡水湖

水利部公布的《第一批重点河湖生态流量保障目标（试行）》中，确定了海河流域内七里海和白洋淀的生态流量保障目标，从 2 个湖库现状年实际水位与生态流量保障目标的差距看，七里海和白洋淀均达到了生态流量保障目标。重点湖库 2020 年实际水位满足度评价结果详见表 2-10。

表 2-10 海河流域重点湖库 2020 年实际水位满足度评价结果

序号	所在河系	湖库名称	主要控制断面	2020 年实际水位	生态流量保障目标	是否满足
1	北三河	七里海	淮淀闸	4 月为 1.89 m， 5 月为 2.01 m， 6 月为 2.03 m， 7 月为 2.02 m， 8 月为 1.96 m， 9 月为 1.89 m， 10 月为 1.89 m	1.5 m（4 月）， 1.7 m（5—10 月）	是
2	大清河（含海河干流）	白洋淀	十方院	水位保持在 6.75 m 以上，最高达 7.3 m	6.5 m	是

2.1.5 河湖干涸断流情况

2004 年以来，海河流域先后实施了引岳济淀、引岳济港、引岳济衡、引黄济淀等生态调水措施，挽救了濒临干涸的“华北明珠”——白洋淀，以及南大港和衡水湖。但随着地表水被大量开发利用，中下游河道失去了有源之水，相继枯竭断流，除北部的滦河常年有水外，其他平原河道大多数已成为季节性河流。海河流域河流干涸情况严峻，潮白河、永定河等下游河道常年干涸。基于海河流域 2018 年及近 60 年（1960—2018 年）平均干涸数据，分析海河流域河流的干涸时长、干涸类型及变化趋势。

2.1.5.1　干涸时长

根据海河流域水文站的监测数据，本研究选用 155 个典型水文站数据对主要河流干涸情况进行分析，其中，滦河及冀东沿海 19 个、北三河 29 个、永定河 18 个、大清河（含海河干流）17 个、子牙河（含黑龙港及运东）31 个、漳卫河 29 个，徒骇马颊河 12 个。

从干涸时长来看（表 2-11），2018 年（153 个有效监测河段，子牙河和漳卫河各有 1 个河段未监测）和 1960—2018 年平均干涸时长不超过 30 d 的河段分别为 100 个和 77 个，占比分别为 65.4%和 49.7%；干涸时长范围为（30，180］d 的河段分别为 26 个和 56 个，占比分别为 17%和 36.1%；干涸时长范围为（180，300］d 的河段分别为 9 个和 16 个，占比分别为 5.9%和 11%；干涸时长超过 300 d 的河段分别为 18 个和 6 个，占比分别为 11.8%和 3.9%。

对比海河流域 2018 年与 1960—2018 年平均河段干涸时长（表 2-11），2018 年干涸时长不超过 30 d 的河段占比高出 15.7 个百分点，说明部分河段干涸情况得到缓解；2018 年干涸时长超过 300 d 的河段占比高出 7.9 个百分点，说明部分河段干涸情况愈发严重。可见流域内河段干涸时长两极分化趋势加重。

表 2-11　海河流域 2018 年与 1960—2018 年平均河段干涸时长情况

干涸时长	河系	2018 年河段个数/个	占比/%	1960—2018 年平均河段个数/个	占比/%
干涸时长≤30 d	滦河及冀东沿海	17	89.5	16	84.2
	北三河	24	82.8	16	55.2
	永定河	9	50.0	8	44.4
	大清河（含海河干流）	11	64.7	8	47.1
	子牙河（含黑龙港及运东）	14	46.7	8	25.8
	漳卫河	17	60.7	15	51.7
	徒骇马颊河	8	66.7	6	50.0
	总计	100	65.4	77	49.7
30 d＜干涸时长≤180 d	滦河及冀东沿海	1	5.3	3	15.8
	北三河	3	10.3	12	41.4
	永定河	3	16.7	3	16.7

干涸时长	河系	2018 年河段个数/个	占比/%	1960—2018 年平均河段个数/个	占比/%
30 d＜干涸时长≤180 d	大清河（含海河干流）	2	11.8	7	41.2
	子牙河（含黑龙港及运东）	10	33.3	16	51.6
	漳卫河	4	14.3	9	31.0
	徒骇马颊河	3	25.0	6	50.0
	总计	26	17.0	56	36.1
180 d＜干涸时长≤300 d	滦河及冀东沿海	0	0	0	0
	北三河	0	0	1	3.4
	永定河	3	16.7	4	22.2
	大清河（含海河干流）	2	11.8	2	11.8
	子牙河（含黑龙港及运东）	2	6.7	4	12.9
	漳卫河	1	3.6	5	17.2
	徒骇马颊河	1	8.3	0	0
	总计	9	5.9	16	10.3
干涸时长＞300 d	滦河及冀东沿海	1	5.3	0	0
	北三河	2	6.9	0	0
	永定河	3	16.7	3	16.7
	大清河（含海河干流）	2	11.8	0	0
	子牙河（含黑龙港及运东）	4	13.3	3	9.7
	漳卫河	6	21.4	0	0
	徒骇马颊河	0	0	0	0
	总计	18	11.8	6	3.9

注：徒骇马颊河干涸情况为 2015 年的数据。

2.1.5.2 干涸类型及变化趋势

如表 2-12 所示，从干涸类型来看，1960—2018 年基本无干涸情况的河段共 57 个，占比为 36.8%；干涸情况有所缓解的河段共 8 个，占比为 5.2%；干涸情况波动（先加重后缓解）的河段共 43 个，占比为 27.7%；干涸情况显著加重的河段共 41 个，占比为 26.4%；其他情况的河段共 6 个，占比为 3.9%。

调查的 77 条河流中，7 条河流的部分河段近 30 年干涸情况有所缓解，其主要原因为，一方面随着城市污水收集和处理水平的提高，回用河道的水量增加；另一方面，随着人民生活水平逐步提高，环保意识增强，河道景观用水得到了一定保障。针对上述干涸情况好转的河流、河段，应继续加大水资源保障力度，确保持续改善。同时，对有水源补给条件但水库拦蓄和闸坝控制严重的河道，如漳河、清凉江等，可分段恢复，逐步改善。

表 2-12　1960—2018 年海河流域河流干涸类型

类型	河系	河段个数/个	占比/%
基本无干涸情况	滦河及冀东沿海	15	78.9
	北三河	12	41.4
	永定河	2	11.1
	大清河（含海河干流）	5	29.4
	子牙河（含黑龙港及运东）	7	22.6
	漳卫河	11	37.9
	徒骇马颊河	5	41.7
	总计	57	36.8
干涸情况有所缓解	滦河及冀东沿海	0	0
	北三河	2	6.9
	永定河	2	11.1
	大清河（含海河干流）	0	0
	子牙河（含黑龙港及运东）	2	6.5
	漳卫河	1	3.4
	徒骇马颊河	1	8.3
	总计	8	5.2
干涸情况波动（先加重后缓解）	滦河及冀东沿海	1	5.3
	北三河	8	27.6
	永定河	8	44.4
	大清河（含海河干流）	7	41.2
	子牙河（含黑龙港及运东）	9	29.0
	漳卫河	7	24.1
	徒骇马颊河	3	25.0
	总计	43	27.7
干涸情况显著加重	滦河及冀东沿海	3	15.8
	北三河	7	24.1
	永定河	3	16.7
	大清河（含海河干流）	5	29.4
	子牙河（含黑龙港及运东）	10	32.3
	漳卫河	10	34.5
	徒骇马颊河	3	25.0
	总计	41	26.4

调查的 77 条河流中有 29 条河流近 30 年干涸情况逐渐加重，占比为 37.7%，是实施海河流域水资源保障措施的重点对象。

20 世纪 50 年代是海河流域的丰水期，1953—1956 年连续 4 年发生较大洪涝灾害，这个时期平原各主要河道水量充沛、常年有水。卫运河、子牙河—滏阳河、大清河—府河、蓟运河、北运河等河流航道畅通，呈现水运盛况。海河水系通航总里程长达 3 523 km。其中，卫运河航线北起天津，南抵新乡，长度达 800 km 以上，子牙河—滏阳河航线从邯郸至天津，长 571 km，白洋淀帆樯云集，一片水乡景色。自 20 世纪 60 年代开始，特别是在 1965 年大旱之后，“水繁荣”局面发生改变，河流出现断流、干涸现象。

河道干涸具有范围广、时间长的特征。总体来看，1960—2018 年海河流域的干涸天数从 28 d 上升至 78 d，其中 2006 年的干涸天数高达 110 d。1960—2006 年和 2006—2018 年的平均干涸情况变化差距显著。根据 1960—2006 年水文长序列数据，海河流域调查的 10 461.3 km 河段内 77 条主要河流，干涸河流占比由 7.7%增加到 49.7%；干涸天数由 28 d 增加到 110 d 左右；干涸超过 180 d 的河段长度占比由 1%增加到 13.5%；干涸天数超过 300 d 的河段长度占比由 3.9%增加到 18%。2006—2018 年海河流域的干涸情况呈缓解趋势，主要表现为干涸天数从 110 d 下降到 78 d，减少了 32 d；干涸河段数量从 77 个下降到 56 个，21 个河段干涸情况有所缓解；干涸超过 180 d 的河段长度占比与干涸超过 300 d 的河段长度占比分别减少了 7.2%和 8%，严重干涸河段的情况显著改善。由此说明经过近些年实施的区域再生水循环利用体系建设、控制性水利工程生态水量下泄、地下水超采治理、南水北调跨流域调水等措施，缓解流域干涸方面的工作成效逐渐显现。海河流域 1960—2018 年主要河流干涸情况见表 2-13，干涸时长情况见图 2-12。

表 2-13 海河流域 1960—2018 年主要河流干涸情况

<table>
<tr><th colspan="2">类型</th><th>1960 年</th><th>1965 年</th><th>1970 年</th><th>1975 年</th><th>1980 年</th><th>1985 年</th><th>1990 年</th><th>2006 年</th><th>2010 年</th><th>2015 年</th><th>2018 年</th></tr>
<tr><td rowspan="2">干涸河段数量</td><td>干涸河段数量/个</td><td>12</td><td>29</td><td>25</td><td>43</td><td>50</td><td>57</td><td>47</td><td>77</td><td>85</td><td>82</td><td>56</td></tr>
<tr><td>干涸河段占比/%</td><td>7.7</td><td>18.7</td><td>16.1</td><td>27.7</td><td>32.3</td><td>36.8</td><td>30.3</td><td>49.7</td><td>54.8</td><td>52.9</td><td>36.1</td></tr>
<tr><td rowspan="3">干涸时长情况</td><td>干涸天数/d</td><td>28</td><td>27</td><td>30</td><td>50</td><td>54</td><td>64</td><td>58</td><td>110</td><td>102</td><td>101</td><td>78</td></tr>
<tr><td>干涸超过 180 d 的河段长度占比/%</td><td>1.0</td><td>5.9</td><td>2.4</td><td>4.5</td><td>5.3</td><td>6.2</td><td>4.0</td><td>13.5</td><td>10.9</td><td>10.6</td><td>6.3</td></tr>
<tr><td>干涸超过 300 d 的河段长度占比/%</td><td>3.9</td><td>0.5</td><td>2.9</td><td>3.5</td><td>5.1</td><td>3.9</td><td>3.9</td><td>18.0</td><td>15.3</td><td>16.2</td><td>10.0</td></tr>
</table>

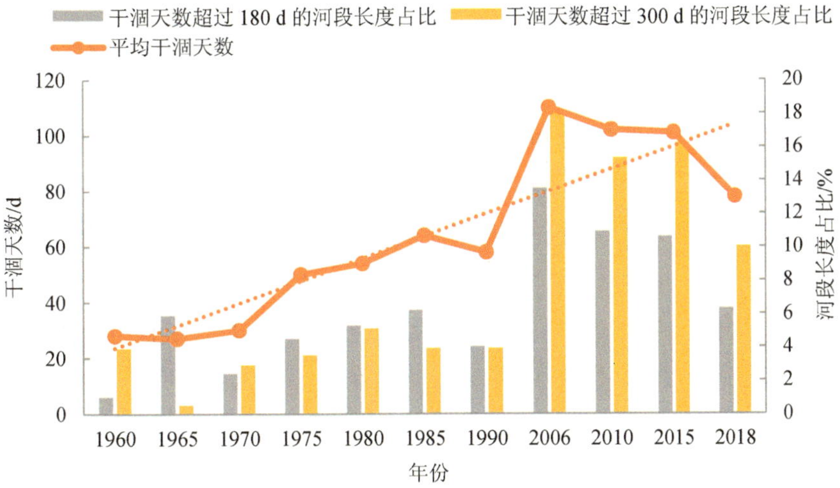

图 2-12 海河流域 1960—2018 年主要河流干涸时长情况

2.1.6 小结

对海河流域总体水资源情况进行评价，包括水资源量、水资源开发利用情况、污水处理及回用情况、生态需水量（水位）满足度、河湖干涸断流情况 5 个方面，基于水文监测数据对海河流域总体水资源现状、地区分布、年际变化、年内分配进行描述与分析并得出结论，主要结论如下：

①从水资源量来看，海河流域山区的年降水量略高于平原区，海河流域地表水资源量常年偏少，地下水资源量则呈波动态势，2012 年出现较高值，达到 250 亿 m^3 以上。流域内降水量与地表水均呈现出相同的时空分布特征，降水量和地表水资源量的增长大部分集中在汛期（6—9 月），因此，海河流域易形成春旱夏涝的局面，江河汛期洪水和非汛期枯水，大幅降低水资源的可利用量。

②从水资源开发利用情况来看，海河流域地表水及地下水供水量变化不大，2010 年以来非常规水利用量逐年增加，从 10.4 亿 m^3 增加到 23.03 亿 m^3。2010—2017 年，海河流域总用水量基本维持在 369.25 亿 m^3 左右，其中农业耗水量最大，达到 60%左右，城镇用水、工农业用水总体呈逐渐减少趋势，公共生活及生态环境用水呈逐渐增加趋势。虽然生态环境用水量有所增加，但依然远低于其他用水类型，河流湖泊干涸困境难以解决。此外，海河流域高耗水企业占比大，高耗水行业（纺织、造纸、冶金、石油、化工等行业）累计取水量占规模以上工业企业总取水量的 34.8%。

③从污水处理及回用情况来看，海河流域污水达标处理后出水回用于工业、厂区、市政等方面的水量为 29.3 亿 t，回用率达 35.17%。

④从生态需水量（水位）满足度来看，海河流域重要河湖生态需水量满足度总体较

差，但局部有改善趋势，2020 年海河流域 31 个重点断面平均满足度为 71%。比 2012—2016 年逐年满足度提升了 13%，说明近年来实施引调水进行生态补水工程的成效明显，河流的生态缺水问题有一定程度的缓解。

⑤从河湖干涸断流情况来看，对比海河流域 2018 年与 1960—2018 年多年平均河段干涸时长，干涸时长不超过 30 d 的河段占比高出 15.7 个百分点，说明部分河段干涸情况得到缓解；干涸时长超过 300 d 的河段占比高出 7.9 个百分点，说明部分河段干涸情况愈发严重。可见流域内河段干涸时长两极分化趋势加重。此外，在调查的 77 条河流中，7 条河流的部分河段近 30 年干涸情况有所缓解，应继续加大水资源保障力度，确保持续改善，29 条河流近 30 年干涸情况逐渐加重，占比为 37.7%，是实施海河流域水资源保障措施的重点对象。

2.2 重点河流水资源评价与分析

2.2.1 滦河及冀东沿海

2.2.1.1 水资源量

2010—2017 年，滦河及冀东沿海平均降水量为 571.99 mm，2012 年降水量最大，为 805.27 mm；2014 年最小，为 425.44 mm；2010—2017 年降水量情况见表 2-14。由图 2-13 可知，2010—2017 年平均水资源总量为 50.72 亿 m^3，呈波动变化，2012 年水资源总量达到峰值，为 90.26 亿 m^3；多年平均地表水资源量为 35.44 亿 m^3；多年平均地下水资源量为 31.57 亿 m^3。

表 2-14 滦河及冀东沿海 2010—2017 年降水量

年份	2010	2011	2012	2013	2014	2015	2016	2017	多年平均
降水量/mm	627.80	485.36	805.27	531.27	425.44	521.20	668.70	510.90	571.99

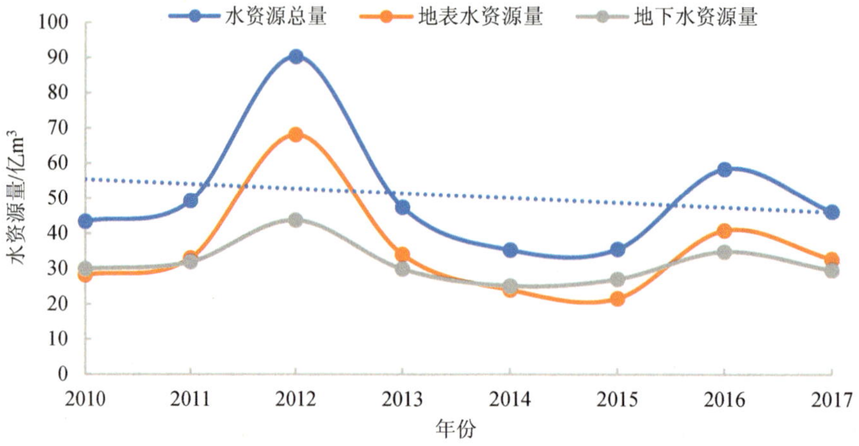

图 2-13 2010—2017 年滦河及冀东沿海水资源量变化趋势

2.2.1.2　水资源开发利用状况

（1）供用水量

如表2-15所示，2010—2017年，滦河及冀东沿海的供水量维持在35.09亿m^3左右，供水量最小为2017年的33.33亿m^3，最大为2011年的36.78亿m^3。2010—2017年，地表水供水量变化范围为11.86亿～14.86亿m^3，地下水供水量变化范围为17.91亿～23.74亿m^3，非常规水利用量从0.25亿m^3增加到0.67亿m^3。2010—2017年，工业、农业用水量大体上呈减少趋势，农业用水量从23.65亿m^3减少到21.12亿m^3，工业用水量从7.4亿m^3减少到5.47亿m^3；公共生活及生态环境用水量大体上呈逐渐增加趋势，公共生活用水量从4.46亿m^3增加到5.44亿m^3，生态环境用水量从0.31亿m^3增加到1.3亿m^3。

表2-15　滦河及冀东沿海2010—2017年供用水量统计　　单位：亿m^3

年份	供水量					用水量				
	合计	地表水		地下水	非常规水	合计	公共生活	工业	农业	生态环境
		小计	引水							
2010	35.85	11.86	7.89	23.74	0.25	35.82	4.46	7.40	23.65	0.31
2011	36.78	13.53	9.78	22.78	0.47	36.77	4.79	8.01	23.51	0.46
2012	35.79	13.84	9.88	21.45	0.50	35.78	5.07	7.21	22.85	0.65
2013	35.05	14.09	9.28	20.51	0.45	35.06	5.06	7.40	22.00	0.60
2014	36.11	14.86	10.08	20.64	0.61	36.11	5.11	7.16	23.11	0.73
2015	34.07	13.68	8.82	19.90	0.49	34.07	5.10	6.40	21.88	0.69
2016	33.74	14.39	10.24	18.69	0.66	33.73	5.38	6.11	21.35	0.89
2017	33.33	14.75	9.60	17.91	0.67	33.33	5.44	5.47	21.12	1.30

（2）耗水量

如图2-14所示，2010—2017年，滦河及冀东沿海的耗水量维持在25.84亿m^3左右，其中农田灌溉的耗水量最大，占总耗水量的59.1%，生态环境耗水量最小，占总耗水量的2.7%；农田灌溉、工业耗水量大体上呈下降趋势，2017年耗水量较2010年分别减少了16.1%、34.2%；生态环境、城镇公共、林牧渔畜耗水量大体上呈上升趋势，2017年耗水量分别是2010年的2.3倍、3倍、1.4倍；居民生活耗水量较稳定。

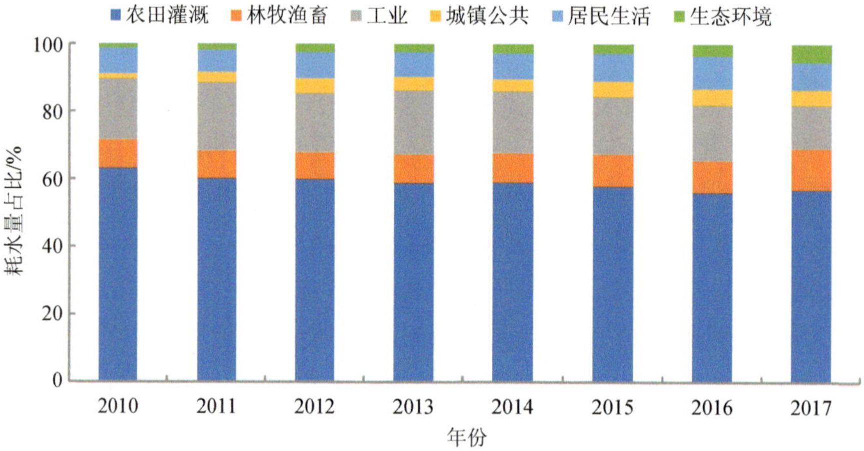

图 2-14 滦河及冀东沿海 2010—2017 年各耗水方式耗水量占总耗水量的比例

2.2.1.3 污水处理及回用情况

截至目前，滦河及冀东沿海河系范围内建有 53 座主要污水集中处理设施，其中，有 18 座污水集中处理设施的出水全部或部分以城市杂用、工业用水、环境用水等方式回用，回用量为 22.6 万 m^3/d；排入河道的水量为 126.7 万 m^3/d，其中 COD、氨氮、总磷、BOD_5 等主要指标达到地表水Ⅴ类标准的水量有 31.3 万 m^3/d。

2.2.1.4 生态需水量（水位）满足度

《综合规划》中明确了闪电河、滦河、陡河 3 条重点河流的生态需水量要求（表 2-16），分别为 0.14 亿 m^3、4.21 亿 m^3（滦州控制站）、1.02 亿 m^3。根据 2012—2016 年 5 年平均实测径流量数据可知，滦河满足生态水量要求，闪电河、陡河径流量达不到要求。根据 2012—2016 年逐年的实测径流量数据可知，滦河的三道河子控制站和滦州控制站的逐年满足度均为 100%，达到生态水量要求，白城子控制站和陡河水库控制站未满足生态水量要求。2012—2016 年逐月实测径流量满足度评价结果表明（表 2-17），4 个评价控制站平均满足度约为 53%，等级为差，其中陡河水库的满足度仅为 15%，等级为劣。

表 2-16 滦河及冀东沿海重点河流 2012—2016 年生态需水量满足度

河流	控制站	生态需水量/亿 m^3	实测径流量/亿 m^3						平均实测水量是否满足生态水量	逐年满足度/%
			2012 年	2013 年	2014 年	2015 年	2016 年	5 年平均		
闪电河	白城子	0.14	0.04	0.13	0.07	0.04	0.06	0.07	否	0
滦河	三道河子	1.31	2.95	3.95	1.82	2.70	3.51	2.99	是	100
	滦州	4.21	29.80	15.48	7.11	6.74	13.51	14.53	是	100
陡河	陡河水库	1.02	0.80	0.76	0.74	0.83	0.95	0.82	否	0

表 2-17 滦河及冀东沿海重点河流 2012—2016 年逐月实测径流量满足度评价结果

河流	控制站	评价总月数/个	生态水量满足月数/个	满足比例/%	过程满足状况
闪电河	白城子	60	17	28	劣
滦河	三道河子		45	75	中
	滦州		57	95	良
陡河	陡河水库		9	15	劣

根据水利部公布的《第二批重点河湖生态流量保障目标（试行）》，滦河滦州控制站生态水量的近期目标为 1.22 亿 m^3、远期目标为 2.45 亿 m^3，滦州控制站 2012—2016 年平均实测径流量为 14.53 亿 m^3，达到近期、远期生态水量目标。

2.2.1.5 河湖干涸断流情况

滦河及冀东沿海共 19 个监测河段，干涸时长数据为 1960—2018 年的统计数据，根据滦河及冀东沿海近 60 年（1960—2018 年）和 2018 年的干涸时长数据，分析 19 个监测河段的干涸情况及变化趋势。

由表 2-18 和表 2-19 可知，2018 年和 1960—2018 年多年平均干涸时长小于等于 30 d 的河段分别为 17 个和 16 个，分别约占监测河段的 89.5%、84.2%；干涸时长范围为（30，180］d 的河段分别为 1 个和 3 个，分别约占监测河段的 5.3%、15.8%；干涸时长范围为（180，300］d 的河段都为 0 个；干涸时长超过 300 d 的河段分别为 1 个和 0 个，分别约占监测河段的 5.3%、0。相比于 1960—2018 年多年平均干涸情况，2018 年闪电河的闪电河水库—上都分场段干涸情况加重。1960—2018 年无干涸情况的河段共 15 个，约占监测河段的 78.9%；干涸情况缓解的河段 0 个；干涸情况波动（先加重后缓解）的河段 1 个，约占监测河段的 5.3%；干涸程度加重的河段共 3 个，约占监测河段的 15.8%，分别为闪电河的闪电河水库至上都分场段、伊逊河的庙宫水库至下河南段和瀑河的源头至平泉段。

由图 2-15 可知，滦河及冀东沿海诸河 1960—1975 年无干涸情况；从 1975 年以后干涸情况开始出现，2015 年和 2018 年的干涸情况有所缓解，但整体上干涸时长呈增加趋势。

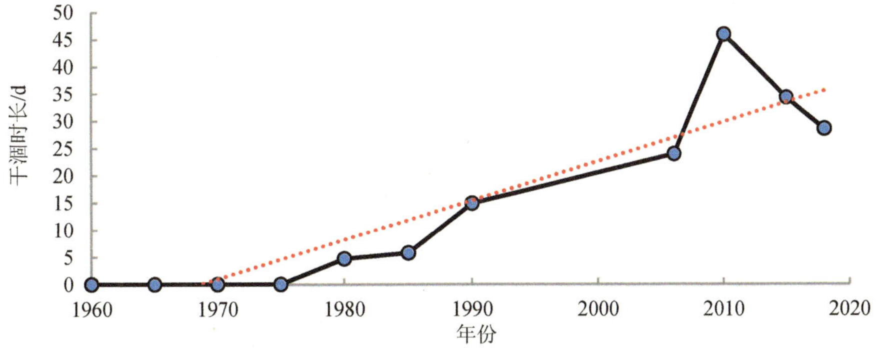

图 2-15 1960—2018 年滦河及冀东沿海诸河河流干涸时长状况

表 2-18 滦河及冀东沿海诸河河流干涸总体情况

干涸时长	2018年		1960—2018年多年平均	
	河段个数/个	河段名称	河段个数/个	河段名称
干涸时长≤30 d	17	滦河的白城子—潘家口水库入库口（包括 4 个河段）和滦河的大黑汀水库坝下—河口段、闪电河的上都分场—白城子（闪）段、伊逊河的下河南—韩家营段、武烈河的高寺台—承德大桥段、柳河的兴隆—潘家口水库入库口段（包括 2 个河段）、瀑河的源头—潘家口水库入库口段（包括 2 个河段）、澈河的兴隆—大黑汀水库入库口段、青龙河的河源—卢龙段（包括 3 个河段）、陡河的陡河水库坝下—河口段	16	滦河的白城子—潘家口水库入库口（包括 4 个河段）和滦河的大黑汀水库坝下—河口段、伊逊河的下河南—韩家营段、武烈河的高寺台—承德大桥段、柳河的兴隆—潘家口水库入库口段（包括 2 个河段）、瀑河的源头—潘家口水库入库口段（包括 2 个河段）、澈河的兴隆—大黑汀水库入库口段、青龙河的河源—卢龙段（包括 3 个河段）、陡河的陡河水库坝下—河口段
30 d＜干涸时长≤180 d	1	伊逊河的庙宫水库—下河南段	3	闪电河的闪电河水库—上都分场段和上都分场—白城子（闪）段、伊逊河的庙宫水库—下河南段
180 d＜干涸时长≤300 d	0	—	0	—
干涸时长＞300 d	1	闪电河的闪电河水库—上都分场段	0	—

表 2-19 滦河及冀东沿海诸河河流干涸具体情况

所在河系	河流	水位站名称	起止位置	河长/km	干涸时长/d												1960—2018年干涸变化趋势
					1960年	1965年	1970年	1975年	1980年	1985年	1990年	2006年	2010年	2015年	2018年	1960—2018年多年平均	
滦河	滦河	白音波罗	白城子—羊肠子沟入口	40	0	0	0	0	0	0	0	0	0	0	0	0	无干涸情况
		郭家屯（河道）	羊肠子沟入口—郭家屯	129	0	0	0	0	0	0	0	0	0	0	0	0	无干涸情况
		三道河子	郭家屯—三道河子	100	0	0	0	0	0	0	0	0	0	0	0	0	无干涸情况
		乌龙矶	三道河子—潘家口水库入库口	82	0	0	0	0	0	0	0	0	0	0	0	0	无干涸情况
		滦州	大黑汀水库坝下—河口	158	0	0	0	0	0	0	0	0	0	0	0	0	无干涸情况
	闪电河	正蓝旗	闪电河水库—上都分场	119	0	0	0	0	0	0	159	271	365	365	365	139	干涸情况加重
		白城子（闪二）	上都分场—白城子（闪）	53.2	0	0	0	0	84	103	109	0	133	0	0	39	干涸情况波动
	伊逊河	庙宫水库（坝下）	庙宫水库—下河南	75	0	0	0	0	0	0	0	183	171	170	176	64	干涸情况加重
		韩家营（二）	下河南—韩家营	76	0	0	0	0	0	0	0	0	0	0	0	0	无干涸情况
	武烈河	承德（二）	高寺台—承德大桥	25	0	0	0	0	0	0	0	0	0	0	0	0	无干涸情况

所在河系	河流	水位站名称	起止位置	河长/km	干涸时长/d												1960—2018年干涸变化趋势
					1960年	1965年	1970年	1975年	1980年	1985年	1990年	2006年	2010年	2015年	2018年	1960—2018年多年平均	
滦河	柳河	李营	兴隆—李营	33	0	0	0	0	0	0	0	0	0	0	0	0	无干涸情况
		石佛	李营—潘家口水库入库口	33	0	0	0	0	0	0	0	0	0	0	0	0	无干涸情况
	瀑河	平泉（四）	源头—平泉	19	0	0	0	0	0	0	0	0	202	116	0	29	干涸情况加重
		宽城	平泉—潘家口水库入库口	78	0	0	0	0	0	0	0	0	0	0	0	0	无干涸情况
	澈河	蓝旗营（二）	兴隆—大黑汀水库入库口	60	0	0	0	0	0	0	0	0	0	0	0	0	无干涸情况
	青龙河	东庄	河源—东庄	43	0	0	0	0	0	0	0	0	0	0	0	0	无干涸情况
		双山子	东庄—桃林口	44	0	0	0	0	0	0	0	0	0	0	0	0	无干涸情况
		桃林口水库（河道二）	桃林口—卢龙	178	—	—	—	—	—	—	—	0	0	0	0	0	无干涸情况
冀东沿海诸河	陡河	唐山（三）	陡河水库坝下—河口	123	0	0	0	0	0	0	0	0	0	0	0	0	无干涸情况

2.2.2　北三河

2.2.2.1　水资源量

如表 2-20 所示，2010—2017 年，北三河系平均降水量为 572.41 mm，2012 年降水量最大，为 727.64 mm，2014 年最小，为 495.71 mm。由图 2-16 可知，2010—2017 年，多年平均水资源总量为 47.37 亿 m^3，呈波动变化，2012 年水资源总量达到峰值，为 73.93 亿 m^3；多年平均地表水资源量为 23.09 亿 m^3；多年平均地下水资源量为 32.01 亿 m^3。

表 2-20　北三河系 2010—2017 年降水量

年份	2010	2011	2012	2013	2014	2015	2016	2017	多年平均
降水量/mm	535.62	549.67	727.64	534.86	495.71	549.10	628.80	557.90	572.41

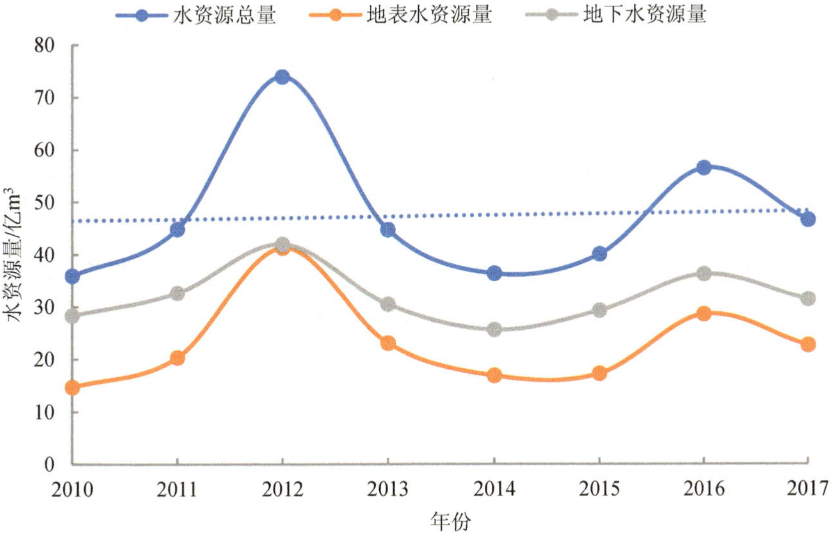

图 2-16　2010—2017 年北三河系水资源量变化趋势

2.2.2.2　水资源开发利用状况

（1）供用水量

如表 2-21 所示，2010—2017 年，北三河系的供水量维持在 60.89 亿 m^3 左右，供水量最小的为 2012 年的 59.04 亿 m^3，最大的为 2016 年的 63.9 亿 m^3；其中，地表水供水量变化范围为 15.92 亿～22.42 亿 m^3，地下水供水量变化范围为 28.55 亿～36.1 亿 m^3，非常规水利用量逐年增加，从 7.04 亿 m^3 增加到 11.94 亿 m^3。2010—2017 年，北三河系总用水量基本维持在 60.97 亿 m^3 左右；工业、农业用水量大体上呈减少趋势，农业用水量从 31.01 亿 m^3 减少到 20.98 亿 m^3，工业用水量从 7.68 亿 m^3 减少到 5.82 亿 m^3；公共生活及生态环境用水量大体上呈逐渐增加趋势，公共生活用水量从 16.54 亿 m^3 增加到 21.65 亿 m^3，生态环境用水量从 4.42 亿 m^3 增加到 13.55 亿 m^3。

表 2-21 北三河系 2010—2017 年供用水量统计 单位：亿 m^3

年份	供水量					用水量				
	合计	地表水		地下水	非常规水	合计	公共生活	工业	农业	生态环境
		小计	引水							
2010	59.06	15.92	5.36	36.10	7.04	59.65	16.54	7.68	31.01	4.42
2011	59.91	16.93	8.67	35.71	7.27	59.93	16.52	8.28	30.09	5.04
2012	59.05	16.67	8.29	34.39	7.99	59.04	17.03	8.14	27.68	6.19
2013	59.98	17.21	8.55	33.99	8.78	59.99	17.46	8.37	28.02	6.14
2014	60.99	18.66	9.72	32.78	9.55	60.99	19.72	7.77	25.54	7.96
2015	62.24	21.14	5.01	30.70	10.40	62.24	20.51	6.57	24.45	10.71
2016	63.91	22.42	5.89	30.19	11.30	63.91	21.45	6.53	24.60	11.33
2017	62.00	21.51	5.76	28.55	11.94	62.00	21.65	5.82	20.98	13.55

（2）耗水量

如图 2-17 所示，2010—2017 年，北三河系的耗水量维持在 39.15 亿 m^3 左右，其中农田灌溉的耗水量最大，占总耗水量的 45.3%，城镇公共耗水量最小，占总耗水量的 6%；农田灌溉、林牧渔畜、工业耗水量大体上呈下降趋势，2017 年耗水量较 2010 年分别减少了 16.1%、27.8%、34.2%；生态环境、城镇公共、居民生活耗水量大体上呈上升趋势，2017 年耗水量分别是 2010 年的 3.1 倍、1.3 倍、1.1 倍。

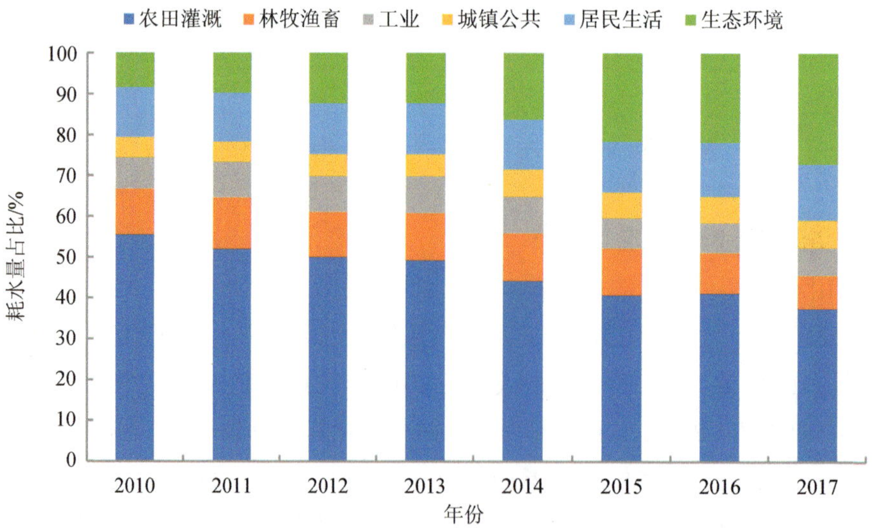

图 2-17 北三河系 2010—2017 年各耗水方式耗水量占总耗水量的比例

2.2.2.3 污水处理及回用情况

截至目前，北三河系范围内建有 63 座主要污水集中处理设施。其中，有 21 座污水集中处理设施的出水全部或部分以城市杂用、工业用水、环境用水等方式回用，回用的水量为 138.7 万 m^3/d；排入河道的水量为 262.9 万 m^3/d，其中 COD、氨氮、总磷、BOD_5 等主要指标达到地表水Ⅴ类标准的水量有 246.2 万 m^3/d，达到Ⅳ类标准的水量有 234.1 万 m^3/d。

2.2.2.4 生态需水量（水位）满足度

《综合规划》中明确了沙河、白河、潮河、潮白河、蓟运河、北运河 6 条重点河流的生态需水量要求（表 2-22），分别为 0.43 亿 m^3、0.77 亿 m^3、0.57 亿 m^3、1.38 亿 m^3、0.95 亿 m^3、1.53 亿 m^3。根据 2012—2016 年 5 年平均实测径流量数据可知，6 个控制站中 4 个满足生态水量要求，约占总控制站的 67%，沙河、白河、潮河、北运河满足生态水量要求。根据 2012—2016 年逐年的实测径流量数据发现，潮白河和蓟运河的逐年满足度分别为 0 和 20%，5 年平均实测水量不满足生态水量要求，其余 4 条河的逐年满足度均为 100%。2012—2016 年逐月实测径流满足度评价结果（表 2-23）表明，6 个评价控制站平均满足度约为 62%，等级为中。其中潮白河苏庄和蓟运河九王庄的满足度分别为 0 和 35%，等级均为劣。

表 2-22 北三河系重点河流 2012—2016 年生态需水量满足度

河流	控制站	生态需水量/亿 m^3	实测径流量/亿 m^3						平均实测水量是否满足生态水量	逐年满足度/%
			2012 年	2013 年	2014 年	2015 年	2016 年	5 年平均		
沙河	水平口	0.43	1.80	2.07	1.13	0.60	0.97	1.31	是	100
白河	张家坟	0.77	1.26	2.42	1.41	2.02	3.81	2.18	是	100
潮河	戴营	0.57	0.72	1.23	0.64	0.86	2.08	1.11	是	100
潮白河	苏庄	1.38	0.04	0	0.01	0.01	0.03	0.02	否	0
蓟运河	九王庄	0.95	0.90	1.76	0.87	0.45	0.22	0.84	否	20
北运河	通州	1.53	7.61	4.95	2.93	7.74	8.02	6.25	是	100

表 2-23 北三河系重点河流 2012—2016 年逐月实测径流量满足度评价结果

河流	控制站	评价总月数/个	生态水量满足月数/个	满足比例/%	过程满足状况
沙河	水平口	60	50	83	良
白河	张家坟		50	83	良
潮河	戴营		48	80	良
潮白河	苏庄		0	0	劣
蓟运河	九王庄		21	35	劣
北运河	通州		55	92	良

七里海湿地作为北三河系的主要湿地，2013—2016 年的实测水面面积均不满足生态水面规划值（表 2-24）。

表 2-24 北三河系 2013—2016 年主要湿地实测水面面积满足度评价结果

湿地名称	生态水面规划值/km²	实测水面面积/km²					生态水面是否满足	逐年满足度/%
		2013 年	2014 年	2015 年	2016 年	平均		
七里海	85	52	52.1	52.2	50	52	否	0

2.2.2.5 河湖干涸断流情况

北三河系共 29 个监测河段，干涸时长数据为 1960—2018 年的统计数据，通过北三河系近 60 年（1960—2018 年）和 2018 年的干涸时长数据，分析 29 个监测河段的干涸情况及变化趋势。

从干涸时长来看（表 2-25 和表 2-26），2018 年和 1960—2018 年多年平均干涸时长小于等于 30 d 的河段分别为 24 个和 16 个，分别约占监测河段的 82.8%和 55.2%；干涸时长范围为（30，180］d 的河段为 3 个和 12 个，分别约占监测河段的 10.3%、41.4%；干涸时长范围为（180，300］d 的河段分别为 0 个和 1 个，分别约占监测河段的 0 和 3.4%；干涸时长超过 300 d 的河段分别为 2 个和 0 个，分别约占监测河段的 6.9%和 0。相比于 1960—2018 年多年平均干涸情况，2018 年一些河段干涸情况得到缓解，但部分河段干涸情况加重，如淋河的龙门口—于桥水库入库口段、泃河的源头—海子水库入库口段等河段。1960—2018 年基本无干涸情况（包括无干涸情况）的河段共 12 个，约占监测河段的 41.4%；干涸情况缓解的河段共 2 个，约占 6.9%；干涸情况波动（先加重后缓解）的河段共 8 个，约占监测河段的 27.6%；干涸程度呈显著加重趋势的河段共 7 个，约占监测河段的 24.1%，分别为蓟运河的江洼口—芦台大桥段、潮白河的怀柔水库坝下—苏庄段、北运河的土门楼（北）（闸下）—河西务镇段，以及蓟运河的引滦隧洞出口—于桥水库入库口段、龙门口—于桥水库入库口段、源头—海子水库入库口段、邱庄水库坝下—蓟运河段。

从图 2-18 来看，北三河系在 1960 年和 1965 年基本无干涸情况，从 1970 年开始干涸情况出现，2015 年、2018 年的干涸情况有所缓解，但从整体上看干涸时长呈增加趋势。

表 2-25　北三河系河流干涸总体情况

干涸时长	2018 年		1960—2018 年多年平均	
	河段个数/个	河段名称	河段个数/个	河段名称
干涸时长≤30 d	24	蓟运河的九王庄（蓟）（闸下）—新防潮闸（闸上）段（包含 3 个河段）、潮白河的苏庄—香河（包含 2 个河段）、潮白新河的香河—宁车沽（闸上）段（包含 2 个河段）、潮河的戴营—密云水库段、北运河的通县（北）（闸下）—牛牧屯段、北运河的河西务镇—三岔口段（包括 2 个河段）、北京排污河的源头—东堤头闸段、黎河的引滦隧洞出口—于桥水库入库口段、沙河的源头—果河桥段、沟河的海子水库坝下—九王庄段、潮河的源头—戴营段（包括 2 个河段）、白河的云州水库入库口—密云水库入库口段（包括 3 个河段）、黑河的河源—白河段、凉水河的大红门—北运河段、通惠河的东便门—北运河段、凤河的南大红门闸—北京排污河段	16	蓟运河的芦台大桥—新防潮闸（闸上）、潮白新河的香河—黄白桥（闸上）段、潮河的戴营-密云水库段、北运河的河西务镇—三岔口段（包括 2 个河段）、沙河的源头—果河桥段、沟河的海子水库坝下—九王庄段、潮河的源头—戴营段（包括 2 个河段）、白河的云州水库入库口—密云水库入库口段（包括 3 个河段）、黑河的河源—白河段、凉水河的大红门—北运河段、通惠河的东便门—北运河段、凤河的南大红门闸—北京排污河段
30 d<干涸时长≤180 d	3	潮白河的怀柔水库坝下—苏庄段、北运河的土门楼（北）（闸下）—河西务镇段、还乡河的邱庄水库坝下—蓟运河段	12	蓟运河的九王庄（蓟）（闸下）—芦台大桥（包括 2 个河段）、潮白河的怀柔水库坝下—香河段（包括 3 个河段）、潮白新河的黄白桥（闸上）—宁车沽（闸上）段、北运河的通县（北）（闸下）—牛牧屯段和土门楼（北）（和闸下）—河西务镇段、北京排污河的源头—东堤头闸段、黎河的引滦隧洞出口—于桥水库入库口段、沟河的源头—海子水库入库口段、还乡河的邱庄水库坝下—蓟运河段
180 d<干涸时长≤300 d	0	—	1	淋河的龙门口—于桥水库入库口段
干涸时长>300 d	2	淋河的龙门口—于桥水库入库口段、沟河的源头—海子水库入库口段	0	—

表 2-26 北三河系河流干涸具体情况

所在水体	河流	水位站名称	起止位置	河长/km	干涸时长/d												1960—2018 年干涸变化趋势
					1960 年	1965 年	1970 年	1975 年	1980 年	1985 年	1990 年	2006 年	2010 年	2015 年	2018 年	1960—2018 年多年平均	
蓟运河	蓟运河	九王庄（蓟）（闸下）	九王庄（蓟）（闸下）—江洼口	90	—	—	—	—	—	205	159	276	192	223	0	176	干涸情况波动
		张头窝（蓟）（闸下）	江洼口—芦台大桥	44	—	0	0	43	0	0	11	194	365	365	30	101	干涸情况加重
		新防潮闸（闸上）	芦台大桥—新防潮闸（闸上）	41	—	—	0	0	12	0	0	0	0	0	0	1	基本无干涸情况
潮白河	潮白河	苏庄	怀柔水库坝下—苏庄	41	—	0	0	0	0	0	0	365	365	363	89	118	干涸情况加重
		赶水坝（闸上）	苏庄—赶水坝（闸上）	30	—	0	0	35	47	240	111	0	0	16	0	45	干涸情况波动
		赶水坝（闸下）	赶水坝（闸下）—香河	21	—	19	0	288	305	256	230	160	46	97	0	140	干涸情况波动
潮白新河	潮白新河	黄白桥（闸上）	香河—黄白桥（闸上）	57	—	—	—	85	11	0	63	0	0	0	0	20	干涸情况缓解
		宁车沽（闸上）	黄白桥（闸上）—宁车沽（闸上）	40.4	—	—	—	38	85	0	177	0	0	0	0	38	干涸情况波动
蓟运河	黎河	前毛庄	引滦隧洞出口—于桥水库入库口	57.6	—	—	—	—	—	—	0	220	258	212	0	138	干涸情况加重
	沙河	水平口（河道）	源头—果河桥	66	—	0	0	0	0	0	0	0	0	0	0	0	无干涸情况

所在水体	河流	水位站名称	起止位置	河长/km	干涸时长/d												1960—2018年干涸变化趋势
					1960年	1965年	1970年	1975年	1980年	1985年	1990年	2006年	2010年	2015年	2018年	1960—2018年多年平均	
蓟运河	淋河	淋河桥	龙门口—于桥水库入库口	20	—	—	—	—	—	—	89	122	361	362	308	248	干涸情况加重
	泃河	三河（二）	海子水库坝下—九王庄	147.6	—	0	0	0	0	0	0	0	0	0	0	0	无干涸情况
		罗庄子	源头—海子水库入库口	20	—	0	0	102	20	98	49	343	365	—	324	145	干涸情况加重
	还乡河	小定府庄（河道二）	邱庄水库坝下—蓟运河	122	—	—	—	—	0	0	0	115	20	165	6	44	干涸情况加重
潮白河	潮河	大阁	源头—土城子	25	—	0	0	0	0	0	0	0	0	0	0	0	无干涸情况
		古北口	土城子—戴营	127	—	0	0	0	0	0	0	0	0	0	0	0	无干涸情况
		下会	戴营—密云水库	50	—	—	—	—	0	0	0	0	0	0	0	0	基本无干涸情况
	白河	下堡（三）	云州水库入库口—下堡	65	—	0	0	0	0	0	0	0	0	0	0	0	无干涸情况
		白河堡水库	下堡—黑河入口	30	—	—	—	—	—	0	0	0	0	0	0	0	无干涸情况
		张家坟（二）	黑河入口—密云水库入库口	45	—	—	0	0	0	0	0	0	0	0	0	0	无干涸情况
	黑河	三道营（河道）	河源—白河	55	—	0	0	0	0	0	0	0	0	0	0	0	无干涸情况
北运河	凉水河	张家湾	大红门—北运河	67	—	—	—	—	—	—	—	—	0	0	0	0	无干涸情况

所在水体	河流	水位站名称	起止位置	河长/km	干涸时长/d												1960—2018年干涸变化趋势
					1960年	1965年	1970年	1975年	1980年	1985年	1990年	2006年	2010年	2015年	2018年	1960—2018年多年平均	
北运河	北运河	通县（北）（闸下）	通县（北）（闸下）—牛牧屯	41.9	—	—	30	45	30	50	110	40	0	0	0	34	干涸情况波动
		土门楼（北）（闸下）	土门楼（北）（闸下）—河西务镇	22.5	0	—	0	9	0	53	50	56	63	37	164	43	干涸情况加重
		筐儿港（北）（闸上）	河西务镇—筐儿港（北）（闸上）	31.4	0	—	0	67	10	69	24	51	6	0	0	23	干涸情况波动
		屈家店（北）（闸下）	筐儿港（北）（闸上）—三岔口	47	0	—	5	93	0	0	0	1	0	0	0	10	干涸情况波动
	北京排污河	东堤头（闸上）	源头—东堤头闸	133.7	—	—	—	32	71	54	160	141	2	14	8	60	干涸情况波动
	通惠河	高碑店闸	东便门—北运河	20.3	—	—	—	—	—	—	—	0	0	0	0	0	无干涸情况
	凤河	凤河营	南大红门闸—北京排污河	49	—	—	—	—	—	—	—	67	93	0	0	40	干涸情况缓解

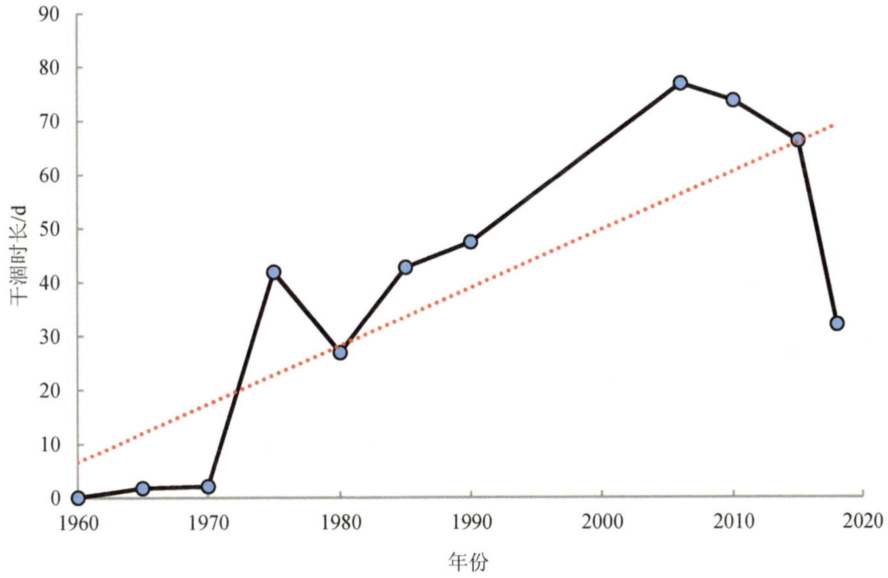

图 2-18 1960—2018 年北三河系河流干涸时长情况

2.2.3 永定河

2.2.3.1 水资源量

2010—2017 年，永定河系平均降水量为 439.37 mm，2016 年降水量最大，为 515.8 mm，2011 年最小，为 338.63 mm，2010—2017 年降水量情况见表 2-27。由图 2-19 可知，2010—2017 年多年平均水资源总量为 22.97 亿 m^3，整体呈波动上升趋势；多年平均地表水资源量为 8.95 亿 m^3；多年平均地下水资源量为 20.52 亿 m^3。1956—2010 年永定河系多年平均水资源总量为 26.61 亿 m^3，其中地表水资源量为 14.43 亿 m^3，地下水资源量为 20.01 亿 m^3，重复计算量为 7.83 亿 m^3。与之相比，2010—2017 年永定河系平均水资源总量减少 3.64 亿 m^3，减少了 13.7%。

表 2-27 永定河系 2010—2017 年降水量

年份	2010	2011	2012	2013	2014	2015	2016	2017	多年平均
降水量/mm	443.27	338.63	454.85	480.33	388.36	460.60	515.80	433.10	439.37

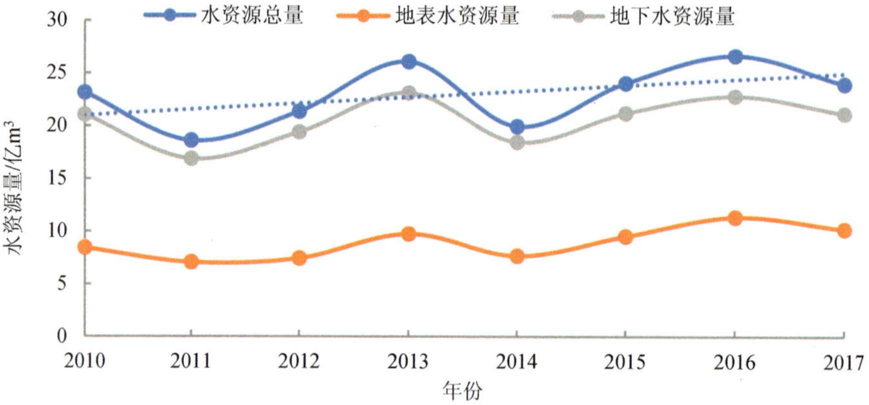

图 2-19　2010—2017 年永定河系水资源量变化趋势

2.2.3.2　水资源开发利用状况

（1）供用水量

由表 2-28 可知，2010—2017 年，永定河系的供水量维持在 19.95 亿 m^3 左右，最小供水量为 2017 年的 19.07 亿 m^3，最大供水量为 2011 年的 20.75 亿 m^3；其中，地表水供水量变化范围为 5.87 亿～7.58 亿 m^3，地下水供水量变化范围为 10.67 亿～13.84 亿 m^3，与 2010 年相比，2017 年非常规水利用量增加，从 0.4 亿 m^3 增加到 0.82 亿 m^3。2010—2017 年，永定河系用水量基本维持在 19.95 亿 m^3 左右；工业、农业用水量总体上呈减少趋势，农业用水量从 13.77 亿 m^3 减少到 12.75 亿 m^3，工业用水量从 3.71 亿 m^3 减少到 2.7 亿 m^3；生活及生态环境用水量大体上呈增加趋势，生活用水量从 2.25 亿 m^3 增加到 2.8 亿 m^3，生态环境用水量 2010—2016 年从 0.37 亿 m^3 增加到 1.03 亿 m^3。

表 2-28　永定河系 2010—2017 年供用水量统计　　单位：亿 m^3

年份	供水量					用水量				
	合计	地表水		地下水	非常规水	合计	生活	工业	农业	生态环境
		小计	引水							
2010	20.11	5.87	—	13.84	0.40	20.10	2.25	3.71	13.77	0.37
2011	20.75	6.71	0.24	13.46	0.58	20.75	2.41	3.41	14.58	0.35
2012	20.66	6.33	0.65	13.49	0.84	20.66	2.66	3.85	13.69	0.46
2013	20.26	6.45	0.41	12.42	1.39	20.25	2.79	3.66	13.21	0.59
2014	19.92	6.71	0.70	12.41	0.80	19.92	2.77	3.36	13.07	0.72
2015	19.68	7.18	2.97	11.75	0.75	19.68	2.64	2.96	13.48	0.60
2016	19.15	7.41	2.86	10.96	0.78	19.15	2.67	2.42	13.03	1.03
2017	19.07	7.58	2.63	10.67	0.82	19.08	2.80	2.70	12.75	0.83

注：生活=城镇公共用水+居民生活用水。下同。

（2）耗水量

由图 2-20 可知，2010—2017 年，永定河系的耗水量维持在 14.83 亿 m^3 左右，其中农田灌溉的耗水量最大，占总耗水量的 65.2%，城镇公共耗水量最小，占总耗水量的 2.2%；工业耗水量呈波动下降趋势，2017 年耗水量较 2010 年减少了 19.6%；生态环境、居民生活耗水量呈上升趋势，2017 年耗水量分别是 2010 年的 4.3 倍、1.3 倍。

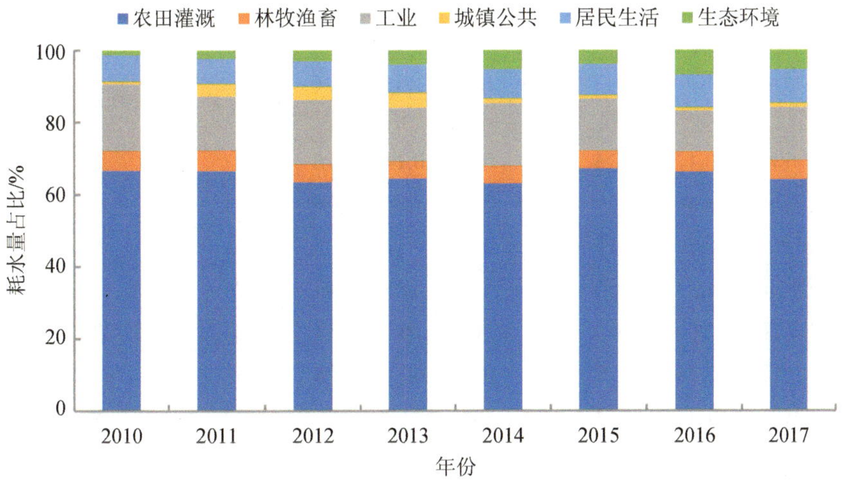

图 2-20　永定河系 2010—2017 年各耗水方式耗水量占总耗水量的比例

2.2.3.3　污水处理及回用情况

截至目前，永定河系范围内建有 66 座主要污水集中处理设施。其中，有 26 座污水集中处理设施的出水全部或部分以农田灌溉、城市杂用、工业用水、环境用水等方式回用，回用的水量为 17.9 万 m^3/d；排入河道的水量为 64.1 万 m^3/d，其中 COD、氨氮、总磷、BOD_5 等主要指标达到地表水Ⅴ类标准的水量有 59.9 万 m^3/d，达到Ⅳ类标准的水量有 21.9 万 m^3/d。

2.2.3.4　生态需水量（水位）满足度

《综合规划》中，明确了二道河、洋河、桑干河、永定河、永定新河 5 条重点河流的生态需水量要求（表 2-29），分别为 0.13 亿 m^3、0.89 亿 m^3、1.33 亿 m^3（石匣里控制站）、2.6 亿 m^3（三家店控制站）、1.43 亿 m^3（屈家店控制站）。由 2012—2016 年平均实测径流量数据可知，7 个控制站（除防潮闸）中 2 个满足生态水量要求，约占总控制站的 29%，二道河、洋河满足生态水量要求。自 20 世纪 60 年代开始，永定河固安段常年干涸，安次区部分河段虽然间歇性有水，但基本不流动。2020 年 5 月，官厅水库对永定河实施生态补水，廊坊入境水量达到 2 445 万 m^3，是永定河廊坊段干涸 25 年后全境河道（64.3 km）首次实现全线通水。由 2012—2016 年逐年实测径流量数据可知，仅二道河兴和控制站的逐年满足度为 80%，达到生态水量要求，桑干河、永定河及永定新河的屈家店控制站未满足生态水量要求。但近些年，通过引调黄河水补充河道生态水量，桑干河石匣里控制站 2019 年生态水量达 2.87 亿 m^3，已满足生态需水量要求。2012—2016 年逐月实测径流量满足度评价结果表明（表 2-30），7 个评价控制站（除防潮闸）平均满足度约为 27%，等级为劣。除二道河的过程满足状况为中，其余控制站等级均为劣。

表 2-29 永定河系重点河流 2012—2016 年生态需水量满足度

河流	控制站	生态需水量/亿 m^3	实测径流量/亿 m^3						平均实测水量是否满足生态水量	逐年满足度/%
			2012 年	2013 年	2014 年	2015 年	2016 年	5 年平均		
二道河	兴和	0.13	0.14	0.29	0.12	0.14	0.16	0.17	是	80
洋河	响水堡	0.89	0.59	0.97	0.83	1.03	1.26	0.94	是	60
桑干河	册田水库	0.79	0.15	0.37	0.47	0.32	0.25	0.31	否	0
	石匣里	1.33	0.50	0.87	0.77	0.85	0.89	0.78	否	0
永定河	三家店	2.60	0	0	0	0	0.14	0.03	否	0
	官厅水库	2.44	0.29	0.42	0.36	0.31	0.28	0.33	否	0
永定新河	屈家店	1.43	2.13	0.88	1.08	0.67	0.59	1.07	否	20
	防潮闸	1.10	—	—	—	—	—	—	—	—

表 2-30 永定河系重点河流 2012—2016 年逐月实测径流量满足度评价结果

河流	控制站	评价总月数/个	生态水量满足月数/个	满足比例/%	过程满足状况
二道河	兴和	60	37	62	中
洋河	响水堡		27	45	劣
桑干河	册田水库		8	13	劣
	石匣里		16	27	劣
永定河	三家店		0	0	劣
	官厅水库		0	0	劣
永定新河	屈家店		26	43	劣
	防潮闸		—	—	—

根据水利部公布的《第二批重点河湖生态流量保障目标（试行）》，洋河响水堡、桑干河册田水库、永定河三家店全年生态水量近期目标分别为 0.07 亿 m^3、0.13 亿 m^3、0.23 亿 m^3，3 个控制站 2012—2016 年平均实测径流量分别为 0.94 亿 m^3、0.31 亿 m^3、0.03 亿 m^3，洋河响水堡、桑干河册田水库生态水量达到目标，永定河三家店未达到目标。

2.2.3.5 河湖干涸断流情况

永定河系共 18 个监测河段，干涸时长数据为 1960—2018 年的统计数据，通过永定河系近 60 年（1960—2018 年）和 2018 年的干涸时长数据，分析 17 个监测河段的干涸情况及变化趋势。

从干涸时长来看（表 2-31 和表 2-32），2018 年和 1960—2018 年平均干涸时长小于等于 30 d 的河段分别为 9 个和 8 个，分别约占监测河段的 50%、44.4%；干涸时长范围为（30，180］d 的河段均为 3 个，约占 16.7%；干涸时长范围为（180，300］d 的河段分别为 3 个和 4 个，分别约占 16.7%、22.2%；干涸时长超过 300 d 的河段均为 3 个，约占监测河段的 17.6%。相比于 1960—2018 年多年平均干涸情况，2018 年南洋河的宣家塔—入洋河口段、桑干河的东榆林水库坝下—北张寨段和北张寨—固定桥段、壶流河的源头—壶流河水库入口段等河段干涸情况有所缓解，而永定河的三家店—六环段和雁翅（堰下）—三家店（二）段等河段干涸情况加重。1960—2018 年无干涸情况的河段共 2 个，约占监测河段的 11.1%；干涸情况缓解的河段有 2 个，约占监测河段的 11.1%；干涸情况波动（先加重后缓解）的河段有 8 个，约占监测河段的 44.4%；干涸时长超过 300 d 的河段有 3 个，约占监测河段的 16.7%；干涸程度呈显著加重趋势的河段共 3 个，约占监测河段的 17.6%，分别为壶流河的壶流河水库坝下—钱家沙洼段、永定河的雁翅（堰下）—三家店（二）段和三家店—六环段。

表 2-31　永定河系河流干涸总体情况

干涸时长	2018 年		1960—2018 年多年平均	
	河段个数/个	河段名称	河段个数/个	河段名称
干涸时长≤30 d	9	清水河的东西沟河汇合口—入洋河口段、东洋河的河北与内蒙古交界—八号桥段（包含 2 段）、南洋河的宣家塔—入洋河口段、桑干河的固定桥—册田水库坝上段和册田水库坝下—入洋河口、十里河的河源—入御河口段、壶流河的壶流河水库坝下—钱家沙洼段、妫水河的新华营—官厅水库段	8	清水河的东西沟河汇合口—入洋河口段、东洋河的河北与内蒙古交界—八号桥段（包含 2 段）、桑干河的固定桥—册田水库坝上段和册田水库坝下—入洋河口、十里河的河源—入御河口段、壶流河的壶流河水库坝下—钱家沙洼段、妫水河的新华营—官厅水库段
30 d＜干涸时长≤180 d	3	桑干河的东榆林水库坝下—北张寨段和北张寨—固定桥段、饮马河的九龙湾水库入库口—艾庄段	3	南洋河的宣家塔—入洋河口段、饮马河的九龙湾水库入库口—艾庄段、永定河的三家店—六环段
180 d＜干涸时长≤300 d	3	御河的大庄科河入口—艾庄段、壶流河的源头—壶流河水库入口段、永定河的三家店—六环段	4	桑干河的东榆林水库坝下—北张寨段和北张寨—固定桥段、御河的大庄科河入口—艾庄段、永定河的雁翅（堰下）—三家店（二）段
干涸时长＞300 d	3	东洋河的友谊水库坝下—入洋河口段、永定河的雁翅（堰下）—三家店（二）段和六环—东州大桥段	3	壶流河的源头—壶流河水库入口段、东洋河的友谊水库坝下—入洋河口段、永定河的六环—东州大桥段

表 2-32　永定河系河流干涸具体情况

所在水体	河流	水位站名称	起止位置	河长/km	干涸时长/d												1960—2018 年干涸变化趋势
					1960 年	1965 年	1970 年	1975 年	1980 年	1985 年	1990 年	2006 年	2010 年	2015 年	2018 年	1960—2018 年多年平均	
洋河	清水河	张家口（三）	东西沟河汇合口—入洋河口	13	0	0	—	—	—	—	—	36	0	0	0	6	干涸情况波动
	东洋河	友谊水库（输水洞、溢洪道）	友谊水库坝下—入洋河口	46	365	365	365	365	365	365	365	341	349	356	356	360	干涸时长超 300 d
		柴沟堡（东）（河道三）	河北与内蒙古交界—怀安	21	0	0	—	—	—	—	—	42	44	24	0	18	干涸情况波动
	南洋河	柴沟堡（南）（二）	宣家塔—入洋河口	42	0	0	—	—	—	—	—	147	147	46	30	62	干涸情况波动
	洋河	响水堡	怀安—八号桥	119	0	0	0	0	0	0	0	0	0	00	0	0	无干涸情况
桑干河	桑干河	东榆林水库（坝下）	东榆林水库坝下—北张寨	71.1	365	232	365	221	82	257	265	253	257	263	75	240	干涸情况有所缓解
		新桥	北张寨—固定桥	59	—	—	—	114	13	178	215	302	325	365	101	202	干涸情况波动
		固定桥	固定桥—册田水库坝上	20	0	0	0	0	13	21	0	43	52	15	0	13	干涸情况波动
		石匣里（二）	册田水库坝下—入洋河口	172	0	0	—	—	—	—	—	0	36	24	0	10	干涸情况波动

所在水体	河流	水位站名称	起止位置	河长/km	干涸时长/d												1960—2018年干涸变化趋势
					1960年	1965年	1970年	1975年	1980年	1985年	1990年	2006年	2010年	2015年	2018年	1960—2018年多年平均	
桑干河	饮马河	丰镇（饮三）	九龙湾水库入库口—艾庄	39.1	0	0	—	—	0	7	22	134	189	76	66	55	干涸情况波动
	御河	孤山（河道二）	大庄科河入口—艾庄	65.7	365	181	—	—	225	210	—	236	299	339	283	267	干涸情况有所缓解
	十里河	观音堂（二）	河源—入御河口	109.3	0	22	—	—	0	106	—	0	0	0	0	16	干涸情况波动
	壶流河	广灵	源头—壶流河水库入口	66.6	365	246	365	365	353	365	365	365	365	365	279	345	干涸时长（大部分）超300 d
		钱家沙洼（二）	壶流河水库坝下—钱家沙洼	79	0	0	—	—	—	—	—	0	55	33	17	18	干涸情况加重
永定河	妫水河	延庆东大桥	新华营—官厅水库	30.8	0	0	0	0	0	0	0	0	0	0	0	0	无干涸情况
	永定河	三家店（二）	雁翅（堰下）—三家店（二）	46	0	45	—	—	—	—	—	365	365	365	365	251	干涸情况加重
		卢沟桥（永）（闸下）	三家店—六环	29	0	43	0	0	0	272	363	365	365	176	204	163	干涸情况加重
		固安	六环—东州大桥	116.6	365	—	326	326	326	365	365	365	365	365	365	353	干涸时长超300 d

由图 2-21 可知，永定河系 1960—2018 年的干涸时长情况波动较大，2006—2018 年流域的干涸情况得到缓解，但整体呈干涸加重趋势。

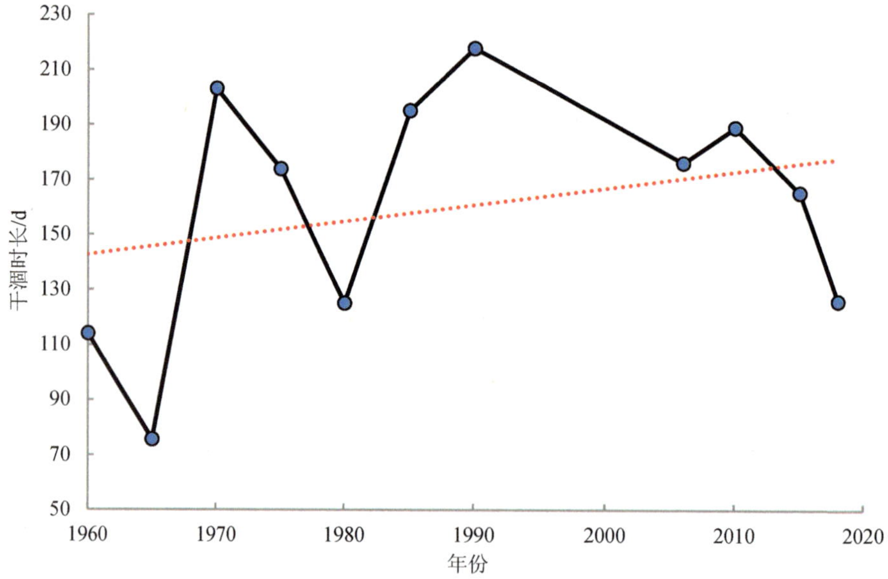

图 2-21 永定河系 1960—2018 年河流干涸时长情况

2.2.4 大清河（含海河干流）

2.2.4.1 水资源量

2010—2017 年，大清河（含海河干流）系多年平均降水量为 531.46 mm，2012 年降水量最大，为 658.85 mm，2014 年最小，为 386.63 mm，2010—2017 年降水量情况见表 2-33。由图 2-22 可知，2010—2017 年平均水资源总量为 47.26 亿 m^3，水资源量呈波动变化，2012 年水资源总量达到峰值，为 76.04 亿 m^3。2010—2017 年平均地表水资源量为 18.75 亿 m^3，平均地下水资源量为 37.92 亿 m^3。

表 2-33 大清河（含海河干流）系 2010—2017 年降水量

年份	2010	2011	2012	2013	2014	2015	2016	2017	多年平均
降水量/mm	462.84	553.37	658.85	543.91	386.63	539.00	588.90	518.20	531.46

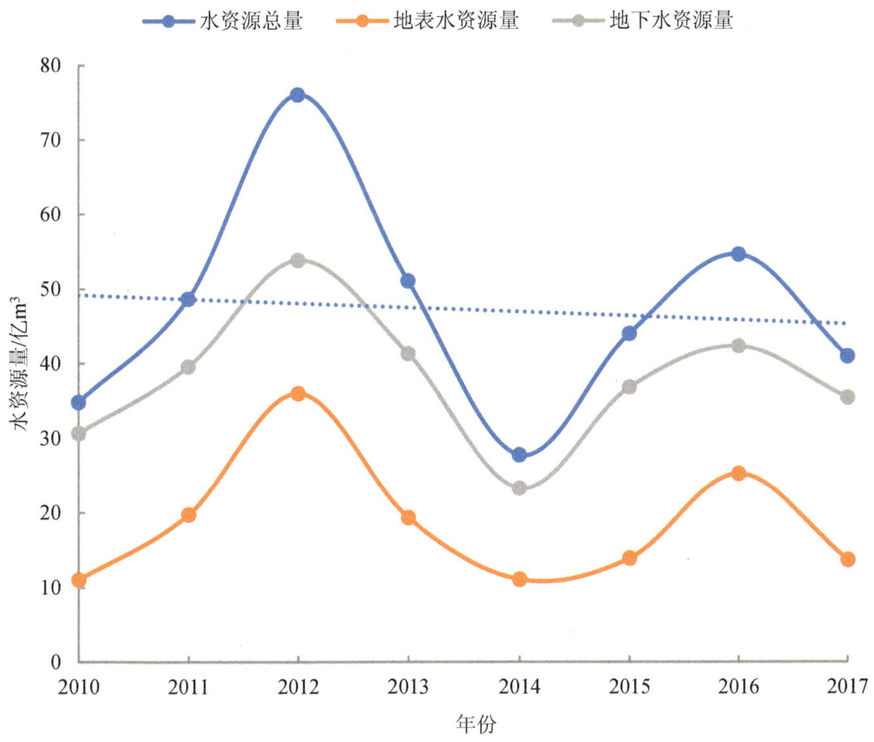

图 2-22　2010—2017 年大清河（含海河干流）系水资源量变化趋势

2.2.4.2　水资源开发利用状况

（1）供用水量

2010—2017 年，大清河（含海河干流）系的供水量维持在 60.73 亿 m^3 左右，供水量最小为 2013 年的 59.2 亿 m^3，最大为 2017 年的 63.61 亿 m^3；其中，地表水供水量变化范围为 12.21 亿～22.41 亿 m^3，地下水供水量变化范围为 36.22 亿～46.58 亿 m^3，非常规水利用量逐年增加，从 1.02 亿 m^3 增加到 4.98 亿 m^3。

2010—2017 年，大清河（含海河干流）系总用水量基本维持在 60.71 亿 m^3 左右；工业用水和农业用水总体上变化幅度较小，农业用水量总体上呈减少趋势，农业用水量从 40.61 亿 m^3 减少到 36.09 亿 m^3；公共生活及生态环境用水量大体上呈增加趋势，生态环境用水量从 1.9 亿 m^3 增加到 7.05 亿 m^3。大清河（含海河干流）系 2010—2017 年供用水变化情况见表 2-34。

表 2-34 大清河（含海河干流）系 2010—2017 年供用水统计 单位：亿 m³

年份	供水量					用水量				
	合计	地表水		地下水	非常规水	合计	公共生活	工业	农业	生态环境
		小计	引水							
2010	60.83	13.73	7.22	46.08	1.02	60.63	10.23	7.89	40.61	1.90
2011	60.12	12.21	7.42	46.58	1.33	60.14	10.38	8.34	39.86	1.56
2012	60.09	12.25	9.26	45.63	2.21	60.09	9.86	8.43	40.00	1.80
2013	59.20	13.12	9.83	43.60	2.48	59.20	9.93	8.96	38.99	1.32
2014	60.04	13.97	10.61	42.63	3.44	60.03	9.91	9.40	38.84	1.88
2015	61.01	16.38	8.15	40.21	4.42	61.00	9.99	8.89	38.52	3.60
2016	60.96	18.47	5.73	37.77	4.72	60.96	10.59	9.03	36.09	5.25
2017	63.61	22.41	6.06	36.22	4.98	63.61	11.64	8.83	36.09	7.05

（2）耗水量

由图 2-23 可知，2010—2017 年，大清河（含海河干流）系的耗水量维持在 41.59 亿 m³ 左右，其中农田灌溉的耗水量最大，占总耗水量的 66.6%，城镇公共耗水量最小，占总耗水量的 2.7%；农田灌溉耗水量大体上呈下降趋势，2017 年耗水量较 2010 年减少了 12.4%；生态环境耗水量呈上升趋势，城镇公共、居民生活耗水量呈波动上升趋势，2017 年耗水量分别是 2010 年的 3.7 倍、1.4 倍、1.1 倍；林牧渔畜、工业耗水量变化趋势较稳定。

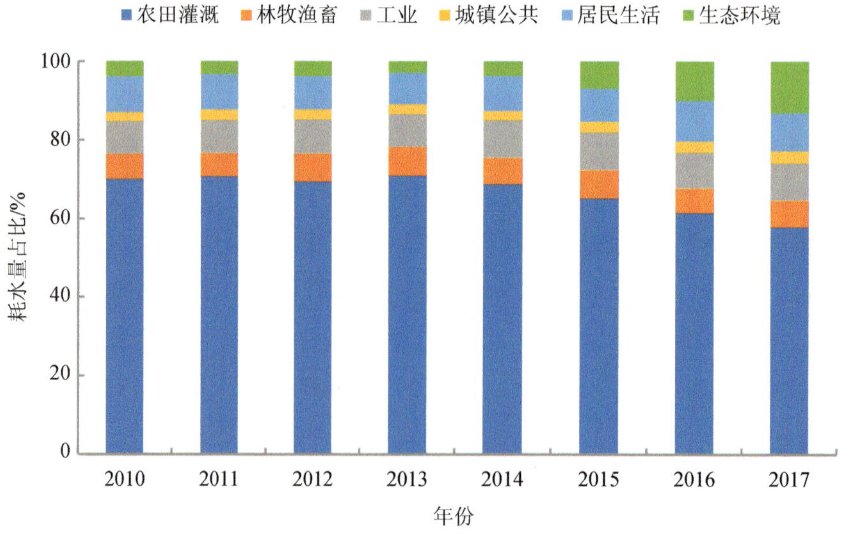

图 2-23 大清河（含海河干流）系 2010—2017 年各耗水方式耗水量占总耗水量的比例

2.2.4.3 污水处理及回用情况

截至目前，大清河（含海河干流）系范围内建有 96 座主要污水集中处理设施。其中，有 54 座污水集中处理设施的出水全部或部分以城市杂用、工业用水、环境用水等方式回用，回用的水量为 63.5 万 m^3/d；排入河道的水量有 297.3 万 m^3/d，其中 COD、氨氮、总磷、BOD_5 等主要指标达到地表水Ⅴ类标准的水量有 269.3 万 m^3/d，达到Ⅳ类标准的水量有 260.7 万 m^3/d。

2.2.4.4 生态需水量（水位）满足度

《综合规划》中明确了拒马河、唐河、南拒马河、白沟河、潴龙河、独流减河、海河干流 7 条重点河流 8 个控制站的生态需水量要求（表 2-35），分别为 0.72 亿 m^3、0.34 亿 m^3（城头会控制站）、0.35 亿 m^3、0.68 亿 m^3（西大洋控制站）、0.5 亿 m^3、0.68 亿 m^3、1.24 亿 m^3、0.6 亿 m^3。根据 2012—2016 年平均实测径流量数据可知，8 个控制站中 5 个满足生态水量要求，约占控制站总数的 63%，拒马河、白沟河、唐河（西大洋）、独流减河、海河干流满足生态水量要求。根据 2012—2016 年逐年实测径流量数据发现，拒马河、唐河（西大洋）和海河干流逐年实测径流量均满足生态水量要求，其余河流及相应的控制站均不满足生态水量要求，其中唐河（城头会）和潴龙河的逐年满足度均为 0，生态水量亏缺严重。2012—2016 年逐月实测径流量满足度评价结果（表 2-36）表明，8 个评价控制站平均满足度为 42%，等级为中。其中潴龙河北郭村的满足度为 0，等级为劣。

白洋淀湿地和北大港湿地作为大清河流域的主要湿地，2013—2016 年白洋淀湿地的实测面积均满足生态水面规划值；而北大港湿地除了 2015 年不满足外，其余年份及多年平均值满足生态水面规划值（表 2-37）。

表 2-35 大清河（含海河干流）系重点河流 2012—2016 年生态需水量满足度

河流	控制站	生态需水量/亿 m^3	实测径流量/亿 m^3						平均实测水量是否满足生态水量	逐年满足度/%
			2012 年	2013 年	2014 年	2015 年	2016 年	5 年平均		
拒马河	紫荆关	0.72	2.18	1.22	0.81	0.73	1.21	1.23	是	100
唐河	城头会	0.34	0.24	0.21	0.22	0.23	0.32	0.24	否	0
南拒马河	北河店	0.35	0.13	0.63	0.06	0	0.31	0.23	否	20
白沟河	东茨村	0.68	2.25	1.44	0.59	0.42	1.4	1.22	是	60
潴龙河	北郭村	0.50	0.02	0.04	0.06	0.07	0.09	0.06	否	0
唐河	西大洋	0.68	0.83	1.26	0.80	0.92	0.97	0.96	是	100
独流减河	防潮闸	1.24	2.30	0.69	0	0.45	3.44	1.38	是	40
海河干流	二道闸	0.60	2.47	0.76	1.54	1.10	1.60	1.49	是	100

表 2-36 大清河（含海河干流）系重点河流 2012—2016 年逐月实测径流量满足度评价结果

河流	控制站	评价总月数/个	生态水量满足月数/个	满足比例/%	过程满足状况
拒马河	紫荆关	60	47	78	中
唐河	城头会		41	68	中
南拒马河	北河店		8	13	劣
白沟河	东茨村		39	65	中
潴龙河	北郭村		0	0	劣
唐河	西大洋		22	37	劣
独流减河	防潮闸		12	20	劣
海河干流	二道闸		33	55	差

表 2-37 大清河（含海河干流）系 2013—2016 年主要湿地实测水面面积满足度评价结果

湿地名称	生态水面规划值/km^2	实测面积/km^2					生态水面是否满足	逐年满足度/%
		2013 年	2014 年	2015 年	2016 年	平均		
白洋淀	122	157.74	202.1	201.7	200.6	191	是	100
北大港	177	210.5	186.4	175.2	180.6	188	是	75

2.2.4.5 河湖干涸断流情况

大清河（含海河干流）系共 17 个监测河段，干涸时长数据为 1960—2018 年的统计数据，通过大清河（含海河干流）系近 60 年（1960—2018 年）和 2018 年的干涸时长数据，分析 17 个监测河段的干涸情况及变化趋势。

从干涸时长来看（表 2-38），2018 年和 1960—2018 年多年平均干涸时长小于等于 30 d 的河段分别为 11 个和 8 个，分别约占监测河段的 64.7%、47.1%；干涸时长范围为（30，180］d 的河段分别为 2 个和 7 个，分别约占监测河段的 11.8%、41.2%；干涸时长范围为（180，300］d 的河段均为 2 个，约占监测河段的 11.8%；干涸时长超过 300 d 的河段分别为 2 个和 0 个，分别约占监测河段的 11.8%、0。由表 2-39 可知，相比 1960—2018 年多年平均干涸情况，2018 年大清河的新盖房—左各庄段，赵王新河的白洋淀出口—沧州、廊坊交界段和南拒马河的落宝滩（二）—北河店段等干涸情况明显加重，其中赵王新河的白洋淀出口—沧州、廊坊交界段和南拒马河的落宝滩（二）—北河店段干涸时长超过 300 d。1960—2018 年基本无干涸情况（包括无干涸情况）的河段共 5 个，占监测河段的 29.4%；干涸情况缓解的河段有 0 个；干涸情况波动（先加重后缓解）的河段有 7 个，占监测河段的 41.2%；干涸程度呈加重趋势的河段共 5 个，占监测河段的 29.4%，分别为拒马河的保定市界—落宝滩段，大清河的新盖房—左各庄段，赵王新河的白洋淀出口—沧州、廊坊交界段，南拒马河的落宝滩（二）—北河店段，大石河的堂上—北京市界段。

表 2-38 大清河（含海河干流）系河流干涸总体情况

干涸时长	2018 年		1960—2018 年多年平均	
	河段个数/个	河段名称	河段个数/个	河段名称
干涸时长≤30 d	11	独流减河的进洪闸—南北腰闸段、拒马河的源头—紫荆关段、白沟河的东茨村—新盖房段、南拒马河的北河店—新盖房段、漕河的河源—龙门水库段、唐河的源头—西大洋水库入库口段（包含 3 个河段）、潴龙河的北郭村—白洋淀段、海河的三岔口—海河闸段（包括 2 个河段）	8	独流减河的进洪闸—南北腰闸段、拒马河的源头—紫荆关段、白沟河的东茨村—新盖房段、唐河的源头—西大洋水库入库口段（包含 3 个河段）、海河的三岔口—海河闸段（包括 2 个河段）
30 d＜干涸时长≤180 d	2	拒马河的保定市界—落宝滩段和赵王新河的沧州、廊坊交界—入大清河口段	7	拒马河的保定市界—落宝滩段，赵王新河的沧州、廊坊交界—入大清河口段，南拒马河的落宝滩（二）—新盖房段（包含 2 个河段），漕河的河源—龙门水库段，潴龙河的北郭村—白洋淀段，大清河的新盖房—左各庄段
180 d＜干涸时长≤300 d	2	大清河的新盖房—左各庄段、大石河的堂上—北京市界段	2	大清河的白洋淀出口—沧州、廊坊交界段和大石河的堂上—北京市界段
干涸时长＞300 d	2	大清河的白洋淀出口—沧州、廊坊交界段和南拒马河的落宝滩（二）—北河店段	0	—

表 2-39 大清河（含海河干流）系河流干涸具体情况

所在水体	河流	水位站名称	起止位置	河长/km	干涸时长/d												1960—2018 年干涸变化趋势
					1960 年	1965 年	1970 年	1975 年	1980 年	1985 年	1990 年	2006 年	2010 年	2015 年	2018 年	1960—2018 年多年平均	
独流减河	独流减河	万家码头	进洪闸—南北腰闸	73	0	0	0	0	49	127	0	0	0	0	0	16	干涸情况波动
北支	拒马河	紫荆关（河道）	源头—紫荆关	144	0	0	0	0	0	167	0	0	0	0	0	15	干涸情况波动
		张坊	保定市界—落宝滩	40	0	0	0	0	0	0	0	23	188	201	79	45	干涸情况加重
	白沟河	东茨村	东茨村—新盖房	56	0	0	0	84	0	81	0	110	0	0	0	25	干涸情况波动
大清河	大清河	新镇	新盖房—左各庄	110	0	97	113	269	150	150	172	0	234	365	252	164	干涸情况加重
	赵王新河	十方院（赵）（堰下）	白洋淀出口—沧州、廊坊交界	9	0	17	—	—	—	—	—	365	365	365	365	246	干涸情况加重
		史各庄（二）	沧州、廊坊交界—入大清河口	31	—	—	30	196	5	5	12	365	79	176	48	102	干涸情况波动

所在水体	河流	水位站名称	起止位置	河长/km	干涸时长/d												1960—2018年干涸变化趋势
					1960年	1965年	1970年	1975年	1980年	1985年	1990年	2006年	2010年	2015年	2018年	1960—2018年多年平均	
北支	南拒马河	落宝滩（二）	落宝滩（二）—北河店	35	0	0	0	0	0	69	0	363	365	365	362	139	干涸情况加重
北支	南拒马河	新盖房（大）（闸上）	北河店—新盖房	35	—	—	97	127	0	356	0	357	365	244	0	172	干涸情况波动
北支	大石河	漫水河	堂上—北京市界	120	0	0	—	—	—	—	—	365	365	365	218	219	干涸情况加重
南支	漕河	龙门水库（坝上）	河源—龙门水库	43	0	0	0	146	0	220	0	0	365	51	0	71	干涸情况波动
南支	唐河	南水芦	源头—城头会	73	0	0	0	0	0	0	0	0	0	0	0	0	无干涸情况
南支	唐河	倒马关（河道二）	城头会—倒马关	71	0	0	0	0	0	0	0	0	0	0	0	0	无干涸情况
南支	唐河	中唐梅（河道）	倒马关—西大洋水库入库口	75	0	0	0	0	0	0	0	0	17	0	0	2	基本无干涸情况
南支	潴龙河	北郭村	北郭村—白洋淀	50	0	60	—	—	295	0	309	122	122	0	0	101	干涸情况波动
海河干流	海河	二道闸（闸上）	三岔口—二道闸上	33.5	0	0	0	0	0	0	0	0	0	0	0	0	无干涸情况
海河干流	海河	海河闸（闸上）	二道闸下—海河闸	38.5	0	0	0	0	0	0	0	0	0	0	0	0	无干涸情况

从图 2-24 来看，大清河流域与 1960 年相比，2018 年干涸情况显著加重；2015 年和 2018 年的干涸情况有所缓解，但干涸时长依旧呈增加趋势。

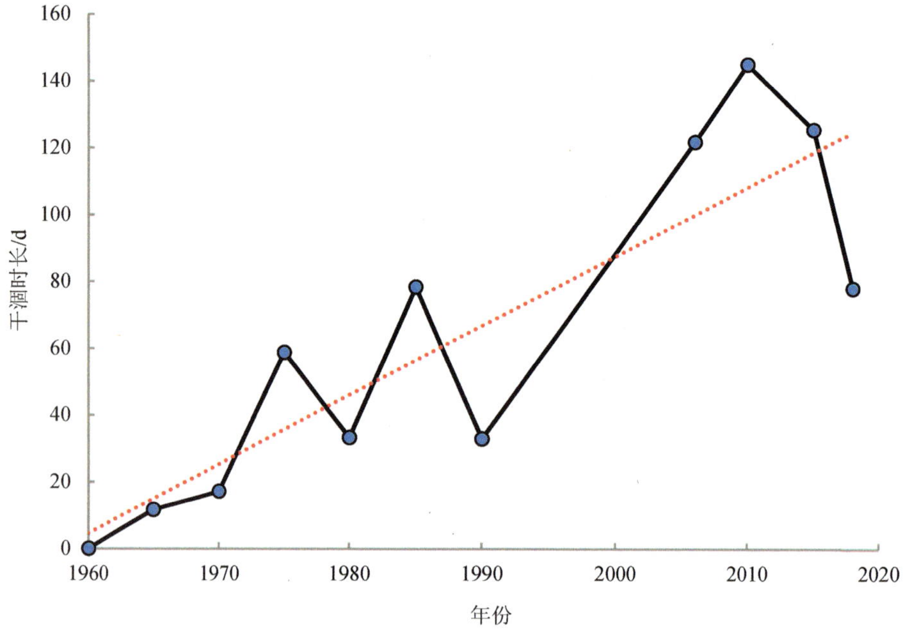

图 2-24 1960—2018 年大清河（含海河干流）系河流干涸时长情况

2.2.5 子牙河（含黑龙港及运东）

2.2.5.1 水资源量

2010—2017 年，子牙河（含黑龙港及运东）系平均降水量为 510.58 mm，2016 年降水量最大，为 664.1 mm，2014 年最小，为 395.42 mm，2010—2017 年降水量情况见表 2-40。由图 2-25 可知，2010—2017 年多年平均水资源总量为 59.44 亿 m^3，呈波动变化，2016 年水资源总量达到峰值，为 91.86 亿 m^3；多年平均地表水资源量为 25.53 亿 m^3；多年平均地下水资源量为 48.57 亿 m^3。

表 2-40 子牙河（含黑龙港及运东）系 2010—2017 年降水量

年份	2010	2011	2012	2013	2014	2015	2016	2017	多年平均
降水量/mm	451.16	511.27	535.48	548.27	395.42	487.80	664.10	491.10	510.58

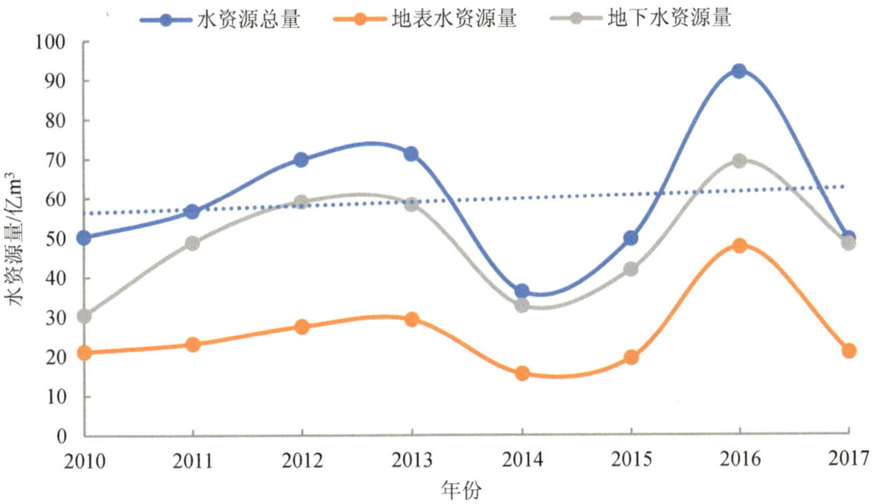

图 2-25　2010—2017 年子牙河（含黑龙港及运东）系水资源量变化趋势

2.2.5.2　水资源开发利用状况

（1）供用水量

2010—2017 年，子牙河（含黑龙港及运东）系的供水量维持在 86.93 亿 m^3 左右，供水量最小为 2017 年的 83.04 亿 m^3，最大为 2011 年的 89.97 亿 m^3。其中，地表水供水量变化范围为 17.77 亿～31.94 亿 m^3，地下水供水量变化范围为 48.23 亿～69.76 亿 m^3，非常规水利用量逐年增加，从 0.75 亿 m^3 增加到 2.87 亿 m^3。2010—2017 年，子牙河（含黑龙港及运东）系总用水量基本维持在 86.93 亿 m^3 左右。工业、农业用水量总体上呈减少趋势，2011—2017 年农业用水量从 66 亿 m^3 减少到 57.47 亿 m^3，工业用水量 2012—2017 年从 11.3 亿 m^3 减少到 9.51 亿 m^3；公共生活及生态环境用水量呈增加趋势，2010—2016 年生态环境用水量从 1.84 亿 m^3 增加到 4.47 亿 m^3。子牙河（含黑龙港及运东）系 2010—2017 年供用水变化情况见表 2-41。

表 2-41　子牙河（含黑龙港及运东）系 2010—2017 年供用水统计　　单位：亿 m^3

年份	供水量					用水量				
	合计	地表水		地下水	非常规水	合计	公共生活	工业	农业	生态环境
		小计	引水							
2010	87.20	17.77	8.48	68.68	0.75	87.20	9.05	10.45	65.86	1.84
2011	89.97	19.11	10.65	69.76	1.10	89.97	10.25	11.12	66.00	2.60
2012	88.26	19.31	9.86	67.80	1.15	88.26	10.35	11.30	64.14	2.47
2013	86.99	21.03	10.96	64.07	1.89	86.99	10.63	11.10	61.70	3.56
2014	89.95	23.49	12.85	64.53	1.93	89.95	10.92	10.74	64.33	3.96

年份	供水量					用水量				
	合计	地表水		地下水	非常规水	合计	公共生活	工业	农业	生态环境
		小计	引水							
2015	86.65	24.68	13.01	59.97	2.00	86.65	10.75	9.92	62.49	3.49
2016	83.39	26.13	11.24	54.42	2.84	83.39	11.36	9.80	57.76	4.47
2017	83.04	31.94	12.75	48.23	2.87	83.04	11.98	9.51	57.47	4.08

（2）耗水量

2010—2017 年，子牙河（含黑龙港及运东）系的耗水量维持在 64.25 亿 m^3 左右，其中农田灌溉的耗水量最大，占总耗水量的 70.2%，城镇公共耗水量最小，占总耗水量的 1%。2010—2017 年，农田灌溉耗水量呈波动下降趋势，林牧渔畜耗水量呈下降趋势，两者 2017 年耗水量较 2010 年分别减少了 11.5%、24.6%；生态环境、居民生活耗水量呈波动上升趋势，两者 2017 年耗水量分别是 2010 年的 2.6 倍、1.3 倍；林牧渔畜、工业耗水量变化趋势较稳定。子牙河（含黑龙港及运东）系 2010—2017 年各耗水方式耗水量占总耗水量的比例变化趋势见图 2-26。

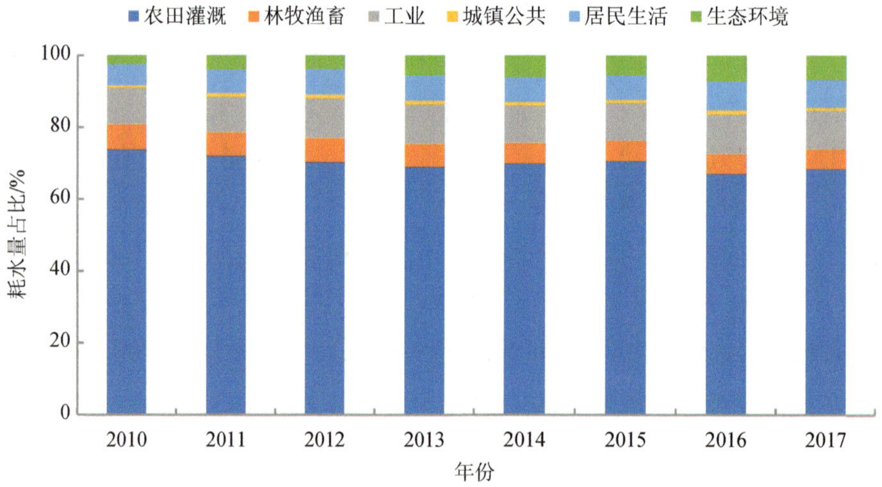

图 2-26 子牙河（含黑龙港及运东）系 2010—2017 年各耗水方式耗水量占总耗水量的比例

2.2.5.3 污水处理及回用情况

截至目前，子牙河（含黑龙港及运东）系范围内建有 117 座主要污水集中处理设施。其中，有 79 座污水集中处理设施的出水以城市杂用、工业用水、环境用水等方式回用，回用的水量为 69.5 万 m^3/d；排入河道的水量为 225.4 万 m^3/d，其中 COD、氨氮、总磷、BOD_5 等主要指标达到地表水Ⅴ类标准的水量有 66 万 m^3/d，达到Ⅳ类标准的水量有 23.9 万 m^3/d。

2.2.5.4 生态需水量（水位）满足度

《综合规划》中明确了滹沱河、滏阳河、子牙河3条重点河流生态需水量要求（表2-42），分别为1.1亿m^3（南庄控制站）、0.73亿m^3、0.96亿m^3。根据2012—2016年平均实测径流量数据可知，4个控制站中3个满足生态水量要求，占控制站总数的75%，滹沱河的南庄控制站、滏阳河和子牙河满足生态水量要求。根据2012—2016年逐年的实测径流量数据发现，仅滹沱河的南庄控制站逐年满足度为100%，原因在于2016年子牙河（含黑龙港及运东）系降雨量的增加导致径流量陡增。2012—2016年逐月实测径流量满足度评价结果（表2-43）表明，4个评价控制站平均满足度为34%，等级为劣。

衡水湖湿地和南大港湿地作为子牙河（含黑龙港及运东）河系的主要湿地，衡水湖湿地2013—2016年的实测面积均满足生态水面规划值，而南大港湿地的均不满足（表2-44）。

表2-42 子牙河（含黑龙港及运东）系重点河流2012—2016年生态需水量满足度

河流	控制站	生态需水量/亿m^3	实测径流量/亿m^3						平均实测水量是否满足生态水量	逐年满足度/%
			2012年	2013年	2014年	2015年	2016年	5年平均		
滹沱河	南庄	1.10	3.25	3.26	1.84	1.39	3.42	2.63	是	100
	北中山	1.00	0.15	0.25	0.19	0.02	1.00	0.32	否	20
滏阳河	艾新庄	0.73	0.93	0.98	0.12	0.33	3.79	1.23	是	60
子牙河	献县	0.96	0.59	0	0	0	5.38	1.19	是	20

表2-43 子牙河（含黑龙港及运东）系重点河流2012—2016年逐月实测径流量满足度评价结果

河流	控制站	评价总月数/个	生态水量满足月数/个	满足比例/%	过程满足状况
滹沱河	南庄	60	51	85	良
	北中山		2	3	劣
滏阳河	艾新庄		18	30	劣
子牙河	献县		11	18	劣

表2-44 子牙河（含黑龙港及运东）系2013—2016年主要湿地实测水面面积满足度评价结果

湿地名称	生态水面规划值/km^2	实测面积/km^2					平均实测生态水面是否满足	逐年满足度/%
		2013年	2014年	2015年	2016年	平均		
衡水湖	55	58.2	59.3	56.3	57.2	58	是	100
南大港	55	50.72	45.2	38	39.3	43	否	0

2.2.5.5 河湖干涸断流情况

子牙河（含黑龙港及运东）系共31个监测河段，干涸时长数据为1960—2018年的统计数据，通过子牙河（含黑龙港及运东）系近 60 年（1960—2018 年）和 2018 年的干涸时长数据，分析 31 个监测河段的干涸情况及变化趋势。

从干涸时长来看（表 2-45），2018 年（30 个有效监测河段）和 1960—2018 年多年平均干涸时长小于等于 30 d 的河段分别为 14 个和 8 个，分别约占有效监测河段的 46.7%、25.8%；干涸时长范围为(30，180]d 的河段分别为 10 个和 16 个，分别约占 33.3%、51.2%；干涸时长范围为（180，300］d 的河段分别为 2 个和 4 个，分别约占 6.7%、12.9%；干涸时长超过 300 d 的河段分别为 4 个和 3 个，分别约占 13.3%、9.7%。由表 2-46 可知，相比 1960—2018 年多年平均干涸情况，2018 年滹沱河的石家庄—献县段、洺河的源头—任县环水村段等河段干涸情况明显加重。1960—2018 年子牙河（含黑龙港及运东）系无干涸情况的河段共 7 个，约占监测河段的 22.6%；干涸情况缓解的河段共 2 个，约占 6.5%；干涸情况波动（先加重后缓解）的河段共 9 个，约占 29%；干涸程度呈加重趋势的河段共 10 个，约占 32.3%，分别为子牙河的献县（子）（闸下）—小王庄段和小王庄—南赵扶段，滹沱河的石家庄—献县段，滏阳河的邯郸、邢台交界—邢家湾段和邢台、衡水交界—大西头闸段，滏东排河的邢台、衡水交界—衡水、沧州交界段，桃河的河源—绵河段，洺河的源头—任县[①]环水村段，牛尾河的莲花口—任县环水村段，牧马河的源头—入滹沱河口段；其他情况的河段共 3 个。

从图 2-27 来看，子牙河（含黑龙港及运东）系 2018 年的干涸情况有所缓解，但从整体来看 1960—2018 年其干涸时长呈增加趋势，干涸情况严重。

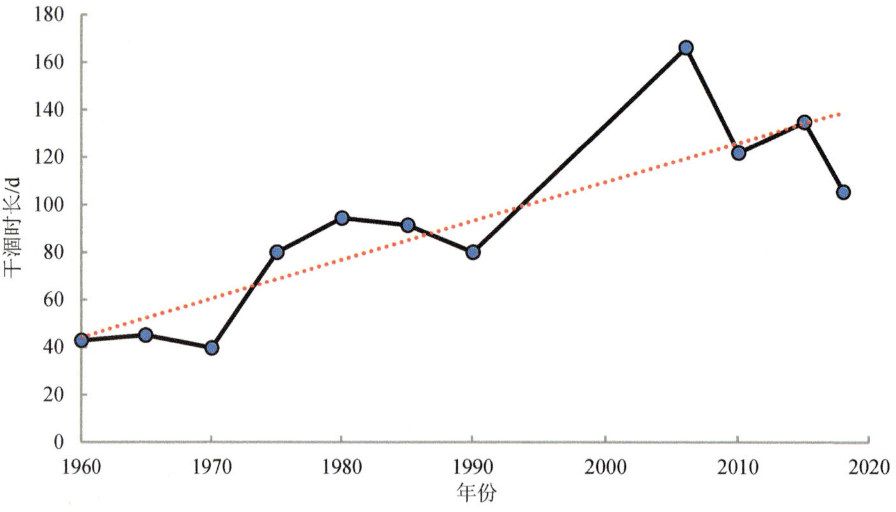

图 2-27　1960—2018 年子牙河（含黑龙港及运东）系干涸时长情况

① 任县现为任泽区。下同。

表 2-45 子牙河（含黑龙港及运东）系河流干涸总体情况

干涸时长	2018 年		1960—2018 年多年平均	
	河段个数/个	河段名称	河段个数/个	河段名称
干涸时长≤30 d	14	子牙河的东子牙—第六堡(二)段(包括 2 个河段）和八堡节制闸—子、北汇流口段，滹沱河的牧马河汇入口—黄壁庄水库入库口段（包含 4 个河段），滏阳河的莲花口—邯郸、邢台交界段和邢家湾—邢台、衡水交界段，牧马河的源头—入滹沱河口段，清水河的源头—滹沱河段，绵河的地都—井陉段，松溪河的河源—甘陶河口段，北排水河的献县—防潮闸段	8	子牙河的八堡（子）—第六堡（二）段和八堡节制闸—子、北汇流口段，滹沱河的南庄—岗南水库段（包括 2 个河段），清水河的源头—滹沱河段，绵河的地都—井陉段，松溪河的河源—甘陶河口段，北排水河的献县—防潮闸段
30 d＜干涸时长≤180 d	10	子牙河的小王庄—南赵扶段，子牙新河的献县—太平村段（包含 2 个河段），滹沱河的下政化—牧马河汇入口段，滏阳河的邯郸、邢台交界—邢家湾段，滏东排河的衡水交界—衡水、沧州交界—献县护持寺闸以上段，桃河的河源—绵河段，牛尾河的莲花口—任县环水村段，清凉江的郎吕坡—大浪淀水库入库口段，江江河的故城—泊头市段	16	子牙河的小王庄—南赵扶段，子牙河的东子牙—八堡（子）（涵闸闸上）段，子牙新河的献县—太平村段（包含 2 个河段），滹沱河的牧马河汇入口—南庄段和岗南水库坝下—黄壁庄水库入库口段，滹沱河的石家庄—献县段，滏阳河的莲花口—邯郸、邢台交界段，滏阳河的邢家湾—大西头闸段（包括 2 个河段），滏阳河的衡水交界—衡水、沧州交界—献县护持寺闸以上段，牧马河的源头—入滹沱河口段，桃河的河源—绵河段，牛尾河的莲花口—任县环水村段，清凉江的郎吕坡—大浪淀水库入库口段，江江河的故城—泊头市段
180 d＜干涸时长≤300 d	2	子牙河的献县（子）（闸下）—小王庄段，滹沱河的石家庄—献县段	4	子牙河的献县（子）（闸下）—小王庄段，滹沱河的下政化—牧马河汇入口段，滏阳河的莲花口—邯郸、邢台交界段，洺河的源头—任县环水村段
干涸时长＞300 d	4	滹沱河的黄壁庄水库坝下—石家庄段，滏阳河的邢台、衡水交界—大西头闸段，滏东排河的邢台、衡水交界—衡水、沧州交界段，洺河的源头—任县环水村段	3	滹沱河的源头—下政化段，滹沱河的黄壁庄水库坝下—石家庄段，滏东排河的邢台、衡水交界—衡水、沧州交界段

表 2-46　子牙河（含黑龙港及运东）系河流干涸具体情况

所在水体	河流	水位站名称	起止位置	河长/km	干涸时长/d												1960—2018 年干涸变化趋势
					1960 年	1965 年	1970 年	1975 年	1980 年	1985 年	1990 年	2006 年	2010 年	2015 年	2018 年	1960—2018 年多年平均	
子牙河	子牙河	献县（子）（闸下）	献县（子）（闸下）—小王庄	46.7	0	0	118	343	343	343	343	335	177	365	252	238	干涸情况加重
		南赵扶	小王庄—南赵扶	46.7	0	0	0	91	24	122	7	122	122	122	122	67	干涸情况加重
		八堡（子）（涵闸闸上）	东子牙—八堡（子）（涵闸闸上）	31.6	0	0	0	68	52	40	45	122	122	0	0	41	干涸情况波动
		第六堡（二）	八堡（子）—第六堡（二）	8	0	0	0	0	0	0	0	190	0	0	0	17	干涸情况波动
		杨柳青（闸下）	八堡节制闸—子、北汇流口	37	0	0	0	0	0	0	0	0	0	0	0	0	无干涸情况
	子牙新河	献县（子新）（闸下）	献县—周官屯	90	—	—	216	364	365	163	—	0	26	79	114	166	干涸情况有所缓解
		周官屯（子新）（滩下）	周官屯—太平村	30	—	—	—	—	122	122	122	122	122	122	122	122	干涸情况基本不变
滹沱河	滹沱河	上永兴	源头—下政化	109.5	—	—	—	—	—	—	—	364	340	357	—	354	干涸时长大于 300 d
		界河铺（河道）	下政化—牧马河汇入口	100	261	278	278	278	333	278	226	331	182	244	125	256	干涸情况有所缓解
		济胜桥	牧马河汇入口—南庄	46.5	—	—	—	96	45	26	84	207	47	39	0	68	干涸情况波动
		南庄	南庄—省界	70	0	0	0	0	0	0	0	0	0	0	0	0	无干涸情况

所在水体	河流	水位站名称	起止位置	河长/km	干涸时长/d												1960—2018年干涸变化趋势
					1960年	1965年	1970年	1975年	1980年	1985年	1990年	2006年	2010年	2015年	2018年	1960—2018年多年平均	
滹沱河	滹沱河	小觉（河道二）	省界—岗南水库	55	0	0	0	0	0	0	0	0	0	0	0	0	无干涸情况
		岗南水库（泄洪洞）	岗南水库坝下—黄壁庄水库入库口	10	0	324	—	—	—	365	365	365	0	0	0	177	干涸情况波动
		黄壁庄水库（溢洪道）	黄壁庄水库坝下—石家庄	40	347	92	—	—	365	365	365	365	365	365	303	326	干涸时长超过300 d
		北中山（二）	石家庄—献县	150	125	0	0	0	0	0	0	0	16	3	294	40	干涸情况加重
	牧马河	豆罗桥（河道二）	源头—入滹沱河口	114	0	8	8	8	8	8	8	365	54	80	0	50	干涸情况波动，整体呈加重趋势
	清水河	五台山	源头—滹沱河	111	—	—	—	—	—	—	—	—	0	0	0	0	无干涸情况
	绵河	地都（河道）	地都—井陉	60	—	0	0	0	0	0	0	0	0	0	0	0	无干涸情况
	松溪河	泉口（河道）	河源—甘陶河口	125.2	0	0	0	0	0	0	0	0	0	0	0	0	无干涸情况
	桃河	阳泉（河道二）	河源—绵河	148.5	34	0	—	—	—	—	—	202	129	182	173	120	干涸情况加重

所在水体	河流	水位站名称	起止位置	河长/km	干涸时长/d												1960—2018年干涸变化趋势
					1960年	1965年	1970年	1975年	1980年	1985年	1990年	2006年	2010年	2015年	2018年	1960—2018年多年平均	
滏阳河	滏阳河	莲花口（滏）	莲花口—邯郸、邢台交界	49	0	0	0	48	98	—	—	329	201	143	0	91	干涸情况波动
		邢家湾（滏）（二）	邯郸、邢台交界—邢家湾	190	45	—	—	—	—	—	—	365	365	346	176	259	干涸情况加重
		艾辛庄（滏）（闸下二）	邢家湾—邢台、衡水交界	24	0	0	0	254	40	0	0	82	75	0	0	41	干涸情况波动
		衡水（三）（闸上）	邢台、衡水交界—大西头闸	62	0	0	13	0	71	0	0	0	300	365	365	101	干涸情况加重
	滏东排河	东羡（滏东）（闸下）	邢台、衡水交界—衡水、沧州交界	67	—	—	—	—	—	—	—	241	347	357	353	325	干涸情况加重
		冯庄（滏东）（闸下）	衡水交界—衡水、沧州交界—献县护持寺闸以上	22	—	—	—	—	—	—	—	182	97	230	122	158	干涸情况波动
	洺河	临洺关（二）	源头—任县环水村	100	0	0	—	—	—	—	—	362	365	365	345	240	干涸情况加重
	牛尾河	借马庄	莲花口—任县环水村	58	—	—	—	—	—	—	—	41	106	102	77	82	干涸情况加重
黑龙港及运东	北排水河	周官屯（北排）（排下四）	献县—防潮闸	146	—	—	—	0	0	0	0	0	0	0	0	0	无干涸情况
	清凉江	马朗（二）	郎吕坡—大浪淀水库入库口	254	—	197	—	19	—	—	—	290	135	205	138	164	干涸情况波动
	江江河	高庄	故城—泊头市	120	—	—	—	29	113	85	34	0	81	107	78	66	干涸情况波动

2.2.6 漳卫河

2.2.6.1 水资源量

2010—2017 年，漳卫河系平均降水量为 579.89 mm，2016 年降水量最大，为 791.8 mm，2012 年最小，为 493.79 mm，2010—2017 年降水量情况见表 2-47。由图 2-28 可知，2010—2017 年多年平均水资源总量为 41.79 亿 m^3，呈现波动变化，2016 年水资源总量达到峰值，为 58.38 亿 m^3；多年平均地表水资源量为 22.78 亿 m^3；多年平均地下水资源量为 34.88 亿 m^3。

表 2-47 漳卫河系 2010—2017 年降水量

年份	2010	2011	2012	2013	2014	2015	2016	2017	多年平均
降水量/mm	607.74	642.11	493.79	524.81	536.89	516.20	791.80	525.80	579.89

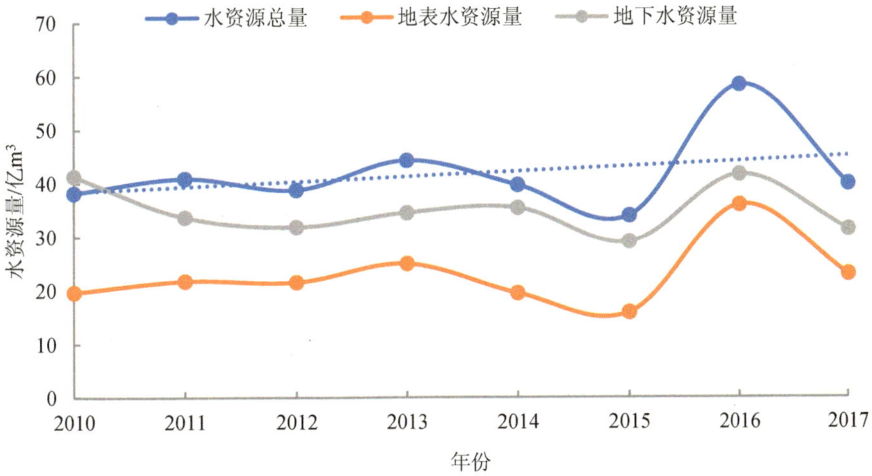

图 2-28 2010—2017 年漳卫河系水资源量变化趋势

2.2.6.2 水资源开发利用状况

（1）供用水量

2010—2017 年，漳卫河系的供水量维持在 42.07 亿 m^3 左右，供水量最小的是 2011 年的 38.25 亿 m^3，最大的是 2013 年的 45.94 亿 m^3；其中，地表水供水量变化范围为 12.63 亿～21.97 亿 m^3，地下水供水量变化范围为 22.79 亿～28.47 亿 m^3，非常规水利用量呈增加趋势，从 0.08 亿 m^3 增加到 0.96 亿 m^3。

2010—2017 年，漳卫河系总用水量基本维持在 42.07 亿 m^3 左右。2010—2017 年，农业用水量总体变化量不大，基本维持在 26.32 m^3 左右，工业用水量减少，2012—2017 年从9.47亿m^3减少到7.59亿m^3；公共生活及生态环境用水量呈增加趋势，公共生活用水量从4.94亿m^3增加到6.47亿m^3，2010—2017年生态环境用水量从1亿m^3增加到4.42亿m^3。漳卫河系2010—2017年供用水变化情况见表2-48。

表2-48 漳卫河系2010—2017年供用水统计 单位：亿m^3

年份	供水量					用水量				
	合计	地表水		地下水	非常规水	合计	公共生活	工业	农业	生态环境
		小计	引水							
2010	39.13	12.63	4.19	26.42	0.08	39.12	4.94	8.19	24.99	1.00
2011	38.25	13.17	4.15	24.59	0.49	38.24	4.92	8.76	23.45	1.11
2012	43.42	15.70	5.77	27.33	0.39	43.42	5.28	9.47	27.48	1.19
2013	45.94	16.53	5.70	28.47	0.94	45.95	5.39	8.93	30.14	1.49
2014	41.38	14.76	4.62	25.79	0.83	41.38	5.43	8.76	25.86	1.33
2015	42.60	16.65	4.71	25.53	0.42	42.61	6.02	7.84	26.85	1.90
2016	40.13	16.19	4.18	23.38	0.56	40.13	6.18	7.32	24.54	2.09
2017	45.72	21.97	5.73	22.79	0.96	45.71	6.47	7.59	27.23	4.42

（2）耗水量

2010—2017年，漳卫河系的耗水量维持在28.31亿m^3左右，其中农田灌溉的耗水量最大，占总耗水量的68.9%，城镇公共耗水量最小，占总耗水量的1.3%；生态环境耗水量呈逐年上升趋势，城镇公共耗水量呈波动上升趋势，两者2017年耗水量分别是2010年的6.1倍、1.3倍；其他耗水方式呈波动变化，但趋势变化较小。漳卫河系2010—2017年各耗水方式耗水量占总耗水量的比例变化趋势见图2-29。

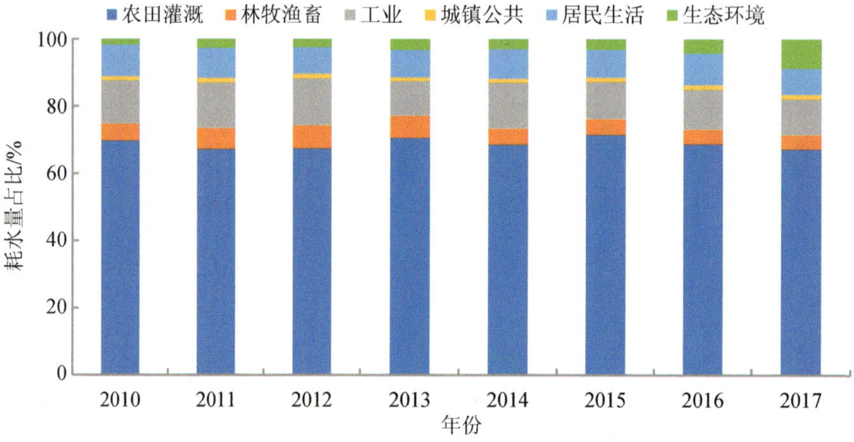

图2-29 漳卫河系2010—2017年各耗水方式耗水量占总耗水量的比例

2.2.6.3 污水处理及回用情况

截至目前，漳卫河系范围内建有106座主要污水集中处理设施。其中，有58座污水集中处理设施的出水全部或部分以城市杂用、工业用水、环境用水等方式回用，回用的水量为 44.9 万 m^3/d；排入河道的水量为 229.8 万 m^3/d，其中 COD、氨氮、总磷、BOD_5 等主要指标达到地表水Ⅴ类标准的水量有 33.5 万 m^3/d，达到Ⅳ类标准的水量有 3.8 万 m^3/d。

2.2.6.4 生态需水量（水位）满足度

《综合规划》中明确了浊漳河、清漳河、淇河、漳河、卫河、卫运河、漳卫新河、南运河 8 条重点河流的生态需水量要求（表 2-49），分别为 1.23 亿 m^3、0.39 亿 m^3、0.63 亿 m^3、0.32 亿 m^3、3.25 亿 m^3、2.07 亿 m^3、1.20 亿 m^3、0.66 亿 m^3。根据 2012—2016 年平均实测径流量数据，9 个控制站中 7 个满足生态水量要求，约占控制站总数的 78%，漳卫新河、南运河不满足生态水量要求。根据 2012—2016 年逐年的实测径流量数据发现，浊漳河、清漳河、漳河的观台控制站、卫河及卫运河的逐年满足度均为 80%以上，约占控制站总数的 56%。2012—2016 年逐月实测径流量满足度评价结果（表 2-50）表明，9 个评价控制站平均满足度约为 48%，等级为劣。

表 2-49 漳卫河系重点河流 2012—2016 年生态需水量满足度

河流	控制站	生态需水量/亿 m^3	实测径流量/亿 m^3						平均实测水量是否满足生态水量	逐年满足度/%
			2012 年	2013 年	2014 年	2015 年	2016 年	5 年平均		
浊漳河	侯壁	1.23	4.47	7.83	3.94	2.83	4.59	4.73	是	100
清漳河	刘家庄	0.39	1.05	1.75	0.48	0.34	2.98	1.32	是	80
淇河	新村	0.63	1.21	0.75	0.41	0.26	2.49	1.02	是	60
漳河	观台	1.60	3.37	6.81	3.01	1.83	10.73	5.15	是	100
	蔡小庄	0.32	0.46	1.86	0	0	1.74	0.81	是	60
卫河	元村	3.25	8.23	5.93	3.50	3.50	13.36	6.90	是	100
卫运河	临清	2.07	6.17	6.50	3.50	1.73	10.97	5.77	是	80
漳卫新河	四女寺	1.20	0.99	1.40	0	0	1.30	0.74	否	40
南运河		0.66	0.02	0.07	0	0.01	1.61	0.34	否	20

表 2-50 漳卫河系重点河流 2012—2016 年逐月实测径流量满足度评价结果

河流	控制站	评价总月数/个	生态水量满足月数/个	满足比例/%	过程满足状况
浊漳河	侯壁	60	57	95	良
清漳河	刘家庄		33	55	差
淇河	新村		28	47	劣
漳河	观台		51	85	良
	蔡小庄		6	10	劣
卫河	元村		42	70	中
卫运河	临清		37	62	中
漳卫新河	四女寺		4	7	劣
南运河			3	5	劣

2.2.6.5 河湖干涸断流情况

漳卫河系共 29 个监测河段，干涸时长数据为 1960—2018 年的统计数据，通过漳卫河系近 60 年（1960—2018 年）和 2018 年的干涸时长数据，分析 29 个监测河段的干涸情况及变化趋势。

从干涸时长来看（表 2-51），2018 年（共 28 个有效监测河段）和 1960—2018 年（共 29 个有效监测河段）多年平均干涸时长小于等于 30 d 的河段分别为 17 个和 15 个，分别约占有效监测河段的 60.7%、51.7%；干涸时长范围为（30，180］d 的河段分别为 4 个和 9 个，分别约占 14.3%、31%；干涸时长范围为（180，300］d 的河段分别为 1 个和 5 个，分别约占 3.6%、17.2%；干涸时长超过 300 d 的河段分别为 6 个和 0 个，分别约占 21.4%、0。由表 2-52 可知，相比 1960—2018 年多年平均干涸情况，2018 年南运河的四女寺—德州段、安陵—沧州段、北陈屯—九宣闸段和九宣闸—第六堡段，漳卫新河的四女寺闸—德州段，漳河的岳城水库（坝下）—徐万仓段干涸情况加重且干涸时长超过 300 d。1960—2018 年基本无干涸情况（包括无干涸情况）的河段共 11 个，约占监测河段的 38%；干涸情况缓解的河段共 1 个，约占 3%；干涸情况波动（先加重后缓解）的河段共 7 个，约占 24%；干涸程度呈加重趋势的河段共 10 个，约占 35%，分别为南运河的四女寺—德州和德州—安陵段、北陈屯—九宣闸段、九宣闸—第六堡段、安陵—沧州段，卫运河的临清—四女寺段、漳卫新河的四女寺闸—德州段，漳河的合漳—岳城水库和岳城水库（坝下）—徐万仓段，清漳河的刘家庄—匡合漳段。

从图 2-30 来看，漳卫河系 2018 年的干涸情况有所缓解，但从整体看干涸时长呈增加趋势，干涸情况严重。

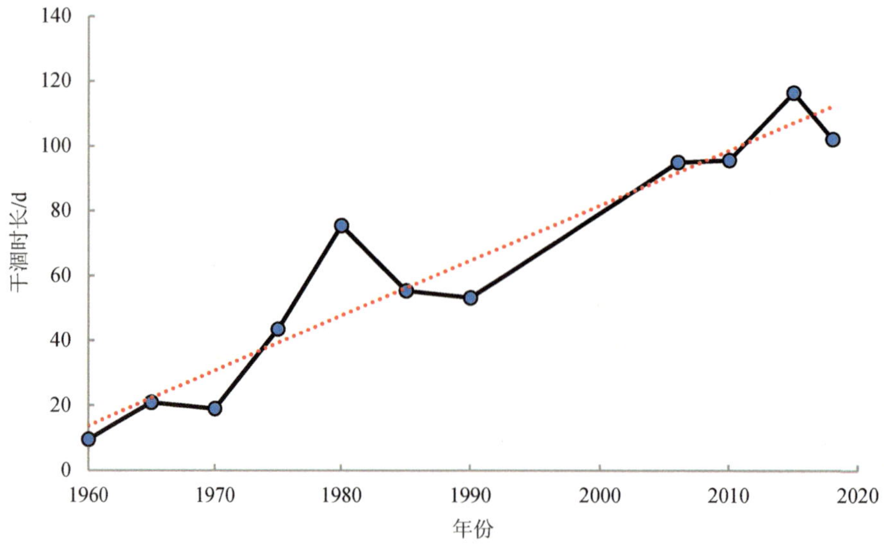

图 2-30 1960—2018 年漳卫河系干涸时长情况

表 2-51 漳卫河系河流干涸总体情况

干涸时长	2018 年		1960—2018 年多年平均	
	河段个数/个	河段名称	河段个数/个	河段名称
干涸时长≤30 d	17	南运河的沧州—北陈屯段、卫运河的临清市区段和徐万仓—临清市段、漳卫新河的德州—辛集段（包括 2 个河段）、卫河的西孟入口—阳邵乡兴旺庄段（包括 3 个河段）和龙王庙—徐万仓段、浊漳河的实会—合漳段（包括 2 个河段）、清漳河的下交漳—刘家庄段、共产主义渠的六店村 107 国道桥上—黄土岗段、安阳河的河源—小南海水库入口段和彰武水库大坝—入卫河口段、浊漳河东支的九京水库坝上—口则段、大沙河的高村乡北组近—合河段	15	卫运河的临清市区段和徐万仓—临清市段、西孟入口—汤河汇入处段（包括 2 个河段）、漳卫新河的庆云—辛集段、卫河的龙王庙—徐万仓段、浊漳河的实会—合漳段(包括 2 个河段)、清漳河的下交漳—刘家庄段、共产主义渠的六店村 107 国道桥上—黄土岗段、安阳河的河源—小南海水库入口段和彰武水库大坝—入卫河口段、浊漳河东支的九京水库坝上—口则段、大沙河的高村乡北组近—合河段、人民胜利渠的田庄—入卫河口段
30 d＜干涸时长≤180 d	4	南运河的德州—安陵段、卫运河的临清—四女寺段、清漳河的刘家庄—匡合漳段、共产主义渠的黄土岗—合河段	9	南运河的德州—九宣闸段(包括 4 个河段）、卫运河的临清—四女寺段、漳卫新河的德州—庆云段、卫河的汤河汇入处—阳邵乡兴旺庄段、漳河的合漳—岳城水库段、清漳河的刘家庄—匡合漳段
180 d＜干涸时长≤300 d	1	漳河的合漳—岳城水库段	5	南运河的四女寺—德州段和九宣闸—第六堡段、漳卫新河的四女寺闸—德州段、漳河的岳城水库（坝下）—徐万仓段、共产主义渠的黄土岗—合河段
干涸时长＞300 d	6	南运河的四女寺—德州段、安陵—沧州段、北陈屯—第六堡段（包括 2 个河段）、漳卫新河的四女寺闸—德州段、漳河的岳城水库（坝下）—徐万仓段	0	—

表 2-52 漳卫河系河流干涸具体情况

所在水体	河流/渠道	水位站名称	起止位置	河长/km	干涸时长/d												1960—2018 年干涸变化趋势
					1960 年	1965 年	1970 年	1975 年	1980 年	1985 年	1990 年	2006 年	2010 年	2015 年	2018 年	1960—2018 年多年平均	
南运河	南运河	四女寺（南）（闸下游）	四女寺—德州	10	0	0	13	80	300	109	253	352	241	361	329	185	干涸情况加重
		安陵（节制闸闸上）	德州—安陵	50	0	0	0	0	0	83	162	193	251	96	67	77	干涸情况加重
		安陵（节制闸闸下）	安陵—沧州	116	0	0	0	0	207	207	207	291	266	245	343	161	干涸情况加重
		北陈屯（节制闸闸上）	沧州—北陈屯	20	—	—	—	124	124	149	159	0	0	0	0	70	干涸情况有所缓解
	南运河	九宣闸（闸上）	北陈屯—九宣闸	68	0	0	0	0	0	0	0	365	243	365	365	122	干涸情况加重
		九宣闸（闸下）	九宣闸—第六堡	43.3	0	11	130	279	279	323	296	365	244	365	365	242	干涸情况加重
卫运河	卫运河	临清	临清市区	20	0	0	0	51	178	11	0	0	0	0	0	22	干涸情况波动
		四女寺（南）（闸上游）	临清—四女寺	77	0	0	13	76	199	40	96	0	37	156	153	70	干涸情况加重
		南陶	徐万仓—临清市	60	—	—	—	0	14	0	4	0	19	27	9	9	基本无干涸情况

所在水体	河流/渠道	水位站名称	起止位置	河长/km	干涸时长/d												1960—2018年干涸变化趋势
					1960年	1965年	1970年	1975年	1980年	1985年	1990年	2006年	2010年	2015年	2018年	1960—2018年多年平均	
漳卫新河	漳卫新河	四女寺闸（漳）（闸下游）	四女寺闸—德州	10	—	—	—	222	244	126	81	365	365	365	365	267	干涸情况加重
		庆云闸（闸上游）	德州—庆云	100	—	—	0	—	203	0	56	0	0	80	0	42	干涸情况波动
		庆云闸（闸下游）	庆云—辛集	55	—	—	0	0	0	0	56	0	0	196	0	28	干涸情况波动
卫河	卫河	淇门	西孟入口—五陵水文站	128.9	0	0	0	0	0	23	0	0	5	23	0	5	基本无干涸情况
		五陵	五陵水文站—汤河汇入处	20	0	0	0	0	0	35	23	13	42	103	10	21	干涸情况波动
		西元村（二）	汤河汇入处—阳邵乡兴旺庄	30	0	0	0	0	179	99	27	13	28	24	4	34	干涸情况波动
		龙王庙	龙王庙—徐万仓	42	—	—	0	8	27	17	0	12	19	32	0	13	基本无干涸情况
	共产主义渠	黄土岗（二）	六店村107国道桥上—黄土岗	44	—	0	1	9	2	0	0	15	16	16	0	6	基本无干涸情况
		刘庄（二）	黄土岗—合河	59	—	232	259	237	0	155	69	292	303	355	148	205	干涸情况波动
	安阳河	横水（二）	河源—小南海水库入口	45	—	38	—	0	3	61	0	10	56	0	0	19	干涸情况波动
		安阳	彰武水库大坝—入卫河口	85	0	0	0	0	0	0	0	0	0	14	0	1	基本无干涸情况

所在水体	河流/渠道	水位站名称	起止位置	河长/km	干涸时长/d												1960—2018年干涸变化趋势
					1960年	1965年	1970年	1975年	1980年	1985年	1990年	2006年	2010年	2015年	2018年	1960—2018年多年平均	
卫河	大沙河	修武	高村乡北组近—合河	17	0	0	0	0	0	0	0	0	0	0	0	0	基本无干涸情况
卫河	人民胜利渠	饮马口	田庄—入卫河口	12	—	—	—	—	—	—	0	0	5	25	—	8	基本无干涸情况
漳河	漳河	观台	合漳—岳城水库	75	0	0	0	0	0	0	0	0	103	35	248	35	干涸情况加重
漳河	漳河	蔡小庄（二）	岳城水库（坝下）—徐万仓	114	145	130	—	—	—	—	—	341	365	365	332	280	干涸情况加重
漳河	浊漳河	侯壁	实会—长治、邯郸界	86.6	—	—	—	—	—	—	0	0	0	0	0	0	无干涸情况
漳河	浊漳河	天桥断（二）	长治、邯郸界—合漳	20	0	0	0	0	0	0	0	0	0	0	0	0	无干涸情况
漳河	清漳河	刘家庄（河）	下交漳—刘家庄	50	0	0	0	0	0	0	0	0	0	0	0	0	无干涸情况
漳河	清漳河	匡门口（主槽）	刘家庄—匡合漳	60	0	0	0	0	0	0	0	128	166	129	122	50	干涸情况加重
漳河	浊漳河东支	蔡家庄	九京水库坝上—口则	65	26	26	0	0	0	0	0	0	0	0	0	5	基本无干涸情况

2.2.7　徒骇马颊河

2.2.7.1　水资源量

2010—2017 年，徒骇马颊河系平均降水量为 562.07 mm，2010 年降水量最大，为 694.57 mm，2014 年最小，为 446.85 mm，2010—2017 年降水量情况见表 2-53。由图 2-31 可知，2010—2017 年多年平均水资源总量为 47.16 亿 m^3，呈波动减少的趋势；多年平均地表水资源量为 19.89 亿 m^3；多年平均地下水资源量为 33.39 亿 m^3。

表 2-53　徒骇马颊河系 2010—2017 年降水量

年份	2010	2011	2012	2013	2014	2015	2016	2017	多年平均
降水量/mm	694.57	568.77	594.34	640.03	446.85	513.60	562.20	476.20	562.07

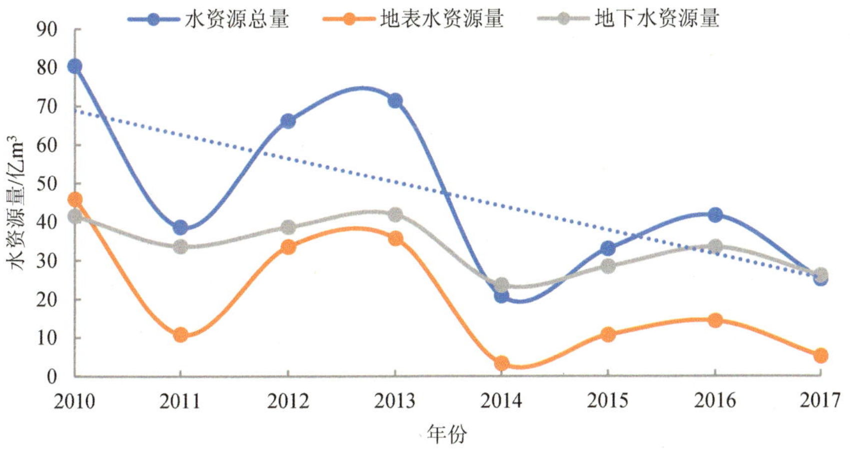

图 2-31　2010—2017 年徒骇马颊河系水资源量变化趋势

2.2.7.2　水资源开发利用状况

（1）供用水量

2010—2017 年，徒骇马颊河系的供水量维持在 35.09 亿 m^3 左右，供水量最小的是 2017 年的 33.3 亿 m^3，最大的是 2011 年的 36.78 亿 m^3；其中，地表水供水量变化范围为 11.86 亿～14.86 亿 m^3，地下水供水量变化范围为 17.91 亿～23.74 亿 m^3，非常规水利用量呈增加趋势，从 0.25 亿 m^3 增加到 0.67 亿 m^3。

2010—2017 年，徒骇马颊河系总用水量基本维持在 33.61 亿 m^3 左右。工业、农业用水量总体上呈减少趋势，农业用水量从 23.65 亿 m^3 减少到 21.12 亿 m^3，工业用水量从 7.4 亿 m^3 减少到 5.47 亿 m^3；生活及生态环境用水量呈增加趋势，生活用水量从 3.59 亿 m^3 增加到 3.66 亿 m^3，生态环境用水量从 0.31 亿 m^3 增加到 1.3 亿 m^3。徒骇马颊河系 2010—

2017 年供用水量变化情况见表 2-54。

表 2-54　徒骇马颊河系 2010—2017 年供用水量统计　　单位：亿 m^3

年份	供水量					用水量				
	合计	地表水		地下水	非常规水	合计	生活	工业	农业	生态环境
		小计	引水							
2010	35.85	11.86	7.89	23.74	0.25	34.95	3.59	7.40	23.65	0.31
2011	36.78	13.53	9.78	22.78	0.47	35.46	3.48	8.01	23.51	0.46
2012	35.79	13.84	9.88	21.45	0.50	34.19	3.48	7.21	22.85	0.65
2013	35.05	14.09	9.28	20.51	0.45	33.48	3.48	7.40	22.00	0.60
2014	36.11	14.86	10.08	20.64	0.61	34.62	3.62	7.16	23.11	0.73
2015	34.07	13.68	8.82	19.90	0.49	32.56	3.59	6.40	21.88	0.69
2016	33.74	14.39	10.24	18.69	0.66	32.09	3.74	6.11	21.35	0.89
2017	33.33	14.75	9.60	17.91	0.67	31.55	3.66	5.47	21.12	1.30

（2）耗水量

2010—2017 年，徒骇马颊河系的耗水量维持在 40.65 亿 m^3 左右，其中农田灌溉的耗水量最大，占总耗水量的 74.4%，城镇公共耗水量最小，占总耗水量的 1.1%；农田灌溉耗水量呈波动下降趋势，2017 年耗水量较 2010 年减少了 12.8%；生态环境、城镇公共耗水量呈逐年上升趋势，两者 2017 年耗水量分别是 2010 年的 6.1 倍、1.3 倍；其他耗水方式呈波动变化，但趋势变化较小。徒骇马颊河系 2010—2017 年各耗水方式耗水量占总耗水量的比例变化趋势见图 2-32。

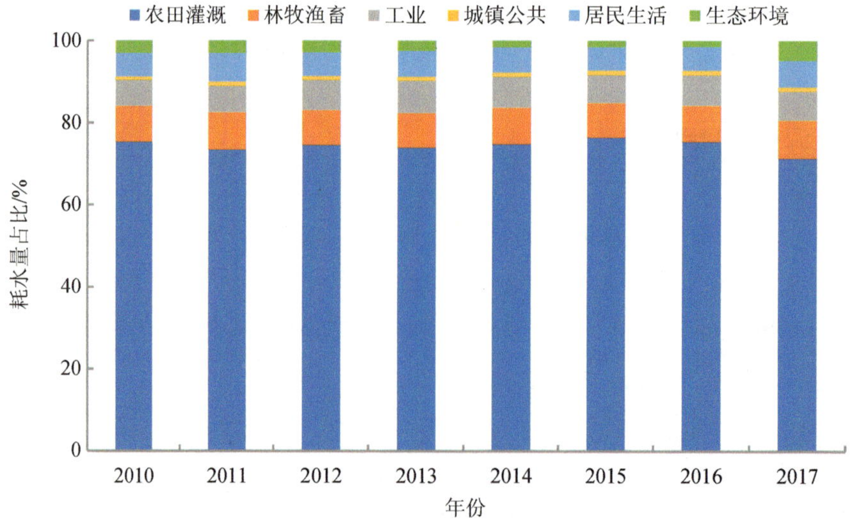

图 2-32　徒骇马颊河系 2010—2017 年各耗水方式耗水量占总耗水量的比例

2.2.7.3 污水处理及回用情况

截至目前，徒骇马颊河水系范围内建有 70 座主要污水集中处理设施。其中，有 31 座污水集中处理设施的出水全部或部分以农业灌溉、城市杂用、工业用水、环境用水等方式回用，回用的水量为 40.3 万 m^3/d；排入河道的水量为 178.5 万 m^3/d，其中 COD、氨氮、总磷、BOD_5 等主要指标达到地表水Ⅴ类标准的水量有 60.3 万 m^3/d，达到Ⅳ类标准的水量有 25.3 万 m^3/d。

2.2.7.4 生态需水量（水位）满足度

《综合规划》中明确了徒骇河、马颊河、德惠新河 3 条重点河流的生态水量要求（表 2-55），分别为 1.9 亿 m^3、0.82 亿 m^3、0.36 亿 m^3。根据 2012—2016 年平均实测径流量数据可知，3 条河流均满足生态需水量要求。根据 2012—2016 年逐年的实测径流量数据发现，徒骇河和马颊河逐年满足度达 80%，德惠新河由于 2014 和 2016 年的径流量偏低，其逐年满足度偏低。2012—2016 年逐月实测径流满足度评价结果（表 2-56）表明，3 个评价控制站评价等级均为劣，平均满足度约为 33%。

表 2-55 徒骇马颊河系重点河流 2012—2016 年生态需水量满足度

河流	控制站	生态需水量/亿 m^3	实测径流量/亿 m^3						平均实测水量是否满足生态水量	逐年满足度/%
			2012 年	2013 年	2014 年	2015 年	2016 年	5 年平均		
徒骇河	堡集闸	1.90	9.42	17.7	0.61	2.75	3.10	6.72	是	80
马颊河	大道王	0.82	14.1	11.4	0.51	7.36	1.44	6.96	是	80
德惠新河	郑店闸	0.36	1.49	5.14	0	0.38	0.30	1.46	是	60

表 2-56 徒骇马颊河系重点河流 2012—2016 年逐月实测径流量满足度评价结果

河流	控制站	评价总月数/个	生态水量满足月数/个	满足比例/%	过程满足状况
徒骇河	堡集闸	60	24	40	劣
马颊河	大道王		29	48	劣
德惠新河	郑店闸		7	12	劣

2.2.7.5 河湖干涸断流情况

徒骇马颊河系共 12 个监测河段，干涸时长数据为 1960—2018 年的统计数据，通过徒骇马颊河系近 60 年（1960—2018 年）和 2015 年的干涸时长数据，分析 12 个监测河段的干涸情况及变化趋势。

从干涸时长来看（表 2-57），2015 年和 1960—2018 年多年平均干涸时长小于等于 30 d 的河段分别为 8 个和 6 个，分别约占监测河段的 66.7%、50%；干涸时长范围为（30，180］d 的河段分别为 3 个和 6 个，分别占 25%、50%；干涸时长范围为（180，300］d 的河段为 1 个和 0 个，分别约占 8.3%、0；干涸时长超过 300 d 的河段均为 0 个。相比于 1960—2018 年多年平均干涸情况，2015 年德惠新河的平原王凤楼—王杠子闸段干涸情况加重且干涸时长大于 180 d。由表 2-58 可知，1960—2018 年基本无干涸（包括无干涸）情况的河段共 5 个，约占监测河段的 41.7%，占比较大；干涸情况缓解的河段有 1 个，约占 8.3%；干涸情况波动（先加重后缓解）的河段有 3 个，约占 25%；干涸程度呈加重趋势的河段共 3 个，约占 25%，分别为马颊河的董姑桥—李家桥闸上段和李家桥闸下—庆云段、德惠新河的平原王凤楼—王杠子闸段。

从图 2-33 来看，徒骇马颊河水系在 1960 年时无干涸情况，随后干涸情况逐渐加重，与 2006 年相比 2015 年的干涸情况有所缓解，但从整体上看干涸时长依旧呈增加趋势。

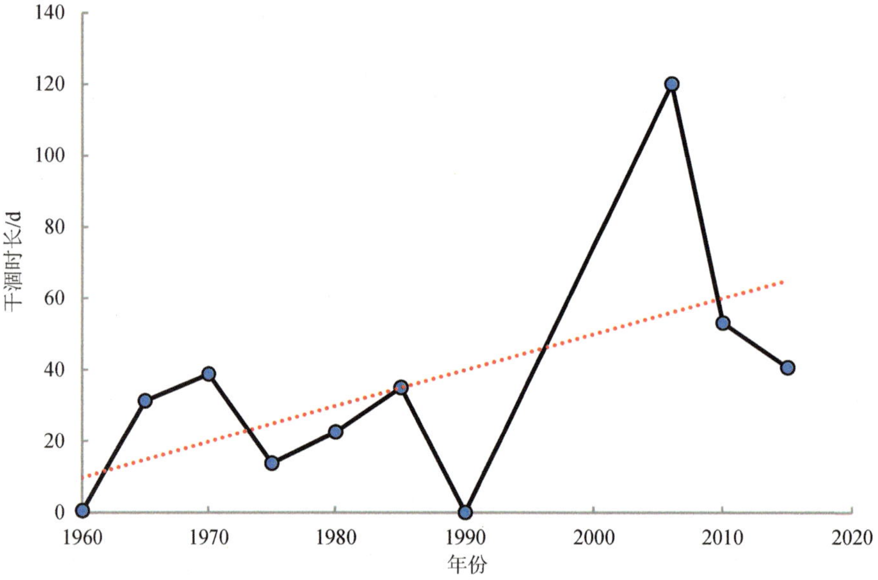

图 2-33　1960—2015 年徒骇马颊河系干涸时长情况

表 2-57 徒骇马颊河系河流干涸总体情况

干涸时长	2015 年		1960—2018 年多年平均	
	河段个数/个	河段名称	河段个数/个	河段名称
干涸时长≤30 d	8	马颊河的冢北桥—王铺闸上段、王铺闸下—董姑桥段、庆云—入海段、徒骇河的河源—羊角河入徒骇河段、羊角河入徒骇河—前油坊段、前油坊—夏口段、夏口—入海口段、德惠新河的王杠子闸—入海口段	6	马颊河的庆云—入海段、徒骇河的河源—羊角河入徒骇河段、羊角河入徒骇河—前油坊段、前油坊—夏口段、夏口—入海口段、德惠新河的王杠子闸—入海口段
30 d＜干涸时长≤180 d	3	马颊河的南乐—冢北桥段、董姑桥—李家桥闸上段和李家桥闸下—庆云	6	马颊河的南乐—冢北桥段、冢北桥—王铺闸上段、王铺闸下—董姑桥段、董姑桥—李家桥闸上段、李家桥闸下—庆云段、德惠新河的平原王凤楼—王杠子闸段
180 d＜干涸时长≤300 d	1	德惠新河的平原王凤楼—王杠子闸段	0	—
干涸时长＞300 d	0	—	0	—

表 2-58　徒骇马颊河系河流干涸具体情况

所在水体	河流	水位站名称	起止位置	河长/km	干涸时长/d												1960—2018 年干涸变化趋势
					1960 年	1965 年	1970 年	1975 年	1980 年	1985 年	1990 年	2006 年	2010 年	2015 年	2018 年	1960—2018 年多年平均	
马颊河	马颊河	南乐水文站	南乐—冢北桥	88	0	0	135	120	240	270	—	365	278	110	—	169	干涸情况波动
		王铺闸（闸上游）站	冢北桥—王铺闸上	60	0	24	15	45	0	30	—	305	0	13	—	48	干涸情况波动
		王铺闸（闸下游）站	王铺闸下—董姑桥	80	0	24	15	0	0	30	—	305	0	11	—	43	干涸情况波动
		李家桥（闸上游）	董姑桥—李家桥闸上	20	0	48	75	0	0	45	—	102	36	64	—	41	干涸情况加重
		李家桥（闸下游）	李家桥闸下—庆云	124	0	48	75	0	0	45	—	193	142	89	—	66	干涸情况加重
		大道王闸（闸上游）站	庆云—入海	66	0	0	0	0	0	0	—	0	0	0	—	0	无干涸情况
徒骇河	徒骇河	聊城水文站	河源—羊角河入徒骇河	103	0	0	0	0	0	0	0	0	0	0	—	0	无干涸情况
		刘桥闸（闸上游）站	羊角河入徒骇河—前油坊	78	6	9	0	0	0	0	0	0	0	0	—	2	基本无干涸情况
		宫家闸（闸上游）站	前油坊—夏口	65	0	42	0	0	0	0	0	30	0	0	—	7	基本无干涸情况
		堡集闸	夏口—入海口	193	0	0	0	0	0	0	0	0	0	0	—	0	无干涸情况
德惠新河	德惠新河	—	平原王凤楼—王杠子闸	122	0	90	0	0	15	0	—	140	181	200	—	70	干涸情况加重
		—	王杠子闸—入海口	100	0	90	150	0	15	0	—	0	0	0	—	28	干涸情况缓解

第3章

水环境评价与分析

水环境系统是生态环境系统中的关键子系统，水环境是人类经济社会发展的基本环境之一，对人类的生存发展有着不可替代的地位和作用。近年来，海河流域水环境治理成效显著，但水污染防治仍存在短板，水环境形势依然严峻。作为水生态环境保护工作中重要的组成部分，水环境评价对评价整体水生态环境状况起决定性作用。本章主要从地表水、饮用水水源地、水功能区水环境质量总体状况、主要污染物时空变化和水环境质量达标情况等方面进行评价分析，并对工业、城镇、农业污染源进行调查分析，掌握流域水环境状况，为科学制定海河流域“十四五”水生态环境保护措施提供支撑。

3.1 流域总体水环境评价与分析

3.1.1 地表水环境质量状况

3.1.1.1 基本要求

按照《地表水环境质量评价办法（试行）》和《地表水环境质量标准》（GB 3838—2002）等办法和标准对每个断面、行政区域和流域的水质状况进行评价，识别主要污染因子。

1）评价标准

评价标准执行《地表水环境质量标准》（GB 3838—2002）。

2）评价指标

评价指标为《地表水环境质量标准》（GB 3838—2002）表1中除水温、总氮、粪大肠菌群以外的21项指标，包括pH、溶解氧、高锰酸盐指数、COD、BOD_5、氨氮、总磷、铜、锌、氟化物、硒、砷、汞、镉、铬（六价）、铅、氰化物、挥发酚、石油类、阴离子表面活性剂和硫化物。

3）评价方法

（1）河流水质评价

河流断面水质类别评价采用单因子评价法，即根据评价时段内该断面参评的指标中类别最高的一项来确定。

河流、流域（水系）水质评价采用断面水质类别比例法，即根据评价河流、流域（水系）中各水质类别的断面数占河流、流域（水系）所有评价断面总数的百分比来评价其水质状况。

（2）湖泊、水库评价

湖泊、水库单个点位的水质评价，按照断面水质评价的方法进行。当一个湖泊、水库有多个监测点位时，计算湖泊、水库多个点位各评价指标浓度的算术平均值，然后按照断面水质评价的方法进行评价。

河流型水库按照河流水质评价方法进行。

4）主要污染指标的确定

确定断面主要污染指标的方法是当断面水质超过Ⅲ类标准时，先按照不同指标对应水质类别的优劣，选择水质类别最差的前三项指标作为主要污染指标，并在指标后标注该指标浓度超过Ⅲ类水质标准的倍数，即超标倍数。

确定河流、流域（水系）主要污染指标的方法是将水质超过Ⅲ类标准的指标按其断面超标率大小排列，取断面超标率最大的前三项为主要污染指标。

3.1.1.2 监测断面设置情况

“十四五”期间，海河流域共布设 276 个地表水国控断面，包括 247 个河流断面和 29 个湖库断面。276 个地表水国控断面中含有 5 个共考断面，分别为 4 个河流断面（吴村、江洼口、小泊头桥、油坊桥断面）和 1 个湖库断面（官厅水库坝前断面）。海河流域国控断面设置情况见表 3-1。

表 3-1 海河流域国控断面设置情况 单位：个

省（区、市）	断面总个数	河流断面个数	湖库断面个数	备注
北京市	37	31	6	含北京和河北共考断面 2 个，分别为官厅水库坝前和吴村断面
天津市	36	32	4	含天津和河北共考断面 1 个，为江洼口断面
河北省	124	106	18	含北京和河北共考断面 2 个，分别为官厅水库坝前和吴村断面；含天津和河北共考断面 1 个，为江洼口断面；河北和山东共考断面 2 个，分别为小泊头桥和油坊桥断面
山西省	35	35	0	—
内蒙古自治区	5	5	0	—
辽宁省	1	1	0	—
山东省	25	23	2	含河北和山东共考断面 2 个，分别为小泊头桥和油坊桥断面
河南省	18	18	0	—
海河流域合计	276	247	29	—

3.1.1.3 评价分析结果

1）水质综合评价

（1）现状评价与分析

2020 年水质综合评价结果表明，Ⅰ～Ⅲ类水质断面有 161 个，约占水质断面总数（除干涸断流断面）的 59.6%；Ⅳ类、Ⅴ类水质断面有 101 个，约占 37.4%；劣Ⅴ类水质断面有 8 个，约占 3%；干涸断流断面有 6 个。流域总体水质状况为轻度污染，主要污染指标为 COD、高锰酸盐指数和 BOD_5。流域总体水质比例情况详见图 3-1，流域水质综合评价结果见表 3-2。

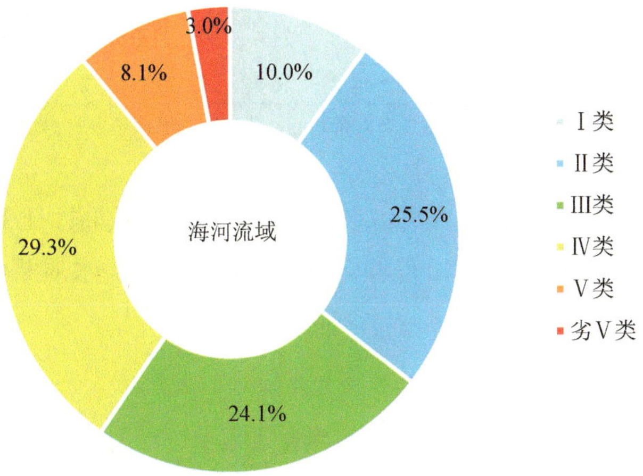

图 3-1 海河流域总体水质状况百分比

表 3-2 海河流域河流水质综合评价结果

分区	断面个数/个	Ⅰ类		Ⅱ类		Ⅲ类		Ⅳ类		Ⅴ类		劣Ⅴ类		干涸断流
		断面个数/个	占比/%	断面个数/个	占比/%	断面个数/个	占比/%	断面个数/个	占比/%	断面个数/个	占比/%	断面个数/个	占比/%	断面个数/个
北京市	37	3	8.6	13	37.1	8	22.9	11	31.4	0	0	0	0	2
天津市	36	1	2.8	9	25.0	6	16.7	11	30.5	8	22.2	1	2.8	0
河北省	124	14	11.7	27	22.5	34	28.3	29	24.2	12	10.0	4	3.3	4
山西省	35	5	14.2	14	40.0	7	20.0	7	20.0	1	2.9	1	2.9	0
内蒙古自治区	5	0	0	1	20.0	3	60.0	1	20.0	0	0	0	0	0
辽宁省	1	1	100.0	0	0	0	0	0	0	0	0	0	0	0
山东省	25	0	0	3	12.0	3	12.0	15	60.0	3	12.0	1	4.0	0
河南省	18	3	16.7	2	11.1	4	22.2	8	44.4	0	0.0	1	5.6	0
海河流域	276	27	10.0	69	25.5	65	24.1	79	29.3	22	8.1	8	3.0	6

分区	断面个数/个	Ⅰ类		Ⅱ类		Ⅲ类		Ⅳ类		Ⅴ类		劣Ⅴ类		干涸断流
		断面个数/个	占比/%	断面个数/个	占比/%	断面个数/个	占比/%	断面个数/个	占比/%	断面个数/个	占比/%	断面个数/个	占比/%	断面个数/个
滦河及冀东沿海	29	6	20.7	9	31.0	12	41.4	2	6.9	0	0.0	0	0.0	0
北三河	57	4	7.1	21	37.5	9	16.1	18	32.1	2	3.6	2	3.6	1
永定河	32	0	0.0	7	22.6	12	38.7	11	35.5	0	0.0	1	3.2	1
大清河（含海河干流）	45	5	11.9	11	26.2	7	16.7	10	23.8	7	16.7	2	4.7	3
子牙河（含黑龙港及运东）	51	6	11.8	8	15.7	13	25.5	14	27.4	9	17.6	1	2.0	0
漳卫河	38	6	16.2	10	27.0	8	21.6	10	27.0	2	5.5	1	2.7	1
徒骇马颊河	24	0	0.0	3	12.5	4	16.7	14	58.3	2	8.3	1	4.2	0

注：在 276 个地表水国控断面中地市分区含有 5 个共考断面；干涸断流断面不参与评价。

按行政区域评价，辽宁省和内蒙古自治区Ⅰ～Ⅲ类水质断面比例较高，达到 80%以上；天津市、河北省、山西省、山东省、河南省存在劣Ⅴ类水质断面。各省份水质状况百分比情况见图 3-2。

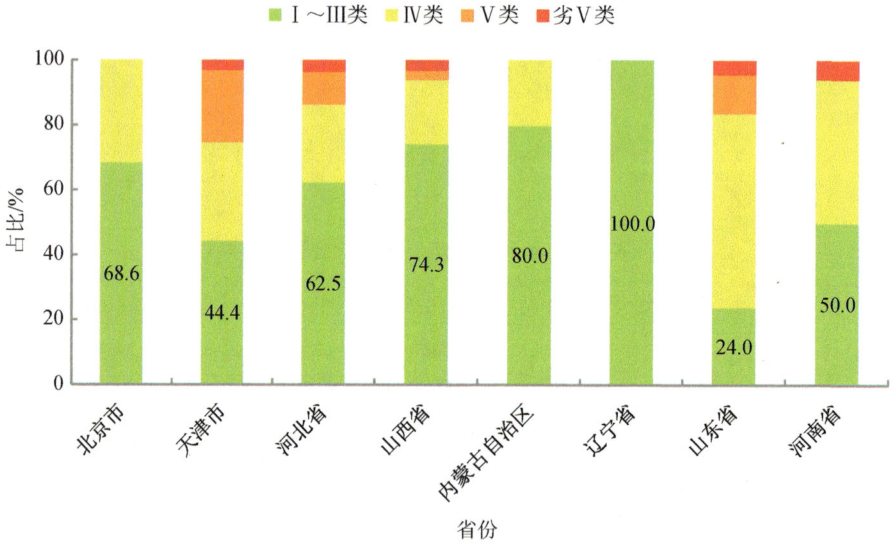

图 3-2 海河流域各省份水质状况百分比

按河系评价，滦河及冀东沿海水质为优，Ⅰ～Ⅲ类水质断面占海河流域各河系总断面的比例达到 90%以上；其他河系水质均为轻度污染，均存在劣Ⅴ类水质断面。各河系水质状况百分比情况见图 3-3。

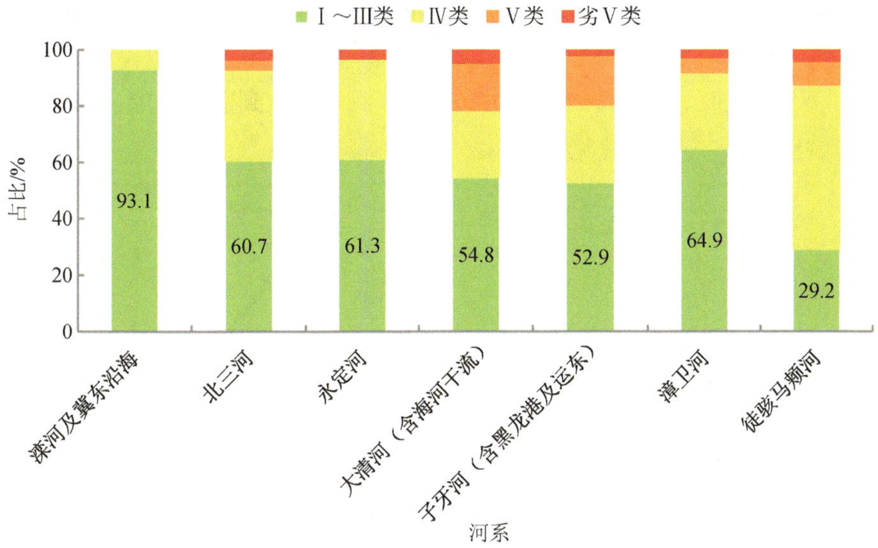

图 3-3 海河流域各河系水质状况百分比

（2）水质变化趋势分析

根据《“十三五”国家地表水环境质量监测网设置方案》，海河流域共布设 179 个地表水国控断面，包括 109 条河流的 168 个断面和 7 个湖库的 11 个断面。

海河流域整体水质情况由 2015 年的中度污染转为轻度污染，水质有所好转。2015—2020 年，流域Ⅰ～Ⅲ类水质断面与统计断面的占比呈稳步上升趋势，由 2015 年的 40.9%上升到 2020 年的 62%；Ⅳ类、Ⅴ类水质断面与统计断面的占比略有上升，由 2015 年的 22.2%上升到 2020 年的 37.4%；劣Ⅴ类水质断面与统计断面的占比显著下降，由 2015 年的 36.9%下降到 2020 年的 0.6%。2015—2020 年流域水质类别变化情况见图 3-4。

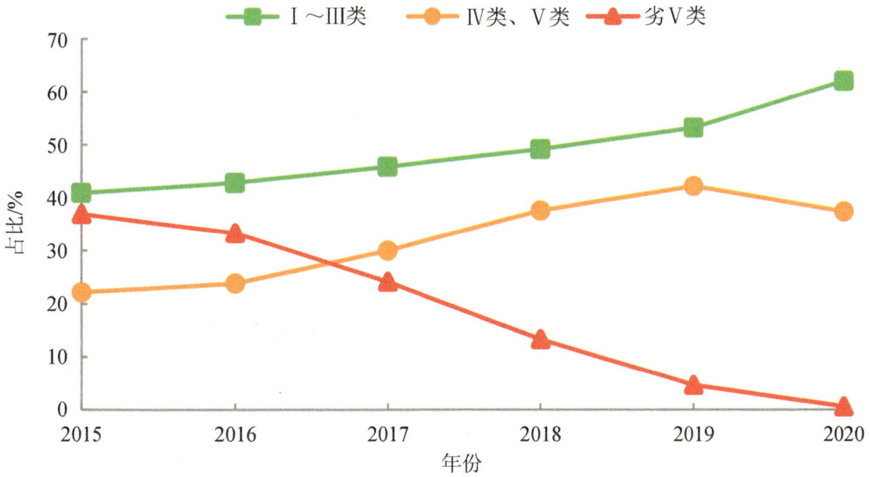

图 3-4 2015—2020 年流域水质类别变化情况

海河流域主要污染指标浓度大幅降低。2020 年，海河流域 COD、BOD_5、氨氮、总磷等主要指标年均浓度分别为 17.71 mg/L、2.68 mg/L、0.30 mg/L、0.08 mg/L，分别较 2015 年下降 42.5%、52.8%、90.0%、76.5%，且均已达到Ⅲ类标准。2015—2020 年流域主要污染指标浓度变化情况见图 3-5。

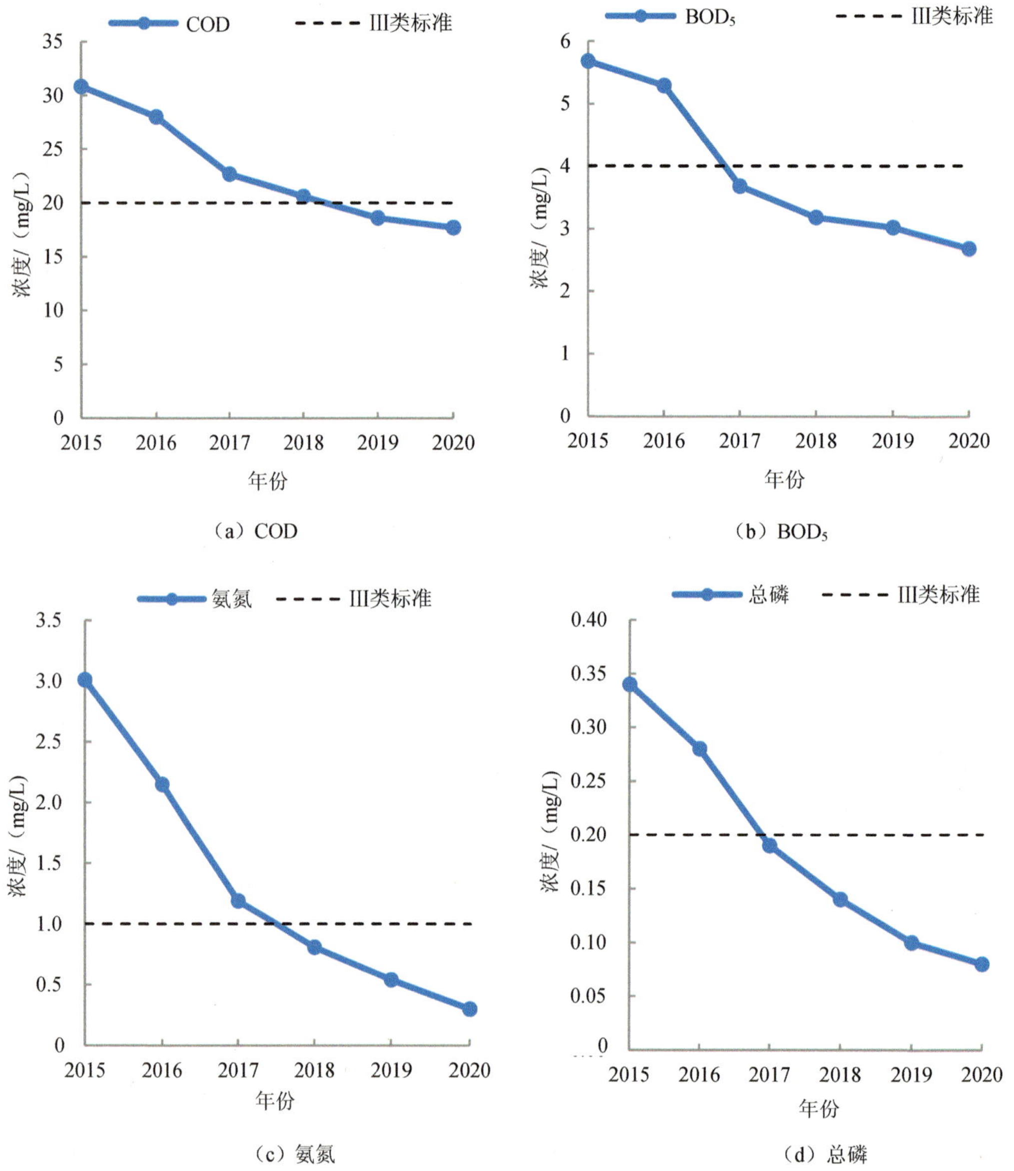

图 3-5　2015—2020 年流域主要污染指标浓度变化

2）主要湖库

（1）现状评价与分析

海河流域共有 22 个湖库的 29 个断面参与评价。2020 年评价结果表明，Ⅰ～Ⅲ类水质断面有 19 个，约占水质断面总数的 66%；Ⅳ类、Ⅴ类水质断面有 9 个，约占水质断面总数的 31%；劣Ⅴ类水质断面有 1 个，约占水质断面总数的 3%。

若总氮参评，湖库Ⅰ～Ⅲ类水质断面数与水质断面总数占比为 27.6%，较总氮不参评时下降了 37.9 个百分点；Ⅳ类、Ⅴ类水质断面占比为 41.4%，较总氮不参评时上升了 10.4 个百分点；劣Ⅴ类水质断面占比为 31%，较总氮不参评时上升了 27.5 个百分点。总氮是海河流域湖库/断面首要污染指标。海河流域湖库/断面水质状况百分比见图 3-6，水质类别评价结果见表 3-3。

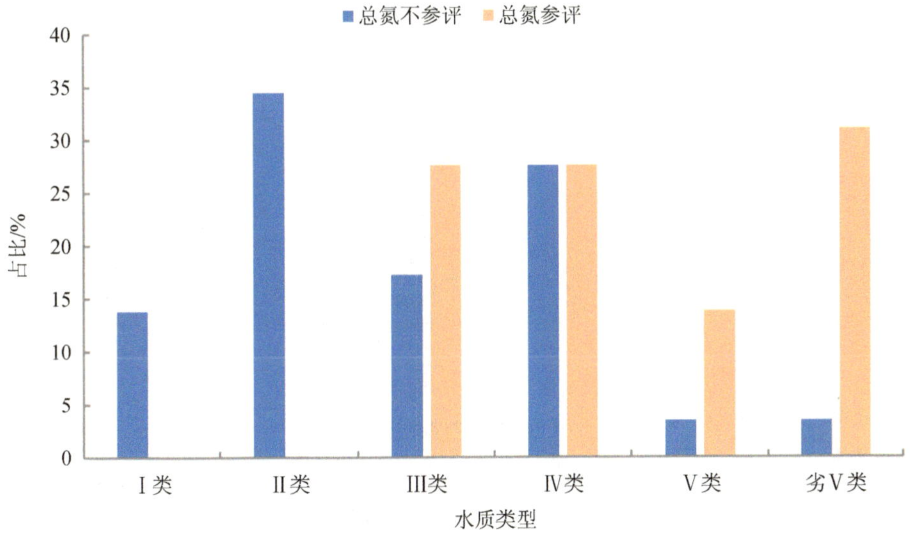

图 3-6 2020 年海河流域湖库/断面水质状况百分比

表 3-3 海河流域湖库/断面水质类别评价结果

序号	河系	责任城市/新区	湖库名称	断面名称	“十四五”水质目标	2020 年水质类别	
						总氮不参评	总氮参评
1	滦河及冀东沿海	承德/唐山	潘家口水库	潘家口水库	Ⅲ类	Ⅱ类	劣Ⅴ类
2	北三河	北京	海子水库	海子水库	Ⅲ类	Ⅱ类	劣Ⅴ类
3			怀柔水库	怀柔水库	Ⅱ类	Ⅱ类	Ⅲ类
4			密云水库	密云水库	Ⅱ类	Ⅱ类	Ⅲ类
5			团城湖调节池	团城湖调节池	Ⅱ类	Ⅱ类	Ⅳ类
6		天津	于桥水库	于桥水库中心	Ⅲ类	Ⅲ类	Ⅴ类
7	永定河	北京	大宁水库	大宁水库	Ⅲ类	Ⅱ类	Ⅲ类
8		张家口/北京	官厅水库	官厅水库坝前	氟化物≤1.5 mg/L，其他指标为Ⅲ类	Ⅳ类	Ⅳ类

序号	河系	责任城市/新区	湖库名称	断面名称	“十四五”水质目标	2020年水质类别	
						总氮不参评	总氮参评
9	大清河（含海河干流）	天津	北大港水库	北大港水库出口	Ⅴ类	劣Ⅴ类	劣Ⅴ类
10			北塘水库	北塘水库	Ⅲ类	Ⅱ类	Ⅲ类
11			王庆坨水库	王庆坨水库	Ⅲ类	Ⅱ类	Ⅲ类
12		保定	安格庄水库	安格庄中心	Ⅲ类	Ⅱ类	劣Ⅴ类
13			王快水库	王快水库	Ⅱ类	Ⅰ类	劣Ⅴ类
14			西大洋水库	西大洋水库	Ⅱ类	Ⅰ类	劣Ⅴ类
15		雄安新区	白洋淀	烧车淀	Ⅲ类	Ⅲ类	Ⅲ类
16				圈头	Ⅲ类	Ⅳ类	Ⅳ类
17				采蒲台	Ⅲ类	Ⅳ类	Ⅳ类
18				光淀张庄	Ⅲ类	Ⅳ类	Ⅳ类
19				枣林庄	Ⅳ类	Ⅳ类	Ⅳ类
20				端村	Ⅳ类	Ⅳ类	Ⅳ类
21				鸪丁淀	Ⅳ类	Ⅳ类	Ⅴ类
22				南刘庄	Ⅳ类	Ⅴ类	劣Ⅴ类
23	子牙河（含黑龙港及运东）	石家庄	岗南水库	岗南水库出口	Ⅱ类	Ⅰ类	劣Ⅴ类
24			黄壁庄水库	黄壁庄水库出口	Ⅱ类	Ⅰ类	劣Ⅴ类
25		沧州	大浪淀水库	大浪淀水库	Ⅲ类	Ⅲ类	Ⅲ类
26		邯郸	东武仕水库	东武仕出口	Ⅲ类	Ⅲ类	Ⅴ类
27		衡水	衡水湖	衡水湖大湖心	Ⅲ类	Ⅲ类	Ⅲ类
28	徒骇马颊河	聊城	高唐湖	北湖	Ⅲ类	Ⅱ类	Ⅴ类
29			环城湖	东昌湖	Ⅳ类	Ⅳ类	Ⅳ类

（2）水质变化趋势分析

“十三五”期间，海河流域共有湖库点位 11 个，本节对海河流域内密云水库、怀柔水库、于桥水库、尔王庄水库、白洋淀（5 个断面）、衡水湖、高唐湖 7 个湖库 11 个断面水质类别变化趋势进行分析。2015—2020 年，流域湖库Ⅰ～Ⅲ类断面与统计断面总数的占比呈上升趋势，由 2015 年的 40%上升到 2020 年的 63.6%；Ⅳ类、Ⅴ类断面的占比略有下降，由 2015 年的 50%下降到 2020 年的 36.4%；劣Ⅴ类断面到 2020 年全部消除，由 2015 年的 10%下降到 2020 年的 0。流域湖库水质类别明显提升。2015—2020 年流域湖库水质类别变化情况见图 3-7。

白洋淀、潘家口水库、大黑汀水库、密云水库、于桥水库是海河流域十分重要的湖库，因此选取上述 5 个湖库作为代表湖库，根据 2015—2020 年水质监测资料，分别进行总磷、总氮浓度变化趋势分析。

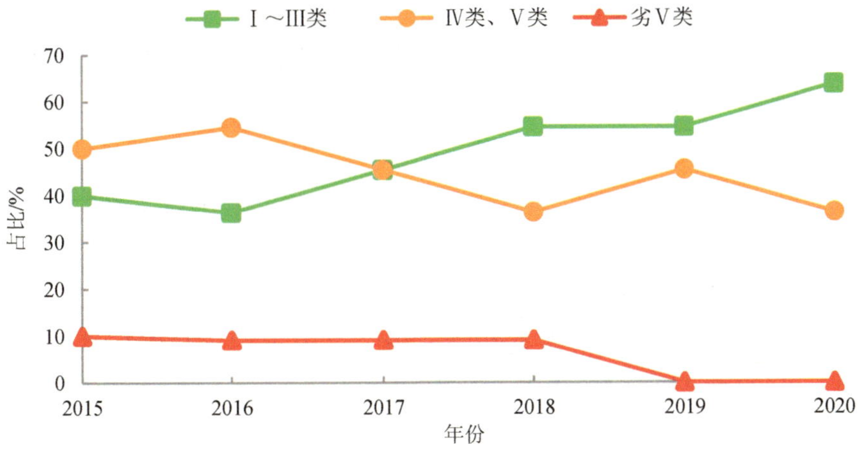

图 3-7　2015—2020 年流域湖库水质类别变化情况

从代表湖库的总磷浓度方面看（图 3-8），密云水库、于桥水库 2015—2020 年（于桥水库 2018—2020 年）总磷平均浓度分别为 0.01 mg/L、0.04 mg/L，年际变化基本保持稳定且均满足地表水Ⅲ类水质标准；大黑汀水库自 2017 年总磷浓度达到最大值后呈明显下降趋势，2020 年与 2017 年相比总磷浓度下降了 82.3%；潘家口水库总磷浓度呈先快速升高再逐年下降的趋势，2020 年与 2016 年相比，总磷浓度变化相对不大，其最高值在 2017 年，为 0.15 mg/L，接近地表水Ⅴ类水质标准限值；白洋淀总磷浓度变化不稳定，2015—2018 年总磷浓度逐年上升，2018 年总磷浓度最高，为 0.13 mg/L，超过地表水Ⅳ类水质标准，2018 年后总磷浓度明显下降，2020 年已达到地表水Ⅲ类水质标准。

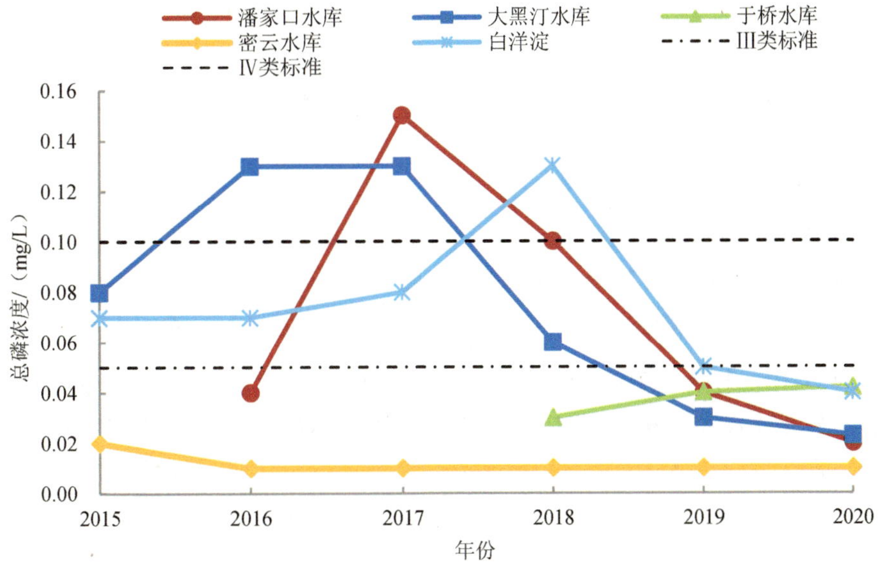

图 3-8　2015—2020 年海河流域代表湖库总磷浓度年际变化趋势

从代表湖库的总氮浓度方面看（图 3-9），2015—2020 年，潘家口水库和大黑汀水库总氮浓度一直未满足地表水Ⅴ类水质标准，其中大黑汀水库总氮浓度变化不稳定，在 2016 年达到最低值，为 2.9 mg/L，2017 年总氮浓度反弹，之后基本维持在 3.7 mg/L 上下；潘家口水库总氮浓度变化大致呈上升趋势，2016—2019 年总氮浓度逐年上升，2020 年总氮浓度略有下降，但 2020 年总氮浓度与 2016 年相比上升了 35.4%。于桥水库总氮浓度变化呈先上升后下降趋势，但总氮浓度一直偏高，与地表水Ⅲ类水质标准有较大差距。白洋淀总氮浓度在 2015—2019 年呈逐年下降趋势，但 2020 年总氮浓度出现反弹，未能满足地表水Ⅲ类水质标准。密云水库总氮浓度在 2015—2019 年呈上升趋势，水质逐年变差，2016 年以后总氮浓度已超过地表水Ⅲ类水质标准。

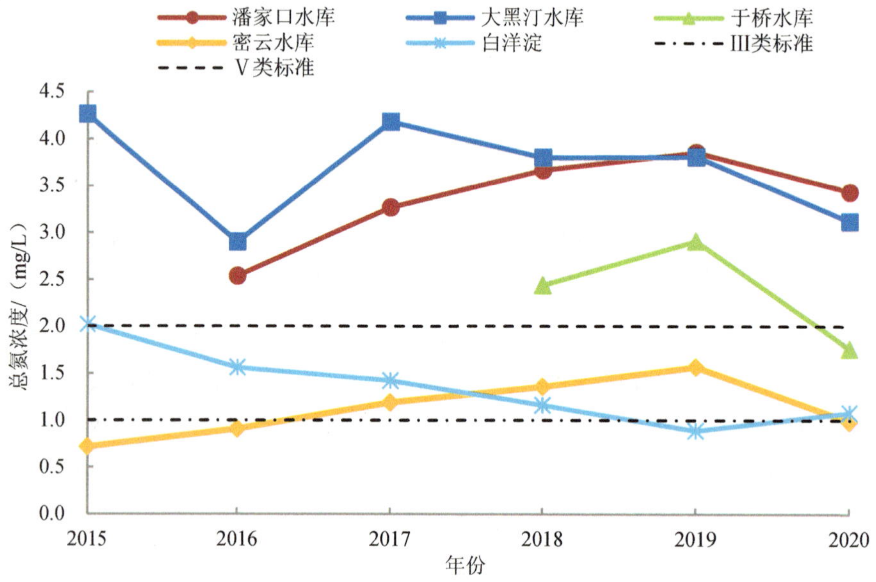

图 3-9　2015—2020 年海河流域代表湖库总氮浓度年际变化趋势

3）省界断面

（1）现状评价与分析

海河流域省界断面共 67 个，其中滦河及冀东沿海有 2 个、北三河有 25 个、永定河有 10 个、大清河（含海河干流）有 9 个、子牙河（含黑龙港及运东）有 7 个、漳卫河有 10 个、徒骇马颊河有 4 个。2020 年评价结果表明，Ⅰ～Ⅲ类水质断面有 33 个，约占省界断面（不包括干涸断流断面）的 50%；Ⅳ类、Ⅴ类水质断面有 29 个，约占 43.9%；劣Ⅴ类水质断面有 4 个，约占 6.1%；干涸断流断面有 1 个。4 个劣Ⅴ类水质断面分布于北三河、永定河、大清河（含海河干流）。海河流域省界断面水质状况百分比见图 3-10。

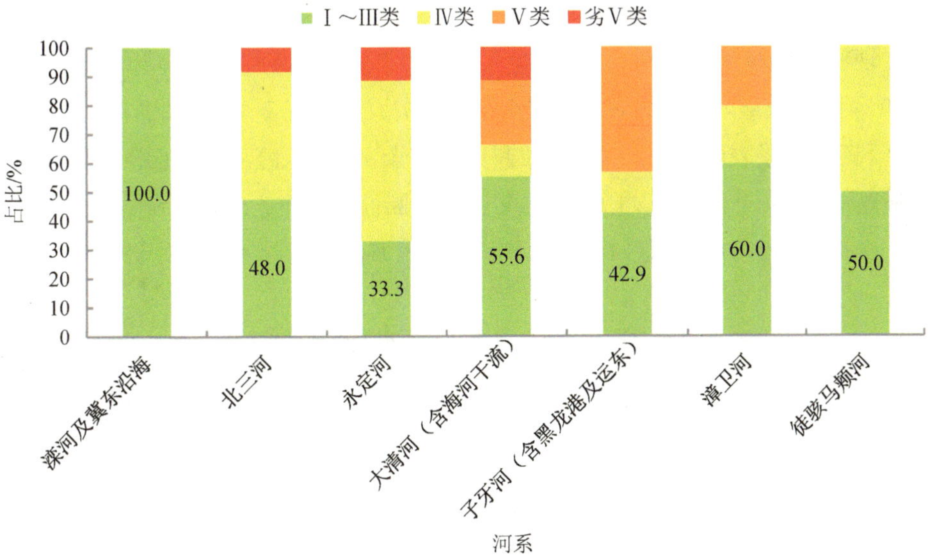

图 3-10 海河流域省界断面水质状况百分比

（2）水质变化趋势分析

“十三五”期间，海河流域 41 条河流布设了 48 个国控省界监测断面，其中，上下游省界断面 45 个，左右岸省界断面 3 个。本节对 48 个断面的水质变化趋势进行分析。

海河流域省界断面水质明显好转。2015—2020 年，流域Ⅰ～Ⅲ类断面数量与各水质类别统计断面总数的占比呈上升趋势，由 2015 年的 38.5%上升到 2020 年的 52.1%；Ⅳ类、Ⅴ类断面的占比呈上升趋势，由 2015 年的 20.5%上升到 2020 年的 45.8%；劣Ⅴ类断面占比明显下降，由 2015 年的 41%下降到 2020 年的 2.1%。2015—2020 年海河流域省界断面水质类别变化情况见图 3-11。

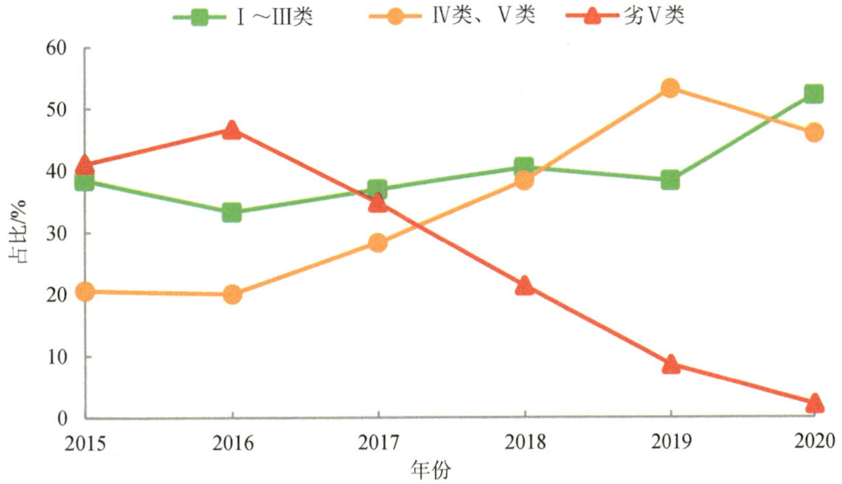

图 3-11 2015—2020 年海河流域省界断面水质类别变化情况

4）入海河流断面

（1）现状评价与分析

2020年海河流域入海河流断面共26个，其中天津市有7个、河北省有12个、山东省有7个。评价结果表明，Ⅰ～Ⅲ类水质断面有6个，约占入海河流断面的23.1%；Ⅳ类、Ⅴ类水质断面有19个，约占73.1%；劣Ⅴ类水质断面有1个，约占3.8%。劣Ⅴ类水质断面为位于秦口河的秦口河入海口断面。海河流域入海河流断面水质类别评价结果见表3-4。

表3-4 海河流域入海河流断面水质类别评价结果

序号	河系	责任城市	河流	断面名称	“十四五”水质目标	2020年水质类别
1	滦河及冀东沿海	秦皇岛	戴河	戴河口	Ⅲ类	Ⅲ类
2			石河	石河口	Ⅲ类	Ⅲ类
3			汤河	汤河口	Ⅲ类	Ⅲ类
4			新开河	新开河口	Ⅲ类	Ⅲ类
5			洋河	洋河口	Ⅲ类	Ⅲ类
6			饮马河	饮马河口	Ⅲ类	Ⅳ类
7		唐山	陡河	涧河口	Ⅲ类	Ⅳ类
8		唐山/秦皇岛	滦河	姜各庄	Ⅱ类	Ⅱ类
9	永定河	天津	永定新河	塘汉公路桥	Ⅳ类	Ⅳ类
10	大清河（含海河干流）	天津	独流减河	独流减河防潮闸	Ⅴ类	Ⅴ类
11			青静黄排水渠	青静黄防潮闸	Ⅴ类	Ⅴ类
12			海河	海河大闸	Ⅴ类	Ⅴ类
13	子牙河（含黑龙港及运东）	天津	北排水河	北排水河防潮闸	Ⅴ类	Ⅴ类
14			沧浪渠	沧浪渠出境	Ⅴ类	Ⅴ类
15			子牙新河	马棚口防潮闸	Ⅴ类	Ⅳ类
16		沧州	廖家洼河	四埝村桥	Ⅴ类	Ⅴ类
17			南排河	朱庄闸	Ⅴ类	Ⅴ类
18			石碑河	李家堡桥	Ⅳ类	Ⅳ类
19			宣惠河	大口河口	Ⅳ类	Ⅳ类
20	徒骇马颊河	滨州	潮河	邵家	Ⅴ类	Ⅴ类
21			秦口河	秦口河入海口	Ⅴ类	劣Ⅴ类
22			德惠新河	大山	Ⅳ类	Ⅳ类
23			马颊河	胜利桥	Ⅳ类	Ⅳ类
24			徒骇河	富国	Ⅳ类	Ⅳ类
25		东营	神仙沟	五号桩	Ⅳ类	Ⅳ类
26			挑河	滨孤路桥	Ⅳ类	Ⅳ类

（2）水质变化趋势分析

“十三五”期间，海河流域共有19个入海河流断面，本节分析19个断面的水质变化趋势。

海河流域入海河流水质明显改善。2015—2020年，流域Ⅰ～Ⅲ类断面数量与各水质类别统计断面总数的占比上升，由2015年的5.6%上升到2020年的26.3%；Ⅳ类、Ⅴ类断面的占比显著上升，由2015年的33.3%上升到2020年的73.7%；劣Ⅴ类断面的占比显著下降，由2015年的61.1%下降到2020年的0。2015—2020年海河流域入海河流断面水质类别变化情况见图3-12。

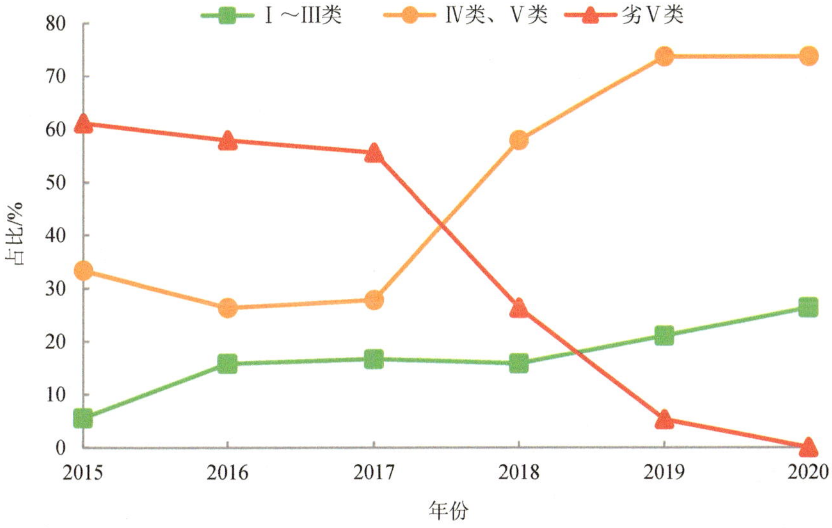

图3-12　2015—2020年海河流域入海河流断面水质类别变化情况

5）严重污染的断面

2020年评价结果表明，海河流域共有劣Ⅴ类水质断面8个，分别位于鲍邱（武）河、煤河、永定河、大清河、北大港水库、温河、卫河和秦口河，定类因子为氨氮、COD、总磷和氟化物；除大清河台头断面有氟化物污染外，其他断面均为常规指标污染，且超过Ⅴ类标准的倍数小于0.5，污染程度相对较轻（表3-5）。

表3-5　现状年劣Ⅴ类水质断面清单

序号	河系	河流	断面名称	责任城市	断面属性	“十四五”水质目标	2020年水质类别	定类因子（超过Ⅴ类标准的倍数）
1	北三河	鲍邱（武）河	罗屯闸	廊坊	省界（冀—津）	氟化物不参与考核，其他指标为Ⅳ类	劣Ⅴ类	总磷（0.07倍）

序号	河系	河流	断面名称	责任城市	断面属性	“十四五”水质目标	2020年水质类别	定类因子（超过V类标准的倍数）
2	北三河	煤河	煤河桥	唐山	省界（冀—津）	V类	劣V类	氨氮（0.27倍）、COD（0.17倍）
3	永定河	永定河	后沙窝村	廊坊	省界（冀—津）	V类	劣V类	COD（0.15倍）
4	大清河（含海河干流）	大清河	台头	廊坊	省界（冀—津）	氟化物不参与考核，其他指标为V类	劣V类	氟化物（0.22倍）
5		北大港水库	北大港水库出口	天津	—	V类	劣V类	COD（0.19倍）
6	子牙河（含黑龙港及运东）	温河	辛庄	阳泉	—	Ⅳ类	劣V类	氨氮（0.32倍）
7	漳卫河	卫河	饮马口	新乡	—	V类	劣V类	氨氮（0.07倍）
8	徒骇马颊河	秦口河	秦口河入海口	滨州	入海口	V类	劣V类	氨氮（0.28倍）、COD（0.08倍）

3.1.2 饮用水水源地达标情况

3.1.2.1 基本要求

（1）评价标准

地表水水源地水质按《地表水环境质量标准》（GB 3838—2002）Ⅲ类标准或对应的标准限值进行评价，地下水型饮用水水源地水质依据《地下水质量标准》（GB/T 14848—2017）进行综合评价。

（2）评价指标

地表水型和湖库型饮用水水源地评价指标为《地表水环境质量标准》（GB 3838—2002）表1中除水温、总氮、类大肠菌群以外的21项指标、表2中的补充项目及由县级以上生态环境主管部门从表3中选择的特定项目；地下水型饮用水水源地水质评价指标为《地下水质量标准》（GB/T 14848—2017）表1中除总大肠菌群、细菌总数以外的37项常规指标。

（3）评价方法

地表水型和湖库型饮用水水源地水质评价采用《地表水环境质量评价办法（试行）》中的河流水质和湖泊（水库）评价方法，进行单因子评价，有Ⅰ～劣V类6个类别。

地下水型饮用水水源地水质综合评价，按单指标评价结果最差的类别确定评价对象，并指出最差类别指标，按Ⅰ～V类5个类别进行评价。其中，地下水质量单指标评价以指标值所在的限值范围确定地下水质量类别，指标限值相同时，从优不从劣。

3.1.2.2 饮用水水源地分布情况

海河流域的县级及以上地区城市集中式饮用水水源地共有 316 个，其中，地下水型饮用水水源地有 252 个，主要分布在河北省、山西省和内蒙古自治区；湖库型饮用水水源地有 61 个，主要分布在山东省、河北省和山西省；地表水（河流）型饮用水水源地有 3 个，河北省、山西省和天津市各分布 1 个。具体分布情况见表 3-6。

表 3-6 海河流域各分区饮用水水源地水体类型分布情况 单位：个

分区	饮用水水源地类型			合计
	地下水型	湖库型	河流型	
北京市	3	1	0	4
天津市	4	5	1	10
河北省	151	16	1	168
山西省	70	10	1	81
内蒙古自治区	10	0	0	10
山东省	8	26	0	34
河南省	6	3	0	9
海河流域	252	61	3	316
滦河及冀东沿海	31	5	1	37
北三河	22	5	0	27
永定河	55	4	1	60
大清河（含海河干流）	46	4	1	51
子牙河（含黑龙港及运东）	64	10	0	74
漳卫河	27	8	0	35
徒骇马颊河	7	25	0	32

3.1.2.3 现状年达标评价结果

2020 年海河流域未启用或已停用的水源地有 14 个，参加评价的水源地有 302 个，按常规项目进行评价，其中达标水源地有 287 个，达标率为 95%。从各河系的角度看，北三河、大清河（含海河干流）水源地水质全部达标；从省级行政区域的角度看，北京市、天津市、河南省水源地水质全部达标。评价结果详见表 3-7。

表 3-7 城市集中式饮用水水源地达标情况

分区	水源地个数/个	参加评价个数/个	达标个数/个	达标率/%
北京市	4	4	4	100.0
天津市	10	10	10	100.0
河北省	168	167	163	97.6
山西省	81	69	61	88.4
内蒙古自治区	10	10	8	80.0
山东省	35	34	33	97.1
河南省	9	9	9	100.0
海河流域	317	303	288	95.0
滦河及冀东沿海	37	37	35	94.6
北三河	27	27	27	100.0
永定河	60	55	52	94.5
大清河（含海河干流）	51	47	47	100.0
子牙河（含黑龙港及运东）	74	72	65	90.3
漳卫河	35	33	31	93.9
徒骇马颊河	32	31	30	96.8

注：参加评价的饮用水水源地个数为扣除未启用/关闭/关停/停用/备用/……水源地后的个数。

3.1.2.4 不达标水源地原因调查与分析

有 15 个饮用水水源地未达到《水污染防治目标责任书》的考核要求，调查的水源地分别位于沧州市、衡水市、大同市、朔州市、晋中市、阳泉市、长治市、锡林郭勒盟、德州市，涉及滦河及冀东沿海、永定河、子牙河（含黑龙港及运东）、漳卫河、徒骇马颊河五大河系。主要超标因子为氟化物、总硬度和硫酸盐等，其中氟化物超标的主要原因为天然背景值较高。总体来看，不达标水源地水质主要受原生地质环境或上游来水水质的影响。不达标水源地水质状况见表 3-8。

表 3-8 不达标水源地水质状况

序号	省级行政区	地级行政区	所属河系	水源地名称	水源地类型	水质类别						2020 年超标指标	2020 年超标原因
						2015 年	2016 年	2017 年	2018 年	2019 年	2020 年		
1	河北省	沧州市	黑龙港及运东	泊头市地下水水源地	地下水	V类	V类	V类	V类	V类	V类	氟化物	地质原因

序号	省级行政区	地级行政区	所属河系	水源地名称	水源地类型	水质类别						2020年超标指标	2020年超标原因
						2015年	2016年	2017年	2018年	2019年	2020年		
2	河北省	衡水市	黑龙港及运东	故城县水源地	地下水	Ⅳ类	Ⅳ类	Ⅳ类	Ⅳ类	Ⅳ类	Ⅳ类	氟化物	原生地质原因
3	河北省	衡水市	黑龙港及运东	景县自来水公司	地下水	Ⅳ类	Ⅳ类	Ⅳ类	Ⅳ类	Ⅳ类	Ⅳ类	氟化物	原生地质原因
4	河北省	衡水市	黑龙港及运东	阜城县自来水供应站	地下水	Ⅳ类	Ⅳ类	Ⅳ类	Ⅳ类	Ⅳ类	Ⅳ类	氟化物	原生地质原因
5	山西省	大同市	永定河	南梁水源地	地下水	Ⅲ类	Ⅳ类	Ⅳ类	Ⅳ类	Ⅳ类	Ⅳ类	氟化物	背景值超标
6	山西省	大同市	永定河	甘庄水源地	地下水	Ⅳ类	Ⅳ类	Ⅳ类	Ⅳ类	Ⅲ类	Ⅳ类	氟化物	背景值超标
7	山西省	朔州市	永定河	大梁水库	湖库	Ⅲ类	Ⅲ类	Ⅳ类	Ⅲ类	Ⅲ类	Ⅳ类	总氮、总磷	来水浓度高
8	山西省	晋中市	漳卫河	地下水饮用水水源地	地下水	Ⅴ类	Ⅴ类	Ⅳ类	Ⅴ类	Ⅴ类	Ⅳ类	—	—
9	山西省	晋中市	子牙河（含黑龙港及运东）	田疃口截潜流	地下水	Ⅲ类	Ⅲ类	Ⅲ类	Ⅲ类	Ⅲ类	Ⅳ类	—	—
10	山西省	晋中市	子牙河（含黑龙港及运东）	洪水口截潜流	地下水	Ⅲ类	Ⅲ类	Ⅲ类	Ⅲ类	Ⅲ类	Ⅳ类	—	—
11	山西省	阳泉市	子牙河（含黑龙港及运东）	娘子关排泄区	地下水	Ⅳ类	Ⅳ类	Ⅳ类	Ⅳ类	Ⅳ类	Ⅳ类	总硬度、硫酸盐	背景值超标

序号	省级行政区	地级行政区	所属河系	水源地名称	水源地类型	水质类别						2020年超标指标	2020年超标原因
						2015年	2016年	2017年	2018年	2019年	2020年		
12	山西省	长治市	漳卫河	长子县大京水源地	地下水	Ⅳ类	Ⅳ类	Ⅴ类	Ⅳ类	Ⅳ类	Ⅳ类	硫酸盐	背景值超标
13	内蒙古自治区	锡林郭勒盟	滦河及冀东沿海	太仆寺旗宝昌沟饮用水水源地	地下水	Ⅳ类	Ⅳ类	Ⅴ类	Ⅳ类	Ⅳ类	Ⅳ类	氟化物	本底
14			滦河及冀东沿海	多伦县城镇饮用水水源地	地下水	Ⅳ类	Ⅳ类	Ⅳ类	Ⅳ类	Ⅳ类	Ⅳ类	氟化物	本底
15	山东省	德州市	徒骇马颊河	大屯水库	湖库	Ⅲ类	Ⅲ类	Ⅲ类	硫酸盐（以 SO_4^{2-} 计）	硫酸盐（以 SO_4^{2-} 计）	Ⅳ类，硫酸盐（以 SO_4^{2-} 计）	硫酸盐（以 SO_4^{2-} 计）	上游来水

3.1.3 水功能区达标情况

3.1.3.1 基本要求

参照《海河流域重要水功能区水质达标评价技术细则》，对海河流域重要江河湖泊水功能区进行水质达标评价与分析。

（1）评价标准

根据《地表水环境质量标准》（GB 3838—2002）进行水功能区水质类别评价，根据《国务院关于全国重要江河湖泊水功能区划（2011—2030 年）的批复》（国函〔2011〕167 号）规定的水质目标类别进行水功能区水质达标评价。

（2）评价项目

本节主要对水功能区限制纳污红线的主要控制项目进行评价，近期评价项目为高锰酸盐指数（COD>30 mg/L 时，采用 COD 评价）和氨氮。

（3）评价方法

对于已在水利部备案的、年度监测次数低于 6 次的河流源头保护区、自然保护区及保留区，按照年均值方法进行水功能区水质达标评价，年度评价类别劣于水功能区水质目标类别的水功能区为不达标水功能区。无水质目标的排污控制区开展监测但不参加评价，连续断流时间超过 6 个月（含 6 个月）的河流水功能区不纳入年度评价范围。其他类型水功能区水质达标评价采用频次达标评价方法，达标率大于等于 80%的水功能区为达标水功能区。年度水功能区达标率根据《地表水资源质量评价技术规程》（SL 395—2007）的式（6.4.4）计算。

3.1.3.2 水功能区划

海河流域纳入《全国重要江河湖泊水功能区划（2011—2030 年）》的水功能区共计 230 个，区划河长为 9 542 km，区划湖库面积为 1 415 km^2；一级水功能区共 168 个，其中 85 个开发利用区又进一步划分为 147 个二级水功能区，二级水功能区的区划河长为 5 917 km，区划湖库面积为 292 km^2（表 3-9）。

表 3-9 海河流域重要江河湖泊水功能区划成果

一级水功能区划		二级水功能区划		水功能区总个数/个	长度/km	面积/km^2
一级区名称	个数/个	二级区名称	个数/个			
保护区	27	—	—	27	1 145	1 115
保留区	9	—	—	9	600	—
缓冲区	47	—	—	47	1 880	8
开发利用区	85	饮用水水源区	32	32	1 222	270
		工业用水区	16	16	955	—
		农业用水区	70	70	3 290	11
		渔业用水区	1	1	36	—
		景观娱乐用水区	10	10	151	11
		过渡区	10	10	183	—
		排污控制区	8	8	81	—
小计	168	小计	147	—	—	—
流域合计				230	9 542	1 415

注：表中数据来源于《全国重要江河湖泊水功能区划（2011—2030 年）》。

3.1.3.3 达标评价结果

（1）现状达标评价

海河流域重要水功能区有 230 个，2020 年应该参与考核的有 202 个，实际参与评价的有 186 个（扣除 10 个断流水功能区和 6 个无水质目标的水功能区），达标率为 69.9%。按河系评价，滦河及冀东沿海达标率最高，大于 80%；子牙河达标率最低，低于 65%。按省份评价，北京市、河南省达标率大于等于 80%，天津市和内蒙古自治区达标率低于 50%。流域各河系和各省份水功能区达标情况见图 3-13 和图 3-14。

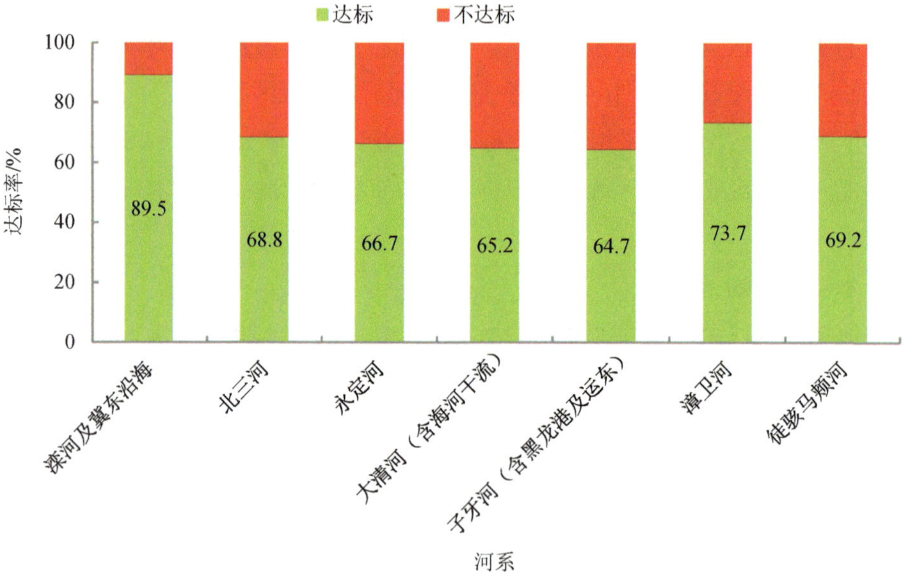

图 3-13 海河流域各河系水功能区达标情况

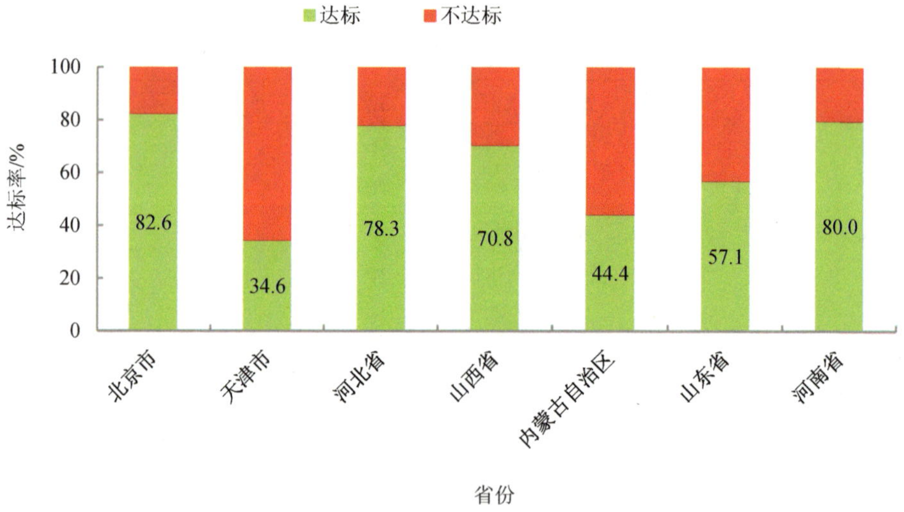

图 3-14 海河流域各省份水功能区达标情况

（2）达标趋势分析

2015—2020 年，海河流域纳入年度考核的水功能区个数由 155 个增加至 202 个，扣除断流和无水质目标的水功能区后，实际纳入评价的水功能区数量呈增加趋势；流域水功能区达标率大致呈上升趋势，2020 年达标率较 2015 年增加了 23.4 个百分点。海河流域 2015—2020 年水功能区达标具体情况和变化情况详见表 3-10 和图 3-15。

表 3-10　海河流域 2015—2020 年水功能区达标具体情况

考核年份	考核个数/个	评价个数/个	达标个数/个	达标率/%
2015	155	142	66	46.5
2016	155	143	63	44.1
2017	195	172	94	54.7
2018	195	175	106	60.6
2019	202	180	115	63.9
2020	202	186	130	69.9

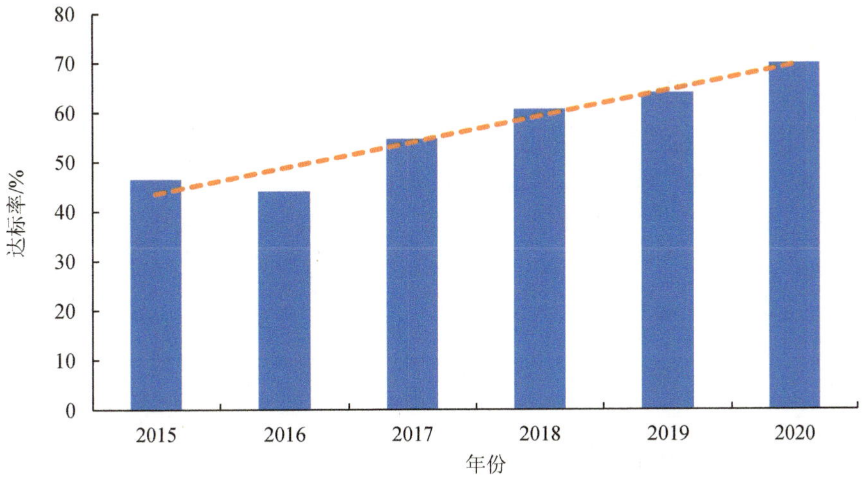

图 3-15　海河流域 2015—2020 年水功能区达标率变化情况

3.1.4　水污染物排放状况

海河流域是我国主要的人口、工业聚集区之一，流域内钢铁、煤炭、电力、石化等“两高”[①]行业集中，河北省的钢铁产量连续多年位居全国第一，山西省是全国重要的能源基地之一，环渤海地区化工园区林立。众多的工业企业给区域生态环境改善带来巨大的压力。截至 2020 年年底，流域内已发放的排污许可证数量超过 4 万个，如果只考虑内陆区域(除北京市外)，则海河流域内发放的排污许可证数量较多的有保定市(3 241 个)、石家庄市（3 067 个）、廊坊市（2 781 个）、唐山市（2 521 个）。海河流域排污许可证发放情况如表 3-11。

① “两高”指高耗能、高污染。

表 3-11 海河流域排污许可证发放情况

省份	省级以下行政区	排污许可证数量/个	备注
北京市	—	4 969	内陆
天津市	—	4 429	沿海
河北省	保定市*	3 546	内陆
	沧州市	2 277	沿海
	承德市	670	内陆
	定州市	278	内陆
	邯郸市	2 104	内陆
	衡水市	1 978	内陆
	廊坊市	2 781	内陆
	秦皇岛市	850	沿海
	石家庄市	3 067	内陆
	唐山市	2 521	沿海
	辛集市	294	内陆
	邢台市	2 108	内陆
	张家口市	661	内陆
山西省	大同市	607	内陆
	阳泉市	414	内陆
	长治市	805	内陆
内蒙古自治区	丰镇市	49	内陆
	乌兰察布市兴和县	23	内陆
	锡林郭勒盟正蓝旗	38	内陆
	锡林郭勒盟多伦县	32	内陆
辽宁省	凌源市	92	内陆
山东省	聊城市	2 412	内陆
	德州市	1 741	内陆
	滨州市	1 776	沿海
河南省	安阳市	792	内陆
	鹤壁市	503	内陆
流域合计	—	41 817	—

注：* 表示包含雄安新区的数据。

2019 年，海河流域废污水排放总量为 90.3 亿 t，其中工业废水排放量为 27.3 亿 t、城镇生活污水排放量为 55.1 亿 t，COD、氨氮排放量分别为 151.2 万 t、14.3 万 t。城镇生活源是主要的污染来源，COD、氨氮的城镇生活源排放量分别占总排放量的 63.1%、79.5%。海河流域废污水、COD 和氨氮排放情况见图 3-16。

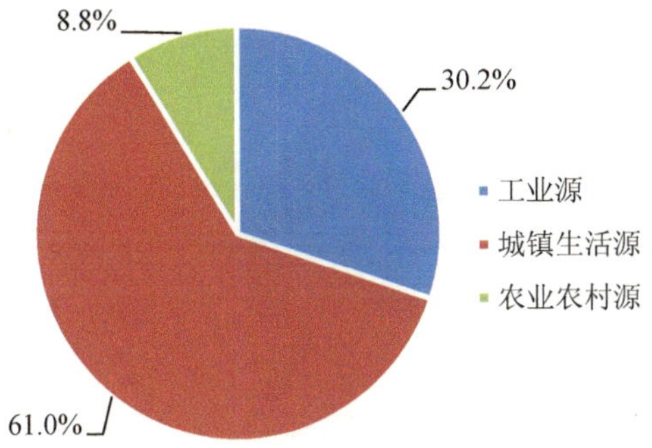

（a）废污水

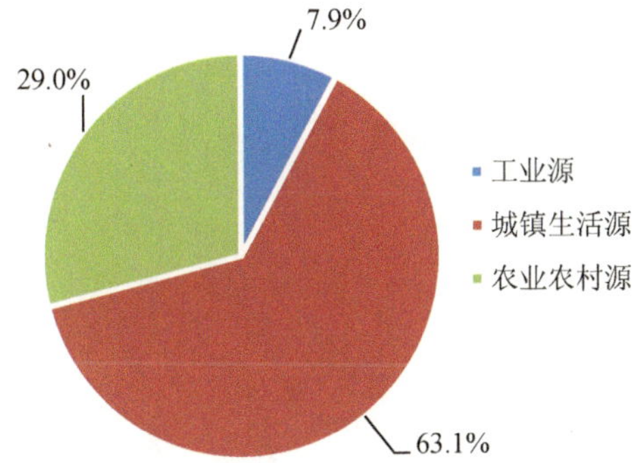

（b）COD

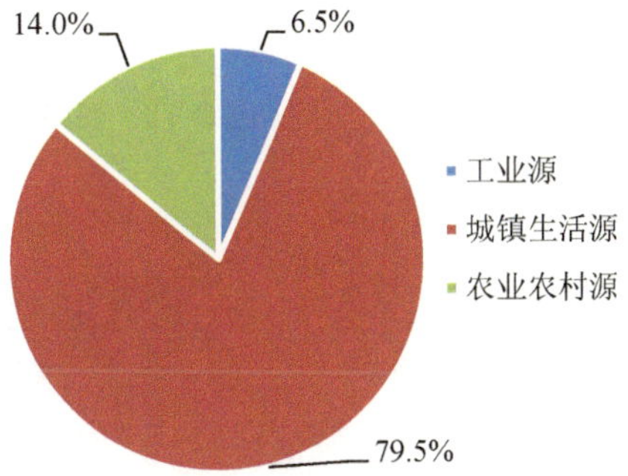

（c）氨氮

图 3-16 海河流域废水、污染物排放情况

从河系情况看，北三河系 COD 和氨氮排放量最大，分别占全流域该污染物排放量的 37.8%和 32.9%。从各省份的情况看，污染物主要来自北京市和河北省，COD、氨氮排放量分别占全流域该污染物排放量的 77.8%、73.4%。海河流域各河系和各省份污染物排放情况分别见图 3-17 和图 3-18。

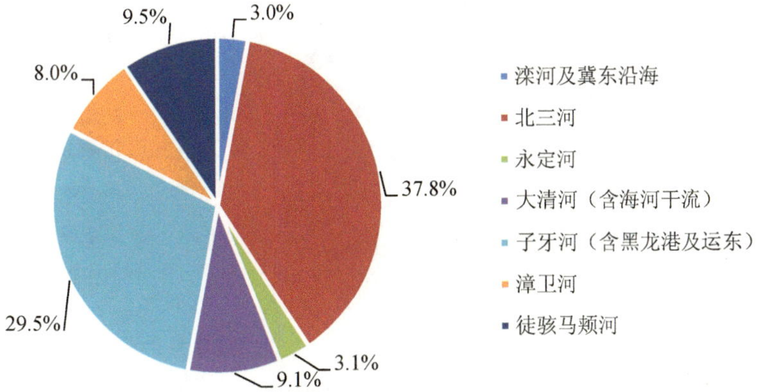

（a）COD

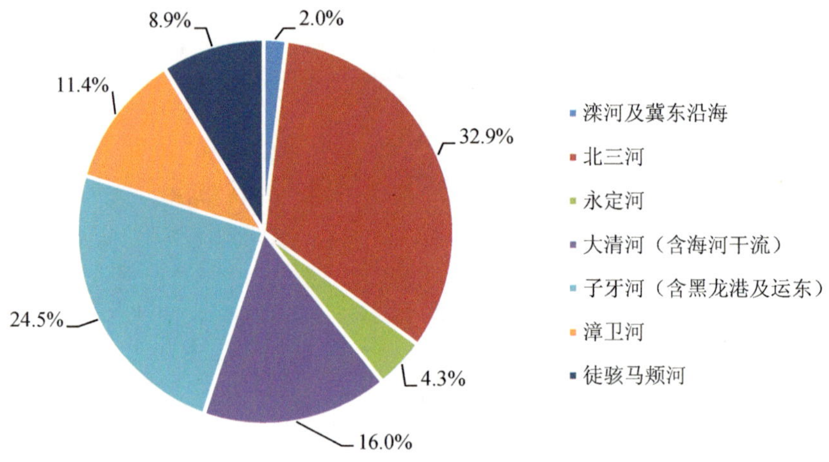

（b）氨氮

图 3-17 海河流域各河系污染物排放情况

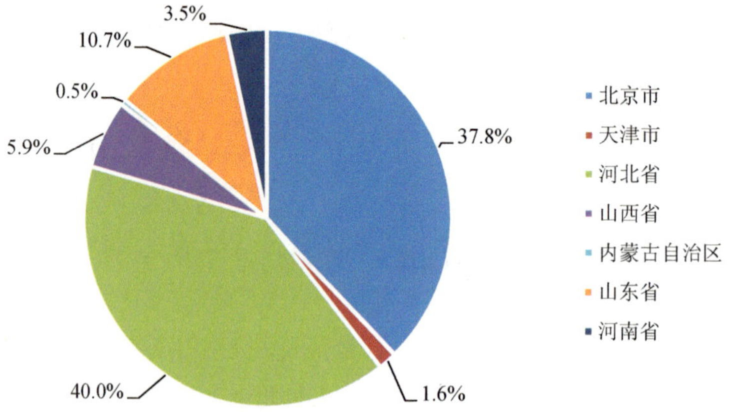

（a）COD

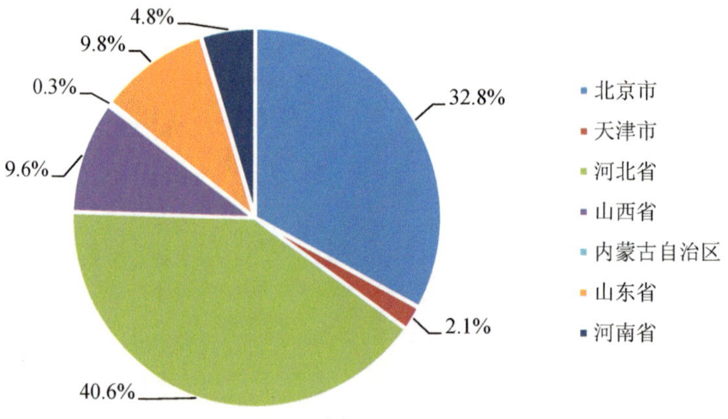

（b）氨氮

图 3-18 海河流域各省份污染物排放情况

3.1.4.1 工业污染源

2019 年，海河流域工业废水排放总量为 27.3 亿 t，COD、氨氮排放量分别为 12.0 万 t、0.9 万 t。从各河系的情况看，子牙河（含黑龙港及运东）COD 和氨氮排放量最大，分别占全流域该污染物排放量的 29.3%和 34.1%；从各省份的情况看，河北省 COD、氨氮排放量最大，分别占全流域该污染物排放量的 45.9%、50.3%。海河流域各河系和各省份工业 COD、氨氮排放情况分别见图 3-19 和图 3-20。

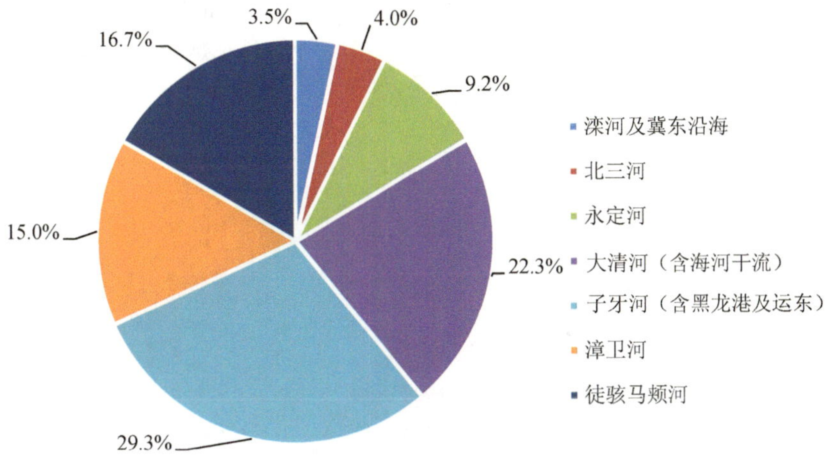

（a）COD

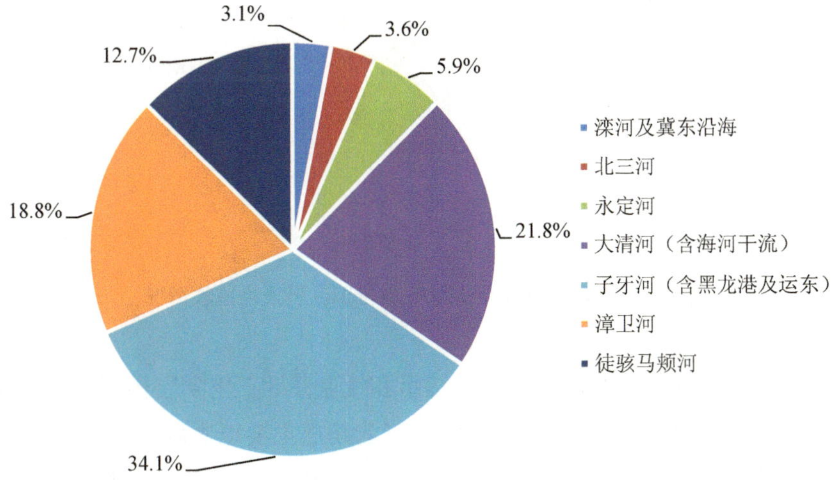

（b）氨氮

图 3-19 海河流域各河系工业污染物排放情况

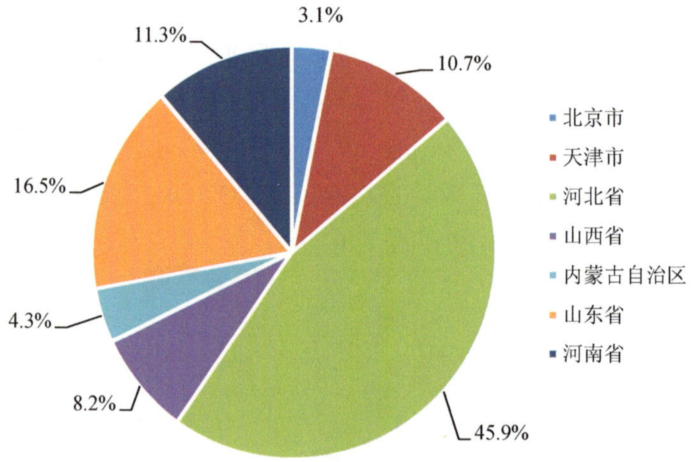

（a）COD

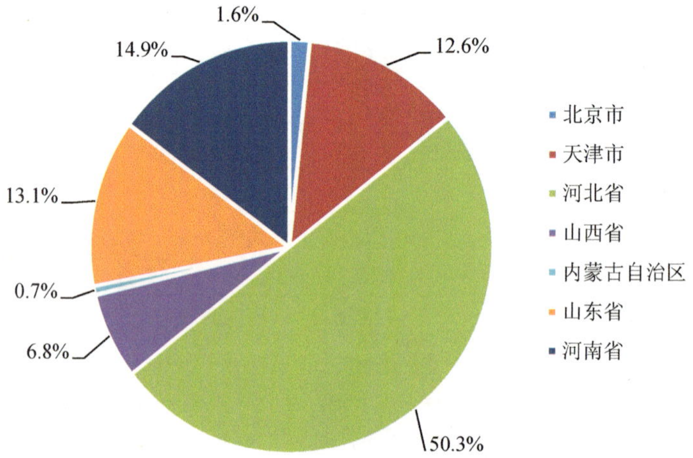

（b）氨氮

图 3-20　海河流域各省份工业污染物排放情况

海河流域 COD 的工业排放主要以造纸和纸制品业、化学原料和化学制品制造业、化学纤维制造业等行业的排放为主；氨氮的工业排放主要以农副食品加工业，化学原料和化学制品制造业，皮革、毛皮、羽毛及其制品和制鞋业等行业的排放为主。造纸和纸制品业、化学原料和化学制品制造业、农副食品加工业和纺织业是海河流域主要污染物排放行业。

3.1.4.2　城镇生活源

2019 年，海河流域城镇生活污水排放总量为 52.1 亿 t，COD、氨氮排放量分别为 95.3 万 t、11.4 万 t。从各河系的情况看，北三河 COD、氨氮排放量最大，分别占全流域该污染物排放量的47.1%、36.5%；从各省份的情况看，北京市COD、氨氮排放量最大，分别占全流域该污染物排放量的47.8%、36.5%，河北省次之，COD、氨氮排放量分别占全流域该污染物排放量的31.0%、35.1%。海河流域各河系和各省份城镇生活COD、氨氮排放情况分别见图3-21和图3-22。

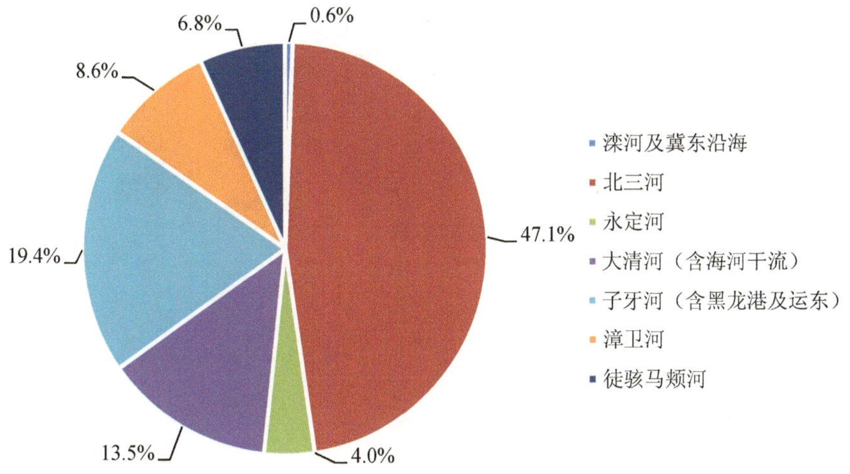

（a）COD

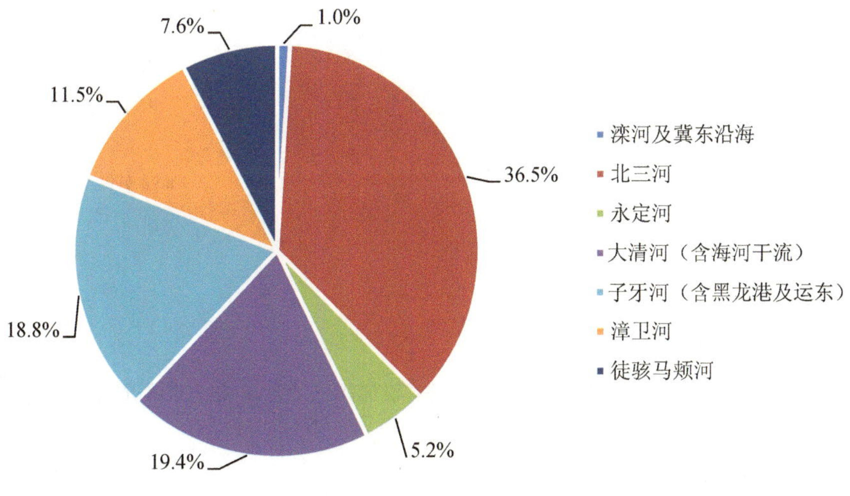

（b）氨氮

图3-21 海河流域各河系城镇生活污染物排放情况

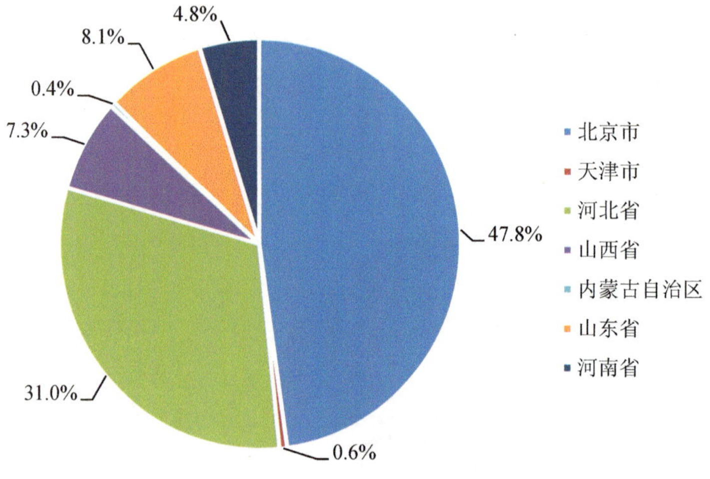

（a）COD

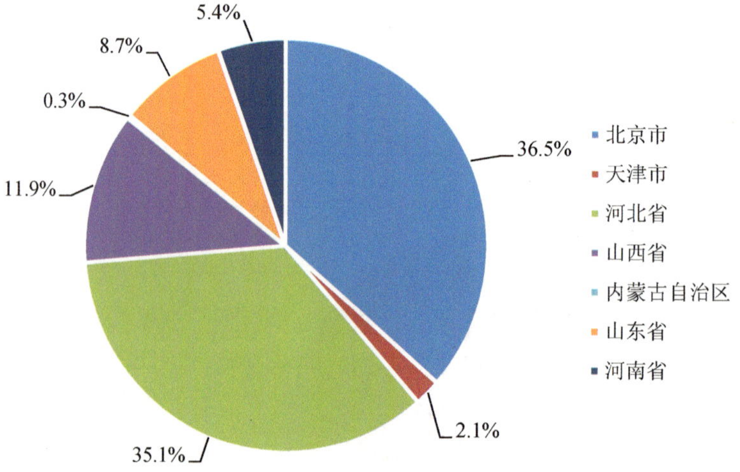

（b）氨氮

图 3-22　海河流域各省份城镇生活污染物排放情况

3.1.4.3　农业农村源

2019 年，海河流域城镇农业和农村生活污水排放总量为 8 亿 t，COD、氨氮排放量分别为 43.9 万 t、2.0 万 t。从各河系的情况看，子牙河（含黑龙港及运东）COD、氨氮排放量最大，分别占全流域该污染物排放量的 46.7%、48%；从各省份的情况看，河北省 COD、氨氮排放量最大，分别占全流域该污染物排放量的 54.6%、62.6%。海河流域各河系和各省份农业农村 COD、氨氮排放情况分别见图 3-23 和图 3-24。

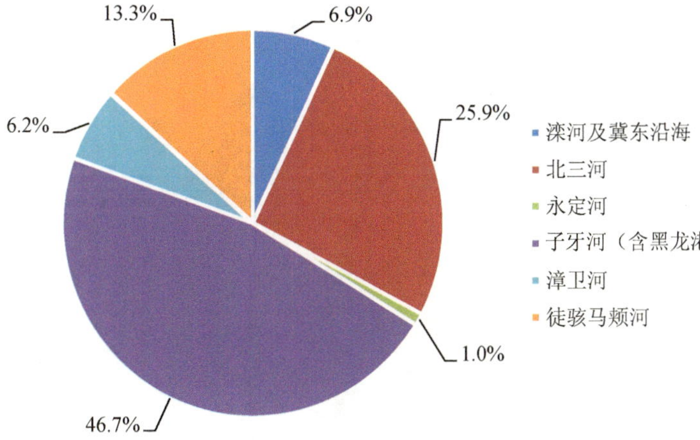

（a）COD

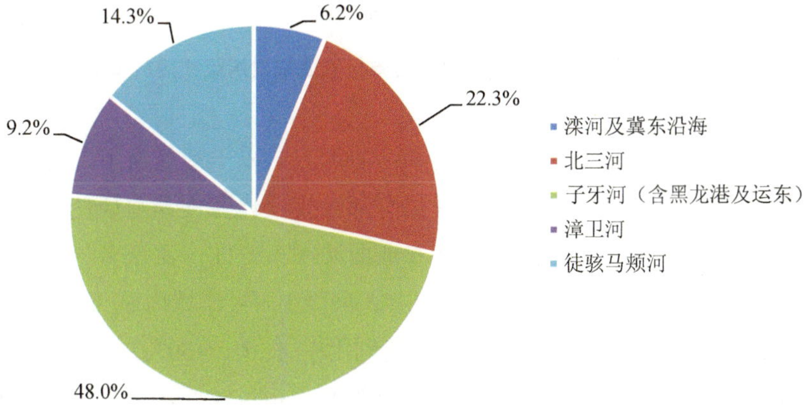

（b）氨氮

图 3-23 海河流域各河系农业农村污染物排放情况

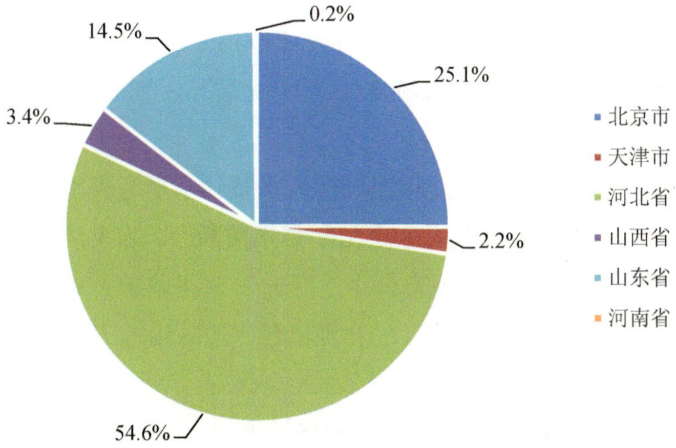

（a）COD

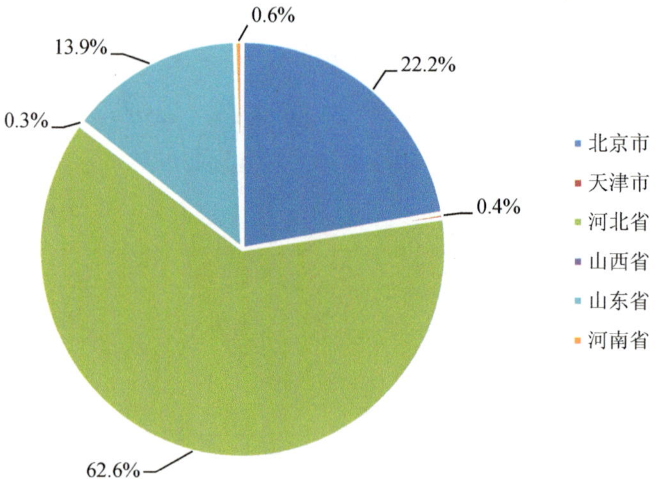

（b）氨氮

图 3-24 海河流域各省份农业农村污染物排放情况

在畜禽养殖方面，规模化养殖场粪污清理方式以干清粪为主，海河流域以奶牛、肉鸡、肉牛、生猪养殖为主的养殖业中仍有部分规模化畜禽养殖场使用水冲粪、水泡粪等方式清粪，需要加强治理和改造；在农业面源污染方面，流域多年平均化肥施用强度超过发达国家化肥安全施用强度警戒线的 1.5 倍以上，且流域内农药利用率普遍较低，与欧美发达国家小麦、玉米等粮食作物的农药利用率（50%～60%）尚有差距；在农村生活源污染方面，流域内农村生活污水处理设施普及率相对较低，部分污水处理设施的设计、建设、运维水平有待提高。

3.1.5 小结

通过研究评价地表水、饮用水水源地、水功能区水环境质量现状，以及超标指标、污染空间分布和变化趋势等方面，结合海河流域内工业、城镇生活、农业、农村生活的水环境污染物排放情况，分析流域水生态环境状况，判断造成水环境问题的主要原因，最终得出的主要结论如下：

①从地表水水质状况看，2020 年流域地表水整体水质为轻度污染，主要污染指标为 COD、高锰酸盐指数和 BOD_5。现有 8 个劣Ⅴ类水质断面，除大清河台头断面有氟化物污染外，其他断面均为常规污染物污染。“十四五”期间须加大对鲍邱（武）河、煤河、永定河、大清河、北大港水库、温河、卫河和秦口河的治理力度，全面治理污染严重的水体。

“十三五”期间海河流域整体水质由 2015 年的中度污染转变为轻度污染，水质有所好转，其中湖库水质明显提升，省界断面水质明显好转，入海河流水质明显改善。COD、

BOD_5、氨氮、总磷等主要污染指标的浓度大幅度降低，且均已达到Ⅲ类标准。说明随着《水污染防治行动计划》各项措施的推进，海河流域水环境质量总体趋势稳中向好，主要断面水质明显改善。

②从饮用水水源地达标情况看，2020 年海河流域饮用水水源地达标率为 95%，15 个饮用水水源地未达标，主要超标因子为氟化物、总硬度和硫酸盐，其中氟化物超标主要是由于天然背景值较高，建议进一步加强水厂处理或更换水源的位置。

③从水功能区达标情况看，2020 年海河流域水功能区达标率为 69.9%，其中滦河及冀东沿海水功能区达标率最高，大于 80%；子牙河（含黑龙港及运东）达标率最低，小于 65%；北京市、河南省达标率高于 80%，天津市和内蒙古自治区达标率低于 50%。"十三五"时期流域水功能区达标率总体呈上升趋势，2020 年达标率较 2015 年增加了 23.4 个百分点。"十四五"期间要进一步加强对水功能区的保护与监督管理，以期将海河流域水功能区总体达标率提高到 70%以上。

④从污染源排放情况看，2019 年海河流域水污染物排放的主要来源为城镇生活排放，COD、氨氮分别占全流域该污染物总排放量的 63.1%、79.5%。

3.2 重点河流水环境评价与分析

3.2.1 滦河及冀东沿海

3.2.1.1 地表水环境质量状况

1）现状评价与分析

（1）断面水质现状

滦河及冀东沿海"十四五"期间共设 29 个国家地表水考核断面（简称地表水国考断面）。2020 年评价结果表明，Ⅰ～Ⅲ类水质断面有 27 个，约占地表水国考断面总数的 93.1%；Ⅳ类水质断面有 2 个，约占地表水国考断面总数的 6.9%；无劣Ⅴ类水质断面，滦河及冀东沿海地表水国考断面整体水质为优。

滦河及冀东沿海有入海断面 8 个，分别是位于滦河干流入海口的姜各庄断面，以及由东向西依次位于石河、新开河、汤河、戴河、洋河、饮马河、陡河入海口的石河口、新开河口、汤河口、戴河口、洋河口、饮马河口、涧河口断面。2020 年，饮马河口和涧河口断面水质类别为Ⅳ类，其余断面水质类别均为Ⅲ类或以上类别。饮马河口断面 COD 超过Ⅲ类水质标准的 0.02 倍；涧河口断面 COD、高锰酸盐指数和 BOD_5 分别超过Ⅲ类水质标准的 0.2 倍、0.2 倍和 0.08 倍。

滦河及冀东沿海"十四五"地表水国考断面 2015—2020 年水质情况见表 3-12。

表 3-12 滦河及冀东沿海“十四五”地表水国考断面 2015—2020 年水质情况

河系	河流/湖库	断面名称	水质类别						“十四五”水质目标
			2015 年	2016 年	2017 年	2018 年	2019 年	2020 年	
滦河	滦河	大河口	Ⅲ类	Ⅲ类	Ⅲ类	Ⅲ类	Ⅲ类	Ⅲ类	Ⅲ类
		郭家屯	Ⅲ类	Ⅱ类	Ⅳ类	Ⅲ类	Ⅲ类	Ⅲ类	Ⅲ类
		兴隆庄	Ⅲ类	Ⅲ类	Ⅳ类	Ⅳ类	Ⅱ类	Ⅲ类	Ⅲ类
		上板城大桥	Ⅳ类	Ⅲ类	Ⅳ类	Ⅳ类	Ⅲ类	Ⅲ类	Ⅲ类
		大杖子（一）	Ⅲ类	Ⅲ类	Ⅲ类	Ⅲ类	Ⅱ类	Ⅱ类	Ⅲ类
		大黑汀水库	Ⅱ类	Ⅲ类	Ⅲ类	Ⅱ类	Ⅱ类	Ⅱ类	Ⅱ类
		滦县大桥	Ⅱ类	Ⅱ类	Ⅱ类	Ⅱ类	Ⅱ类	Ⅱ类	Ⅱ类
		姜各庄	Ⅲ类	Ⅱ类	Ⅱ类	Ⅱ类	Ⅱ类	Ⅱ类	Ⅱ类
	闪电河	闪电河中桥	—	—	—	—	—	Ⅲ类	Ⅲ类
		白城子	—	—	—	—	—	Ⅲ类	Ⅲ类
	伊逊河	唐三营	Ⅲ类	Ⅱ类	Ⅱ类	Ⅲ类	Ⅱ类	Ⅱ类	Ⅲ类
		李台	Ⅲ类	Ⅲ类	Ⅴ类	Ⅱ类	Ⅱ类	Ⅲ类	Ⅲ类
	武烈河	上二道河子	Ⅱ类	Ⅱ类	Ⅲ类	Ⅱ类	Ⅱ类	Ⅰ类	Ⅲ类
	柳河	三块石	Ⅲ类	Ⅲ类	Ⅳ类	Ⅲ类	Ⅱ类	Ⅱ类	Ⅲ类
		大杖子（二）	Ⅱ类	Ⅱ类	Ⅱ类	Ⅱ类	Ⅰ类	Ⅰ类	Ⅱ类
	瀑河	党坝	Ⅱ类	Ⅲ类	Ⅲ类	Ⅲ类	Ⅱ类	Ⅱ类	Ⅲ类
		大桑园	Ⅱ类	Ⅱ类	Ⅱ类	Ⅲ类	Ⅱ类	Ⅱ类	Ⅲ类
	潵河	蓝旗营	—	—	—	—	—	Ⅰ类	Ⅱ类
	青龙河	虎头石	—	—	—	—	—	Ⅰ类	Ⅱ类
		四道河	—	Ⅱ类	Ⅰ类	Ⅱ类	Ⅱ类	Ⅰ类	Ⅱ类
		田庄子	Ⅱ类	Ⅱ类	Ⅱ类	Ⅱ类	Ⅱ类	Ⅰ类	Ⅱ类
	潘家口水库	潘家口水库	—	Ⅱ类	Ⅲ类	Ⅲ类	Ⅱ类	Ⅱ类	Ⅲ类
冀东沿海诸河	石河	石河口	Ⅳ类	Ⅲ类	Ⅲ类	Ⅲ类	Ⅱ类	Ⅲ类	Ⅲ类
	新开河	新开河口	Ⅲ类	Ⅲ类	Ⅲ类	Ⅱ类	Ⅱ类	Ⅲ类	Ⅲ类
	汤河	汤河口	Ⅳ类	Ⅳ类	Ⅳ类	Ⅳ类	Ⅳ类	Ⅲ类	Ⅲ类
	戴河	戴河口	Ⅳ类	Ⅳ类	Ⅳ类	Ⅳ类	Ⅲ类	Ⅲ类	Ⅲ类
	洋河	洋河口	Ⅳ类	Ⅲ类	Ⅲ类	Ⅲ类	Ⅱ类	Ⅲ类	Ⅲ类
	饮马河	饮马河口	劣Ⅴ类	劣Ⅴ类	劣Ⅴ类	Ⅴ类	Ⅳ类	Ⅳ类	Ⅲ类
	陡河	涧河口	Ⅴ类	Ⅳ类	Ⅳ类	Ⅴ类	Ⅳ类	Ⅳ类	Ⅲ类

（2）河流水质沿程分析

2020 年，滦河及冀东沿海整体水质为优，各指标均达到地表水Ⅲ类水质标准及以上类别。从主要指标沿程变化看，滦河干流中上游水质相对较差，下游水质相对较好。过度垦殖、超载放牧等原因造成草场退化、沙化、碱化，伊逊河中上游、武烈河上游生态系统退化明显，汛期和凌汛期水质指标数值易受水土流失的影响而升高。伊逊河、武烈河水质相对较差，汇入滦河干流后导致上板城大桥断面主要水质指标的数值上升，加之该断面位于承德城区，污染物排放量相对较大，水体自净能力较差，水质相对较差。潘家口水库断面达到地表水II类水质标准，而后沿程水质较稳定。2020 年滦河主要指标沿程变化情况见图 3-25。

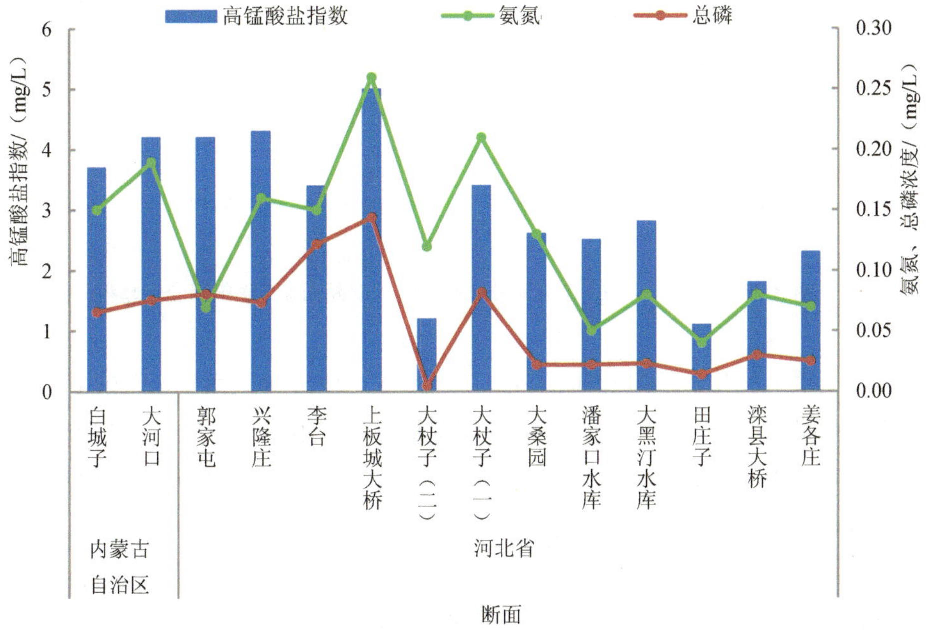

图 3-25 2020 年滦河主要指标沿程变化情况

2）重要断面水质变化趋势分析

在滦河及冀东沿海诸河主要水体河段中分别选取具有水质较差、位于省（区）界、下游汇合、位于入海口等特征的断面作为代表断面。大河口、大杖子（一）、姜各庄断面分别代表滦河干流上、中、下游，石河口、洞河口断面代表冀东沿海诸河，根据 2015—2020 年水质监测资料，分别进行水质变化趋势分析。

从代表断面的 COD 看（图 3-26），2015—2020 年大河口、大杖子（一）、姜各庄、石河口 COD 相对较低，绝大部分满足地表水III类水质标准，但 4 个断面 COD 波动较大，分别在 15.3 mg/L、12.3 mg/L、13.3 mg/L、17.2 mg/L 上下波动，且大河口、石河口 COD 在 2020 年有所回升，接近地表水III类水质标准。2015—2020 年，洞河口 COD 在 27.8 mg/L 上下波动，2020 年与 2015 年相比 COD 略有减少，但一直未满足地表水III类水质标准。

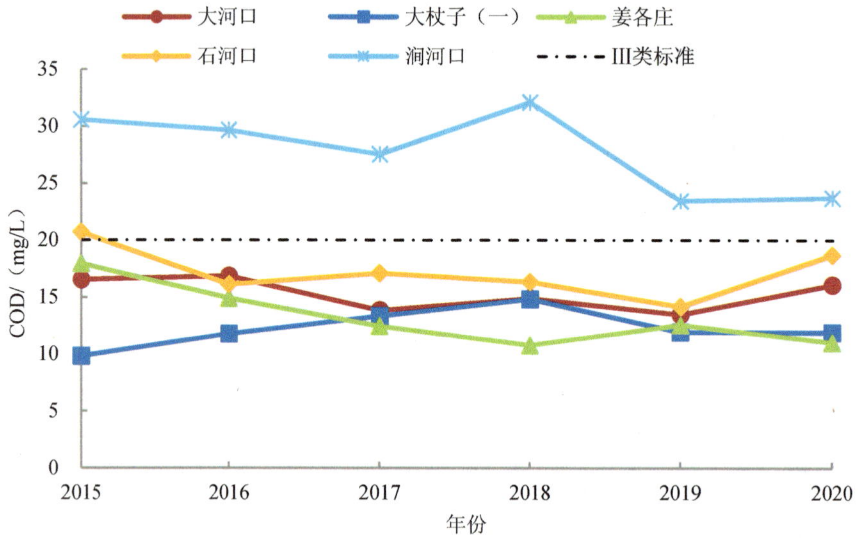

图 3-26　2015—2020 年滦河及冀东沿海代表断面 COD 年际变化趋势

从代表断面的生化需氧量看（图 3-27），2015—2020 年大河口、大杖子（一）、姜各庄、石河口的生化需氧量相对较低，且均满足地表水III类水质标准；石河口的生化需氧量自 2015—2018 年逐年减少，但在 2020 年明显增加；大河口的生化需氧量在 2.54 mg/L 上下波动，峰值出现在 2018 年，为 3.02 mg/L；大杖子（一）和姜各庄的生化需氧量相对变化不大；洄河口的生化需氧量整体呈增加趋势，截至 2020 年已超过地表水III类水质标准，2020 年与 2015 年相比生化需氧量增加了 49.8%。

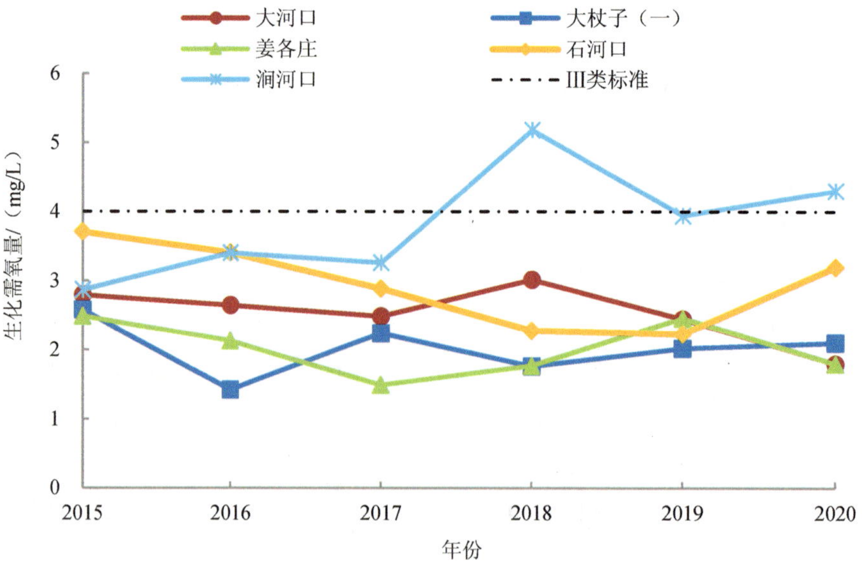

图 3-27　2015—2020 年滦河及冀东沿海代表断面生化需氧量年际变化趋势

从代表断面的总磷浓度看（图 3-28），5 个断面 2020 年总磷浓度较低，均满足地表水Ⅲ类水质标准；涧河口水质极不稳定，2015—2018 年总磷浓度逐年增加，2018 年与 2015 年相比总磷浓度增加了 80%，2018—2020 年总磷浓度明显减少，2020 年与 2018 年相比总磷浓度减少了 96.3%；大河口、姜各庄和石河口总磷浓度变化相对不大，均维持在 0.1 mg/L 以下；大杖子（一）总磷浓度在 0.11 mg/L 上下波动，最高点出现在 2015 年和 2017 年，均为 0.15 mg/L。

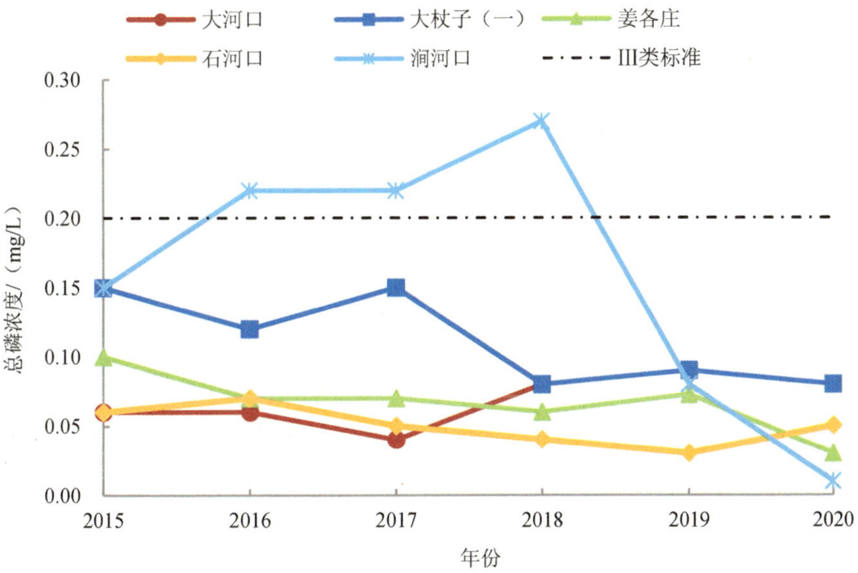

图 3-28 2015—2020 年滦河及冀东沿海代表断面总磷浓度年际变化趋势

根据重要断面水质趋势分析，结合滦河及冀东沿海各国控断面 6 年（2015—2020 年）水环境质量评价结果可知，滦河干流及其支流水质优良，说明“十三五”期间对优良水体的保护较有成效。陡河的涧河口断面水质相对较差，个别指标数值 2015—2020 年呈上升趋势，说明该支流汇水范围内治污力度不大，所以需要加大对 COD、高锰酸盐指数等指标的治理力度。冀东沿海诸河各入海口因处于河流最下游，承接上游来水，治理难度大，水质相对较差，如陡河的涧河口断面水质波动较大，所以需要进一步加大治污力度；其他断面在“十三五”期间水质明显改善，如饮马河口断面水质类别在 2018 年已消除劣Ⅴ类，2020 年石河口、汤河口、戴河口和洋河口断面水质类别均由 2015 年的Ⅳ类提升至Ⅲ类。

3.2.1.2 饮用水水源地达标情况

滦河及冀东沿海共有 37 个饮用水水源地，包括 31 个地下水型、5 个湖库型和 1 个河流型水源地。2020 年，37 个参评水源地中 35 个水源地水质达标，占参评水源地总数的 94.6%。其中，太仆寺旗的宝昌沟饮用水水源地、多伦县城镇饮用水水源地超标指标为氟化物，超标原因为取水层原生地质条件的天然本底值偏高。详见表 3-13。

表 3-13 2015—2020 年滦河及冀东沿海饮用水水源地水质情况　　单位：个

省级行政区	地级行政区	水源地类型			水源地总个数	参加评价个数	达标个数	未达标个数	未达标水源地、超标项目及原因
		地下水	湖库	河流					
河北省	承德市	14	1	1	16	16	16	0	—
	张家口市	2	0	0	2	2	2	0	—
	秦皇岛市	0	3	0	3	3	3	0	—
	唐山市	11	1	0	12	12	12	0	—
内蒙古自治区	锡林郭勒盟	4	0	0	4	4	2	2	太仆寺旗的宝昌沟和多伦县城镇饮用水水源地；氟化物；本底值超标

3.2.1.3 水功能区达标情况

2020 年纳入考核的水功能区共 21 个，包括保护区 4 个、保留区 4 个、工业区 3 个、缓冲区 5 个、农业区 2 个、饮用区 3 个。根据水功能区水质目标，参加评价的水功能区有 19 个（扣除 2 个断流水功能区），达标 17 个，达标率为 89.5%。按参评的水功能区类型评价：保护区、工业区、缓冲区和饮用区达标率均为 100%，保留区达标率为 66.7%，农业区参评的水功能区（1 个）不达标。不达标水功能区为滦河河北承德保留区 1 和闪电河多伦县农业用水区（主要超标项目为 COD）。具体达标情况详见表 3-14。

表 3-14 2020 年滦河及冀东沿海水功能区水质达标情况

序号	一级水功能区名称	二级水功能区名称	水功能区类型	考核省份（简称）	监测断面名称	水质目标	主要控制项目达标评价					
							年度水质类别	年度评价次数/次	年度达标次数/次	年度达标率/%	达标评价结论	超标项目
1	滦河内蒙古-冀缓冲区	—	缓冲	内蒙古	大河口	III类	III类	12	11	91.7	达标	—
2	滦河河北承德保留区 1	—	保留	冀	郭家屯	III类	III类	12	9	75.0	不达标	—
3	滦河河北承德保留区 2	—	保留	冀	三道河子	III类	V类	12	10	83.3	达标	—
4	滦河河北承德、唐山缓冲区	—	缓冲	冀	乌龙矶	III类	II类	12	11	91.7	达标	—
5	潘家口水库水源地保护区	—	保护	冀	潘家口水库	II类	II类	12	12	100.0	达标	—

序号	一级水功能区名称	二级水功能区名称	水功能区类型	考核省份（简称）	监测断面名称	水质目标	主要控制项目达标评价					
							年度水质类别	年度评价次数/次	年度达标次数/次	年度达标率/%	达标评价结论	超标项目
6	大黑汀水库水源地保护区	—	保护	冀	大黑汀水库	Ⅱ类	Ⅱ类	12	12	100.0	达标	—
7	闪电河河北张家口源头水保护区	—	保护	冀	闪电河水库（坝上）	Ⅱ类	Ⅱ类	8	7	87.5	达标	—
8	闪电河冀-内蒙古缓冲区	—	缓冲	冀	闪电河中桥	Ⅲ类	Ⅲ类	10	8	80.0	达标	—
9	闪电河内蒙古正蓝旗保留区	—	保留	内蒙古	八浩特	Ⅲ类	断流	—	—	—	断流	—
10	柳河河北承德缓冲区	—	缓冲	冀	柳河口	Ⅲ类	Ⅱ类	12	12	100.0	达标	—
11	瀑河河北承德源头水保护区	—	保护	冀	平泉	Ⅱ类	Ⅱ类	9	9	100.0	达标	—
12	瀑河河北承德、唐山缓冲区	—	缓冲	冀	宽城	Ⅲ类	Ⅱ类	12	12	100.0	达标	—
13	潵河河北承德、唐山保留区	—	保留	冀	蓝旗营	Ⅲ类	Ⅰ类	12	12	100.0	达标	—
14	滦河内蒙古多伦县开发利用区	滦河内蒙古多伦工业用水区	工业	内蒙古	曲家湾	Ⅲ类	Ⅲ类	12	12	100.0	达标	—
15	滦河河北承德开发利用区	滦河河北承德饮用水水源区	饮用	冀	乌龙矶	Ⅲ类	Ⅱ类	12	11	92.0	达标	—
16	滦河河北唐山开发利用区	滦河河北唐山工业用水区	工业	冀	滦州	Ⅲ类	Ⅱ类	12	12	100.0	达标	—
17	滦河河北唐山、秦皇岛开发利用区	滦河河北唐山、秦皇岛工业用水区	工业	冀	姜各庄	Ⅲ类	Ⅱ类	10	10	100.0	达标	—

序号	一级水功能区名称	二级水功能区名称	水功能区类型	考核省份（简称）	监测断面名称	水质目标	主要控制项目达标评价					
							年度水质类别	年度评价次数/次	年度达标次数/次	年度达标率/%	达标评价结论	超标项目
18	闪电河内蒙古正蓝旗开发利用区	闪电河内蒙古正蓝旗农业用水区	农业	内蒙古	正蓝旗水文站	Ⅲ类	断流	—	—	—	断流	—
19	闪电河内蒙古多伦县开发利用区	闪电河多伦县农业用水区	农业	内蒙古	白城子（闪）水文站	Ⅲ类	Ⅳ类	9	6	67.0	不达标	COD
20	柳河河北承德开发利用区	柳河河北承德饮用水水源区	饮用	冀	李营（一）	Ⅲ类	Ⅱ类	12	12	100.0	达标	—
21	瀑河河北承德开发利用区	瀑河河北承德饮用水水源区	饮用	冀	宽城	Ⅲ类	Ⅱ类	12	12	100.0	达标	—

3.2.1.4 水污染物排放状况

2019 年，滦河及冀东沿海废污水为排放总量为 2.05 亿 t，COD 和氨氮排放量分别为 4.5 万 t 和 0.3 万 t。农业农村源为废污水、污染物排放主要来源，COD 和氨氮排放量分别占所在水系该污染物排放总量的 75.0%和 47.0%；工业污染物排放量少，COD 和氨氮排放量分别占所在水系该污染物排放总量的 10.3%和 10.7%。滦河及冀东沿海水系废污水、COD 和氨氮排放情况见图 3-29。

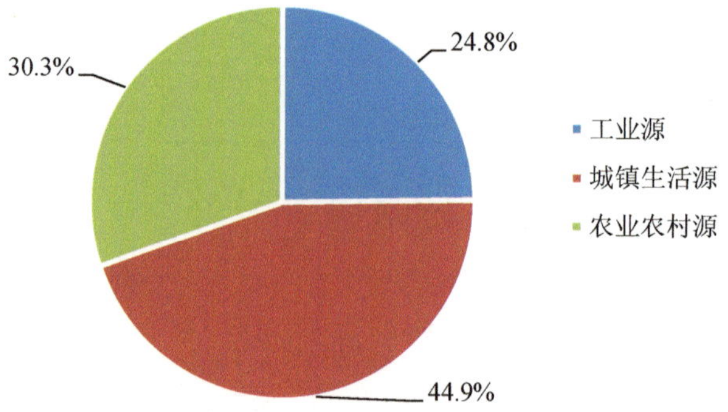

（a）废污水

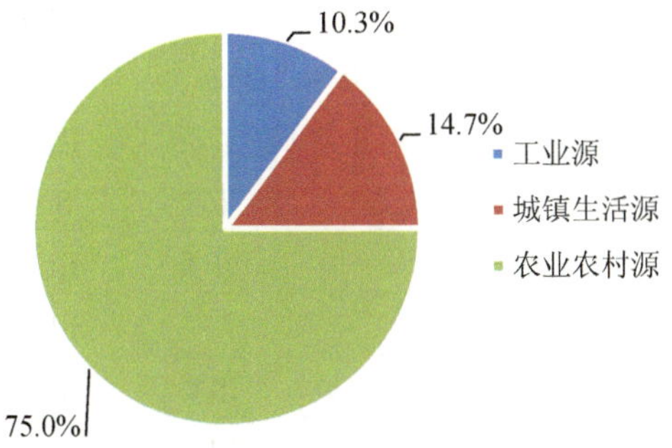

（b）COD

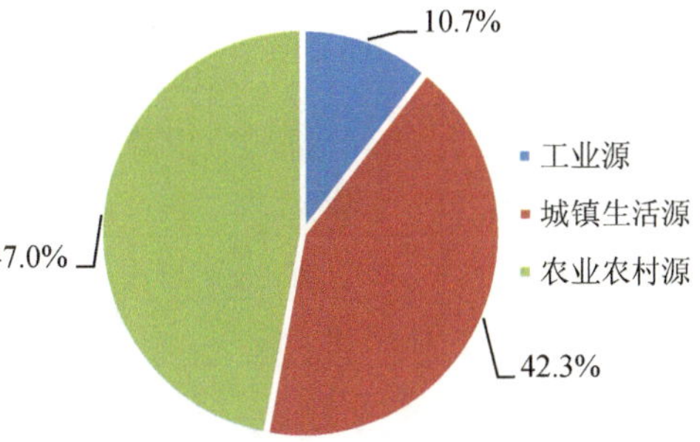

（c）氨氮

图 3-29 滦河及冀东水系沿海废污水、污染物排放情况

滦河及冀东沿海现有 53 座主要城镇污水处理厂，设计处理能力为 246.3 万 m^3/d，全年污水处理量为 6.6 亿 m^3，占海河流域污水处理量的 9.5%；污水处理厂平均负荷率为 73.8%，低于海河流域平均水平。其中，94.3%的污水处理厂执行《城镇污水处理厂污染物排放标准》（GB 18918—2002）一级 A 标准，内蒙古自治区锡林郭勒盟的 3 座污水处理厂执行一级 B 标准，需要进一步提标改造。

3.2.2 北三河

3.2.2.1 地表水环境质量状况

1）现状评价与分析

（1）断面水质现状

北三河系“十四五”期间共设 57 个地表水国考断面。2020 年评价结果表明，Ⅰ～Ⅲ类水质断面有 34 个，约占地表水国考断面（除干涸断流断面以外）的 60.7%；Ⅳ类、Ⅴ类水质断面有 20 个，约占 35.7%；劣Ⅴ类水质断面有 2 个，约占 3.6%；干涸断流断面有 1 个。河系整体水质为轻度污染，主要污染指标为 COD、高锰酸盐指数和 BOD_5。2 个劣Ⅴ类水质断面分别为位于鲍邱（武）河的罗屯闸断面和煤河的煤河桥断面，罗屯闸断面总磷浓度超过Ⅴ类水质标准的 0.07 倍；煤河桥断面氨氮浓度和 COD 分别超过Ⅴ类水质标准的 0.27 倍和 0.17 倍。北三河系“十四五”地表水国考断面 2015—2020 年水质情况见表 3-15。

表 3-15 北三河系“十四五”地表水国考断面 2015—2020 年水质情况

河系	河流/湖库	断面名称	水质类别						“十四五”水质目标
			2015 年	2016 年	2017 年	2018 年	2019 年	2020 年	
蓟运河	海子水库	海子水库	Ⅲ类	Ⅱ类	Ⅱ类	Ⅱ类	Ⅱ类	Ⅱ类	Ⅲ类
	泃河	黄崖关	—	—	—	—	—	Ⅰ类	Ⅱ类
		罗汉石	—	—	—	—	—	Ⅱ类	Ⅲ类
		马各庄大桥	—	—	—	—	—	—	Ⅲ类
		东店	劣Ⅴ类	劣Ⅴ类	Ⅴ类	Ⅳ类	Ⅳ类	Ⅲ类	Ⅲ类
		桑梓红旗闸	劣Ⅴ类	劣Ⅴ类	劣Ⅴ类	劣Ⅴ类	Ⅴ类	Ⅲ类	Ⅲ类
	鲍邱（武）河	罗屯闸	—	—	—	—	—	劣Ⅴ类	Ⅳ类，F①不考
	黎河	黎河桥	Ⅲ类	Ⅳ类	Ⅲ类	Ⅱ类	Ⅱ类	Ⅱ类	Ⅱ类
	沙河	沙河桥	Ⅲ类	Ⅳ类	Ⅳ类	Ⅱ类	Ⅲ类	Ⅱ类	Ⅲ类
	淋河	淋河桥	Ⅱ类	Ⅱ类	Ⅲ类	Ⅱ类	Ⅲ类	Ⅱ类	Ⅲ类
	果河	果河桥	Ⅲ类	Ⅲ类	Ⅲ类	Ⅱ类	Ⅱ类	Ⅲ类	Ⅲ类
	于桥水库	于桥水库中心	Ⅳ类	Ⅳ类	Ⅳ类	Ⅲ类	Ⅲ类	Ⅲ类	Ⅲ类
	引滦天津河	于桥水库出口	Ⅲ类	Ⅲ类	Ⅲ类	Ⅲ类	Ⅳ类	Ⅲ类	Ⅲ类
	州河	西屯桥	劣Ⅴ类	劣Ⅴ类	Ⅳ类	Ⅳ类	Ⅲ类	Ⅲ类	Ⅲ类
	蓟运河	新安镇	—	劣Ⅴ类	劣Ⅴ类	劣Ⅴ类	Ⅳ类	Ⅳ类	Ⅳ类
		江洼口	—	—	—	—	—	Ⅳ类	Ⅳ类
		芦台大桥	—	—	—	—	Ⅴ类	Ⅳ类	Ⅳ类
		蓟运河防潮闸	劣Ⅴ类	劣Ⅴ类	劣Ⅴ类	Ⅴ类	Ⅳ类	Ⅴ类	Ⅴ类
	还乡河	丰北闸	Ⅴ类	劣Ⅴ类	劣Ⅴ类	Ⅴ类	Ⅳ类	Ⅳ类	Ⅳ类
	煤河	煤河桥	—	—	—	—	—	劣Ⅴ类	Ⅴ类
潮白河	清水河	墙子路	Ⅱ类	Ⅱ类	Ⅱ类	Ⅰ类	Ⅰ类	Ⅰ类	Ⅱ类
	潮河	古北口	Ⅱ类	Ⅱ类	Ⅱ类	Ⅱ类	Ⅰ类	Ⅱ类	Ⅱ类
		辛庄桥	Ⅱ类	Ⅱ类	Ⅱ类	Ⅱ类	Ⅰ类	Ⅰ类	Ⅱ类
	黑河	四道甸	—	—	—	—	—	Ⅱ类	Ⅱ类
	汤河	大草坪	—	—	—	—	—	Ⅳ类	Ⅳ类
		汤河口	Ⅱ类	Ⅱ类	Ⅱ类	Ⅱ类	Ⅱ类	Ⅰ类	Ⅱ类
	怀柔水库	怀柔水库	Ⅱ类	Ⅱ类	Ⅱ类	Ⅱ类	Ⅱ类	Ⅱ类	Ⅱ类
	密云水库	密云水库	Ⅱ类	Ⅱ类	Ⅱ类	Ⅱ类	Ⅱ类	Ⅱ类	Ⅱ类
	白河	后城	Ⅲ类	Ⅲ类	Ⅲ类	Ⅱ类	Ⅱ类	Ⅱ类	Ⅱ类

① 注：F 为氟化物（以 F^- 计）。下同。

河系	河流/湖库	断面名称	水质类别						“十四五”水质目标
			2015 年	2016 年	2017 年	2018 年	2019 年	2020 年	
潮白河	白河	西帽山（滴水壶）	Ⅰ类	Ⅱ类	Ⅱ类	Ⅱ类	Ⅱ类	Ⅱ类	Ⅱ类
		大关桥	Ⅱ类	Ⅱ类	Ⅰ类	Ⅱ类	Ⅱ类	Ⅱ类	Ⅱ类
	运潮减河	运潮减河入河口	—	—	—	—	—	Ⅳ类	Ⅳ类
	潮白河	向阳闸	Ⅴ类	Ⅴ类	Ⅳ类	Ⅳ类	Ⅳ类	Ⅲ类	Ⅲ类
		苏庄	—	—	—	Ⅳ类	Ⅳ类	Ⅳ类	Ⅳ类
		吴村	劣Ⅴ类	劣Ⅴ类	劣Ⅴ类	Ⅴ类	Ⅴ类	Ⅳ类	Ⅳ类
	潮白新河	大套桥	劣Ⅴ类	劣Ⅴ类	劣Ⅴ类	劣Ⅴ类	Ⅴ类	Ⅳ类	Ⅳ类
		黄白桥	劣Ⅴ类	劣Ⅴ类	Ⅴ类	Ⅳ类	Ⅳ类	Ⅳ类	Ⅳ类
		于家岭大桥	—	劣Ⅴ类	Ⅴ类	Ⅳ类	Ⅳ类	Ⅳ类	Ⅳ类
	引滦天津河	尔王庄泵站	Ⅲ类	Ⅲ类	Ⅲ类	Ⅲ类	Ⅲ类	Ⅱ类	Ⅲ类
北运河	京密引水渠	后沙涧	Ⅲ类	Ⅱ类	Ⅱ类	Ⅱ类	Ⅱ类	Ⅱ类	Ⅱ类
	团城湖调节池	团城湖调节池	Ⅱ类	Ⅲ类	Ⅱ类	Ⅱ类	Ⅰ类	Ⅱ类	Ⅱ类
	温榆河	土沟桥	劣Ⅴ类	劣Ⅴ类	劣Ⅴ类	劣Ⅴ类	Ⅴ类	Ⅳ类	Ⅳ类
	清河	清河闸	劣Ⅴ类	Ⅱ类	Ⅲ类	Ⅱ类	Ⅲ类	Ⅱ类	Ⅲ类
	土城沟	花园路	Ⅳ类	Ⅱ类	Ⅲ类	Ⅱ类	Ⅱ类	Ⅱ类	Ⅲ类
	坝河	沙窝	劣Ⅴ类	劣Ⅴ类	劣Ⅴ类	劣Ⅴ类	Ⅳ类	Ⅳ类	Ⅳ类
	北护城河	鼓楼外大街	Ⅳ类	Ⅱ类	Ⅱ类	Ⅱ类	Ⅱ类	Ⅱ类	Ⅲ类
	长河	白石桥	Ⅲ类	Ⅱ类	Ⅱ类	Ⅱ类	Ⅱ类	Ⅱ类	Ⅲ类
	通惠河	新八里桥	劣Ⅴ类	劣Ⅴ类	Ⅳ类	Ⅳ类	Ⅲ类	Ⅲ类	Ⅳ类
	凉水河	大红门闸上	Ⅴ类	Ⅴ类	Ⅳ类	Ⅲ类	Ⅲ类	Ⅱ类	Ⅲ类
	北运河	杨洼闸	劣Ⅴ类	劣Ⅴ类	劣Ⅴ类	Ⅳ类	Ⅴ类	Ⅳ类	Ⅳ类
		土门楼	劣Ⅴ类	劣Ⅴ类	劣Ⅴ类	Ⅳ类	Ⅳ类	Ⅳ类	Ⅳ类
		新老米店闸	—	劣Ⅴ类	劣Ⅴ类	Ⅴ类	Ⅴ类	Ⅴ类	Ⅴ类
		北洋桥	—	Ⅳ类	Ⅳ类	Ⅳ类	Ⅱ类	Ⅱ类	Ⅲ类
	凤港减河	小屯桥	—	劣Ⅴ类	劣Ⅴ类	劣Ⅴ类	Ⅴ类	Ⅳ类	Ⅳ类
	北京排污河（港沟河）	东堤头闸上	—	劣Ⅴ类	劣Ⅴ类	Ⅴ类	Ⅴ类	Ⅳ类	Ⅳ类
	港沟河	罗庄	劣Ⅴ类	劣Ⅴ类	劣Ⅴ类	劣Ⅴ类	Ⅴ类	Ⅳ类	Ⅴ类
	凤河	凤河营闸	劣Ⅴ类	劣Ⅴ类	劣Ⅴ类	Ⅴ类	Ⅳ类	Ⅲ类	Ⅳ类

（2）河流水质沿程分析

蓟运河、潮白河、北运河的主要污染指标均为 COD、高锰酸盐指数和生化需氧量。

从主要超标因子沿程变化看，蓟运河部分支流如鲍邱（武）河的罗屯闸断面水质相对较差，干流上游水质相对较好，干流下游接纳的支流汇水水质差，导致干流下游水质较差。

潮白河整体水质较好，潮河、白河及潮白河干流上游水质均能满足地表水Ⅲ类水质标准，但自潮白河干流中游苏庄断面以后水质开始变差，潮白新河主要为潮白河来水，潮白河干流下游水质较差，导致潮白新河干流初始水质也较差。

北运河整体水质较差，各支流主要位于京津冀地区人员密集区域，污染物排放量大，治污难度大，导致水体自净能力差，水质相对较差；北运河干流来水为各支流汇水，各支流水质较差，导致北运河干流初始水质也较差，所以需要进一步采取有效措施，加大治理力度。2020 年北三河系主要超标因子沿程变化情况见图 3-30。

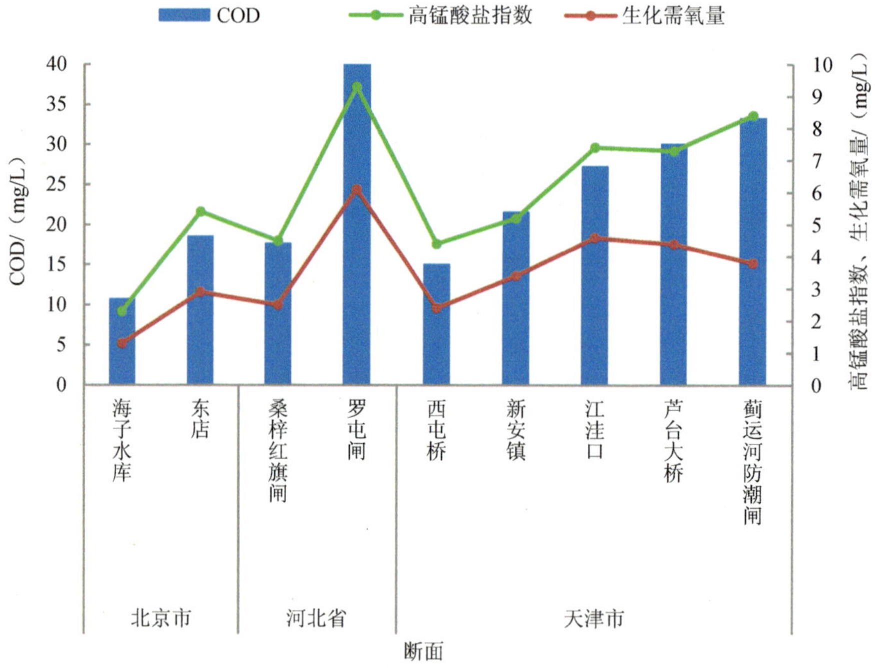

（a）蓟运河

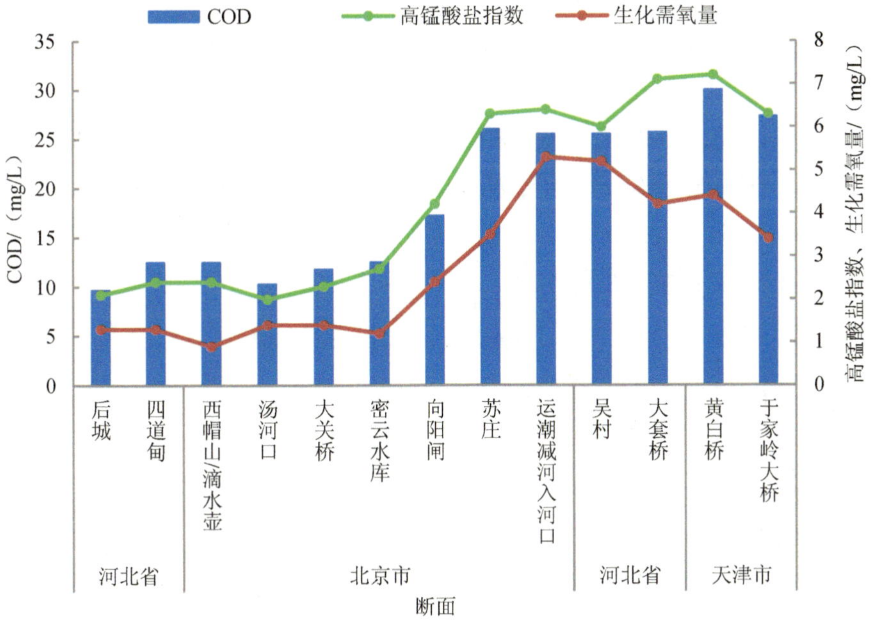

（b）潮白河

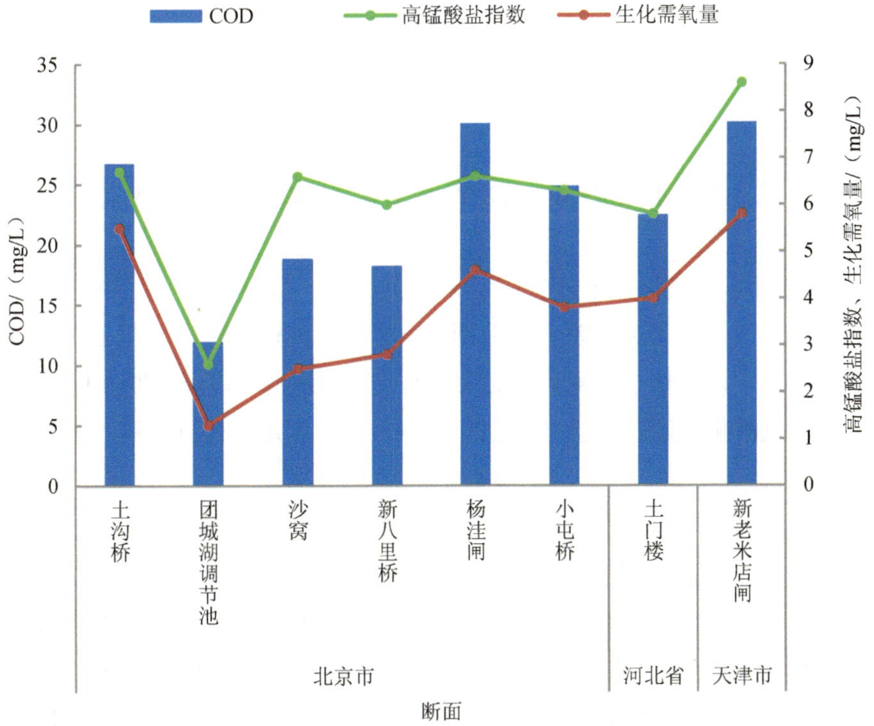

（c）北运河

图 3-30　2020 年北三河系主要超标因子沿程变化情况

引滦入津工程沿线涉及潘家口水库、大黑汀水库、黎河桥、果河桥、于桥水库中心5个断面。从总氮浓度沿程变化看，潘家口水库、大黑汀水库、于桥水库中心总氮浓度均未满足地表水Ⅲ类水质标准，其中潘家口水库总氮浓度最高，为3.4 mg/L，超过Ⅲ类水质标准的2.4倍。从总磷浓度沿程变化看，5个断面总磷浓度均满足地表水Ⅲ类水质标准，但黎河桥、果河桥断面总磷浓度高于湖库Ⅲ类水质标准，导致下游的于桥中心水库总磷浓度相对较高，达到0.042 mg/L，已接近湖库Ⅲ类水质标准限值。2020年引滦入津工程沿线主要指标沿程变化情况见图3-31。

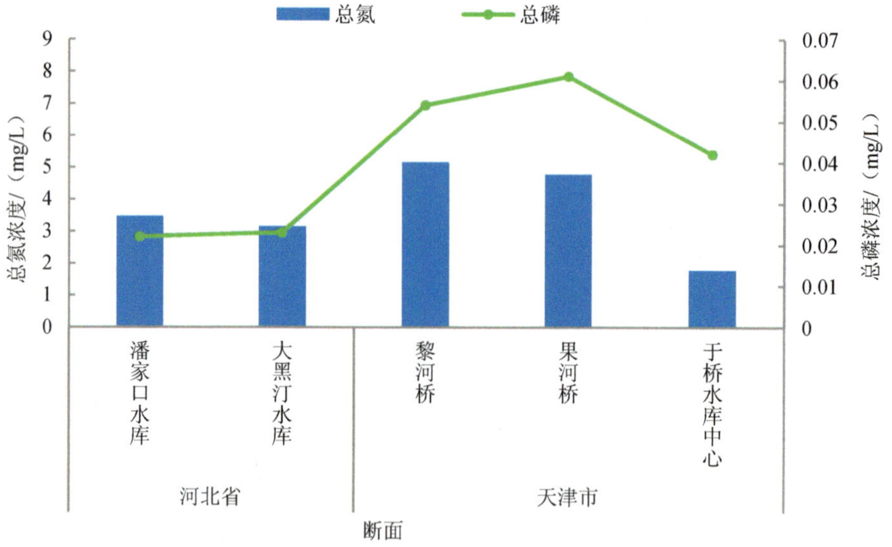

图3-31　2020年引滦入津工程沿线主要指标沿程变化情况

2）重要断面水质变化趋势分析

在北三河系3条主要水体河段中分别选取具有污染较重、位于省（市）界、下游汇合等特征的断面，以桑梓红旗闸和丰北闸断面代表蓟运河、以吴村断面代表潮白河、以土门楼和新八里桥断面代表北运河，根据2015—2020年水质监测资料，分别进行水质变化趋势分析。

从代表断面的COD看（图3-32），2015—2010年桑梓红旗闸和新八里桥COD呈减少趋势，2020年满足地表水Ⅲ类水质标准，其中新八里桥COD减少明显，2020年与2015年相比减少了70.1%，桑梓红旗闸2015—2017年COD逐年减少，2017—2019年出现反弹；土门楼COD呈先增后减趋势，最高值出现在2017年，为57.3 mg/L；丰北闸和吴村COD分别在30.7 mg/L和35.0 mg/L上下波动，最高值均出现在2016年，分别为39.8 mg/L和49.4 mg/L。

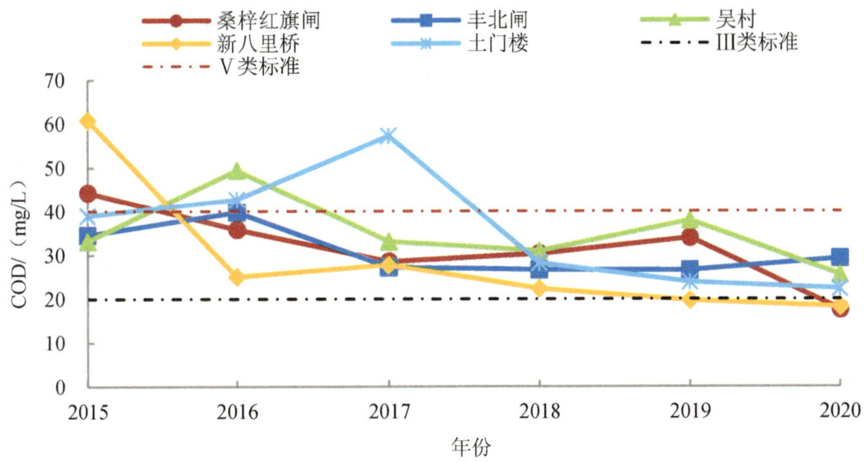

图 3-32 2015—2010 年北三河系代表断面 COD 年际变化趋势

从代表断面的高锰酸盐指数看（图 3-33），桑梓红旗闸、吴村、新八里桥、土门楼 2020 年高锰酸盐指数相对较低，满足地表水III类水质标准；桑梓红旗闸高锰酸盐指数呈明显下降趋势，2020 年与 2015 年相比下降了 58.5%；土门楼高锰酸盐指数呈先升后降趋势，在 2016 年达到最大值，之后逐年下降且降幅明显，2020 年与 2016 年相比高锰酸盐指数下降了 46.7%；丰北闸、吴村和新八里桥高锰酸盐指数变化相对不大，其中丰北闸呈曲折上升趋势，其高锰酸盐指数已超过地表水III类水质标准；新八里桥高锰酸盐指数在 6.5 mg/L 上下小幅波动，最高值出现在 2017 年，为 7.07 mg/L。

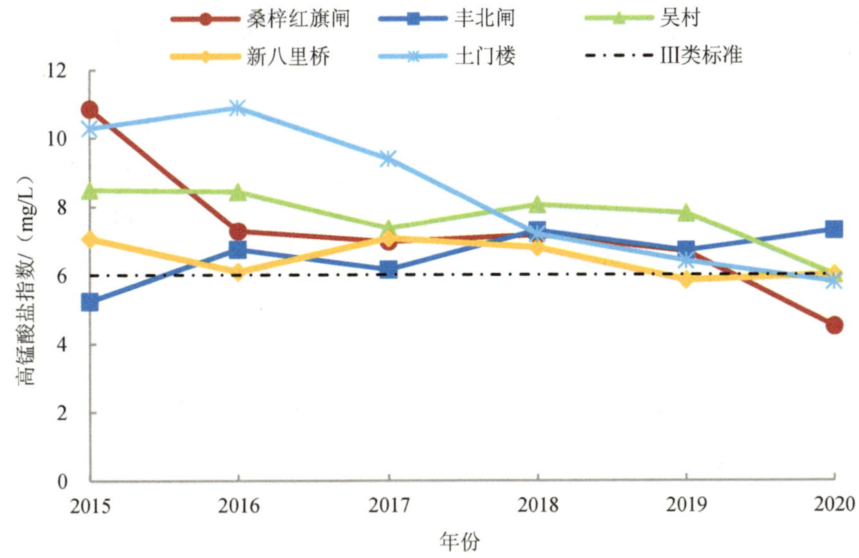

图 3-33 2015—2010 年北三河系代表断面高锰酸盐指数年际变化趋势

从代表断面的生化需氧量看（图 3-34），桑梓红旗闸、丰北闸、新八里桥、土门楼 2020 年生化需氧量相对较低，满足地表水III类水质标准；新八里桥生化需氧量呈明显减少趋势，2020 年与 2015 年相比减少了 79.6%；土门楼生化需氧量呈先增后减趋势，2017 年达到最大值，之后逐年减少；丰北闸生化需氧量变化相对不大，在 4 mg/L 上下小幅波动；桑梓红旗闸 2015—2019 年生化需氧量变化相对不大，维持在 6.22 mg/L 以下，但 2020 年生化需氧量明显减少；吴村水质改善并不明显，且 2019 年出现生化需氧量激增的现象。

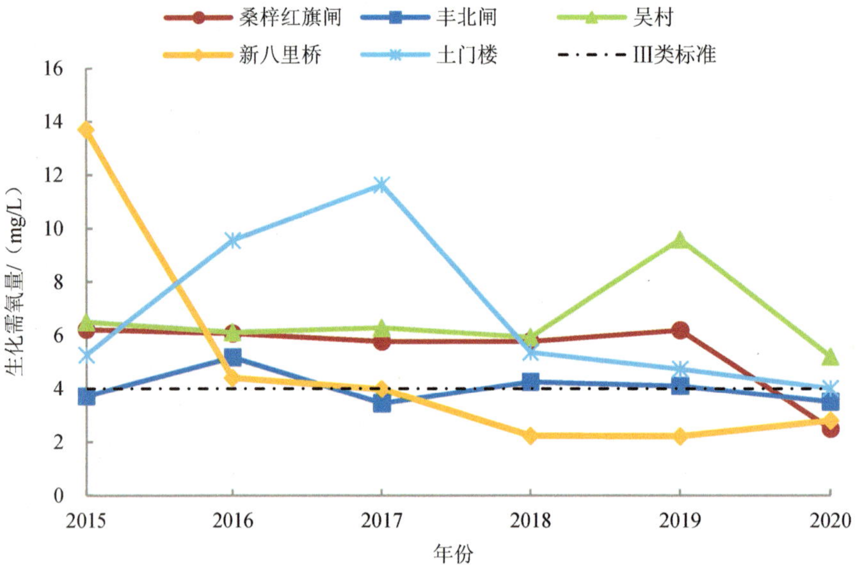

图 3-34　2015—2010 年北三河系代表断面生化需氧量年际变化趋势

根据重要断面水质趋势分析，结合北三河系各国控断面 6 年（2015—2020 年）水环境质量评价结果可知，北三河系水环境总体水质相对较差，但“十三五”期间水质改善明显，说明该支流汇水范围内治污力度较大且成效显著，同时也要看到如土门楼、吴村等部分断面水质波动大，治理成果容易反弹，说明治理成效并不稳固，需要进一步加大治理管控力度，严防治理成效反弹。

3.2.2.2　饮用水水源地达标情况

北三河系共有 27 个饮用水水源地，包括 22 个地下水型和 5 个湖库型水源地。2020 年，27 个参评水源地水质全部达到或优于III类标准（表 3-16）。

表 3-16　2015—2020 年北三河系饮用水水源地水质情况　　单位：个

省级行政区	地级行政区	水源地类型			水源地总个数	参加评价个数	达标个数
		地下水	湖库	河流			
北京市	—	3	1	0	4	4	4
天津市	—	4	3	0	7	7	7
河北省	承德市	2	0	0	2	2	2
	唐山市	12	1	0	13	13	13
	张家口市	1	0	0	1	1	1

3.2.2.3　水功能区达标情况

2020 年纳入考核的水功能区共 50 个，包括保护区 7 个、保留区 5 个、工业区 4 个、缓冲区 15 个、农业区 7 个、饮用区 8 个、景观区 3 个、渔业区 1 个。根据水功能区水质目标，参加评价的水功能区有 48 个（扣除 2 个断流水功能区），水功能区水质达标 33 个，达标率为 68.8%；按参评的水功能区类型评价：保留区、饮用区和景观区达标率均为 100%，保护区达标率为 85.7%，缓冲区达标率为 60%，农业区达标率为 42.9%，工业区和渔业区均不达标。不达标水功能区有北运河天津农业用水区 2 和洵河天津农业、工业用水区等 15 个，主要超标项目为 COD 和高锰酸盐指数。具体达标情况详见表 3-17。

表 3-17　2020 年北三河系水功能区水质达标情况

序号	一级水功能区名称	二级水功能区名称	水功能区类型	考核省份（简称）	监测断面名称	水质目标	主要控制项目达标评价					
							年度水质类别	年度评价次数/次	年度达标次数/次	年度达标率/%	达标评价结论	超标项目
1	潮河河北承德源头水保护区	—	保护	冀	土城子	Ⅱ类	Ⅰ类	12	12	100.0	达标	—
2	潮河河北承德保留区	—	保留	冀	古北口	Ⅱ类	Ⅱ类	11	11	100.0	达标	—
3	潮河冀京缓冲区	—	缓冲	冀	古北口	Ⅱ类	Ⅱ类	12	12	100.0	达标	—
4	潮河北京保留区	—	保留	京	辛庄桥	Ⅱ类	Ⅱ类	12	12	100.0	达标	—
5	白河河北张家口源头水保护区	—	保护	冀	云州水库（坝上）	Ⅱ类	Ⅱ类	10	10	100.0	达标	—

序号	一级水功能区名称	二级水功能区名称	水功能区类型	考核省份（简称）	监测断面名称	水质目标	主要控制项目达标评价					
							年度水质类别	年度评价次数/次	年度达标次数/次	年度达标率/%	达标评价结论	超标项目
6	白河河北张家口保留区	—	保留	冀	下堡	Ⅱ类	Ⅱ类	12	12	100.0	达标	—
7	白河冀京缓冲区	—	缓冲	冀	后城	Ⅱ类	Ⅱ类	12	12	100.0	达标	—
8	潮白河京冀缓冲区	—	缓冲	京	吴村	Ⅳ类	Ⅲ类	12	8	66.7	不达标	—
9	潮白新河冀津缓冲区	—	缓冲	冀	大套桥	Ⅳ类	Ⅳ类	12	8	66.7	不达标	COD
10	北运河京冀津缓冲区	—	缓冲	京	杨洼闸	Ⅳ类	Ⅲ类	12	7	58.3	不达标	—
11	蓟运河冀津缓冲区	—	缓冲	冀、津	江洼口	Ⅳ类	Ⅳ类	11	7	63.6	不达标	COD
12	汤河河北承德保留区	—	保留	冀	三道河	Ⅱ类	Ⅱ类	10	10	100.0	达标	—
13	汤河冀京缓冲区	—	缓冲	冀	大草坪	Ⅱ类	Ⅰ类	12	12	100.0	达标	—
14	汤河北京保留区	—	保留	京	汤河口	Ⅱ类	Ⅱ类	12	12	100.0	达标	—
15	泃河冀津京缓冲区	—	缓冲	冀	罗汉石	Ⅲ类	Ⅱ类	11	11	100.0	达标	—
16	泃河京冀缓冲区	—	缓冲	京	东店	Ⅲ～Ⅳ类	Ⅲ类	12	12	100.0	达标	—
17	泃河冀津缓冲区	—	缓冲	冀	桑梓红旗闸	Ⅲ类	Ⅲ类	11	9	82.0	达标	—
18	还乡河冀津缓冲区	—	缓冲	冀	丰北闸	Ⅳ类	Ⅳ类	11	6	54.5	不达标	COD

序号	一级水功能区名称	二级水功能区名称	水功能区类型	考核省份（简称）	监测断面名称	水质目标	主要控制项目达标评价					
							年度水质类别	年度评价次数/次	年度达标次数/次	年度达标率/%	达标评价结论	超标项目
19	北京港沟河（北京排污河）京津缓冲区	—	缓冲	京	罗庄	Ⅳ类	Ⅳ类	10	4	40.0	不达标	COD
20	黑河河北张家口源头水保护区	—	保护	冀	三道营	Ⅱ类	Ⅰ类	12	12	100.0	达标	—
21	黑河冀京缓冲区	—	缓冲	冀	四道甸	Ⅱ类	Ⅱ类	12	11	92.0	达标	—
22	引滦专线天津水源地保护区1	—	保护	津	黎河下游	Ⅱ类	Ⅱ类	12	12	100.0	达标	—
23	淋河冀津缓冲区	—	缓冲	冀	淋河桥	Ⅱ类	Ⅱ类	12	12	100.0	达标	—
24	沙河冀津缓冲区	—	缓冲	冀	沙河桥	Ⅲ类	Ⅱ类	12	11	92.0	达标	—
25	于桥水库天津水源地保护区	—	保护	津	库区	Ⅱ类	Ⅲ类	12	5	42.0	不达标	高锰酸盐指数
26	引滦专线天津水源地保护区2	—	保护	津	尔王庄	Ⅱ类	Ⅱ类	12	12	100.0	达标	—
27	潮河北京开发利用区	潮河北京饮用水水源区	饮用	京	宁村	Ⅲ类	Ⅱ类	11	11	100.0	达标	—
28	白河北京开发利用区	白河北京饮用水水源区	饮用	京	双井	Ⅲ类	Ⅲ类	12	10	83.0	达标	—

序号	一级水功能区名称	二级水功能区名称	水功能区类型	考核省份（简称）	监测断面名称	水质目标	主要控制项目达标评价					
							年度水质类别	年度评价次数/次	年度达标次数/次	年度达标率/%	达标评价结论	超标项目
29	潮白河北京开发利用区	潮白河上段北京饮用水水源区	饮用	京	向阳闸	Ⅲ类	Ⅱ类	12	12	100.0	达标	—
30	潮白河北京开发利用区	潮白河下段北京景观娱乐用水区	景观	京	苏庄	Ⅳ类	断流	—	—	—	断流	—
31	潮白新河天津开发利用区	潮白新河天津渔业用水区	渔业	津	黄白桥	Ⅲ类	Ⅴ类	12	2	17.0	不达标	高锰酸盐指数，COD
32	潮白新河天津开发利用区	潮白新河天津工业、农业用水区	工业	津	宁车沽闸上	Ⅳ类	Ⅳ类	12	8	67.0	不达标	COD
33	北运河天津开发利用区1	北运河天津农业用水区	农业	津	筐儿港	Ⅳ类	Ⅳ类	12	8	67.0	不达标	COD
34	北运河天津开发利用区1	北运河天津工业、农业用水区	工业	津	屈家店节制闸上	Ⅳ类	Ⅴ类	12	7	58.0	不达标	COD
35	北运河天津开发利用区2	北运河天津饮用、工业、景观用水区	饮用	津	北洋桥	Ⅲ类	Ⅱ类	12	12	100.0	达标	—
36	蓟运河天津开发利用区1	蓟运河天津农业用水区1	农业	津	新安镇	Ⅳ类	Ⅲ类	12	11	92.0	达标	—
37	蓟运河天津开发利用区2	蓟运河天津农业用水区2	农业	津	芦台大桥	Ⅳ类	Ⅳ类	12	7	58.0	不达标	COD

序号	一级水功能区名称	二级水功能区名称	水功能区类型	考核省份（简称）	监测断面名称	水质目标	主要控制项目达标评价					
							年度水质类别	年度评价次数/次	年度达标次数/次	年度达标率/%	达标评价结论	超标项目
38	蓟运河天津开发利用区 2	蓟运河天津工业、农业用水区	工业	津	蓟运河闸上	Ⅳ类	Ⅴ类	12	4	33.0	不达标	COD
39	泃河北京开发利用区	海子水库景观娱乐用水区	景观	京	海子水库	Ⅲ类	Ⅱ类	12	12	100.0	达标	—
40	泃河北京开发利用区	泃河上段北京工业用水区	工业	京	马各庄大桥	Ⅳ类	断流	—	—	—	断流	—
41	泃河天津开发利用区	泃河天津农业、工业用水区	农业	津	九王庄	Ⅳ类	Ⅴ类	12	3	25.0	不达标	COD，氨氮
42	还乡河河北唐山开发利用区	还乡河河北唐山农业用水区	农业	冀	小定府庄	Ⅳ类	Ⅲ类	11	10	91.0	达标	—
43	还乡河天津开发利用区	还乡河天津农业用水区	农业	津	闫庄桥	Ⅳ类	Ⅳ类	12	7	58.0	不达标	COD
44	密云水库北京水源地保护区	—	保护	京	白河主坝、潮河主坝	Ⅱ类	Ⅱ类	12	12	100.0	达标	—
45	—	雁栖河饮用水水源区	饮用	京	北台上水库	Ⅲ类	Ⅱ类	11	11	100.0	达标	—
46	—	怀柔水库北京饮用水水源区	饮用	京	怀柔水库	Ⅱ类	Ⅱ类	11	11	100.0	达标	—
47	—	团城湖调节池饮用水水源区	饮用	京	团城湖调节池	Ⅱ类	Ⅱ类	12	12	100.0	达标	—
48	—	清水河饮用水水源区	饮用	京	斋堂水库	Ⅱ类	Ⅰ类	10	10	100.0	达标	—

序号	一级水功能区名称	二级水功能区名称	水功能区类型	考核省份（简称）	监测断面名称	水质目标	主要控制项目达标评价					
							年度水质类别	年度评价次数/次	年度达标次数/次	年度达标率/%	达标评价结论	超标项目
49	北运河北京开发利用区	北运河北京景观娱乐用水区	景观	京	榆林庄闸	V类	III类	12	12	100.0	达标	—
50	沟河北京开发利用区	沟河下段北京农业用水区	农业	京	英城大桥	V类	III类	12	12	100.0	达标	—

3.2.2.4 水污染物排放状况

2019 年，北三河系废污水排放总量为 16.1 亿 t，COD 和氨氮排放量分别为 57.1 万 t 和 4.7 万 t。城镇生活源为废污水、COD 和氨氮主要来源，COD 和氨氮排放量分别占所在河系该污染物排放总量的 73.1%和 89.7%；工业污染物排放量最少，COD 和氨氮排放量分别占所在水系该污染物排放总量的 8.4%和 0.7%。北三河系废污水、COD 和氨氮排放情况见图 3-35。

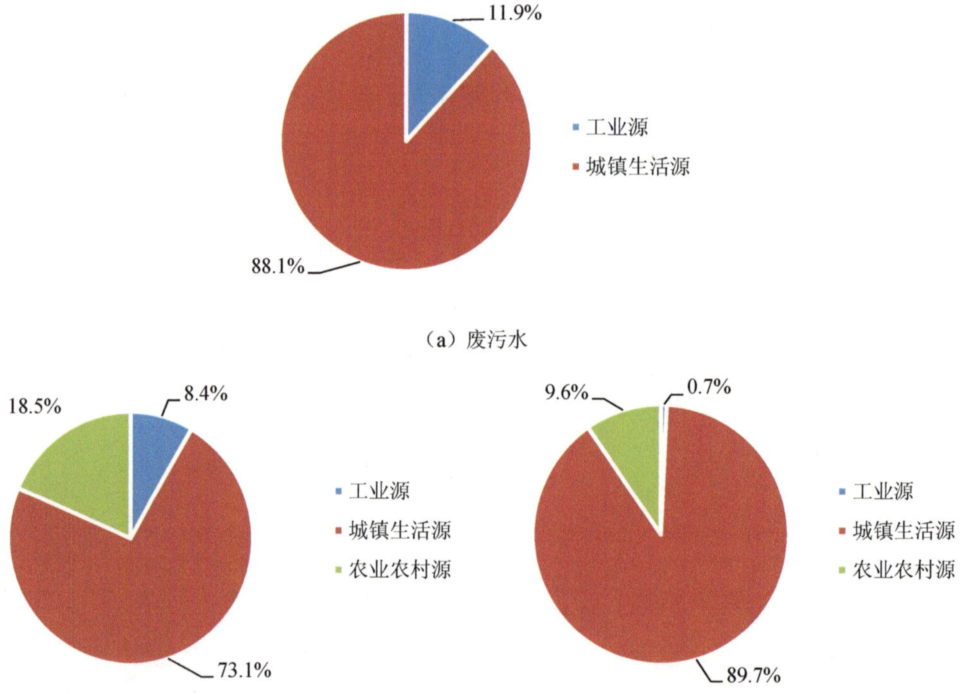

（a）废污水

（b）COD

（c）氨氮

图 3-35 北三河系废污水、污染物排放情况

北三河系现有主要城镇污水处理厂 63 座，设计处理能力为 533.9 万 m^3/d，全年污水处理量为 16.9 亿 m^3，占海河流域污水处理量的 24.2%。污水处理厂平均负荷率为 86.7%，负荷率较高。北三河系内 63 座重要污水处理厂均执行《城镇污水处理厂污染物排放标准》（GB 18918—2002）一级 A 标准。

3.2.3 永定河

3.2.3.1 地表水环境质量状况

1）现状评价与分析

（1）断面水质现状

永定河系“十四五”共设 32 个地表水国考断面。2020 年评价结果表明，Ⅰ～Ⅲ类水质断面有 19 个，约占地表水国考断面（除干涸断流断面以外）的 61.3%；Ⅳ类、Ⅴ类水质断面有 11 个，约占 35.5%；劣Ⅴ类水质断面有 1 个，约占 3.2%；干涸断流断面有 1 个。河系整体水质为轻度污染，主要污染指标为 COD、BOD_5 和高锰酸盐指数。劣Ⅴ类水质断面为位于永定河的后沙窝村断面，其 COD 超过Ⅴ类水质标准的 0.15 倍。永定河系“十四五”地表水国考断面 2015—2020 年水质情况见表 3-18。

表 3-18 永定河系“十四五”地表水国考断面 2015—2020 年水质情况

河系	河流/湖库	断面名称	水质类别						“十四五”水质目标
			2015 年	2016 年	2017 年	2018 年	2019 年	2020 年	
桑干河	源子河	马邑	—	—	—	—	—	Ⅱ类	Ⅲ类
	浑河	寺庄	—	Ⅴ类	Ⅳ类	Ⅴ类	Ⅴ类	Ⅳ类	Ⅳ类
	十里河	红卫桥	劣Ⅴ类	劣Ⅴ类	Ⅴ类	劣Ⅴ类	Ⅴ类	Ⅳ类	Ⅳ类
	饮马河（御河）	丰镇（饮）水文站	劣Ⅴ类	劣Ⅴ类	Ⅲ类	Ⅰ类	Ⅲ类	Ⅱ类	Ⅲ类
		堡子湾	Ⅳ类	Ⅳ类	Ⅳ类	Ⅴ类	劣Ⅴ类	Ⅳ类	Ⅲ类
		利仁皂	劣Ⅴ类	劣Ⅴ类	劣Ⅴ类	劣Ⅴ类	Ⅳ类	Ⅳ类	Ⅳ类
	壶流河	水神堂泉	—	—	—	—	Ⅱ类	Ⅲ类	Ⅲ类
		壶流河小渡口	—	—	—	—	—	Ⅲ类	Ⅲ类
	桑干河	梵王寺	Ⅲ类	Ⅳ类	Ⅲ类	Ⅳ类	Ⅴ类	Ⅱ类	Ⅲ类
		东榆林水库出口	Ⅲ类	Ⅲ类	Ⅱ类	Ⅲ类	Ⅲ类	Ⅱ类	Ⅲ类
		古家坡	劣Ⅴ类	劣Ⅴ类	劣Ⅴ类	劣Ⅴ类	Ⅳ类	Ⅲ类	Ⅳ类
		册田水库出口	Ⅳ类	Ⅳ类	Ⅳ类	Ⅳ类	Ⅳ类	Ⅳ类	Ⅳ类
		揣骨疃	—	—	—	Ⅳ类	Ⅲ类	Ⅳ类	Ⅳ类
		温泉屯	Ⅲ类	Ⅲ类	Ⅱ类	Ⅲ类	Ⅲ类	Ⅲ类	Ⅲ类

河系	河流/湖库	断面名称	水质类别						“十四五”水质目标
			2015年	2016年	2017年	2018年	2019年	2020年	
洋河	东洋河	友谊水库坝上	III类	II类	II类	II类	II类	III类	III类
		东洋河	—	—	—	—	—	II类	III类
	南洋河	永嘉堡	IV类	IV类	IV类	III类	IV类	IV类	IV类
	清水河	老鸦庄	III类	III类	IV类	IV类	IV类	III类	III类
	洋河	左卫桥	III类	III类	III类	II类	III类	III类	III类
		响水铺	IV类	III类	III类	III类	II类	III类	III类
		八号桥	IV类	III类	III类	III类	III类	III类	III类
永定河	妫水河	谷家营	IV类	V类	III类	III类	III类	III类	III类
	永定河引水渠	广北滨河路（桥）	IV类	IV类	IV类	III类	III类	III类	III类
	永定河	南大荒桥	劣V类	IV类	IV类	IV类	III类	III类	III类
		永定河桥	—	—	—	—	—	—	III类
		后沙窝村	—	—	—	—	—	劣V类	III类
	龙河	三小营	劣V类	劣V类	劣V类	劣V类	IV类	IV类	III类
		大王务	劣V类	劣V类	劣V类	IV类	IV类	II类	III类
	永定新河	永和大桥	—	劣V类	劣V类	V类	V类	IV类	IV类
		塘汉公路桥	劣V类	劣V类	劣V类	IV类	IV类	IV类	IV类
	官厅水库	官厅水库坝前	—	—	—	—	—	IV类	F≤1.5 mg/L，其他为III类
	大宁水库	大宁水库	III类	II类	III类	III类	III类	II类	III类

（2）河流水质沿程分析

桑干河的主要污染指标为COD、氟化物和氨氮，从主要超标因子沿程变化看，桑干河干流上游和下游的水质相对较好，干流中游及其支流御河水质相对较差，干流中游来水主要为御河和册田水库的水，御河水质较差，加之该河段氟化物本底值高，导致水质改善存在“瓶颈”。

洋河整体水质较好，除南洋河永嘉堡断面总磷浓度超过地表水III类水质标准的0.02倍外，洋河干流及其他支流均满足地表水III类水质标准。南洋河所在区域水土流失较严重，水源涵养功能弱，河道生态流量不足，导致水体自净能力低，水质进一步提升较困难。

永定河的主要污染指标为COD、高锰酸盐指数和生化需氧量，从主要超标因子沿程变化看，永定河干流下游水质较差，其中后沙窝村断面2020年为劣V类，主要原因是永定河廊坊段常年干涸，生态系统严重退化，虽然2020年5月实施生态补水后该河段实现了全线通水，但水质改善尚需一定时间。

2020年永定河系主要超标因子沿程变化情况见图3-36。

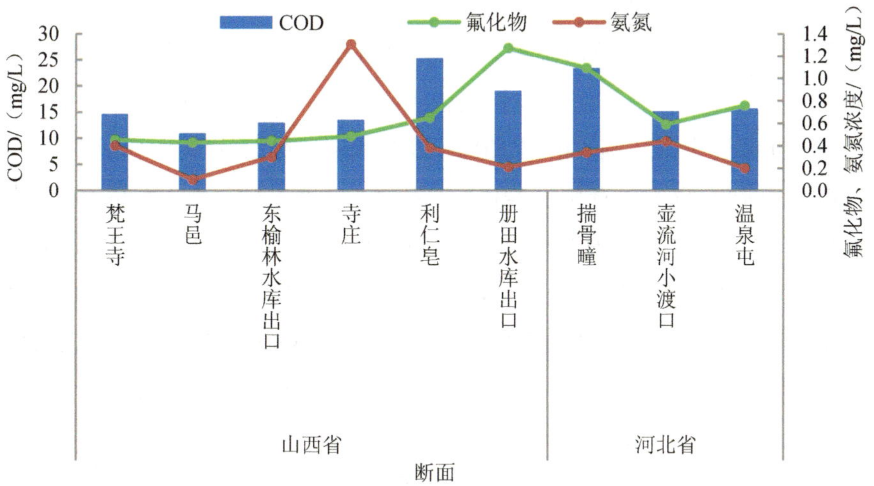

（a）桑干河

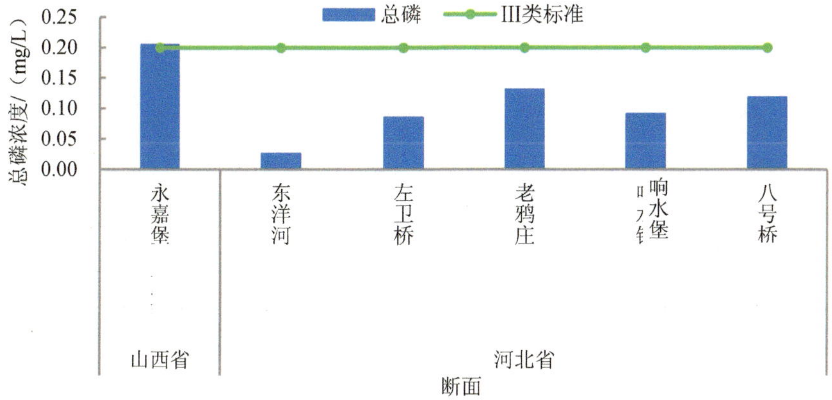

（b）洋河

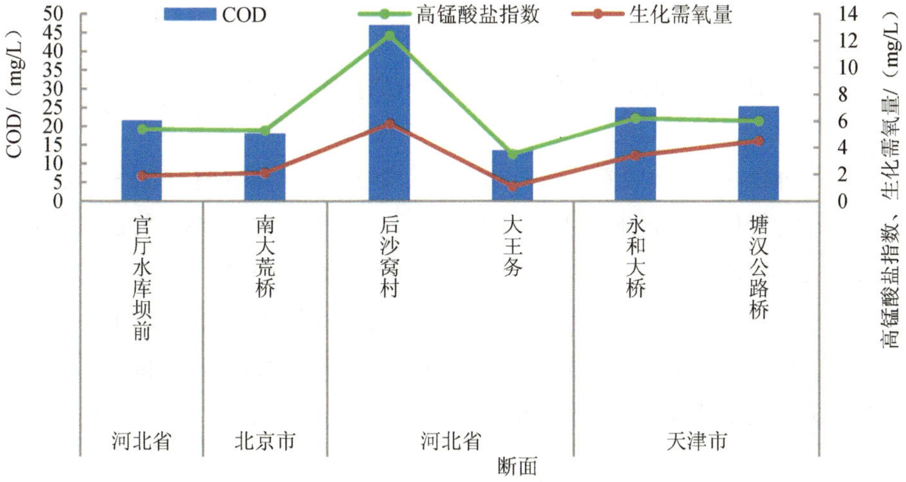

（c）永定河

图 3-36　2020 年永定河系主要超标因子沿程变化情况

2）重要断面水质变化趋势分析

在永定河系 3 条主要水体河段中分别选取具有污染较重、位于省（市）界、下游汇合等特征的断面，以利仁皂和温泉屯断面代表桑干河、以八号桥断面代表洋河、以南大荒桥和大王务断面代表永定河，根据 2015—2020 年水质监测资料，分别进行水质变化趋势分析。从代表断面的 COD 看（图 3-37），温泉屯、八号桥、南大荒桥、大王务 2020 年 COD 相对较低，满足地表水III类水质标准；南大荒桥、大王务和八号桥 COD 大体上呈减少趋势，其中南大荒桥和大王务 COD 减少明显，2020 年与 2015 年相比分别减少了 61.9%和 72.6%，八号桥 COD 相对变化不大；利仁皂 COD 在 2016 年明显增加，2017 年明显减少，之后呈缓慢减少趋势，但一直未能满足地表水III类水质标准。

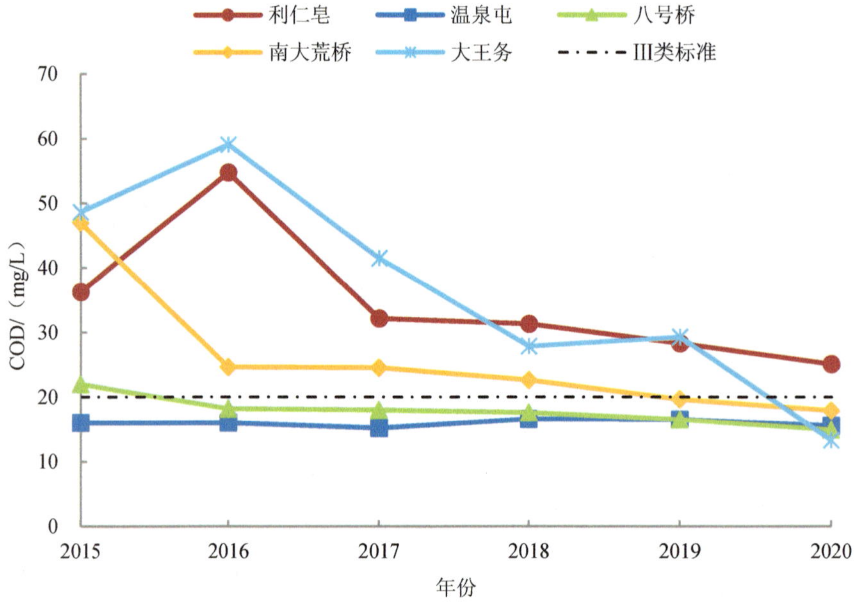

图 3-37 2015—2020 年永定河系代表断面 COD 年际变化趋势

从代表断面的生化需氧量看（图 3-38），温泉屯、八号桥、南大荒桥、大王务 2020 年生化需氧量相对较低，满足地表水III类水质标准；大王务生化需氧量减少明显，2020 年与 2015 年相比减少了 85%；2017 年南大荒桥生化需氧量明显减少，之后基本在 2.2 mg/L 上下小幅波动；利仁皂、八号桥和温泉屯生化需氧量相对变化不大，其中利仁皂生化需氧量一直未能满足地表水III类水质标准且 2020 年有所反弹，八号桥和温泉屯生化需氧量虽一直满足地表水III类水质标准，但自 2017 年以后生化需氧量呈上升趋势。

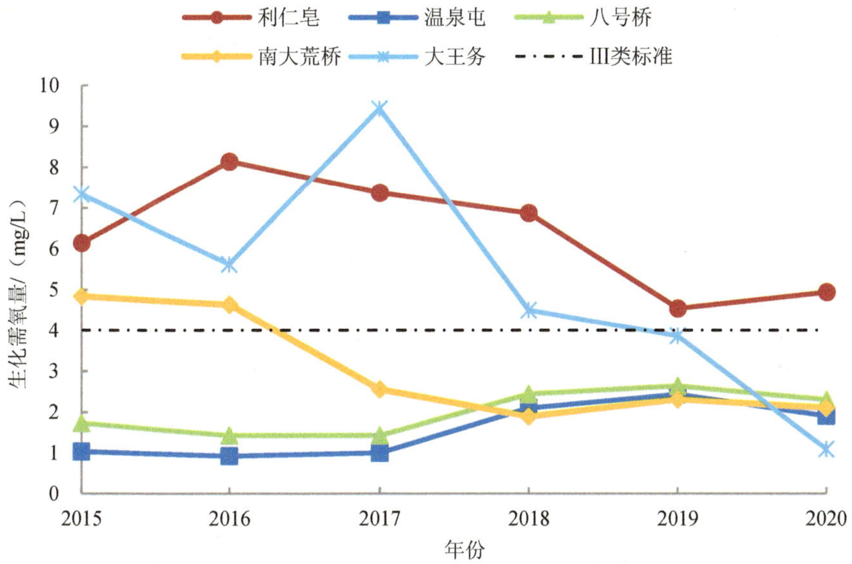

图 3-38　2015—2020 年永定河系代表断面生化需氧量年际变化趋势

从代表断面的高锰酸盐指数看（图 3-39），2020 年 5 个断面高锰酸盐指数均较低，且满足地表水III类水质标准；大王务和南大荒桥高锰酸盐指数呈下降趋势，其中大王务高锰酸盐指数明显下降，2020 年与 2015 年相比下降了 72.3%；温泉屯和八号桥高锰酸盐指数变化相对不大，分别在 3.1 mg/L 和 4.6 mg/L 上下小幅度波动；利仁皂在 6.6 mg/L 上下波动，最高点出现在 2016 年，为 8.2 mg/L。

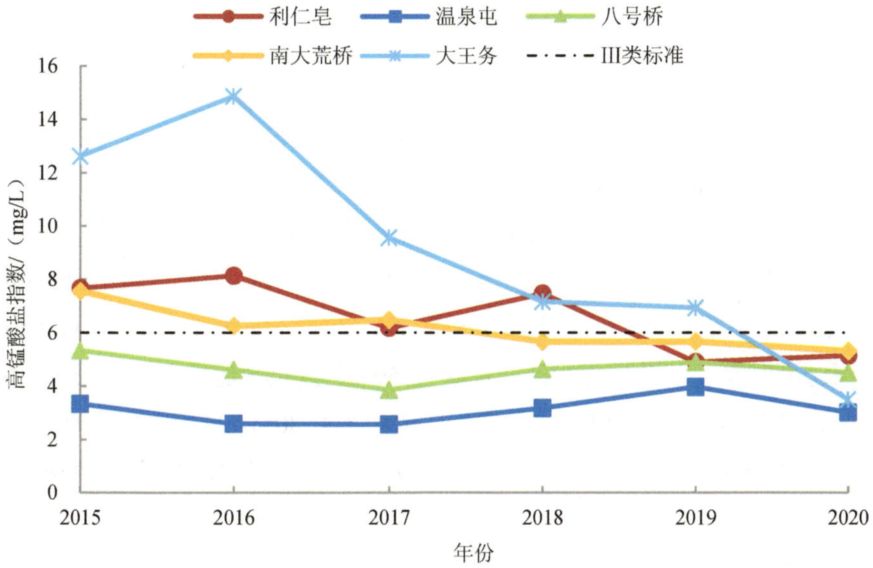

图 3-39　2015—2020 年永定河系代表断面高锰酸盐指数年际变化趋势

根据重要断面水质趋势分析，结合永定河系各国控断面6年（2015—2020年）水环境质量评价结果可知，永定河系总体水质较好，个别支流如浑河、十里河、饮马河（御河）、龙河水质相对较差，尽管“十三五”期间水质改善明显，但仍须进一步加大治污力度，严防这些支流对其他河段产生影响。

3.2.3.2 饮用水水源地达标情况

永定河系共有60个饮用水水源地，包括55个地下水型、4个湖库型和1个河流型水源地。2020年，55个参评水源地中有52个水源地水质达标，占参评水源地总数的94.5%。桑干河的南梁水源地、甘庄水源地水质不达标，超标指标均为氟化物。上述水源地水质不达标的原因均是其附近存在火山岩及变质岩（母岩）沉积物，母岩含有氟化物，造成松散岩类地层氟离子含量超标。大梁水库超标指标为总氮等，超标原因是上游来水浓度高。水源地水质情况详见表3-19。

表3-19 2015—2020年永定河系饮用水水源地水质情况 单位：个

省级行政区	地级行政区	水源地类型			水源地总个数	参加评价个数	达标个数	未达标个数	未达标水源地、超标项目及原因
		地下水	湖库	河流					
河北省	张家口市	14	0	0	14	14	14	0	—
山西省	大同市	17	2	1	20	17	15	2	南梁水源地、甘庄水源地；氟化物；本底值超标
	朔州市	17	2	0	19	18	17	1	大梁水库；总氮和总磷超标；上游来水浓度高
	忻州市	1	0	0	1	0	0	0	—
内蒙古自治区	乌兰察布市	6	0	0	6	6	6	0	—

3.2.3.3 水功能区达标情况

2020年纳入考核的水功能区共33个，包括保护区4个、过渡区3个、缓冲区7个、农业区11个、饮用区5个、排污区3个。根据水功能区水质目标，参加评价的水功能区共30个（扣除1个断流和2个无目标不参评水功能区），达标20个，达标率为66.7%；按参评的水功能区类型评价：保护区达标率为50%、过渡区达标率为33.3%、缓冲区达标率为50%、农业区达标率为81.8%、饮用区达标率为80%，排污区参评的（1个）均达标。10个不达标水功能区主要超标项目为COD、高锰酸盐指数和氨氮。详见表3-20。

表 3-20 2020 年永定河系水功能区水质达标情况

序号	一级水功能区名称	二级水功能区名称	水功能区类型	考核省份（简称）	监测断面名称	水质目标	主要控制项目达标评价					
							年度水质类别	年度评价次数/次	年度达标次数/次	年度达标率/%	达标评价结论	超标项目
1	官厅水库北京水源地保护区	—	保护	京	永 1000 表	Ⅱ类	Ⅲ类	12	0	0.0	不达标	高锰酸盐指数
2	永定河京冀津缓冲区	—	缓冲	京	永定河桥、罗古判村	Ⅳ类	断流	—	—	—	断流	—
3	桑干河晋冀缓冲区	—	缓冲	晋	册田水库出口	Ⅲ类	Ⅱ类	12	12	100.0	达标	—
4	洋河冀京缓冲区	—	缓冲	冀	八号桥	Ⅲ类	Ⅲ类	12	11	91.7	达标	—
5	二道河内蒙古兴和县源头水保护区	—	保护	内蒙古	鄂卜坪水库入库（原团结水库）	Ⅱ类	Ⅲ类	9	2	22.2	不达标	高锰酸盐指数，COD，氨氮
6	二道河（东洋河）内蒙古-冀缓冲区	—	缓冲	内蒙古	友谊水库坝上	Ⅲ类	Ⅱ类	10	10	100.0	达标	—
7	南洋河山西阳高源头水保护区	—	保护	晋	桥头	Ⅲ类	Ⅱ类	9	8	88.9	达标	—
8	南洋河晋冀缓冲区	—	缓冲	晋	永嘉堡	Ⅲ类	Ⅱ类	12	9	75.0	不达标	—
9	饮马河内蒙古丰镇市源头水保护区	—	保护	内蒙古	九龙湾水库入库	Ⅱ类	Ⅱ类	11	11	100.0	达标	—

序号	一级水功能区名称	二级水功能区名称	水功能区类型	考核省份（简称）	监测断面名称	水质目标	主要控制项目达标评价					
							年度水质类别	年度评价次数/次	年度达标次数/次	年度达标率/%	达标评价结论	超标项目
10	饮马河（御河）内蒙古-晋缓冲区	—	缓冲	内蒙古	堡子湾	III类	III类	12	9	75.0	不达标	氨氮
11	壶流河晋冀缓冲区	—	缓冲	晋	水神堂泉	III类	III类	7	5	71.0	不达标	氨氮
12	永定河北京开发利用区	永定河山峡段饮用水水源区	饮用	京	三家店	II类	II类	12	11	92.0	达标	—
13	永定河北京开发利用区	永定河平原段饮用水水源区	饮用	京	卢沟桥	III类	III类	12	11	92.0	达标	—
14	永定河天津开发利用区	永定河天津农业用水区	农业	津	屈家店闸上	IV类	V类	12	6	50.0	不达标	COD
15	桑干河山西开发利用区	桑干河山西山阴应县农业用水区	农业	晋	东榆林水库	IV类	III类	12	12	100.0	达标	—
16	桑干河山西开发利用区	桑干河山西怀仁过渡区	过渡	晋	新桥	III类	V类	11	4	36.0	不达标	COD，氨氮
17	桑干河山西开发利用区	桑干河山西册田水库大同市饮用、工业水源区	饮用	晋	册田水库	II类	III类	12	2	17.0	不达标	高锰酸盐指数，COD
18	桑干河河北张家口开发利用区	桑干河河北张家口农业用水区	农业	冀	保庄	IV类	II类	12	12	100.0	达标	—

序号	一级水功能区名称	二级水功能区名称	水功能区类型	考核省份（简称）	监测断面名称	水质目标	主要控制项目达标评价					
							年度水质类别	年度评价次数/次	年度达标次数/次	年度达标率/%	达标评价结论	超标项目
19	二道河内蒙古兴和县开发利用区	二道河内蒙古兴和排污控制区	排污	内蒙古	南十八台	无目标	Ⅲ类	无目标不参评	0	0	无目标不参评	—
20	二道河内蒙古兴和县开发利用区	二道河内蒙古兴和过渡区	过渡	内蒙古	付家夭	Ⅳ类	Ⅲ类	9	7	78.0	不达标	—
21	东洋河河北张家口开发利用区	东洋河河北张家口农业用水区	农业	冀	东洋河	Ⅳ类	Ⅱ类	7	7	100.0	达标	—
22	南洋河山西阳高、天镇开发利用区	南洋河山西阳高、天镇农业、工业用水区	农业	晋	大白登	Ⅳ类	Ⅱ类	10	10	100.0	达标	—
23	南洋河河北张家口开发利用区	南洋河河北张家口饮用水水源区	饮用	冀	柴沟堡（南）	Ⅲ类	Ⅱ类	9	9	100.0	达标	—
24	洋河河北张家口开发利用区	洋河河北张家口农业用水区	农业	冀	响水堡	Ⅳ类	Ⅱ类	12	12	100.0	达标	—
25	饮马河内蒙古丰镇市开发利用区	饮马河内蒙古丰镇农业用水区	农业	内蒙古	丰镇（饮）水文站	Ⅲ类	Ⅲ类	9	5	56.0	不达标	氨氮
26	饮马河内蒙古丰镇市开发利用区	饮马河内蒙古丰镇排污控制区	排污	内蒙古	新城湾乡	无目标	劣Ⅴ类	无目标不参评	0	0	无目标不参评	—

序号	一级水功能区名称	二级水功能区名称	水功能区类型	考核省份（简称）	监测断面名称	水质目标	主要控制项目达标评价					
							年度水质类别	年度评价次数/次	年度达标次数/次	年度达标率/%	达标评价结论	超标项目
27	御河山西大同市开发利用区	御河山西大同市农业用水区	农业	晋	孤山	Ⅳ类	Ⅱ类	7	7	100.0	达标	—
28	御河山西大同市开发利用区	御河山西大同市排污控制区	排污	晋	艾庄	Ⅴ类	Ⅲ类	12	12	100.0	达标	—
29	御河山西大同市开发利用区	御河山西大同市过渡区	过渡	晋	利仁皂	Ⅳ类	Ⅲ类	12	12	100.0	达标	—
30	壶流河山西广灵县开发利用区	壶流河山西广灵农业用水区	农业	晋	水神堂泉	Ⅲ类	Ⅱ类	7	6	86.0	达标	—
31	壶流河河北张家口开发利用区1	壶流河河北张家口农业用水区1	农业	冀	壶流河水库	Ⅲ类	Ⅱ类	9	9	100.0	达标	—
32	壶流河河北张家口开发利用区2	壶流河河北张家口农业用水区2	农业	冀	钱家沙洼	Ⅲ类	Ⅱ类	10	10	100.0	达标	—
33	—	大宁水库北京饮用水水源区	饮用	京	大宁水库	Ⅲ类	Ⅱ类	12	12	100.0	达标	—

3.2.3.4 水污染物排放状况

2019 年，永定河系废污水排放总量为 4.9 亿 t，COD 和氨氮排放量分别为 4.7 万 t 和 0.6 万 t。城镇生活源为 COD 和氨氮的主要来源，其 COD 和氨氮排放量分别占所在河系该污染物总排放量的 70.8%和 91.5%。永定河系废污水、COD 和氨氮排放情况见图 3-40。

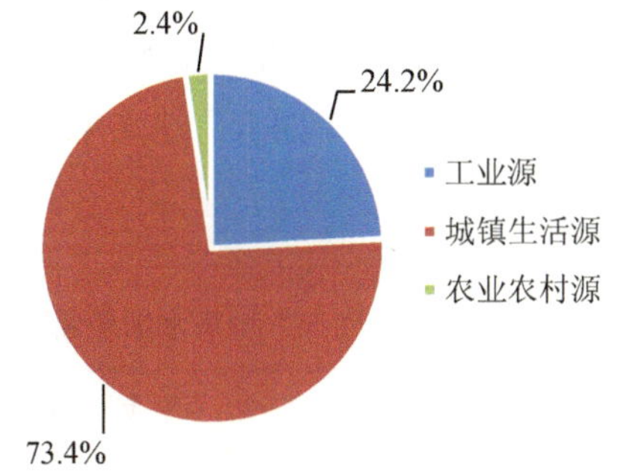

（a）废污水

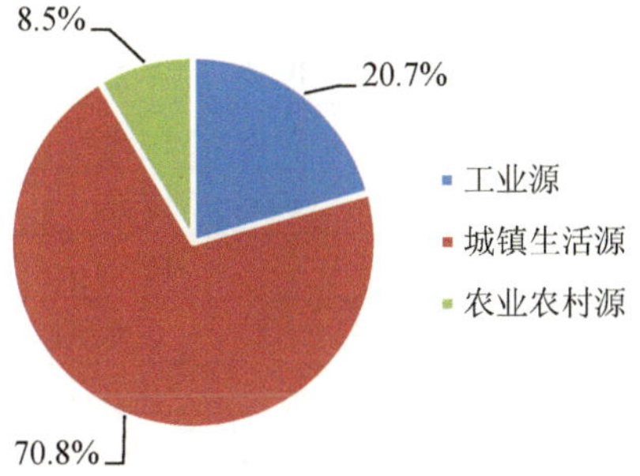

（b）COD

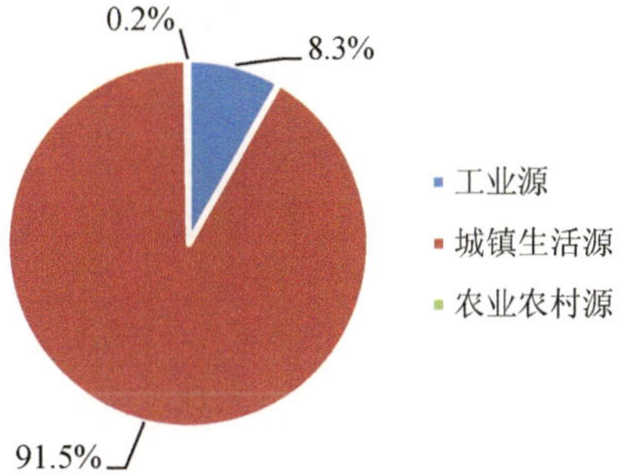

（c）氨氮

图 3-40　2019 年永定河系废污水、污染物排放情况

永定河系现有 66 座主要城镇污水处理厂，设计处理能力为 151.1 万 m^3/d，全年污水处理量为 3.7 亿 m^3，占海河流域处理量的 5.3%。污水处理厂平均负荷率为 67.6%，低于海河流域平均水平。其中 92.4%的污水处理厂执行《城镇污水处理厂污染物排放标准》（GB 18918—2002）一级 A 标准，内蒙古自治区乌兰察布市的 5 座污水处理厂执行一级 B 标准，污水处理厂需要进一步提标改造。

3.2.4　大清河（含海河干流）

3.2.4.1　地表水环境质量状况

1）现状评价与分析

（1）断面水质现状

大清河（含海河干流）系“十四五”共设 45 个地表水国考断面。2020 年评价结果表明，Ⅰ～Ⅲ类水质断面有 23 个，约占地表水国考断面（除干涸断流断面）的 55%；Ⅳ～Ⅴ类水质断面有 17 个，约占 40%；劣Ⅴ类水质断面有 2 个，约占 5%；干涸断流断面有 3 个。河系整体水质为轻度污染，主要污染指标为 COD、高锰酸盐指数和 BOD_5。2 个劣

Ⅴ类水质断面分别为位于大清河的台头断面和独流减河的北大港水库出口断面，台头断面氟化物浓度超过Ⅴ类水质标准的 0.22 倍；北大港水库出口断面 COD 超过Ⅴ类水质标准的 0.19 倍。大清河（含海河干流）系“十四五”地表水国考断面 2015—2020 年水质情况见表 3-21。

表 3-21　大清河（含海河干流）系“十四五”地表水国考断面 2015—2020 年水质情况

河系	河流/湖库	断面名称	水质类别						“十四五”水质目标
			2015 年	2016 年	2017 年	2018 年	2019 年	2020 年	
白洋淀	白洋淀	烧车淀	Ⅳ类	Ⅳ类	Ⅳ类	Ⅳ类	Ⅳ类	Ⅲ类	Ⅲ类
		圈头	Ⅴ类	Ⅴ类	Ⅴ类	Ⅴ类	Ⅳ类	Ⅳ类	Ⅲ类
		采蒲台	Ⅴ类	Ⅴ类	Ⅴ类	Ⅴ类	Ⅳ类	Ⅳ类	Ⅲ类
		光淀张庄	Ⅳ类	Ⅳ类	Ⅳ类	Ⅳ类	Ⅳ类	Ⅳ类	Ⅲ类
		枣林庄	Ⅳ类	Ⅳ类	Ⅳ类	Ⅳ类	Ⅳ类	Ⅳ类	Ⅳ类
		端村	劣Ⅴ类	劣Ⅴ类	劣Ⅴ类	Ⅴ类	Ⅴ类	Ⅳ类	Ⅳ类
		鸪丁淀	—	—	—	—	—	Ⅳ类	Ⅳ类
		南刘庄	劣Ⅴ类	劣Ⅴ类	劣Ⅴ类	劣Ⅴ类	Ⅴ类	Ⅴ类	Ⅳ类
北支（拒马河）	小清河	八间房漫水桥	劣Ⅴ类	Ⅴ类	劣Ⅴ类	Ⅴ类	Ⅳ类	Ⅲ类	Ⅲ类
	大石河	码头	劣Ⅴ类	劣Ⅴ类	劣Ⅴ类	劣Ⅴ类	Ⅴ类	Ⅳ类	Ⅲ类
	白沟河	东马营	—	—	—	—	—	Ⅱ类	Ⅲ类
	拒马河	紫荆关	Ⅱ类	Ⅱ类	Ⅱ类	Ⅱ类	Ⅱ类	Ⅱ类	Ⅱ类
		大沙地	Ⅰ类	Ⅱ类	Ⅱ类	Ⅰ类	Ⅰ类	Ⅰ类	Ⅱ类
		张坊	Ⅰ类	Ⅱ类	Ⅱ类	Ⅰ类	Ⅰ类	Ⅰ类	Ⅱ类
	南拒马河	北河店	—	Ⅱ类	Ⅱ类	Ⅱ类	Ⅱ类	Ⅱ类	Ⅲ类
	白沟引河	新盖房	劣Ⅴ类	Ⅳ类	Ⅴ类	Ⅳ类	Ⅳ类	Ⅲ类	Ⅲ类
	安格庄水库	安格庄中心	Ⅱ类	Ⅱ类	Ⅲ类	Ⅱ类	Ⅱ类	Ⅱ类	Ⅲ类
南支	漕河	马庄	—	—	—	—	—	—	Ⅴ类
	府河	膳马庙村北	劣Ⅴ类	劣Ⅴ类	劣Ⅴ类	劣Ⅴ类	Ⅴ类	Ⅳ类	Ⅳ类
		安州	劣Ⅴ类	劣Ⅴ类	劣Ⅴ类	Ⅴ类	Ⅲ类	Ⅲ类	Ⅲ类
	唐河	下北泉村	Ⅲ类	Ⅲ类	Ⅲ类	Ⅲ类	Ⅲ类	Ⅱ类	Ⅲ类
		白合	Ⅱ类	Ⅱ类	Ⅱ类	Ⅰ类	Ⅰ类	Ⅰ类	Ⅱ类
		西新庄	—	—	—	—	—	Ⅱ类	Ⅲ类
		北青	—	—	—	—	—	—	Ⅲ类
	西大洋水库	西大洋水库	Ⅱ类	Ⅱ类	Ⅱ类	Ⅰ类	Ⅰ类	Ⅰ类	Ⅱ类
	孝义河	思乡桥	—	—	—	—	—	Ⅲ类	Ⅳ类
	沙河	杜里村	—	Ⅱ类	Ⅰ类	Ⅱ类	Ⅰ类	Ⅱ类	Ⅱ类
		王林口	Ⅱ类	Ⅱ类	Ⅱ类	Ⅱ类	Ⅱ类	Ⅱ类	Ⅱ类
	王快水库	王快水库	Ⅱ类	Ⅱ类	Ⅱ类	Ⅰ类	Ⅰ类	Ⅰ类	Ⅱ类
	磁河	段家庄	—	—	—	—	—	—	Ⅴ类

河系	河流/湖库	断面名称	水质类别						"十四五"水质目标
			2015 年	2016 年	2017 年	2018 年	2019 年	2020 年	
大清河	大清河	南疃村	—	—	—	—	—	Ⅳ类	Ⅳ类
		台头	劣Ⅴ类	劣Ⅴ类	劣Ⅴ类	劣Ⅴ类	劣Ⅴ类	劣Ⅴ类	Ⅴ类（F 不考核）
		大清河第六埠	—	劣Ⅴ类	劣Ⅴ类	Ⅳ类	Ⅴ类	Ⅳ类	Ⅳ类
	王庆坨水库	王庆坨水库	—	—	—	—	—	Ⅱ类	Ⅲ类
独流减河	独流减河	万家码头	劣Ⅴ类	劣Ⅴ类	劣Ⅴ类	劣Ⅴ类	劣Ⅴ类	Ⅴ类	Ⅴ类
		独流减河防潮闸	—	Ⅳ类	Ⅴ类	劣Ⅴ类	Ⅳ类	Ⅴ类	Ⅴ类
	北大港水库	北大港水库出口	—	劣Ⅴ类	劣Ⅴ类	劣Ⅴ类	劣Ⅴ类	劣Ⅴ类	Ⅴ类
	八团排干渠	伊庄子闸	—	—	—	—	—	Ⅴ类	Ⅴ类
	青静黄排水渠	何老营	劣Ⅴ类	劣Ⅴ类	劣Ⅴ类	劣Ⅴ类	Ⅴ类	Ⅴ类	Ⅴ类
		青静黄防潮闸	劣Ⅴ类	劣Ⅴ类	劣Ⅴ类	劣Ⅴ类	Ⅴ类	Ⅴ类	Ⅴ类
海河干流	海河	三岔口	Ⅴ类	Ⅳ类	Ⅲ类	Ⅲ类	Ⅱ类	Ⅱ类	Ⅲ类
		海津大桥	—	Ⅳ类	Ⅳ类	Ⅲ类	Ⅲ类	Ⅲ类	Ⅲ类
		海河大闸	劣Ⅴ类	劣Ⅴ类	劣Ⅴ类	劣Ⅴ类	Ⅴ类	Ⅴ类	Ⅴ类
	洪泥河	生产圈闸	劣Ⅴ类	Ⅴ类	Ⅴ类	Ⅳ类	Ⅲ类	Ⅲ类	Ⅲ类
	北塘水库	北塘水库	—	—	Ⅳ类	Ⅲ类	Ⅲ类	Ⅱ类	Ⅲ类

如表 3-22 所示，白洋淀共布设 8 个国控断面，其中湖心区点位有 4 个，分别为圈头、烧车淀、光淀张庄、采蒲台；非湖心区点位有 3 个，分别为端村、枣林庄、鸪丁淀；入湖区点位有 1 个，为南刘庄。2020 年，湖区水质均值为Ⅳ类，定类因子为高锰酸盐指数、COD 和总磷；入湖区水质为Ⅴ类，定类因子为总磷。

表 3-22 白洋淀国控断面（点位）水质状况 单位：mg/L

湖区类型	断面名称	"十四五"水质目标	水质类别	高锰酸盐指数	COD	总磷	总氮
湖心区	圈头	Ⅲ类	Ⅳ类	7.2	25.8	0.040	1.16
	烧车淀	Ⅲ类	Ⅲ类	5.8	19.8	0.031	0.95
	光淀张庄	Ⅲ类	Ⅳ类	7.3	25.0	0.037	0.96
	采蒲台	Ⅲ类	Ⅳ类	4.8	24.2	0.038	1.24
	湖心区水质均值为Ⅳ类			6.3	23.7	0.037	1.08
非湖心区	端村	Ⅳ类	Ⅳ类	7.1	24.7	0.063	1.10
	鸪丁淀	Ⅳ类	Ⅳ类	4.9	16.9	0.085	1.64
	枣林庄	Ⅳ类	Ⅳ类	7.5	25.9	0.035	0.94
	非湖心区水质均值为Ⅳ类			6.5	22.5	0.061	1.23
湖区水质均值为Ⅳ类				6.4	23.1	0.049	1.15
入湖区	南刘庄	Ⅳ类	Ⅴ类	5.1	18.8	0.116	3.84

（2）河流水质沿程分析

大清河（含海河干流）系的主要污染指标为COD、高锰酸盐指数和生化需氧量，从主要超标因子沿程变化看，大清河干流水质较差，其中台头断面水质为劣V类，氟化物浓度超过V类标准的0.22倍，氟化物超标与该区域氟化物本底值高、长期取用含氟地下水有关。海河干流整体水质较好，其中海河大闸断面水质较差，需要进一步加大治污力度，严防其对近岸海域产生影响。大清河（含海河干流）系主要超标因子沿程变化情况见图3-41。

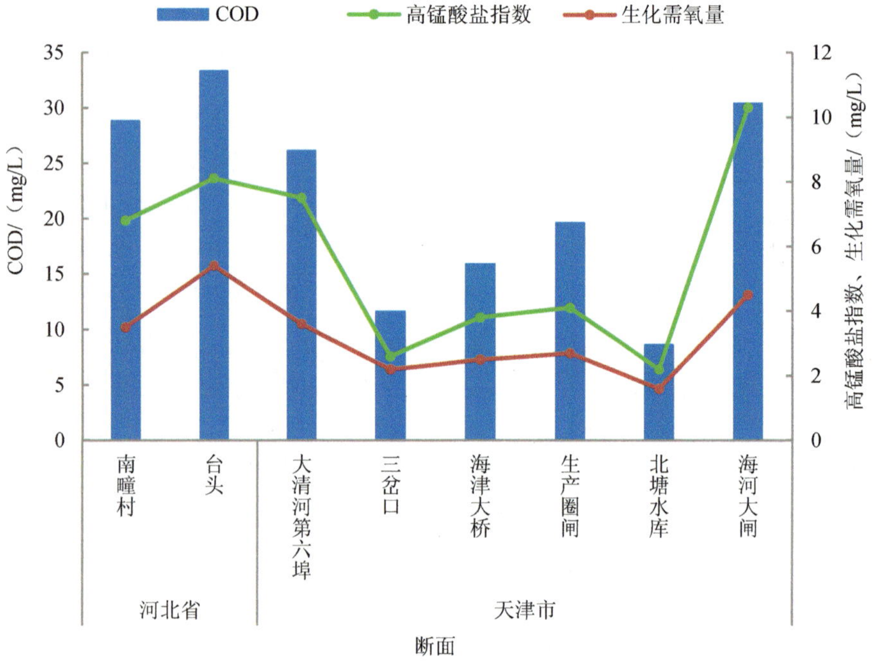

图3-41　2020年大清河（含海河干流）系主要超标因子沿程变化情况

2）重要断面水质变化趋势分析

在大清河（含海河干流）系6个主要水体河段中分别选取具有污染较重、下游汇合等特征的断面，以光淀张庄和枣林庄断面代表白洋淀、新盖房断面代表北支（拒马河）、台头断面代表大清河，根据2015—2020年水质监测资料，分别进行水质变化趋势分析。

从代表断面的COD看（图3-42），新盖房COD相对不稳定，但2020年减少较明显，与2015年相比减少了66.8%，2020年新盖房COD已满足地表水III类水质标准；光淀张庄和枣林庄COD2015—2019年基本呈减少趋势，但2020年COD出现反弹；2020年台头COD较2015年有所减少，但水质一直处于V类及以下类别。

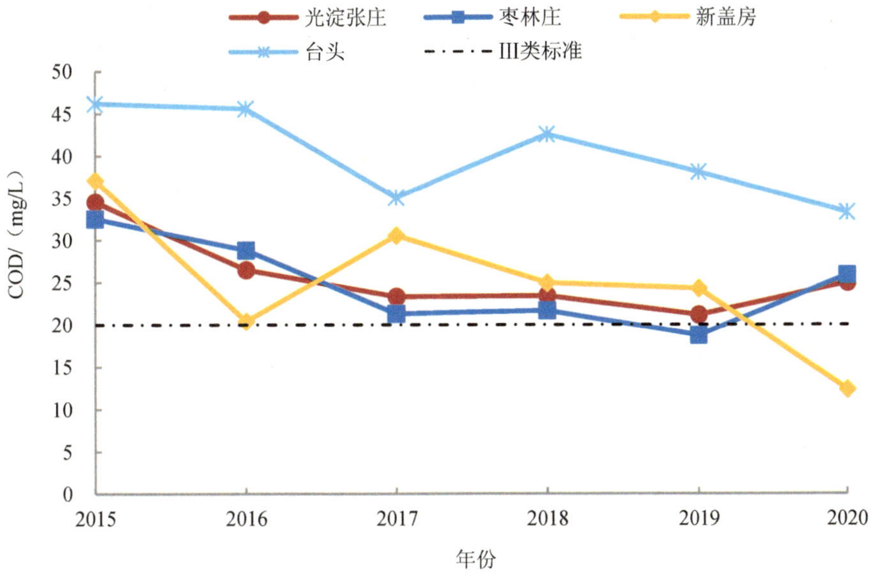

图 3-42 2015—2020 年大清河（含海河干流）系代表断面 COD 年际变化趋势

从代表断面的高锰酸盐指数看（图 3-43），新盖房高锰酸盐指数相对不稳定，但下降较明显，2020 年与 2015 年相比下降了 60.9%，2020 年高锰酸盐指数已满足地表水III类水质标准；台头高锰酸盐指数有所下降，但一直属于V类及以下类别；光淀张庄和枣林庄高锰酸盐指数变化相对不大，分别在 7.3 mg/L 和 7.5 mg/L 上下小幅度波动。

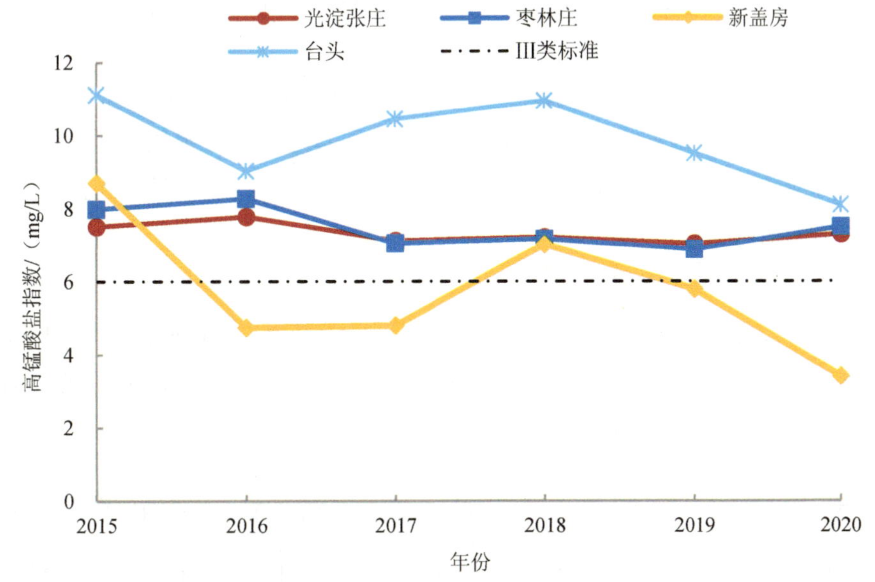

图 3-43 2015—2020 年大清河（含海河干流）系代表断面高锰酸盐指数年际变化趋势

从代表断面的生化需氧量看（图 3-44），光淀张庄、枣林庄和新盖房 2020 年生化需氧量较低，满足地表水Ⅲ类水质标准，但光淀张庄和枣林庄 2020 年与 2015 年相比生化需氧量不减反增，新盖房生化需氧量基本不变，且 3 个断面生化需氧量 2015—2020 年多次超过地表水Ⅲ类水质标准，整体水质变差；台头断面水质极不稳定，生化需氧量最低点出现在 2016 年，为 3.6 mg/L，最高点出现在 2019 年，为 10.7 mg/L，最高点生化需氧量高出最低点 2 倍有余。

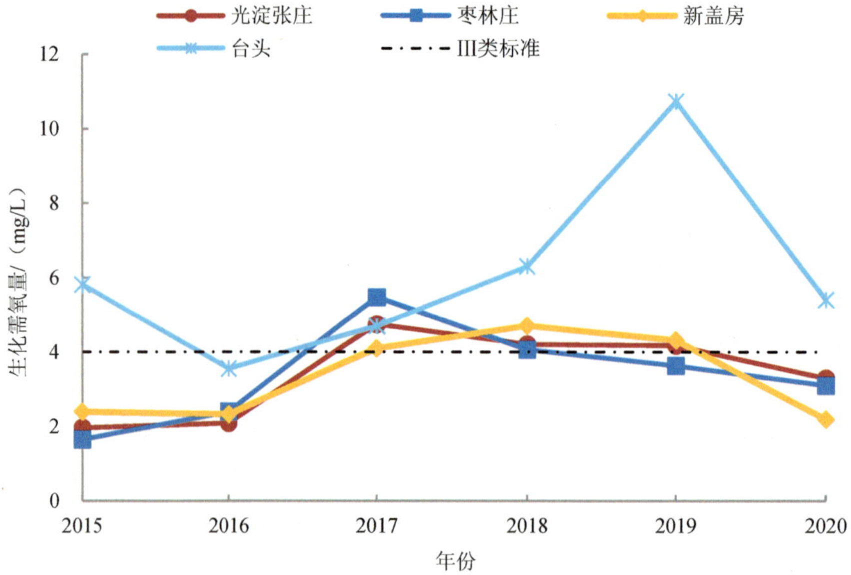

图 3-44　2015—2020 年大清河（含海河干流）系代表断面生化需氧量年际变化趋势

根据重要断面水质趋势分析，结合大清河（含海河干流）系各国控断面 6 年（2015—2020 年）水环境质量评价结果可知，该水系总体水质较差，部分水体水质未改善，如台头断面和北大港水库的水质长期处于劣Ⅴ类状态，白洋淀平均水质常年为Ⅳ类、Ⅴ类，尚需进一步加大治污力度。

3.2.4.2　饮用水水源地达标情况

大清河（含海河干流）系共有 51 个饮用水水源地，包括 46 个地下水型、4 个湖库型和 1 个河流型水源地。2020 年，47 个参评水源地水质均达到或优于Ⅲ类标准。水源地水质情况详见表 3-23。

表 3-23　2015—2020 年大清河（含海河干流）系饮用水水源地水质情况　单位：个

省级行政区	地级行政区/新区	水源地类型			水源地总个数	参加评价个数	达标个数	未达标水源地、超标项目及原因
		地下水	湖库	河流				
天津市	天津市	0	2	1	3	3	3	—

省级行政区	地级行政区/新区	水源地类型			水源地总个数	参加评价个数	达标个数	未达标水源地、超标项目及原因
		地下水	湖库	河流				
河北省	保定市*	33	2	0	35	35	35	—
河北省	沧州市	4	0	0	4	4	4	—
	石家庄市	2	0	0	2	2	2	—
山西省	大同市	7	0	0	7	3	3	—

注：*表示包含雄安新区的数据。

3.2.4.3 水功能区达标情况

2020 年纳入考核的水功能区共 25 个，其中，保护区有 1 个、过渡区有 1 个、缓冲区有 5 个、工业区有 2 个、农业区有 7 个、饮用区有 8 个、景观区有 1 个。根据水功能区水质目标，参加评价的水功能区共 23 个（扣除 2 个断流水功能区），达标 15 个，达标率为 65.2%；按参评的水功能区类型评价：过渡区、工业区和景观区均全部达标，缓冲区和饮用区达标率均为 75%，农业区达标率为 33.3%。8 个不达标水功能区主要超标项目为 COD 和高锰酸盐指数。水质达标情况详见表 3-24。

表 3-24 2020 年大清河（含海河干流）系水功能区水质达标情况

序号	一级水功能区名称	二级水功能区名称	水功能区类型	考核省份（简称）	监测断面名称	水质目标	主要控制项目达标评价					
							年度水质类别	年度评价次数/次	年度达标次数/次	年度达标率/%	达标评价结论	超标项目
1	大清河冀津缓冲区	—	缓冲	冀	台头	III类	V类	12	2	16.7	不达标	COD
2	拒马河冀京缓冲区	—	缓冲	冀	大沙地	III类	I类	12	12	100.0	达标	—
3	唐河晋冀缓冲区	—	缓冲	晋	下北泉村	III类	I类	12	12	100.0	达标	—
4	唐河河北保定缓冲区	—	缓冲	冀	北青	III类	断流	—	—	—	断流	—
5	小清河京冀缓冲区	—	缓冲	京	八间房漫水桥	IV类	III类	11	11	100.0	达标	—
6	大清河河北保定、廊坊开发利用区	大清河河北廊坊农业用水区	农业	冀	新镇	IV类	劣V类	10	5	50.0	不达标	COD

序号	一级水功能区名称	二级水功能区名称	水功能区类型	考核省份（简称）	监测断面名称	水质目标	主要控制项目达标评价					
							年度水质类别	年度评价次数/次	年度达标次数/次	年度达标率/%	达标评价结论	超标项目
7	大清河天津开发利用区	大清河天津农业用水区	农业	津	进洪闸	III类	IV类	12	3	25.0	不达标	高锰酸盐指数，COD
8	大清河河北保定、廊坊开发利用区	大清河河北保定农业用水区	农业	冀	张青口	IV类	断流	—	—	—	断流	—
9	拒马河河北保定开发利用区	拒马河河北保定饮用水水源区	饮用	冀	紫荆关	II类	II类	12	12	100.0	达标	—
10	南拒马河河北开发利用区	南拒马河河北保定饮用水水源区	饮用	冀	北河店	III类	II类	8	8	100.0	达标	—
11	唐河山西浑源、灵丘开发利用区	唐河山西浑源农业用水区	农业	晋	王庄堡镇	III类	II类	12	12	100.0	达标	—
12	唐河山西浑源、灵丘开发利用区	唐河山西灵丘工业、农业用水区	工业	晋	南水芦	III类	II类	12	12	100.0	达标	—
13	唐河河北保定开发利用区1	唐河河北保定饮用水水源区1	饮用	冀	中唐梅	II类	I类	12	12	100.0	达标	—
14	唐河河北保定开发利用区2	唐河河北保定饮用水水源区2	饮用	冀	西大洋水库（坝上）	II类	I类	12	12	100.0	达标	—

序号	一级水功能区名称	二级水功能区名称	水功能区类型	考核省份（简称）	监测断面名称	水质目标	主要控制项目达标评价					
							年度水质类别	年度评价次数/次	年度达标次数/次	年度达标率/%	达标评价结论	超标项目
15	独流减河天津开发利用区	独流减河天津农业用水区 1	农业	津	万家码头	Ⅳ类	Ⅴ类	12	5	42.0	不达标	COD
16	独流减河天津开发利用区	独流减河天津饮用水水源区	饮用	津	十里横河桥	Ⅲ类	劣Ⅴ类	12	0	0.00	不达标	COD
17	独流减河天津开发利用区	独流减河天津工业用水区	工业	津	工农兵闸上	Ⅴ类	Ⅴ类	12	12	100.0	达标	—
18	小清河北京开发利用区	小清河北京景观娱乐用水区	景观	京	薛庄	Ⅳ类	Ⅲ类	9	9	100.0	达标	—
19	白沟河河北保定开发利用区	白沟河河北保定饮用水水源区	饮用	冀	东马营	Ⅲ类	Ⅱ类	12	12	100.0	达标	—
20	北大港水库天津开发利用区	北大港水库天津饮用、工业、农业水源区	饮用	津	调节闸上	Ⅲ类	劣Ⅴ类	12	0	0	不达标	高锰酸盐指数，COD
21	海河天津开发利用区 1	海河天津饮用、工业、景观用水区	饮用	津	三岔口	Ⅲ类	Ⅱ类	12	12	100.0	达标	—
22	海河天津开发利用区 2	海河天津过渡区	过渡	津	海河闸上	Ⅴ类	Ⅴ类	12	11	92.0	达标	—

序号	一级水功能区名称	二级水功能区名称	水功能区类型	考核省份（简称）	监测断面名称	水质目标	主要控制项目达标评价					
							年度水质类别	年度评价次数/次	年度达标次数/次	年度达标率/%	达标评价结论	超标项目
23	白洋淀河北湿地保护区	—	保护	冀	安新桥、采蒲台、大张庄、端村、留通、圈头、同口、王家寨、枣林庄	Ⅲ类	Ⅳ类	12	5	42.0	不达标	高锰酸盐指数
24	唐河河北保定开发利用区 3	唐河河北保定农业用水区	农业	冀	钓鱼台、西新庄	Ⅳ类	Ⅰ类	12	12	100.0	达标	—
25	独流减河天津开发利用区	独流减河天津农业用水区 2	农业	津	北腰闸上、南腰闸上	Ⅳ类	劣Ⅴ类	12	0	0	不达标	COD

3.2.4.4 水污染物排放状况

2019 年，大清河（含海河干流）系废污水排放总量为 18.8 亿 t，COD 和氨氮排放量分别为 13.7 万 t 和 2.3 万 t。城镇生活源为 COD 和氨氮的主要来源，COD 和氨氮分别占所在河系该污染物的 82.6%和 91.9%。大清河（含海河干流）系废污水、COD 和氨氮排放情况见图 3-45。

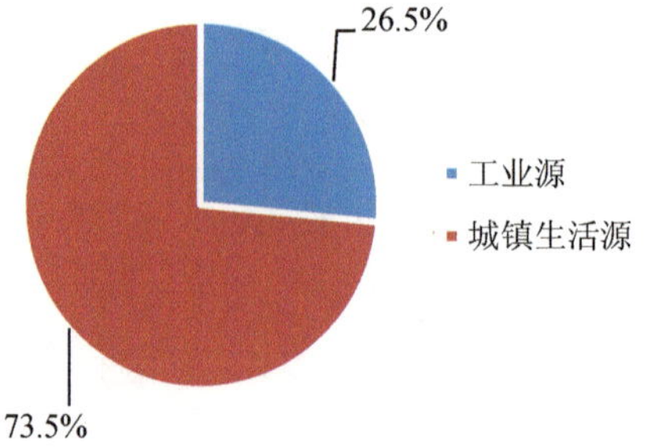

（a）废污水

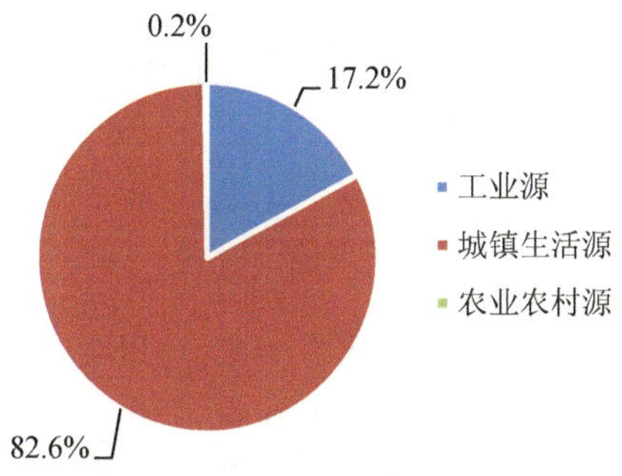

（b）COD

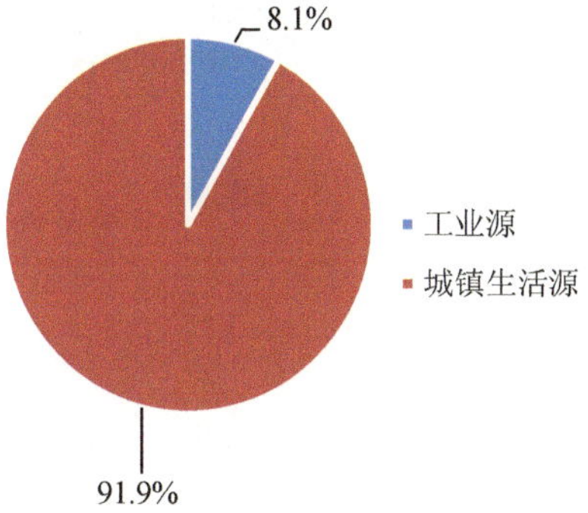

（c）氨氮

图 3-45　大清河（含海河干流）系废污水、污染物排放情况

大清河（含海河干流）系现有 96 座主要城镇污水处理厂，设计处理能力为 487.3 万 m^3/d，全年污水处理量为 13.8 亿 m^3，占海河流域污水处理量的 19.7%。污水处理厂平均负荷率为 77.3%，略高于海河流域平均水平，但低于全国平均水平。水系内 96 座主要污水处理厂均执行《城镇污水处理厂污染物排放标准》（GB 18918—2002）一级 A 标准。

3.2.5　子牙河（含黑龙港及运东）

3.2.5.1　地表水环境质量状况

1）现状评价与分析

（1）断面水质现状

子牙河（含黑龙港及运东）系“十四五”共设 51 个地表水国考断面。2020 年评价结果表明，Ⅰ～Ⅲ类水质断面有 27 个，约占地表水国考断面的 52.9%；Ⅳ类、Ⅴ类水质断面有 23 个，约占 45.1%；劣Ⅴ类水质断面有 1 个，约占 2%。子牙河（含黑龙港及运东）系整体水质为轻度污染，主要污染指标为 COD、高锰酸盐指数和 BOD_5。劣Ⅴ类水质断面为位于温河的辛庄断面，其氨氮含量超过Ⅴ类水质标准的 0.32 倍。子牙河（含黑龙港及运东）系“十四五”地表水国考断面 2015—2020 年水质情况见表 3-25。

表 3-25　子牙河（含黑龙港及运东）系“十四五”地表水国考断面 2015—2020 年水质情况

河系	河流/水库	断面名称	水质类别						“十四五”水质目标
			2015 年	2016 年	2017 年	2018 年	2019 年	2020 年	
子牙河	子牙河	大红桥	—	Ⅳ类	Ⅱ类	Ⅲ类	Ⅱ类	Ⅱ类	Ⅲ类
		西河闸	—	—	—	—	Ⅴ类	Ⅱ类	Ⅲ类
		十一堡新桥	—	劣Ⅴ类	劣Ⅴ类	Ⅳ类	Ⅴ类	Ⅳ类	Ⅳ类
		小河闸	—	—	Ⅳ类	Ⅴ类	Ⅳ类	Ⅳ类	Ⅳ类
		小王庄	—	—	—	Ⅳ类	Ⅴ类	Ⅳ类	Ⅳ类

河系	河流/水库	断面名称	水质类别						“十四五”水质目标
			2015 年	2016 年	2017 年	2018 年	2019 年	2020 年	
子牙河	子牙新河	阎辛庄	劣Ⅴ类	劣Ⅴ类	劣Ⅴ类	劣Ⅴ类	Ⅴ类	Ⅴ类	Ⅴ类
		马棚口防潮闸	劣Ⅴ类	劣Ⅴ类	劣Ⅴ类	劣Ⅴ类	Ⅴ类	Ⅳ类	Ⅴ类
滹沱河	滹沱河	下茹越	—	—	—	—	Ⅲ类	Ⅳ类	Ⅲ类
		代县桥	Ⅱ类	Ⅱ类	Ⅱ类	Ⅱ类	Ⅱ类	Ⅲ类	Ⅲ类
		定襄桥	劣Ⅴ类	Ⅳ类	Ⅳ类	Ⅴ类	Ⅴ类	Ⅳ类	Ⅳ类
		南庄	Ⅱ类	Ⅱ类	Ⅱ类	Ⅱ类	Ⅱ类	Ⅱ类	Ⅱ类
		闫家庄大桥	Ⅱ类	Ⅱ类	Ⅱ类	Ⅱ类	Ⅲ类	Ⅱ类	Ⅲ类
		下槐镇	Ⅱ类	Ⅱ类	Ⅲ类	Ⅱ类	Ⅱ类	Ⅱ类	Ⅲ类
		枣营	劣Ⅴ类	劣Ⅴ类	—	Ⅱ类	Ⅲ类	Ⅲ类	Ⅲ类
		临河富庄桥	—	Ⅴ类	Ⅳ类	Ⅲ类	Ⅲ类	Ⅲ类	Ⅲ类
	牧马河	陈家营	劣Ⅴ类	Ⅲ类	Ⅲ类	Ⅳ类	Ⅳ类	Ⅲ类	Ⅲ类
	清水河	坪上桥	Ⅱ类	Ⅱ类	Ⅱ类	Ⅱ类	Ⅰ类	Ⅰ类	Ⅱ类
	乌河	枣园村	Ⅰ类	Ⅰ类	Ⅱ类	Ⅰ类	Ⅰ类	Ⅰ类	Ⅱ类
	岗南水库	岗南水库出口	Ⅰ类	Ⅰ类	Ⅱ类	Ⅰ类	Ⅰ类	Ⅰ类	Ⅱ类
	黄壁庄水库	黄壁庄水库出口	Ⅱ类	Ⅲ类	Ⅱ类	Ⅱ类	Ⅱ类	Ⅰ类	Ⅱ类
	桃河	白羊墅	劣Ⅴ类	劣Ⅴ类	劣Ⅴ类	劣Ⅴ类	劣Ⅴ类	Ⅲ类	Ⅳ类
	温河	辛庄	—	—	—	—	—	劣Ⅴ类	Ⅳ类
	绵河	地都	Ⅴ类	劣Ⅴ类	Ⅱ类	Ⅱ类	Ⅲ类	Ⅱ类	Ⅲ类
		平山桥	Ⅲ类	Ⅱ类	Ⅱ类	Ⅱ类	Ⅱ类	Ⅱ类	Ⅲ类
	松溪河	王寨村	Ⅰ类	Ⅰ类	Ⅱ类	Ⅰ类	Ⅰ类	Ⅰ类	Ⅱ类
	石津总干渠	南张村	Ⅲ类	Ⅲ类	Ⅲ类	Ⅱ类	Ⅱ类	Ⅱ类	Ⅲ类
		兆通	Ⅱ类	Ⅱ类	Ⅲ类	Ⅱ类	Ⅱ类	Ⅰ类	Ⅲ类
滏阳河	东武仕水库	东武仕出口	Ⅱ类	Ⅱ类	Ⅱ类	Ⅲ类	Ⅱ类	Ⅲ类	Ⅲ类
	滏阳河	曲周	Ⅴ类	Ⅴ类	Ⅳ类	Ⅴ类	Ⅳ类	Ⅲ类	Ⅲ类
		艾辛庄	劣Ⅴ类	劣Ⅴ类	劣Ⅴ类	劣Ⅴ类	劣Ⅴ类	Ⅴ类	Ⅴ类
		小范桥	—	—	劣Ⅴ类	Ⅳ类	Ⅳ类	Ⅲ类	Ⅲ类
		西贾庄桥	—	—	—	—	—	Ⅳ类	Ⅳ类
	洺河	沙阳	—	Ⅴ类	劣Ⅴ类	Ⅳ类	Ⅳ类	Ⅳ类	Ⅳ类
	汪洋沟	高庄	—	劣Ⅴ类	劣Ⅴ类	劣Ⅴ类	Ⅴ类	Ⅴ类	Ⅴ类
	牛尾河	后西吴桥	劣Ⅴ类	劣Ⅴ类	劣Ⅴ类	劣Ⅴ类	Ⅳ类	Ⅳ类	Ⅳ类
	洨河	大石桥	劣Ⅴ类	劣Ⅴ类	劣Ⅴ类	劣Ⅴ类	劣Ⅴ类	Ⅳ类	Ⅴ类
	滏东排河	城后桥	—	劣Ⅴ类	劣Ⅴ类	劣Ⅴ类	Ⅳ类	Ⅳ类	Ⅲ类
		田村闸	—	Ⅴ类	劣Ⅴ类	Ⅴ类	Ⅳ类	Ⅲ类	Ⅲ类
	衡水湖	衡水湖大湖心	Ⅲ类	Ⅲ类	Ⅲ类	Ⅲ类	Ⅲ类	Ⅲ类	Ⅲ类

河系	河流/水库	断面名称	水质类别						“十四五”水质目标
			2015年	2016年	2017年	2018年	2019年	2020年	
黑龙港及运东	北排水河	永红桥	劣V类	劣V类	劣V类	劣V类	劣V类	V类	V类
		北排水河防潮闸	劣V类	劣V类	劣V类	劣V类	V类	V类	V类
	南排水河	朱庄闸	劣V类	劣V类	—	V类	V类	V类	V类
	沧浪渠	杨官庄自动站	劣V类	劣V类	劣V类	劣V类	劣V类	V类	V类
		沧浪渠出境	—	劣V类	劣V类	V类	V类	V类	V类
	江江河	张帆庄	—	—	劣V类	IV类	IV类	IV类	IV类
	清凉江	郎吕坡	劣V类	劣V类	劣V类	劣V类	IV类	III类	III类
		连村闸	—	V类	劣V类	III类	IV类	III类	III类
	廖家洼河	四埝村桥	劣V类	劣V类	劣V类	V类	V类	V类	V类
	石碑河	李家堡桥	劣V类	劣V类	劣V类	劣V类	V类	IV类	IV类
	宣惠河	大口河口	劣V类	劣V类	劣V类	V类	IV类	IV类	IV类
	大浪淀水库	大浪淀水库	II类	II类	II类	II类	II类	III类	III类

（2）河流水质沿程分析

滹沱河的主要污染指标为 COD、生化需氧量和氨氮，从主要超标因子沿程变化看，滹沱河干流上游水质较差，滹沱河源头生态基流逐年减少，工农业活动较频繁，水体自净能力差，导致上游水质较差；干流中下游及各支流水质良好，除了温河的辛庄断面为劣V类外，其余断面均能满足地表水III类水质标准，温河上游煤矿老窑水的汇入，导致河流常年呈现黄褐色、红褐色，水质较差。

滏阳河的主要污染指标为 COD、生化需氧量和氨氮，从主要超标因子沿程变化看，滏阳河干流中下游水质较差，主要与其汇入的支流水质差有关，如汪洋沟、洨河水质常年为劣V类，近两年才有所好转。

子牙河的主要污染指标为 COD、高锰酸盐指数和生化需氧量，从主要超标因子沿程变化看，子牙河干流上游水质优良，达到地表水II类标准，但自十一堡新桥断面之后水质开始变差，为IV类及以下，该河段常年水量少，水体自净能力差，导致水质变差。

子牙河（含黑龙港及运东）系主要超标因子沿程变化情况见图 3-46。

2）重要断面水质变化趋势分析

在子牙河系 3 条主要水体和黑龙港及运东水体河段中分别选取具有污染较重、下游汇合、位于入海口等特征的断面，以阎辛庄断面代表子牙河、定襄桥断面代表滹沱河、曲周断面代表滏阳河、石碑河的李家堡桥和宣惠河的大口河口断面代表黑龙港及运东，根据 2015—2020 年水质监测资料，分别进行水质变化趋势分析。

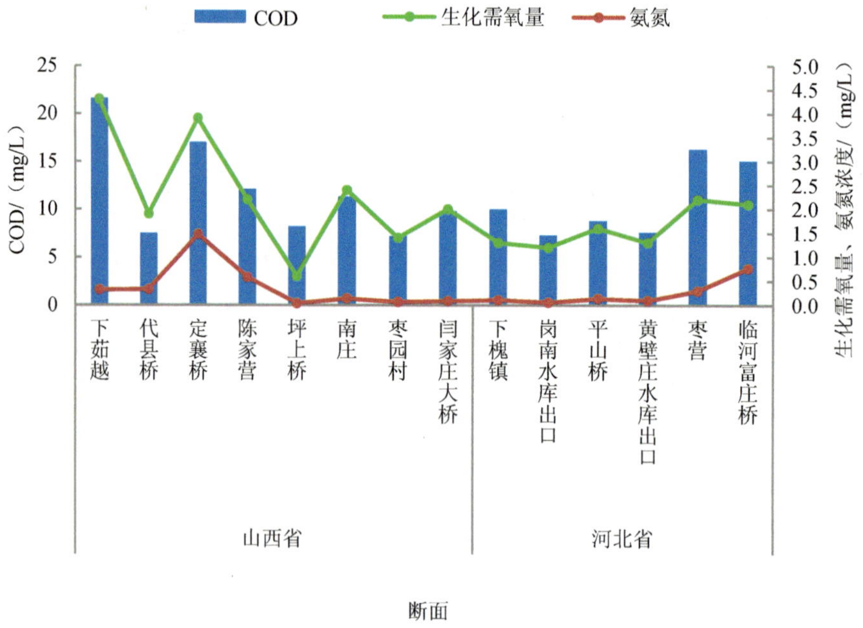
COD
生化需氧量
氨氮
COD/（mg/L）
生化需氧量、氨氮浓度/（mg/L）
下茹越
代县桥
定襄桥
陈家营
坪上桥
南庄
枣园村
闫家庄大桥
下槐镇
岗南水库出口
平山桥
黄壁庄水库出口
枣营
临河富庄桥
山西省
河北省
断面

（a）滹沱河

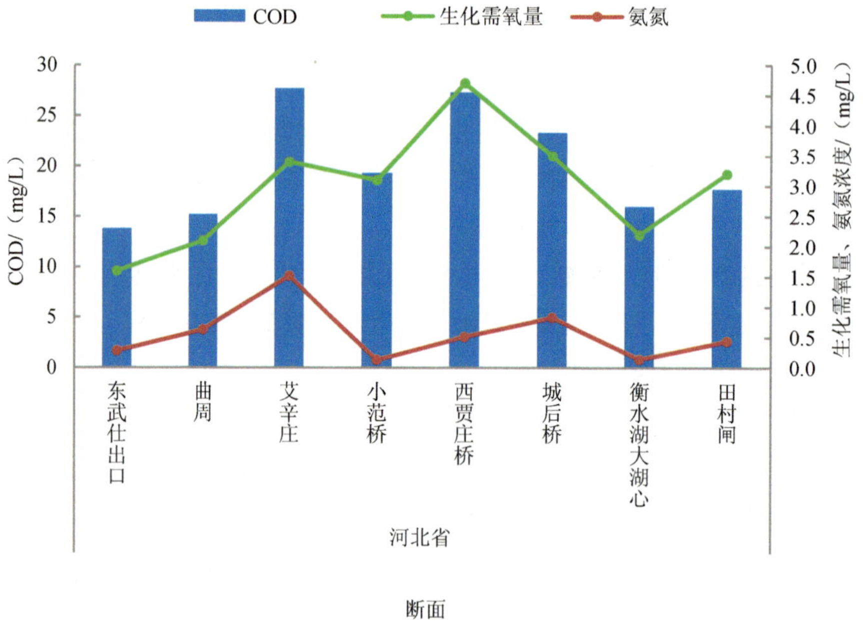
COD
生化需氧量
氨氮
COD/（mg/L）
生化需氧量、氨氮浓度/（mg/L）
东武仕出口
曲周
艾辛庄
小范桥
西贾庄桥
城后桥
衡水湖大湖心
田村闸
河北省
断面

（b）滏阳河

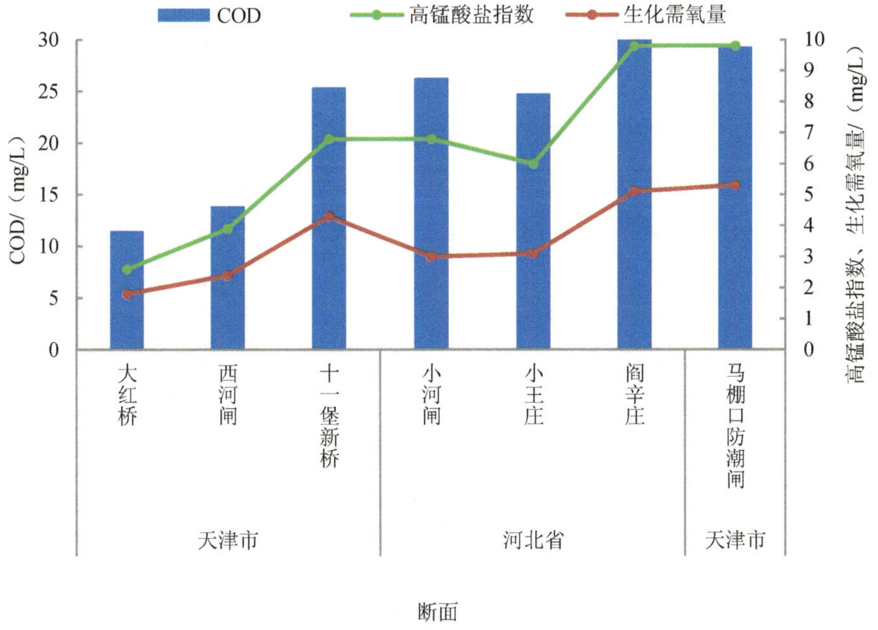

（c）子牙河

图 3-46 2020 年子牙河（含黑龙港及运东）系主要超标因子沿程变化情况

从代表断面的 COD 看（图 3-47），只有定襄桥和曲周 2020 年 COD 相对较低，满足地表水III类水质标准；阎辛庄 COD 呈明显减少趋势，2020 年与 2015 年相比减少了 72.7%；李家堡桥和大口河口 COD 均在 2016 年增加，之后呈明显减少趋势，2020 年与 2016 年相比分别减少了 70.2%和 76.1%；曲周 COD 在 23.2 mg/L 上下小幅度波动，最高值出现在 2016 年，为 33.4 mg/L；定襄桥 COD 在 2016 年减少后保持相对稳定状态，基本维持在 23.8 mg/L 以下。

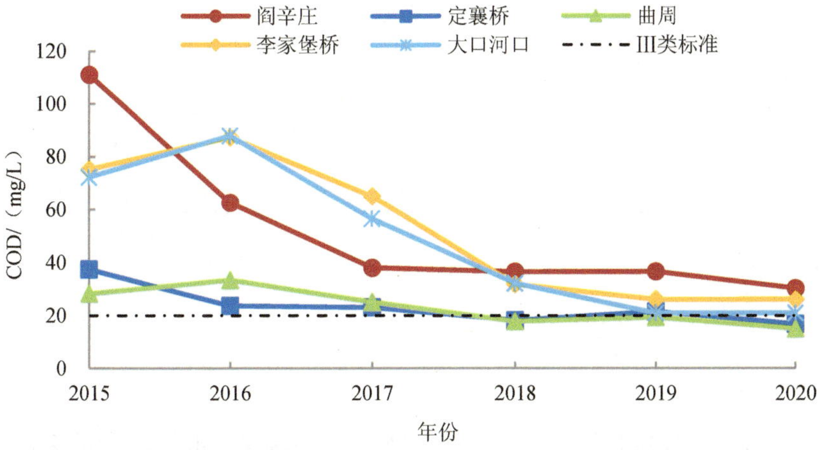

图 3-47 2015—2020 年子牙河（含黑龙港及运东）系代表断面 COD 年际变化趋势

从代表断面的高锰酸盐指数看（图 3-48），曲周高锰酸盐指数呈下降趋势，水质有所改善，2020 年高锰酸盐指数已达到地表水III类水质标准；定襄桥高锰酸盐指数在 2016 年下降后达到地表水III类水质标准，之后基本维持在 5.3 mg/L 以下；李家堡桥高锰酸盐指数 2015—2018 年基本呈下降趋势，但 2019 年和 2020 年有所反弹；大口河口高锰酸盐指数在 9.1 mg/L 上下波动，最高值出现在 2016 年，为 10.6 mg/L，且自 2017 年开始呈逐年上升趋势；阎辛庄高锰酸盐指数相对不稳定，易反弹，但大致呈下降趋势。

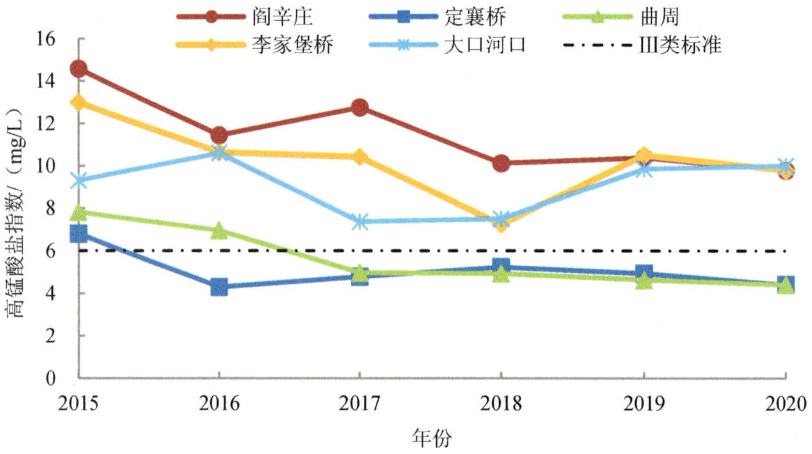

图 3-48　2015—2020 年子牙河（含黑龙港及运东）系代表断面高锰酸盐指数年际变化趋势

从代表断面的生化需氧量看（图 3-49），只有定襄桥和曲周 2020 年生化需氧量相对较低，满足地表水III类水质标准；曲周生化需氧量在 2016 年增加后呈明显减少趋势，2020 年与 2016 年相比减少了 68.3%；大口河口生化需氧量 2015—2018 年减少，但 2019 年和 2020 年有所反弹；李家堡桥生化需氧量 2018 年之后基本维持在 4.7 mg/L 以下；定襄桥水质不稳定，生化需氧量易出现反弹。

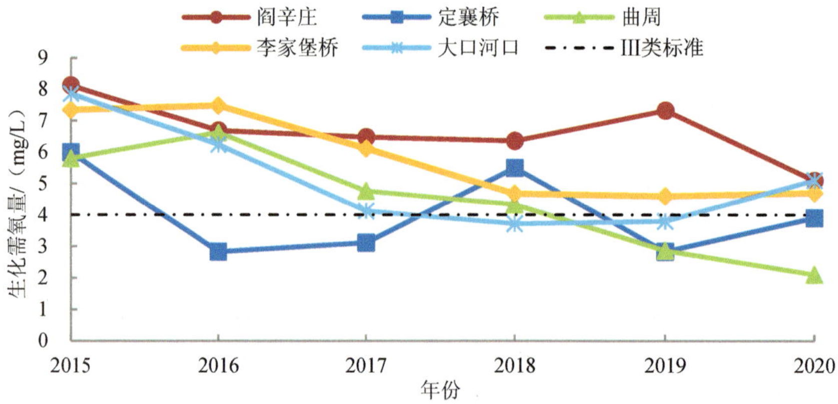

图 3-49　2015—2020 年子牙河（含黑龙港及运东）系代表断面生化需氧量年际变化趋势

根据重要断面水质趋势分析，结合子牙河（含黑龙港及运东）系各国控断面 6 年（2015—2020 年）水环境质量评价结果可知，虽然该河系总体水质较差，Ⅳ～Ⅴ类水体较多，但 2015—2020 年水质改善明显，劣Ⅴ类断面基本消除，说明子牙河的治污力度较大并取得显著成效。

3.2.5.2 饮用水水源地达标情况

子牙河（含黑龙港及运东）流域共有 74 个饮用水水源地，包括 64 个地下水型和 10 个湖库型水源地。2020 年，72 个参评水源地中有 65 个水源地水质达标，占参评水源地总数的 90.3%，7 个水源地水质不达标，其中绵河的娘子关排泄区超标指标为总硬度和硫酸盐；泊头市地下水水源地、故城县水源地、景县自来水公司、阜城县自来水供应站超标指标均为氟化物。上述水源地水质不达标是因天然背景值超标引起的。详见表 3-26。

表 3-26 2015—2020 年子牙河（含黑龙港及运东）系饮用水水源地水质情况 单位：个

省级行政区	地级行政区	水源地类型			水源地总个数	参加评价个数	达标个数	未达标个数	未达标水源地
		地下水	湖库	河流					
河北省	石家庄市	4	2	0	6	6	6	0	—
	沧州市	3	3	0	6	5	4	1	泊头市地下水水源地
	衡水市	11	0	0	11	11	8	3	故城县水源地、景县自来水公司、阜城县自来水供应站
	邢台市	20	1	0	21	21	21	0	—
	邯郸市	13	1	0	14	14	14	0	—
山西省	晋中市	3	2	0	5	4	2	2	田疃口截潜流、洪水口截潜流
	忻州市	6	0	0	6	6	6	0	—
	阳泉市	3	1	0	4	4	3	1	娘子关排泄区
山东省	聊城市	1	0	0	1	1	1	0	—

3.2.5.3 水功能区达标情况

2020 年纳入考核的水功能区共有 34 个，其中，保护区有 5 个、过渡区有 2 个、缓冲区有 6 个、工业区有 2 个，农业区有 7 个、饮用区有 11 个、景观区有 1 个。根据水功能区水质目标，参加评价的水功能区共 34 个，达标 22 个，达标率为 64.7%；按参评的水功能区类型评价：保护区和景观区达标率均为 100%、缓冲区达标率为 16.1%、工业区达标率为 50%，农业区达标率为 57.1%、饮用区达标率为 90.9%，过渡区参评的 2 个均不达标。12 个不达标水功能区主要超标项目为 COD、高锰酸盐指数和氨氮。详见表 3-27。

表 3-27　2020 年子牙河（含黑龙港及运东）系水功能区水质达标情况

序号	一级水功能区名称	二级水功能区名称	水功能区类型	考核省份（简称）	监测断面名称	水质目标	主要控制项目达标评价					
							年度水质类别	年度评价次数/次	年度达标次数/次	年度达标率/%	达标评价结论	超标项目
1	子牙河冀津缓冲区	—	缓冲	冀	小河闸	Ⅳ类	Ⅳ类	12	8	66.7	不达标	COD
2	子牙新河冀津缓冲区	—	缓冲	冀	阎辛庄	Ⅳ类	Ⅴ类	12	6	50.0	不达标	COD
3	滹沱河晋冀缓冲区	—	缓冲	晋	闫家庄大桥	Ⅲ类	Ⅱ类	12	12	100.0	达标	—
4	滹沱河河北石家庄水源地保护区	—	保护	冀	长桑桥	Ⅱ类	Ⅱ类	12	12	100.0	达标	—
5	岗南水库河北水源地保护区	—	保护	冀	岗南水库	Ⅱ类	Ⅰ类	12	12	100.0	达标	—
6	黄壁庄水库河北水源地保护区	—	保护	冀	黄壁庄水库	Ⅱ类	Ⅰ类	11	11	100.0	达标	—
7	清凉江河北衡水、沧州水源地保护区	—	保护	冀	寇村	Ⅱ类	Ⅱ类	6	5	83.0	达标	—
8	大浪淀水库河北沧州引黄调水水源地保护区	—	保护	冀	大浪淀水库（坝上）	Ⅱ类	Ⅱ类	12	12	100.0	达标	—

序号	一级水功能区名称	二级水功能区名称	水功能区类型	考核省份（简称）	监测断面名称	水质目标	主要控制项目达标评价					
							年度水质类别	年度评价次数/次	年度达标次数/次	年度达标率/%	达标评价结论	超标项目
9	北排水河冀津缓冲区	—	缓冲	冀	永红桥	Ⅳ类	Ⅴ类	12	2	17.0	不达标	高锰酸盐指数，COD
10	沧浪渠冀津缓冲区	—	缓冲	冀	杨官庄自动站	Ⅳ类	Ⅴ类	12	5	42.0	不达标	COD
11	青静黄排水渠冀津缓冲区	—	缓冲	冀	何老营	Ⅲ类	Ⅴ类	11	1	9.0	不达标	高锰酸盐指数，COD
12	子牙河河北沧州、廊坊开发利用区	子牙河河北沧州工业用水区	工业	冀	杨张各	Ⅳ类	Ⅳ类	11	11	100.0	达标	—
13	子牙河天津开发利用区 1	子牙河天津农业用水区	农业	津	八堡节制闸上	Ⅳ类	Ⅳ类	12	7	58.0	不达标	COD
14	子牙河天津开发利用区 1	子牙河天津饮用、农业用水区	饮用	津	西河闸上	Ⅲ类	Ⅱ类	12	12	100.0	达标	—
15	子牙河天津开发利用区 2	子牙河天津饮用、工业、景观用水区	饮用	津	红卫桥	Ⅲ类	Ⅱ类	12	12	100.0	达标	—
16	滹沱河山西忻州、阳泉开发利用区	滹沱河山西繁峙饮用、农业用水区	饮用	晋	下茹越水库	Ⅱ类	Ⅲ类	8	2	25.0	不达标	高锰酸盐指数，COD，氨氮
17	滹沱河山西忻州、阳泉开发利用区	滹沱河山西代县农业用水区	农业	晋	西留属	Ⅳ类	劣Ⅴ类	12	3	25.0	不达标	COD，氨氮

序号	一级水功能区名称	二级水功能区名称	水功能区类型	考核省份（简称）	监测断面名称	水质目标	主要控制项目达标评价					
							年度水质类别	年度评价次数/次	年度达标次数/次	年度达标率/%	达标评价结论	超标项目
18	滹沱河山西忻州、阳泉开发利用区	滹沱河山西原平忻定工业、农业用水区	工业	晋	界河铺	Ⅳ类	Ⅲ类	12	9	75.0	不达标	氨氮
19	滹沱河山西忻州、阳泉开发利用区	滹沱河山西阳泉饮用水水源区	饮用	晋	鳌头	Ⅲ类	Ⅱ类	12	11	92.0	达标	—
20	滹沱河河北石家庄开发利用区	滹沱河河北石家庄饮用水水源区	饮用	冀	王母桥	Ⅱ类	Ⅱ类	12	12	100.0	达标	—
21	滹沱河河北石家庄、衡水、沧州开发利用区	滹沱河河北石家庄农业用水区	农业	冀	大兴村北	Ⅳ类	Ⅱ类	8	8	100.0	达标	—
22	滹沱河河北石家庄、衡水、沧州开发利用区	滹沱河河北衡水农业用水区	农业	冀	豆店	Ⅳ类	Ⅲ类	11	11	100.0	达标	—
23	滹沱河河北石家庄、衡水、沧州开发利用区	滹沱河河北沧州农业用水区	农业	冀	大八里庄	Ⅳ类	Ⅲ类	12	12	100.0	达标	—
24	滏阳河河北邯郸开发利用区 1	滏阳河河北邯郸饮用水水源区 1	饮用	冀	南留旺	Ⅲ类	Ⅱ类	12	12	100.0	达标	—

序号	一级水功能区名称	二级水功能区名称	水功能区类型	考核省份（简称）	监测断面名称	水质目标	主要控制项目达标评价					
							年度水质类别	年度评价次数/次	年度达标次数/次	年度达标率/%	达标评价结论	超标项目
25	滏阳河河北邯郸开发利用区 2	滏阳河河北邯郸饮用水水源区 2	饮用	冀	东武仕水库（坝上）	III类	II类	12	12	100.0	达标	—
26	滏阳河河北邯郸、邢台、衡水开发利用区	滏阳河河北邯郸农业用水区	农业	冀	莲花口	V类	IV类	12	12	100.0	达标	—
27	滏阳河河北邯郸、邢台、衡水开发利用区	滏阳河河北邢台农业用水区	农业	冀	郜宋	IV类	IV类	11	6	55.0	不达标	COD
28	滏阳河河北衡水开发利用区	滏阳河河北衡水景观娱乐用水区	景观	冀	南外环桥	IV类	II类	12	12	100.0	达标	—
29	千顷洼河北衡水开发利用区	千顷洼河北衡水饮用水水源区	饮用	冀	湖内	III类	III类	12	12	100.0	达标	—
30	滏东排河河北邢台、衡水、沧州开发利用区	滏东排河河北邢台饮用水水源区	饮用	冀	徐十户	III类	II类	12	11	92.0	达标	—
31	滏东排河河北邢台、衡水、沧州开发利用区	滏东排河河北衡水饮用水水源区	饮用	冀	冯庄	III类	III类	12	10	83.0	达标	—

序号	一级水功能区名称	二级水功能区名称	水功能区类型	考核省份（简称）	监测断面名称	水质目标	主要控制项目达标评价					
							年度水质类别	年度评价次数/次	年度达标次数/次	年度达标率/%	达标评价结论	超标项目
32	滏东排河河北邢台、衡水、沧州开发利用区	滏东排河河北沧州饮用水水源区	饮用	冀	杨庄闸	Ⅲ类	Ⅲ类	12	12	100.0	达标	—
33	清凉江河北邢台开发利用区	清凉江河邢台过渡区	过渡	冀	郎吕坡	Ⅲ类	Ⅲ类	8	6	75.0	不达标	—
34	滏东排河河北邢台开发利用区	滏东排河河北邢台过渡区	过渡	冀	北陈海、孙家口	Ⅲ类	Ⅲ类	12	9	75.0	不达标	氨氮

3.2.5.4 水污染物排放状况

2019 年，子牙河（含黑龙港及运东）系废污水排放总量为 24.5 亿 t，COD 和氨氮排放量分别为 44.6 万 t 和 3.5 万 t。农业农村源为 COD 的主要来源，COD 排放量占所在河系 COD 总量的 48.3%；城镇生活源为氨氮的主要来源，氨氮排放量占所在河系氨氮总量的 62.8%。子牙河（含黑龙港及运东）系废污水、COD 和氨氮排放情况见图 3-50。

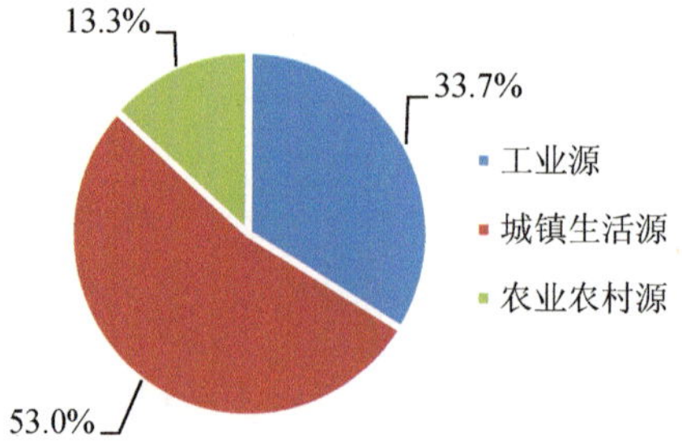

（a）废污水

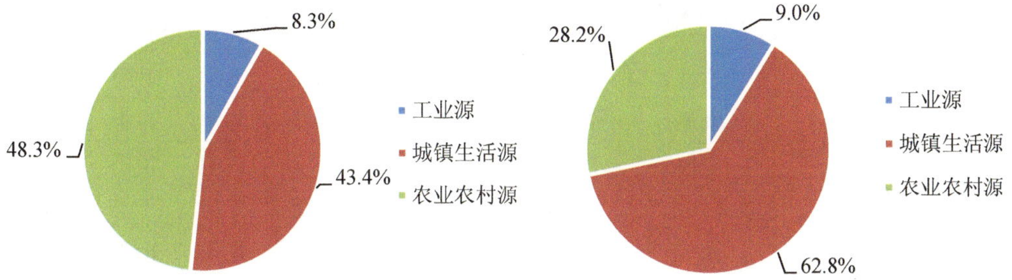

（b）COD （c）氨氮

图 3-50 子牙河（含黑龙港及运东）系废污水、污染物排放情况

子牙河（含黑龙港及运东）系现有 117 座城镇污水处理厂，设计处理能力为 424.2 万 t/d，年污水处理量为 10.7 亿 t，占海河流域污水处理量的 15.3%。污水处理厂平均负荷率为 69.2%，负荷率较低。水系内 117 座重要污水处理厂均执行《城镇污水处理厂污染物排放标准》（GB 18918—2002）一级 A 标准。

3.2.6 漳卫河

3.2.6.1 地表水环境质量状况

1）现状评价与分析

（1）断面水质现状

漳卫河系“十四五”共设 38 个地表水国考断面。2020 年评价结果表明，Ⅰ～Ⅲ类水质断面有 24 个，约占地表水国考断面（除干涸断流断面以外）的 64.9%；Ⅳ～Ⅴ类水质断面有 12 个，约占 32.4%；劣Ⅴ类水质断面有 1 个，约占 2.7%；干涸断流断面有 1 个。河系整体水质为轻度污染，主要污染指标为氨氮、总磷和 COD。劣Ⅴ类水质断面为位于卫河的饮马口断面，其氨氮含量超过Ⅴ类水质标准的 0.07 倍。漳卫河系“十四五”地表水国考断面 2015—2020 年水质情况见表 3-28。

表 3-28 漳卫河系“十四五”地表水国考断面 2015—2020 年水质情况

河系	河流/湖库	断面名称	水质类别						“十四五”水质目标
			2015 年	2016 年	2017 年	2018 年	2019 年	2020 年	
漳河	清漳东源	祁家沟	Ⅰ类	Ⅱ类	Ⅱ类	Ⅰ类	Ⅱ类	Ⅱ类	Ⅱ类
	清漳西源	横岭北桥	Ⅱ类	Ⅱ类	Ⅱ类	Ⅱ类	Ⅱ类	Ⅱ类	Ⅱ类
	清漳河	下交漳	—	—	—	—	Ⅲ类	Ⅱ类	Ⅲ类
		刘家庄	Ⅲ类	Ⅱ类	Ⅱ类	Ⅱ类	Ⅱ类	Ⅰ类	Ⅱ类
		西达	Ⅱ类	Ⅲ类	Ⅱ类	Ⅲ类	Ⅱ类	Ⅲ类	Ⅲ类
	浊漳北源	关河水库出口	Ⅱ类	Ⅱ类	Ⅱ类	Ⅱ类	Ⅱ类	Ⅱ类	Ⅱ类

河系	河流/湖库	断面名称	水质类别						“十四五”水质目标
			2015 年	2016 年	2017 年	2018 年	2019 年	2020 年	
漳河	浊漳西源	后湾水库出口	Ⅱ类	Ⅱ类	Ⅱ类	Ⅱ类	Ⅱ类	Ⅱ类	Ⅱ类
	浊漳南源	北寨	劣Ⅴ类	劣Ⅴ类	Ⅴ类	Ⅳ类	Ⅳ类	Ⅳ类	Ⅳ类
	绛河	司徒桥	Ⅲ类	Ⅲ类	Ⅱ类	Ⅲ类	Ⅳ类	Ⅲ类	Ⅲ类
	露水河	南谷洞水库	—	Ⅱ类	Ⅱ类	Ⅰ类	Ⅰ类	Ⅰ类	Ⅱ类
	浊漳河	小峧	Ⅳ类	Ⅲ类	Ⅲ类	Ⅲ类	Ⅲ类	Ⅲ类	Ⅲ类
		王家庄	Ⅲ类	Ⅲ类	Ⅱ类	Ⅱ类	Ⅱ类	Ⅱ类	Ⅲ类
	漳河	岳城水库出口	Ⅱ类	Ⅰ类	Ⅰ类	Ⅰ类	Ⅱ类	Ⅱ类	Ⅱ类
		蔡小庄	—	—	—	—	—	—	Ⅳ类
卫河	共产主义渠	获嘉东碑村	劣Ⅴ类	劣Ⅴ类	Ⅴ类	Ⅴ类	Ⅴ类	Ⅳ类	Ⅳ类
		卫辉下马营	劣Ⅴ类	劣Ⅴ类	Ⅴ类	Ⅴ类	Ⅳ类	Ⅲ类	Ⅳ类
	人民胜利渠	新乡贾太湖	—	Ⅱ类	Ⅱ类	Ⅲ类	Ⅲ类	Ⅱ类	Ⅲ类
	淅河	弓上水库	—	Ⅱ类	Ⅱ类	Ⅰ类	Ⅱ类	Ⅰ类	Ⅱ类
	淇河	黄花营	Ⅰ类	Ⅱ类	Ⅰ类	Ⅰ类	Ⅱ类	Ⅰ类	Ⅱ类
		前枋城	Ⅱ类	Ⅱ类	Ⅱ类	Ⅱ类	Ⅱ类	Ⅳ类	Ⅲ类
	汤河	汤河水库	劣Ⅴ类	劣Ⅴ类	Ⅴ类	Ⅳ类	Ⅳ类	Ⅳ类	Ⅳ类
	安阳河	彰武水库	Ⅲ类	Ⅱ类	Ⅱ类	Ⅱ类	Ⅱ类	Ⅰ类	Ⅱ类
		冯宿桥	Ⅴ类	Ⅳ类	Ⅱ类	Ⅳ类	Ⅱ类	Ⅲ类	Ⅲ类
	大沙河	修武水文站	劣Ⅴ类	劣Ⅴ类	Ⅳ类	Ⅳ类	Ⅳ类	Ⅳ类	Ⅳ类
	卫河	饮马口	—	—	劣Ⅴ类	劣Ⅴ类	Ⅴ类	劣Ⅴ类	Ⅴ类
		卫河小河口	劣Ⅴ类	劣Ⅴ类	劣Ⅴ类	Ⅴ类	Ⅳ类	Ⅲ类	Ⅲ类
		五陵	劣Ⅴ类	劣Ⅴ类	Ⅴ类	Ⅴ类	Ⅴ类	Ⅳ类	Ⅳ类
		南乐元村集	劣Ⅴ类	劣Ⅴ类	Ⅴ类	Ⅴ类	Ⅴ类	Ⅳ类	Ⅳ类
卫运河	小运河	邱屯闸	Ⅲ类	Ⅲ类	Ⅲ类	Ⅳ类	Ⅲ类	Ⅲ类	Ⅲ类
	七一河	石槽	Ⅲ类	—	Ⅲ类	Ⅲ类	Ⅲ类	Ⅳ类	Ⅲ类
	六五河	大屯水库	Ⅲ类	Ⅲ类	Ⅲ类	Ⅲ类	Ⅲ类	Ⅳ类	Ⅲ类
	卫运河	秤勾湾	劣Ⅴ类	Ⅴ类	Ⅴ类	Ⅳ类	Ⅳ类	Ⅲ类	Ⅳ类
		油坊桥	劣Ⅴ类	劣Ⅴ类	Ⅴ类	Ⅳ类	Ⅴ类	Ⅳ类	Ⅳ类
南运河	南运河	井冈山桥	—	Ⅳ类	Ⅱ类	Ⅱ类	Ⅱ类	Ⅱ类	Ⅲ类
		第三店	Ⅴ类	Ⅴ类	Ⅴ类	Ⅳ类	Ⅳ类	Ⅱ类	Ⅲ类
		南运河北街自动站	—	—	—	—	—	Ⅴ类	Ⅴ类
	南水北调天津段	曹庄子泵站	Ⅱ类	Ⅰ类	Ⅱ类	Ⅱ类	Ⅱ类	Ⅰ类	Ⅱ类
漳卫新河	漳卫新河	小泊头桥	Ⅴ类	劣Ⅴ类	Ⅴ类	Ⅴ类	Ⅴ类	Ⅴ类	Ⅴ类

（2）河流水质沿程分析

漳河水质良好，仅浊漳南源的北寨断面水质为Ⅳ类，定类因子为氨氮、总磷和 COD，分别超过地表水III类水质标准的 0.3 倍、0.2 倍和 0.04 倍。所以需要加大浊漳南源的治理，严防其对其他优良水体的影响。

卫河的主要污染指标为氨氮、COD 和总磷，从主要超标因子沿程变化看，卫河整体水质较差，氨氮浓度沿程变化较大，最高值出现在卫河干流饮马口断面。卫运河支流东、西孟姜女河沿岸生活源、工业源污染防治压力大，水污染较重，对卫河水质持续改善造成直接影响。

卫运河、南运河、漳卫新河的主要污染指标是 COD、高锰酸盐指数和生化需氧量，卫运河干流下游及其支流七一河水质较差；南运河为南水北调二期调水河道，近年来治污、减排力度大，下游断面水质较好，第三店断面作为南运河调水河道上游的重要断面，近年来水质改善幅度明显，已达到地表水 II 类水质标准；漳卫新河上游主要来水为卫运河河水，由于初始水质较差，漳卫新河水质类别为 V 类及以下，需要进一步加大治污力度。

漳卫河系主要河流主要超标因子沿程变化情况见图 3-51。

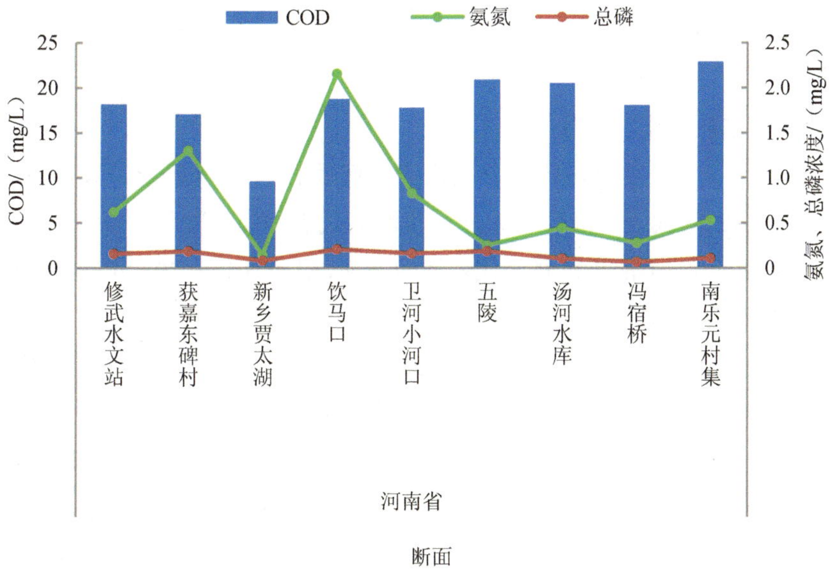

（a）卫河

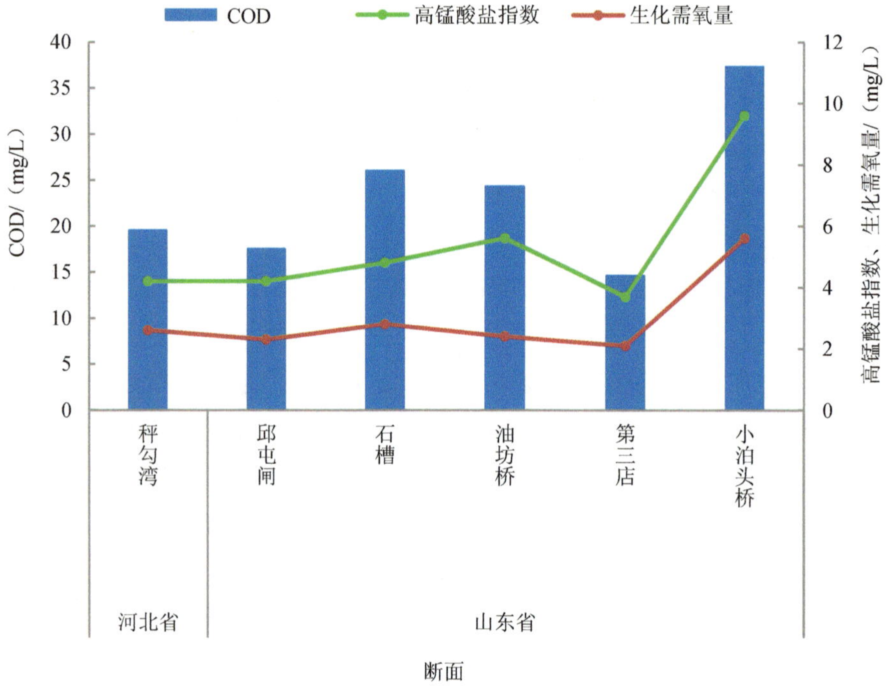

（b）卫运河及漳卫新河

图 3-51　2020 年漳卫河系主要超标因子沿程变化情况

2）重要断面水质变化趋势分析

在漳卫河系 5 条主要水体河段中分别选取具有污染较重、位于省界、下游汇合等特征的断面，以北寨断面代表漳河、南乐元村集断面代表卫河、油坊桥断面代表卫运河、第三店断面代表南运河、小泊头桥断面代表漳卫新河，根据 2015—2020 年水质监测资料，分别进行水质变化趋势分析。

从代表断面的氨氮浓度看（图 3-52），2015—2020 年南乐元村集、第三店、小泊头桥氨氮浓度呈减少趋势，2020 年氨氮浓度满足地表水III类水质标准，其中南乐元村集氨氮浓度减少最明显，2020 年与 2015 年相比减少了 89%；北寨氨氮浓度变化相对不大，基本维持在 1.4 mg/L 上下；油坊桥氨氮浓度相对不稳定，2019 年和 2020 年出现反弹。

从代表断面的总磷浓度看（图 3-53），5 个断面均呈减少趋势，其中南乐元村集、油坊桥、第三店、小泊头桥断面 2020 年总磷浓度满足地表水III类水质标准；北寨总磷浓度减少趋势明显，2020 年与 2015 年相比减少了 68.5%，但 2019 年和 2020 年略有反弹且一直未满足地表水III类水质标准。

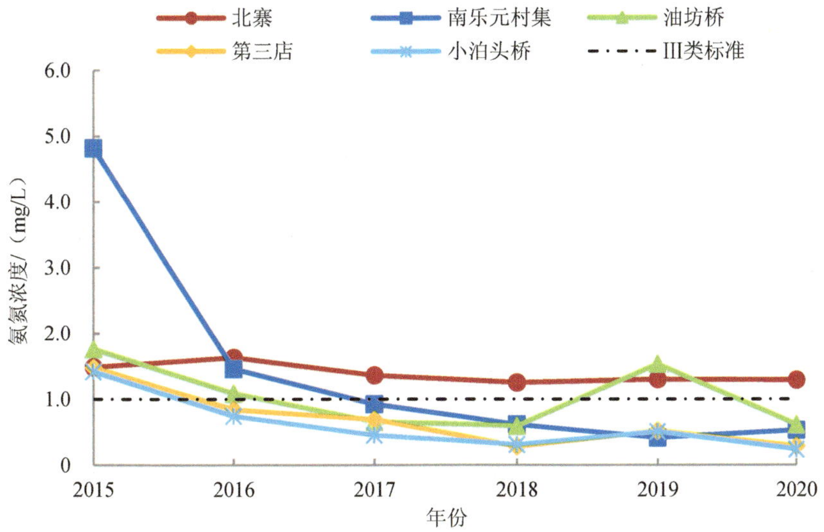

图 3-52　2015—2020 年漳卫河系代表断面氨氮浓度年际变化趋势

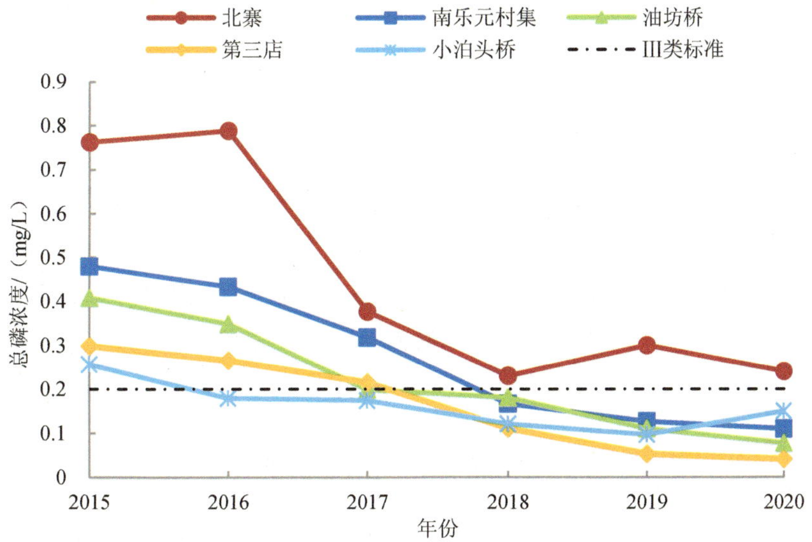

图 3-53　2015—2020 年漳卫河系代表断面总磷浓度年际变化趋势

从代表断面的 COD 看（图 3-54），第三店 COD 减少趋势明显，2020 年与 2015 年相比减少了 54.2%，2020 年 COD 满足地表水III类水质标准；小泊头桥 COD 在 2017 年减少后基本维持在 36.7 mg/L 上下；南乐元村集 COD2016 年明显减少，之后在 23.3 mg/L 上下波动，峰值出现在 2018 年，为 26.8 mg/L；北寨 COD 变化相对不大，2018 年以后呈增加趋势，2020 年已超过地表水III类水质标准；油坊桥 COD 在 29.9 mg/L 上下波动，峰值出现在 2016 年，为 36.8 mg/L。

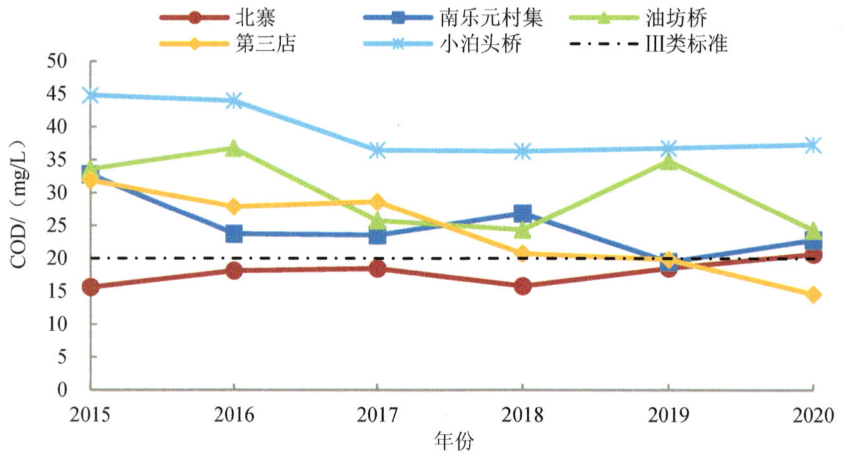

图 3-54 2015—2020 年漳卫河系代表断面 COD 年际变化趋势

根据重要断面水质趋势分析，结合漳卫河系各国控断面 6 年（2015—2020 年）水环境质量评价结果可知，漳河总体水质较好，仅浊漳南源的北寨断面水质较差；卫河、卫运河干流初始水质较差，但“十三五”期间水质改善明显；南运河 2015—2020 年来水质改善效果明显，为后续南水北调东线工程通水做好准备；漳卫新河水质类别长期为Ⅴ类及以下，且“十三五”期间水质改善不明显，尚需进一步加大治污力度。

3.2.6.2 饮用水水源地达标情况

漳卫河系共有 35 个饮用水水源地，包括 27 个地下水型和 8 个湖库型水源地。2020 年，33 个参评水源地中有 31 个水源地水质达到或优于Ⅲ类标准，占参评水源地总数的 93.9%；2 个水源地水质不达标，分别为清漳河的和顺县地下水饮用水水源地和浊漳河的长子县大京水源地，超标指标为总硬度、溶解性总固体、硫酸盐，原因为背景值超标。详见表 3-29。

表 3-29 2015—2020 年漳卫河系饮用水水源地水质情况 单位：个

省级行政区	地级行政区	水源地类型			水源地总个数	参加评价个数	达标个数	未达标个数	未达标水源地
		地下水	湖库	河流					
河北省	邯郸市	5	1	0	6	6	6	0	—
山西省	晋中市	2	3	0	5	5	4	1	和顺县地下水饮用水水源地
	长治市	13	0	0	13	11	10	1	长子县大京水源地
	晋城市	1	0	0	1	1	1	0	—
山东省	德州市	0	1	0	1	1	1	0	—
河南省	安阳市	2	2	0	4	4	4	0	—
	鹤壁市	1	1	0	2	2	2	0	—
	新乡市	2	0	0	2	2	2	0	—
	焦作市	1	0	0	1	1	1	0	—

3.2.6.3 水功能区达标情况

2020年纳入考核的水功能区共26个，其中，保护区有6个、缓冲区有7个、工业区有1个，农业区有6个、饮用区有1个、景观区有1个、排污区有4个。根据水功能区水质目标，参加评价的水功能区共19个（扣除3个断流和4个无目标的水功能区），达标14个，达标率为73.7%；按参评的水功能区类型评价：保护区达标率为60%，工业区、农业区和饮用区达标率均为100%，缓冲区达标率为66.7%，饮用区达标率为90.9%，景观区参评的水功能区（1个）不达标。5个不达标水功能区主要超标项目为COD、高锰酸盐指数和氨氮。详见表3-30。

表3-30 2020年漳卫河系水功能区水质达标情况

序号	一级水功能区名称	二级水功能区名称	水功能区类型	考核省份（简称）	监测断面名称	水质目标	主要控制项目达标评价					
							年度水质类别	年度评价次数/次	年度达标次数/次	年度达标率/%	达标评价结论	超标项目
1	清漳河晋冀缓冲区	—	缓冲	晋	刘家庄	Ⅲ类	Ⅰ类	12	12	100.0	达标	—
2	清漳河岳城水库豫冀缓冲区	—	缓冲	冀	西达	Ⅲ类	Ⅱ类	12	12	100.0	达标	—
3	浊漳河晋冀豫缓冲区	—	缓冲	晋	王家庄	Ⅲ类	Ⅱ类	12	12	100.0	达标	—
4	漳河岳城水库上游缓冲区	—	缓冲	冀	观台	Ⅲ类	断流	—	—	—	断流	—
5	岳城水库水源地保护区	—	保护	冀	岳城水库出口	Ⅱ类	Ⅱ类	12	11	91.7	达标	—
6	卫河豫冀缓冲区	—	缓冲	豫	南乐元村集	Ⅳ～Ⅴ类	Ⅲ类	12	12	100.0	达标	—
7	卫运河冀鲁缓冲区	—	缓冲	冀、鲁	油坊桥	Ⅲ类	Ⅲ类	12	6	50.0	不达标	高锰酸盐指数
8	漳卫新河鲁冀缓冲区	—	缓冲	鲁、冀	小泊头桥	Ⅲ类	Ⅴ类	12	0	0.0	不达标	COD

序号	一级水功能区名称	二级水功能区名称	水功能区类型	考核省份（简称）	监测断面名称	水质目标	主要控制项目达标评价					
							年度水质类别	年度评价次数/次	年度达标次数/次	年度达标率/%	达标评价结论	超标项目
9	南运河南水北调东线调水水源地保护区	—	保护	冀	第三店	II类	II类	12	7	58.0	不达标	高锰酸盐指数
10	七一河山东调水水源地保护区	—	保护	鲁	夏津、石槽	III类	断流	—	—	—	断流	—
11	六五河山东调水水源地保护区	—	保护	鲁	夏津县范窑桥	III类	III类	8	2	25.0	不达标	COD
12	大屯水库山东调水水源地保护区	—	保护	鲁	大屯水库	III类	II类	9	9	100.0	达标	—
13	清漳河山西左权开发利用区	清漳河山西左权农业用水区	农业	晋	下交漳	III类	II类	12	12	100.0	达标	—
14	清漳河河北邯郸开发利用区	清漳河河北邯郸饮用水水源区	饮用	冀	匡门口	III类	II类	12	12	100.0	达标	—
15	浊漳河山西黎城开发利用区	浊漳河山西黎城工业用水区	工业	晋	辛安桥	III类	II类	12	11	92.0	达标	—
16	漳河河北邯郸开发利用区	漳河河北邯郸农业用水区	农业	冀	蔡小庄	IV类	断流	—	—	—	断流	—

序号	一级水功能区名称	二级水功能区名称	水功能区类型	考核省份（简称）	监测断面名称	水质目标	主要控制项目达标评价					
							年度水质类别	年度评价次数/次	年度达标次数/次	年度达标率/%	达标评价结论	超标项目
17	卫河河南开发利用区	卫河河南新乡市农业用水区	农业	豫	西孟入口	Ⅳ类	Ⅳ类	11	9	82.0	达标	—
18	卫河河南开发利用区	卫河河南新乡市景观娱乐用水区	景观	豫	饮马口	Ⅳ类	Ⅳ类	11	8	73.0	不达标	氨氮
19	卫河河南开发利用区	卫河河南新乡市排污控制区	排污	豫	107 公路桥	无目标	劣Ⅴ类	0	0	0	无目标不参评	—
20	卫河河南开发利用区	卫河河南卫辉市排污控制区	排污	豫	卫辉市倪湾乡洪庄	无目标	劣Ⅴ类	0	0	0	无目标不参评	—
21	卫河河南开发利用区	卫河河南卫辉市农业用水区	农业	豫	淇门水文站	Ⅴ类	Ⅲ类	10	10	100.0	达标	—
22	卫河河南开发利用区	卫河河南滑县排污控制区	排污	豫	滑/浚县界（东方红桥）	无目标	Ⅴ类	0	0	0	无目标不参评	—
23	卫河河南开发利用区	卫河河南浚县农业用水区 2	农业	豫	浚县城关南环公路桥	Ⅴ类	Ⅲ类	11	11	100.0	达标	—
24	卫河河南开发利用区	卫河河南浚县排污控制区	排污	豫	备战桥	无目标	劣Ⅴ类	0	0	0	无目标不参评	—
25	共渠河南新乡、鹤壁开发利用区	共渠河南新乡、鹤壁农业用水区	农业	豫	浚县刘庄水文站	Ⅴ类	Ⅲ类	11	11	100.0	达标	—

序号	一级水功能区名称	二级水功能区名称	水功能区类型	考核省份（简称）	监测断面名称	水质目标	主要控制项目达标评价					
							年度水质类别	年度评价次数/次	年度达标次数/次	年度达标率/%	达标评价结论	超标项目
26	小运河山东调水水源地保护区	—	保护	鲁	关山、邱屯闸	III类	III类	11	9	82.0	达标	—

3.2.6.4 水污染物排放状况

2019 年，漳卫河系废污水排放总量为 10.9 亿 t，COD 和氨氮排放量分别为 12.1 万 t 和 1.6 万 t。城镇生活源为 COD 和氨氮的主要来源，COD 和氨氮分别占所在河系该污染物总量的 64.6%和 78.9%。漳卫河系废污水、COD 和氨氮排放情况见图 3-55。

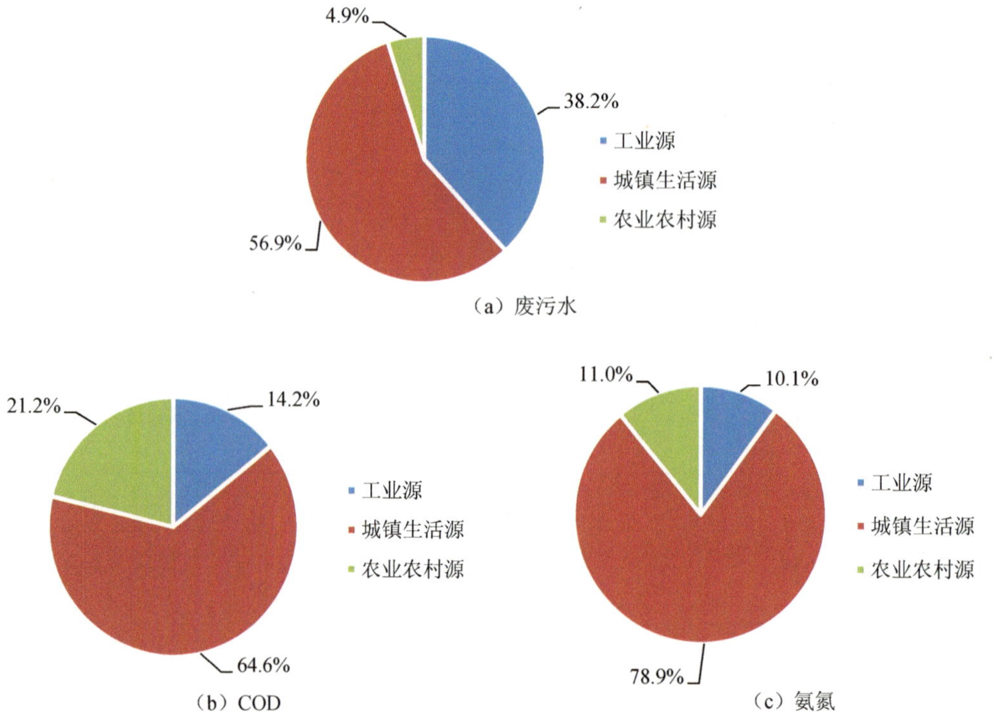

图 3-55 漳卫河系废污水、污染物排放情况

漳卫河系现有 106 座主要城镇污水处理厂，设计处理能力为 371.8 万 m^3/d，全年污水处理量为 10.1 亿 m^3，占海河流域污水处理量的 14.4%。污水处理厂平均负荷率为 74.1%，低于海河流域平均水平。河系内 106 座主要污水处理厂均执行《城镇污水处理厂污染物排放标准》（GB 18918—2002）一级 A 标准。

3.2.7 徒骇马颊河

3.2.7.1 地表水环境质量状况

1）现状评价与分析

（1）断面水质现状

徒骇马颊河水系“十四五”共设 24 个地表水国考断面。2020 年评价结果表明，Ⅰ～Ⅲ类水质断面有 7 个，约占地表水国考断面的 29%；Ⅳ类、Ⅴ类水质断面有 16 个，约占 67%；劣Ⅴ类水质断面有 1 个，约占 4%。水系整体水质为轻度污染，主要污染指标为 COD、BOD_5 和高锰酸盐指数。劣Ⅴ类水质断面为位于秦口河的秦口河入海口断面，其氨氮浓度和 COD 分别超过Ⅴ类水质标准的 0.28 倍和 0.08 倍。徒骇马颊河水系“十四五”地表水国考断面 2015—2020 年水质情况见表 3-31。

表 3-31 徒骇马颊河水系“十四五”地表水国考断面 2015—2020 年水质情况

河系	河流/湖库	断面名称	水质类别						“十四五”水质目标
			2015 年	2016 年	2017 年	2018 年	2019 年	2020 年	
马颊河	马颊河	濮阳西水坡	—	Ⅱ类	Ⅱ类	Ⅱ类	Ⅱ类	Ⅱ类	Ⅱ类
		北外环路桥	—	—	—	—	—	Ⅳ类	Ⅳ类
		南乐水文站	Ⅴ类	Ⅴ类	Ⅳ类	Ⅳ类	Ⅳ类	Ⅲ类	Ⅲ类
		冢北桥	—	Ⅴ类	Ⅴ类	Ⅳ类	Ⅳ类	Ⅲ类	Ⅲ类
		董姑桥	劣Ⅴ类	劣Ⅴ类	Ⅴ类	Ⅴ类	Ⅴ类	Ⅳ类	Ⅳ类
		刘贵桥	—	—	—	—	—	Ⅳ类	Ⅳ类
		胜利桥	劣Ⅴ类	Ⅴ类	Ⅴ类	Ⅴ类	Ⅳ类	Ⅳ类	Ⅳ类
	高唐湖	北湖	—	Ⅳ类	Ⅱ类	Ⅱ类	Ⅱ类	Ⅱ类	Ⅲ类
徒骇河	徒骇河	马集闸	—	—	—	—	—	Ⅳ类	Ⅴ类
		毕屯	劣Ⅴ类	Ⅴ类	Ⅴ类	Ⅴ类	Ⅴ类	Ⅳ类	Ⅳ类
		聊城水文站	Ⅴ类	Ⅴ类	Ⅴ类	Ⅴ类	Ⅴ类	Ⅳ类	Ⅳ类
		前油坊	Ⅴ类	Ⅴ类	Ⅴ类	Ⅴ类	Ⅴ类	Ⅴ类	Ⅴ类
		夏口	Ⅴ类	Ⅴ类	Ⅳ类	Ⅳ类	Ⅳ类	Ⅳ类	Ⅴ类
		刘成桥	Ⅳ类	Ⅳ类	Ⅲ类	Ⅲ类	Ⅳ类	Ⅲ类	Ⅲ类
		富国	Ⅴ类	Ⅳ类	Ⅳ类	Ⅴ类	Ⅳ类	Ⅳ类	Ⅳ类
	秦口河	秦口河入海口	—	—	—	—	—	劣Ⅴ类	Ⅴ类
	小米河	芦家河子水库	Ⅲ类	Ⅲ类	Ⅲ类	Ⅱ类	Ⅱ类	Ⅲ类	Ⅲ类
	环城湖	东昌湖	Ⅳ类	Ⅳ类	Ⅳ类	Ⅳ类	Ⅳ类	Ⅳ类	Ⅳ类

河系	河流/湖库	断面名称	水质类别						“十四五”水质目标
			2015 年	2016 年	2017 年	2018 年	2019 年	2020 年	
德惠新河	德惠新河	王杠子闸	Ⅴ类	Ⅴ类	Ⅳ类	Ⅳ类	Ⅲ类	Ⅳ类	Ⅳ类
		大山	Ⅴ类	Ⅴ类	Ⅳ类	Ⅳ类	Ⅳ类	Ⅳ类	Ⅳ类
	幸福河	三角洼水库	Ⅲ类	Ⅳ类	Ⅱ类	Ⅱ类	Ⅱ类	Ⅱ类	Ⅲ类
其他单独入海河流	潮河	邵家	劣Ⅴ类	劣Ⅴ类	Ⅴ类	Ⅴ类	Ⅳ类	Ⅴ类	Ⅴ类
	挑河	滨孤路桥	劣Ⅴ类	Ⅴ类	Ⅴ类	Ⅳ类	Ⅳ类	Ⅳ类	Ⅳ类
	神仙沟	五号桩	劣Ⅴ类	劣Ⅴ类	劣Ⅴ类	Ⅳ类	Ⅳ类	Ⅳ类	Ⅳ类

（2）河流水质沿程分析

马颊河的主要污染指标为 COD、高锰酸盐指数和氨氮，从主要超标因子沿程变化看，马颊河沿程 COD、高锰酸指数不断增加，水质不断变差，大部分为Ⅳ类水，需要加强对马颊河干流的系统治理。

徒骇河的主要污染指标为 COD、高锰酸盐指数和生化需氧量，从主要超标因子沿程变化看，除徒骇河干流刘成桥断面满足地表水Ⅲ类水质标准外，其他河段水质均为Ⅳ类及以下，秦口河入海口断面水质为劣Ⅴ类。受上游来水以及较差水质小支流汇入的影响，徒骇河干流初始水质较差。需要健全上下游协同管理机制，加强上下游、左右岸的地方政府合作，并不断加大小支流的治污力度，进而改善整体水质。

徒骇马颊河水系主要超标因子沿程变化情况见图 3-56。

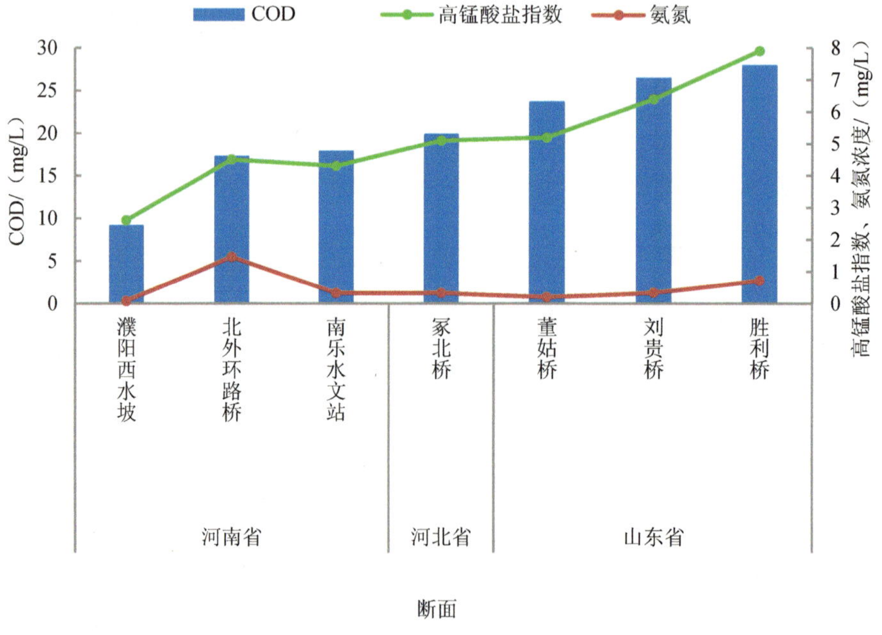

（a）马颊河

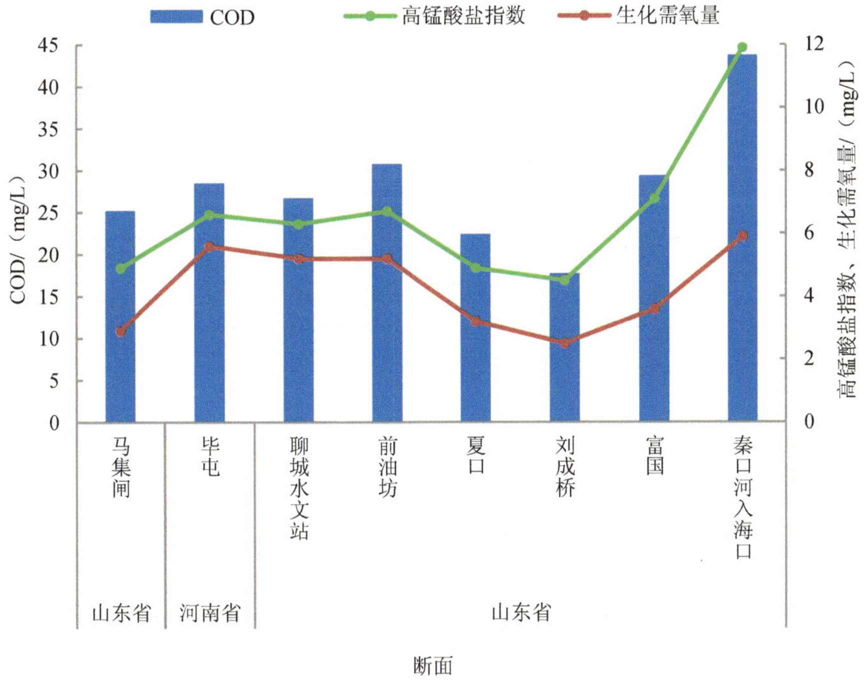

（b）徒骇河

图 3-56 2020 年徒骇马颊河水系主要超标因子沿程变化情况

2）重要断面水质变化趋势分析

在徒骇马颊河水系 3 条主要水体和 3 条单独入海水体河段中分别选取具有污染较重、下游汇合、位于入海口等特征的断面，以董姑桥断面代表马颊河、前油坊和富国断面代表徒骇河、大山断面代表德惠新河、邵家断面代表潮河等单独入海河流，根据 2015—2020 年水质监测资料，分别进行水质变化趋势分析。

从代表断面的 COD 看（图 3-57），5 个断面 2020 年 COD 均不满足地表水Ⅲ类水质标准，水质相对较差，董姑桥、大山、富国 COD 达到地表水Ⅳ类水质标准；董姑桥和大山 COD 基本呈减少趋势，其中董姑桥降幅较明显，2020 年与 2015 年相比减少了 38.2%；前油坊和富国 COD 变化相对不大，前油坊断面“十三五”期间一直未能达到地表水Ⅳ类水质标准，富国断面水质“十三五”期间一直处于地表水Ⅳ类水质标准以内，但自 2018 年起，其 COD 呈逐年增加趋势，2020 年已逼近地表水Ⅳ类水质标准限值；邵家 COD 变化不稳定，2016—2019 年持续减少，2020 年出现反弹且超过地表水Ⅳ类水质标准。

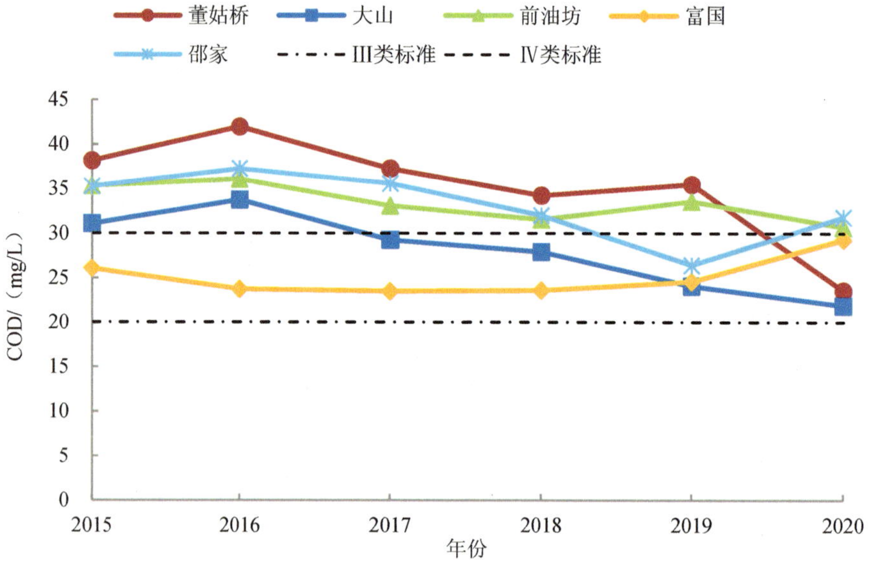

图 3-57　2015—2020 年徒骇马颊河水系代表断面 COD 年际变化趋势

从代表断面的生化需氧量看（图 3-58），董姑桥、大山、前油坊、富国、邵家 5 个断面 2015—2018 年生化需氧量均逐年减少，且降幅明显，2018 年与 2015 年相比分别减少了 45.3%、58.7%、43.6%、59.1%、68.6%，但 2018 年以后各自呈现不同的变化趋势。其中大山和富国断面生化需氧量自 2018 年后持续减少，2020 年反弹；董姑桥和前油坊生化需氧量 2019 年反弹，之后呈减少趋势；邵家生化需氧量 2019 年和 2020 年有所反弹，呈增加趋势。

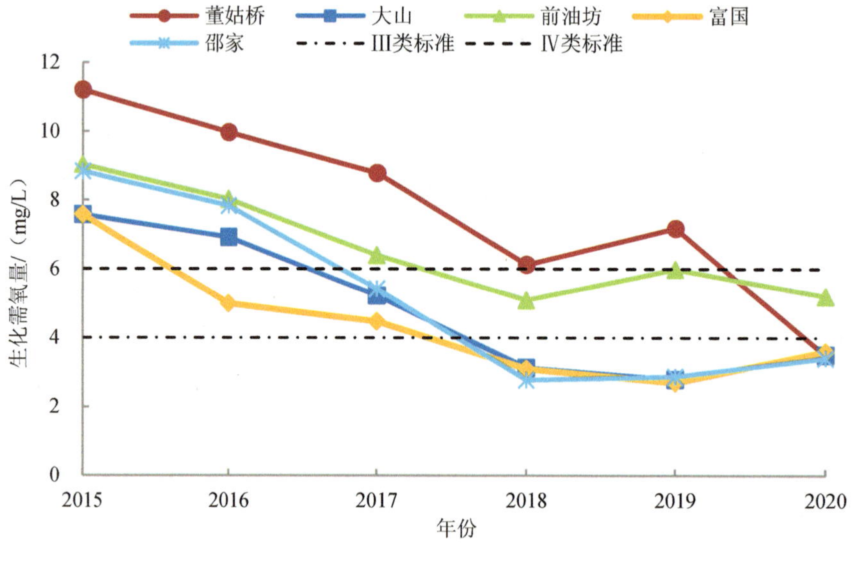

图 3-58　2015—2020 年徒骇马颊河水系代表断面生化需氧量年际变化趋势

从代表断面的高锰酸盐指数看（图 3-59），仅有董姑桥断面高锰酸盐指数呈明显下降趋势，2020 年与 2015 年相比下降了 50.9%，且 2020 年高锰酸盐指数相对较低，达到地表水Ⅲ类水质标准；邵家断面高锰酸盐指数在 8.4 mg/L 上下波动，最高值出现在 2017 年，为 9.6 mg/L；前油坊断面高锰酸盐指数在 2017 年下降以后基本维持在 7.6 mg/L 以下；大山和富国断面高锰酸盐指数基本呈上升趋势，已由 2015 年的Ⅲ类水质恶化至Ⅳ类水质。

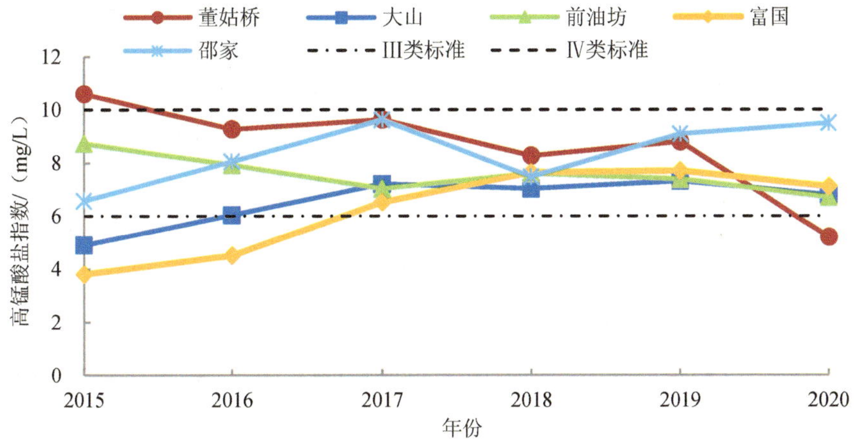

图 3-59　2015—2020 年徒骇马颊河水系代表断面高锰酸盐指数年际变化趋势

根据重要断面水质趋势分析，结合徒骇马颊河水系各国控断面 6 年（2015—2020 年）水环境质量评价结果可知，徒骇马颊河总体水质相对较差，但大部分水体在“十三五”时期水质改善明显。徒骇河的前油坊断面水质改善不明显，2015—2020 年一直为Ⅴ类水体，说明该支流汇水范围内治污力度不大，须严防其对其他河段的影响。

3.2.7.2　饮用水水源地达标情况

徒骇马颊河水系共有 32 个饮用水水源地，包括 7 个地下水型、25 个湖库型水源地。2020 年，31 个参评水源地中有 30 个水源地水质达到或优于Ⅲ类标准，占参评水源地总数的 96.8%，其中大屯水库水质不达标，超标指标为硫酸盐（以 SO_4^{2-}计）且超过水源地Ⅲ类水质标准的 0.3 倍，不达标原因为上游来水水质较差。详见表 3-32。

表 3-32　2015—2020 年徒骇马颊河水系饮用水水源地水质情况　单位：个

省级行政区	地级行政区	水源地类型			水源地总个数	参加评价个数	达标个数	未达标个数	未达标水源地、超标项目及原因
		地下水	湖库	河流					
山东省	滨州市	0	13	0	13	13	13	0	—
	德州市	2	9	0	11	11	10	1	大屯水库；硫酸盐；上游来水
	济南市	0	1	0	1	1	1	0	—
	聊城市	5	2	0	7	6	6	0	—

3.2.7.3 水功能区达标情况

2020 年纳入考核的水功能区共 13 个，其中，过渡区有 1 个、缓冲区有 2 个、工业区有 1 个，农业区有 5 个、饮用区有 1 个、景观区有 3 个。根据水功能区水质目标，参加评价的水功能区共 13 个，达标 9 个，达标率为 69.2%；按参评的水功能区类型评价：过渡区和农业区达标率为 100%、缓冲区达标率为 50%、景观达标率为 66.7%，工业区和饮用区均不达标。4 个不达标水功能区主要超标项目为 COD 和氨氮。详见表 3-33。

表 3-33 2020 年徒骇马颊河水系水功能区水质达标情况

序号	一级水功能区名称	二级水功能区名称	水功能区类型	考核省份（简称）	监测断面名称	水质目标	主要控制项目达标评价					
							年度水质类别	年度评价次数/次	年度达标次数/次	年度达标率/%	达标评价结论	超标项目
1	徒骇河豫鲁缓冲区	—	缓冲	豫	毕屯	Ⅳ类	Ⅳ类	12	7	58.3	不达标	COD，氨氮
2	马颊河豫冀缓冲区	—	缓冲	豫	南乐水文站	Ⅳ类	Ⅲ类	12	12	100.0	达标	—
3	徒骇河山东开发利用区	徒骇河山东莘县农业用水区	农业	鲁	滑营闸	Ⅴ类	Ⅲ类	10	8	80.0	达标	—
4	徒骇河山东开发利用区	徒骇河山东聊城环城湖景观娱乐用水区	景观	鲁	东昌湖	Ⅳ类	Ⅲ类	12	11	91.7	达标	—
5	徒骇河山东开发利用区	徒骇河山东聊城景观娱乐用水区	景观	鲁	聊城	Ⅳ类	Ⅳ类	12	7	58.3	不达标	氨氮
6	马颊河河南濮阳市开发利用区	马颊河河南濮阳市景观娱乐用水区	景观	豫	清丰县马庄桥	Ⅳ类	Ⅳ类	11	9	81.8	达标	—

序号	一级水功能区名称	二级水功能区名称	水功能区类型	考核省份（简称）	监测断面名称	水质目标	主要控制项目达标评价					
							年度水质类别	年度评价次数/次	年度达标次数/次	年度达标率/%	达标评价结论	超标项目
7	马颊河河南濮阳市开发利用区	马颊河河南濮阳市农业用水区	农业	豫	南乐水文站	Ⅳ类	Ⅲ类	11	9	82.0	达标	—
8	徒骇河山东开发利用区	徒骇河山东东昌府过渡区 2	过渡	鲁	邓官屯、何庄	Ⅴ类	Ⅴ类	12	12	100.0	达标	—
9	徒骇河山东开发利用区	徒骇河山东茌平农业用水区	农业	鲁	南镇东、前油坊	Ⅴ类	Ⅲ类	12	10	83.0	达标	—
10	徒骇河山东开发利用区	徒骇河山东德州农业用水区	农业	鲁	宫家闸、夏口大桥	Ⅴ类	Ⅲ类	12	11	92.0	达标	—
11	徒骇河山东开发利用区	徒骇河山东济南农业用水区	农业	鲁	刘成桥、营子闸	Ⅴ类	Ⅲ类	12	12	100.0	达标	—
12	徒骇河山东开发利用区	徒骇河山东滨州工业用水区	工业	鲁	堡集闸、郎中河桥、流钟桥	Ⅳ类	Ⅲ类	12	9	75.0	不达标	COD
13	马颊河山东开发利用区	马颊河山东德州饮用水水源区	饮用	鲁	大道王闸、乐陵市朱家桥、李家桥、陵县前范家桥	Ⅲ类	Ⅱ类	12	3	25.0	不达标	COD

3.2.7.4 水污染物排放状况

2019 年，徒骇马颊河水系废污水排放总量为 13.1 亿 t，COD 和氨氮排放量分别为 14.4 万 t 和 1.3 万 t。城镇生活源是 COD 和氨氮的主要来源，COD 和氨氮排放量分别占所在水系该污染物排放量的 45.4%和 68.4%；农业农村源次之，COD 和氨氮排放量分别占所在水系该污染物排放量的 40.7%和 22.6%。徒骇马颊河水系废污水、COD 和氨氮排放情况见图 3-60。

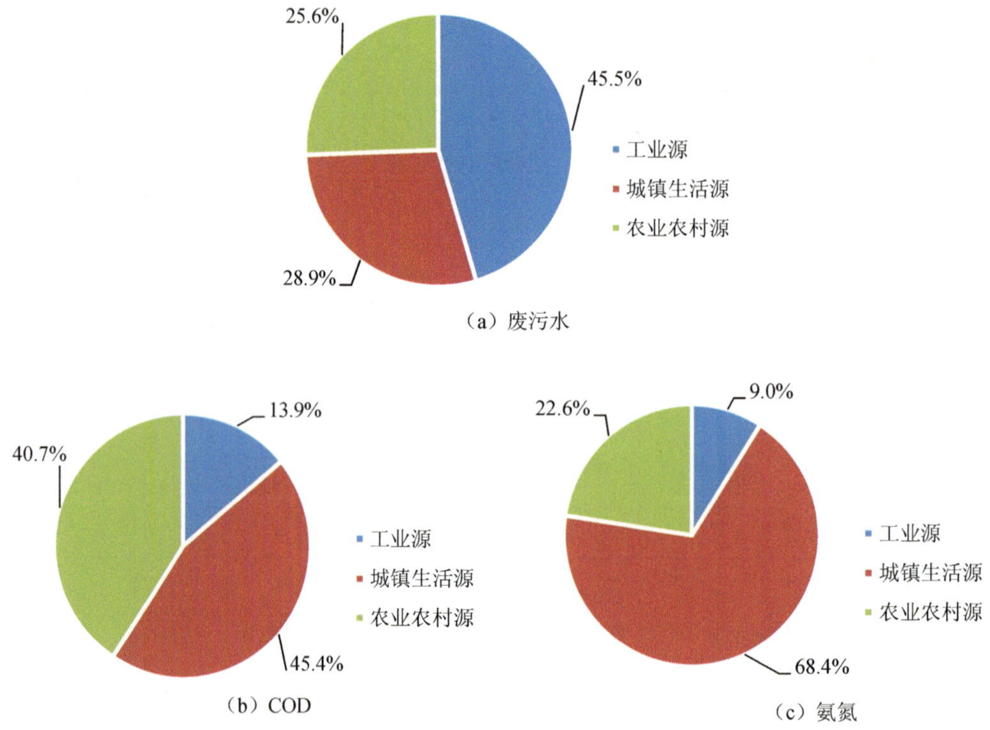

图 3-60　徒骇马颊河水系废污水、污染物排放情况

徒骇马颊河水系现有 70 座主要城镇污水处理厂，设计处理能力为 272.8 万 m^3/d，全年污水处理量为 8 亿 m^3，占海河流域污水处理量的 11.5%。污水处理厂平均负荷率为 80.2%，略高于海河流域平均水平，但低于全国平均水平。其中 98.6%的污水处理厂执行《城镇污水处理厂污染物排放标准》（GB 18918—2002）一级 A 标准，河南省濮阳市的 1 座污水处理厂执行一级 B 标准，污水处理厂需要进一步提标改造。

第 4 章

水生态调查与评价

流域水生态系统健康是流域生态文明建设的重要组成部分，在自然和人类活动的双重作用下，海河流域水生态系统遭到破坏，水体富营养化、水生生物数量骤减、湿地退化等水生态问题突出，制约了流域经济高质量发展，威胁人类自身安全。本章主要分析重点湖库富营养化状况、重要湿地水生态状况，以及水生生物的群落组成、优势种情况，采用 Shannon-Wiener 生物多样性指数（H'）分别对浮游植物、浮游动物和大型底栖动物进行评价，开展海河流域水生态健康评估，为海河流域水环境综合治理和水生态修复提供基础依据。

4.1　流域总体水生态调查与评价

4.1.1　重点湖库富营养化情况

富营养化已成为影响我国湖泊水库水质的重大环境问题之一，湖库富营养化对饮用水水源地水质污染较为严重，同时也会增加藻类水华暴发的频率，严重影响湖库的生态平衡和人类的生存环境，导致生态系统结构和功能的退化。因此，本节主要对重点湖库进行富营养化评价，分析湖库现状与健康水平的差距。

4.1.1.1　基本要求

湖库富营养化评价采用《地表水资源质量评价技术规程》（SL 395—2007）中的规定进行。营养状态评价项目应包括总磷、总氮、叶绿素 a、高锰酸盐指数和透明度 5 项。其中，叶绿素 a 为必评项目。湖库营养状态评价标准及分级方法应符合表 4-1 的规定。

表 4-1　湖泊富营养状态指数评价标准

营养状态分级（EI=营养状态指数）	评估项目赋分值（E_n）	总磷/（mg/L）	总氮/（mg/L）	叶绿素 a/（mg/L）	高锰酸盐指数/（mg/L）	透明度/m
贫营养（0≤EI≤20）	10	0.001	0.02	0.000 5	0.15	10
	20	0.004	0.05	0.001 0	0.4	5

营养状态分级（EI=营养状态指数）		评估项目赋分值（E_n）	总磷/（mg/L）	总氮/（mg/L）	叶绿素 a/（mg/L）	高锰酸盐指数/（mg/L）	透明度/m
中营养（20＜EI≤50）		30	0.01	0.1	0.002	1	3
		40	0.025	0.3	0.004	2	1.5
		50	0.05	0.5	0.01	4	1
富营养	轻度富营养（50＜EI≤60）	60	0.1	1	0.026	8	0.5
	中度富营养（60＜EI≤80）	70	0.2	2	0.064	10	0.4
		80	0.6	6	0.16	25	0.3
	重度富营养（80＜EI≤100）	90	0.9	9	0.40	40	0.2

湖库营养状态评价采用指数法，包括以下几个步骤：

①采用线性插值法将水质项目浓度值转换为赋分值。

②按式（4-1）计算营养状态指数（EI）。

$$EI = \frac{\sum_{n=1}^{N} E_n}{N} \tag{4-1}$$

式中，EI 为营养状态指数；E_n 为评价项目赋分值；N 为评价项目个数。

③参照表 4-1，根据营养状态指数确定营养状态分级。

4.1.1.2 评价结果

海河流域有重点湖库共 70 座，2018 年存在富营养的湖库有 25 座，占湖库总数的 34%。其中，轻度富营养的湖库有 19 座，中度富营养的湖库有 6 座（庙宫水库、西峪水库、黄松峪水库、邱庄水库、册田水库、北大港水库）。各河系中，永定河湖库富营养化最严重，7 座重点湖库中有 5 座存在富营养化，富营养化湖库占比达到了 71%。海河流域 70 座重点湖库基本信息如表 4-2 所示，各河系和各省份重点湖库富营养化状况分别见图 4-1 和图 4-2。

表 4-2 海河流域 70 座重点湖库基本信息

河系	省级行政区	湖库名称
滦河及冀东沿海	河北省	闪电河水库、庙宫水库、桃林口水库、石河水库、洋河水库、陡河水库、潘家口水库、大黑汀水库
北三河	北京市	云州水库、海子水库、密云水库、怀柔水库、白河堡水库、十三陵水库、斋堂水库、北台上水库、沙厂水库、遥桥峪水库、大水峪水库、西峪水库、黄松峪水库、半城子水库、桃峪口水库、崇青水库

河系	省级行政区	湖库名称
北三河	天津市	于桥水库、尔王庄水库
	河北省	邱庄水库
永定河	北京市	珠窝水库
	天津市	北塘水库
	河北省	官厅水库、壶流河水库
	山西省	册田水库、东榆林水库
	内蒙古自治区	友谊水库
大清河（含海河干流）	北京市	大宁水库
	天津市	北大港水库、团泊洼水库
	河北省	西大洋水库、安格庄水库、横山岭水库、王快水库、口头水库、龙门水库
子牙河（含黑龙港及运东）	河北省	岗南水库、黄壁庄水库、野沟门水库、朱庄水库、临城水库、衡水湖、大浪淀水库、东武仕水库
漳卫河	河北省	岳城水库
	山西省	漳泽水库、关河水库、后湾水库
	山东省	沟盘河水库、惠津湖水库、严务水库
	河南省	盘石头水库、南海水库、弓上水库、彰武水库
徒骇马颊河	山东省	大屯水库、如意湖水库、碧霞湖水库、丁东水库、惠宁湖水库、利民水库、相家河水库、高唐湖

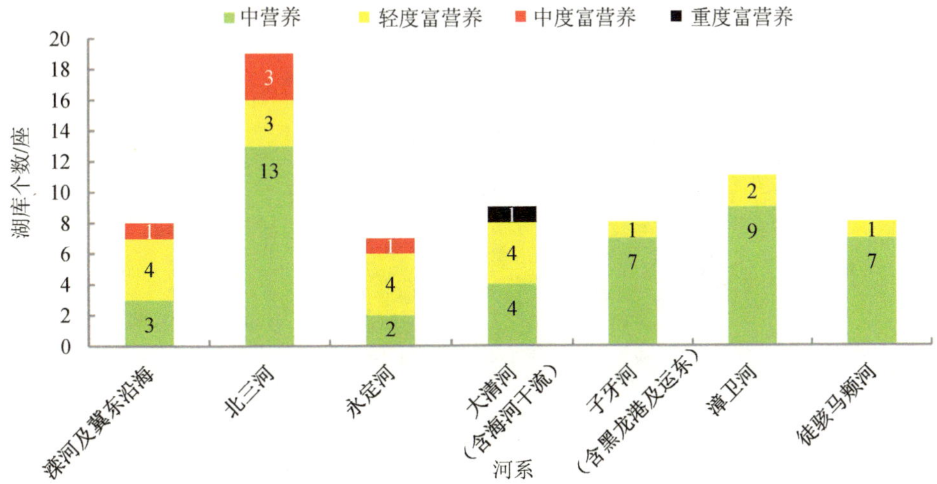

图 4-1　海河流域各河系重点湖库富营养化状况

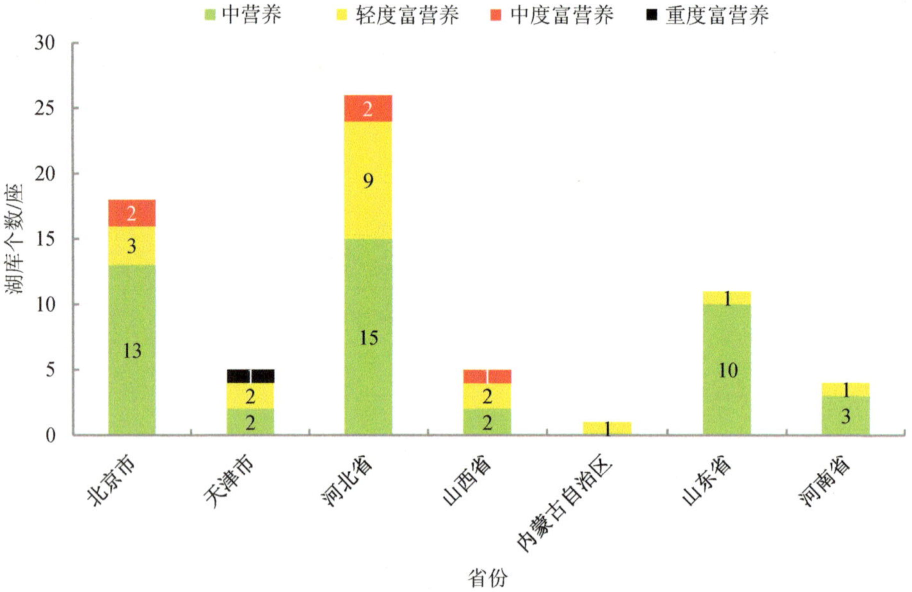

图 4-2 海河流域各省份重点湖库富营养化状况

4.1.2 湿地状况

4.1.2.1 湿地类型及分布

海河流域主要湿地有近海及海岸、河流、湖泊、沼泽和沼泽化草甸、库塘 5 个类型。全流域湿地面积为 0.85 万 km^2（至少 3 年过水 1 次），占流域总面积的 2.7%。流域内主要以近海及海岸湿地、河流湿地为主；其次为库塘湿地。各河系中，漳卫河系湿地面积最大，约占流域内湿地总面积的 26%；徒骇马颊河系湿地面积最少，占流域湿地总面积的 8%。海河流域湿地类型及分布情况见图 4-3。

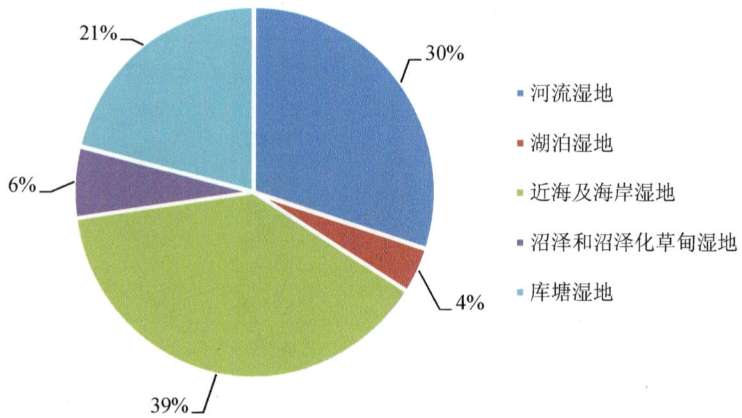

（a）各湿地类型

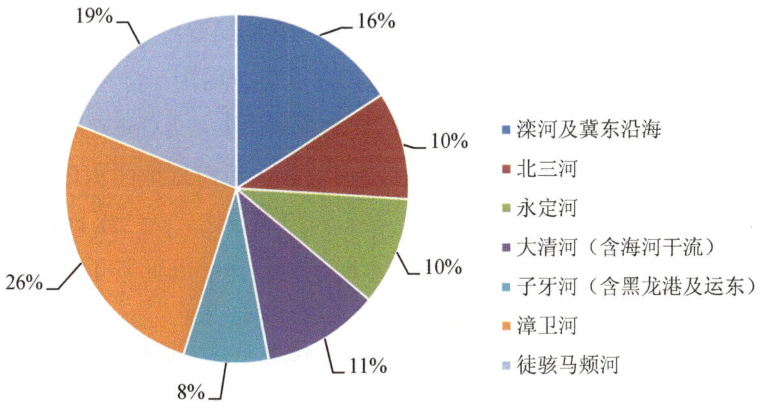

（b）各河系

图 4-3 海河流域湿地类型及分布情况

4.1.2.2 重要湿地基本情况

（1）省级以上涉水自然保护区

根据《2017 年全国自然保护区名录》，海河流域省级以上涉水自然保护区有 22 个，总面积为 4 014.5 km^2。从行政区看，河北省涉水自然保护区总面积最大，为 1 621.2 km^2，占海河流域涉水自然保护区总面积的 40.4%。从河系看，永定河系涉水自然保护区总面积最大，为 1 022.4 km^2，占海河流域涉水自然保护区总面积的 25.5%，滦河及冀东沿海次之，为 806 km^2，占海河流域国家湿地公园总面积的 11.9%。海河流域省级以上涉水自然保护区统计情况见表 4-3。

表 4-3 海河流域省级以上涉水自然保护区统计

分区	自然保护区个数/个	保护区面积/km^2
北京市	4	115.5
天津市	4	875.4
河北省	10	1 621.2
山西省	3	967.0
山东省	1	435.4
海河流域	22	4 014.5
滦河及冀东沿海	4	806.0
北三河	4	481.0
永定河	4	1 022.4
大清河（含海河干流）	4	719.8
子牙河（含黑龙港及运东）	4	407.8
漳卫河	1	142.0
徒骇马颊河	1	435.5

（2）国家湿地公园

根据《国家湿地公园名录》及国家林业和草原局近年关于试点国家湿地公园验收情况的各项通知，截至 2020 年，海河流域已通过验收的国家湿地公园共计 44 个，湿地面积共计 689.5 km^2。从行政区看，河北省湿地面积最大，为 366.6 km^2，约占海河流域国家湿地公园总面积的 53.2%。从河系看，滦河及冀东沿海湿地面积最大，为 273.8 km^2，占海河流域国家湿地公园总面积的 39.7%；永定河系次之，为 258 km^2，占海河流域国家湿地公园总面积的 37.4%。海河流域国家湿地公园统计情况见表 4-4。

表 4-4　海河流域国家湿地公园统计

分区	国家湿地公园个数/个	湿地面积/hm^2
北京市	2	4 188
天津市	4	3 047.7
河北省	19	36 656.8
山西省	7	7 087.1
内蒙古自治区	2	12 620
山东省	6	3 227.2
河南省	4	2 121.9
海河流域	44	68 948.7
滦河及冀东沿海	10	27 376.4
北三河	5	6 963.6
永定河	9	25 796.1
大清河（含海河干流）	1	249
子牙河（含黑龙港及运东）	4	1 148.8
漳卫河	10	4 509.2
徒骇马颊河	5	2 905.6

4.1.2.3　重要湿地状况

白洋淀、衡水湖、南大港、北大港、七里海湿地已列入国家或省级湿地自然保护区，同时也是中共中央、国务院印发的《京津冀协同发展规划纲要》中，要求重点实施生态保护与修复的“五湖”，是海河流域重要湿地。

（1）白洋淀

白洋淀湿地位于河北省中部，涉及保定市安新县、容城县、雄县、高阳县和沧州市的任丘市，是华北平原较大的内陆淡水湖泊湿地，被誉为“华北之肾”。其从北、西、南三面接纳上游潴龙河、孝义河、唐河、府河、漕河、萍河、杨村河、瀑河及白沟引河九条河流的河水，有“九河下梢”之称。出淀河流主要有任文干渠和赵王新河。

2002 年 11 月，白洋淀成为省级湿地自然保护区，保护区面积为 297 km^2。2017 年 4

月 1 日，中共中央、国务院决定在雄县、安新县、容城县设立河北雄安新区，白洋淀成为雄安新区发展的重要生态水体。河北雄安新区管理委员会负责雄安新区内白洋淀生态环境治理和保护工作。

自 2000 年起，白洋淀自然入淀水量基本枯竭，入淀水量主要靠水库补水或外调水补给，自然径流入淀水量逐年减少，水动力过程逐渐弱化。雄安新区成立后，逐步开始向白洋淀补水，主要通过引黄入冀、中线应急补水的方式，采用多源补水措施，淀区生态用水基本得到保障。2020 年，白洋淀湖区水质均值为Ⅳ类，入湖区水质为Ⅴ类。白洋淀总体为中-富营养水平，淀泊水生态健康评估显示白洋淀微生物完整性指数（M-IBI）评价结果为亚健康状态，底栖动物完整性指数（B-IBI），SAV-IBI 评价结果为健康状态。

（2）衡水湖

衡水湖坐落在河北省衡水、冀州、枣强之间的“三角地带”，位于衡水市桃城区西南约 10 km 处，北倚衡水市区，南靠冀州区，京开路（106 国道）沿衡水湖边穿过，是华北平原唯一保持沼泽、水域、滩涂、草甸和森林等完整湿地生态系统的自然保护区，是河北省第二大平原蓄水洼淀。周边主要河流有滏阳新河、滏东排河、卫千渠、冀码渠、冀午渠等。2000 年被国家林业局和河北省政府批准为河北省衡水湖湿地和鸟类省级自然保护区。2003 年成为国家级自然保护区。2014 年国务院办公厅以国办函〔2014〕55 号文件发布了关于调整河北衡水湖等 4 处国家级自然保护区的通知，将保护区总面积调整为 163.7 km^2，管理机构为河北衡水湖国家级自然保护区管理委员会。

衡水湖湖内水体已基本丧失了自然流域系统的水源补给，完全依赖人工调水进行维持，自净能力差。1993 年开始实施跨流域调水工程，但是蓄水量仅能达到 1.2 亿 m^3，多数年份仅能达到所需生态蓄水量的 50%。多年来，衡水湖湿地面积因水资源匮乏和人类活动的影响，已经开始出现部分区域蓄水面积减少的现象。近 5 年衡水湖水质总体维持在Ⅲ类水平，但随着不同季节及周期性的引水情况而产生起伏变化。2015—2019 年，衡水湖的富营养化指数分别为 43、50.84、50.19、45.84、37.13，主要为中度富营养状态。

（3）南大港

南大港湿地位于河北省沧州市东北部，是目前华北地区受人为干扰较少、保存状态较好的湿地。该湿地是一个由草甸、沼泽、水体、野生动植物、人工动植物等多种生态要素组成的湿地生态系统，是候鸟南北迁徙带与东西迁徙带的交会点。

南大港湿地和鸟类省级自然保护区于 2002 年批准设立，属于湿地生态系统类型的自然保护区，主要保护对象为湿地生态系统及珍稀濒危鸟类，总面积为 133.8 km^2。2015 年沧州市政府向河北省政府申请调整保护区范围及功能区边界，调整后保护区总面积为 75 km^2，管理机构为南大港湿地和鸟类自然保护区管理处。

南大港每年为保护区生态补水 4 000 万 m^3 左右，2019 年补水 4 200 万 m^3，通过实施常年生态补水措施，湿地植被和鸟类栖息地得到有效恢复。南大港湿地水质总体维持在

Ⅴ类水平，随着季节的不同会产生波动变化。南大港湿地存在养殖和盐田开发现象，且一直处于缺水状态，使湿地萎缩退化，生境逐渐单一化，目前通过退养还湿工程、微地形整理工程、滩面营造工程、坡面的生态化改造工程来清理围堤、恢复自然湿地。

（4）北大港

北大港湿地位于天津市滨海新区的东南部，属大清河系，周边主要有独流减河、马厂减河、马圈引河等河流。北大港湿地具有多类型的湿地特征，生态系统保存完整，有着良好的生物多样性特征，是东亚—澳大利亚候鸟迁徙通道上的重要“驿站”之一，包括全球 28 个濒危物种在内的 5 000 多万只候鸟经由此线迁徙。

2001 年，北大港湿地经天津市政府批准建立为省市级自然保护区，现已被列入我国国家级重点湿地名录，主要保护对象是湿地生态系统及生物多样性，包括鸟类和其他野生动物、珍稀濒危物种资源。2008 年保护区面积调整为 348.9 km^2，其中核心区面积为 118 km^2，缓冲区面积为 92.1 km^2，实验区面积为 138.8 km^2，管理机构为天津市北大港湿地自然保护区管理中心。

近年来实施的引黄济津调水工程在一定程度上改善了北大港湿地的生态环境，但水资源仍然匮乏，导致其水质多年为劣Ⅴ类；同时湿地植物群落退化、自然湿地人工化等问题较为突出。

（5）七里海

七里海湿地是天津最大的天然湿地，地处宁河区境内，位于天津市东北部，北邻曾口河，南与京唐运河相邻，东与蓟运河相通，潮白河从北至南穿过，将七里海分为东七里海和西七里海。七里海湿地周边主要河流有潮白新河、青龙湾减河和津唐运河。七里海湿地是典型的潟湖湿地，是我国唯一的古海岸与湿地同处一地的国家级自然保护区，拥有世界三大著名贝壳堤之一，有众多的野生动植物资源，是鸟类理想的繁衍栖息地。

七里海湿地 1984 年经天津市人民政府批准建立，1992 年经国务院批准为“天津古海岸与湿地国家级自然保护区”，2009 年经批准保护区面积调整为 359.1 km^2，管理机构为宁河县（现为宁河区）七里海保护区建设管理委员会。

多年来受周边乡镇生产生活的影响，加上来水减少、补水不足等诸多因素，七里海湿地水量锐减、水质变差、生物多样性下降，湿地生态功能得不到有效发挥。自 2012 年开展七里海湿地修复与保护专项工作以来，湿地储水输水能力不断提升，动植物生存环境退化趋势有所缓解，但水生态环境问题依然突出。

4.1.3 水生生物情况

对海河流域水生生物的评价基于海河流域浮游植物、浮游动物和大型底栖动物的监测和调查数据，从水生生物的群落组成、优势类群及其耐污指示性、密度和生物量、生物多样性指数等角度出发，对流域的水生态环境状况进行分析。

4.1.3.1 调查及评价方法

（1）监测点位布设情况

海河流域水生态调查监测点位的布设主要根据流域水生态环境的实际情况、各水系水文特点和水生生物的生态习性，以及目前开展的河流健康和重点湿地水生态监测的工作基础，并考虑海河流域典型水生态功能分区和点位的代表性。

在流域各河系共布设 197 个站点（主要为河流样点）进行浮游植物调查分析，布设 203 个站点进行浮游动物调查分析，布设 113 个站点进行底栖动物调查分析，监测点位分布基本涵盖流域主要水体的干流、重要支流和重要湖库。

（2）水生生物评价方法

我国水生生物评价常用的评价方法有大型底栖动物科级敏感指数（BMWP）、香农-维纳（Shannon-Wiener）生物多样性指数、生物完整性指数（IBI）等。Shannon-Wiener 生物多样性指数利用藻类或大型底栖的定量监测数据进行评价，多样性指数更适合用于同一溪流或河流上下游样点之间群落结构差异的评价，在淮河、东江干流、辽河等多条河流中都有应用[①]，同时在湖库水生态环境质量评价中常用于浮游植物和浮游动物评价[②]。结合水生生物指数评价法适用性和现有工作的基础，选取 Shannon-Wiener 生物多样性指数（H'）方法进行海河流域水生生物多样性评价。

Shannon-Wiener 生物多样性指数（H'）的计算公式为

$$H' = -\sum_{i=1}^{S} p_i \log_2 p_i \tag{4-2}$$

$$p_i = \frac{n_i}{N} \tag{4-3}$$

式中，H'为 Shannon-Wiener 生物多样性指数；S 为种类个数；N 为同一样品中的个体总数；n_i 为第 i 种的个体数。

H'值越低，说明生物多样性越低，水质污染程度越高。Shannon-Wiener 生物多样性指数（H'）分级评价标准见表 4-5。

表 4-5 Shannon-Wiener 生物多样性指数（H'）分级评价标准

数值	多样性评价级别	评价状态	水质
$H'=0$	极贫乏	物种单一，多样性基本丧失	严重污染
$0<H'\leq1$	贫乏	物种丰富度低，个体分布不均匀	重污染
$1<H'\leq2$	一般	物种丰富度较低，个体分布比较均匀	中度污染

① 资料来源：《河流水生态环境质量评价技术指南（试行）》。

② 资料来源：《湖库水生态环境质量评价技术指南（试行）》。

数值	多样性评价级别	评价状态	水质
$2<H'\leqslant 3$	较丰富	物种丰富度较高，个体分布比较均匀	轻度污染
$H'>3$	丰富	物种种类丰富，个体分布均匀	清洁

4.1.3.2 水生生物评价结果

海河流域各采样点采集到的浮游植物共计 8 门 121 属 451 种，其中绿藻门 50 属 160 种，占浮游植物种类总数的 35.48%；硅藻门 31 属 154 种，占 34.15%；蓝藻门 19 属 63 种，占 13.97%；裸藻门 6 属 49 种，占 10.86%；隐藻门 2 属 7 种、甲藻门 4 属 5 种、黄藻门 5 属 6 种、金藻门 4 属 7 种，分别占浮游植物种类总数的 1.55%、1.11%、1.33%和 1.55%。浮游植物群落优势种为蓝藻门的纤维藻、阿氏颤藻、微小色球藻，绿藻门的水溪绿球藻、栅藻、小球藻，硅藻门的梅尼小环藻、菱形藻、舟形藻。海河流域浮游植物各门类种数情况见图 4-4。

海河流域共检测到浮游动物 196 属 426 种，包括原生动物 212 种，占浮游动物总数的 49.77%；轮虫类 149 种，占总数的 34.98%；枝角类 47 种，占总数的 11.03%；桡足类 18 种，占总数的 4.22%。对流域浮游动物的优势度进行分析，共筛选出浮游动物优势类群 20 种，以耐污染的臂尾轮虫属为优势类群。海河流域浮游动物各类群种数情况见图 4-5。

海河流域共检定底栖动物 341 种，其中节肢动物门有 254 种，占所有底栖动物种数的 74.5%；软体动物门 51 种，环节动物门 35 种，分别占底栖动物种数的 15%和 10.3%。在节肢动物门中，水生昆虫 240 种，其中摇蚊科 110 种。代表清洁水质的 EPT 昆虫［蜉蝣目（Ephemeroptera）、襀翅目（Plecoptera）和毛翅目（Trichoptera）三大类群的简称］种类数合计 49 种。对流域底栖动物进行优势度计算，共获取 31 种优势生物，其中耐污性较强的摇蚊科类群为 15 种，约占全部优势生物的 48%。海河流域大型底栖动物各门类种数情况见图 4-6。

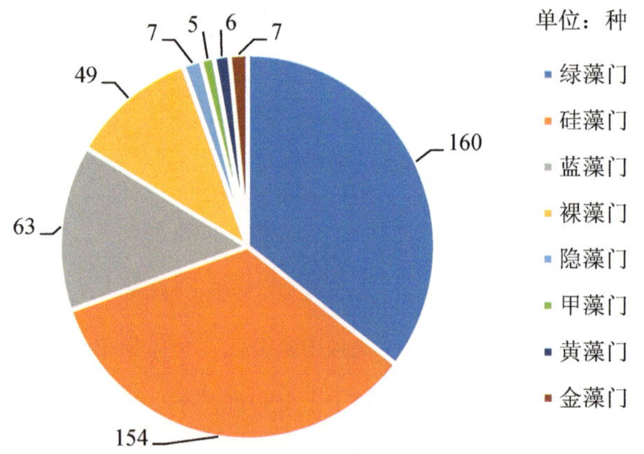

图 4-4 海河流域浮游植物各门类种数

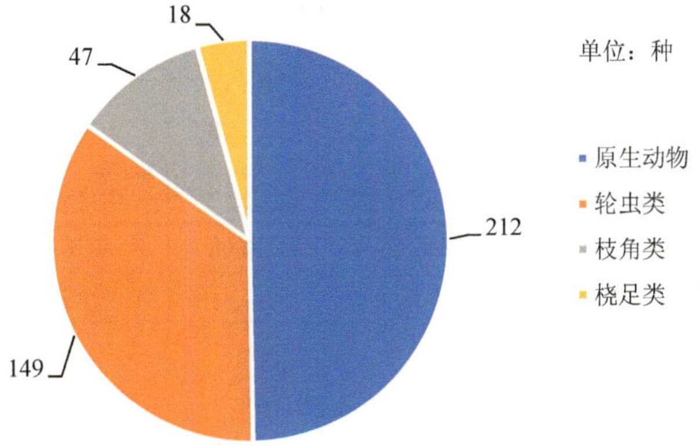

图 4-5　海河流域浮游动物各类群种数

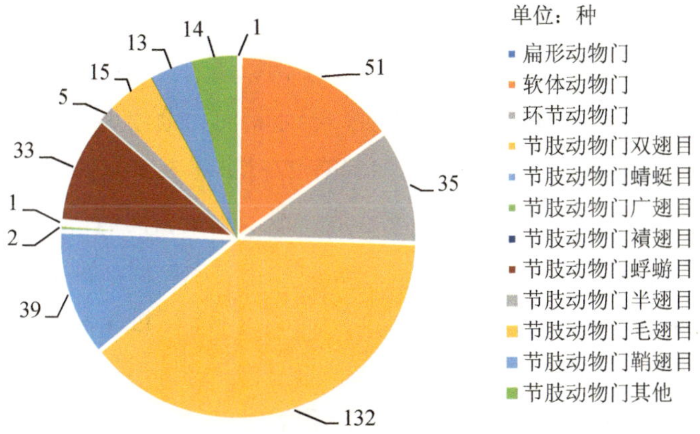

图 4-6　海河流域大型底栖动物各门类种数

采用 Shannon-Wiener 生物多样性指数分别对浮游植物、浮游动物和大型底栖动物进行评价，海河流域整体为轻-中度污染水平，与 2010 年相比有较为可观的改善，表明在“十二五”和“十三五”期间水生态工作取得了显著成效。海河流域各河系水生生物评价情况见表 4-6。

表 4-6　海河流域各河系水生生物评价情况

河系	Shannon-Wiener 生物多样性指数结果					
	浮游植物		浮游动物		大型底栖动物	
滦河及冀东沿海	2.20	轻度污染	1.39	中度污染	2.42	轻度污染
北三河	2.21	轻度污染	1.54	中度污染	1.63	中度污染
永定河	2.37	轻度污染	1.29	中度污染	1.68	中度污染
大清河（含海河干流）	2.12	轻度污染	1.36	中度污染	1.46	中度污染

河系	Shannon-Wiener 生物多样性指数结果					
	浮游植物		浮游动物		大型底栖动物	
子牙河（含黑龙港及运东）	1.77	中度污染	1.08	中度污染	1.40	中度污染
漳卫河	1.94	中度污染	1.57	中度污染	1.36	中度污染
徒骇马颊河	2.02	轻度污染	0.96	重污染	1.44	中度污染
流域平均值	2.09	轻度污染	1.31	中度污染	1.63	中度污染

4.1.4 典型河口生态状况

海河流域海岸线从河北省秦皇岛市张庄至山东省东营市黄河口，全长为 920 km。流域内近海保护区 7 个，包括天津古海岸与湿地、昌黎黄金海岸、滨州贝壳堤岛与湿地 3 个国家级自然保护区，乐亭石臼坨诸岛、黄骅古贝壳堤 2 个省级自然保护区，东营利津底栖鱼类生态、东营河口浅海贝类生态 2 个国家级海洋特别保护区；主要入海河流有滦河、陡河、永定新河、海河、独流减河、子牙新河、沧浪渠、北排水河、南排水河、漳卫新河、马颊河、徒骇河 12 条；入海河口有 27 个，其中河北省有 12 个、天津市有 8 个、山东省有 7 个，滦河河口位于渤海湾沙质岸段，永定新河河口、海河河口、独流减河河口、子牙新河河口等河口位于渤海湾泥质海岸的淤积岸段，漳卫新河河口位于渤海湾稳定岸段，马颊河河口、徒骇河河口位于渤海湾南部的侵蚀岸段。流域诸多河口中，除滦河河口外，其他河口均有闸坝拦截，因此选取滦河河口和漳卫新河河口分别作为自然河口和闸坝拦截河口的代表，进行生态状况评价。

4.1.4.1 滦河河口

滦河河口位于河北省唐山市乐亭县和秦皇岛市昌黎县交界处，以滦河干流为界，左岸隶属昌黎县，右岸隶属乐亭县。滦河河口有丰富的陆上湿地和大面积的水下三角洲，为东南亚鸟类迁徙的必经之地，鸟类资源十分丰富。每到迁徙季节，数量庞大的鸻鹬类和鸥类动物在潮间带及河口滩涂集群活动。滦河口现存滦河河口沼泽湿地和滦河河口湿地。滦河河口沼泽湿地位于滦河口乐亭县一侧，2014 年《河北省海洋生态红线》中划定了滦河河口沼泽湿地红线范围，滦河河口沼泽湿地面积为 54.59 km^2。滦河河口湿地位于大滦河河口滦河干流两岸防洪小埝（含海堤）之间，上起莲花池和王家铺一线，下到近海−6 m 等高线附近，面积为 11.43 km^2，2015 年 3 月纳入河北省省级重要湿地名录，2015 年 11 月《河北省主体功能区规划》将其列入国家级重要湿地。

滦河河口鱼类的种群以鲤形目为主，包括鲤、鲫、鲢、鳙、麦穗鱼等；鲇形目和鲈形目数量次之，刺鳅目、合鳃目和鳉形目最少。在部分自然河段有常见鱼类分布，此外在河道挖沙产生的静水坑有少数小型鱼类生存，洄游性鱼类和一些大型经济性鱼类极其少见，养殖鱼类种类完整，数量较多。滦河河口水生植物种类较多，木本湿地植被有河柳、沙棘、柽柳，水域植被有泽泻、藨草、金戴戴、慈姑、酸模叶蓼，低草湿地植被有草苔、鹅绒委陵菜、水莎草、碱蓬，高草湿地植被有稗草、芦苇、假苇拂子茅、小香蒲、蒿等。

滦河河口沼泽湿地和滦河河口湿地涵盖了从大滦河河口至二滦河河口的区域，面积约为 69 km^2。滦河河口湿地属滨海湿地，是陆地和海洋的交汇地带，野生动物资源十分丰富，是世界珍禽黑嘴鸥的栖息、繁殖地。滦河河口湿地的主要鸟类群落，不仅有占首要地位的黑尾鸥—沙蚕群落，还有燕鸥—蛎鹬繁殖种群等，常见物种有黑嘴鸥、黑尾鸥、红嘴鸥、银鸥、普通燕鸥、黑枕燕鸥、白额燕鸥、白腰杓鹬、红腰杓鹬、红脚鹬、斑嘴鸭、赤颈鸭、翘鼻麻鸭、琵嘴鸭、白尾海雕、白鹤、丹顶鹤、灰鹤、田鸡、董鸡、麦鸡、戴胜雨燕、灰沙燕等，其中黑尾鸥、银鸥、燕鸥为群落鸟类的优势种。另外，滦河河口湿地还有鱼类、半索动物、甲壳动物、软体动物、腕足动物、腔肠动物、浮游生物等水生动物。

4.1.4.2 漳卫新河河口

漳卫新河河口上起辛集闸，下止大口河（含部分浅海延伸区域），左右主要以海防公路和大济公路为界，河口总面积为 131.02 km^2，其中陆域面积为 85.97 km^2，海域面积为 45.05 km^2。河口左边界为辛集闸—海丰，沿现有左堤，海丰以下现有陆域边界接黄骅港右导堤；河口右边界为辛集闸—孟家庄，沿现有右堤，孟家庄以下沿大济公路并直线外延，基本与黄骅港右导堤平行。漳卫新河河口分布着大面积的滩涂、沼泽，形成了独特的泥质海岸湿地生态环境，是东北亚内陆和环太平洋鸟类迁徙的重要“中转站”、越冬栖息地和繁殖地。河口两岸为广阔的沿海滩涂，几十年以前，这些滩涂多为潮间带，随着潮汐的涨落，在滩涂潮沟中滞留了丰富的生物，同时为鸟类提供了良好的栖息环境，形成天然湿地。自 20 世纪 80 年代以来，随着经济的发展，两岸滩涂几乎全部被开发成水产养殖场和盐田蒸发池。近年随着人们环境保护意识的加强，河口两岸河北省及山东省政府重视并加强了湿地保护工作，河北省将漳卫新河河口海防公路以北 16 800 hm^2 的地区规划为海兴湿地和鸟类自然保护区（省级）；山东省将漳卫新河河口与套儿河之间的滩涂及近海规划为滨州贝壳堤岛与湿地自然保护区（国家级）。

漳卫新河河口地区植被主要以栽培作物为主，自然植被较少。栽培植物主要有小麦、玉米、大豆、高粱、谷子、棉花等，林木种植主要是国槐、柳、毛白杨、加杨、青杨等树木，果树有枣、梨等。另有杂草和野菜分布在堤防、路边和盐碱荒地上。动物资源中水生生物资源较为丰富，低潮带的鱼、虾、贝、蟹等生物资源较多。海底淡水中以丰年虫为主的浮游生物丰富，为发展海底淡水养殖业提供了物质条件。但近年来，由于海洋捕捞增长过快，近海资源减少，经济型鱼类资源遭到一定的破坏。

海兴湿地位于海兴县东部，濒临渤海，是在河流动力与海洋动力以及人类活动综合作用下形成的由河流、浅滩、沟槽、沼泽、盐田和积水洼地等组合而成的复合型滨海湿地，总面积为 26 000 hm^2。目前部分湿地已划为自然保护区，面积为 16 800 hm^2。海兴湿地有植物 146 种、水生动物 142 种、陆栖无脊椎动物 205 种、鸟类 233 种、其他陆生脊椎动物 32 种。无棣县湿地自然保护区（又称山东滨州贝壳堤岛与湿地国家级自然保护区），位于无棣县东北部，濒临渤海，涵盖埕口、马山子、西小王、佘家巷 4 个镇的沿海、近海区域，总面积为 10 万 hm^2，沿海岸线尚有新发育形成的新贝壳堤，是典型的贝壳滩涂湿地生态系统。无棣县湿地自然保护区内有 9 目 21 科 34 属 160 余种鸟类分布或越冬栖息，其中包括国家一级、二级保护动物白头鹤、鸳鸯等。无棣县湿地自然保护区已正式被列为原国家林业局与世界自然基金会合作新建的 10 处湿地自然保护区之一，列入《中国湿地保护行动计划》。

4.1.5 小结

通过分析重点湖库富营养化状况、重要湿地和典型河口水生态状况以及水生生物群落、生物多样性等，评价海河流域水生态健康状况。主要结论如下：

①从湖库富营养化情况看，2018 年海河流域 70 座重点湖库中，存在富营养化的湖库有 25 座，占湖库总数的 34%，其中轻度富营养的湖库有 19 座，中度富营养的湖库有 6 座（庙宫水库、西峪水库、黄松峪水库、邱庄水库、册田水库、北大港水库）。处于轻度富营养的湖库，以生态修复和综合管理为主，处于中度富营养的湖库，要进一步加强流域综合治理，控源减排，逐步恢复湖库生态功能。

②从湿地情况看，海河流域主要湿地有近海及海岸、河流、湖泊、沼泽和沼泽化草甸、库塘 5 种类型，全流域湿地面积为 0.85 万 km^2，占流域总面积的 2.7%。流域内省级以上涉水自然保护区有 22 个，总面积为 4 014.5 km^2；国家湿地公园有 44 个，湿地总面积为 689.5 km^2，白洋淀、衡水湖、七里海、南大港、北大港 5 处湿地为海河流域重要湿地。

③从水生生物评价结果看，海河流域整体为轻-中度污染水平，各水系水生生物多样性差异较明显，浮游植物、浮游动物和大型底栖动物的 Shannon-Wiener 生物多样性指数分别为 1.77～2.37、0.96～1.54 和 1.36～2.42。子牙河（含黑龙港及运东）系的浮游植物生物多样性指数相对较低，水域环境和群落组成的重复性、稳定性与其他各大水系相比略低；徒骇马颊河水系浮游动物生物多样性指数较低，可视为严重富营养化；漳卫南运河水系底栖动物生物多样性指数最低，甚至部分站点仅采集到 1 种底栖动物，说明该水系整体生态质量不容乐观。

④海河流域诸多河口中，除滦河河口外，其他河口均有闸坝拦截。从典型河口生态状况看，滦河河口汇集了河流湿地、滩涂湿地、浅海湿地等多种湿地，水生生物、鸟类等野生动物资源十分丰富；漳卫新河河口建闸后由于没有潮水进入，形成河道型水库，闸内各种生物以耐污淡水种为主，闸外以典型的半咸水种、海洋沿岸种为主。

4.2 重点河流水生态调查与评价

4.2.1 滦河及冀东沿海

4.2.1.1 重点湖库富营养化情况

滦河及冀东沿海内涉及“十四五”国控断面的重点湖库主要包括闪电河水库、庙宫水库、桃林口水库、石河水库、洋河水库、陡河水库、潘家口水库和大黑汀水库。根据最新数据，闪电河水库、庙宫水库、石河水库、陡河水库为轻度富营养，桃林口水库、洋河水库、潘家口水库和大黑汀水库为中度富营养。从2015—2020年统计数据看，闪电河水库、桃林口水库和石河水库富营养化程度无明显变化，庙宫水库富营养化程度在轻度富营养和中度富营养间波动，洋河水库、潘家口水库和大黑汀水库富营养化程度在中营养和轻度富营养间波动。滦河及冀东沿海湖库富营养化情况见表4-7。

表4-7 滦河及冀东沿海湖库富营养化情况

湖库名称	责任地市	湖库营养状态					
		2015年	2016年	2017年	2018年	2019年	2020年
闪电河水库	张家口	轻度富营养	轻度富营养	轻度富营养	轻度富营养	—	—
庙宫水库	承德	轻度富营养	中度富营养	轻度富营养	中度富营养	—	轻度富营养
桃林口水库	秦皇岛	中营养	中营养	中营养	中营养	—	—
石河水库	秦皇岛	轻度富营养	轻度富营养	轻度富营养	轻度富营养	—	—
洋河水库	秦皇岛	轻度富营养	轻度富营养	轻度富营养	中营养	—	—
陡河水库	唐山	轻度富营养	轻度富营养	轻度富营养	轻度富营养	—	—
潘家口水库	唐山	中度富营养	轻度富营养	轻度富营养	轻度富营养	中营养	中营养
大黑汀水库	唐山	轻度富营养	轻度富营养	轻度富营养	中营养	中营养	中营养

4.2.1.2 湿地状况

滦河及冀东沿海湿地类型众多、资源丰富，有河流湿地、湖泊湿地、近海及海岸湿地、沼泽和沼泽化草甸湿地、库塘湿地5种类型，湿地总面积为13.57万hm^2，其中以近海及海岸湿地、沼泽和沼泽化草甸湿地为主，总面积分别为4.62万hm^2和4.04万hm^2，分别占河系内湿地总面积的34%和29.8%。滦河及冀东沿海湿地分布情况见表4-8。

表 4-8　滦河及冀东沿海湿地分布情况　单位：万 hm^2

省级行政区	河流湿地面积	湖泊湿地面积	近海及海岸湿地面积	沼泽和沼泽化草甸湿地面积	库塘湿地面积	小计
河北省	2.73	0.44	4.62	1.61	1.6	11
内蒙古自治区	0.05	0.09	—	2.43	0	2.57
合计	2.78	0.53	4.62	4.04	1.6	13.57

滦河及冀东沿海省级以上涉水自然保护区共 4 个，保护区总面积为 806 km^2，分别位于河北省的秦皇岛市、承德市、唐山市。滦河及冀东沿海省级以上涉水自然保护区名录见表 4-9。

表 4-9　滦河及冀东沿海省级以上涉水自然保护区名录

省级行政区	地级行政区	区县	保护区名称	面积/hm^2	主要保护对象	级别
河北省	秦皇岛市	昌黎县	昌黎黄金海岸	33 620.5	海滩及近海生态系统	国家级
	承德市	围场满族蒙古族自治县	御道口	32 620	草原、湿地生态系统	省级
	唐山市	曹妃甸区	曹妃甸湿地和鸟类	10 081.4	湿地生态系统及鸟类	省级
	唐山市	乐亭县	乐亭菩提岛诸岛	4 281.55	海洋生态系统及鸟类	省级

滦河及冀东沿海被列入国家湿地公园名录且通过验收的湿地共 10 个，湿地总面积为 273.8 km^2，分别位于河北省的承德市、秦皇岛市、张家口市，以及内蒙古自治区的锡林郭勒盟，河北省和内蒙古自治区湿地面积分别占滦河水系湿地面积的 53.9%、46.1%。滦河水系国家湿地公园名录见表 4-10。

表 4-10　滦河水系国家湿地公园名录

省级行政区	地级行政区	县级行政区	控制单元	湿地名称	经度/(°)	纬度/(°)	湿地面积/hm^2
河北省	承德市	丰宁满族自治县	闪电河大桥	河北丰宁海留图国家湿地公园	115.91	41.57	837.5
		围场满族蒙古族自治县	郭家屯	河北木兰围场小滦河国家湿地公园	116.86	41.79	184.9
		双滦区	上板城大桥	河北承德双塔山滦河国家湿地公园	117.69	40.89	456.17
		隆化县	李台	河北隆化伊逊河国家湿地公园	117.64	41.18	340.89

省级行政区	地级行政区	县级行政区	控制单元	湿地名称	经度/(°)	纬度/(°)	湿地面积/hm^2
河北省	秦皇岛市	北戴河区	—	河北北戴河国家湿地公园	119.51	39.85	165.67
		卢龙县	—	河北卢龙一渠百库国家湿地公园	119.03	40.11	616.1
		青龙满族自治县	—	河北青龙湖国家湿地公园	119.03	40.26	8 400
	张家口市	沽源县	—	河北坝上闪电河国家湿地公园	115.75	41.77	3 755.2
内蒙古自治区	锡林郭勒盟	正蓝旗	滦河控制单元	内蒙古正蓝旗上都河国家湿地公园	116	42.25	8 870
		多伦县	滦河控制单元	内蒙古多伦滦河源国家湿地公园	114.71	42.71	3 750

4.2.1.3 水生生物情况

（1）浮游植物情况

滦河及冀东沿海共发现浮游植物 7 门 80 属 204 种，其中硅藻门和绿藻门的种类数量较多，分别为 22 属 82 种和 32 属 63 种，分别占总种数的 40.2%和 30.88%；其次为蓝藻门和裸藻门，分别为 15 属 32 种和 5 属 16 种，分别占总种数的 15.69%和 7.84%；隐藻门、甲藻门和金藻门的种类数量较少，分别为 2 属 5 种、3 属 3 种和 1 属 3 种，分别占总种数的2.45%、1.47%和1.47%。滦河及冀东沿海浮游植物各门种类数及占比情况如表4-11 所示。

表 4-11 滦河及冀东沿海浮游植物各门种类数及占比情况

项目	绿藻门	硅藻门	蓝藻门	裸藻门	隐藻门	甲藻门	金藻门	合计
滦河及冀东沿海/种	63	82	32	16	5	3	3	204
占比/%	30.88	40.20	15.69	7.84	2.45	1.47	1.47	100.00

滦河及冀东沿海的优势物种有蓝藻门的色球藻、小胶鞘藻、湖泊鞘丝藻、极大螺旋藻等；硅藻门的尖针杆藻、菱形藻、谷皮菱形藻、舟形藻、隐头舟形藻、小环藻、梅尼小环藻、曲壳藻、普通等片藻、扁圆卵形藻、桥弯藻等；绿藻门的栅藻、德巴衣藻、水溪绿球藻等。总体来看，滦河水系以中-富营养类型指示种占优势。

从滦河及冀东沿海浮游植物的密度和生物量来看，密度为 0.01×10^6～16.11×10^6 ind./L，平均值为 2.33×10^6 ind./L，主要由蓝藻和硅藻组成，两者占浮游植物总密度的 79.4%；生物量为 0.01～8.58 mg/L，平均值为 1.41 mg/L，主要由硅藻和裸藻组成，两者占浮游植物总生物量的 65.25%。综合藻类密度和藻类生物量两方面分析，滦河及冀东沿海处于贫营养水平。

滦河及冀东沿海浮游植物的 Shannon-Wiener 生物多样性指数为 1.7～4.57，平均值为 2.2；物种丰富度指数（Margalef 指数）为 4.54～10.24，平均值为 6.8；物种均匀度指数（Pielou 指数）为 0.32～0.95，平均值为 0.65。从浮游植物的生物多样性指数来看，滦河及冀东沿海水质污染状况为轻度污染。

（2）浮游动物情况

滦河及冀东沿海共发现浮游动物 88 属 129 种。其中轮虫种类数最多，共计 38 属 66 种，占种类组成的 51.16%；其次原生动物有 34 属 45 种，占种类组成的 34.88%；枝角类有 10 属 12 种，占 9.3%；桡足类（及其无节幼体）6 属 6 种，占种类组成的 4.65%。滦河及冀东沿海浮游动物组成及占比情况见表 4-12。

表 4-12　滦河及冀东沿海浮游动物组成及占比情况

项目	原生动物	轮虫	枝角类	桡足类	合计
滦河及冀东沿海/种	45	66	12	6	129
占比/%	34.88	51.16	9.30	4.65	100.00

滦河及冀东沿海的优势种有裂足臂尾轮虫、前节晶囊轮虫、曲腿龟甲轮虫、螺形龟甲轮虫、针簇多肢轮虫、大肚须足轮虫、长刺异尾轮虫、方块鬼轮虫、迈氏三肢轮虫、懒轮虫、阔口游仆虫、刺胞虫等。总体来看，滦河及冀东沿海以 α-中污带和 β-中污带的指示种类占优势。

滦河及冀东沿海浮游动物的密度为 0.05～34 156.05 ind./L，平均值为 2 831.4 ind./L，其中原生动物占比最大，占平均总密度的 68.72%；其次为轮虫，占平均总密度的 21.07%；枝角类和桡足类占比较小，分别占平均总密度的 3.99%和 6.22%。从滦河及冀东沿海浮游动物的平均总密度看，滦河及冀东沿海水体处于中-富营养状态。滦河及冀东沿海浮游动物密度组成情况见表 4-13。

表 4-13　滦河及冀东沿海浮游动物密度组成情况

河系	原生动物	轮虫	枝角类	桡足类	平均密度
滦河及冀东沿海	68.72%	21.07%	3.99%	6.22%	2 831.40 ind./L

经计算，滦河及冀东沿海浮游动物的 Shannon-Wiener 生物多样性指数平均值为 1.39，水质评价为中度污染。

（3）大型底栖动物情况

滦河及冀东沿海共有底栖动物 96 种。经计算，滦河及冀东沿海大型底栖动物的 Shannon-Wiener 生物多样性指数为 2.42，水质评价为轻度污染。

4.2.2 北三河

4.2.2.1 重点湖库富营养化情况

北三河系内涉及“十四五”国控断面的重点湖库主要包括云州水库、海子水库、密云水库、于桥水库、尔王庄水库、怀柔水库、白河堡水库、十三陵水库、斋堂水库、北台上水库、沙厂水库、遥桥峪水库、大水峪水库、西峪水库、黄松峪水库、半城子水库、桃峪口水库、崇青水库和邱庄水库。根据最新数据，海子水库、于桥水库和沙厂水库为轻度富营养，西峪水库、黄松峪水库和邱庄水库为中度富营养，其他水库均为中营养。从2015—2020年的统计数据看，密云水库、于桥水库、怀柔水库、十三陵水库、斋堂水库、北台上水库、沙厂水库、遥桥峪水库、半城子水库、桃峪口水库和邱庄水库富营养化程度无明显变化，云州水库、海子水库、尔王庄水库、白河堡水库和崇青水库富营养化程度在中营养和轻度富营养间波动，西峪水库富营养化程度在轻度富营养和中度富营养间波动。北三河系湖库富营养化情况见表4-14。

表4-14 北三河系湖库富营养化情况统计

湖库名称	责任城市	湖库营养状态					
		2015年	2016年	2017年	2018年	2019年	2020年
云州水库	北京	轻度富营养	轻度富营养	中营养	中营养	—	—
海子水库	北京	中营养	中营养	轻度富营养	轻度富营养	—	—
密云水库	北京	中营养	中营养	中营养	中营养	中营养	中营养
于桥水库	天津	轻度富营养	轻度富营养	轻度富营养	轻度富营养	—	中营养
尔王庄水库	天津	轻度富营养	中营养	中营养	中营养	—	—
怀柔水库	北京	中营养	中营养	中营养	中营养	中营养	中营养
白河堡水库	北京	中营养	轻度富营养	中营养	中营养	—	—
十三陵水库	北京	中营养	中营养	中营养	中营养	—	—
斋堂水库	北京	中营养	中营养	中营养	中营养	—	—
北台上水库	北京	中营养	中营养	中营养	中营养	—	—
沙厂水库	北京	轻度富营养	轻度富营养	轻度富营养	轻度富营养	—	—
遥桥峪水库	北京	中营养	中营养	中营养	中营养	—	—

湖库名称	责任城市	湖库营养状态					
		2015 年	2016 年	2017 年	2018 年	2019 年	2020 年
大水峪水库	北京	中营养	中营养	中营养	中营养	—	—
西峪水库	北京	轻度富营养	轻度富营养	中度富营养	中度富营养	—	—
黄松峪水库	北京	中营养	中营养	轻度富营养	中度富营养	—	—
半城子水库	北京	中营养	中营养	中营养	中营养	—	—
桃峪口水库	北京	—	—	中营养	中营养	—	—
崇青水库	北京	轻度富营养	轻度富营养	轻度富营养	中营养	—	—
邱庄水库	唐山	中度富营养	中度富营养	中度富营养	中度富营养	—	—

4.2.2.2 湿地状况

北三河系湿地类型众多、资源丰富，分布有河流湿地、湖泊湿地、近海及海岸湿地、沼泽和沼泽化草甸湿地、库塘湿地 5 种类型，总面积为 8.61 万 hm^2，其中以库塘湿地为主，总面积为 4.78 万 hm^2，占流域内湿地总面积的 55.52%。北三河系湿地分布情况见表 4-15。

表 4-15 北三河系湿地分布情况 单位：万 hm^2

省级行政区	河流湿地面积	湖泊湿地面积	近海及海岸湿地面积	沼泽和沼泽化草甸湿地面积	库塘湿地面积	小计
北京市	1.32	0.05	0	0	2	3.37
天津市	0.59	0.02	0.87	0.19	2.58	4.25
河北省	0.66	0.05	0	0.08	0.2	0.99
合计	2.57	0.12	0.87	0.27	4.78	8.61

北三河系省级以上涉水自然保护区共 4 处，保护区总面积为 481 km^2，分别位于北京市、天津市，各省级行政区保护区面积分别占北三河系的 3.6%、96.4%。北三河系省级以上涉水自然保护区名录见表 4-16。

表 4-16 北三河系省级以上涉水自然保护区名录

省级行政区域	区县	保护区名称	面积/hm^2	主要保护对象	级别
北京市	顺义区	汉石桥湿地	1 615	湿地生态系统及野生动植物	省级
	延庆区、怀柔区	怀沙河、怀九河	111.2	大鲵、中华九刺鱼、鸳鸯等野生动物	省级
天津市	滨海新区、宁河区、津南区、宝坻区	古海岸与湿地	35 913	贝壳堤、牡蛎滩古海岸遗迹、滨海湿地	国家级
	武清区	大黄堡	10 465	湿地生态系统及野生动植物	省级

北三河系被列入国家湿地公园名录且通过验收的湿地共 5 处，湿地面积 69.6 km^2，分别位于天津市和河北省的廊坊市、承德市，各省级行政区湿地面积分别占北三河系的 40.7%、59.3%。北三河系国家湿地公园名录见表 4-17。

表 4-17 北三河系国家湿地公园名录

省级行政区	地级行政区	区县	控制单元	湿地名称	经度/(°)	纬度/(°)	湿地面积/hm^2
天津市	—	蓟州区	—	天津下营环秀湖国家湿地公园	117.33	40.13	153.97
		宝坻区	—	天津宝坻潮白河国家湿地公园	117.18	39.45	2 382.5
		蓟州区	—	天津蓟州州河国家湿地公园（试点）	117.37	39.77	300.46
河北省	廊坊市	香河县	—	河北香河潮白河大运河国家湿地公园	117.04	39.77	3 689.36
	承德市	滦平县	古北口	河北滦平潮河国家湿地公园	116.99	40.7	437.34

4.2.2.3 水生生物情况

（1）浮游植物情况

在本次调查中，北三河系内共发现浮游植物 8 门 95 属 274 种，其中硅藻门和绿藻门的种类数量较多，分别为 25 属 93 种和 40 属 90 种，分别占总种数的 33.94%和 32.85%；其次为蓝藻门和裸藻门，分别为 14 属 42 种和 6 属 34 种，分别占总种数的 15.33%和 12.41%；隐藻门、甲藻门、黄藻门和金藻门的种类数量较少，分别为 2 属 6 种、2 属 2 种、3 属 3 种和 3 属 4 种，分别占总种数的 2.19%、0.73%、1.09%和 1.46%。北三河系浮游植物各门种类数及占比情况如表 4-18 所示。

表 4-18　北三河系浮游植物各门种类数及占比情况

项目	绿藻门	硅藻门	蓝藻门	裸藻门	隐藻门	甲藻门	黄藻门	金藻门	合计
北三河系/种	90	93	42	34	6	2	3	4	274
占比/%	32.85	33.94	15.33	12.41	2.19	0.73	1.09	1.46	100.00

北三河系优势物种有蓝藻门的微小色球藻、色球藻、极大螺旋藻、阿氏颤藻、蓝纤维藻等；硅藻门的曲壳藻、橄榄形异极藻、微细异极藻、尖针杆藻、肘状针杆藻、扁圆卵形藻、线形菱形藻、偏肿桥弯藻、扁圆舟形藻、普通等片藻等；绿藻门的水溪绿球藻、四尾栅藻、小空星藻、简单衣藻、纤细新月藻、硬弓形藻等；隐藻门的啮蚀隐藻、蓝隐藻等；裸藻门的裸藻等。总体来看，北三河系以中-富营养类型指示种占优势。

从北三河系浮游植物的密度和生物量来看，密度为 0.01×10^6～70.21×10^6 ind./L，平均值为 8.25×10^6 ind./L，主要由硅藻和绿藻组成，两者占浮游植物总密度的 75.15%；生物量为 0.01～10.37 mg/L，平均值为 3.31 mg/L，主要由蓝藻和绿藻组成，两者占浮游植物总生物量的 48.94%。综合藻类密度和藻类生物量两方面分析，北三河系处于中-富营养水平。

北三河系浮游植物的 Shannon-Wiener 生物多样性指数为 0.73～4.64，平均值为 2.21；Margalef 指数为 1.73～10.06，平均值为 6.39；Pielou 指数为 0.16～0.88，平均值为 0.67。从浮游植物的生物多样性指数来看，北三河系水质污染状况为轻-中度污染。

（2）浮游动物情况

北三河系共发现浮游动物 124 属 211 种。其中原生动物种类最多，共计 60 属 92 种，占种类组成的 43.6%；其次是轮虫，有 40 属 72 种，占种类组成的 34.12%；枝角类有 16 属 38 种，占种类组成的 18.01%；桡足类（及其无节幼体）8 属 9 种，占种类组成的 4.27%。北三河系浮游动物组成及占比情况如表 4-19 所示。

表 4-19　北三河系浮游动物组成及占比情况

项目	原生动物	轮虫	枝角类	桡足类	合计
北三河系/种	92	72	38	9	211
占比/%	43.60	34.12	18.01	4.27	100

北三河系的优势种有微型裸腹溞、多刺裸腹溞、远东裸腹溞、曲腿龟甲轮虫、沟痕泡轮虫、壶状臂尾轮虫、剪形臂尾轮虫、萼花臂尾轮虫、角突臂尾轮虫、奇异巨腕轮虫、针簇多肢轮虫、迈氏三肢轮虫、长三肢轮虫、泥炭刺胞虫等。总体来看，北三河系以α-中污带和β-中污带的指示种类占优势。

北三河系浮游动物的密度为 0.15～28 808.9 ind./L，平均值为 5 370.06 ind./L，其中原

生动物占比最大，占平均总密度的 67.96%；其次是轮虫，占平均总密度的 20.77%；枝角类和桡足类占比较小，仅占平均总密度的 4.12%和 7.15%。从北三河系浮游动物的平均总密度看，北三河系水体处于富营养状态。北三河系浮游动物密度组成情况见表 4-20。

表 4-20 北三河系浮游动物密度组成情况

河系	原生动物	轮虫	枝角类	桡足类	平均密度
北三河	67.96%	20.77%	4.12%	7.15%	5 370.06 ind./L

经计算，北三河系浮游动物的 Shannon-Wiener 生物多样性指数平均值为 1.54，水质评价为中度污染。

（3）大型底栖动物情况

北三河系共有底栖动物 71 种。经计算，北三河系大型底栖动物的 Shannon-Wiener 生物多样性指数为 1.63，水质评价为中度污染。

4.2.3 永定河

4.2.3.1 重点湖库富营养化情况

永定河系内涉及“十四五”国控断面的重点湖库主要包括友谊水库、册田水库、官厅水库、东榆林水库、北塘水库、壶流河水库和珠窝水库。根据最新数据，友谊水库、东榆林水库、壶流河水库和珠窝水库为轻度富营养，册田水库为中度富营养，官厅水库和北塘水库为中营养。从 2015—2018 年的统计数据看，友谊水库、册田水库和官厅水库富营养化程度无明显变化，珠窝水库富营养化程度逐渐加重，壶流河水库在轻度富营养和中度富营养之间波动。永定河系湖库富营养化情况见表 4-21。

表 4-21 永定河系湖库富营养化情况统计

湖库名称	责任城市	湖库营养状态					
		2015 年	2016 年	2017 年	2018 年	2019 年	2020 年
友谊水库	乌兰察布	轻度富营养	轻度富营养	轻度富营养	轻度富营养	—	—
册田水库	大同	中度富营养	中度富营养	中度富营养	中度富营养	—	—
官厅水库	张家口	中营养	中营养	中营养	中营养	—	—
东榆林水库	朔州	—	—	轻度富营养	—	—	—
北塘水库	天津	—	—	—	—	—	中营养

湖库名称	责任城市	湖库营养状态					
		2015 年	2016 年	2017 年	2018 年	2019 年	2020 年
壶流河水库	张家口	轻度富营养	轻度富营养	中度富营养	轻度富营养	—	—
珠窝水库	北京	中营养	中营养	轻度富营养	轻度富营养	—	—

4.2.3.2 湿地状况

永定河系湿地类型众多、资源丰富，分布有河流湿地、湖泊湿地、近海及海岸湿地、沼泽湿地、人工湿地 5 种类型湿地，总面积为 8.29 万 hm^2，其中以河流湿地为主，总面积为 5.24 万 hm^2，占流域内湿地总面积的 63.21%。永定河系湿地分布情况见表 4-22。

表 4-22 永定河系湿地分布情况

单位：万 hm^2

省级行政区	小计	河流湿地面积	湖泊湿地面积	近海及海岸湿地面积	沼泽湿地面积	人工湿地面积
北京市	1.3	0.85	—	—	0.1	0.35
天津市	0.66	0.28	—	0.14	—	0.24
河北省	4.45	2.99	0.04	—	0.68	0.75
山西省	1.88	1.12	—	—	0.25	0.51
合计	8.29	5.24	0.04	0.14	1.03	1.85

永定河系省级以上涉水自然保护区共 4 处，保护区总面积为 1 022.4 km^2，分别位于北京市、河北省的张家口市、山西省的大同市和朔州市，北京市、河北省和山西省涉水自然保护区面积分别占永定河系的 8.5%、10.8%、80.7%。永定河系省级以上涉水自然保护区名录见表 4-23。

表 4-23 永定河系省级以上涉水自然保护区名录

省级行政区	地级行政区	区县	保护区名称	面积/hm^2	主要保护对象	级别
北京市	—	延庆区	野鸭湖	8 700	湿地生态系统及鸟类	省级
河北省	张家口市	宣化区	黄羊滩	11 035	湿地生态系统及鸟类	省级
山西省	大同市	广灵县	壶流河湿地	12 918	黑鹳繁殖地及湿地生态系统	省级
	朔州市	朔城区、怀仁县、应县、山阴县、大同县、阳高县	桑干河	69 583.4	迁徙水禽及其生境	省级

永定河系被列入国家湿地公园名录且通过验收的湿地共 9 处，湿地面积为 258 km^2，分别位于北京市，天津市，河北省的张家口市，山西省的大同市、朔州市，各省级行政区湿地面积分别占永定河系的 15.3%、0.8%、62%、21.9%。永定河系国家湿地公园名录见表 4-24。

表 4-24　永定河系国家湿地公园名录

<table>
<tr><th>省级行政区</th><th>地级行政区</th><th>区县</th><th>控制单元</th><th>湿地名称</th><th>经度/（°）</th><th>纬度/（°）</th><th>湿地面积/hm^2</th></tr>
<tr><td>北京市</td><td>—</td><td>延庆区</td><td>妫水河控制单元</td><td>北京野鸭湖国家湿地公园</td><td>115.85</td><td>40.41</td><td>3 939</td></tr>
<tr><td>天津市</td><td>—</td><td>武清区</td><td>黄庄街道</td><td>天津武清永定河故道国家湿地公园</td><td>117.583</td><td>39.33</td><td>210.8</td></tr>
<tr><td rowspan="4">河北省</td><td rowspan="4">张家口市</td><td>阳原县</td><td>—</td><td>河北阳原桑干河国家湿地公园</td><td>114.6</td><td>40.2</td><td>1 194.83</td></tr>
<tr><td>怀来县</td><td>—</td><td>河北怀来官厅水库国家湿地公园</td><td>115.45</td><td>40.25</td><td>13 079.87</td></tr>
<tr><td>涿鹿县</td><td>—</td><td>河北涿鹿桑干河国家湿地公园</td><td>115.25</td><td>40.36</td><td>674.49</td></tr>
<tr><td>蔚县</td><td>—</td><td>河北蔚县壶流河国家湿地公园</td><td>114.76</td><td>40.04</td><td>1 036.47</td></tr>
<tr><td rowspan="3">山西省</td><td rowspan="2">大同市</td><td>云州区</td><td>桑干河</td><td>山西大同桑干河国家湿地公园</td><td>113.6</td><td>39.93</td><td>4 717.89</td></tr>
<tr><td>浑源县</td><td>桑干河</td><td>山西神溪国家湿地公园</td><td>113.66</td><td>39.73</td><td>315.99</td></tr>
<tr><td>朔州市</td><td>怀仁县</td><td>—</td><td>山西怀仁口泉河国家湿地公园</td><td>113.22</td><td>39.88</td><td>626.8</td></tr>
</table>

4.2.3.3　水生生物情况

（1）浮游植物情况

永定河系内共发现浮游植物 7 门 68 属 187 种，其中硅藻门和绿藻门的种类数量较多，分别为 18 属 66 种和 26 属 58 种，分别占总种数的 35.29%和 31.02%；其次为蓝藻门和裸藻门，分别为 13 属 30 种和 6 属 26 种，分别占总种数的 16.04%和 13.9%；隐藻门、甲藻门和金藻门的种类数量较少，分别为 2 属 3 种、2 属 2 种和 1 属 2 种，分别占总种数的 1.6%、1.07%和 1.07%。永定河系浮游植物各门种类数及占比情况如表 4-25 所示。

表 4-25　永定河系浮游植物各门种类数及占比情况

项目	绿藻门	硅藻门	蓝藻门	裸藻门	隐藻门	甲藻门	金藻门	合计
永定河系/种	58	66	30	26	3	2	2	187
占比/%	31.02	35.29	16.04	13.90	1.60	1.07	1.07	100.00

永定河系优势物种有蓝藻门的微小色球藻、湖泊鞘丝藻等；硅藻门的梅尼小环藻、小环藻、谷皮菱形藻、泉生菱形藻、最小舟形藻、简单舟形藻等；绿藻门的蹄形藻、纤维藻、四尾栅藻等；隐藻门的卵形隐藻、蓝隐藻等；裸藻门的鱼形裸藻等。总体来看，永定河系以中-富营养类型指示种占优势。

从永定河系浮游植物的密度和生物量来看，密度为 0.04×10^6～14.74×10^6 ind./L，平均值为 5.12×10^6 ind./L，主要由硅藻和绿藻组成，两者占浮游植物总密度的 74.42%；生物量为 0.06～8.29 mg/L，平均值为 2.75 mg/L，主要由硅藻和绿藻组成，两者占浮游植物总生物量的 65.81%。综合藻类密度和藻类生物量两方面分析，永定河系水体有富营养化的趋势。

永定河系浮游植物的 Shannon-Wiener 生物多样性指数为 1.64～4.19，平均值为 2.37；Margalef 指数为 2.91～10.07，平均值为 6.44；Pielou 指数为 0.34～0.75，平均值为 0.62。从浮游植物的生物多样性指数看，永定河系水质污染状况为轻-中度污染。

（2）浮游动物情况

永定河系共发现浮游动物 82 属 124 种。其中原生动物种类最多，共计 36 属 56 种，占种类组成的 45.16%；其次是轮虫有 31 属 49 种，占种类组成的 39.52%；枝角类有 8 属 12 种，占 9.68%；桡足类（及其无节幼体）7 属 7 种，占种类组成的 5.65%。永定河系浮游动物组成及占比情况如表 4-26 所示。

表 4-26 永定河系浮游动物组成及占比情况

项目	原生动物	轮虫	枝角类	桡足类	合计
永定河系/种	56	49	12	7	124
占比/%	45.16	39.52	9.68	5.65	100.00

永定河系的优势种有微型裸腹溞、角突网纹溞、角突臂尾轮虫、壶状臂尾轮虫、萼花臂尾轮虫、针簇多肢轮虫、旋回侠盗虫等。总体来看，永定河系以α-中污带的指示种占优势。

永定河系浮游动物的密度为 0.05～15 927.6 ind./L，平均值为 3 288.85 ind./L，其中原生动物占比最大，占平均总密度的 51.4%；其次为桡足类和轮虫，分别占平均总密度的 27.5%和 20.7%；枝角类占比最小，仅占平均总密度的 0.4%。从永定河水系浮游动物的平均总密度看，永定河系水体处于富营养状态。永定河系浮游动物密度组成情况见表 4-27。

表 4-27 永定河系浮游动物密度组成情况

河系	原生动物	轮虫	枝角类	桡足类	平均密度
永定河	51.4%	20.7%	0.4%	27.5%	3 288.85 ind./L

经计算，永定河系浮游动物的 Shannon-Wiener 生物多样性指数平均值为 1.29，水质评价为中度污染。

（3）大型底栖动物情况

永定河系共有底栖动物 42 种。经计算，大型底栖动物的 Shannon-Wiener 生物多样性指数为 1.68，水质评价为中度污染。

4.2.4　大清河（含海河干流）

4.2.4.1　重点湖库富营养化情况

大清河（含海河干流）系内涉及“十四五”国控断面的重点湖库主要包括大宁水库、西大洋水库、北大港水库、团泊洼水库、安格庄水库、横山岭水库、王快水库、口头水库和龙门水库。根据最新数据，大宁水库、西大洋水库、安格庄水库和王快水库为中营养，团泊洼水库、横山岭水库、口头水库和龙门水库为轻度富营养，北大港水库为中度富营养。从 2015—2018 年的统计数据看，大宁水库、西大洋水库、北大港水库、安格庄水库、横山岭水库、王快水库和口头水库富营养化程度无明显变化，团泊洼水库和龙门水库富营养化程度减轻。大清河（含海河干流）系湖库富营养化情况见表 4-28。

表 4-28　大清河（含海河干流）系湖库富营养化情况统计

湖库名称	责任城市	湖库营养状态					
		2015 年	2016 年	2017 年	2018 年	2019 年	2020 年
大宁水库	北京	中营养	中营养	中营养	中营养	—	—
西大洋水库	保定	中营养	中营养	中营养	中营养	—	中营养
北大港水库	天津	—	中度富营养	中度富营养	中度富营养	—	—
团泊洼水库	天津	中度富营养	中度富营养	中度富营养	轻度富营养	—	—
安格庄水库	保定	中营养	中营养	中营养	中营养	—	中营养
横山岭水库	石家庄	轻度富营养	轻度富营养	轻度富营养	轻度富营养	—	—
王快水库	保定	中营养	中营养	中营养	中营养	—	中营养
口头水库	石家庄	轻度富营养	轻度富营养	轻度富营养	轻度富营养	—	—
龙门水库	保定	中度富营养	轻度富营养	轻度富营养	轻度富营养	—	—

4.2.4.2 湿地状况

大清河（含海河干流）系湿地类型众多、资源丰富，分布有河流湿地、湖泊湿地、近海及海岸湿地、沼泽和沼泽化草甸湿地、库塘湿地 5 种类型，总面积为 9.41 万 hm^2，其中以近海及海岸湿地为主，总面积为 5.81 万 hm^2，占流域内湿地总面积的 61.74%。大清河（含海河干流）系湿地分布情况见表 4-29。

表 4-29 大清河（含海河干流）系湿地分布情况 单位：万 hm^2

省级行政区	河流湿地面积	湖泊湿地面积	近海及海岸湿地面积	沼泽和沼泽化草甸湿地面积	库塘湿地面积	小计
北京市	0.1	0	0	0.02	0.04	0.16
天津市	0.32	0	5.81	0	1.72	7.85
河北省	0	0.02	0	0	1.38	1.4
合计	0.42	0.02	5.81	0.02	3.14	9.41

大清河（含海河干流）系省级以上涉水自然保护区共 4 处，保护区面积为 719.8 km^2，分别位于北京市，天津市和河北省的保定市，各省级行政区湿地面积分别占大清河（含海河干流）系湿地面积的 1.6%、57.2%、41.2%。大清河（含海河干流）系省级以上涉水自然保护区名录见表 4-30。

表 4-30 大清河（含海河干流）系省级以上涉水自然保护区名录

省级行政区	地级行政区	区县	保护区名称	面积/hm^2	主要保护对象	级别
北京市	—	房山区	拒马河	1 125	大鲵等水生野生动物	省级
天津市	—	滨海新区	北大港湿地	34 887	湿地生态系统及珍稀濒危动植物	省级
	—	静海区、西青区	团泊鸟类	6 270	黑鹳、东方白鹳、大鸨等珍稀候鸟及其生境	省级
河北省	保定市	安新县	白洋淀湿地	29 696	湿地生态系统及野生动植物	省级

大清河（含海河干流）系被列入国家湿地公园名录且通过验收的湿地共 1 个，为北京房山长沟泉水国家湿地公园，湿地面积为 249 hm^2，详见表 4-31。

表 4-31 大清河（含海河干流）系国家湿地公园名录

省级行政区	地级行政区	区县	控制单元	湿地名称	经度/(°)	纬度/(°)	湿地面积/hm^2
北京市	—	房山区	白沟河（北京市）控制单元	北京房山长沟泉水国家湿地公园	115.89	39.59	249

4.2.4.3 水生生物情况

（1）浮游植物情况

大清河（含海河干流）系共发现浮游植物 7 门 76 属 218 种，其中硅藻门和绿藻门的种类数量较多，分别为 22 属 82 种和 32 属 66 种，分别占总种数的 37.61%和 30.28%；其次为蓝藻门和裸藻门，分别为 11 属 32 种和 6 属 29 种，分别占总种数的 14.68%和 13.3%；隐藻门、甲藻门和黄藻门的种类数量较少，分别为 2 属 6 种、2 属 2 种和 1 属 1 种，分别占总种数的 2.75%、0.92%和 0.46%。大清河（含海河干流）系浮游植物各门种类数及占比情况如表 4-32 所示。

表 4-32 大清河（含海河干流）系浮游植物各门种类数及占比情况

项目	绿藻门	硅藻门	蓝藻门	裸藻门	隐藻门	甲藻门	黄藻门	合计
大清河（含海河干流）系/种	66	82	32	29	6	2	1	218
占比/%	30.28	37.61	14.68	13.30	2.75	0.92	0.46	100.00

大清河（含海河干流）系优势物种有蓝藻门的微小色球藻、蓝纤维藻、阿氏颤藻等；绿藻门的水溪绿球藻、硬弓形藻、四尾栅藻等；硅藻门的小环藻、梅尼小环藻、隐头舟形藻等；裸藻门的裸藻等。总体来看，大清河（含海河干流）系以中-富营养类型指示种占优势。

从大清河（含海河干流）系浮游植物的密度和生物量来看，密度为 0.01×10^6～31.48×10^6 ind./L，平均值为 9.29×10^6 ind./L，主要由绿藻和蓝藻组成，两者占浮游植物总密度的 57.8%；生物量为 0.01～10.97 mg/L，平均值为 3.03 mg/L，主要由绿藻和裸藻组成，两者占浮游植物总生物量的 57.42%。综合藻类密度和藻类生物量两方面分析，大清河（含海河干流）系处于中营养水平。

大清河（含海河干流）系浮游植物的 Shannon-Wiener 生物多样性指数为 0.70～4.67，平均值为 2.12；Margalef 指数为 2.26～9.16，平均值为 5.94；Pielou 指数为 0.16～0.9，平均值为 0.6。从浮游植物的生物多样性指数来看，大清河（含海河干流）系水质污染状况为轻-中度污染。

（2）浮游动物情况

大清河（含海河干流）系共发现浮游动物 103 属 172 种。其中原生动物种类最多，共计 45 属 85 种，占种类组成的 49.42%；其次是轮虫有 40 属 59 种，占种类组成的 34.3%；枝角类 13 属 21 种，占种类组成的 12.21%；桡足类（及其无节幼体）5 属 7 种，占种类组成的 4.07%。大清河（含海河干流）系浮游动物组成及占比情况如表 4-33 所示。

表 4-33 大清河（含海河干流）系浮游动物组成及占比情况

项目	原生动物	轮虫	枝角类	桡足类	合计
大清河（含海河干流）系/种	85	59	21	7	172
占比/%	49.42	34.30	12.21	4.07	100.00

大清河（含海河干流）系的优势种有沟痕泡轮虫、壶状臂尾轮虫、剪形臂尾轮虫、萼花臂尾轮虫、蒲达臂尾轮虫、花篋臂尾轮虫、角突臂尾轮虫、奇异巨腕轮虫、针簇多肢轮虫、迈氏三肢轮虫、阔口游仆虫、钟形钟虫、集盖虫、球形砂壳虫、褐砂壳虫等。总体来看，大清河（含海河干流）系以α-中污带和β-中污带的指示种占优势。

大清河（含海河干流）系浮游动物的密度为 0.15～16 648.6 ind./L，平均值为 4 300.51 ind./L，其中原生动物占比最大，占平均总密度的 66.73%；其次为轮虫，占平均总密度的 18.87%；枝角类和桡足类占比较小，分别占平均总密度的 3.07%和 11.33%。从大清河（含海河干流）系浮游动物的平均总密度看，大清河（含海河干流）系水体处于富营养状态。大清河（含海河干流）系浮游动物密度组成情况见表 4-34。

表 4-34 大清河（含海河干流）系浮游动物密度组成情况

河系	原生动物	轮虫	枝角类	桡足类	平均密度
大清河（含海河干流）系	66.73%	18.87%	3.07%	11.33%	4 300.51 ind./L

经计算，大清河（含海河干流）系浮游动物的 Shannon-Wiener 生物多样性指数平均值为 1.36，水质评价为中度污染。

（3）大型底栖动物情况

大清河（含海河干流）系共有底栖动物 88 种。经计算，大清河（含海河干流）系大型底栖动物的 Shannon-Wiener 生物多样性指数为 1.46，水质评价为中度污染。

4.2.5 子牙河（含黑龙港及运东）

4.2.5.1 重点湖库富营养化情况

子牙河（含黑龙港及运东）系内涉及“十四五”国控断面的重点湖库主要包括东武仕水库、岗南水库、黄壁庄水库、野沟门水库、朱庄水库、临城水库、衡水湖和大浪淀水库。根据最新数据，除黄壁庄水库为轻度富营养外，其他湖库均为中营养。从 2015—2020 年的统计数据看，岗南水库、野沟门水库和朱庄水库富营养化程度无明显变化，东武仕水库、黄壁庄水库、衡水湖和大浪淀水库富营养化程度在中营养和轻度富营养间波动。子牙河（含黑龙港及运东）系湖库富营养化情况见表 4-35。

表 4-35　子牙河（含黑龙港及运东）系湖库富营养化情况统计

湖库名称	责任地市	湖库营养状态					
		2015 年	2016 年	2017 年	2018 年	2019 年	2020 年
东武仕水库	邯郸	轻度富营养	轻度富营养	中营养	中营养	—	—
岗南水库	石家庄	中营养	中营养	中营养	中营养	—	—
黄壁庄水库	石家庄	中营养	中营养	中营养	轻度富营养	—	—
野沟门水库	邢台	中营养	中营养	中营养	中营养	—	—
朱庄水库	邢台	中营养	中营养	中营养	中营养	中营养	—
临城水库	邢台	中营养	轻度富营养	中营养	中营养	中营养	—
衡水湖	衡水	中营养	轻度富营养	轻度富营养	中营养	中营养	中营养
大浪淀水库	沧州	轻度富营养	中营养	中营养	中营养	中营养	中营养

4.2.5.2　湿地状况

子牙河（含黑龙港及运东）系湿地类型较少，分布有河流湿地、湖泊湿地、库塘湿地 3 种类型，总面积约为 6.66 万 hm^2，其中以河流湿地为主，总面积为 2.875 万 hm^2，占流域内湿地总面积的 43.17%。子牙河（含黑龙港及运东）系湿地分布情况见表 4-36。

表 4-36　子牙河（含黑龙港及运东）系湿地分布情况　　单位：万 hm^2

省级行政区	河流湿地面积	湖泊湿地面积	库塘湿地面积	小计
天津市	0.064	—	0.080	0.144
河北省	2.114	1.879	1.689	5.682
山西省	0.697	—	0.136	0.833
合计	2.875	1.879	1.905	6.659

子牙河（含黑龙港及运东）系省级以上涉水自然保护区共 4 处，面积为 407.8 km^2，分别位于河北省的沧州市和衡水市。子牙河（含黑龙港及运东）系省级以上涉水自然保护区名录见表 4-37。

子牙河（含黑龙港及运东）系被列入国家湿地公园名录且通过验收的湿地共 4 个，面积为 11.5 km^2，分别位于河北省的邯郸市和邢台市。子牙河（含黑龙港及运东）系国家湿地公园名录见表 4-38。

表 4-37 子牙河（含黑龙港及运东）系省级以上涉水自然保护区名录

省级行政区	地级行政区	县级行政区	保护区名称	面积/hm^2	主要保护对象	级别
河北省	衡水市	—	衡水湖	16 365	湿地生态系统及鸟类	国家级
	沧州市	运河区	南大港湿地和鸟类	7 500	湿地生态系统及鸟类	省级
		海兴县	海兴湿地和鸟类	16 800	湿地生态系统及鸟类	省级
		黄骅市	黄骅古贝壳堤	117	古贝壳堤生物遗迹	省级

表 4-38 子牙河（含黑龙港及运东）系国家湿地公园名录

省级行政区	地级行政区	区县	控制单元	湿地名称	经度/(°)	纬度/(°)	湿地面积/hm^2
河北省	邯郸市	永年区	滏阳河控制单元	河北永年洼国家湿地公园	114.73	36.71	598.9
		峰峰矿区	滏阳河控制单元	河北峰峰滏阳河国家湿地公园	114.12	36.52	224.63
	邢台市	任县	滏阳河控制单元	任县大陆泽	114.78	37.18	166.63
		内丘县	滏阳河控制单元	河北内丘鹊山湖国家湿地公园	114.42	37.28	158.61

4.2.5.3 水生生物情况

（1）浮游植物情况

子牙河系共发现浮游植物 8 门 89 属 245 种，其中硅藻门和绿藻门的种类数量较多，分别为 23 属 97 种和 40 属 86 种，分别占总种数的 39.59%和 35.1%；其次为蓝藻门和裸藻门，分别为 12 属 27 种和 5 属 21 种，分别占总种数的 11.02%和 8.57%；隐藻门、甲藻门、黄藻门和金藻门的种类数量较少，分别为 2 属 6 种、2 属 2 种、3 属 3 种和 2 属 3 种，分别占总种数的 2.45%、0.82%、1.22%、1.22%。黑龙港及运东流域内共发现浮游植物 8 门 80 属 190 种，其中绿藻门和硅藻门的种类数量较多，分别为 36 属 79 种和 16 属 43 种，分别占总种数的 41.58%和 22.63%；其次为蓝藻门和裸藻门，分别为 15 属 33 种和 6 属 26 种，分别占总种数的 17.37%和 13.68%；隐藻门、甲藻门、黄藻门和金藻门的种类数量较少，分别为 2 属 4 种、3 属 3 种、1 属 1 种和 1 属 1 种，分别占总种数的 2.11%、1.58%、0.53%和 0.53%。子牙河（含黑龙港及运东）系浮游植物各门种类数及占比情况如表 4-39 所示。

表 4-39 子牙河（含黑龙港及运东）系浮游植物各门种类数及占比情况

项目	绿藻门	硅藻门	蓝藻门	裸藻门	隐藻门	甲藻门	黄藻门	金藻门	合计
子牙河系/种	86	97	27	21	6	2	3	3	245
占比/%	35.10	39.59	11.02	8.57	2.45	0.82	1.22	1.22	100.00
黑龙港及运东/种	79	43	33	26	4	3	1	1	190
占比/%	41.58	22.63	17.37	13.68	2.11	1.58	0.53	0.53	100.00

子牙河系优势物种有蓝藻门的蓝纤维藻、微小色球藻、湖泊鞘丝藻等；硅藻门的梅尼小环藻、小环藻、谷皮菱形藻、小头菱形藻、针状菱形藻、泉生菱形藻、隐头舟形藻等；绿藻门的四尾栅藻、水溪绿球藻、月牙藻、卵囊藻、蹄形藻、鞘藻等；裸藻门的纤细裸藻等。总体来看，子牙河系以中-富营养类型指示种占优势。黑龙港及运东优势物种有蓝藻门的蓝纤维藻、湖泊鞘丝藻、颤藻、阿氏颤藻、中华尖头藻等；绿藻门的戈利翼膜藻近方形变种、星芒衣藻、小球藻、水溪绿球藻、四尾栅藻等；硅藻门的谷皮菱形藻、扁圆卵形藻、小环藻、梅尼小环藻等；裸藻门的绿色裸藻等；隐藻门的卵形隐藻等。总体来看，黑龙港及运东以中-富营养类型指示种占优势。

从子牙河系浮游植物的密度和生物量来看，密度为 0.01×10^5～93.63×10^6 ind./L，平均值为 12.18×10^6 ind./L，主要由蓝藻和绿藻组成，两者占浮游植物总密度的 89.49%；生物量为 0.02～11.96 mg/L，平均值为 2.4 mg/L，主要由硅藻和绿藻组成，两者占浮游植物总生物量的 80.83%。综合藻类密度和藻类生物量两方面分析，子牙河系处于中营养水平。从黑龙港及运东浮游植物的密度和生物量来看，密度为 4.56×10^6～49.73×10^6 ind./L，平均值为 23.45×10^6 ind./L，主要由蓝藻和绿藻组成，两者占浮游植物总密度的 79.4%；生物量为 2.96～11.83 mg/L，平均值为 6.57 mg/L，主要由绿藻和裸藻组成，两者占浮游植物总生物量的 64.84%。综合藻类密度和藻类生物量两方面来分析，黑龙港及运东处于中-富营养水平。

子牙河系浮游植物的 Shannon-Wiener 生物多样性指数为 0.44～4.59，平均值为 1.58；Margalef 指数为 3.07～10.04，平均值为 6.63；Pielou 指数为 0.09～0.86，平均值为 0.67。从浮游植物的生物多样性指数来看，子牙河系水质污染状况为中度污染。黑龙港及运东浮游植物的 Shannon-Wiener 生物多样性指数为 1.91～4.27，平均值为 1.95；Margalef 指数为 3.27～8.79，平均值为 5.42；Pielou 指数为 0.37～0.82，平均值为 0.58。从浮游植物的生物多样性指数来看，黑龙港及运东水质污染状况为中度污染。

（2）浮游动物情况

子牙河系发现浮游动物 92 属 132 种。其中原生动物种类最多，共计 42 属 58 种，占种类组成的 43.94%；其次是轮虫，35 属 56 种，占种类组成的 42.42%；枝角类 9 属 11 种，占种类组成的 8.33%；桡足类（及其无节幼体）6 属 7 种，占种类组成的 5.3%。黑龙港及运东发现浮游动物 97 属 125 种。其中轮虫种类最多，共计 38 属 55 种，占种类组成的 44%；其次是原生动物 42 属 52 种，占种类组成的 41.6%；枝角类 10 属 11 种，占种类组成的 8.8%；桡足类（及其无节幼体）7 属 7 种，占种类组成的 5.6%。子牙河（含黑龙港及运东）系浮游动物组成及占比情况如表 4-40 所示。

表 4-40 子牙河（含黑龙港及运东）系浮游动物组成及占比情况

项目	原生动物	轮虫	枝角类	桡足类	合计
子牙河系/种	58	56	11	7	132
占比/%	43.94	42.42	8.33	5.30	100.00
黑龙港及运东/种	52	55	11	7	125
占比/%	41.60	44.00	8.80	5.60	100.00

子牙河系的优势种有弯凸表壳虫、沟痕泡轮虫、角突臂尾轮虫、前节晶囊轮虫、曲腿龟甲轮虫、针簇多肢轮虫、大肚须足轮虫、尖尾鞍甲轮虫、球形砂壳虫、褐砂壳虫、冠砂壳虫等。总体来看，子牙河系以β-中污带的指示种占优势。黑龙港及运东的优势种有曲腿龟甲轮虫、角突臂尾轮虫、萼花臂尾轮虫、眼镜柱头轮虫、跃进三肢轮虫、弯凸表壳虫、褐砂壳虫、微型裸腹溞、角突网纹溞、广布中剑水蚤、近亲拟剑水蚤、台湾温剑水蚤等。总体来看，黑龙港及运东以β-中污带和α-中污带的指示种占优势。

子牙河系浮游动物的密度为 0.2～26 700 ind./L，平均值为 2 618.82 ind./L，其中原生动物占比最大，占平均总密度的 73.46%；其次为轮虫，占平均总密度的 22.36%；枝角类和桡足类占比较小，分别占平均总密度的 0.05%和 4.13%。从子牙河系浮游动物的平均总密度看，子牙河系水体处于中-富营养状态。黑龙港及运东浮游动物的密度为 5.4～58 313.9 ind./L，平均值为 9 518.52 ind./L，其中原生动物占比最大，占平均总密度的 61.76%；其次为轮虫和桡足类，分别占平均总密度的 25.76%和 11.12%；枝角类占比最小，仅占平均总密度的 1.36%。从黑龙港及运东浮游动物的平均总密度看，黑龙港及运东水体处于富营养状态。子牙河（含黑龙港及运东）系浮游动物密度组成情况见表 4-41。

表 4-41 子牙河（含黑龙港及运东）系浮游动物密度组成情况

河系	原生动物	轮虫	枝角类	桡足类	平均密度
子牙河	73.46%	22.36%	0.05%	4.13%	2 618.82 ind./L
黑龙港及运东	61.76%	25.76%	1.36%	11.12%	9 518.52 ind./L

经计算，子牙河系浮游动物的 Shannon-Wiener 生物多样性指数平均值为 1.07，水质评价为中度污染。黑龙港及运东浮游动物的 Shannon-Wiener 生物多样性指数平均值为 1.09，水质评价为中度污染。

（3）大型底栖动物情况

子牙河系共有底栖动物 102 种。经计算，子牙河系大型底栖动物的 Shannon-Wiener 生物多样性指数为 1.17，水质评价为中度污染。黑龙港及运东共有底栖动物 68 种。经计算，黑龙港及运东大型底栖动物的 Shannon-Wiener 生物多样性指数为 1.62，水质评价为中度污染。

4.2.6 漳卫河

4.2.6.1 重点湖库富营养化情况

漳卫河系内涉及“十四五”国控断面的重点湖库主要包括岳城水库、漳泽水库、关河水库、后湾水库、盘石头水库、南海水库、弓上水库、彰武水库、沟盘河水库、惠津湖水库和严务水库。根据最新数据，漳泽水库、南海水库为轻度富营养，其他水库为中营养。从2015—2020年的统计数据看，沟盘河水库、惠津湖水库和严务水库富营养化程度无明显变化，岳城水库、漳泽水库、关河水库、后湾水库和彰武水库富营养化程度在中营养和轻度富营养间波动。漳卫河系湖库富营养化情况见表4-42。

表4-42 漳卫河系湖库富营养化情况统计

湖库名称	责任地市	湖库营养状态					
		2015年	2016年	2017年	2018年	2019年	2020年
岳城水库	邯郸	中营养	轻度富营养	中营养	中营养	—	—
漳泽水库	长治	中度富营养	中度富营养	轻度富营养	轻度富营养	—	—
关河水库	长治	轻度富营养	中营养	轻度富营养	中营养	—	中营养
后湾水库	长治	中度富营养	轻度富营养	轻度富营养	中营养	—	中营养
盘石头水库	鹤壁	—	—	—	中营养	—	—
南海水库	安阳	—	—	—	轻度富营养	—	—
弓上水库	安阳	—	—	—	中营养	—	—
彰武水库	安阳	轻度富营养	轻度富营养	轻度富营养	中营养	中营养	—
沟盘河水库	德州	中营养	中营养	中营养	中营养	中营养	中营养
惠津湖水库	德州	中营养	中营养	中营养	中营养	中营养	中营养
严务水库	德州	中营养	中营养	中营养	中营养	中营养	中营养

4.2.6.2 湿地状况

漳卫河系湿地类型众多、资源丰富，分布有河流湿地、湖泊湿地、近海及海岸湿地、沼泽和沼泽化草甸湿地、库塘湿地5种类型，总面积约为22.33万hm^2，其中以河流湿地、近海及海岸湿地为主，总面积约为 18.21 万 hm^2，约占流域内湿地总面积的 81.5%。漳卫河系湿地分布情况见表 4-43。

表 4-43 漳卫河系湿地分布情况 单位：万 hm^2

省级行政区	河流湿地面积	湖泊湿地面积	近海及海岸湿地面积	沼泽和沼泽化草甸湿地面积	库塘湿地面积	小计
天津市	0.023	—	—	—	0.090	0.113
河北省	1.953	0.749	8.053	—	2.375	13.131
山西省	1.555	—	—	—	0.673	2.228
山东省	4.921	—	—	—	—	4.921
河南省	1.707	—	—	0.003	0.226	1.936
合计	10.159	0.749	8.053	0.003	3.364	22.328

漳卫河系省级及以上涉水自然保护区有 1 处，为浊漳河源头省级自然保护区，面积为 142 km^2，位于山西省长治市沁县，主要保护对象为森林生态系统、源泉、野生动植物。

漳卫河系被列入国家湿地公园名录且通过验收的湿地共 10 个，面积为 45.1 km^2，分别位于河北省的邯郸市，山西省的长治市、晋中市，河南省的安阳市、鹤壁市，山东省的聊城市，各省级行政区湿地面积分别占漳卫河系湿地面积的 14.2%、31.6%、47.1%、7.1%。湿地名录见表 4-44。

表 4-44 漳卫河系国家湿地公园名录

省级行政区	地级行政区	县级行政区	控制单元	湿地名称	经度/(°)	纬度/(°)	湿地面积/hm^2
河北省	邯郸市	涉县	漳河控制单元	河北涉县清漳河国家级湿地公园	113.67	36.55	639.2
山西省	长治市	沁县	浊漳河	山西千泉湖国家湿地公园	112.67	36.79	407.24
		长子县	浊漳河	山西长子精卫湖国家湿地公园	112.8	36.09	298.31
	晋中市	左权县	—	山西左权清漳河国家湿地公园	113.27	37.12	414.79
		榆社县	—	山西榆社漳河源国家湿地公园	113.05	37.39	306.06
山东省	聊城市	东昌府区	东昌湖汇水范围	山东聊城东昌湖国家湿地公园	115.97	36.44	321.62

省级行政区	地级行政区	县级行政区	控制单元	湿地名称	经度/(°)	纬度/(°)	湿地面积/hm^2
河南省	安阳市	安阳县	—	河南安阳漳河峡谷国家湿地公园	114.03	36.33	229.34
		汤阴县	南乐元村集	河南汤阴汤河国家湿地公园	114.28	35.9	568.7
		林州市	前坊城	林州淇淅河国家湿地公园	113.92	35.84	1 100
	鹤壁市	淇滨区	前枋城	河南鹤壁淇河国家湿地公园	114.22	35.78	223.89

4.2.6.3 水生生物情况

（1）浮游植物情况

漳卫河系内共发现浮游植物8门85属204种，其中绿藻门和硅藻门的种类数量较多，分别为37属72种和22属72种，两者均占总种数的35.29%；其次为蓝藻门和裸藻门，分别为12属28种和6属22种，分别占总种数的13.73%和10.78%；隐藻门、甲藻门、黄藻门和金藻门的种类数量较少，分别为2属4种、3属3种、1属1种、2属2种，分别占总种数的1.96%、1.47%、0.49%和0.98%。漳卫河系浮游植物各门种类数及占比情况如表4-45所示。

表4-45 漳卫河系浮游植物各门种类数及占比情况

项目	绿藻门	硅藻门	蓝藻门	裸藻门	隐藻门	甲藻门	黄藻门	金藻门	合计
漳卫河系/种	72	72	28	22	4	3	1	2	204
占比/%	35.29	35.29	13.73	10.78	1.96	1.47	0.49	0.98	100.00

漳卫河系优势物种有蓝藻门的蓝纤维藻、阿氏颤藻、隐杆藻、胶鞘藻、微囊藻、湖泊鞘丝藻等；硅藻门的梅尼小环藻、小环藻、舟形藻、菱形藻、扁圆卵形藻、谷皮菱形藻、尖针杆藻等；绿藻门的小球藻、四尾栅藻、纤维藻、月牙藻等；隐藻门的卵形隐藻等；裸藻门的绿色裸藻、裸藻等。总体来看，漳卫河系以中-富营养类型指示种占优势。

从漳卫河系浮游植物的密度和生物量来看，密度为0.15×10^6～54.54×10^6 ind./L，平均值为14.01×10^6 ind./L，主要由硅藻和绿藻组成，两者占浮游植物总密度的77.16%；生物量为0.08～23.44 mg/L，平均值为6.12 mg/L，主要由硅藻和绿藻组成，两者占浮游植物总生物量的67.81%。综合藻类密度和藻类生物量两方面来分析，漳卫河系水体有富营养化趋势。

漳卫河系浮游植物的Shannon-Wiener生物多样性指数为2.34～4.83，平均值为1.94；

Margalef 指数为 3.71～10.69，平均值为 6.15；Pielou 指数为 0.43～0.9，平均值为 0.67。从浮游植物的生物多样性指数看，漳卫河系水质污染状况为轻-中度污染。

（2）浮游动物情况

漳卫河系共发现浮游动物 121 属 160 种。其中原生动物种类最多，共计 59 属 74 种，占种类组成的 46.25%；其次是轮虫，45 属 64 种，占种类组成的 40%；枝角类 10 属 15 种，占种类组成的 9.38%；桡足类（及其无节幼体）7 属 7 种，占种类组成的 4.38%。漳卫河系浮游动物组成及占比情况如表 4-46 所示。

表 4-46 漳卫河系浮游动物组成及占比情况

项目	原生动物	轮虫	枝角类	桡足类	合计
漳卫河系/种	74	64	15	7	160
占比/%	46.25	40.00	9.38	4.38	100.00

漳卫河系的优势种有微型裸腹溞、巨环旋轮虫、前节晶囊轮虫、卜氏晶囊轮虫、曲腿龟甲轮虫、螺形龟甲轮虫、针簇多肢轮虫、蒲达臂尾轮虫、壶状臂尾轮虫、长刺异尾轮虫、迈氏三肢轮虫、圆盖柱头轮虫、阔口游仆虫、瓶累枝虫、湖累枝虫、普通表壳虫、弯凸表壳虫等。总体来看，漳卫河系以α-中污带和β-中污带的指示种占优势。

漳卫河系浮游动物的密度为 5.4～32 025 ind./L，平均值为 7 020.78 ind./L，其中原生动物占比最大，占平均总密度的 59.59%；其次为轮虫，占平均总密度的 33.9%；枝角类和桡足类占比较小，分别占平均总密度的 1.58%和 4.93%。从漳卫河系浮游动物的平均总密度看，漳卫河系水体处于富营养状态。漳卫河系浮游动物密度组成情况见表 4-47。

表 4-47 漳卫河系浮游动物密度组成情况

河系	原生动物	轮虫	枝角类	桡足类	平均密度
漳卫河	59.59%	33.90%	1.58%	4.93%	7 020.78 ind./L

经计算，漳卫河系浮游动物的 Shannon-Wiener 生物多样性指数平均值为 1.57，水质评价为中度污染。

（3）大型底栖动物情况

漳卫河系共有底栖动物 88 种。经计算，漳卫河系大型底栖动物的 Shannon-Wiener 生物多样性指数为 1.36，水质评价为中度污染。

4.2.7 徒骇马颊河

4.2.7.1 重点湖库富营养化情况

徒骇马颊河水系内涉及“十四五”国控断面的重点湖库主要包括大屯水库、如意湖水库、碧霞湖水库、丁东水库、惠宁湖水库、利民水库、相家河水库和高唐湖。根据最新数据，全部湖库均为中营养。从 2015—2020 年的统计数据看，大屯水库富营养化程度在中营养和轻度富营养间波动，其他水库富营养化程度无明显变化。徒骇马颊河水系湖库富营养化情况见表 4-48。

表 4-48 徒骇马颊河水系湖库富营养化情况统计

湖库名称	责任地市	湖库营养状态					
		2015 年	2016 年	2017 年	2018 年	2019 年	2020 年
大屯水库	德州	轻度富营养	轻度富营养	轻度富营养	轻度富营养	中营养	中营养
如意湖水库	德州	中营养	中营养	中营养	中营养	中营养	中营养
碧霞湖水库	德州	中营养	中营养	中营养	中营养	中营养	中营养
丁东水库	德州	中营养	中营养	中营养	中营养	中营养	中营养
惠宁湖水库	德州	中营养	中营养	中营养	中营养	中营养	中营养
利民水库	德州	中营养	中营养	中营养	中营养	—	中营养
相家河水库	德州	中营养	中营养	中营养	中营养	中营养	中营养
高唐湖	聊城	—	—	中营养	中营养	中营养	中营养

4.2.7.2 湿地状况

徒骇马颊河水系湿地类型众多、资源丰富，分布有河流湿地、湖泊湿地、近海及海岸湿地、库塘湿地 4 种类型，总面积为 16.47 万 hm^2，其中以近海及海岸湿地为主，总面积为 13.33 万 hm^2，占流域内湿地总面积的 80.9%。徒骇马颊河水系湿地分布情况见表 4-49。

表 4-49 徒骇马颊河水系湿地分布情况 单位：万 hm^2

省级行政区	河流湿地	湖泊湿地	近海及海岸湿地	库塘湿地	小计
山东省	1.52	0.08	13.33	1.38	16.31
河南省	0.16	0	0	0	0.16
合计	1.68	0.08	13.33	1.38	16.47

徒骇马颊河水系省级以上涉水自然保护区名录有 1 处，为滨州贝壳堤岛与湿地国家级自然保护区，面积为 435 km^2，位于山东省滨州市无棣县，主要保护对象为贝壳堤岛、

湿地、珍稀鸟类、海洋生物。

徒骇马颊河水系被列入国家湿地公园名录且通过验收的湿地共 5 个，湿地面积为 29.1 km^2，分别位于山东省的聊城市和德州市。徒骇马颊河水系国家湿地公园名录见表 4-50。

表 4-50 徒骇马颊河水系国家湿地公园名录

省级行政区	地级行政区	县级行政区	控制单元	湿地名称	经度/(°)	纬度/(°)	湿地面积/hm^2
山东省	聊城市	东阿县	夏口汇水范围	山东东阿洛神湖国家湿地公园	116.24	36.35	156.8
		茌平区	前油坊汇水范围	山东茌平金牛湖国家湿地公园	116.22	36.57	267.34
		夏津县	—	山东夏津九龙口国家湿地公园	116.03	36.98	847.75
	德州市	禹城市	徒骇河夏口汇水范围	山东禹城徒骇河国家湿地公园	116.58	36.92	432.4
		—	—	山东德州减河国家湿地公园	116.38	37.41	1 201.3

4.2.7.3 水生生物情况

（1）浮游植物情况

徒骇马颊河水系共发现浮游植物 7 门 72 属 179 种，其中绿藻门和硅藻门的种类数量较多，分别为 35 属 70 种和 15 属 44 种，分别占总种数的 39.11%和 24.58%；其次为蓝藻门和裸藻门，分别为 10 属 33 种和 6 属 24 种，分别占总种数的 18.44%和 13.41%；隐藻门、甲藻门和黄藻门的种类数量较少，分别为 2 属 3 种、2 属 2 种和 2 属 3 种，分别占总种数的 1.68%、1.12%和 1.68%。徒骇马颊河水系浮游植物各门种类数及占比情况如表 4-51 所示。

表 4-51 徒骇马颊河水系浮游植物各门种类数及占比情况

项目	绿藻门	硅藻门	蓝藻门	裸藻门	隐藻门	甲藻门	黄藻门	合计
徒骇马颊河水系/种	70	44	33	24	3	2	3	179
占比/%	39.11	24.58	18.44	13.41	1.68	1.12	1.68	100.00

徒骇马颊河水系优势物种有蓝藻门的针状蓝纤维藻、弱细颤藻、阿氏颤藻、小颤藻、小形色球藻、微小色球藻、中华尖头藻等；硅藻门的梅尼小环藻、小环藻、肘状针杆藻等；绿藻门的水溪绿球藻、小球藻、扭曲蹄形藻、月牙藻、四尾栅藻、卵囊藻等；裸藻门的绿色裸藻等。总体来看，徒骇马颊河水系以富营养类型指示种占优势。

从徒骇马颊河水系浮游植物的密度和生物量来看，密度为 0.2×10^6～67.02×10^6 ind./L，平均值为 18.66×10^6 ind./L，主要由蓝藻和绿藻组成，两者占浮游植物总密度的 76.91%；生物量为 0.09～11.17 mg/L，平均值为 5.83 mg/L，主要由硅藻和绿藻组成，两者占浮游植物总生物量的 48.72%。综合藻类密度和藻类生物量两方面分析，徒骇马颊河水系水体有富营养化趋势。

徒骇马颊河水系浮游植物的 Shannon-Wiener 生物多样性指数为 1.93～4.64，平均值为 2.02；Margalef 指数为 2.94～10.15，平均值为 6.7；Pielou 指数为 0.37～0.84，平均值为 0.66。从浮游植物的生物多样性指数看，徒骇马颊河水系水质污染状况为轻-中度污染。

（2）浮游动物情况

徒骇马颊河水系共发现浮游动物 111 属 147 种。其中原生动物种类最多，共计 60 属 72 种，占种类组成的 48.98%；其次是轮虫，34 属 51 种，占种类组成的 34.69%；枝角类 10 属 16 种，占种类组成的 10.88%；桡足类（及其无节幼体）7 属 8 种，占种类组成的 5.44%。徒骇马颊河水系浮游动物组成及占比情况如表 4-52 所示。

表 4-52 徒骇马颊河水系浮游动物组成及占比情况

项目	原生动物	轮虫	枝角类	桡足类	合计
徒骇马颊河水系/种	72	51	16	8	147
占比/%	48.98	34.69	10.88	5.44	100.00

徒骇马颊河水系的优势种有角突臂尾轮虫、矩形臂尾轮虫、花篋臂尾轮虫、剪形臂尾轮虫、蒲达臂尾轮虫、卜氏晶囊轮虫、前节晶囊轮虫、曲腿龟甲轮虫、针簇多肢轮虫、裂足臂尾轮虫、沟痕泡轮虫、迈氏三肢轮虫、微型裸腹溞、长肢秀体溞、钟形钟虫等。总体来看，徒骇马颊河水系以α-中污带和β-中污带的指示种占优势。

徒骇马颊河水系浮游动物的密度为 349.1～91 920 ind./L，平均值为 10 193.48 ind./L，其中原生动物占比最大，占平均总密度的 63.95%；其次为轮虫，占平均总密度的 29.58%；枝角类和桡足类占比较小，分别占平均总密度的 1.26%和 5.22%。从徒骇马颊河水系浮游动物的平均总密度看，徒骇马颊河水系水体处于富营养状态。徒骇马颊河水系浮游动物密度组成情况见表 4-53。

表 4-53 骇马颊河水系浮游动物密度组成情况

水系	原生动物	轮虫	枝角类	桡足类	平均密度
徒骇马颊河	63.95%	29.58%	1.26%	5.22%	10 193.48 ind./L

经计算，徒骇马颊河水系浮游动物的 Shannon-Wiener 生物多样性指数平均值为 0.96，水质评价为重污染。

（3）大型底栖动物情况

徒骇马颊河水系共有底栖动物 67 种。经计算，徒骇马颊河水系大型底栖动物的 Shannon-Wiener 生物多样性指数为 1.44，水质评价为中度污染。

第5章

“十三五”水生态环境保护成效

5.1 “十三五”水生态环境保护成效

“十三五”期间，以习近平生态文明思想为指导，流域内各级党委、政府高度重视水生态环境保护工作，积极落实《水污染防治行动计划》，坚决打好水污染防治攻坚战，坚持高位推动、突出责任落实，坚持规划引领、突出协同共治，坚持问题导向、突出“三水”共治，坚持区域协调、突出联保共治，狠抓饮用水水源地保护、工业废水达标整治、农业农村污染治理、城镇污水和黑臭水体治理、河湖综合治理与生态修复，系统推进水生态环境保护工作，水环境考核指标全部完成，流域水生态环境治理成效显著。

一是水环境质量稳中向好。2020 年，海河流域“十三五”国考断面中水质优良（达到或优于Ⅲ类）断面比例达 62%，比 2015 年提高了 21.1 个百分点；劣Ⅴ类断面比例为 0.6%，比 2015 年降低了 36.3 个百分点；298 个城市黑臭水体全部消除；水功能区水质达标率稳步提高，达标率为 69.9%，比 2015 年提高了 21 个百分点；县级及以上城市集中式饮用水水源水质达标率为 95%，比 2015 年提高了 1.1 个百分点；入海国控断面全部消劣，水质优良（达到或优于Ⅲ类）断面比例达 23.1%，比 2015 年提高了 17.5 个百分点。“十三五”期间，流域新建城镇污水处理厂 65 座，新增设计处理能力 499 万 t/d，年污水处理量增加 14.54 亿 t，污水处理率达 90%。

二是生态水量保障有所突破。“十三五”期间，利用南水北调东中线、引黄水、引滦水、当地地表水、非常规水联合调度，实施河湖生态补水，流域内重要河湖生态水量得到有效保障。自 2018 年以来，通过引黄水与永定河本地径流统筹调度，累计向永定河生态补水超过 7 亿 m^3，实现永定河平原北京段、河北段 25 年来首次全线通水。自 2018 年以来，累计对滹沱河、滏阳河等 43 条河道实施生态补水共 60 亿 m^3，潮白河、滹沱河、子牙河、大清河等多年断流河流河道全线通水。近年来，白洋淀年均入淀水量在 4 亿 m^3 以上，水位为 6～7 m，水面面积保持在 250 km^2 以上。实施华北地区地下水超采综合治理，实现地下水压采量为 27 亿 m^3，河北省深层地下水水位由每年下降 0.45 m 转为每年上升 0.52 m，补水河道沿线 5 km 范围内的浅层地下水水位上升 0.49 m。

三是水生态修复成效显著。“十三五”期间，海河流域坚持保护优先、以自然恢复为主，推进湿地恢复与建设，保护水生生物多样性，重建健康的水生生态系统，全流域重要湿地水面面积由 448 km^2 增加至 500 km^2。北京市建成 11 个湿地公园和 10 个湿地保护小区，30 个水体的平均健康综合指数上升至 82.65。天津市对七里海、北大港、大黄堡、团泊湖（总面积为 875 km^2）湿地进行升级保护。白洋淀重要物种多样性大幅度增加，浮游植物种类由 74 种增加到 130 种；浮游动物种类由 34 种增加到 91 种；底栖动物的种类组成中，高耐污性种类出现频率大幅度下降，群落结构更加丰富。衡水湖湿地鸟类增至 328 种，种群数量增多。河南省建成汤河、淇淅河、漳河、淇河、马颊河 5 个国家级湿地公园，盘石头水库发现桃花水母。山东建设人工湿地 48 处，开展生态保护红线评估调整和自然保护地整合优化。

四是区域协作进一步加强。京津冀联防联控机制初步建立。三省市联合印发了《京津冀河（湖）长制协调联动机制》《2019—2020 年京津冀生态环境执法联动重点工作》，签订了《京津冀水污染突发事件联防联控机制合作协议》，京冀两地签订了《密云水库上游流域“两市三区”生态环境联建联防联治合作协议》《潮河流域生态环境联建联防联治合作协议》，同时，京津冀三地编制了关于京津冀重点流域突发水环境污染事件的应急预案，轮值组织开展京津冀联合突发水环境污染事件应急演练。京冀两地政府共同划定官厅水库水源保护区，进一步加强官厅水库水源保护，保障饮用水安全。京冀两地开展大清河白洋淀流域水环境联合执法行动，加大区域水污染治理力度，促进雄安新区水环境质量持续改善，白洋淀湖心区水质达到Ⅲ类，生态补偿效益持续发挥。京冀两地建立了密云水库上游潮白河流域水源涵养区横向生态补偿机制，支持了潮河流域水生态保护与治理，有效地守护了密云水库的饮用水安全，2020 年潮河流域水环境质量稳定保持在地表水Ⅱ类及以上水平，总氮浓度呈下降趋势，密云水库库区水质稳定达到地表水Ⅱ类标准。津冀建立了引滦入津上下游横向生态补偿机制，通过生态补偿金的支持，推动了潘家口-大黑汀水库网箱养鱼清理取缔工作，清理网箱 4.2 万箱，促进了引滦流域水质改善，潘家口-大黑汀水库水质类别提升到Ⅳ～Ⅲ类，达到近年来的最好水平，基本满足供水要求。

5.2 各省份水生态环境保护经验

5.2.1 北京市

“十三五”期间，北京市认真落实《水污染防治行动计划》，连续实施 3 个“治水三年行动方案”和 5 个“水污染防治年度行动计划”，坚持责任落实、饮水安全、分类治理、生态补水 4 个“突出”，水生态环境保护工作取得明显进展。

突出责任落实，深化机制体制改革。成立市委生态文明建设委员会，出台《关于全面加强生态环境保护坚决打好北京市污染防治攻坚战的意见》，印发《北京市生态环境保护工作职责分工规定》，建立了“横向到边、纵向到底”的生态环境保护责任体系，深入落实“河长制”“湖长制”，建立覆盖乡镇（街道）的水环境监测、评价和排名体系，以及区级、乡镇级水环境区域补偿制度，强化市级生态环境保护督察，构建形成“党委领导、政府主导、企业主体、公众参与”的治理格局。

突出饮水安全，强化管治结合。推进饮用水水源地规范化建设，全市范围内划定377个饮用水水源保护区，组织开展水源地专项行动，清理整治环境问题。加强饮用水水源地监管，定期进行水质监测和信息公开。落实《进一步加强密云水库水源保护工作的意见》要求，成立了密云水库保水总队，与镇级保水大队、村级保水中队形成了区镇村三级管护体系，形成了上下联动、执法到位、运转高效的水源保护管理格局，同时实现了保水全覆盖。完成库区10.4万亩①土地、17家规模养殖场的清退和105 km围网建设。密云水库等主要集中式饮用水水源水质稳定达标。

突出分类治理，促进城乡减排。城镇地区新建、改建再生水厂94座、污水管线4 007 km，全市污水处理能力提高至672万 m^3/d，污水处理率由2015年的87.9%提高到2019年的94.5%。印发《农村生活污水处理设施水污染物排放标准》，因地制宜地开展农村地区污水治理，截至2019年年底，全市共完成1 506个行政村的农村生活污水处理设施建设。25个地表水国考断面中，Ⅰ～Ⅲ类断面比例由2015年的24%增加至2019年的64%，劣Ⅴ类断面比例由2015年的52%下降至0，全面消除142个黑臭水体。

突出生态补水，改善生态状况。2019年全市再生水利用量达11.5亿 m^3，其中超过80%的水量用于河流生态补水。2019—2020年永定河春季生态补水约5亿 m^3，首次实现了北京段全线有水。全市累计完成395条生态清洁小流域建设，建成11个湿地公园和10个湿地保护小区。全市普查的425条河流、41个湖泊及88个水库中，有水水域面积总计371.38 km^2，有水河长2 616.75 km。2019年水生态监测所评价的30个水体全部处于健康和亚健康等级，平均健康综合指数为82.65，与2018年相比上升了1.26，处于健康等级的水体有22个，约占30个水体的73%；处于亚健康等级的水体有8个，约占30个水体的27%。

5.2.2 天津市

“十三五”时期，天津市打响了碧水保卫战，以水生态环境质量改善核心，紧抓污染减排和生态扩容两条主线，实施控源、治污、扩容、严管四大举措，“一河一策”系统治理，水生态环境质量不断改善。“十三五”时期，随着一系列水污染防治任务实施，水环境质量逐渐好转。

加强组织领导，高层级、大格局攻坚。市委、市政府高度重视水污染防治工作，全市成立了生态环境保护委员会、污染防治攻坚战指挥部和河（湖）长制工作领导小组，

① 1亩≈0.066 7 hm^2。

市委书记、市长亲自领衔挂帅。全市先后发布实施了水污染防治实施方案，打好碧水保卫战作战计划，入海河流“一河一策”，碧水攻坚不断升级加力。为了压实责任，把入海河流消劣指标分解到各区、各街镇，把任务措施落实到具体工程、具体项目，每月召开调度会，相继开展市级生态环境保护督察及“回头看”，对水环境质量改善不力、责任落实不好的部门、地区或领导干部，严肃追责问责。全市形成“党政同责、一岗双责、齐抓共管”的污染防治攻坚格局。

加大结构调整，高质量、绿色化转型。加大工业、农业结构调整力度，完成“十小企业”排查取缔，分类整治“散乱污”企业2.2万家，持续推进工业企业高耗水工艺淘汰、清洁化生产改造。下大力气解决“园区围城”，关停取缔131个工业园区，工业污染负荷大幅度降低。推进养殖结构、种植结构调整，划定畜禽养殖禁养区，依法关闭、搬迁105个畜禽养殖场和养殖专业户，持续推动高效节水灌溉，实施农药化肥零增长行动。严把源头环境准入关，新改扩建的工业项目一律进入工业园区，实现污水集中处理，且实施主要污染物倍量替代方案，实现增产不增污。

狠抓治污减排，清单化、项目化攻坚。坚持工业、城镇、农业农村“三水”共治。60个市级及以上工业园区全部建成污水集中处理设施，新建、扩建一批污水处理厂，污水处理能力达401万 m^3/d，较2015年增长34%。消除城市建成区污水管网空白区135.99 km^2，新建、改造污水管网1 470 km，城市污水处理率达96%。全部规模化养殖场建成粪污治理配套设施，现状保留村实现生活污水处理设施全覆盖。2020年，20个地表水国控断面中，水质优良比例达到55%，较“十三五”时期的初期阶段提高30个百分点，劣Ⅴ类水质断面首次“清零”。12条入海河流全部消除劣Ⅴ类，城市建成区25个黑臭水体全部消除，10个地级及以上集中式饮用水水源地水质均达到地表水Ⅲ类及以上标准。

加强生态修复，系统化、综合化攻坚。划定生态保护红线1 393 km^2，对七里海、北大港、大黄堡、团泊湖 875 km^2 的湿地进行升级保护。在中心城区和滨海新区之间建设736 km^2 的绿色生态屏障。充分利用再生水、雨洪水，努力保障河湖生态用水量，主要指标达到Ⅳ类或Ⅴ类标准的10亿 m^3 的污水处理厂排水用于河道生态补水。充分利用引江、引滦及雨洪资源实施生态补水，自2016年起天津市已逐步实现对海河、子牙河、北运河等中心城区重点河流的常态化补水，对七里海、大黄堡、团泊湖、北大港四大湿地及独流减河等南部地区河流进行定期补水，年均实施生态补水10亿 m^3 以上。

坚持多措严管，制度化、长效化攻坚。深化管理制度改革创新，打好严管“组合拳”。强化考核督察，全面落实“河长制”，构建了市、区、乡镇（街道）、村四级河长责任体系。完善水质监测网络，建成国考、市考断面监测网络，定期监测考核。实施经济奖惩，构建流域水环境“五个一”管理体系，做到日预警、月排名通报、月奖惩、月会商、月公开，创新实施每月水环境区域补偿，实行“靠后区”补偿“排前区”，倒逼上下游各区共同护河治河。加强科技支撑，建成98个水质自动监测网络，实现入境、跨区、入海断面全覆盖。污水排放量占污水排放总量 95%以上的企业全部安装在线设施，实现水质实时监控。

加强法治保障，法治化、标准化攻坚。强化法治约束，制（修）订《天津市生态环境保护条例》《天津市水污染防治条例》等多部地方法规，开展水污染防治“一法一条例”评估，形成法治刚性约束。颁布实施《城镇污水处理厂污染物排放标准》《污水综合排放标准》等地方标准，大幅度收严水污染物排放限值，工业直排企业、110 座污水处理厂全部完成提标改造，排水水质达到地表水Ⅳ类或Ⅴ类标准，每年约有 10 亿 m^3 的污水“由废转清”，用于河道生态补水。坚持铁腕执法，与公安建立联动执法机制，逐步形成一支队伍、一套机制和一体执法的格局，有效震慑了污染环境违法行为。

5.2.3 河北省

河北省高度重视水生态环境保护工作，“十三五”期间，紧密围绕《水污染防治行动计划》，落实省委、省政府印发的《河北省水污染防治工作方案》《白洋淀生态环境治理和保护规划（2018—2035 年）》及其实施意见等一系列政策文件，构建起以《水污染防治行动计划》为总纲领、以考核排名为“指挥棒”、以跨界生态补偿为“杠杆”的水生态环境保护政策体系，着力开展白洋淀流域治理、工业废水达标整治、河流湖库流域综合治理、水源地保护、城镇污水和黑臭水体治理、农业农村污染治理、河湖清理、渤海综合治理八大专项行动，水生态环境状况明显好转。

统筹推进四源同治。在工业污染治理上，集中治理工业集聚区水污染，全省 181 个省级及以上工业园区全部完成污水集中处理设施建设。在城镇污染治理上，全省 201 座县级及以上污水处理厂全部达到一级 A 排放标准或更高标准。在农业农村污染治理上，减少化肥农药施用量，加强农村生活污水治理和管控，规模化畜禽养殖场粪污处理设施装备配套率达 100%，畜禽粪污综合利用率达 77.4%以上。在港口和船舶污染治理上，加强港口和船舶污染物接收运转及处置设施建设。2020 年，全省地表水水质优良比例为 66.2%，累计提高 27 个百分点，劣Ⅴ类断面全部消除，31 个地级城市集中式饮用水水源水质全部达到或优于Ⅲ类，48 个地级以上城市黑臭水体全部完成整治。

积极实施生态补水。南水北调中线、引黄入冀补淀等工程相继建成后，为河北省实施生态补水创造了条件。自 2018 年以来，累计对滹沱河、滏阳河等 43 条河道实施生态补水 60 亿 m^3，“有水”河长增加 2 300 km，形成水面面积 137 km^2；向白洋淀补水 10 亿 m^3，确保白洋淀水位保持在 7 m 以上，水面面积保持在 250 km^2 以上，重要物种多样性大幅度增加，与 2015 年相比，高耐污性底栖动物种类出现频次大幅度下降；衡水湖湿地生态环境显著改善，鸟类陆续增至 328 种，种群数量增多。同时，科学调度本地水库，最大限度地拦蓄雨洪水，在保障生产生活的前提下，利用水库向河道补水 19 亿 m^3。

强化陆海协同治理。统筹施治，印发《河北省渤海综合治理攻坚战实施方案》，推进陆源污染防治、海洋污染防治、海洋生态保护与修复、环境风险防范、旅游旺季环境保障等重点任务。以海定陆，建立入海河流考核体系，对监测结果实行月通报和年考核。全面溯源，彻底排查入海排污口，加强工业直排入海污染源监管，有序推动沿海城市开展入海排污口核查监测工作。强化重点时段保障，13 条国考入海河流全部消除劣Ⅴ类水体。

健全环境监管机制。建立地表水通报排名机制，率先在全国以省委办公厅、省政府办公厅印发实施《河北省城市地表水环境质量达标情况通报排名和奖惩问责办法(试行)》。完善通报预警和约谈问责机制，坚持日调度、月通报、季约谈，对水质达标和重点工作滞后的城市和县区进行公开约谈、区域限批。构建全方位、多层级水环境监测体系，在八大水系 215 个重点河段设置 432 个监测断面，其中对白洋淀及上游流域设置考核断面 52 个，对 49 条入海河流设置考核断面 99 个。

5.2.4 山西省

"十三五"期间，习近平总书记两次视察山西，明确了山西"华北水塔"的生态环境重要位置。省委、省政府坚持以习近平生态文明思想为指导，凝聚全省力量，大力开展水污染治理攻坚行动。

坚持高位推进，压实治污责任。山西省委、山西省政府始终高度重视水污染治理工作，认真贯彻落实习近平总书记重要讲话精神，省级河长深入一线，靠前指挥，实地督导解决问题，各级河长严格履职，各部门合力攻坚，山西省"大生态、大环保"工作格局初步形成，由"政府统筹、部门配合、企业履责、社会共治、全民参与"的生态环境保护新格局已然形成。

坚持依法治污，夯实顶层设计。针对水污染防治的严峻形势，坚持立法治污，制定实施《山西省水污染防治条例》，制定《污水综合排放标准》《农村生活污水处理设施水污染物排放标准》《山西省地表水环境功能区划》等山西省地方标准，更好地适应了全省水环境治理要求。为打好碧水保卫战提供制度保障。

坚持科学治污，注重工程减排。高度重视监测监控能力建设，自建 72 个地表水跨界断面水质自动监测站，实现全流域跨县界水质自动监测站全覆盖，彻底厘清市县治污责任。同时突出"项目为王"，自 2017 年起，针对重点河流、重点断面、重点区域城镇生活污水处理设施和工业集聚区污水处理设施的建设与改造，每年制定省级重点工程，截至 2020 年年底已累计实施 370 项重点工程，工程建成投运后稳定发挥治污功效，促进全省水环境质量显著提升。

坚持精准治污，强化靶向施策。推动源头治污，按照"查、测、溯、治"总体思路，拉网式排查入河排污口数量，开展"一口一档""一口一策"整治工作，并于 2020 年年底前全部完成。推动过程治污，针对冬季污水处理厂处理效率低的问题实施城镇生活污水处理厂保（提）温提效改造，针对夏季汛期生活污水溢流问题印发了《山西省汛期城镇污水直排管控技术指南》，强化汛期城镇污水直排管控。提高末端处理水平，明确提出要积极推动堤外人工湿地建设，在有条件的入河排污口重点国考断面涉及的城镇生活污水处理厂出水口及进水管道溢流口配套建设人工湿地水质改善工程，提升排水入河前“最后一公里”的治理效能。

坚持督企督政，环境问题“清零”。开展全省违法排污大整治“百日清零”专项行动，集中向违法排污行为发起“亮剑”行动，将水污染治理重点工程及县级饮用水水源地整治纳入“十个清零”范围，对发现的各类违法排污问题，以“零容忍”的态度，铁腕扫污、精准治理。

5.2.5 内蒙古自治区

自“十三五”时期以来，自治区党委和政府深入贯彻国家一系列环保政策和决策，以改善水环境质量为核心，着力打好碧水保卫战。经过全区环境保护系统和各地各部门的共同努力，重点流域水生态环境保护工作不断取得新进展，规划内项目开展和完工率大幅度提高，主要河湖水质明显改善。

完善体制建设。积极健全完善法规、政策、制度，修订了《内蒙古自治区环境保护条例》，审议通过《内蒙古自治区水污染防治条例》《内蒙古自治区饮用水水源保护条例》，印发了“重点湖泊生态环境保护”等一系列专项行动方案。在原来自治区生态环境建设领导小组的基础上，成立了由自治区党委和政府主要领导牵头的自治区生态环境保护委员会，对全区生态环境保护建设进行统筹调度。加强对《水污染防治行动计划》实施情况预警，对水质问题突出的盟市开展实地督察督办。着力加强城镇、园区污水处理设施建设和运行监管，从源头上预防和减少污染问题发生。

提升监管水平。对全区水环境质量形势进行研判，针对存在的问题以“一市一单”形式由内蒙古自治区生态环境厅向盟市政府印发预警函，逐一梳理并编写各盟市在地表水环境质量、饮用水水源地环境保护、水污染防治重点任务等方面的问题清单，移交盟市政府，由分管领导带队对问题突出的盟市开展现场督导，有力推动突出环境问题的解决。内蒙古自治区生态环境厅按月调度重点盟市整改工作进展情况，对进展缓慢的采取下发督办函、现场督导、约谈等措施推动工作落实，确保坚决打好污染防治攻坚战。

推动部门协作。自治区住建、水利等部门按照职能职责，会同相关部门制定印发了《内蒙古自治区城市黑臭水体治理攻坚战行动方案》《内蒙古自治区全面推行河湖长制三年行动方案（2019—2021）》等重点工作推进方案；自治区生态环境厅、财政厅联合印发了《内蒙古自治区重点流域断面水质污染补偿办法（试行）》，并由自治区人大常委会组织开展了联合执法检查工作。推动了水利、生态环境、住建等部门的有效协作，为全区水生态环境的持续改善提供了有力支撑。

推动保障机制。自治区持续落实国家重点生态功能区转移支付办法，加快推动生态文明制度建设和改革的意见，印发《内蒙古自治区人民政府办公厅关于健全生态保护补偿机制的实施意见》《内蒙古自治区重点流域断面水质污染补偿办法（试行）》等有关政策文件，运用经济手段，推动自治区重点流域水质改善。自治区陆续启动了生态安全调查评估，并持续支持河湖生态安全调查评估项目纳入环境保护专项资金项目库，为“十四五”时期摸清“水生态底数”积累了经验，奠定了基础。

5.2.6 山东省

“十三五”时期，山东省深入推进打好碧水保卫战重点任务，坚决保障完成水环境改善目标，全面夯实水环境综合治理体系，组织开展了覆盖全省的入河湖排污（水）口排查，有力推动“河湖长制”从“有名”向“有实”转变，水生态环境状况显著好转。

坚持党政同责、一岗双责，构建水生态环境保护工作大格局。自 2016 年以来，每年省政府与各市政府签订年度水污染防治工作目标责任书，将水环境质量达标改善、重点工程、《水污染防治行动计划》年度任务全部列入，确保各项任务落到实处。德州市政府印发实施了《关于建立国省控河流断面县（市、区）责任制的通知》，断面水质作为县（市、区）政府主要负责人的“一把手工程”。聊城市建立水质生态赔偿制度，每月通报全市地表水环境质量及水质生态赔偿金情况。滨州市对市控断面进行了优化调整，并制定了考核办法，对各县区河流控制断面水质情况月通报、季排名，并将排名结果纳入全市科学发展综合考核体系。

加强顶层设计，坚持依规管理，明确水生态环境保护责任。在规划体系方面，坚持精准化管理，按照“一河一策”的要求，逐一组织开展问题诊断和源解析，高标准编制各地水污染防治相关的规划方案。德州市按照“顶层设计、规划引领”的要求，编制全市及各县（市、区）水污染防治专项规划，对全市所有河流实施全流域、全过程、全方位综合治理，有力保障了水质安全。聊城市围绕“点源分散控制，河流集中治理”的水污染治理思路，组织各县（市、区）实施了一批水污染防治项目。对原有的海河流域水污染物排放标准进行修订，形成《流域水污染物综合排放标准　第 4 部分：海河流域》（DB37/ 3416.4—2018），于 2019 年 3 月起实施。

加大污染治理力度，改善河湖水环境质量。组织流域各市开展入河排污口排查和整治工作，为流域精细化管理打下基础。在工业污染防治方面，严格落实排污许可制度，引导和督促排污单位深挖治污潜力，以断面水质达标倒逼工业企业提升治污水平。在城镇污染防治方面，以城市建成区黑臭水体治理为突破口，补齐污水处理基础设施建设短板。优良国控断面比例为 25%，达到国家 2020 年的考核要求。德州市实现了全市优良水体“零”的突破，聊城市水质优良断面比例为 25%，消除劣Ⅴ类水体断面，滨州市化学需氧量和氨氮浓度比 2015 年分别减少了 9.78%和 12.17%，超额完成目标任务。

加强区域水资源优化配置，强化水生态环境保护与修复。聊城市编制了《聊城市水安全保障总体规划》等，将再生水、雨洪水、微咸水等非常规水的水源纳入聊城市区域水资源统一配置，对城市再生水利用率提出了明确的目标。在重要排污口下游、支流入干流处、河流入湖口及其他适宜地点因地制宜地建设人工湿地，对水质进一步净化。德州市污水处理厂全部配套建设尾水湿地，做到“一厂一湿地”；聊城市实现了“千亩表流、百亩潜流”人工湿地各县（市、区）全覆盖；东营市在 13 家污水处理厂出水口建设了人工湿地，面积共计 3 964 亩，在神仙沟等 9 条河流河道建成人工湿地，面积共计 4 721 亩，进一步改善了河流水质。

5.2.7 河南省

“十三五”时期，在河南省委、河南省政府的正确领导下，全省认真贯彻落实党中央、国务院决策部署，把建设生态文明、加强环境保护摆在更加重要的战略位置，强化责任担当，完善政策措施，深化污染治理，统筹推进新冠肺炎疫情常态化防控、经济社会发展和生态环境保护工作，扎实做好“六稳”工作、落实“六保”任务，坚决打好蓝天、碧水、净土三大保卫战，主要污染物排放总量大幅度下降，生态环境质量明显提升。

高度重视，强化顶层设计。“十三五”期间，河南省陆续印发了《河南省碧水工程行动计划》《关于打赢水污染防治攻坚战的意见》《河南省辖海河流域水污染防治攻坚战实施方案（2017—2019 年）》《关于全面加强生态环境保护坚决打好污染防治攻坚战的实施意见》《河南省污染防治攻坚战三年行动计划（2018—2020 年）》和河南省水污染防治攻坚战实施方案，细化城市黑臭水体治理、饮用水水源地保护、全域清洁河流、农业农村污染治理 4 个标志性攻坚战役年度方案。修订了《河南省水污染防治条例》，出台了《河南省人民政府办公厅关于健全生态保护补偿机制的实施意见》《河南省流域水污染防治联防联控制度》等文件。

精心部署，打好四大战役。组织打好黑臭水体治理攻坚战役，全面推进黑臭水体整治和污水处理设施建设。组织打好全域清洁河流攻坚战役，实施排污口整治、河道综合治理及生态恢复工程建设，海河流域内 15 个国考断面中，Ⅰ～Ⅲ类水质断面有 8 个，约占 15 个国考断面的 53.3%，无劣Ⅴ类水质断面。组织打好农业农村污染治理攻坚战役，编制农村污水治理专项规划，实施统一建设、运行、管理，推进规模化畜禽养殖场粪污资源化利用设施建设。组织打好饮用水水源保护攻坚战役，严防问题反弹，对“千吨万人”以上水源保护区环境问题进行排查，对县级以上水源地进行规范化建设，县级及以上水源地取水水质达标率 100%，南水北调总干渠水质继续保持Ⅱ类水平。

高位推动，加强督查督办。配合省人大常委会开展水污染防治“一法一条例”执法检查，督促解决各类水环境问题；配合省政协开展水污染防治专题调研和专题协商，多角度推动水污染防治工作。对水质有恶化趋势的地市进行提醒约谈。对河流出现的特征污染物超标问题及河流上下游地市问题进行现场督办并持续跟踪，尽快恢复水质。截至

2020 年年底，海河流域各省辖市级及县级建成区黑臭水体已全部完成治理，黑臭水体管理基本到位，无问题反弹和水体黑臭现象，部分水体开始进行生态修复，保洁机制初步建立，影响群众多年的水体脏乱臭问题已得到初步解决。

注重基础，提升监测能力。目前，在地表水水质方面，生态环境部门及水利部门均掌握数个水质监测断面，水利部门现有地表水水质监测断面 221 个，全部为采样监测站点；生态环境部门现有地表水水质监测断面 192 个。其中国控断面 118 个、省控断面 141 个、湖库断面 28 个。在水土保持监测方面，全省初步建成了由 1 个总站、6 个监测分站和 29 个监测点构成的监测网络。全省 2 952 个入河排污口中有 561 个入河排污口设置单位且进行了监测，其中在线监测 473 个，人工监测 88 个。规模以上排污口中有 382 个开展了在线监测，54 个开展了人工监测。

第 6 章

面临的形势与存在的问题

6.1 面临的形势

“十四五”期间，我国将进入新发展阶段，开启全面建设社会主义现代化国家新征程。流域水生态环境保护必须贯彻新发展理念，推进水生态环境持续改善，以高水平保护引导推动高质量发展。

6.1.1 习近平生态文明思想对生态环境保护提出新要求

党的十八大以来，以习近平同志为核心的党中央高度重视生态文明建设和生态环境保护，将生态文明建设纳入中国特色社会主义事业“五位一体”总体布局和“四个全面”战略布局。习近平生态文明思想为做好生态环境保护工作提供了总遵循，也提出了总要求。保持环境治理战略定力，坚定不移贯彻新发展理念；坚持环境治理总体方向，有力有序打好污染防治攻坚战；落实生态环境治理改革举措，积极推进治理体系和治理能力现代化。良好生态环境是最公平的公共产品，是最普惠的民生福祉，优美清澈的河流湖泊是群众对良好生态环境的重要期盼，这对水生态环境保护工作提出了更高要求。“十四五”期间必须深入贯彻习近平生态文明思想，坚持以人民为中心，立足“有河有水，有鱼有草，人水和谐”的总体目标，以改善生态环境质量为核心，积极回应人民群众所想、所盼、所急，不断提高优美生态环境给人民群众带来的获得感、幸福感和安全感，让“清水绿岸、鱼翔浅底”的美景成为美丽中国不可或缺的组成部分。

6.1.2 国家现代生态环境治理体系对生态环境保护提出新挑战

2020 年 3 月，中共中央办公厅、国务院办公厅印发《关于构建现代环境治理体系的指导意见》，提出构建党委领导、政府主导、企业主体、社会组织和公众共同参与的现代环境治理体系，到 2025 年，建立健全环境治理体系，形成导向清晰、决策科学、执行有力、激励有效、多元参与、良性互动的环境治理体系。生态环境治理体系和治理能力现代化是国家治理体系和治理能力现代化的重要组成部分。目前，海河流域现行的水生态环境治理体系和治理能力不能完全满足新阶段生态文明建设的需要，精细化、现代化管理水平仍需提高，环境风险监控预警和应急处置能力有待完善。“十四五”期间，要建立健全现代环境治理体系，构建导向清晰、决策科学、执行有力、激励有效、多元参与、良性互动的“大环保”格局。优化监管体系建设，实现流域环境保护统一规划、统一标准、统一环评、统一监测、统一执法；加强风险预警，提升应急能力，警惕水环境中的“黑天鹅”“灰犀牛”事件，以严格的监管规范各类涉水行为。

6.1.3 “十四五”规划蓝图对生态环境保护提出新任务

党的十九届五中全会将“生态文明建设实现新进步”作为“十四五”时期经济社会发展的主要目标之一，提出“深入打好污染防治攻坚战”，为推动绿色发展，促进人与自然和谐共生指明了方向、提供了遵循。海河流域是推动京津冀协同发展、建设雄安新区、举办2022年冬奥会的主阵地，同时也是污染防治攻坚战——渤海综合治理攻坚战的主战场，对标“十四五”规划蓝图，在“十三五”工作取得成绩的同时也必须清醒地认识到，海河流域水生态环境质量改善成效并不稳固，水生态环境治理体系和治理能力仍待完善，流域水生态环境保护工作仍面临较大的压力与挑战。“十四五”时期必须坚持新发展理念，突出精准治污、科学治污、依法治污，统筹生态环境高水平保护和经济社会高质量发展，促进经济社会发展与水资源水环境承载能力相协调，以水定城、以水定地、以水定人、以水定产。通过补短板、强弱项，强化水生态环境保护基础设施的建设，加强各领域各环节的监管，持续推进水生态环境保护，为流域生态文明建设实现新进步提供有力的支撑和保障。

6.1.4 生态环境监管制度改革为生态环境保护带来新机遇

为更加全面系统地推进生态环境保护工作，2018年国务院组建了生态环境部，同时按流域片区设置流域生态环境监督管理局，强化了流域水资源、水生态、水环境的统一监管，给生态环境保护带来新机遇。海河局转隶后，单位性质由事业单位调整为行政单位，职能定位由海河流域水资源保护责任主体转变为在海河流域北海海域指导协调监督地方开展流域海域生态环境保护工作，代表国家行使流域海域生态环境统一监管职责；业务领域由海河流域水资源保护调整为在海河流域北海海域，以及黄河和东北沿黄渤海诸河入海断面以下河口，负责水资源、水生态、水环境方面的生态环境监管工作。单位性质、职责定位和业务领域的转变，必将促使发展战略、思维方法、行为方式、工作作风等方面发生深刻变化，也必将使工作格局、工作目标、工作方式、工作任务发生根本性变化。这些转变都对海河局提出了新要求，要提高政治站位，切实担负起统一流域海域生态环境监管的重要责任，认真履行好“指导、协调、监督、执法”职责，着力做好抓攻坚战、抓体系、抓监管、抓能力四方面建设，推动海河流域生态环境保护工作迈上新台阶。

6.2 存在的问题

水资源禀赋差，生态流量严重不足。流域水资源禀赋差，刚性需求强，多年平均水资源总量为 370 亿 m^3，仅占全国的 1.3%，承载了全国 8%的耕地、10%以上的人口和经济总量，人均水资源量低于 500 m^3/a，“人—地—水”不平衡的矛盾突出。即使南水北调东线、中线一期工程实现通水，流域水资源供需仍然处于“紧平衡”状态。水资源开发利用过度，地下水超采严重，河道内生态用水被“分光吃净”，部分河段干涸断流严重，近年来平原河流多年平均干涸天数超过 100 d，入海水量约为 30 亿 m^3。大量拦蓄工程阻断河流流动性、河海连通性，流域再生水利用不足，22 个城市再生水利用率不到 25%。

水污染防治存在短板，水环境问题依然存在。目前，优III类、劣V类水体断面分别占“十四五”国控断面总数的 59.6%和 3%，重要水功能区达标率仅为 69.9%，15 个饮用水水源地未达标，潘家口水库、大黑汀水库、于桥水库等重要水源地的富营养化问题影响供水安全，城市黑臭水体治理存在反弹风险，农村仍然存在黑臭水体。

水生生态系统受损，功能韧性严重不足。山区水源涵养功能受损，近 8 万 km^2 的水土流失面积需要治理。河湖生态缓冲带受到侵占，京津冀地区的河道缓冲带中，非生态用途占用比例达 48%。湿地生境退化，近 10 年流域自然湿地面积减少了 15%，水生生物多样性较低，种群结构普遍为耐污型物种。地下水过度开采，地下水漏斗有 16 个，地面最大沉降超过 3.25 m。

协同管理能力不强，“大环保”格局尚未形成。面对新形势，流域区域水生态环境保护联防联控机制存在诸多薄弱环节，部门间生态保护修复和污染防治联动机制、生态补偿机制还不健全。区域上下游、左右岸联动治污仍存在差距，陆海统筹协同治理不衔接。科技支撑能力、信息化能力、公众参与度亟待提升。

下篇

流域“十四五”水生态环境保护布局与主要任务

第7章

“十四五”水生态环境保护思路与布局

7.1 指导思想

以习近平新时代中国特色社会主义思想为指导，全面贯彻落实党的十九大和十九届历次全会精神，深入贯彻习近平生态文明思想，紧紧围绕统筹推进“五位一体”总体布局和协调推进“四个全面”战略布局，坚持以人民为中心，树立绿水青山就是金山银山的理念，统筹山水林田湖草沙系统治理，突出精准治污、科学治污、依法治污，以持续改善水生态环境质量为核心，统筹水资源利用、水生态保护和水环境治理，协同推进污染减排、生态扩容和风险防控，建立健全“陆海统筹、三水兼顾、水陆贯通、突出重点”的生态环境监管体系，推进流域水生态环境保护治理能力建设和治理体系现代化，努力实现“有河有水、有鱼有草、人水和谐”，以水生态环境高水平保护支撑海河流域经济社会高质量发展，进而为开启全面建设社会主义现代化国家新征程、向第二个百年奋斗目标进军奠定坚实基础。

7.2 基本原则

系统治理，科学施策。立足流域的系统性、整体性、协同性，兼顾上下游、左右岸、地表地下、陆地海洋，统筹考虑河湖自然属性与社会服务功能，系统推动河湖的流量保障、污染治理、生态修复、环境风险防控和生态环境监管等工作，推进生态环境整体保护、系统修复、综合治理。

“三水”统筹，“一河一策”。以国控断面汇水范围为单元，统筹水资源、水生态、水环境，坚持目标导向和问题导向，科学诊断和分析生态环境问题和影响因素，做到污染减排和生态扩容并重，按照“问题在哪里、症结在哪里、对策在哪里、落实在哪里”，制定“一河一策”治理策略。

陆海统筹，分区施策。坚持以海定陆、陆源严控，科学划定陆海统筹生态环境管控区，针对海洋特征污染物和重点污染源，分区域、分阶段科学治理，突出针对性、差异性和可操作性，系统推进入海污染物削减、沿海湿地水生态系统保护和海岸带地貌形态修复。

有限目标，重点施策。充分考虑工程实施的必要性和紧迫性，聚焦京津冀协同发展等国家战略，结合地方财力状况，以水质改善为重点，兼顾水生态系统修复，着重筛选前期工作条件好、工程实施效果显著、人民群众需求迫切的项目，集中破解河流生态重点问题。

7.3 空间管控

7.3.1 工作要求

习近平总书记在全国生态环境保护大会上指出，坚持人与自然和谐共生。从系统工程和全局角度寻求新的治理之道，习近平生态文明思想为新时期水生态环境保护工作提供了指引。2018 年机构改革将编制水功能区划、排污口设置管理等职责划归生态环境部门，打通了岸上和水里、陆地和海洋、城市和农村、地上和地下。“十四五”时期，群众对优美生态环境的需要日益提高，环境质量的改善逐步涵盖水资源、水生态、水环境等多要素。按照“流域统筹、区域落实”的思路，打通岸上和水里，以保护水生态环境功能、明晰各级行政区责任为目的，建立包括“流域—水功能区—控制单元—汇水范围—行政区域”5 个层级、覆盖全流域的空间管控体系。

7.3.2 划分方案

根据支撑重要水体保护、突出流域完整性、强化问题导向、便于环境管理等划分原则，按照水系汇流关系，综合考虑气候地理特征、控制范围内的人类活动影响、受关注程度等因素，将海河流域 8 个省（自治区、直辖市）312 个区县 4 099 个乡镇，划为 68 个控制单元、263 个汇水区域（276 个国控断面），详见表 7-1。流域汇水范围见附图 9-4。

表 7-1 海河流域汇水范围统计

单位：个

省（自治区、直辖市）	区县个数	乡镇个数	断面/汇水范围个数
北京市	16	333	35
天津市	16	247	30
河北省	164	2 230	119
山西省	46	525	34
内蒙古自治区	6	27	5
辽宁省	2	11	1
山东省	29	367	22
河南省	33	359	17
流域合计	312	4 099	263

流域层面重点从宏观尺度明确水污染防治重点和方向，明确主要生态功能和保护要求，协调水系上下游、左右岸防治工作。将各管控单元保护责任逐层落实到各省级行政区、甚至各乡级行政区，强化各级部门的水生态保护责任。各行政区域及管控单元需因地制宜地综合运用水污染治理、水资源配置、水生态保护、水环境风险防范等措施，提高污染防治的科学性、系统性和针对性。

7.4 保护目标

7.4.1 指标体系构建

按照“有河有水、有鱼有草、人水和谐”的要求，建立统筹水资源、水生态、水环境的保护指标体系。

7.4.1.1 水资源

（1）达到生态流量（水位）底线要求的河湖数量（指标单位：个）

以解决断流河流“有水”为重点，衔接水利部门相关工作安排，合理确定水体清单和生态流量（水位）底线要求。根据水资源状况分析结果，结合水生态环境质量改善需求，充分考虑必要性和可达性，最终确定“十四五”时期保障生态流量（水位）的河湖清单。

（2）恢复“有水”的河湖数量（指标单位：个）

根据断流河流河长、断流时长的分析结果，充分考虑必要性和可达性，提出“十四五”时期恢复“有水”的河流、湖库清单，逐一明确需要恢复“有水”的时长及河流河长。

（3）再生水利用率（指标单位：%）

结合全国地级及以上缺水城市实际、京津冀地区再生水利用率要求及河北省实际，提出“十四五”再生水利用率目标。

7.4.1.2 水环境

（1）地表水优良（达到或优于Ⅲ类）水体比例（指标单位：%）、地表水劣Ⅴ类水体比例（指标单位：%）

以“十四五”国控断面监测数据为基础，合理确定“十四五”各断面水环境质量目标。“十四五”时期要求基本消除劣Ⅴ类国控断面。

（2）水功能区达标率（指标单位：%）

根据《全国重要江河湖泊水功能区划（2011—2030年）》，明确水功能区目标。

（3）城市集中式饮用水水源水质达到或优于Ⅲ类比例（指标单位：%）

在“十三五”时期全国地级及以上城市集中式饮用水水源地整治取得积极成效的基础上，“十四五”时期将集中式饮用水水源的生态环境保护要求扩展至县级及以上城市，提出“十四五”县级及以上城市集中式饮用水水源水环境质量目标。

（4）城市建成区黑臭水体控制比例（指标单位：%）

在全国地级及以上城市建成区黑臭水体消除工作取得成效的基础上，将黑臭水体整治要求扩展至县级及以上城市建成区，“十四五”时期要求基本消除黑臭水体。

7.4.1.3 水生态

（1）水生生物完整性指数

按照2030年水生态系统功能初步恢复的要求，考虑水生态状况长时间序列的可比性，选择重点河流、湖库，因地制宜地研究确定淡水大型无脊椎底栖动物完整性指数（B-IBI）、富营养化指数等指标，合理确定目标要求。

（2）河湖生态缓冲带修复长度（指标单位：km）

围绕维护生态系统完整性、拦截面源污染、固堤护岸等需求，筛选需要建设河湖生态缓冲带的河湖清单。

（3）湿地恢复（建设）面积（指标单位：km^2）

依据国际重要湿地名录、国家湿地公园名录，分析湿地受侵占或受损的情况，在确保湿地面积不减少的基本前提下，确定需要恢复的湿地名单和湿地面积。

针对重要河口、大型处理设施的下游水体，根据水生态环境质量改善需要，结合当地实际条件，确定需要建设的人工湿地清单和人工湿地面积。

（4）重现土著鱼类或水生植物的水体数量（指标单位：个）

根据公众关注程度、生态功能重要程度等的情况，以重现当地群众记忆中的美好景象为奋斗目标，确定水体清单及需要重现的土著鱼类或水生植物。

7.4.2 保护目标研究

7.4.2.1 水资源目标

1）达到生态流量（水位）底线要求的河湖数量（指标单位：个）

（1）确定方法

考虑水环境质量达标、河流生态保护修复、生物物种栖息地保护修复、河口压咸等方面的生态环境需求，根据河流湖泊断流干涸现状，按照“只能改善、不能变差”的原则，逐一明确各河湖生态流量（水位）底线要求。根据近年的生态水量（水位）保障情况、“十四五”时期引调水情况，确定达到生态流量（水位）底线要求的河湖。

水利部门印发的第一批、第二批重点河湖生态流量保障目标中确定的河湖，“十四五”时期应达到生态流量（水位）底线要求，生态流量（水位）不低于水利部门确定的结果。

（2）确定依据及结果

根据《水利部关于印发第一批重点河湖生态流量保障目标的函》（水资管函〔2020〕43号）、《水利部关于印发第二批重点河湖生态流量保障目标的函》（水资管〔2020〕

285 号）中确定的重点河湖生态流量保障目标以及水文站 2012—2016 年的实测水量，预判 6 个河湖可达到生态流量底线要求，分别为白洋淀、七里海、永定河、桑干河、洋河和滦河。

2）恢复有水的河湖数量（指标单位：个）

（1）确定方法

系统分析当前河流干涸情况，包括干涸河段河长、干涸时长，通过长时间序列（自 20 世纪 60 年代以来）数据分析、走访调查等方式，确定河段干涸的起始时间和成因，以此为基础，综合考虑可实施的区域再生水循环利用体系建设、控制性水利工程生态水量下泄、地下水超采治理、南水北调跨流域调水等措施，提出“十四五”可能恢复“有水”的河段及恢复时长。

（2）确定依据及结果

海河流域现状干涸的河段有 144 个，考虑“十四五”期间拟实施的生态补水、水源置换、南水北调等措施，预判 9 个河段有望恢复“有水”。具体来说：①结合实际情况，确定河北省境内的唐河、滏阳河、府河、青龙河、瀑河，以及山西省境内的壶流河 6 个河段逐步恢复“有水”；②通过南水北调、安各庄水库联合调度，对白洋淀进行生态补水的同时，部分水通过新盖房枢纽，经老大清河和赵王新河下泄，赵王新河有望恢复“有水”；③通过南水北调东线二期工程的实施，南运河（河北段）有望恢复“有水”；华北地下水压采并实施生态补水，滹沱河（河北段）有望恢复“有水”。

3）再生水利用率（指标单位：%）

（1）确定方法

综合分析当前国家对全国地级及以上缺水城市、京津冀地区的再生水利用率要求，结合海河流域现状及再生水利用工程，提出“十四五”再生水利用率目标。

（2）确定依据及结果

根据国家发展改革委、科技部、工业和信息化部、财政部、自然资源部、生态环境部、住房城乡建设部、水利部、农业农村部、市场监管总局等部门联合印发的《关于推进污水资源化利用的指导意见》（发改环资〔2021〕13 号）（以下简称《指导意见》），到 2025 年全国地级及以上缺水城市再生水利用率达到 25%以上，京津冀地区达到 35%以上。根据《国家发展改革委 住房城乡建设部关于印发〈“十四五”城镇污水处理及资源化利用发展规划〉的通知》（发改环资〔2021〕827 号）（以下简称《发展规划》），到 2025 年全国地级及以上缺水城市再生水利用率达到 25%以上，京津冀地区达到 35%以上，黄河流域中下游地级及以上缺水城市力争达到 30%。结合上述要求及海河流域实际，确定海河流域地级及以上城市再生水利用率达到 25%以上，京津冀地区达到 35%以上。

7.4.2.2 水环境目标

1）地表水优良（达到或优于Ⅲ类）水体比例（指标单位：%）、地表水劣Ⅴ类水体比例（指标单位：%）

（1）确定方法

“十四五”时期海河流域共确定276个国控断面，以2020年水质数据为基础，参考2015—2019年的全年水质数据，按照“反退化、有序衔接、合理可行、体现差异”的原则，科学确定各断面2025年目标，并统计海河流域地表水优良水质水体比例、劣Ⅴ类水体比例目标。

（2）确定依据及结果

根据《地表水环境质量标准》（GB 3838—2002）评价各断面水质类别。海河流域现状地表水优良（达到或优于Ⅲ类）水体比例为59.6%，地表水劣Ⅴ类水体比例为3%。“十四五”期间，通过入河排污口排查整治、工业污染防治、城镇污染治理、农业农村面源污染防治等措施，能够提升优良水体比例、消除劣Ⅴ类水体，测算2025年海河流域地表水质量达到或好于Ⅲ类的水体比例为61.2%，劣Ⅴ类水体比例为0。

2）水功能区达标率（指标单位：%）

（1）确定方法

海河流域纳入《全国重要江河湖泊水功能区划（2011—2030年）》的水功能区共计230个，以2020年评价结果为基础，参考2015—2019年达标情况，预判2025年海河流域水功能区达标率。

（2）确定依据及结果

海河流域现状水功能区达标率为69.9%。根据《国务院办公厅关于印发实行最严格水资源管理制度考核办法的通知》（国办发〔2013〕2号）、《国务院关于全国重要江河湖泊水功能区划（2011—2030年）的批复》（国函〔2011〕167号）目标要求，结合2020年现状，测算2025年海河流域水功能区达标率为74.7%。

3）城市集中式饮用水水源水质达到或优于Ⅲ类比例（指标单位：%）

（1）确定方法

“十四五”时期国家将集中式饮用水水源的生态环境保护要求由地级以上城市扩展至县级及以上城市。根据“十三五”时期海河流域县级及以上城市集中式饮用水水源水质情况，按照《地下水质量标准》（GB/T 14848—2017）中色、嗅和味、浑浊度、肉眼可见物、pH、总硬度、溶解性总固体、硫酸盐等39项常规指标进行评价，确定达到或优于Ⅲ类标准的点位占比。

（2）确定依据及结果

海河流域现状县级及以上城市集中式饮用水水源水质达到或优于Ⅲ类比例为95%。《水污染防治行动计划》提出，到2030年，全国城市集中式饮用水水源水质达到或优于Ⅲ类比例总体为 95%左右。结合海河流域城市集中式饮用水水源整治进展及相关要求，确定“十四五”时期的目标，即县级及以上城市集中式饮用水水源水质达到或优于III类比例为 100%。

7.4.2.3 水生态目标

1）水生生物完整性指数

（1）确定方法

一般来说，利用水生生物完整性指数开展水生态状况评价、目标确定，主要包括 4 个步骤：

首先，确定指示性水生生物。水中的生物类群众多，包括藻类、浮游动物、大型底栖动物、鱼类等，全部开展监测和评价的成本较高，操作性不强，因此通常选择有代表性、可监测的生物类群作为指示性生物，代表水体水生生物总体状况。大型底栖动物作为指示性生物稳定性好、国内外应用广泛，因此推荐作为“十四五”试点监测、评价的水生生物。

其次，计算水生生物完整性指数。水生生物完整性指数是一组评价指数的统称，站在科学性、可操作性以及满足环境管理需求角度，应选择对水生态状况变化敏感、指示意义强且相对简便的指数，如 BMWP、BI（生物指数）（这两个指数是根据不同生物的耐污能力/敏感性给予 0～10 的赋值，并结合物种数及其密度而计算获得）等。

再次，明确评价标准。一般是采用未受人类活动干扰的原始状态作为参照，来分析水生态受损情况。未受人类活动干扰的原始状态实际上往往并不存在，因此，可以使用现存的最好状态或以某个时间节点的状态予以代替。

最后，根据河湖水生生物完整性指数评价结果，结合“十四五”时期即将开展的水生态保护和修复工作，提出与现状管理水平相适应的水生生物完整性指数目标要求。

（2）确定依据及结果

根据“十四五”时期拟实施的河流生态缓冲带修复、人工湿地建设、水生生物多样性保护等工程，提升重点水体生境状态。同时，根据国家和地方水生态监测工作总体安排，初步确定对白洋淀、北大港水库、潮河（北京段）、北运河（廊坊段）、滹沱河（阳泉段、石家庄段）、府河（雄安新区段）、浊漳河等重要水体开展水生态监测并进行水生生物完整性指数评价。

2）河湖生态缓冲带修复长度（指标单位：km）

（1）确定方法

河湖生态缓冲带在拦截面源污染、维持水生态系统完整性、提供生物栖息地等方面发挥重要作用。“十四五”时期优先围绕水质提升需求，对重度污染河段、富营养化湖库以及国家重要水体，开展河湖生态缓冲带修复工作。根据水生态环境质量改善需求确定“十四五”河湖生态缓冲带修复长度目标。

（2）确定依据及结果

“十四五”时期根据水环境质量改善需求，围绕维护生态系统完整性、拦截面源污染、固堤护岸等工作内容，确定需要修复河湖生态缓冲带 431.6 km。

3）湿地恢复（建设）面积（指标单位：km^2）

（1）确定方法

依据国际重要湿地名录、国家湿地公园名录，分析湿地受侵占或受损情况，在确保湿地面积不减少的基本前提下，确定需要恢复的湿地名单和湿地面积。

人工湿地在污水处理厂尾水水质净化、入河（湖）污染负荷削减等方面发挥重要作用。因此，“十四五”时期应在关键节点，如河流入湖口、支流入干流口、河流入海口、大型污水处理设施下游等，建设人工湿地。根据污水处理规模和水质提升要求，估算尾水人工湿地建设面积。对于河口人工湿地，可根据土地类型、河流水质、水量等确定湿地建设面积；土地面积充裕时宜建设表面流人工湿地。

（2）确定依据及结果

“十四五”时期重点恢复白洋淀湿地、怀仁口泉河国家湿地公园（试点）、山阴桑干河省级湿地公园、千泉湖国家湿地公园、长子精卫湖国家湿地公园、鹤壁淇河国家湿地公园 6 处天然湿地的湿地面积，初步测算新增天然湿地面积 6.8 km^2。

“十四五”时期拟在支流入干流口、河湖入库口等重要河口以及污水处理厂下游关键节点建设人工湿地，初步测算新增人工湿地面积 30.9 km^2。

4）重现土著鱼类或水生植物的水体数量（指标单位：个）

（1）确定方法

针对公众关注程度较高、有重要生态功能的水体，通过走访当地渔业部门调查已消失的土著鱼类或水生植物，综合考虑可实施的水生态修复措施，评估“十四五”时期河湖生境恢复程度，并预判可重现的一种或多种鱼类或水生植物。

（2）确定依据及结果

“十四五”时期通过水质改善、人工重建生境、保护和恢复土著鱼类产卵场、洄游通道及栖息地等措施，有望逐步恢复永定河平原段、凤河、潮白新河、老漳河、滏阳河、滏东排河、滹沱河、于桥水库、白洋淀等水体的水生生物多样性。

针对公众关注程度较高、有重要生态功能的水体，通过走访当地自然资源、渔业等部门调查已消失的水生植物，综合考虑可实施的水生态修复措施，有望逐步恢复滹沱河、白洋淀的水生植物。

7.4.3 总体目标

按照生态文明建设总体要求，遵循水环境质量“只能更好，不能变坏”的原则，“十四五”期间有力推进水资源、水生态、水环境统筹的流域生态环境保护格局，水生态环境质量持续改善、饮用水安全保障水平持续提升、严重污染水体全面消除、重点水域生态流量（水位）得到保障、水生态系统功能初步恢复、水环境风险防控能力提高，流域水生态监管能力增强，打造“有河有水、有鱼有草、人水和谐”的美丽河湖，为 2035 年基本实现美丽中国建设目标奠定基础。

7.4.4 具体指标

水环境质量持续改善。地表水优良（达到或优于III类）水体比例目标值为 61.2%，地表水劣V类水体全部消除，水功能区达标率目标值提升至 74.7%，城市集中式饮用水水源水质达到或优于III类比例的目标值达 100%。

水资源保障能力显著提升。达到生态流量（水位）底线要求的河湖数量目标值为 6 个，恢复“有水”的河流数量目标值达 9 个（现状年干涸河段有 114 个）。其中，滹沱河、唐河等重要河段恢复“有水”目标，滦河、桑干河、洋河、永定河等部分河段以及白洋淀、七里海满足生态流量（水位）要求。

水生态修复工作初见成效。河湖生态缓冲带修复长度目标值达到 431.6 km，湿地恢复（建设）面积目标值达 37.7 km^2，重现土著鱼类或水生植物的水体数量目标值达 9 个。其中，于桥水库、永定河、凤河、潮白新河、老漳河、滏阳河、滏东排河等重要水体优先恢复土著鱼类，白洋淀和滹沱河恢复土著鱼类和水生植物。

风险防控应急能力显著提高。流域内的石油化工企业、尾矿库等重点风险源基本得到控制，重点湖库、河流蓝藻水华预警监测体系初步建立，主要水体底泥污染情况调查完成。

海洋生态环境改善支撑力度持续加大。入海污染物量显著降低，总氮浓度有所降低。探索入海水量确定方案，保障路径，结合引调水、再生水利用，保障滦河入海水量。

再生水回用力度显著增强。建设再生水回用体系，地级及以上城市再生水利用率目标值达 25%以上，京津冀地区达 35%以上。

海河流域“十四五”期间水生态环境保护目标和各省（自治区、直辖市）及各河系水生态环境保护目标分别见表 7-2、表 7-3、表 7-4。

表 7-2 海河流域“十四五”期间水生态环境保护目标

类别		序号	指标	现状值	目标值	指标类型
常规指标	水环境	1	地表水优良（达到或优于III类）水体比例/%	59.6	61.2	约束性
		2	地表水劣V类水体比例/%	3	0	约束性
		3	水功能区达标率/%	69.9	74.7	预期性
		4	城市集中式饮用水水源水质达到或优于III类比例/%	—	100	预期性
	水资源	5	达到生态流量（水位）底线要求的河湖数量/个	0	6	预期性
	水生态	6	试点开展水生生物完整性指数评价的水体数量/个	—	8	预期性
		7	河湖生态缓冲带修复长度/km	—	431.6	预期性
		8	湿地恢复（建设）面积/km^2	—	37.7	预期性
亲民指标	水环境	1	城市建成区黑臭水体控制比例/%	—	0	预期性
	水资源	2	恢复“有水”的河流数量/个	干涸河段 114 个	9	预期性
	水生态	3	重现土著鱼类或水生植物的水体数量/个	—	9	预期性

表 7-3 海河流域“十四五”期间各省（自治区、直辖市）水生态环境保护目标

类别		序号	指标	指标类型	北京市		天津市		河北省		山西省		内蒙古自治区		辽宁省		山东省		河南省	
					现状	目标	现状	目标	现状	目标	现状	目标	现状	目标	现状	目标	现状	目标	现状	目标
常规指标	水环境	1	地表水优良（达到或优于III类）水体比例/%	约束性	68.6	70.3	44.4	44.4	62.5	64.5	74.3	71.4	80	80	100	100	24	32	50	50
常规指标	水环境	2	地表水劣V类水体比例/%	约束性	0	0	2.8	0	3.3	0	0	0	0	0	0	0	4	0	0	0
常规指标	水环境	3	水功能区达标率/%	预期性	82.6	82.6	36	36	81.3	85	70.8	83.3	44.4	66.7	—	—	66.7	75	80	80
常规指标	水环境	4	城市集中式饮用水水源水质达到或优于III类比例/%	预期性	—	100	—	100	—	100	—	100	—	100	—	—	—	100	—	100
常规指标	水资源	5	达到生态流量（水位）底线要求的河湖数量/个	预期性	—	1	—	1	—	3	—	1	—	0	—	—	—	0	—	0
常规指标	水生态	6	试点开展水生生物完整性指数评价的水体数量/个	预期性	—	1	—	1	—	4	—	2	—	—	—	—	—	0	—	0
常规指标	水生态	7	河湖生态缓冲带修复长度/km	预期性	—	201.5	—	2.3	—	53	—	107.9	—	11	—	—	—	45.9	—	10
常规指标	水生态	8	湿地恢复（建设）面积/km^2	预期性	—	9.3	—	5.7	—	6.9	—	3.9	—	—	—	—	—	10.4	—	1.5

类别		序号	指标	指标类型	北京市		天津市		河北省		山西省		内蒙古自治区		辽宁省		山东省		河南省	
					现状	目标	现状	目标	现状	目标	现状	目标	现状	目标	现状	目标	现状	目标	现状	目标
亲民指标	水环境	1	城市建成区黑臭水体控制比例/%	预期性	—	0	—	0	—	0	—	0	—	—	—	—	—	0	—	0
	水资源	2	恢复“有水”的河流数量/个	预期性	0	0	9	0	67	8	25	1	2	0	—	—	7	0	4	0
	水生态	3	重现土著鱼类或水生植物的水体数量/个	预期性	—	2	—	2	—	5	—	—	—	—	—	—	—	—	—	—

表 7-4　海河流域“十四五”期间各河系水生态环境保护目标

类别		序号	指标	指标类型	滦河及冀东沿海		北三河		永定河		大清河（含海河干流）		子牙河（含黑龙港及运东）		漳卫河		徒骇马颊河	
					现状	目标	现状	目标	现状	目标	现状	目标	现状	目标	现状	目标	现状	目标
常规指标	水环境	1	地表水优良（达到或优于III类）水体比例/%	约束性	93.1	100	60.7	57.9	61.3	62.5	54.8	60	52.9	54.9	64.9	65.8	29.2	29.2
		2	地表水劣V类水体比例/%	约束性	0	0	3.6	0	3.2	0	4.8	0	2	0	2.7	0	4.2	0
		3	水功能区达标率/%	预期性	89.5	94.7	68.8	68.8	66.7	80	65.2	65.2	64.7	73.5	73.7	73.7	69.2	76.9
		4	城市集中式饮用水水源水质达到或优于III类比例/%	预期性	—	—	—	—	—	—	—	—	—	—	—	—	—	—

类别		序号	指标	指标类型	滦河及冀东沿海		北三河		永定河		大清河（含海河干流）		子牙河（含黑龙港及运东）		漳卫河		徒骇马颊河	
					现状	目标	现状	目标	现状	目标	现状	目标	现状	目标	现状	目标	现状	目标
常规指标	水资源	5	达到生态流量（水位）底线要求的河湖数量/个	预期性	—	1	—	1	—	3	—	1	—	0	—	0	—	0
	水生态	6	试点开展水生生物完整性指数评价的水体数量/个	预期性	—	—	—	2	—	0	—	3	—	2	—	1	—	0
		7	河湖生态缓冲带修复长度/km	预期性	—	24.6	—	141.5	—	161	—	2.3	—	34.3	—	48.4	—	19.5
		8	湿地恢复（建设）面积/km^2	预期性	—	0	—	6.8	—	7	—	9.9	—	1.4	—	2.5	—	10.1
亲民指标	水环境	1	城市建成区黑臭水体控制比例/%	预期性	—	0	—	0	—	0	—	0	—	0	—	0	—	0
	水资源	2	恢复“有水”的河流数量/个	预期性	干涸河段7个	2	干涸河段7个	0	干涸河段15个	1	干涸河段16个	3	干涸河段46个	2	干涸河段15个	1	干涸河段8个	0
	水生态	3	重现土著鱼类或水生植物的水体数量/个	预期性	—	—	—	3	—	1	—	1	—	4	—	—	—	—

7.5　保护思路与布局

根据流域水资源自然条件和生态状况，按照有限目标、重点突出的原则，坚持“三水”统筹和海陆统筹，突出“四保、四增、四减”。通过保流水、增中水、减干河，保障重点河湖生态需水量；通过保好水、增良水、减劣水，持续改善流域水环境；通过保天然、增土著、减扰动，增强水生态系统韧性；通过保湿地、增入海、减总氮，支撑美丽海湾建设，实现“节水循环保水源，复鱼扩绿强韧性，消劣降氮补短板”，持续改善流域水生态环境质量。

围绕国家京津冀协同发展、雄安新区建设、大运河文化带建设重大战略布局，坚持山水林田湖草沙是一个生命共同体，聚焦河湖水系完整性、水体流动性、水质良好性、水生生物多样性、水文化传承性，构建“一淀五湖、两带三区、六廊十源”的流域水生态环境保护网。保护京津冀水源涵养功能区，严格落实生态红线管控，提高河湖水体流动性和生物多样性；修复中部平原区河湖生态系统，涵养地下水源，推进区域再生水循环利用；统筹滨海美丽海湾支撑区陆海协同治理，修复河口及滨海湿地，支撑美丽海湾建设。推进大运河文化带生态环境保护与修复，保障南水北调水质安全。加快白洋淀生态修复，重现“华北明珠、淀泊风光”，实施衡水湖、南大港、北大港、七里海、察汗淖尔自然生态空间修复，保障桃林口、潘家口-大黑汀、于桥、密云、官厅、西大洋、王快、岗南-黄壁庄、岳城、盘石头水库水源安全，重点推进滦河、潮白河、永定河、大清河、子牙河、漳卫河综合治理与生态修复，构建连山通海的绿色河流生态廊道，提高流域生态系统稳定性，实现“一淀五湖鸢飞鱼跃，两带三区山海相融，六廊十源川流不息，海晏河清人水和谐”的愿景。

构建的“一淀五湖、两带三区、六廊十源”流域水生态环境保护网见专栏 1，重点河流保护思路与布局见专栏 2，流域总体布局见图 7-1。

专栏 1　构建流域水生态环境保护网

“一淀”指白洋淀，被誉为“华北之肾”，通过重现“华北明珠、淀泊风光”，为雄安新区建设提供良好的生态本底和基础动力。

“五湖”指衡水湖、南大港、北大港、七里海、察汗淖尔 5 个省级以上重要湿地自然保护区，是流域水生生物栖息地、候鸟迁徙通道上的重要驿站、京津冀生态环境质量整体恢复和提升的重要节点，通过修复自然生态空间，实现“五湖”生态系统良好、生态结构完整、生态功能健全。

“两带”指大运河文化带和南水北调沿线。大运河文化带涵盖京杭大运河黄河以北部分河段和隋唐大运河永济渠段（含通惠河、北运河、南运河、会通河、卫河、卫运河），蕴含着中华民族悠远绵长的文化基因，通过打造璀璨文化带、绿色生态带，传承中华民族历史文化。南水北调是缓解海河流域水资源短缺、改善水生态环境状况、保障经济社会高质量发展的主要措施之一，以输水廊道的供水安全为重点，构建生态型清水廊道。

“三区”指京津冀水源涵养功能区、中部平原生态修复区、滨海美丽海湾支撑区。京津冀水源涵养功能区，包括坝上高原、燕山和太行山山地，主要功能是水源涵养、生态支撑，保障河湖水体流动性和生物多样性。中部平原生态修复区，地处华北平原中部，主要功能是涵养地下水资源、维系河湖水生态系统，实现“有河有水，人水和谐”。滨海美丽海湾支撑区，地处渤海湾沿岸地带，主要功能是作为滨海生态屏障，保持海湾水量水质水生态，支撑美丽海湾建设。

“六廊”指发源于太行山和燕山并注入渤海的滦河、潮白河、永定河、大清河、子牙河、漳卫河 6 条“骨干”河流，是陆海生态系统融合的重要通道，构建从山顶到海洋的河流生态廊道，形成连山通海的流域生态安全格局。

“十源”指桃林口、潘家口-大黑汀、于桥、密云、官厅、西大洋、王快、岗南-黄壁庄、岳城、盘石头 10 座大型水库，是京津冀地区水资源安全的“压舱石”、河湖生态系统的“稳定器”，实现城镇供水安全，维护河流生态健康。

专栏 2　重点河流保护思路与布局

滦河及冀东沿海：打造生态健康的滦河。上游以水源涵养区修复为主，中游以潘家口-大黑汀、桃林口水库水源地保护为核心，下游以维持生态流量、入海水量以及石河、新开河、汤河、戴河、洋河、饮马河、陡河 7 条沿海河流水环境质量改善为重点，重点实施水源涵养、水源地保护、河流缓冲带修复、闸坝调度、再生水循环利用等综合措施。

北三河：建设清水廊道，打造美丽运河。上游山区继续推进清洁小流域建设和水土流失治理；中游地区以密云水库水源地保护为核心，加强水资源保护，进一步改善周边生态环境；下游地区通过生态需水量调度，满足河道基本生态流量需求，有效恢复下游滨岸带湿地生态环境，保护七里海古海岸湿地生态环境。北运河城镇段以美丽河湖建设为主，过渡段以水环境质量改善为主，乡村段以保护动物栖息地为主。蓟运河以于桥水库水源地保护为核心，重点改善河流水环境质量，补齐污水收集处理系统短板，实现水质稳定达标。潮白河以水生态修复为核心，提高水生生物多样性。北三河重点实施水源涵养、治污减排、生态修复、优化调度、生态补偿机制建立等综合措施。

永定河：围绕京津冀协同发展，以建设“流动的河、绿色的河、清洁的河、安全的河”为目标，建设永定河绿色生态廊道。水源涵养区（洋河、桑干河河北境内及永定河三家店以上地区）以水源涵养、神头泉泉域恢复、官厅水库水源保护、河道基流维持、生物多样性保护为主；平原城市段（三家店至梁各庄）以生态补水、河岸带生态修复为主；平原郊野段（梁各庄至屈家店）以打造田园生态景观、回归自然为主；滨海段（屈家店至河口）以河滩湿地生态净化、维持入海水量为主。重点实施节水、引调水、闸坝调度、水源涵养、河湖湿地生态修复、污水处理能力提升等综合措施。

大清河（含海河干流）：围绕雄安新区建设，以保护白洋淀为核心，建设“连山贯淀通海”生态廊道。山区以水源涵养、城头会泉泉域恢复、西大洋和王快水库等重要水源地保护为重点；山前平原以白沟引河、萍河、瀑河、漕河、府河、唐河、孝义河、潴龙河 8 条入淀河流综合整治为重点；白洋淀及周边以生态环境保护为重点；白洋淀以下以保护独流减河沿岸湿地和北大港湿地、保障入海生态水量为重点。重点实施水源涵养、河湖湿地生态修复、闸坝调度、再生水循环利用等综合措施。

子牙河（含黑龙港及运东）：建设京津地区南部生态廊道。山区以水源涵养、岗南-黄壁庄水源地保护、娘子关泉泉域恢复为主；平原以水环境质量改善、地下水恢复和衡水湖生境修复为重点；滨海段以子牙新河、北排河、南排河、沧浪渠、石碑河、廖佳洼河、宣惠河 7 条入海河流水环境改善和南大港湿地生态系统保护为重点。重点实施引调水、闸坝调度、空间管控、河湖湿地生态修复、污水处理等综合措施。

漳卫河：建设大运河生态廊道。山区以岳城、盘石头水库水源地保护和辛安泉泉域恢复为主，平原以保障河道基流、修复水体连通功能、提高水体自净能力为主，重点建设南水北调东线清水廊道及大运河文化带。重点实施污染减排、河湖湿地生态修复、省际水生态环境协同治理机制建设等综合措施。

徒骇马颊河：恢复水环境生态健康。以水环境综合治理、水生态保护修复为主，对于徒骇河、马颊河、德惠新河以及滨海河流以水质提升为重点，重点实施提标改造、水源地保护、综合整治、水资源优化调度等综合措施。

图 7-1　海河流域总体布局

第 8 章

“十四五”水生态环境保护任务措施

在水资源方面，坚持节水优先，提升水源涵养和水土保持能力，推进河系连通，合理利用引调水，强化再生水循环利用，保障重点河湖生态需水量。在水环境方面，推进绿色生活生产方式，狠抓污染治理与生态扩容，加快补齐污水治理基础设施短板，保障水源地和重要河湖水质安全，持续改善流域水环境。在水生态方面，坚持保护优先、自然恢复为主，修复受损河湖水生态系统，因地制宜地建设人工湿地和河湖生态缓冲带，增强水生态系统韧性。在陆海统筹方面，坚持以海定陆、陆源严控，保障入海水量，削减入海污染物，推进河口综合治理与修复，保护和恢复滨海湿地生态功能，支撑美丽海湾建设。在监管方面，围绕规划、标准、环评、监测、执法、应急等“六统一”，构建流域统筹、区域落实、协同推进的生态环境保护工作格局。

8.1 流域保护任务措施

8.1.1 流域总体任务措施

8.1.1.1 强化水源保护，保障饮水安全

聚焦饮水安全，推进市、县、乡三级联动，通过划定饮用水水源保护区、设立保护区边界标志、整治保护区内环境问题、强化日常监管，守好饮用水水源“大水缸”。

（1）巩固县级及以上城市饮用水水源地治理成果

实施饮用水水源地生态综合治理修复，建设隔离式生态透水坝、生态护岸、生态湿地、底泥疏浚、河床基地改良等工程，因地制宜地开展天然背景因素导致水质不达标的水源地治理。推进农村生活污水和垃圾治理，加强周边农业种植面源污染防控。

结合相关供水规划，提出水源置换方案或水厂提标改造方案，保障水源水质或水厂出水水质满足相关标准要求。加强地下水水源地保护，定期对集中式地下水饮用水水源补给区环境状况进行调查评估，实施地下水污染场地防渗改造和地下水污染修复，针对地下水水源地硫酸盐、氟化物超标问题，开展水源地水源置换与供水厂水质提标改造可行性论证，制定实施地下水水源地达标治理方案。

（2）强化县级饮用水水源地规范化建设

按照《集中式饮用水水源地规范化建设环境保护技术要求》（HJ 773—2015），持续完善饮用水水源保护区划定和调整，根据用水结构变化和水源保护需要，开展水源保护区优化调整，明确保护区边界和面积。开展标识设立及隔离防护工程建设，增设道路交通标志、宣传牌标志、界标标志、道路警示牌等标志标识，完善物理围栏、生态缓冲带等隔离防护措施。巩固提升监控管理水平，在隔离保护区域内建设视频或雷达监控系统，构建综合管理信息化平台。科学制订水源地水质监测计划，扩大自动监测指标和覆盖范围，逐步建立以自动监测为主与手工监测为辅的监测体系。完善风险防控与应急管理机制，建立完善风险源名录，完成饮用水水源地突发环境事件专项应急预案制订和应急物资、设备和队伍的储备和建设工作，建立饮用水水源地应急保障体系，及时有效地处置饮用水水源突发环境事件。

（3）推进农村饮用水水源保护

稳步推进农村集中式饮用水水源地保护工作，巩固《全国集中式饮用水水源地环境保护专项行动方案》工作成果，着力解决存在的突出生态环境问题。开展保护区矢量确定，推进乡镇级和“千吨万人”饮用水水源保护区划分，完成农村集中式饮用水水源地保护区调整、划分等工作。完成标志标识管理，实现流域内全部饮用水水源地保护区完成界碑、界桩、交通警示牌、宣传牌等标志标识的设立工作。加强保护区内环境问题整治，结合实际情况，因地制宜地逐步推进乡镇级及以下地区饮用水水源地环境问题排查整治工作，实施一级保护区内人口搬迁措施，通过发展有机农业、推广低毒农药、实施测土配方施肥、畜禽养殖污染治理、建设生态隔离缓冲带等措施防治农业面源污染，实施保护区内生活污水和垃圾集中处理处置。

（4）保障重点引调水工程水质安全

做好南水北调中线和东线、引滦供水等引调水工程水质保护工作。加强保护区规范化建设，开展输水干线两侧保护区范围内的工业企业、畜禽养殖等水污染风险源的排查整治工作，推进面源污染防治。有效防范尾矿库、交通流动源等环境风险，提升水质安全保障水平。实施水质实时动态检测，建立完善日常巡查、工程监管、污染联防、应急处置等制度和设施，确保输水干渠水质安全。建设水生态廊道，保障输水河流水质安全。强化保护区执法检查，定期开展沿线保护区巡查检查，保障城市供水安全。

加强桃林口水库、潘家口-大黑汀水库、于桥水库、密云水库、官厅水库、西大洋水库、王快水库、岗南-黄壁庄水库、岳城水库、盘石头水库等重要饮用水水源地保护。实施水源保护区周边综合整治，建设清洁小流域、修复尾矿库。深化水库周边乡镇污染源治理，完善排水管网基础设施，推进种植业减少不合理化肥农药施用，加强规模以下畜禽养殖粪污治理。建设入库湿地和湖滨缓冲带，实施入库口湿地生物净化工程。改善库区生态，实施清淤和富营养化防控工程。建设隔离防护工程，实施封闭管理，严防水质退化和环境风险，确保供水安全。

8.1.1.2　坚持精准施策，持续提升水环境质量

聚焦“水净河清”，推进“点源、面源、内源”齐治，通过入河排污口排查整治、工业污染防治、城镇污染源治理、农业农村面源污染防治等措施，实现水环境质量持续改善。

（1）实施入河排污口排查整治

按照“查、测、溯、治、管”的工作要求，逐步建立“水环境—入河排污口—污染源”精细化管理体系。以城市建成区及饮用水水源保护区、自然保护区、重要湿地等地区重要水体为重点，按照“取缔一批、合并一批、整治一批”的要求，制定“一口一策”方案，取缔一批违反法律法规规定，在生态保护红线、饮用水水源保护区、自然保护区等区域内设置的入河排污口。合并一批集中处理设施管网覆盖范围内的生活污水散排口和工业园区的企业入河排污口。整治一批布局不合理、设施老化破损、排水不畅、检修维护难的入河排污口，通过建设人工湿地、清理垃圾、修复生态缓冲带、清退部分生产生活活动等措施，对排污口进行综合整治，开展排污口生态治理。同时衔接“河长制”工作，加强入河排污口日常监督管理，按照“双随机、一公开”原则分类开展监督、监测。

（2）持续推进工业污染防治

推进工业绿色转型。落实“三线一单”，优化工业布局，严格环境准入，持续推进产业结构优化，引导企业采用先进生产工艺和治理技术，提升流域内工业高质量发展水平。对流域内具有高能耗、重污染、低产出、技术落后等特征，不符合国家产业政策且严重污染水环境的生产项目、工艺设备开展强制性淘汰，逐步降低区域内重污染行业废水累计排放量。

实施重点行业深度治理。推动钢铁、石油、化工、有色金属、建材等产业升级改造，推动造纸、制革、电镀、印染、有色金属、农药、氮肥、焦化、原料药制造等企业实施清洁改造，降低资源消耗和污染物排放。推动实现工业企业排污许可证全覆盖，加强工业企业末端排放管控，加大水污染物超标排放企业监督检查力度，实现工业企业全面达标排放。

强化工业园区污染防控。按照“三同时”原则，分期建设、分组运行园区污水处理设施。根据受纳水体生态环境功能等的需要，依法依规明确城镇（园区）污水处理厂污染物排放管控要求。海河流域水生态环境改善任务较重、生态用水缺乏，各地通过在污水处理厂排污口下游建设人工湿地水质净化工程，进一步改善水生态环境质量。加强工业园区废水排放监管，涉水重点排污单位安装自动在线监控装置，推动实现工业废水达标排放。

（3）全面提升城镇污染治理

加快城镇污水处理设施提质增效。科学确定生活污水收集处理设施总体规模和布局，避免排水量激增导致现有污水收集处理设施超负荷。进水 BOD_5 浓度低于 100 mg/L 的，制定“一厂一策”系统化整治方案。推进运行负荷率低的重点区域污水处理厂连通管网，

实现污水处理厂之间水量合理调适，提高运行负荷率。加快乡镇级污水处理厂的建设，提升城乡环境基础设施建设运行、雨污水管网改造和管护的水平。

全面加强污水收集管网建设。加快污水管网空白区建设，基本消除城市建成区和城乡接合部污水管网空白区。新建污水处理设施配套管网应与污水处理设施同步设计、同步建设、同步投运。全面梳理污水收集管网现状，实施管网混错接改造、清污分流、管网更新、破损修复改造等工程，全面提升现有设施效能。

推进污泥安全处理处置。按照“集散结合、适当集中”的方针，以减量化、稳定化、无害化和资源化为原则，建设污泥处理处置设施，建立污泥产生、运输、储存、处置全过程监管体系。对工业集聚区污水处理厂、重点行业废水处理设施产生的属性不明的污泥，开展危险特性鉴别工作。同时加大非法污泥堆放点的排查力度，对污泥处理处置情况进行全面排查，杜绝污泥随意堆放。

治理初期雨水污染。推进“海绵城市”建设，制订实施雨水排水管网新建、排查、改造计划，提升区域雨污分流水平，促进雨水源头减排。强化初期雨水调蓄，因地制宜地建设末端雨水调蓄池，截蓄初期雨水。加强雨前、雨中、雨后处理水量调度，充分发挥城镇污水处理设施削减雨水径流污染物的效能，减少初期雨水溢流。

（4）推进农业农村面源污染防治

加强养殖污染防治及资源化利用。推广种养结合、以用促治的措施，合理优化养殖场布局，依法科学划定禁养区，推动规模化养殖场实现雨污分流、粪污设施正常运行。以池塘养殖为重点，开展水产养殖尾水治理，实现达标排放。推动规模化养殖场进行粪污资源化有效利用改造，促进农牧循环发展。采用经济适用的肥料化、能源化处理工艺技术，促进畜禽粪污资源化利用，加强水产养殖尾水循环利用。

加强农村种植业污染管控，促进高效生态循环农业发展。推行“一节两减一治”（节水、减肥、减药、治理退水），调整种植业结构，大力发展精细农业，因地制宜地推广灌溉施肥新技术新模式。保持化肥、农药施用量负增长，提升化肥、农药有效利用率，继续推广测土配方施肥，鼓励使用有机肥。推进农田退水治理，利用污水净化塘、地表径流集蓄池、生态沟渠等设施，净化农田排水和地表径流，减少对水体环境的直接污染。

全面推进农村生活性污染治理。推动对农村生活污水的收集和处理，加快农村生活供排水、旱厕改造等基础设施的建设，采取城镇周边村镇就近纳入城镇污水管网、联村集中治理、分村治理等方式，因地制宜地对生活污水进行处理，提高农村污水处理率，推动农村生活污水就近就地资源化利用。完善农村生活垃圾收集、转运和处理机制，建立“户分类、村收集、乡（镇）转运、县集中”的垃圾处理体系，加强日常运行及监管，确保生活垃圾应收尽收和应管尽管。推进农村黑臭水体排查工作，开展农村黑臭水体治理试点工作，探索典型地区治理模式和管理机制。

8.1.1.3 加强水资源调度配置，保障生态用水

聚焦“有河有水”，推进降耗水、调活水、增好水“三措”并举，通过节水、再生水利用、引调水体系建设、闸坝调度和水系连通等措施，有效保障重点河湖生态流量。

（1）转变高耗水生产生活方式

强化工业节水。推行节水工艺和设备改造、水循环利用、废水处理回用等节水环保技术，推动园区和工业企业实现绿色转型升级，实现循环利用、高效节水。合理确定重点用水大户的用水定额，建立健全国家级、省级、市级重点监控用水单位三级名录，定期开展工业水平衡测试及水效对标工作，严格用水定额管理，对超过用水定额标准的企业进行整改。严格重点监控用水单位台账监管。加强对煤炭、火力发电等高耗水行业的管理，加强废水深度处理和回用，使工业用水重复利用率达到90%以上。

推进农业节水。大力推进农业种植结构调整，全面推广工程节水、农艺节水、机制节水。实施大中型灌区续建配套设施与节水改造，加快解决大中型灌区工程完好率低、设施不配套等问题，提高供水效率和效益，促进灌区管理水平不断提高，实现大中型灌区节水高效、设施完善、管理科学、生态良好。开展农田标准化建设，推广渠道防渗技术和喷灌、微灌技术。推进农业灌溉机井统一管理，实现精准计量、精准灌溉。实施规模化畜禽养殖场标准化建设和改造，推行先进适用的节水型畜禽养殖方式，发展节水渔业，推广池塘工程化循环水等养殖技术。

加强城镇节水。全面推进节水型社会建设，实施水资源消耗总量和强度“双控”行动，落实最严格水资源管理制度，实现优水优用、循环利用。结合“海绵城市”建设，提高雨水资源利用水平。推进城镇节水改造，推广绿色建筑。全面推广节水型器具，完善供水管网检漏管理制度，降低供水管网的渗漏率。从严控制高耗水服务业用水，加大节水宣传，推动建立节水环保的生活方式，推动节水型社区、节水型村庄、节水型单位、节水型企业的创建。

（2）推进区域再生水循环利用

按照“污染治理、生态保护、循环利用”有机结合的综合治理要求，结合流域水资源禀赋和水环境保护需要，在现有污水处理设施提标升级改造的基础上，因地制宜地建设再生水循环利用设施，加快推进“污水厂出水+人工湿地水质净化系统+再生水调蓄、储存设施”为一体的区域再生水回用体系建设，提升区域污水资源化利用能力。

在重点排污口下游、河流入湖（海）口、支流入干流处等关键节点，因地制宜地建设人工湿地水质净化等工程设施，进一步提升污水处理厂尾水、微污染河水的水质。优先利用废弃河道、季节性河道、闲置洼地等河道、洼地的天然水体，储蓄、输送再生水。促进再生水有效利用，将再生水资源与地表水、地下水、引调水等水体共同纳入流域水资源统一配置。在城市绿化、市政环卫、生态景观等方面优先使用再生水。充分挖掘再生水在工业、农业、市政杂用等方面的潜力，合理调整新鲜水、外调水、再生水水价，发挥价格调

控作用，通过提高水价遏制高耗水行业的发展，发展健全的再生水循环利用市场。

（3）优化流域水资源调度配置

以满足重点河湖生态需水量要求为目标，通过以自然水系和引调水河道为“动脉”的骨干水网，构建当地水、再生水、外调水“三水互补”的生态水量保障体系，提升流域生态用水调配和保障能力。优先利用当地水，加强水利工程管理，合理安排闸坝下泄水量和泄流时段，维持河湖基本生态用水需求，重点保障枯水期生态基流；充分利用再生水，减少新鲜水取用量；合理利用外调水，建立生态补水调度机制，提高河湖生态需水量底线保障能力。

以南水北调中东线干线工程为纽带，以流域内骨干河道及大中型水库为“骨架”，推动山区骨干水库、南水北调干线、引黄干线、骨干河道的河渠湖库连通，推动滦河、蓟运河、潮白河、北运河、永定河、大清河、子牙河、漳卫河等河系连通，推动环城水系、郊野洼淀湿地坑塘水等非常规水利用水网的建设，形成流域协调联动、区域精细调度的多渠道生态用水保障体系。建立闸坝、水库联合调度机制，制定省、市两级重点河流水量分配和闸坝调度方案，统筹配置当地水、再生水、外调水等水资源，提高境内河流、湖库、湿地调蓄能力。

8.1.1.4 加快水生态修复，保持生态系统完整性

聚焦“有鱼有草”，推进水资源、水环境、水生态“三水”统筹，通过湿地恢复与建设，以及河湖生态、物种多样性和地下水恢复等措施，实现水生态系统质量稳步提高。

（1）湿地恢复与建设

严守湿地生态保护红线，实行湿地面积总量管控，统筹天然湿地、人工湿地，以白洋淀、衡水湖、南大港、北大港、七里海、察汗淖尔等湿地为重点，兼顾湖库湿地、河流湿地、滨海湿地、小微湿地等类型湿地，逐步建立布局合理、类型齐全、层次清晰的天然湿地与人工湿地保护体系。

天然湿地以保护和恢复流域生态系统、提高生物多样性、提升河湖生态质量为主，坚持自然恢复为主，人工恢复为辅的原则，因地制宜地采取退田还湖、退养还滩、退耕还湿、植被恢复、生态补水等措施，进一步恢复湿地面积及其生态功能。以疏解北京非首都功能、建设雄安新区为契机，推进白洋淀水生态修复，加快推进湿地植被恢复和鸟类栖息地环境改善，恢复白洋淀“华北之肾”的功能。加强衡水湖、南大港、北大港、七里海、察汗淖尔的保护，推进湿地封育和生态补水，实施控源截污、内源消除、水质净化等措施，提高湿地生态系统完整性和稳定性。

人工湿地以水质深度净化为主，采取“生态组合塘+潜流（表流）湿地工艺”“潜流（表流）湿地+河道生态护坡”等治理模式，提升河湖入库口、支流入干流口、污水处理厂下游河湖水质，提高河流水体自净能力。因地制宜地重点推进官厅、密云、潘家口-大黑汀、于桥、岗南-黄壁庄、岳城、王快、西大洋、桃林口、盘石头 10 座湖库的入库口湿

地建设，推进滦河、潮白河、永定河、大清河、子牙河、漳卫河“六河”的支流汇入口湿地净化工程建设，推进大型污水处理设施、园区污水集中处理设施等设施入河排污口下游尾水人工湿地建设。

（2）河湖生态恢复

按照“生态功能不降低、面积不减少、性质不改变”的基本要求，实施生态保护红线管控，开展水源涵养、河湖缓冲带建设，实现环境改善、河湖增绿、生态扩容，提升河湖水生态功能。根据《全国生态功能区划》，进一步细化京津冀地区北部水源涵养重要区、太行山区水源涵养与土壤保持重要区边界，提出与水源涵养区、水体及其生态缓冲带主导功能不相符的生产、生活活动整治清单。实施水源涵养治理工程，推进生态清洁流域建设，开展泉域重点保护区封育保护，促进流域恢复自然径流。实施河湖生态缓冲带建设工程，严格控制岸线开发强度，开展河道生态综合治理，保障水环境质量稳定达标，恢复河湖岸线生态功能，恢复流域水清岸绿的生态系统。

京津冀地区北部水源涵养重要区，以官厅、密云、潘家口-大黑汀、于桥、桃林口等水库为重点，加快产业结构调整，加强污染企业的关停转移力度，发展低耗水产业，控制面源污染，推动生态保护与恢复。太行山区水源涵养与土壤保持重要区，以岗南-黄壁庄、岳城、王快、西大洋、盘石头等水库为重点，严格控制和合理规划开山采石，实施坡耕地退耕还林、还草措施和水土流失综合治理，实施以娘子关泉、辛安泉、城头会泉、神头泉为重点的泉域保护工程，促进生态系统恢复与重建。以滦河、潮白河、永定河、大清河、子牙河、漳卫河“六河”为重点，开展河湖生态缓冲带建设，控制岸线开发强度，加强河道水系治理管护，打造绿色生态廊道。以大运河文化带国家战略为契机，将通惠河、北运河、南运河、小运河、卫河、卫运河综合治理、生态修复与文化带建设深度融合，着力加强生态环境保护修复，确保自然生态系统功能逐步恢复、生态环境质量持续改善，努力把大运河打造成绿色宜居的“美丽运河”。

（3）物种多样性恢复

按照“保护优先、自然恢复为主”的方针，强化水生生物多样性就地保护，建立水生态监测站网体系，开展水生生物多样性调查和健康评估，重点开展潮河、北运河、滹沱河、府河、浊漳河、白洋淀和北大港水库等水体水生生物完整性指数评价。因地制宜地实施生物多样性保护与修复工程，通过对重点河湖、湿地采取封育保护和生态修复等措施，改善水生生物天然生境；提升自然保护区等物种重要栖息地的连通性，逐步解决重点物种生境孤岛化问题；采取适当的增殖放流措施提高重要土著鱼类种群数量，逐步恢复重点水体物种多样性。

潮白河，通过对其上游及支流重点湿地生态系统的保护和修复，重点保护大鲵、中华多刺鱼、细鳞鲑、瓦氏雅罗鱼等水生生物，潮白新河重现土著鱼类鲫鱼。永定河，以官厅水库为重点，在洋河入库口和妫水河入库口分别开展水质净化工程和湿地修复工程，永定河平原段恢复鲫鱼、麦穗鱼等土著鱼类。大清河以白洋淀为重点，通过建设水下森林系统、实施入淀河流综合整治、加强土著鱼类种群培育等措施，重点保护黄颡鱼、乌鳢、鳜鱼等经济鱼类，恢复中华鳑鲏、棒花鱼、马口鱼等土著鱼类，恢复水车前、杉叶藻、睡莲等植物的种群数量。子牙河，以滹沱河为重点，通过生态缓冲带和人工湿地的建设，提升水环境质量，重点保护中华鳖和黄颡鱼等经济物种，恢复中华多刺鱼、鲦鱼等土著鱼类，恢复芦苇、荷花、芡实等水生植物。

（4）地下水恢复

充分考虑水源置换条件和地下水超采状况，坚持节水优先，严控地下水开采，合理利用引调水资源，推进地下水补给，加大监管监测力度，开展太行山山前平原区、中东部平原区、燕山山前平原区分区治理，全面推进流域地下水超采综合治理，逐步实现地下水采补平衡，恢复河道周边地下水水位，提高河道生态用水的保障率，恢复地下水生态系统功能。

太行山山前平原区，利用南水北调中线退水口门实施河湖生态补水，通过置换地下水源、发展高效节水、井灌区退减灌溉面积、加强重要泉域保护等措施促进综合治理，减少地下水开采量，逐步治理地下水漏斗。中东部平原区，加大引黄工程水资源置换利用力度，持续实施东线一期工程北延应急调水，加强东线与周边河道的连通，置换东线工程规划线路沿线超采地下水。燕山山前平原区，充分利用滦河相对充沛的水资源条件，扩大引滦入唐、引滦入津供水范围，完善地表水供水网络，逐步置换超采地下水。

8.1.1.5 补齐风险防控短板，构建生态环境安全格局

聚焦“风险可控”，建设早发现、早报告、早处理三维一体防控体系，通过风险识别与分析、监控与预警、应急与处置，保障流域水生态环境安全。

（1）加强风险源排查管理

按照“全面排查、重点防范”的原则，开展流域风险源排查管理，结合各地市已有的水环境风险源企业名单、第二次全国污染源普查成果、环境统计数据等，全面开展水环境风险调查评价，建立完善的风险源名录。以骨干河流中下游和环渤海区域的沿岸，以及沿海化工、制药、造纸、有色金属冶炼、危险废物处理企业和园区为重点，定期开展环境风险源专项执法检查；以重要水源地为重点，推进库区周边尾矿库排查工作，实施“一库一策、一库一案”；以湿地公园、水产种质资源保护区、饮用水水源保护区等重要环境风险受体为重点，开展水环境风险调查评估，重点加强保护区（公园）内加油站、加气站、危险化学品运输的管理。

针对涉及重金属和危险废物等污染物的重点企业和工业集聚区开展流域河湖底泥、滩涂等地带有毒有害污染物或持久性有机污染物风险调查与评估，形成水环境风险基础数据库。通过分析底泥、滩涂有毒有害污染物或持久性有机污染物累积的风险，评估其修复和治理的可行性，根据调查评估结果，视情况开展治理修复工作，因地制宜地提出

防控措施。

（2）构建风险预警体系

以敏感受体和环境风险较高、事故频发的区域为重点，建设和完善针对有毒有害污染物以及持久性有机污染物的预警体系。针对沿岸重点企业、园区设置在线监测设施，实现饮用水水源等重要水体在线和预警管理系统建设全覆盖。加强“一淀、五湖、十库”及周边河流的水质监测，密切关注上游来水水质变化，建立与上游地区的沟通机制，及时进行数据分析和报告预警。加强重点湖库蓝藻水华防控，增加藻密度、叶绿素 a 等指标监测次数，开展富营养化调查与评估，进行原因解析，提出蓝藻水华的防范措施，制定防控方案，建立完善监测预警体系。

（3）提升应急与处置能力

健全联防联控应急机制，完善应急制度建设，明确责任主体，加强上下游、左右岸、陆海域协调配合。完善应急队伍建设，明确应急机构、人员和相关职责，加强人员培训演练，建设和完善环境应急物资装备库。以工业集聚区污水处理厂、集中式垃圾处理设施等为重点，建设事故调蓄池，在化工园区下游建立应急事故池，防止突发水污染事件。对于环境风险较大的河段推进应急闸坝建设。加强海岸带应急物资和设备储备能力建设，提高沿岸突发环境事件的应对能力。

8.1.1.6 强化区域协同，推动陆海统筹

聚焦“陆海联动”，推进治污染、增水量、强生态同步实施，通过陆海统筹机制建立、污染防治、河口生态综合整治与修复、海岸带生态保护与修复等措施，实现陆海统筹、协同共治。

（1）加强污染协同防治

贯彻“以海带陆，以陆促海”理念，通过入海河流综合治理、入海排污口精细化管控、沿海区域污染减排等措施，协同治理海洋污染，削减入海污染物总量，改善近岸海域水质。

实施滦河、陡河、青龙河等 75 条入海河流上下游协同治理措施，提升水质，保证入海河流水质稳定达标。实施入海排污口精细化管控措施，在全面排查的基础上，开展溯源整治，严格分类监管，强化陆上执法和海上监测联调联动，实现入海排污口在线监测全覆盖。实施陆海生态缓冲区污染防治措施，严格控制工业污染，加快补齐城市环境基础设施建设短板，推进农业农村污染治理，清理沿岸生活垃圾堆放点。同时，加强船、港、城之间设施衔接，提高港口废水、固体废物等污染物的接收、转运、处置能力。

（2）河口生态综合整治与修复

以河口生态系统整治与修复为重点，通过入海河流断面联合管控、生态流量保障、河口生态修复和风险防控等措施，统筹推进入海河流水量和水生态维持和保护，促进河口生态系统功能的恢复和提升。

保障入海生态需水量。对接海域水生态环境规划对生态需水量的要求，科学确定河口生态需水量，研究制订流域入海河流河口生态用水解决方案。充分利用引江、引黄调水和非常规水等水源，保障一定的入海水量，逐步满足近岸海域生境保护需求。

加强滨海湿地综合治理与修复。推动各地市编制并公布重点滨海湿地名录，按照《湿地保护管理规定》严格湿地保护和管理。加强滨海湿地保护，加快滨海湿地自然保护地规范化建设，开展滨海湿地整治修复的生态环境调查与生态健康评估，提升滨海湿地监管能力，促进滨海湿地自然恢复，遏制滨海湿地资源退化趋势。加强重点河口和滨海湿地综合整治修复，通过退养还湿、生态补水、水生生物资源养护、引种栽培湿地适生植物，恢复滩涂和湿地生态功能，防控海滩互花米草的扩散，保护渤海近岸河口鱼类产卵场生境。

（3）海岸带生态保护与修复

以海岸线为轴，统筹海岸线两侧功能和需求，实现陆地主体功能区规划与海洋主体功能区规划有效衔接，实施岸段分区分类分级管控。充分发挥海岸带陆海空间耦合载体的作用，实施以生态系统为基础的海岸带综合管理。强化岸线、自然保护地选划，开展最严格的岸线开发管控，落实海岸带保护与利用规划，实施海岸建筑退缩线制度。加强岸线岸滩综合治理与修复。清除岸线两侧的违法建筑物和设施，提高岸线资源利用效率，实施滨海景观廊道建设、生态保护等岸线修复整治工程。

（4）联防联控机制建设

推动流域海域闭合管理，构建联防联控工作机制。加强陆海统筹的生态环境治理体系及治理能力建设，探索建立海河流域海域范围内陆海统筹的生态环境保护制度、标准和规范，明确管控范围、防治标准和治理要求，流域海域协同加强水生态环境综合治理和保护，让人民群众共享美丽海湾。

贯彻陆海统筹综合治理理念，推动制定信息共享机制、联合会商机制、联动执法机制、联合督察机制等四大常态化机制。加强湾长与河（湖）长衔接，明确入海河流及其近岸海域的水污染防治、垃圾处置、水资源保护、水域岸线管理、水生态修复和执法监管等责任清单，确保任务落实到位。探索推动陆域、海域相关法律内容、环境标准衔接的方法，做好陆海域规划“多规合一”。建立入海河流上下游地区、沿海地区沟通协作的渠道，实现监测信息共享、治理技术互通，系统分析陆域环境信息和海洋环境信息，进行污染溯源，明确陆域、沿海地区、近岸海域的责任归属，探索进行生态补偿、陆域排污配额差异化管理。

8.1.2 重点河流保护任务与措施

8.1.2.1 滦河及冀东沿海

推进京津冀地区水源涵养区、生态支撑区建设工作，推进中上游生态修复，以及退耕还林还草和植被恢复工作，建设河道生态缓冲带，提高水源涵养和水土保持能力。实施多伦湖生态恢复、水域流失防治和大河口小流域水土保持综合治理工程，以及承德市围场满族蒙古族自治县、丰宁满族自治县、隆化县河段生态修复和沟道侵蚀治理工程。

加强潘家口水库、大黑汀水库、桃林口水库隔离防护设施建设和周边污染源防治，实施柳河、瀑河、瀑河等河流入库河段综合整治与生态修复。推进桃林口水库饮用水水源地上游及周边河道综合治理工程、水源地一级保护区隔离防护工程和小南河段水源地保护生态环境治理工程。

因地制宜地补齐水污染处理基础设施的短板，加快消除污水收集管网的空白区，进行污水处理厂提标改造。推进畜牧业绿色发展和转型升级，加强对规模化畜禽养殖场和散户畜禽粪污的治理和资源化利用。实施柳河鹰手营子矿区河段的水环境综合治理工程，落实宽城满族自治县污水处理厂配套管网改造工程。

优化唐山、秦皇岛工业产业结构和布局，实施滦河河口北岸滨海湿地生态修复、滦河河口综合整治、陆海缓冲带建设等工程，进一步削减入海污染负荷量。实施入海河流综合整治工程，小汤河、饮马河、人造河等入海河流实施入海水质保障与提升工程，实现入海河流稳定达标。实施近海岸带污染防治工程、傍河坑塘治理工程、沿岸农村卫生厕所改造工程和畜禽养殖场治理工程。

完善生态补偿机制，协同推进潘大水库、于桥水库等重要跨界水体协同保护，保障区域供水安全。制定滦河水量分配调度方案和水量调度管理办法，加强滦河上游生态基流保护，保障滦河入海水量。优化调度潘家口、大黑汀、桃林口 3 座水库。

专栏 3 滦河水系重要水体保护措施

（一）滦河

滦河：①承德市加快双滦区污水厂尾水人工湿地建设，进一步提升水质；加快城区、高新区和双滦区雨污分流系统建设；加强对峪耳崖镇、碾子峪镇和东黄花川乡工矿企业的监管；推进傍河村庄生活污水治理，加强农村垃圾粪污管理。唐山市实施丰南沿海集中工业区污水处理厂提标改造工程；推进沿岸水产养殖和分散养殖治理。②加强水库联合调度，合理调配水资源。实施河湖水系连通工程，建设输水干线工程，压采地下水。③实施滦河水环境综合整治，开展生态缓冲带建设，加快推进滦河上游水土流失治理，开展滦河河口综合整治和北岸滨海湿地整治修复工程，修复大黑汀水库水生态环境，遏制藻类暴发。

闪电河：①提升污染治理水平，张家口市完善环湖民宿污水管网设施，提升污水排放标准；正蓝旗实施排水综合治理、上都镇污泥处理、中水管网工程。②转变高耗水农田灌溉方式，扩大抗旱、耐旱、节水作物种植，实施再生水利用工程。③加强水土保持修复，张家口市实施青年湖水生态修复保护；内蒙古自治区实施多伦县大河口小流域水土保持综合治理和多伦湖生态恢复水域流失防治项目。

伊逊河：①承德市加强两矿区企业监管，确保无跑冒滴漏现象和违规偷排偷放行为；实施隆化县污水厂提标改造工程及中水回用工程、张三营镇污水处理项目，减少下游污染。②加快伊马吐河及伊逊河隆化段、滦平段、双滦段河道综合治理。

柳河：承德市完善污水收集及处理设施，加快推进兴隆县第二污水处理厂运维管理，实施建龙特殊钢有限公司污水综合处理工程、兴隆县老旧污水管网改造及雨污分流和中水回收利用工程、兴隆县污水处理厂尾水人工湿地工程、营子区污水处理厂提升改造及雨污分流改造工程，加快推进平安堡区域直排生活污水集中处理工程；加快推进兴隆县和承德县沿河农村生活污水治理工程。

瀑河：①承德市进一步实施平泉县老旧污水管网改造及雨污分流工程；加快党坝镇、郭杖子村、小寺沟镇、虎道沟乡、龙须门镇及沿河村庄生活污水治理。②加强取用水管理，提高用水效率。

青龙河：①加强水污染防治，推进沿岸污水处理厂提标改造；加强河道及两岸管护，禁止沿河堆放垃圾，减少面源污染入河。②加强取用水管理，合理利用水资源；保持两岸生态涵养林。③加强河道管控，尤其对小水电站等的管理；建设水源地保护区隔离防护工程。

（二）冀东沿海诸河

陡河：①实施陡河沿岸退养还耕工程，减少养殖业废水排入量；加强实施污水处理厂建设及管网配套工程，减少污染物入河量。②增加河道生态流量，实施陡河支流石榴河与沙河、陡河水系连通工程、引滦入沙工程、陡河水库水源涵养工程。

石河：①积极调度上下游水量，合理配置生态用水占比、增加水库闸坝下泄流量。②推进藻类、淤泥治理，提升水生态系统物种多样性。③将库区内风险源迁移到水源保护区红线以外。

汤河：①秦皇岛市尽快完善污水收集与处理设施，实施龙海道污水处理厂改造工程，建设大汤河、小汤河截污管网，加快海阳桥、汤河桥、美岭小区、京山铁路桥南侧雨污混排治理，推进沿河村庄生活污水处理问题的解决。②协调上游水量调度，与水库管理部门联合制定闸坝放水方案，保障汤河生态基流和水体流动性。③实施汤河藻类控制治理，汤河海阳桥断面至和平桥断面实施底泥清淤、打捞，修复河道生态环境。

戴河：①秦皇岛市推进吕庄、洼儿庄、杨户屯、小乐安寨等傍水村庄生活污水处理工作，建设高效清洁农田。②积极调度上下游水量，加强沟通协调，争取戴河、新河生态水指标；与市有关部门联合制定闸坝调度方案，保障戴河、新河生态基流和水体流动性。③实施戴河、新河藻类控制治理，建立藻类每日清理清零机制，提升水生态系统物种多样性。

洋河：①秦皇岛市推进东洋河、西洋河、麻姑营河、迷雾河、抚宁区政府至卢王庄断面等河段的傍水村庄的污水处理，加强农业面源污染综合整治力度。②强化节水管理，调整种植方式，节水灌溉，提高工业用水效率。③实施水生态修复工程，包括水系连通、生态护岸，提升水生态系统物种多样性。

饮马河：加强饮马河河道综合整治，进行河道清淤，建设湿地、生态边坡；饮马河入海河口增设橡胶坝。推进东沙河新区段岸线修复、东沙河后营桥至机场快速路河道生态修复，实施七里海河道治理及疏浚、退养还湿工程。

8.1.2.2 北三河

持续开展上游水源涵养，加强密云水库、怀柔水库、于桥水库等重点饮用水水源地保护，推进上游生态清洁小流域建设，加强水库上游河道水生态保护，因地制宜地开展生态缓冲带建设；实施平原段河道藻类治理与富营养化防治工程；推进七里海湿地生态保护与修复，提升水体净化能力和水生态系统功能。

推进潮白河上游生态治理与修复，建设绿色生态廊道，通过河道疏浚、调蓄引水、沙坑治理等方式，加强河道管护。北京市实施潮白河上游河道生态治理与修复工程，打造绿色生态海绵廊道。天津市建设沙河生态廊道。

持续推进治污减排，补齐城镇污水收集处理短板，推进雨污分流改造和初期雨水处理，加强农村生活污水处理设施与管网建设，加强密云水库入库总氮控制，强化农药、化肥精细化管理。升级扩建污水处理厂 15 座、新建再生水厂 11 座，实施北运河农村生活污水治理工程 600 项，推进北京中心城区（北运河上游）、天津市河北区（北运河下游）和张家口赤城县白河段（潮白河上游）雨污分流管网改造和混接点改造工程。天津市对北运河下游的二支渠、五支渠、西界渠等部分渠段进行清淤疏浚，增强河道水体流动，改善水质。

实施水资源优化调度，加强水系连通，提高生态流量保障能力。完善再生水循环利用体系，利用南水北调和水库联合调度，保障密云水库下游河道生态用水。北京市实施北运河上游清河段核心区河湖生态补水及水系连通工程、首钢园区水系连通工程、海淀区北部河湖补水工程，密怀顺地区等重要水源地生态补水工程。

完善密云水库上游水源涵养区横向生态保护补偿机制，进一步丰富生态保护补偿内涵，协同推进生态环境高水平保护。

专栏 4　北三河系重要水体保护措施

（一）蓟运河

海子水库：①开展北京市农村人居环境综合整治，因地制宜地开展农村治污工程建设，完成已建成但使用效率不高的农村污水处理设施改造工作。强化畜禽养殖污染防治。②实施生态清洁小流域综合治理工程。

泃河：①尽快完善廊坊市城镇污水收集管网，推进三河市城区及开发区污水收集管网建设，加快雨污分流改造，建设初期雨水拦截、蓄存设施和收集系统；加强承德市农村垃圾粪污管理，进一步调整优化天津市畜禽养殖布局，推进畜禽养殖粪便资源化利用；继续加大水产养殖治理力度；开展测土配方和科学种植。②推动天津市上游闸坝合理下泄水量，增加泃河河道生态用水；积极进行上下游水量调度，争取泃河生态水指标，保障泃河生态基流和水体流动性。③通过加压除藻船等推进红旗闸上游河段藻类治理，建立藻类每日清理清零机制，构建水生态系统物种多样性，防止藻类大量生长。

鲍邱（武）河：①尽快补齐廊坊市城镇污水收集和治理设施短板，加快推进大厂回族自治县污水处理厂扩容提标改造，完善燕郊地区污水收集管网，推动城区雨污分流改造；全面推进屠宰废水达标治理，建设大厂回族自治县屠宰废水集中处理设施，加强已建设施的环境监管，确保设施稳定运行；开展鲍邱（武）河及其支流水环境综合整治，整治入河排污口，对鲍邱（武）河大厂回族自治县段、蒲池河部分河段实施清淤，蒲池河沿线建设污水处理站，完成河流沿岸垃圾清理，在鲍邱（武）河上游建设人工湿地。②转变廊坊市高耗水农田灌溉方式，扩大抗旱、耐旱、节水作物种植，积极探索建立引水长效机制，增加潮白河引水频次和时长。

沙河：加强承德市农村垃圾粪污收集、管理，严防垃圾粪污随雨水入河；对唐山市沙河支流进行环境治理，建设湿地；健全完善污水管网基础设施，强化遵化国祯污水处理有限公司管网的雨污分流能力；建设遵化市城西工业园区污水处理厂，减轻国祯污水处理厂的负荷。

于桥水库：①加强于桥水库周边综合整治，完善水库周边排水管网基础设施；推进种植业清洁生产，加强分散式畜禽养殖污染治理。②实施水库湖滨带、生态缓冲带建设，加大库区封闭管理力度，加强对库区周边乡镇封闭管理的考核。实施水库库区生态系统修复，继续采取水库菹草打捞、启用水库智能围格和拦藻网等措施，逐步改善库区生态，防止水土富营养化。③加强对重点湖库蓝藻水华的防控，提升于桥水库藻华预警监测能力。

州河：①扩建蓟州区、上仓示范工业区等地的一批污水处理厂；详细排查已建污水管网，解决管网混接、错接问题，加快沿线城镇地区雨污分流管网改造；强化农业污染治理，进行测土配方和科学种植；继续加大水产养殖治理力度；进一步调整优化畜禽养殖布局，推进畜禽养殖粪便资源化利用；继续开展农村黑臭水体治理工作。②开展蓟运河入海片区内河湖水生态的修复。

蓟运河：①详细排查天津市、唐山市已建污水管网，解决管网混接、错接问题，加快沿线城镇雨污分流管网改造；扩建一批宝坻区第一等和第二等污水处理厂，加大唐山市农村污水处理设施运行监管，推动设施稳定运行；开展蓟运河及其支流水环境整治，改善还乡河等河流入境水质，取缔非法排污口；推进蓟运河周边村庄沿岸垃圾和旱厕清理工作，建立垃圾收集转运长效机制；进一步调整优化天津市、唐山市畜禽养殖布局，推进畜禽养殖粪便资源化利用；加大水产养殖治理力度，建设循环水处理系统；进行测土配方和科学种植，开展化肥、农药施用量负增长活动。②开展宝坻区水系连通工程；加快实施付庄排干与周边水系的连通工程；建设大型生态湿地净化系统，人工构建生物净化功能群组，净化养殖废水；对七里海等湿地保护区进行生态补水，保持湿地生态系统稳定性。③实施对七里海自然保护区的生态修复，在部分移民后区域种植乔木、灌木、营造林带，构成隔离带，恢复湿地生态功能。

还乡河：①实施还乡河河道综合整治，减少沿岸垃圾堆放；在唐山市工业区内建设污水处理厂，对已有污水处理厂进行提标建设，并实施管网配套工程，减少污染物排放；沿岸建设生活污水集中处理区，减少村庄生活污水排入量。②实施邱庄水库水源置换工程以及供水工程。

（二）潮白河

清水河：①加强承德市农村垃圾粪污管理，严防垃圾粪污随雨水入河。②加强承德市取用水管理，提高用水效率。③对于局部河段，在春秋季节进行水草收割和打捞，主要包括六道河镇段。

潮河：①以傍河村庄、饮用水水源保护区和生态敏感区为重点，推进滦平县、丰宁满族自治县及密云水库水源保护区内污水处理站及配套管网设施的建设；加快对丰宁满族自治县清源污水处理厂的提标改造并加强其运行管理；建设密云水库上游水质自动监测站，建设基于控制单元的流域总氮控制示范工程；提高畜禽养殖粪污资源化利用率，降低化肥、农药施用总量。②加强取用水管理，提高用水效率。③对局部河道进行水生态修复，按照以自然恢复为主的水生态保护思路，分期推进潮河等河流的生态保护工程。

黑河：①加快推进县城及主要乡镇的污水收集管网建设，优先解决城中村、城乡接合部污水直排问题；关闭河道沿岸的雨污河流口，重新布设雨水管网，将初期雨水引入污水处理厂集中处理，解决雨季污水溢流及初期雨水污染的问题。②对关键节点进行退耕还草，建设人工湿地，修复部分生态缓冲带。

汤河：①建设并改造北京市农村污水处理设施，特别是民俗旅游村，提高设施出水水质；开展种植业污染防治，降低面源污染对河道水质的影响；推进对承德市氟化物本底值的研究。②保持两岸生态涵养林，加强取用水管理，合理利用水资源。③加强河道规范化管理，保持河流生态稳定；按照以自然恢复为主的水生态保护思路，推进河道的生态保护工程和水源涵养工程。

怀柔水库：①开展北京市农村污水处理设施建设，提高设施运营维护管理水平；加快完成城镇再生水厂和污水处理厂的升级改造，提高支流污水收集治理能力，消除劣Ⅴ类水体；推进管网改造工程，逐步解决城镇地区雨污合流问题。②开展河道再生水补水、生态修复和湿地建设工作，提升区域水生态健康水平。

密云水库：开展饮用水水源地规范化建设，进一步加强密云水库水源保护区内农村生活污水处理设施与管网建设；密云水库一级、二级保护区内村庄的生活污水全部得到有效处理。

白河：①开展饮用水水源地规范化建设，进一步加强密云水库、怀柔水库水源保护区内农村生活污水处理设施与管网建设；加快推进赤城县及主要乡镇的污水收集管网建设，优先解决城中村、城乡接合部污水直排问题；关闭河道沿岸的雨污河流口，重新布设雨水管网，将初期雨水引入污水处理厂集中处理，解决雨季污水溢流及初期雨水污染问题；开展种植业污染防治工作。②对关键节点进行退耕还草，建设人工湿地，修复部分生态缓冲带；按照以自然恢复为主的水生态保护思路，分期推进河道的生态保护工程；开展小流域治理，加强水源涵养。

运潮减河：①通过源头治理、过程控制、系统治理等方式，加快推进“海绵城市”建设。②开展水系连通建设，提高水体流动性。③以水生态恢复为主，不断提高水生态系统稳定性。

潮白河：①通过源头治理、过程控制、系统治理等方式，加快推进北京市、廊坊市“海绵城市”建设。②开展水系连通建设，提高水体流动性。③以水生态恢复为主，不断提高水生态系统稳定性。

潮白新河：①加快推进三河燕郊地区、102 国道北侧和南侧污水收集管网建设，优先解决城中村、城乡接合部污水直排问题；扩建一批宝坻区污水处理设施，完善排水管网；加快燕郊“海绵城市”建设，解决燕郊地区雨季污水溢流及初期雨水污染问题；加强天津市养殖业和种植业面源治理和资源化利用，养殖场配套建设粪便污水贮存、处理、利用设施；开展化肥、农药施用量负增长活动，推广测土配方施肥技术；建设循环水处理系统，提高水产养殖循环水处理系统使用率、循环水利用率。②合理利用南水北调水源，退还河道生态用水；推动上游地区保持稳定下泄生态基流，同时开展水污染防治。③定期对潮白新河河道内浮萍、绿藻、垃圾、杂物等植物和物种进行打捞清理；选择适宜河段种植苦草、黑藻等水生植物，构建水生态系统物种多样性，防止藻类大量生长，开展潮白新河等河流鱼类、浮游生物等生物的调查，评估生物多样性状况；在潮白河的香河段建设人工湿地；划定潮白河生态缓冲带范围，按照“守、退、补”原则开展缓冲带保护和修复工作。④北京市、天津市、河北省之间对跨省（直辖市）界河流开展联合监测、考核，加强上下游、左右岸行政区地方政府的合作，建立跨地区河长协同管理机制。

（三）北运河

京密引水渠、温榆河：①开展北京市农村污水处理设施建设，提高设施运营维护管理水平；加快城镇再生水厂和污水处理厂升级改造，提高支流污水收集治理能力，消除劣V类水体；推进管网改造工程，逐步解决城镇地区雨污合流问题。②开展河道再生水补水、生态修复和湿地建设工作，提升区域水生态健康水平。

团城湖调节池、清河、土城沟、坝河、北护城河、长河、通惠河、凉水河：①加快北京市城镇再生水厂和污水处理厂升级改造，推动配套管网建设，补齐城镇污水处理短板；加强农村地区污水处理设施及配套管网工程建设，提高运维管理水平；持续开展雨水管网“清管行动”，治理雨污混接、错接；在北京城市副中心、成片开发区全面落实“海绵城市”建设要求。②加大再生水补充河道水量，补充河湖生态用水；开展河湖环境生态需水量分析研究，优化水资源配置，保证核心区河湖生态补水量。核心区实施河湖水系连通工程，加强水体的流动性，增强水体自净能力。③通过河道生态治理、湿地建设等措施改善河湖水生态状况。

北运河：①加快北京市、廊坊市、天津市城镇再生水厂和污水处理厂升级改造，推动配套管网建设；持续开展雨水管网“清管行动”，开展天津市河北区雨污混接点改造和合流制小区改造；加大面源污染与溢流污染治理力度；在北京城市副中心、成片开发区全面落实“海绵城市”建设要求；开展联合执法专项行动，严厉打击向雨水井乱泼乱倒等行为；加密监测，结合水质自动监测站的实时数据，密切关注水质变化趋势、及时进行预警联动。②加大再生水补充河道水量，补充河湖生态用水；开展河湖环境生态需水量分析研究，优化水资源配置，保证核心区河湖生态补水量。核心区实施河湖水系连通工程，加强水体的流动性，增强水体自净能力。③开展滩地整治与香河段河道清淤疏浚工程，因地制宜地在关键节点设计开展人工湿地水质净化工程；开展水生态调查评估；开展鱼类、浮游生物等物种调查，评估生物多样性状况。

凤港减河、港沟河、凤河：加快北京市城镇污水处理设施建设，减少城镇生活污染；开展农村污水治理，提高设施处理效率，减少农村生活污水直排河道；进行河道综合整治和湿地建设，促进水生态状况逐步改善。

北京排污河：①加强天津市武清区建成区排水管网建设，推进合流制改造，强化管网混接点改造，提升水系范围内武清区污水处理厂进水水质，力争实现区域污水全收集、全处理；维持武清区已建成的农村生活污水处理设施稳定运行，确定农村生活污水处理设施运行维护单位；加大畜禽粪污处理处置设施建设，提升资源化利用水平；加大水产养殖尾水的治理和循环利用。②加强区域水系连通、优化调度。③逐步推进北京排污河沿线河湖生态空间清理整治，减少河滩地种植面积。

8.1.2.3 永定河

落实《永定河综合治理与生态修复总体方案》要求，对永定河实施控源截污、生态补水、水生态修复等综合性保护措施。

推进官厅水库上游地区种植结构调整和大中型灌区节水改造，开展桑干河流域内神头泉等泉域保护工程，推动小红门再生水厂对永定河进行生态补水，实施天津市、廊坊市等地区河系连通工程，完善引黄补水长效机制，实施引黄入京济张工程，保障永定河生态流量，计划引水 1.72 亿 m^3。实施张家口市坝上地区、万全区和涿鹿县灌区高效节水工程、涿鹿县和怀安县灌区的节水改造工程，实现高效节水灌溉 175.6 万亩，节水改造面积 18.5 万亩。

加快永定河平原、桑干河及主要支流生态缓冲带建设，强化水源涵养林和清洁小流域建设。推动桑干河、御河、南洋河等重要支流和官厅水库人工湿地建设工程，构建具有多种群落结构的湿地类型，实现河水净化。实施永定河山峡段综合治理与生态修复工程，对泛区段进行综合整治，恢复河道基本形态。落实永定河山峡段及平原南段、七里河、桑干河上游及山阴县段和应县段、恢河、洋河综合治理与生态修复工程，加强河流两岸岸线修复与生态隔离护岸建设，恢复河道生态功能。推进张家口市湿地保护核心区建设工程，划定安固里淖湿地生态保护的核心区，落实生态保护红线划定工作。逐步恢复怀仁口泉河、山阴桑干河等湿地公园湿地面积。

推进张家口市、大同市和朔州市城镇雨污分流改造，提升污水处理能力。因地制宜地开展农村污水治理，加快农村生活环境综合整治。推动张家口市北部新区，大同市阳高县、天镇县，朔州市山阴县经济技术开发区和第二污水处理厂、应县经济技术开发区、朔州经济开发区新兴产业园区污水处理厂的建设。实施张家口市鸿泽、大同市云州区、朔州市怀仁市污水处理厂扩容改造等工程。新建朔州怀仁市和应县雨污分流处理设施及管网，补齐城镇污水收集管网短板。

推进永定河流域生态补偿机制，明确资金筹集标准、分配方法、适用范围、管理职责分工及监督检查办法等，实现生态保护补偿资金筹措与分配规范化、透明化。

专栏 5 永定河系重要水体保护措施

（一）桑干河

桑干河：①加强污水收集、治理设施建设，完成大同市云州区和浑源县污水处理厂扩容，完善朔州市平鲁区污水处理设施建设，推进雨污分流改造，实施雨水集蓄利用工程、农村生活污水治理工程。加强大同市云州区饮用水水源地规范化建设。②朔州市建设朔城区泉域保护区，大同市加强浑源县神溪村泉域保护。转变高耗水方式，实施地下水压采及水源置换工程。完善区域再生水循环利用体系，编制并实施朔州市再生水循环利用体系建设方案。持续进行桑干河生态补水，提高引黄供水能力，开展七里河引黄工程保护。③开展河道综合整治，持续实施退耕还河，逐步恢复河流连通性，实施朔州市朔城区生态修复综合整治及湿地恢复工程。加强册田水库综合治理与修复，开展册田水库底泥调查。

饮马河（御河）：①加强污染减排综合治理，实施丰镇市出境断面河道污染综合治理；大同市完成污水处理厂搬迁、扩容、新建等任务，实施湿地水质净化工程。加强入河排污口监管。②制定饮马河生态流量保障实施方案，优化饮马河九龙湾水库运行调度方式，增加引黄水供给量。大同市继续实施关井压采规划方案。加强区域再生水循环利用，矿井水处理达标后引入十里河水库，增加生态水量。

壶流河：①实施壶流河河道综合整治，开展沿线农村生活污水和生活垃圾治理；加强壶流河河道内、下河湾水库内及沿岸生态环境管理；完成大同市广灵县污水处理厂扩容提标，推进雨污分流管网改造。②通过实施节水、中水回用、闸坝联合调度等措施，增加生态基流，恢复河道水量。按照《山西省泉域水资源保护条例》相关要求开展水神堂泉泉域保护工作，加强泉域监测和生态环境治理建设。

（二）洋河

洋河：①张家口市推进中水回用及处理设施扩容改造，实施怀安县污水处理厂扩容改造，建设再生水泵站及输水管道，实现尾水循环利用。加强农业面源污染整治，实施河道生态红线划分，完成两侧农田有序退出。②推进节水工程，实施地下水高效节水项目、洋河灌区节水综合改造工程。③实施湖库综合整治，推进明湖、响水铺藻类治理。实施河道生态修复，构建寒区旱区河流水生态恢复示范长廊。构建多类型湿地，在永定河怀来段实施湿地修复工程，改善生境。

东洋河：①加强城镇和农村污染源综合治理，实施友谊水库上游雨水汇集区农业面源污染治理项目，张家口完善环湖民宿污水管网系统。②合理确定二道河兴和县水文站断面生态水量，制定二道河生态水量保障实施方案，加强生态流量监管能力建设。③推进河湖生态修复和保护，实施友谊水库上游水质净化、二道河河道两岸生态保护修复、二道河河道清淤等措施。划定生态保护红线、湿地保护核心区，增加湖泊湿地面积。

南洋河：①大同市通过建设天镇县新城、天镇县工业园区、阳高县龙泉工业园区的污水处理厂、降雨初期雨污收集池、配套管网等设施，实现污水全收集、全处理。全面推进排污口监管和综合整治。加强农村污染防治，完善天镇县农村生活污水收集和治理设施建设，加强禽畜养殖污染防治。提升饮用水水源地规范化建设水平，落实乡镇级集中式饮用水水源地保护区划定任务。②提高节水能力，利用非常规水补充生态流量，实施灌区节水改造工程、阳高县县域水网建设天阳盆地地下水置换工程。③加强水生态环境治理，实施白登河水生态综合治理工程、南洋河湿地工程。通过新建蓄水建筑物、打造生态带、建设清洁小流域等措施，减少水土流失。

（三）永定河（含永定新河）

①天津市完善北辰区、东丽区、滨海新区等区域的污水处理设施和排水管网建设，推进塘沽海洋高新区开展雨污分流改造；加强高新区、经开区西区园区及企业雨水排水口管理；推进工厂化养殖尾水治理设施建设工程、病死动物无害化处理工程，确保达标排放。加快永定河山峡段和永和大桥汇水范围内农村生活污水处理进程。②落实《永定河综合治理与生态修复总体方案》要求、永定河生态用水保障合作协议，利用引黄水对永定河进行生态补水。实施水系连通工程，打通北运河、龙河、永定河生态水网，廊坊市加快主城区环城水系建设，天津市构建故道河、慧风溪等景观水系连通。③推进河道生态修复，加强永定河廊坊段、天津市东丽区金钟河和滨海新区在东排明渠等河道的生态修复，积极开展永定河河岸缓冲带及河滨生态修复。

8.1.2.4 大清河（含海河干流）

完善引黄入冀补淀、南水北调、位山引黄等外调水补水通道，建立上游水库生态水量调度机制，保障白洋淀生态水量需求。加快完成引黄入冀补淀工程收尾工作，健全引黄长效补水机制，根据需要适时启动引黄入冀补淀提升工程建设，提高补水保障能力。以引黄入冀补淀、南水北调中线水量为主，配合上游水库水和城市再生水，保障白洋淀每年有 3 亿～4 亿 m^3 的生态补水量。构建互联互通入淀河流体系，连通沙河干渠和孝义河，府河、孝义河接纳再生水作为河道生态补水，白洋淀适时下泄部分水量，保障淀区下游赵王新河、大清河河道通畅，改善上下游河流及淀区水动力条件。研究建立唐河水电站、石门水库、白沙口水库等闸坝、水库联合调度机制，全面清理小水电站，对违法违规及主体灭失的电站实施拆除，保障下北泉村断面生态需水量。适时利用外调水源对天津市海河干流实施生态补水；加强海河南部、北部水系循环，充分利用污水处理厂的出水补充河道，保障非特枯条件下海河干流的生态水量。

推进白洋淀及河道的生态修复与保护。开展淀区湿地恢复和生境修复，实施退耕还淀、清除围堤围埝，改善淀泊连通性，将水位波动过程中新增消落区内的稻田和旱地（60 km^2）修复为生态湿地；通过鱼类繁殖场营建、人工繁育与增殖放流、土著鱼类引入，以及洄游通道建设，恢复水生生物生态系统；进行淀泊底栖生境改善，增加底栖生物多样性，有效恢复白洋淀生态系统完整性。推进河口湿地建设，加快府河、孝义河、萍河河口湿地净化工程整体完工，进一步净化水质。开展河道水生态修复治理，因地制宜地构建生态湿地系统，建设河岸植被缓冲带，治理农田沥水、鱼塘退水和地表径流等面源污染，促进区域地表水整体水环境质量。重点实施大清河雄安新区段生态护岸建设及廊道内植被栽植和保护。在石沟干渠、老大清河、中亭河等支流实施清理岸边堆存垃圾、封堵排污口等措施。

加强水源涵养，实施泉域恢复和水源地保护措施。编制泉域修复与保护规划方案，开展泉域重点保护区确权定界，设立保护标志，积极开展地下水综合治理，减轻泉域补给干扰。建立唐河、沙河、青羊河上游保护区，实施综合治理修复措施，强化水源涵养林建设，积极推进滩坝地、谷坊、清洁小流域的综合治理，在非耕地、荒山荒坡植树种草，促进流域恢复自然径流。对西大洋、王快等湖库型水源地的主要入库河流实施生态整治，主要河道入库口采取生态修复措施。

加强城镇污水收集处理设施提质增效，推进重点建制镇污水集中处理设施建设，对向环境水体直接排放污水的城镇污水处理厂执行《大清河流域水污染物排放标准》（DB13/ 2795—2018），全面推进大清河流域境内城镇及工业园区污水处理设施及配套管网的升级改造与建设，完善污水管线与再生水管线建设，加快雨污分流改造。加强农业农村污染防治，对入淀河流沿河 1 000 m 范围内的散养户畜禽粪便污水进行分户收集、集中处理、利用；分批有序实施纯水村外迁，确保农村污水、垃圾不入淀。加强入淀河流综合治理、入淀河流污染底泥治理，控制河流内源污染。强化大清河源头保护，重点治理灵丘县县城生活污染。开展北京市小微水体整治，建立长效管护机制，促进长治久清。加强天津市内区、东丽区、津南区、滨海新区沿线“海绵城市”建设，建设“滞、渗、蓄、净、用、排”相结合的雨水收集利用设施，增加城市地区可渗透面积；加强静海区、西青区等地区水产养殖尾水的治理，确保其达标排放；对独流减河沿线部分区域实施退渔还湿。

专栏 6　大清河（含海河干流）系重要水体保护措施

（一）白洋淀

①深入推进府河、孝义河、白沟引河、瀑河等主要入淀河流临河农村生活污水收集与治理、农村生活垃圾收集处置和厕所改造，确保污水垃圾不入淀；实施入淀河流污染底泥治理，控制河流内源污染。②利用生态湿地型调蓄工程，净化白沟引河来水水质；枯水期适时启动安格庄水库进行应急补水；将瀑河水库作为起步区备用水源地，对南水北调中线补淀和起步区供水进行调蓄，向瀑河、萍河补水。③加强白洋淀生态空间综合治理与生境修复。分批有序实施纯水村外迁、退耕还淀、退耕还湿，在淀区环水村开展生态缓冲带建设，沿白洋淀大堤构建生态廊道。实施藻笮淀退耗还淀生态湿地恢复工程，恢复湿地面积 540 hm^2。加快生物多样性修复，恢复或重新引入水车前、杉叶藻等生物物种和环境指示种，促进鲫鱼、鲤鱼等较大型鱼类和中华鳑鲏、虾虎鱼等较小型鱼类及青虾的自然繁殖，恢复水生生物生态系统。

（二）北支

拒马河：①北京市以人口密集村庄、饮用水水源地村庄、民俗旅游村庄为重点，进行生活污水治理；保定市和张家口市尽快排查乡镇污水、垃圾收集与处理排放及农田耕作情况，加强污染防治，防控面源污染。②实施跨区域生态补偿，对因环境保护丧失发展机会的区域内的居民进行资金、技术、实物补偿及政策优惠。③开展拒马河生态保护修复，确保水生态状况稳定。

南拒马河：①推进易县城区污水收集管网建设，加快雨污分流改造。加快推进易马湿地工程，净化水质。②建立水资源开发利用协调机制，调控调度闸坝、水库，保障拒马河中下游段生态需水量。强化再生水循环利用体系建设，推进涞水县、定兴县、易县再生水厂及配套管网工程。③推进兰沟洼调蓄湿地工程建设，形成多功能生态修复区。防控外来物种入侵破坏淀区水生生物多样性。

白沟河：①北京市开展城镇及工业园区污水处理厂建设改造，实施房山区长沟镇再生水厂（一期）工程、窦店高端现代制造业产业基地再生水厂（二期）工程，以及房山区韩村河、琉璃河、城关、良乡 4 座污水处理厂升级改造工程。推进农村污水处理设施建设和升级改造，加强在线监测与运维管理，实施房山区农村污水治理工程。②开展流域治理，实施坨里沟综合治理、大石河坨里段水环境提升、大石河生态修复二期、北京房山长沟泉水国家湿地公园水域新增恢复等工程。

漕河：①推进漕河河道综合整治，保障通水；建立水资源开发利用协调机制，强化再生水循环利用体系建设，利用好现有补水路线和规划补水路线，调控调度闸坝、水库，保障漕河生态水量。②防控外来物种入侵，破坏淀区水生生物多样性。

安格庄水库：保定市排查易县良岗镇、安格庄乡、牛岗乡、富岗乡及河流沿岸旅游开发区污水、垃圾收集与处理排放情况，加快完成污染防治；加强各乡镇农田耕作绿色防控、精准化施肥等减量增效技术的推广。

（三）南支

唐河：①强化污染减排，大同市推进灵丘县污水处理厂深度治理、沿河乡镇环境综合整治；保定市加快推进顺平县城区雨污分流改造，补齐唐县、清苑大庄镇污染治理和基础设施短板；加快完成涞源县、曲阳县、唐县污染防治工程；加强饮用水水源地规范化建设和供水水厂管理。②优化水资源调度，大同市研究建立唐河水电站、石门水库、白沙口水库等闸坝、水库联合调度机制；保定市落实好南水北调现有补水路线和规划补水路线，确保生态水量。大同市加强城头会泉泉域保护，涵养水源。③通过实施生态湿地建设及后期增殖放流等措施恢复水生生物多样性。加强水生态环境健康评估。④完善灵丘县及浑源县针对唐河两岸环境风险预防及应急措施，强化对空间布局和产业发展的管控。

沙河：①建立健全山西、河北联动协调机制，加强沙河水质管控；加强雨水、生活污水等入河排水口的监督与管理，科学划定入河控制量，削减入河排污量；强化农村生活面源污染控制，开展农村生活垃圾治理设施、污水收集处理设施及污水管网建设，加强农田耕作绿色防控、精准化施肥等减量增效技术推广。②加快推进保定市阜平县再生水厂及配套管网建设，提高再生水利用率。③加强水环境风险控制，严格控制高耗水、高污染企业建设，完善水环境风险评估及预警预报机制，全面提升应急处置能力。

府河：①推进保定市城区与清苑区污水处理基础设施扩容与建设，加快推进保定城区雨污分流改造。尽快完成府河河道整治工程，防控底泥内源污染。②保定市加快推进竞秀区、莲池区、高新区、清苑区及仙人桥再生水厂及配套管网的建设，提高城市再生水利用率。③提高生态下泄流量，推进湿地保护与修复工程建设，逐步恢复水体自净能力，构建完整的水生生态系统。

孝义河：①保定市加快完成博野县孝义河沿岸乡镇农业农村污染防治工程，尽快补齐城镇基础设施短板，防控生活源污染孝义河。②建立水资源开发利用协调机制，强化再生水循环利用体系建设，利用好规划补水路线，调控调度闸坝、水库，提高生态下泄流量。③在孝义河与月明河交汇处，恢复（修建）孝月湿地工程，稳步提升流域生态系统承载力。

磁河：①规范沿河垃圾倾倒行为，加强监督、巡查，发现问题进行清理处罚。②与国家和有关部门沟通协调，积极争取上下游水量调度，保障磁河生态水量。

（四）大清河

①推进污水收集管网建设与处理设施提标改造，廊坊市完善霸州市、文安县污水管网建设，完成 7 家城镇污水处理厂提标改造，文安县建立县城一体化排水系统；沧州市推进任丘市、河间市、肃宁县污水收集管网建设及污水处理厂提标改造。天津市保障农村污水处理设施稳定运行，实现规划保留村农村生活污水处理设施覆盖率达到 100%。②廊坊市构建大清河南部水系循环，实现赵王新河牛角洼水系循环；建立常态化补水机制，积极与河北省及雄安新区沟通，力争合理安排白洋淀下泄水量和泄流时段，维持大清河干流及主要支流生态用水量。天津市利用南水北调东线，为静海区增加生态补水量。③开展石沟干渠、老大清河、中亭河等主要支流的生态清淤，开展河道生态治理，恢复支流河道自净功能。

（五）独流减河

①加快静海镇、滨海新区大港街和中塘镇污水管网改造和新建工程建设；全面推进初期雨水治理，实施西青区合流制区域雨污错接、混接、串接点改造；加强周边水污染排放较大企业（天津石化公司等）工业的污染防治；加大农业农村污染防治力度。研究制定荒地河污水处理技术方案。②利用南水北调东线对静海区和北大港水库进行生态补水。实施大寺污水处理厂再生水管道切改、西青郊野公园输水提升改造等再生水管网工程，增加生态流量。③加强湿地恢复与建设，实施“退耕还湿”“退渔还湿”、河湖缓冲带退耕还湿措施。加强河道内源治理，对精武镇丰产河、大沽排水河实施综合治理，合理处置清淤底泥。

（六）海河干流

①完善污水收集处理设施，建设津沽污水处理厂三期工程，增大污水处置能力；开展红桥区、河北区、南开区、河东区、津南区、小站镇、咸水沽镇、葛沽镇、塘沽老城区等区域污水管网及雨污分流改造。持续推进工业污染防治，加强对咸水沽、北闸口、小站、葛沽、开发区等地区保留工业聚集区的监管。②加强水系连通工作，保障四化河和外环河与海河之间河水定期连通；开展小站镇、北闸口镇黑臭水体治理及水系连通工程，改善区域水系循环。推动建设“海绵城市”，提高雨水排涝和削减径流污染的能力。③推进马厂减河、双桥河、石柱子河、四丈河、月牙河河道生态修复工程及马厂减河小站段堤坡护岸生态修复工程，对污染严重的河道进行生态净化修复，底泥污染严重河段实施清淤，提高河道自净能力。④强化执法和巡查管理，严厉打击向雨水井乱泼乱倒等污染行为；加强水质监测，密切关注水质变化、水草暴发等情况的发生，及时预警联动。

8.1.2.5 子牙河（含黑龙港及运东）

通过引调水、闸坝调度，保障重要河湖生态需水量。利用引黄入冀补淀工程、位山引黄工程和滏阳河、滏东排河与衡水湖连通工程，构建河湖流动水网，实现水体循环流动，为衡水湖生态修复提供水源保障。建立长效引水机制，充分利用岗南水库、黄壁庄水库、横山岭水库及南水北调中线总干渠向滹沱河实施生态补水，保障枯水期生态基流。改造衡水市安平县、武强县等县现有河渠和闸涵，实施河流水系连通工程。

实施污水处理厂提标改造，完善雨污分流和配套管网建设，提升城镇污水收集处理水平，确保满足子牙河流域污染物排放限值要求。推进新区及城乡接合部污水收集纳管工作，实施石家庄市平山县、灵寿县、井陉矿区等地区排水管网雨污分流改造，提升城镇污水收集处理水平。阳泉市重点对建成区朝阳街—南庄路等 18 处区域雨污管网进行改造，衡水安平县、故城县分 3 年对行政区内 32 条道路进行雨污分流改造，建设故城镇、军屯镇、西半屯镇等 11 个乡镇的污水处理站。

加强生态空间管控，实施河湖生态修复工程。实施衡水湖湖泊生态缓冲带空间管控，推进滨水带生态修复，建设环衡水湖生态林带和湖内生态浮岛，实施湖区增殖放流，强化内源污染治理，进行湖区生态清淤。在滹沱河干流两岸 15 m、支流两岸 10 m 范围内划定生态缓冲带，按照“守、退、补”原则严格管控，建设河湖缓冲带，在关键节点建设人工湿地。实施滏阳河、滏东排河、清凉江、盐河故道、冀码渠等主要入湖河流、河道综合治理与生态修复。

建设分散型污水处理设施，杜绝农村污水直排入河。提升衡水湖周边乡镇生活污水收集处理能力，对周边畜禽粪便污水进行集中处理利用，确保农村污水、垃圾不入湖，衡水市实现区域现有入河排污口规范化建设。

专栏7 子牙河（含黑龙港及运东）系重要水体保护措施

（一）子牙河

子牙河：①全面提升污染治理水平，廊坊市推进大城县管网改造，加快大尚屯、广安、里坦、权村等重点镇污水处理设施和配套管网建设；天津市推进初期雨水治理，推进雨污合流管网改造，保障静海区农村生活污水处理设施稳定运行。②廊坊市加强水系连通和区域内水系循环；建立常态化补水机制，引调黄河水对子牙河进行生态补水。天津市将南水北调东线作为静海区主要补水水源，增加生态水量。③加大湿地保护修复，实施"退耕还湿"及"退渔还湿"、河湖缓冲带退耕还湿。天津市按照永久性保护生态区域管理要求，拆除、清理侵占河道敏感生态空间的建筑物。

子牙新河：①加强农村生活污水处理设施建设和运维管理，对河道两岸300 m范围内区域进行"退渔还湿"，推进畜禽养殖尾水治理和畜禽养殖粪污资源化利用；推广测土配方施肥技术，实行统防统治。天津市完成古林街黑臭水体治理后期评估，加快推进太平镇黑臭水体治理进度。②采取河网水系连通、生态净化措施，建设区域内河流水系连通流动系统，增加水体流动性，对底泥淤积严重河段进行清淤，提高河流自净能力。

（二）滹沱河

滹沱河：①提升污水收集处理水平，忻州市新建繁峙县第二污水厂，加快繁峙县城污水处理厂扩容提标改造和云中污水处理厂项目实施；阳泉市推进梁家寨污水处理厂提标改造，西烟镇及沿河村镇污水收集处理设施建设；衡水市加强安平县污水处理厂管理和运行。阳泉市加强园区工业污水防治，督促涉水企业完善水环境风险防控设施建设。开展沿河乡村环境综合整治，忻州市深入推进农业面源污染治理；阳泉市推进梁家寨乡、上社乡、下社镇农村污水处理设施及配套管网建设。强化水源保护，实施忻州市原平市城乡集中式水源地实施规范化建设项目。②增加河道生态水量，忻州市云中污水处理厂尾水回收利用；阳泉市规划建设龙华口水库；石家庄市积极争取上下游水量调度。③强化河道综合治理与管控保护，山西省持续实施"清河"行动，河北省划定滹沱河生态缓冲带范围，推进河岸生态护坡建设，实施水生态修复。④建立健全闫家庄大桥、枣园村等站点数据预警预报机制，实施流域联防联控。

绵河：①阳泉市完善娘子关镇污水收集管网，加快推进娘子关镇、巨城镇沿河村庄生活污水治理工程建设。落实老窑水治理措施，分期推动水源地规范化建设。②统筹推进娘子关泉域保护和娘子关景区发展，改善泉域水质。科学开采泉域水资源，建立多水源供水体系。③建立健全绵河流域水质自动监测站数据预警预报机制，实施流域联防联控。

桃河：①阳泉市完善城镇污水收集管网建设，推进城区、郊区、矿区、平定县城等建成区污水收集管网建设，加快沿河截污管网建设和雨污分流改造。推进沿河企业提标改造。

加强南川河沿线石门口乡、冠山镇、冶西镇、锁簧镇等地区生活污水治理、生活垃圾处置。②开展桃河流域水生态修复，实施桃河干、支流河道生态环境综合治理与修复工程和滨河植被缓冲带建设。③大力推动再生水循环利用，在桃河上游建设再生水循环利用工程，作为桃河的水系补水。谋划建设桃河生态流量调节工程，完善水资源优化调度。

温河：①阳泉市完善盂县县城及南娄镇、路家村镇、孙家庄镇、牛村镇及郊区的城镇生活污水处理设施及配套管网，完善沿河村庄生活垃圾收集转运体系。开展煤矿老窑水治理。②开展河道综合整治与生态修复，包括干流、支流（山底河、荫营河）河道垃圾清理、河道清淤、畜禽养殖场粪污处理、人工湿地建设、生态缓冲带建设等措施。

（三）滏阳河

滏阳河：①开展滏阳河-滏阳新河及支流水环境综合整治。邯郸市尽快补齐城镇污水收集和治理设施短板，推进污水处理设施尾水深度治理。邢台市加强与洨河上游石家庄市联防联控，降低入境来水影响。衡水市加快沿线污水处理厂提标改造并提升管理水平，积极推进沿线乡镇污水处理厂及配套管网建设。②加大南水北调中线对七里河、南水北调对午河河道生态用水补水力度。积极推进衡水市水系连通工程。③加强河道生态修复治理，邯郸市实施成安县生产团结渠生态治理工程和永年区洺湖二期水生态环境修复治理工程，邢台市实施柏乡县午河水生态修复工程，衡水市实施滏阳新河虎赵桥上游、黄铁房桥上游生态恢复整治项目。加强湿地建设，邢台市建设大陆泽国家湿地公园，衡水市武强县建设人工湿地。

滏东排河：①邯郸市进一步完善城区老旧管网改造，加快农村生活垃圾处理建设项目。衡水市实施武邑县城雨污分流工程及控源截污工程，加强沿河村庄环境管理和农田面源污染控制。②邯郸市推进邱县“三网”水系环境综合治理，建立水网互通，增加引水频次和引水时长。邢台市加大引黄入冀补淀调水力度，减少滏阳新河调入滏东排河的水量；发展节水农业，打造东部节水灌溉区。③持续恢复河道水生态环境，邢台市构建“清水廊道”，衡水市建设滨河带人工湿地。

衡水湖：①完善污水收集及处理设施建设，实施滨湖新区、魏家屯镇东明和西明污水处理设施及配套管网工程，魏家屯镇污水处理提升改造工程，魏家屯镇、彭杜村生活污水收集治理工程。加大衡水湖内源污染、面源污染治理力度。②科学引水补水，适时启用大赵闸，建立衡水湖与滏东排河的水力联系。③逐步开展衡水湖生态修复和水生态恢复，开展部分区域富营养化治理和增殖放流等生态治理活动。④加强衡水湖周边道路交通管控，设置危险化学品和危险废物运输车辆绕行标识，减少环境风险。

（四）黑龙港及运东

北排水河：①沧州市尽快完成城镇污水收集管网建设，推进运河区、新华区小街巷雨污分流改造工程、献县县城雨污分流改造工程及污水处理厂提标改造。天津市加强农村生活污水处理设施建设，推进畜禽养殖尾水治理和粪污资源化利用；完成古林街治理黑臭水体后期评估，加快推进太平镇黑臭水体治理进度。②北排河协调调水保证生态流量，子牙新河维持现状。③沧州市实施沧浪渠上游开发区内水体生态修复工程。

南排河：①尽快完成城镇污水收集管网，沧州市推进泊头市雨污分流改造工程，推进黄骅市城区、南大港城区污水收集管网建设及污水处理厂提标改造，加快羊二庄镇污水处理厂建设。邢台市实施清河污水厂入河排污口深度净化工程，加强清河县傍河农村生活污水治理。衡水市完成沿线农村污染的综合整治。②衡水市积极推进区域河渠连通工程，优先选择卫运河—南运河的温庄闸调水，补充区域河流水资源。邢台市与衡水市加强上下游协调，增加引水次数，加大下泄水量调控。③积极推进清凉江、江江河水生生态系统的恢复和重建。沧州市实施南排河河道治理。

宣惠河：①沧州市尽快完成城镇污水收集管网改造，推进吴桥县、东光县、盐山县、孟村回族自治县、海兴县城区污水收集管网建设及污水处理厂提标改造。②实施宣惠河生态保护与修复。

8.1.2.6 漳卫河

推动污染减排，持续改善水环境质量。实施漳河、卫河、卫运河、漳卫新河沿线污水处理厂扩建与提标改造、管网续建配套、雨污分流建设，加快推动农村生活污水收集和处理工程，推进化肥、农药减量增效，全面推进生猪、奶牛、肉鸡三类畜禽的养殖污染整治工程。持续开展南水北调中线工程总干渠两侧饮用水水源保护区范围内风险源排查整治工作，定期巡查并更新饮用水水源保护区破损的标识，完善风险应急设施的建设；加强南运河沿岸入河排污口设置管理、河道清淤和垃圾清运。实施河道清淤、沿线污水治理项目共 4 个，保证南水北调供水河道供水安全。

推进水生态修复工程。恢复鹤壁淇河国家湿地公园、千泉湖国家湿地公园、长子精卫湖国家湿地公园 3 处湿地公园的天然湿地。加快再生水工程建设与投运，实施污水处理厂尾水湿地工程，促进再生水循环利用，在浊漳南源、共产主义渠等河渠建设人工湿地。推进卫河、漳河综合治理与生态修复工程。

建立省际水生态环境协同治理机制。协调推动山东省、河北省建立省界河流水生态环境联防联控、应急联动机制，定期开展联合监测、联合调查、联合执法，实现信息互通、数据共享、治理联动、应急联动。

专栏 8　漳卫河系重要水体保护措施

（一）漳河

漳河：①完善污水处理基础设施建设，邯郸市推进涉县清漳污水处理厂尾水深度净化治理、大名县第二污水处理厂工程（一期）。②加强取用水管理，严格水资源管理制度，发展高效节水灌溉。

清漳河：①完善污水处理设施建设，晋中市实施左权县污水处理厂扩容工程、顺县污水处理厂提标改造工程。长治市加强农村环境整治，实施黎城县农村生活污水治理工程。②加强清漳西源河水系整治及生态环境保护。

浊漳河：①长治市尽快补齐城镇污水收集和处理设施短板，新建沁县、平顺县重点建制镇污水处理设施，加快完成城市管网雨污分流改造。全面提升农村生活污水治理水平，实施农村生活污水治理工程。②开展生态流量恢复工程，由山西大水网调水补给浊漳南源，恢复生态流量。③加强水生态保护修复，分别在长子县浊漳南源、岚水河与浊漳南源交汇口、潞城区店上、鸡鸣河建设人工湿地，在浊漳南源西源汇合处实施河道综合整治、人工湿地（塘系统）整治工程。建立水生生态监测体系和增殖放流体系，了解生态环境变化状况，科学增殖放流。

（二）卫河

安阳河：①安阳市推进城镇生活、工业、农村生活污染减排，加快林州市污水处理设施及管网建设、雨污分流改造；有序实现印染企业退城入园，推进北关区中信印染园供排水管线及尾水湿地工程；推进“两库一泉”、龙安区，北关区、安阳县周边村庄农村生活污水处理设施及配套管网建设，认真落实农村环境综合整治任务。②完善安阳河闸坝调度机制，将漳河、彰武水库、岳城水库、双全水库和南水北调退水渠等河流湖库的水作为水源，对安阳河进行生态补水。持续推进再生水等非常规水水源利用，推动安钢等工业企业尾水治理回用项目，减少彰武水库工业取水量。③实施安阳河林州市段、殷都区、龙安区、彰武水库汇水支流龙山河沟和天喜镇沟的综合整治与生态修复。实施人工湿地水质净化工程，谋划安阳河冯宿桥断面上游生态湿地项目，建设安阳县安阳河省级湿地公园。

共产主义渠：①焦作市加快补齐城镇污水收集和处理设施短板，实施武陟县城区雨污分流改造和武陟县污水处理厂提质增效项目。新乡市重点对共产主义渠（西永康桥断面以上）、北排水河、西孟姜女河等污染较重河流（水体）进行综合治理。②加强区域再生水循环利用，推进辉县市南部新城区和城西再生水厂的建设与投运。③加强水生态保护与修复，开展共产主义渠（新乡段）水生态环境基础调查，建设共产主义渠地表型生态湿地，加强北排水河、百泉河综合整治。

淇河：①新乡市加强农村环境综合整治，沿岸畜禽养殖场（户）粪污实现资源化利用，消除农村黑臭水体。②利用南水北调水进行生态补水，实施山城区、鹤山区饮用水置换工程，保障淇河生态需水量。转变高耗水生产方式，安阳市探索推进小水电绿色改造。③加强淇河生态修复，实施林州淇淅河国家湿地公园、鹤壁淇河国家湿地公园、淇县淇河省级湿地公园湿地生态修复保护工程，在淇河千鹤湖、寒坡洞段、沿途湿地公园核心区等河段建设河湖生态缓冲带，试点开展淇河湿地生物完整性指数健康评价、淇淅河湿地公园水生生物多样性评估。

卫河：①加强污染源头治理，新乡市重点对东孟姜女河进行综合治理，新乡、鹤壁、安阳三市加快推进污水处理设施建设及完善污水管网建设，加强卫河、硝河、汤河等河流两侧村庄农业农村污染防治。②优化水资源配置，制定卫河饮马口生态流量保障对策方案，构建大运河文化带环古城水系，提高新乡市、鹤壁市重点污水厂中水回用能力，实施鹤壁市浚县、山城区水源置换工程。③在汤河水库入口、卫河及西孟姜女河部分河段建设生态缓冲带，推进硝河人工湿地建设、汤阴县汤河国家湿地公园续建、汤阴县水环境生态修复等项目实施，建设羑河省级湿地公园。④加强风险源排查整治，强化上下游联防联控，提升流域环境监管能力。

（三）卫运河

①推进污染减排，邯郸市完成大名县第二污水处理厂建设、馆陶县污水处理厂及管网建设工程；临清市推进城镇污水处理厂提标改造、新建南部新区污水处理厂，全面降低工业企业氟化物排放浓度，加快推进农村生活污水治理进程。②聊城市减少温泉水使用，逐步停封非法自备井。临清市继续调用引黄水对卫河进行补水，实施城区流域环境生态补水及水系连通工程。③加强河流沿线危险品运输车辆的监管执法，在河道排污口下游应急闸坝。积极推进建立跨境河流环境应急联动机制，强化应急预案。

（四）南运河

南运河：①天津市开展红桥区、南开区排水管网改造，南开区雨水收集系统改造，提升雨水排涝和径流污染削减能力。②结合《沧州市大运河文化保护传承利用重点任务分工实施方案》，实施南运河综合整治。南运河（天津段）敏感生态空间按照永久性生态区域相关要求进行管理。

南水北调天津段：开展水源地规范化建设活动，定期开展集中式饮用水水源地环境保护状况调查评估。

（五）漳卫新河

①完善城镇基础设施建设，德州市改扩建夏津县、宁津县污水处理厂，加快无棣县鲁北高新技术开发区污水厂升级改造；推进乐陵市城区及工业园区雨污分流建设与改造，以及老城区老旧污水管网改造。德州市加快推进农村生活污水处理设施及配套管网建设，现有农村污水处理设施增加脱氮除磷工艺。②构建水生态修复体系，打通主要水系，加强区域内部水系循环，实施漳卫新河与马颊河的连通工程。③加强区域联动协作，协调建立沧州、德州两市联防联控机制，开展联合执法。

专栏 9　南水北调东线二期

保护范围：黄河以北输水干线穿越的“十四五”国控断面汇水范围划定为本书的海河流域保护范围，涉及山东、河北、天津、北京4省（直辖市）。

保护目标：到2025年，一期现有输水干线与调蓄湖库调水期水质稳定达到Ⅲ类，二期输水干线与调蓄湖库水质初步改善；到2030年，输水干线与调蓄湖库水质持续改善，基本达到Ⅲ类；到2035年，输水期输水干线与调蓄湖库水质稳定达到或优于Ⅲ类，供水安全得到有效保障。

任务措施：①加强饮用水水源保护，进一步排查南水北调饮用水调水河道沿线及其周边存在的安全隐患问题，制定整改方案并组织实施。新批复的饮用水水源地保护区开展规范化建设。制定南水北调和饮用水调水河道道路、桥梁、管道穿越应急设施建设计划并组织实施。②推进城镇污染治理，完善污水收集体系。对污水处理能力不足的区域进行新建或扩建。制订雨污分流改造计划。推进农村生活污水处理设施规范化运行和达标排放，对现有农村生活污水处理设施进行工艺改造，增加脱氮除磷工艺。全面排查农村生活污水处理设施管网配套情况，制定管网建设计划。③贯彻落实习近平总书记关于大运河文化带建设的重要指示批示精神和《大运河文化保护传承利用规划纲要》《河北省大运河文化保护传承利用实施规划》要求，推进实施大运河生态环境保护修复专项规划。

8.1.2.7　徒骇马颊河

持续改善徒骇河、马颊河、德惠新河水环境质量。重点推进城镇污水处理厂提标改造、雨污分流和配套管网建设，高氟地区减少工业企业地下水使用量，加强园区管网改造与监管执法，杜绝企业污水超标排放及偷排现象发生。重点实施污水处理厂升级改造、老旧小区雨污分流改造，针对城区企业排水氟化物超标问题，拟实施企业更换地表水。提升农村污染治理水平，推进农药、化肥减量增效，山东省莘县等地新扩建城镇污水处理设施，加强畜禽粪污统一收集、综合利用，确保水质达标。

推进山东省冠县农村“千吨万人”水源地水质达标治理，对水源地进行达标建设，实施城乡供水一体化。规范化建设冠县境内所有饮用水水源保护区标志，实现对各水源地的视频监控，红外预警和统一调度。

开展河道生态综合整治，徒骇河、老赵牛河部分河段建设生态缓冲带。对河流底泥实施清淤，确保河流具有一定的自净能力。利用污水处理厂、人工湿地出水水源，打通主要水系，以适当的微湿地群或“水下森林”为辅助，增强水体流动性，加强区域内部水系循环，提升自然净化能力，净化水质。

优化调度闸坝，完善区域再生水循环利用体系，充分利用现有水源，合理安排下泄流量，科学合理地利用非常规水水源，保障徒骇河马集闸、马颊河董姑桥等断面对应汇水范围的生态需水量。转变徒骇河、马颊河干流周边地区高耗水生产方式，积极推广抗旱、耐旱、节水作物的种植，最大限度地利用天然降水，提高雨水资源利用率，严格控制浅层地下水水位。

专栏 10 徒骇马颊河水系重要水体保护措施

（一）马颊河

马颊河：①完善聊城市城镇污水处理设施及配套管网建设，具备条件的污水处理厂应建设尾水人工湿地；建设初期雨水拦截设施、存储设施和收集系统，完善聊城市部分区域雨污分流管网建设，德州地区全面排查农村生活污水处理设施管网配套情况，制订管网建设计划；严格控制化肥施用量，促进南乐县、清丰县化肥施用量负增长，有效控制农田种植面源污染入河；加强畜禽粪污统一收集和综合利用，制定和实施河北省邯郸市、山东省高唐县农村生活环境综合整治行动方案，杜绝农村生活污水、垃圾直排入河现象的发生。②扩大南水北调水供应范围，实施水源置换，治理浅层地下水超采；实施农田灌溉节水，工业节水，提高用水效率；合理优化城区段闸坝调度，优化水量下泄和水源补充，增加城区段河流流动性，改善河流水生态环境；积极推进汇水范围内污水处理厂实施再生水回用，减少新鲜水用量。③积极全面落实闸坝联合调度机制，协调水利部门，制定实施马颊河水量调度管理方案，合理安排闸坝下泄水量和泄流时段。

高唐湖：①完善聊城市部分区域雨污分流管网建设，加强城镇及乡镇驻地生活污水处理设施与配套管网建设，德州地区全面排查农村生活污水处理设施管网配套情况，制定管网建设计划；实施地表水水源替换，解决企业因使用地下水导致氟化物超标的问题；加强畜禽粪污统一收集和综合利用，因地制宜地对高唐县农村生活污水进行治理；鼓励建设水生态循环工程，充分利用污水处理厂、人工湿地出水作为水源，增强水体流动性，提升自然净化能力，净化或保持水质。②在农田较多的干支流河段，鼓励田间节水工程建设，深挖企业再生水回用潜力，减少新鲜水用量。

（二）徒骇河

徒骇河：①提高济南济阳区、商河县、聊城莘县、茌平区、德州禹城市、滨州沾化区、惠民县等城镇污水处理能力，持续推进济南商河县、济阳区配套管网建设和雨污分流改造；深入推进测土配方施肥和农作物病虫害统防统治与全程绿色防控工程，不断降低南乐县、清丰县化肥施用强度；对仍使用水冲粪或水泡粪的畜禽养殖场加大监管力度，全部实施干清粪改造；推进农村“千吨万人”水源地水质达标治理，根据实际情况实施水源替换或城乡一体化供水。②加强农业节水，鼓励种植耗水少、附加值高的农作物，提高水资源利用效率，整治浅层地下水超采；探索上游拦蓄工程联合调度机制，建立科学合理的徒骇河闸坝联合调度体系，协调水利部门，制定并实施徒骇河水量调度管理方案。③在济南、德州、聊城各市开展支流生态河道建设，建设人工湿地和河岸缓冲带，有效削减点源及面源污染量。④在徒骇河干流、永顺沟沿线，选择合适的地点建设人工湿地水质净化工程，对进入徒骇河的污水实施分流二次净化处理，提高徒骇河水环境风险防控能力。⑤探索跨地区联合执法，强化入境断面超标预警，确保上游地区出境水量、水质均达标；全面落实"河长制"，加强上下游、左右岸行政区之间的地方政府合作，研究构建跨地区河长间的协同管理、河流管理保护机制。

秦口河：①持续推进济南商河县、济阳区配套管网建设和雨污分流改造，实施商河县老城区雨污水管道改造等；提高济南济阳区、商河县，聊城莘县、茌平区，德州禹城市，滨州沾化区、惠民县等城镇污水处理能力，因地制宜地对莘县、东阿县、度假区、高新区、商河县等地区建设农村生活污水处理设施，提高农村生活污水处理水平；对各区县已建成的乡镇驻地生活污水集中处理设施加强运营管理，保持设施正常使用。②在济南、德州、聊城各市开展支流生态河道建设，建设人工湿地和河岸缓冲带，有效削减点源及面源污染量。③探索跨地区联合执法，强化入境断面超标预警，确保上游地区出境水量、水质均达标。全面落实"河长制"，加强上下游、左右岸行政区之间的地方政府合作，研究构建跨地区河长间的协同管理、河流管理保护机制。

（三）德惠新河

德惠新河：①完善德州市城镇基础设施建设，提升城镇污水处理能力；对老城老旧污水管网进行维修改造，减少管道污泥淤积、超载等现象；德州市对现有农村生活污水处理设施进行工艺改造，增加脱氮除磷工艺；建设德州经济技术开发区雨污分流管网，提高污水管网覆盖范围，消除空白区；针对滨州市尚未建设污水处理设施的区域，因地制宜地对农村生活污水进行收集处理。②加强农业节水，鼓励种植耗水少、附加值高的农作物，建立作物生育时期与天然降水相匹配的农业种植结构与种植制度等；对于枯水期断流或有水无流河段，应结合农灌需求和该河段生态水量需求，与水利部门充分协商研究制订河道补水计划，落实生态补水措施和资金。

幸福河（三角洼水库）：①完善滨州市部分区域雨污分流管网，实施高唐县乡镇雨污分流管道建设，加强城镇及乡镇驻地污水处理设施与配套管网建设；实施地表水水源替换，解决企业使用地下水导致氟化物超标的问题；加强畜禽粪污统一收集和综合利用，因地制宜地对高唐县农村生活污水进行治理；鼓励建设水生态循环工程，充分利用污水处理厂、人工湿地出水作为水源，增强水体流动性，提升自然净化能力，净化或保持水质。②在农田较多的干支流河段，鼓励田间节水工程建设，深挖企业再生水回用潜力，减少新鲜水用量。

（四）其他单独入海河流

潮河（滨州市）：①加快实施滨州市北城污水处理厂改扩建工程，完善污水收集体系，实施沾化区、滨城区老城区雨污分流管网建设；试点开展滨城区农村环境整治工作，治理农村排水沟、截渗沟，建设智慧农村生活污水处理监管平台；养殖散户配建分散养殖治污设施或对粪污进行统一收集、处理。②改善水质强化生态修复，实施人工湿地建设、潮河（滨州市）水系连通工程，增加潮河（滨州市）生态水量，提升水体自净能力。

挑河、神仙沟：①实施东营市城区雨污分流管网改建，实施污水处理厂扩容改造；因地制宜地提出农村生活污水集中收集转运、建设污水处理站及人工湿地等处理方式，提升农村水环境治理效果；针对农村分散式畜禽养殖户，实施覆盖全区的粪污资源化利用中心及配套设施建设，推进实施畜禽粪污资源化利用。②实施入海河流生态状况调查评价，完善河流生态补水保障要求；推进农业节水水量补充河道，开展河流生态补水效果跟踪评估，监督典型河流生态水量保障的落实情况。③统筹区域人工湿地、河岸缓冲带建设，降低入河污染负荷。近期针对污水处理厂直排入河情景，因地制宜地对草桥沟等典型河流湿地进行配套管网建设；远期统筹实施区域人工湿地建设，适当扩大挑河人工湿地规模、提升处理效率、完善配套管网，为区域污水处理厂尾水进入人工湿地的集中处理创造条件；结合用地条件，适当增加河岸缓冲带宽度，合理设计河岸缓冲带植被配置，有效拦蓄农业面源污染物入河。

8.2　流域水生态环境监管体系建设探索

按照2018年国家机构改革要求，2019年生态环境部在长江、黄河、淮河、海河、珠江、松花江辽河、太湖七大流域设立派出机构，分别组建流域生态环境监督管理局，在各流域行使生态环境统一监管职责，在生态环境保护领域首次实行流域管理与区域管理相结合的模式。此外，2020年3月，中共中央办公厅、国务院办公厅印发《关于构建现代环境治理体系的指导意见》，提出构建党委领导、政府主导、企业主体、社会组织和公众共同参与的现代环境治理体系，进一步推动生态环境治理体系改革。党的十九届五中全会提出，到2035年基本实现社会主义现代化的远景目标，把生态文明建设实现新进步作为“十四五”时期经济社会发展主要目标之一。

8.2.1　健全法律法规标准政策体系

按照“精准治污、科学治污、依法治污”要求，以国家现有法律、法规、标准和规划为遵循，以流域区域高质量发展需求为导向，建立完善海河流域生态环境保护法律法规、标准、规划体系。

8.2.1.1 修订完善法律法规政策

随着国家机构改革的深入推进，国务院相关部门职能发生较大变化，现行的《环境保护法》《水法》《水污染防治法》等相关法律法规以及《水功能区监督管理办法》等法规都已不再适用，亟须进行修订完善。按照国家立法机关和生态环境部统一部署，协助开展流域生态环境监督管理相关的法律法规修订工作，参与重点区域生态环境保护立法前期工作，逐步建立较为完善的流域、区域管理相结合的生态环境保护法律法规政策体系，推动用法治思维指导流域生态环境监管工作。

8.2.1.2 制修订环境保护标准

对现行国家标准、行业标准和地方标准体系进行梳理，根据流域生态环境保护实际，提出各类标准制修订需求计划。围绕地方标准差异化，做好流域标准管理工作。开展标准化工作中采标技术和标准化效果评价技术的研究，聚焦陆海衔接、河湖衔接、地表地下衔接等工作，推动制订团体标准，促进流域生态环境保护工作标准化、规范化、科学化。

8.2.1.3 健全流域环境规划体系

以“美丽河湖”建设目标为导向，组织编制、实施流域水生态环境保护规划，研究提出流域水功能区划和限制排污总量方案。组织开展重点河湖水生态环境达标方案、行动计划编制工作，组织重要河流干支流、跨省河湖专项规划。参与编制流域、重点区域生态补偿方案，推动建立跨界河流上下游、左右岸市级或省级生态环境保护协作机制和上下游生态补偿机制，探索一对多补偿新模式。指导协调地方开展生态保护红线、环境质量底线、资源利用上线和生态环境准入清单“三线一单”编制并监督实施。

8.2.1.4 完善生态环境准入机制

依据“三线一单”空间管控要求，通过建立有跨省影响的重大规划、标准、环评文件审核和排污许可证核发会商机制，制定海河流域重大建设项目环评事中事后监管办法、海河流域排污许可证后监管办法等，编制年度监管要点和方案，开展审批权限范围内江河湖泊新建、改建或扩大排污口审核以及流域规划环评和重大建设项目环评文件审查，编制工作流程规则，修订生态环境监管配套制度，强化事中监管，完善事后监管，严格落实环境准入制度。

8.2.1.5 建立生态环境质量公告制度

按照提高公众参与度的要求，以提升社会服务能力为目标，实施生态环境质量公告制度。组织编制流域生态环境质量月报、年报，并根据生态环境部授权，完成流域环境质量、生态质量等生态环境信息的发布工作。

8.2.1.6 建立生态环境评估考核机制

推行水生态环境保护责任落实情况和工作成效定期考核评估制度，完善评价结果与中央水污染防治资金分配挂钩的激励约束机制。按规定开展有关创建评比，应将水生态环境保护责任落实情况和工作成效作为重要内容。推进水污染防治资金全面预算绩效管理。加大水生态环境质量评估考核结果公开力度，将水生态环境质量改善情况纳入地方行政政绩考核体系，指导地方探索建立绿色绩效考核评价机制。

8.2.2 提升生态环境监管技术支撑能力

8.2.2.1 完善生态环境监测网络体系

落实《“十四五”生态环境监测规划》要求，以“实现大监测”为目标，建设陆海统筹、天地一体、上下协同的流域监测网络。依据“十四五”期间国家地表水环境质量监测断面设置方案，整合省（自治区、直辖市）主要监测断面，完成流域地表水监测断面的布设，覆盖省界、市界、重要县界、主要江河湖泊及重要争议断面等。依据“有河有水、有鱼有草、人水和谐”的要求，结合已开展的流域生态监测工作，优化设置流域生态监测点位，体现流域特征，科学反映流域生态状况。依据以排污许可证为核心的污染源监管体系，建立流域入河排污口监测网络，将规模以上入河排污口作为常规监测点位，将重点区域的其他入河排污口作为不定期抽测点位，根据监管要求进行动态调整。依据国家地下水环境质量考核点位设置方案，以地下水型饮用水水源地和地下水污染源为重点，组建流域地下水环境监测网，覆盖地下水型集中式饮用水水源地、地下水超采区和矿山地质影响区、农业污染区等地下水渗透污染风险区域和重点地块。

8.2.2.2 加强生态环境监测能力建设

积极落实《关于推进生态环境监测体系与监测能力现代化的若干意见》要求，按照“实现大监测、确保真准全、支撑大保护”的总体思路，落实监测先行、监测灵敏、监测准确的总要求，以支撑、服务、引领为目标，围绕水污染治理、水生态修复、水资源保护“三水共治”需求，建立海陆统筹、天地一体、上下协同的“国家—流域—省—市”四级联动监测体系。以“监测补短板”为目标，逐步完善实验室、自动监测站等设施的建设，加强实验室监测、应急监测、监测船等设施设备配置，定期组织监测业务培训和监测技术大比武，培养监测队伍，拓展遥感监测和智能监测业务，大力引进无人机、无人船、人工智能、遥感等高新技术。加强流域水环境风险防范和提高突发水环境事件应急处置能力，组建应急监测队伍，开展应急监测案例分析，编制应急监测预案并进行模拟演练，培养技术专家和业务骨干，强化应急监测指挥调度和技术指导，组织建立应急监测工具箱，结合执法监测和日常现场监测开展应急监测演练，全面提升应急监测能力。

8.2.2.3 提升生态环境预测预警能力

按照推进国家治理体系和治理能力现代化的要求，以“支撑大保护”为目标，建立生态环境评价预警体系。组织开展流域生态环境质量评价，逐步构建符合海河流域特色的生态环境质量评价和预测预警体系，科学反映流域生态环境状况，实现水环境质量预测、水污染事故预警模拟、水生态风险评估一体化，利用人工智能、机器学习、统计分析、可视化等技术，实现环境质量预测预警、环境污染溯源、环境容量分析等监测信息分析，提升监测数据分析挖掘和监管支撑能力。

8.2.2.4 搭建生态环境监督管理平台

整合及升级计算和存储资源，形成资源相对集中的统一管理和运维的基础设施服务。建立数据多维展示与统计分析平台，实现业务数据集成、大数据挖掘和数据资料统一管理，满足排污口等区域实时监控与监测数据实时分析需求。建设流域生态环境保护“一张图”，构建生态环境云平台。提升数据共享、信息交换，实行历史数据即时查询，为现场执法提供执法依据。实现生态环境监督精细化和管理对象的准确定位，管理方式形成闭环，打造流域生态环境综合信息智慧服务平台。

8.2.2.5 提升环境事故应急处置能力

推动建立流域水生态环境风险指挥与预警中心，加强水环境风险防范和突发水环境事件应急处置能力。以饮用水水源地和跨界水体为重点，编制重点区域“一河一策一图”，为环境事件应急处置奠定基础。结合流域特征，研判流域水生态环境事件等级，提出突发水生态环境事件处置建议，为决策提供技术支撑。建立流域应急预测预警数据库和应急资源信息库，实现应急工作全过程管理和信息共享，合理调度应急资源，围绕四个“第一”做到快速响应，即第一时间报告、第一时间赶赴现场、第一时间开展监测、第一时间组织开展调查，力争做到海河流域 12 h 应急监测全覆盖，妥善处置突发水环境污染、危险化学品泄漏等事件，减少各类环境突发事件对水生态环境造成的污染和损害。定期开展应急演练，科学确定突发水环境事件应急演练内容形式及组织保障，推动演练活动实战化、全员化、专业化，促进全流域环境事件应急处置能力的提升。

8.2.2.6 提升科学研究基础支撑能力

全面系统调查流域水生态环境现状，梳理制约流域整体环境质量改善的“瓶颈”，联合高校和科研院所开展相关技术研究。结合流域生态环境保护工作需要，开展常规监测与遥感技术相结合的天地一体的生态环境监测技术研究，全面提升遥感影像处理、智能解译和分析评价能力，提高遥感监测解析精准度，建立天地一体的生态环境监测体系。开展海河流域水生态环境执法重大问题研究，提升执法应急能力。调动科研人员的积极性和创造性，提升自身能力与影响，搭建科研技术交流平台，进一步构建“请进来，走出去”模式，定期举办科技创新讲座等交流活动，助力流域生态环境监管水平。加强国际合作，推进与相关国家、组织的合作协议和备忘录签订等工作，促进与国际相关部门行业在环境保护领域的交流与互鉴。

8.2.3 完善生态环境监管组织体系

8.2.3.1 构建生态环境多要素监管体系

以国控断面控制的汇水范围为基本监管单元，通过规范化、精细化、智能化手段，建立涵盖水资源、水环境、水生态全要素，覆盖前端准入、过程控制、末端治理全过程的流域水生态环境监管体系，全面履行好流域水生态环境监管职能。水资源方面，制定流域生态流量（水量）监管办法，确定流域重要水体清单，编制年度监管要点和方案，对流域河湖生态流量（水量）现状、河湖干涸情况进行评估，开展流域重点河湖生态流量（水量）监管，实现重点河湖生态流量有效保障。水环境方面，依据"四个在哪里"工作要求，通过流域水生态环境形势会商和水生态环境问题识别，以不达标国控断面为重点开展流域突出水生态环境问题调查督导，对基本监管单元内入河排污口、污水处理设施、工业园区、排污企业等监管对象进行统筹监管，开展饮用水水源地保护、地下水污染防治等专项监管，实现流域水环境质量持续改善。水生态方面，按照"十四五"期间水生态环境保护规划目标，通过流域重点河湖水生态调查评估，编制水生态监管要点和方案，重点对河湖湿地生态、河湖水域岸线开发、"河（湖）长制"落实开展监管和督导，实现水生态系统质量稳步提高。

8.2.3.2 建立流域区域协同治理机制

建立流域生态环境监管和省级生态环境主管部门协调会商机制，对有跨省影响的"三线一单"、规划标准、环评文件、排污许可等事项，搭建沟通协调平台。建立地市级政府督导帮扶机制，压实地方政府生态环境保护责任。推动建立生态环境、水利、自然资源、农业农村、住建等行业部门之间信息共享机制，支撑河湖生态保护、污水处理能力建设、面源污染控制等业务。依托流域生态环境监测数据平台，建设"国家—流域—省—市"四级数据共享机制，不断扩大与中国环境监测总站、卫星环境应用中心信息共享，探索与省（自治区、直辖市）生态环境保护部门信息畅通及监测数据的共享机制。建立政企联动协同机制。推动建立与有关企（事）业单位间的联动协同机制，形成优势互补，引导企业发挥自身优势和资源共享，承担生态环境保护政治责任，探索更加深入的合作模式，增强环境保护合力，进一步推进海河流域水环境风险预警体系建设。

8.2.3.3 建立环境监测多级联动体系

立足流域生态环境监督管理职责，以确保"真、准、全"为目标，建成"国家—流域—省—市"四级联动的监测体系。组织开展流域地表水环境监测，做好地表水国控断面的采测分离监督检查工作以及省界断面、不达标断面、争议断面的监测协调工作，指导省（自治区、直辖市）开展省控断面监测工作，在京津冀等水生态环境敏感区域开展优先控制污染物、持久性有机污染物、抗生素和内分泌干扰物的调查性监测，掌握水环境现状和变化趋势。组织开展流域地下水监测，加强地上地下协同监测，科学反映流域地下水环境总体状况和变化趋势；组织开展规模以上入河排污口的常规监测以及对其他重点排污口的抽测，对排污口进行水质水量实时监测和上下游走航巡测，掌握入河污染物排污浓度和总量，支撑入河排污口监督管理。组织开展流域生态监测，推进重点流域水生态调查监测和亲民指标监测，建立流域水生生物标本库，开展水生生物环境 DNA 监测试点，探索开展重要河湖生态流量、污染通量监测研究。

8.2.3.4 加强生态环境监测质控管理

落实全国生态环境监测工作要求，以“全过程规范化”为目标，健全生态环境监测质控体系。定期组织开展监测数据审核和省（自治区、直辖市）数据会商，不定期组织流域内各地方监测单位开展监测数据会商，分析产生原因、预测危害程度和影响范围等。按照生态环境监测质量认证要求，制定流域监测质量监督检查制度，规范监测工作程序，定期对流域及流域内各省（自治区、直辖市）监测单位、第三方委托监测单位的监测，以及排污单位的自行监测进行全流程考核，保证数据质量，提高监测效能。

8.2.3.5 推进生态环境监管公众参与

建立公众参与机制，畅通公众获取环境信息、参与监督环境保护的渠道，促进环境保护公众参与依法有序开展。开展绿色生活创建活动，传播科学思想，围绕水生生物多样性保护、水体污染治理与生态修复等主题，通过图文、视频等多种形式，线上线下相结合，开展流域水生态环境科普活动，助力“绿色”“生态”“和谐共生”理念根植人心。

第9章

“十四五”流域监测站网布设

流域环境监测站网布设是构建统一的水生态环境监测体系的一项基础性工作，能够科学、全面反映流域水环境质量状况及重要江河湖泊水体功能保障情况，切实推动流域水生态环境改善。“十四五”流域地表水和流域重点区域地下水环境质量监测站网在“十三五”期间工作的基础上进行了优化调整，通过合理布设流域水生态调查监测点位，逐步完善水生态监测站网建设。本章主要介绍流域地表水、重点区域地下水和水生态监测点位选取和优化调整原则以及具体分布情况。

9.1 地表水监测站网

9.1.1 优化调整原则

科学性原则。充分考虑流域（水域）面积、河网密度、径流补给、水文特征等流域自然属性，在“十三五”国家监测站网的基础上，重点增设流域面积大于 1 000 km^2 的三级以下支流，流域面积大于 500 km^2 的跨省、市界河流、占地级及以上城市来水年径流量 80%以上的河流；增设主要入海河流以及水域面积为 100 km^2 以上的大型湖泊、库容 10 亿 m^3 以上的大型水库，实现海河流域内主要河流、大型湖库全覆盖和地级及以上城市行政区域全覆盖。

代表性原则。统筹流域与区域，在“十三五”国家监测站网的基础上，主要围绕国家级自然保护地、重大调水输水水源地、重要水体的源头区、河口区，以及跨省、市界水体等地区和水体设置断面，断面覆盖白洋淀主要入湖、出湖、环湖河流，以及南水北调等大型水利工程所在水体或对其水质影响较大的重要支流，覆盖水域面积为 10 km^2 以上、库容为 1 亿 m^3 以上或矛盾突出的跨省和跨市湖库，基本覆盖省界矛盾突出的河流。在京津冀（含雄安新区）等区域适当加密设点，客观、准确地评价流域和区域主要水体水环境质量状况。

延续性原则。在现有“十三五”国家地表水环境质量评价、考核、排名断面、“十三五”国家地表水趋势科研断面、全国重要江河湖泊水功能区断面以及地方现有省控、市控和县控断面基础上进行筛选调整。原则上除常年断流和不满足考核要求的断面外，现有国控断面予以保留，增加断面优先考虑已建设和拟建设水质自动监测站的断面，保证水环境监测数据的历史延续性，满足水环境质量时空变化趋势分析需要。

全面性原则。在全面反映流域水环境质量状况的前提下，整合水功能区监测职能，满足重要江河湖泊水功能区水质评价需求，保障水体使用功能。逐步增加水量、水生态监测指标，推动水环境质量监测向“三水”（水资源、水生态、水环境）统筹监测过渡。

9.1.2 监测站网布设

“十四五”期间海河流域共布设 276 个国控断面，其中，河流监测断面有 247 个、湖库监测断面有 29 个、省界断面有 67 个、入海口控制断面有 26 个。海河流域“十四五”地表水国控断面分布情况见表 9-1，分布情况见附图 9-2。

表 9-1 海河流域“十四五”地表水国控断面分布情况

序号	类型	分类	数量/个
1	流域	海河流域	276
2	河流	河流	247
3	湖库	湖库	29
4	省界	省界	67
5	入海口	入海口	26
6	水系/河系	（一）海河水系	216
7		1. 海河干流	3
8		2. 北三河	58
9		3. 永定河	28
10		4. 大清河	40
11		5. 子牙河	38
12		6. 黑龙港及运东地区	14
13		7. 漳卫南运河	35
14		（二）滦河水系	22
15		（三）冀东诸河水系	12
16		（四）徒骇马颊河水系	26
17	所属行政区	北京市	37（含 2 个共考）
18		天津市	36（含 1 个共考）
19		河北省	124（含 5 个共考）
20		山西省	35
21		内蒙古自治区	5
22		山东省	25（含 2 个共考）
23		河南省	18
24		辽宁省	1

9.2 重点区域地下水监测站网

9.2.1 优化调整原则

继承发展。保证评价结果的稳定性和衔接性，原则上保持“十三五”考核点位基本稳定，补充完善和优化调整覆盖度不足的部分点位。选用各部门或企事业单位现有在用的规范监测井。

全面覆盖。充分考虑地下水资源分布、径流补给和水文特征等自然属性及水文地质区划，提高点位覆盖度，原则上覆盖省级行政区域内三级水文地质分区和平原盆地地区的主要地级行政区，同时兼顾重点污染区域及规模以上地下水型集中式饮用水水源地。

科学合理。在平面分布上考虑源、流域和区域层面的点、线、面结合；在垂向分布上考虑深、浅结合，根据地下水利用状况和污染特征，考虑地下水污染防控需求，合理设置浅层和中深层地下水监测井比例，重点选择浅层地下水监测井。

突出重点。充分考虑地下水开发使用的重点区域，在人口密集区、国家生态建设与环境保护区、重要商品粮基地、大型能源矿业基地、国家重大工程区、城市建成区和大型地下水型饮用水水源地等区域加密设点；在京津冀（含雄安新区）区域适当加密设点；重点监测开发使用率较高的第四系孔隙水。

9.2.2 监测站网布设

“十四五”期间，京津冀地区共布设 166 个地下水监测点位，其中，区域类考核点位有 121 个、重点污染风险区域监控类考核点位有 24 个、饮用水水源类考核点位有 21 个。考核点位布设具体情况见表 9-2。

表 9-2 海河流域“十四五”重点区域地下水考核监测点位分布情况 单位：个

序号	省（直辖市）	考核点位类型			点位总数
		区域①	重点污染风险区域监控②	饮用水水源③	
1	北京市	32	4	5	41
2	天津市	19	12	6	37
3	河北省	70	8	10	88
合计		121	24	21	166

注：①区域点位是按照水文地质区划设置，用于监控某一区域地下水环境质量状况的点位；②重点污染风险区域监控点位设置于工业园区或污染源周边约 2 km（含）范围内；③饮用水水源点位设置于地下水型集中式饮用水水源保护区和主要补给区、径流区内。下同。

9.3 水生态调查监测站网

9.3.1 优化调整原则

代表性原则。监测点位应具有足够的空间代表性，能覆盖整个流域范围（上游、中游、下游），涵盖干流、支流和重点湖库。同时点位应覆盖流域内各类生境区域，根据流域生境异质性设置、优化点位。

可行性原则。在确保达到监测目的、保证必要的采样精度和样本量的前提下，兼顾调查监测采样的可实施性和有效性。

一致性原则。监测点位尽可能与国控及省控水质理化监测点位保持一致，能方便获取水文水质测量数据；同时综合考虑与各流域生态保护重点区域的一致性。

9.3.2 水生态调查监测点位

“十四五”期间，海河流域共布设 63 个水生态调查监测点位，点位分布基本涵盖流域主要水体的干流和重要支流，点位分布情况见表 9-3。

表 9-3 海河流域“十四五”水生态调查监测点位分布情况

序号	类型		点位个数/个	备注
1	流域	海河流域	63	
2	河流	干流	15	
3		支流	35	
4	湖泊	湖泊	5	
5	水库	水库	8	
6	河系	滦河及冀东沿海诸河	10	含 1 个非国控点位
7		北三河	9	含 1 个非国控点位
8		永定河	9	
9		大清河（含海河干流）	9	
10		子牙河（含黑龙港及运东）	12	黑龙港及运东 1 个点位，为非国控点位
11		漳卫河	10	
12		徒骇马颊河	4	
13	行政区	北京市	3	官厅水库坝前为北京市和河北省的共考点位
14		天津市	3	
15		河北省	33	官厅水库坝前为北京市和河北省的共考点位

序号	类型		点位个数/个	备注
16	行政区	山西省	11	
17		内蒙古自治区	4	
18		辽宁省	1	
19		河南省	5	
20		山东省	4	

第 10 章

典型区域评价与保护战略研究——以大同市为例

海河流域地跨北京、天津、河北、山西、河南、山东、内蒙古和辽宁 8 个省（自治区、直辖市），由滦河、海河、徒骇马颊河三大水系组成，有 70 座重点湖库，较大的泉域主要分布在山西、河北。大同市位于晋冀蒙交界区，是我国古都之一，是全晋北方之门户和对接京津冀、融合环渤海的门户，处于海河水系永定河、大清河的上源，境内的册田水库承担着保障下游官厅水库和首都水安全的重要任务，城头会泉、水神堂泉等泉域是流域极为宝贵的岩溶泉水，大同市的特殊性对水生态环境保护提出了更高的要求。地方是生态环境保护落实责任主体，选取大同市作为海河流域典型区域进行“十四五”水生态环境保护策略研究，对探索京津冀协同发展、雄安新区建设和海河流域经济高质量发展具有重要意义。

10.1 区域概况

10.1.1 地理位置

大同市位于山西北部，位于东经 112°06′～114°33′、北纬 39°54′～40°44′，北以外长城为界，与内蒙古自治区丰镇、凉城毗邻，西、南与山西省朔州、忻州相连，东与河北省阳原、涞源、蔚县相接。大同市为首都之屏障、全晋北方之门户，是山西、河北、内蒙古之咽喉要道，被誉为“北方锁钥”。现辖平城、云冈、新荣、云州 4 个市辖区，阳高、天镇、广灵、灵丘、浑源、左云 6 个县，由北向南纵深约为 189 km，横宽约为 136.9 km，总面积为 14 176 km^2。

10.1.2 河流水系

大同市河流属于海河流域永定河系、大清河系及黄河流域黄河水系，海河流域分布于全市广大地区，面积约占全市流域总面积的 99.5%；黄河流域仅在左云县西北部有小范围分布，仅占全市流域总面积的 0.5%。大同市境内主要河流有 10 条，分别为桑干河、御河、十里河、口泉河、甘河、浑河、壶流河、南洋河、唐河、沙河-潴龙河。

（1）永定河系

永定河系在大同市境内主要河流包括桑干河、御河、十里河、口泉河、甘河、浑河、壶流河、南洋河等。

桑干河是永定河的上源，发源于左云县马道头乡，经左云县东古城，从右玉县曾子坊进入朔州市境内，在朔城区神头镇的马邑村与恢河汇合，此后接纳黄水河、浑河、御河等支流，由西南向东北流经山阴县、应县、怀仁，于怀仁县古家坡进入大同市界，经云州区，在阳高县南徐流出山西省境。进入河北省阳原县，最后于官厅水库上游与洋河汇合后称为永定河。桑干河在山西省界以上干流总长为 260 km，流域面积为 16 748 km^2，大同市境内河长为 76 km。大同市境内较大支流有御河、浑河、口泉河、坊城河、壶流河等。

御河为桑干河一级支流，发源于内蒙古丰镇市三义泉镇三岔河村，由北向南经丰镇于新荣区堡子湾乡镇羌堡村进入大同市境内，经孤山、大同城区、小南头，于云州区杜庄乡利仁皂村汇入桑干河。内蒙古境内称饮马河，进入山西境内称作御河。御河全长为 155 km，控制流域面积为 5 016 km^2，大同市境内河长为 79.3 km，流域面积为 2 561 km^2。大同市境内主要支流有十里河、淤泥河、万泉河。

十里河为御河一级支流，发源于大同市左云县，干流由西向东，绕左云县县城至旧高山村进入大同市市区，经大同市十里河云冈区到平城区的田村汇入御河。干流全长 86.2 km，流域面积为 1 096.5 km^2。十里河左右岸均有支流汇入，较大的支流有 6 条，其中左岸有马石路河、宁鲁堡河、廖家堡河、鹊儿山河，右岸有七磨河、峰子涧河等。

口泉河是桑干河一级支流，发源于云冈区鸦儿崖乡乔村，由西南向东北流经鸦儿崖乡、口泉，然后转向东南，至云冈区堡子店出大同市境进入怀仁县境内，于怀仁县马辛庄乡智民庄村汇入桑干河。河长为 55 km，流域总面积为 481.9 km^2，大同市境内河长为 37.4 km，流域面积为 368.9 km^2。主要支流有甘河等。

甘河是口泉河一级支流，发源于大同市云冈区高山镇南信村，干流由西北向东南经忻州窑、赵家小村，于大路辛庄村入怀仁县境内，在怀仁县毛家皂镇前村西南汇入口泉河。河长为 20 km，流域面积为 161.5 km^2。甘河主要支流有 3 条，分别为回去村干渠、王家园干渠和拖皮沟。

浑河为桑干河支流，发源于浑源县大仁庄乡清水沟村。先西南向流，出山后进入河谷平原改东北向流，流经浑源、应县、怀仁，于怀仁县河头乡新桥村附近汇入桑干河。浑河大同境内河长为 32.5 km。主要支流有唐峪河（柳河）、王千庄峪河、凌云口峪河、大峪河等。

壶流河是桑干河一级支流，发源于大同市浑源、广灵两县交界处的石人山东麓，大致由西向东流经广灵县全境，于洗马庄出山西省境，在河北省蔚县汇入桑干河。壶流河大同境内干流全长为 66 km，面积为 1 303 km^2，主要支流有莎泉峪、长江峪、直峪、木草涧等。

南洋河为洋河一级支流，发源于大同市阳高县下深井乡丰稔山，自南而北至王官屯乡的小安滩折为东北向，入大白登镇，至狮子屯乡吴家河村东北进入天镇县境内，经三十里铺乡、南河堡乡、谷前堡镇、玉泉镇，于逯家湾镇永嘉堡东出境入河北省。南洋河山西境内干流长为 122.5 km，面积为 2 413 km^2，较大支流有张官屯河、黄水河、上吾其河、黑水河、三沙河等。

（2）大清河系

大清河系在大同市境内的主要河流包括唐河、沙河-潴龙河等。

唐河为大清河河系南支的一条主要支流，发源于浑源县上温庄抢风岭，自西北向东南流经浑源县王庄堡镇，至西会村入灵丘县境，纵贯灵丘盆地，部分河段水流潜入地下，由西向东流至灵丘县高家庄至北水芦村一带，有城头会泉水出露，河水流量逐渐增大，河流折向东南，于下北泉出山西省境进入河北省。唐河在大同市境内总长度为 96 km，流域面积为 2 193 km^2。在境内主要有赵北河、华山河、大东河、上寨河、干峪河等较大支流沿河依次汇入。

沙河-潴龙河发源于山西省灵丘县境内中部东河南镇银厂乡东岗、水泉一带，流经东河南镇、白崖台乡、独峪乡，是灵丘县境内两条水系之一。由东河南镇东岗向西北流，在古路河村折向南，在冉庄镇接纳冉庄河后，至斗方石与吴家湾河汇合，流经西庄、香炉石，至白草地村与独峪河汇合，经西南端的花塔村出境后，流入河北省阜平县，另外下关河于下关乡青羊口进入河北省阜平县汇入沙河。沙河-潴龙河干流长为 64 km，流域面积（加上下关河流域面积）共 1 055.1 km^2。主要支流有独峪河、下关河、冉庄河等。

（3）黄河水系

黄河水系在大同市境内流域面积约为 80 km^2。①

10.1.3 水文气象

大同市属高原温带大陆性季风气候，春季风大沙多，干旱少雨；夏季雨热同步，降水集中；秋季凉爽早霜，降水显著减少；冬季西北风盛行，严寒少雪。多年平均气温 6～8℃，极端最高气温为 1961 年 6 月 10 日的 38.3℃，最低气温为 1957 年 2 月 9 日的−37.3℃。多年平均降水量为 416.4 mm（1956—2014 年），多年平均蒸发量为 1 011.5 mm（1956—2014 年），干旱指数为 2.43，无霜期为 120 d 左右。全市降水特点为由东南部和西北部山地向中部盆地递减，东南部多于西北部，山地多于盆地，迎风坡大于背风坡，降水量等值线基本与山脉走向一致，年内、年际变化大，年降水量的 70%集中在 7 月、8 月。

10.1.4 社会经济

根据第七次全国人口普查结果，大同市常住人口为 310.56 万人，其中城镇常住人口

① 因黄河流域在大同市占比小，所以本章研究内容为大同市境内的海河流域生态环境评价与保护。

为 225.75 万人，城镇化率为 72.7%。全市地区生产总值为 1 369.9 亿元，其中，第一产业增加值为 70.4 亿元，占地区生产总值的 5.1%；第二产业增加值为 506.7 亿元，占地区生产总值的 37%；第三产业增加值为 792.7 亿元，占地区生产总值的 57.9%。全市常住居民人均可支配收入为 24 988 元。

10.2 水生态环境评价与分析

10.2.1 水资源状况

10.2.1.1 水资源量

（1）降水量

2019 年，大同市降水量为 62.77 亿 m^3，平均雨深为 445.3 mm。

2011—2019 年，大同市多年平均降水量为 446.2 mm，逐年呈波动变化趋势，其中 2013 年降水量最大，为 506.6 mm，2011 年降水量最小，为 350.1 mm，降水量整体呈线性升高趋势，受气候变化影响，趋于暖湿化发展。2011—2019 年大同市降水量变化趋势见图 10-1。

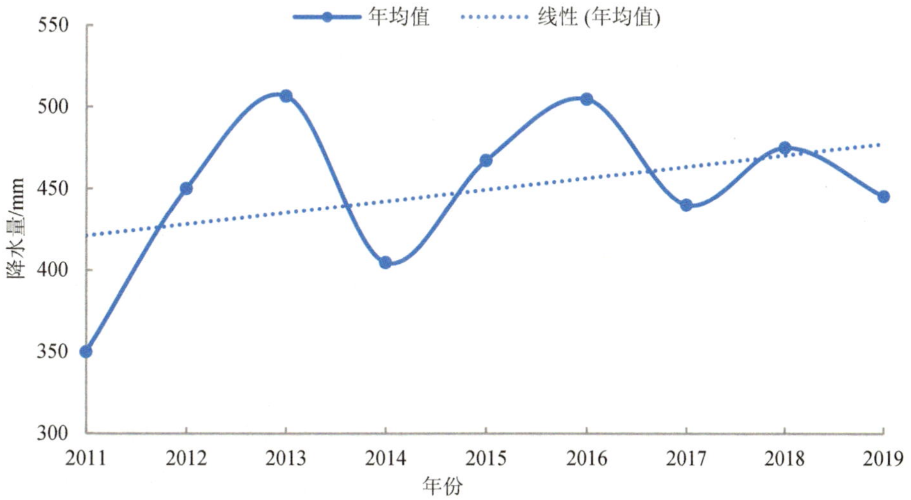

图 10-1 2011—2019 年大同市降水量变化趋势

（2）水资源量

2019 年，大同市水资源总量为 8.75 亿 m^3，占降水总量的 13.9%。其中，地表水资源量为 5.07 亿 m^3，地下水资源量为 6.65 亿 m^3，二者重复计算量为 2.97 亿 m^3。与多年平均相比，2019 年水资源总量、地表水资源量、地下水资源量分别减少 0.36 亿 m^3、0.55 亿 m^3、0.61 亿 m^3。

2011—2019 年，大同市多年平均水资源总量为 7.71 亿 m^3，其中地表水资源量为 4.11 亿 m^3，地下水资源量为 6.44 亿 m^3，重复计算量为 2.84 亿 m^3。水资源量逐年呈波动变化趋势，其中 2018 年水资源总量最高，为 9.59 亿 m^3，2011 年水资源总量最小，为 5.46 亿 m^3，仅为多年平均值的 70.8%，总体来看，水资源量整体呈线性上升趋势。2011—2019 年大同市水资源量变化趋势见图 10-2。

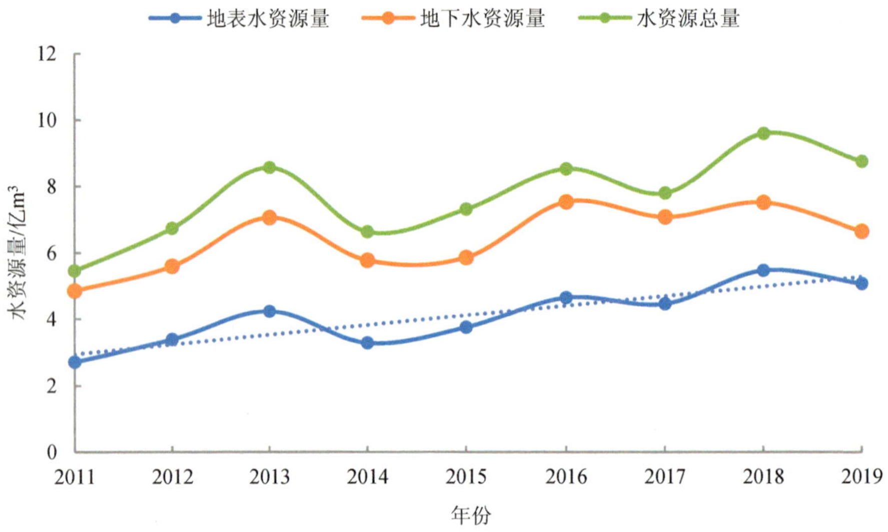

图 10-2 2011—2019 年大同市水资源量变化趋势

10.2.1.2 水资源开发利用情况

（1）供水量

2019 年，全市总供水量为 6.34 亿 m^3，其中地表水源供水量为 2.73 亿 m^3，占总供水量的 43.1%；地下水供水量为 3.1 亿 m^3，占总供水量的 48.9%；其他水源供水量为 0.51 亿 m^3，占总供水量的 8%。大同市供水以地下水水源为主。

2011—2019 年，大同市的供水量维持在 6.29 亿 m^3 左右，供水量最大为 2013 年的 6.62 亿 m^3，最小为 2011 年的 6.04 亿 m^3。其中，地表水供水量为 2.28 亿 m^3，占供水量的 36.2%，地下水供水量为 3.48 亿 m^3，占供水量的 55.3%，非常规水供水量为 0.53 亿 m^3，占供水量的 8.5%。地表水供水量由 2011 年的 2 亿 m^3 升至 2019 年的 2.73 亿 m^3，提高了 36.5%；非常规水供水量由 2011 年的 0.26 亿 m^3 升至 2019 年的 0.51 亿 m^3，提高了 0.96%；地下水供水量由 2011 年的 3.78 亿 m^3 降至 2019 年的 3.1 亿 m^3，减少了 18%。2011—2019 年大同市供水结构变化见图 10-3。

（2）用水量

2019 年，全市总用水量为 6.34 亿 m^3，农业用水量最大，为 3.74 亿 m^3，占总用水量的 58.9%，其中农田灌溉用水量达 3.62 亿 m^3；生活用水量次之，为 1.12 亿 m^3，占总用水量的 17.7%；生态与环境补水量最少，为 0.44 亿 m^3，占总用水量的 6.9%。大同市水资源开发利用强度超过 100%，远超世界公认的安全警戒线（40%）。2019 年大同市用水结构见图 10-4。

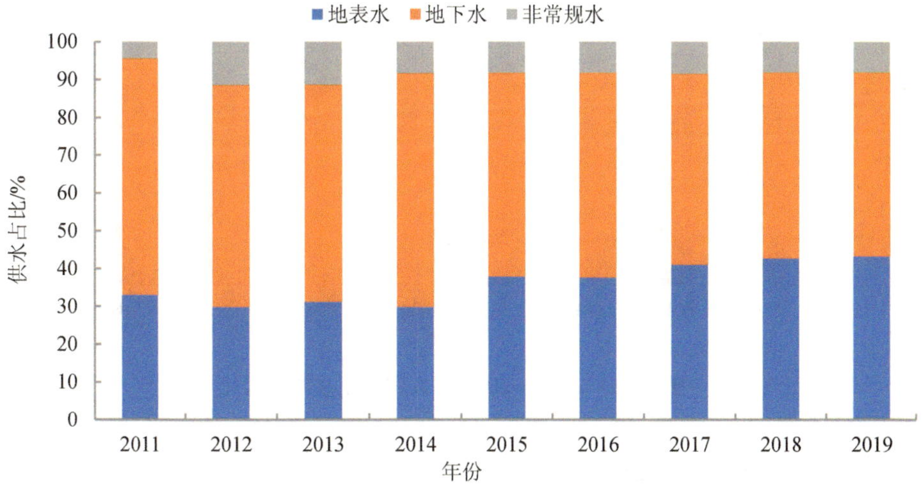

图 10-3 2011—2019 年大同市供水结构变化

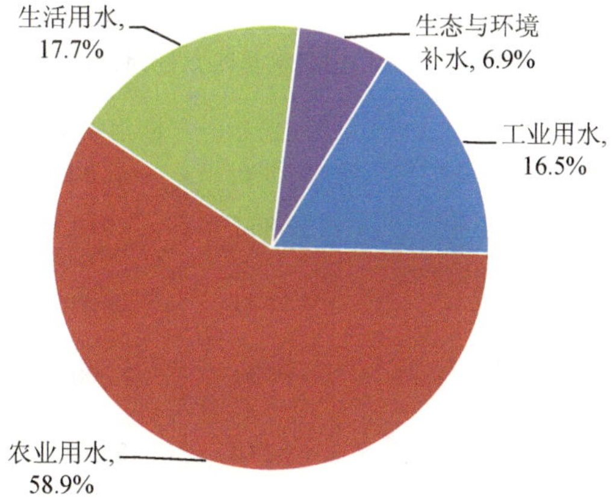

图 10-4 2019 年大同市用水结构

2011—2019 年，大同市总用水量基本维持在 6.29 亿 m^3 左右。其中，农田灌溉用水量最大，为 3.45 亿 m^3，占比约为 54.8%，城镇公共用水量最小，为 0.12 亿 m^3，占比约为 1.8%。农田灌溉、居民生活、生态环境用水量呈增加趋势，用水量分别增加了 11.7%、30.4%、83.3%；林牧渔畜、城镇工业、城镇公共用水量呈减少趋势，分别减少了 42.9%、25.7%、41.2%。农田灌溉耗水量依然很高，且生态用水量虽有所增加，但依然远低于主要用水类型。2011—2019 年大同市用水方式占比情况见图 10-5。

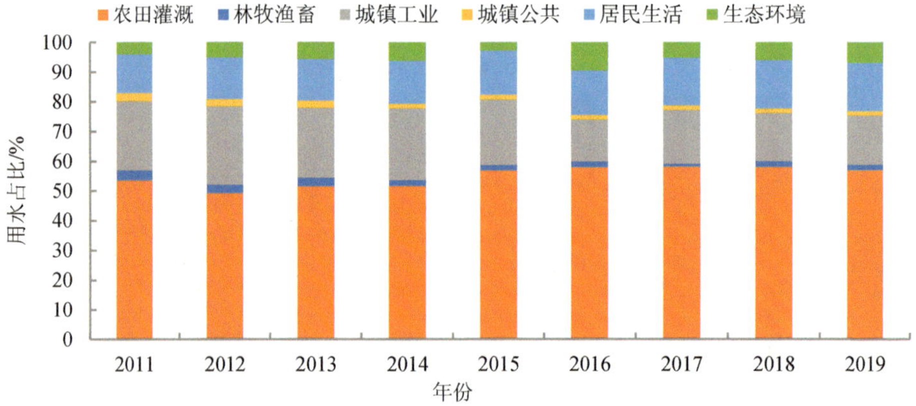

图 10-5　2011—2019 年大同市用水方式占比

10.2.1.3　污水处理及回用情况

大同市共有 6 座污水处理厂有污水回用能力，回用用途主要为电厂冷却用水，全市年回用水量为 1 318.4 万 m^3，平均回用率为 16.9%。大同市各区县污水回用情况见表 10-1。

表 10-1　大同市各区县污水回用情况统计

序号	区县	污水处理厂名称	污水实际处理量/（m^3/d）	回用水量/（m^3/d）	再生水利用率/%	回用用途
1	云冈区	赵家小村污水处理厂	32 800	7 710	23.5	电厂循环冷却
2	云州区	大同市御东污水处理有限责任公司	42 500	2 400	5.6	清洗滤布
3	广灵县	广灵县污水处理管理站	11 900	2 000	16.8	电厂生产用水
4	平城区	大同市东郊污水处理厂	61 241	12 047	19.7	电厂设备冷却+厂内回用
5	平城区	大同市西郊污水处理厂	65 840	11 963	18.2	电厂冷却用水
6	阳高县	大同市金立洁水业有限公司	0.094 6	0.094 6	100.0	电厂冷却用水
大同市			214 281.1	36 120.1	16.9	—

10.2.1.4　生态需水量（水位）满足度

（1）生态需水量目标

根据水利部公布的《第二批重点河湖生态流量保障目标（试行）》，桑干河册田水库控制断面基本生态水量为 1 300 万 m^3（近期）、2 200 万 m^3（中期）、4 400 万 m^3（远期）、6 600 万 m^3（远景）[①]。根据《海河流域综合规划（2001—2030 年）》《永定河综合治理与生态修复总体方案》《御河流域生态修复与保护规划》等相关规划成果，整理

① 册田水库目标值为下泄入河道水量扣除下游灌溉取水后的水量。

出唐河、御河和十里河生态需水量。根据《大同市水资源评价与配置规划》中 1956—2014 年多年平均天然径流量数据，采用 Tennant 法，汛期 3 个月取 20%天然径流量、非汛期 9 个月取 10%天然径流量，计算南洋河、浑河、沙河、壶流河生态水量。

（2）生态需水量保障情况

采用各河流水文站实测径流量，分析评价现状年生态需水量保障情况。根据册田水库、柴沟铺、阜平水文站监测数据，桑干河、南洋河、沙河 3 条河流现状年实测径流量满足生态需水量要求，其他 5 条河流均不能满足。生态需水量保障情况见表 10-2。

表 10-2 生态需水量保障情况

区县	控制单元	水文站	水体名称	河流生态需水量保障情况			
				多年平均天然径流量/亿 m^3	现状年实测径流量/亿 m^3	生态需水量/亿 m^3	是否满足
云冈区、云州区	册田水库出口	册田水库	桑干河	0.72	1.89	0.66	是
平城区、新荣区	利仁皂	孤山	御河	0.21	—	0.1	—
左云县、云冈区、平城区	红卫桥	观音堂	十里河	0.27	—	0.04	—
阳高县、天镇县	永嘉堡	柴沟铺	南洋河	0.89	0.21	0.11	是
浑源县	寺庄	贾庄	浑河	0.59	—	0.07	—
浑源县、灵丘县	下北泉村	城头会	唐河	1.14	—	0.34	—
灵丘县	杜里村	阜平	沙河	0.66	1.49	0.08	是
广灵县	水神堂泉	南土岭	壶流河	0.33	—	0.04	—

10.2.1.5 河湖干涸情况

根据 1960—2018 年河流干涸情况，分析干涸变化趋势。从河道干涸情况看，十里河和唐河全年有水，不存在干涸情况。桑干河除 2010 年干涸天数超过 50 d 外，其他年份基本有水。壶流河、御河和南洋河干涸较为严重，壶流河以 20 世纪 70 年代开始几乎全年干涸，御河和南洋河也几乎全年干涸 200 d 以上。河道干涸情况见表 10-3。

表 10-3 河道干涸情况统计

河流	水位站名称	境内河长/km	1960 年干涸天数/d	1970 年干涸天数/d	1980 年干涸天数/d	1990 年干涸天数/d	2010 年干涸天数/d	2015 年干涸天数/d	2018 年干涸天数/d	2018 年干涸河长/km
桑干河	固定桥	76	0	0	13	0	52	15	0	—
御河	孤山（河道二）	79.3	365	—	225	—	299	339	283	40
十里河	观音堂（二）	86.2	0	—	0	—	0	0	0	—
壶流河	广灵	66	365	365	353	365	365	365	279	66

河流	水位站名称	境内河长/km	1960年干涸天数/d	1970年干涸天数/d	1980年干涸天数/d	1990年干涸天数/d	2010年干涸天数/d	2015年干涸天数/d	2018年干涸天数/d	2018年干涸河长/km
南洋河	天镇	122.5	—	—	—	—	233	205	132	20
唐河	南水芦/倒马关（二）	93	0	0	0	0	0	0	0	—

10.2.2 水环境状况

10.2.2.1 地表水环境质量状况

（1）断面设置情况

“十四五”时期，大同市共有监测断面20个，包括8个国考断面、7个省考断面和5个市控断面。大同市“十三五”和“十四五”国考断面设置情况见表10-4。

表 10-4 大同市地表水监测断面设置情况

河流名称	“十三五”断面设置情况				“十四五”断面设置情况			调整情况
	序号	断面名称	断面级别	“十三五”水质目标	序号	断面名称	断面级别	
桑干河	1	册田水库出口	国考	Ⅳ类	1	册田水库出口	国考	—
	2	固定桥	国考	Ⅳ类	2	固定桥	省考	“十四五”期间由国考断面调整为省考断面
御河	3	利仁皂	国考	Ⅳ类	3	利仁皂	国考	—
	—	—	—	—	4	上泉	市考	“十四五”期间新增市考断面
	4	小南头	省控	Ⅳ类	5	小南头	市考	“十四五”期间由省控断面调整为市考断面
	—	—	—	—	6	古店	市考	“十四五”期间新增市考断面
十里河	5	红卫桥	省考	Ⅳ类	7	红卫桥	国考	“十四五”期间由省考断面调整为国考断面
	6	高山	省控	Ⅳ类	—	—	—	“十四五”期间取消省控断面
	7	小站	市控	Ⅳ类	8	小站	省考	“十四五”期间由市控断面调整为省考断面
	—	—	—	—	9	斗子湾	市考	“十四五”期间新增市考断面
甘河	8	裴家窑	省考	Ⅳ类	10	裴家窑	省考	—
口泉河	9	秀女桥	省考	Ⅳ类	11	秀女桥	省考	—
	10	五一桥	省控	Ⅳ类	—	—	—	“十四五”期间取消省控断面
南洋河	11	宣家塔	国考	Ⅳ类	12	永嘉堡	国考	“十四五”期间由宣家塔改为永嘉堡
	12	大白登	省考	Ⅳ类	13	兰玉堡	省考	“十四五”期间由大白登改为兰玉堡

河流名称	“十三五”断面设置情况				“十四五”断面设置情况			调整情况
	序号	断面名称	断面级别	“十三五”水质目标	序号	断面名称	断面级别	
黑水河	—	—	—	—	14	小辛庄西北	市考	“十四五”期间新增市考断面
浑河	13	小辛庄	省考	Ⅳ类	—	—	—	“十四五”期间取消省考断面
	—	—	—	—	15	寺庄	国考	“十四五”期间新增国考断面
唐河	14	南水芦	国考	Ⅲ类	16	下北泉村	国考	“十四五”期间由南水芦改为下北泉村
	15	王庄堡	市控	Ⅲ类	17	王庄堡	省考	“十四五”期间由市控断面调整为省考断面
沙河-潴龙河	16	杜里村	国考	Ⅱ类	18	杜里村	国考	—
	—	—	—	—	19	花塔	省考	“十四五”期间新增省考断面
壶流河	17	洗马庄	国考	Ⅲ类	20	水神堂泉	国考	“十四五”期间由洗马庄调整为水神堂泉

（2）水质现状评价与分析

2020 年，8 个国考断面中，Ⅰ～Ⅲ类断面 3 个，占 37.5%；Ⅳ类、Ⅴ类断面 5 个，占 62.5%，全市整体水质为轻度污染。

从逐月水质情况看，册田水库出口、水神堂泉和寺庄 3 个断面出现个别月份水质为劣Ⅴ类情况，其中册田水库出口 9 月和 10 月水质为劣Ⅴ类，定类因子为氟化物；水神堂泉 5 月水质为劣Ⅴ类，定类因子为氨氮和总磷；寺庄 2 月、3 月和 9 月水质为劣Ⅴ类，定类因子为氨氮和总磷。2020 年“十四五”国考断面逐月水质状况见表 10-5。

表 10-5　2020 年“十四五”国考断面逐月水质状况

河流	断面名称	1 月	2 月	3 月	4 月	5 月	6 月	7 月	8 月	9 月	10 月	11 月	12 月	年均值
桑干河	册田水库出口	Ⅳ类	Ⅳ类	Ⅳ类	Ⅳ类	Ⅳ类	Ⅳ类	Ⅳ类	Ⅳ类	劣Ⅴ类	劣Ⅴ类	Ⅲ类	Ⅲ类	Ⅳ类
御河	利仁皂	Ⅳ类	Ⅳ类	Ⅲ类	Ⅲ类	Ⅳ类	Ⅳ类	Ⅴ类	Ⅴ类	Ⅴ类	Ⅴ类	Ⅳ类	Ⅳ类	Ⅳ类
十里河	红卫桥	Ⅴ类	Ⅴ类	Ⅴ类	Ⅳ类	Ⅳ类	Ⅳ类	Ⅴ类	Ⅳ类	Ⅳ类	Ⅳ类	Ⅳ类	Ⅴ类	Ⅳ类
浑河	寺庄	—	劣Ⅴ类	劣Ⅴ类	Ⅱ类	Ⅱ类	Ⅴ类	Ⅲ类	—	劣Ⅴ类	Ⅲ类	Ⅳ类	Ⅳ类	Ⅳ类
南洋河	永嘉堡	Ⅳ类	Ⅳ类	Ⅴ类	Ⅲ类	Ⅳ类	Ⅳ类	Ⅴ类	Ⅲ类	Ⅲ类	Ⅲ类	Ⅳ类	Ⅳ类	Ⅳ类
壶流河	水神堂泉	Ⅱ类	Ⅱ类	Ⅱ类	Ⅲ类	劣Ⅴ类	—	—	—	—	—	Ⅴ类	Ⅲ类	Ⅲ类
唐河	下北泉村	Ⅰ类	Ⅱ类	Ⅱ类	Ⅱ类	Ⅱ类	Ⅱ类	Ⅱ类	Ⅱ类	Ⅱ类	Ⅱ类	Ⅱ类	Ⅰ类	Ⅱ类
沙河-潴龙河	杜里村	Ⅱ类	Ⅰ类	Ⅰ类	Ⅱ类	Ⅱ类	Ⅱ类	Ⅱ类	Ⅱ类	Ⅱ类	Ⅰ类	Ⅰ类	Ⅱ类	Ⅱ类

（3）水质变化趋势分析

本节分析“十三五”期间大同市的固定桥、册田水库出口、利仁皂、洗马庄、宣家塔、南水芦、杜里村 7 个国考断面水质变化情况。

从水质类别比例变化情况看，2015—2020 年，大同市Ⅰ～Ⅲ类断面占比呈上升趋势，由 2015 年的 20%上升到 2020 年的 42.9%；Ⅳ类、Ⅴ类断面占比变化较不稳定，最高点出现在 2019 年，为 66.7%，最低点出现在 2018 年，为 16.7%；到 2020 年劣Ⅴ类断面全部消除。大同市整体水质明显好转。2015—2020 年大同市国考断面水质类别比例变化情况见图 10-6。

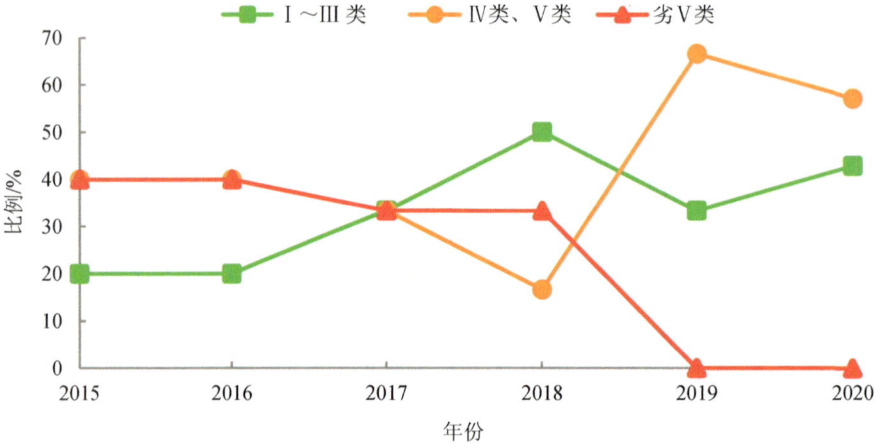

图 10-6　2015—2020 年大同市国考断面水质类别比例变化情况

从主要污染指标浓度变化情况看，2020 年，大同市 COD、BOD_5、氨氮、总磷等主要指标年均浓度分别为 17.02 mg/L、2.63 mg/L、0.3 mg/L、0.1 mg/L，分别较 2015 年减少了 47.6%、51.3%、70.6%、56.5%，且均已达到Ⅲ类标准。2015—2020 年大同市主要污染指标浓度变化情况见图 10-7。

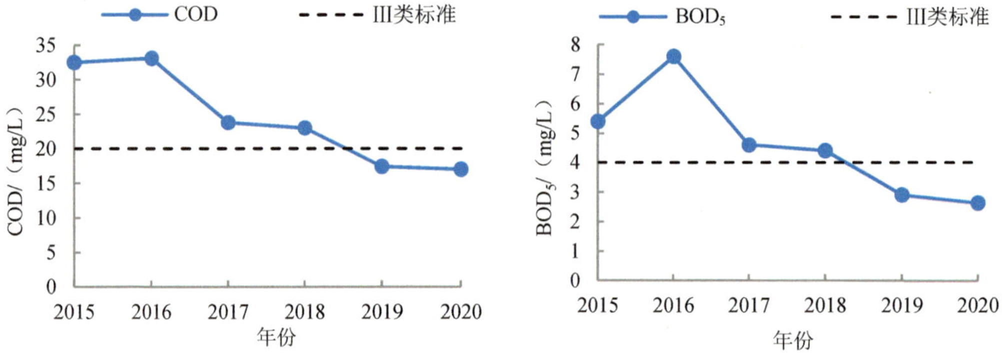

（a）COD　　（b）BOD_5

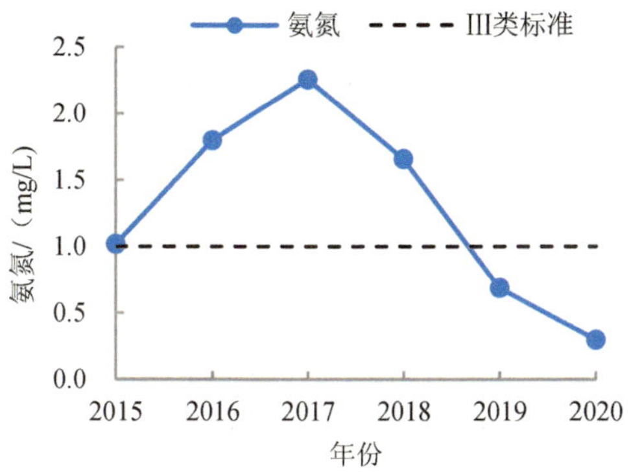

（c）氨氮

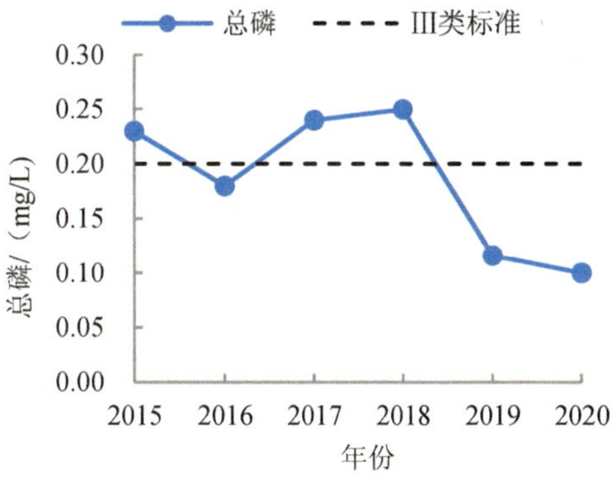

（d）总磷

图 10-7　2015—2020 年大同市主要污染指标浓度变化

10.2.2.2　饮用水水源地达标情况

大同市共有 21 个饮用水水源地，包括 18 个地下水型、2 个湖库型和 1 个河流型。地级及以上城市集中式饮用水水源地有 11 个，分布在云冈区、新荣区和云州区。2020 年参加评价的水源地有 19 个（扣除关停/未启用水源地 2 个），达到或优于III类标准的水源地有 16 个。水质未达到III类的水源地为南梁水源地、甘庄水源地和中高庄后备水源地，超标因子均为氟化物，超标原因为水源地附近存在火山岩及变质岩母岩沉积物，从而造成松散岩类地层氟离子含量超标。2020 年大同市饮用水水源地水质情况见表 10-6。

表 10-6　2020 年大同市饮用水水源地水质情况　　单位：个

区县	水源地类型			水源地个数	参加评价个数	达标个数	未达标水源地；超标指标
	地下水	湖库	河流				
云冈区	4	1	0	5	5	5	—
新荣区	1	1	1	3	3	3	—
云州区	3	0	0	3	3	0	南梁水源地、甘庄水源地和中高庄后备水源地；氟化物
天镇县	2	0	0	2	1	1	—
阳高县	2	0	0	2	1	1	—
广灵县	1	0	0	1	1	1	—
左云县	2	0	0	2	2	2	—
灵丘县	2	0	0	2	2	2	—
浑源县	1	0	0	1	1	1	—
合计	18	2	1	21	19	16	—

10.2.2.3　水功能区达标情况

大同市重要水功能区共有 15 个，包括 4 个缓冲区、5 个农业区、2 个过渡区、1 个保护区、1 个饮用区、1 个排污区和 1 个工业区，涉及桑干河、南洋河、壶流河、唐河、御河 5 条河流。按照水功能区限制纳污红线主要控制指标进行达标评价，2020 年水功能区达标率为 73.3%。2020 年水功能区水质达标情况见表 10-7。

表 10-7 2020 年水功能区水质达标情况

序号	水功能区名称	水功能区类型	水质目标	监测断面名称	2020 年评价次数/次	水功能区限制纳污红线主要控制项目达标评价			
						年达标次数/次	年度达标率/%	达标评价结论	超标项目
1	桑干河晋冀缓冲区	缓冲	III类	册田水库出口	12	12	100.0	达标	—
2	南洋河山西阳高源头水保护区	保护	III类	桥头	9	8	88.9	达标	—
3	南洋河晋冀缓冲区	缓冲	III类	永嘉堡	12	9	75.0	不达标	
4	壶流河晋冀缓冲区	缓冲	III类	水神堂泉	7	5	71.4	不达标	氨氮
5	唐河晋冀缓冲区	缓冲	III类	下北泉村	12	12	100.0	达标	—
6	桑干河山西山阴应县农业用水区	农业	IV类	东榆林水库	12	12	100.0	达标	—
7	桑干河山西怀仁过渡区	过渡	III类	新桥	11	4	36.4	不达标	COD，氨氮
8	桑干河山西册田水库大同市饮用、工业水源区	饮用	II类	册田水库	12	2	16.7	不达标	高锰酸盐指数，COD
9	南洋河山西阳高、天镇农业、工业用水区	农业	IV类	大白登	10	10	100.0	达标	—
10	御河山西大同市农业用水区	农业	IV类	孤山	7	7	100.0	达标	—
11	御河山西大同市排污控制区	排污	V类	艾庄	12	12	100.0	达标	—
12	御河山西大同市过渡区	过渡	IV类	利仁皂	12	12	100.0	达标	—
13	壶流河山西广灵农业用水区	农业	III类	水神堂泉	7	6	85.7	达标	—
14	唐河山西浑源农业用水区	农业	III类	王庄堡镇	12	12	100.0	达标	—
15	唐河山西灵丘工业、农业用水区	工业	III类	南水芦	12	12	100.0	达标	—

10.2.2.4 污染排放与治理

根据 2019 年环境统计数据，大同市废水排放总量为 14 584.8 万 t，COD、氨氮等主要污染物排放量分别为 2.2 万 t、0.2 万 t。城镇生活源为主要污染来源，COD、氨氮排放量分别占污染物排放总量的 56.3%、88.7%。

（1）工业污染源

2019 年，大同市工业废水排放总量为 1 888.7 万 t，其中云冈区排放量最大，为 1 061.9 万 t，占全市工业废水排放总量的 56.2%。全市 COD、氨氮主要污染物排放量分别为 1 744.7 t 和 100.5 t，其中经济开发区的 COD 排放量最大，为 1 216.5 t，占全市 COD 排放量的 69.7%；云冈区氨氮排放量最大，为 76.7 t，占全市氨氮排放量的 76.3%。2019 年大同市各区县工业废水和 COD、氨氮排放情况分别见图 10-8 和图 10-9。

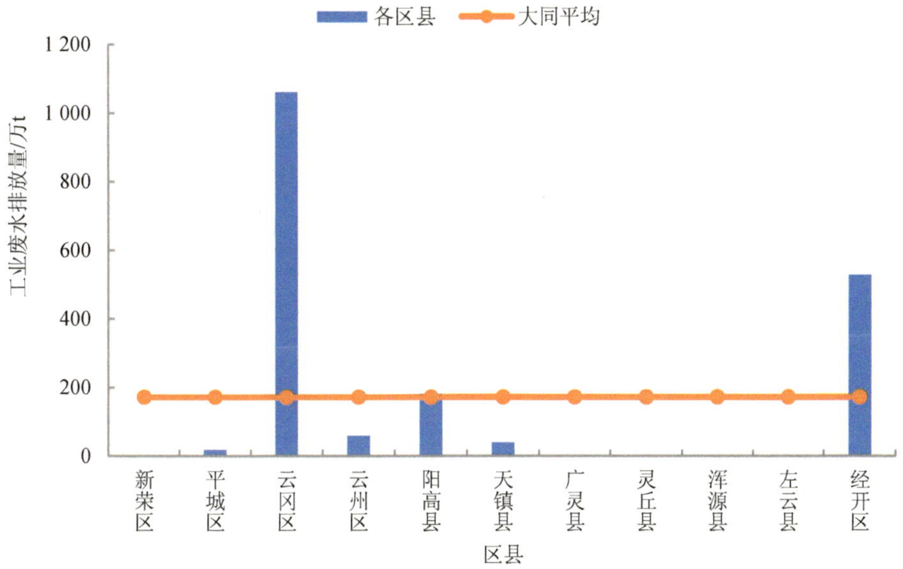

图 10-8 2019 年大同市各区县工业废水排放情况

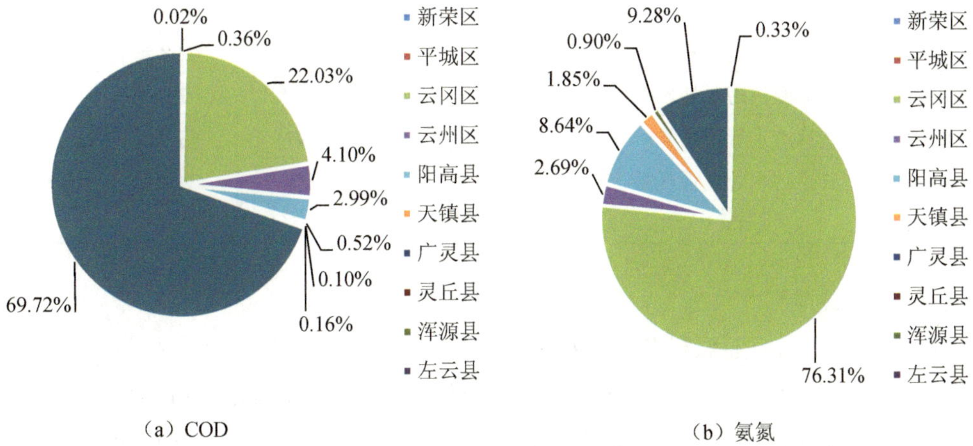

图 10-9 2019 年大同市各区县工业污染物排放情况

（2）城镇生活源

根据《全国污水集中处理设施清单》（第二批），大同市共有城镇污水处理厂 15 座，设计处理能力为 48.2 万 t/d，年污水处理量为 1.25 亿 t。从负荷率看，城镇污水处理厂平均负荷率为 71.3%，低于海河流域平均水平。浑源县污水处理厂、广灵县污水处理管理站、天镇县源洁污水处理有限公司负荷率分别为 90.4%、92.8%、97.3%，负荷率较高；大同开发区污水处理有限责任公司、新荣区污水处理厂、大秦铁路股份有限公司大同西供电段负荷率低于 50%，负荷率过低。大同市 15 座污水处理厂全部执行《城镇污水处理厂污染物排放标准》（GB 18918—2002）一级 A 标准。大同市各区县城镇污水处理厂情况见表 10-8。

表 10-8 大同市各区县城镇污水处理厂情况

序号	区县	污水处理厂名称	处理规模/（万 m^3/d）	实际处理量/（m^3/d）	负荷率/%	受纳水体
1	云冈区	赵家小村污水处理厂（同煤生活污水处理厂）	4	4 658	86.6	口泉河
2	云冈区	大同市御水生态环境治理有限公司（大同市恒安污水处理厂）	6	31 644	52.7	甘河
3	云州区	大同市御东污水处理有限责任公司	6	2 669	71.1	御河
4	云州区	大同市云州区污水处理厂有限责任公司	0.5	3 529	70.6	寺儿村水库
5	云州区	大秦铁路股份有限公司大同西供电段	0.3	892	29.7	桑干河
6	新荣区	新荣区污水处理厂	0.5	1 032	20.6	淤泥河
7	平城区	大同市东郊污水处理厂	10	73 068	73.1	御河
8	平城区	大同市西郊污水处理厂	10	79 057	79.1	十里河
9	经开区	大同开发区污水处理有限责任公司	2	7 405	37.0	御河
10	浑源县	浑源县污水处理厂	2	18 082	90.4	浑河
11	灵丘县	灵丘县污水处理厂	2	13 562	67.8	唐河
12	广灵县	广灵县污水处理管理站	1	9 281	92.8	壶流河
13	天镇县	天镇县源洁污水处理有限公司	1	9 735	97.3	南洋河
14	阳高县	阳高县污水管理站	2.5	15 971	63.9	白登河
15	左云县	左云县污水处理管理站	0.4	2 976	74.4	桑干河
大同市			48.2	343 561	71.3	—

（3）农业农村源

2019 年，大同市农业农村源废污水排放量为 936.5 万 t，其中浑源县排放量最大，为 162.1 万 t，占全市的 17.3%。全市 COD、氨氮排放量分别为 8 044.7 t 和 119.5 t，其中浑源县 COD 和氨氮排放量最大，分别为 1 344.9 t 和 19.6 t，分别占全市的 16.7%和 16.4%。大同市 2019 年农业农村源废污水和 COD、氨氮排放情况分别见图 10-10 和图 10-11。

图 10-10　2019 年大同市农业农村源废水排放情况

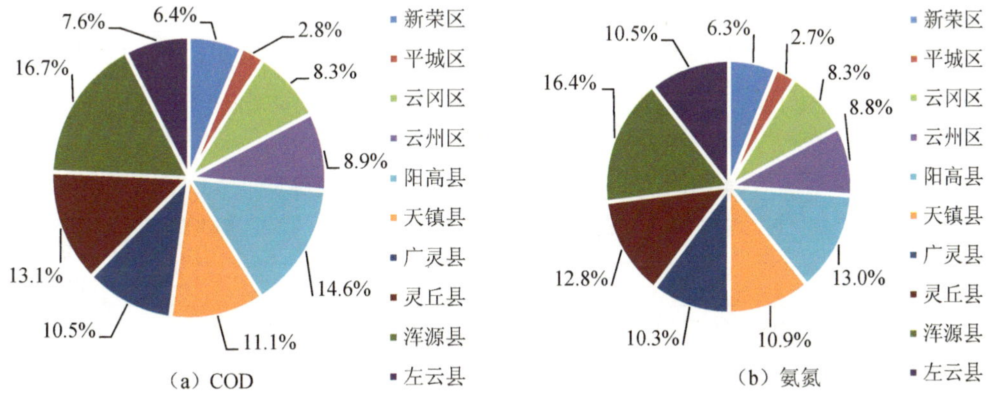

图 10-11　2019 年大同市农业农村源污染物排放情况

在畜禽养殖方面，大同市规模化畜禽养殖场主要分布于阳高县、天镇县，畜禽以生猪、蛋鸡、肉牛、奶牛为主，畜禽养殖粪污处理方式以干清粪为主，固肥、液肥利用方式以农业利用为主。在种植业方面，2019 年，大同市农作物总播种面积为 33 万 hm^2，农用化肥施用量折纯量为 7.9 万 t，化肥施用强度为 236 kg/hm^2，超过耕地化肥施用安全强度（225 kg/hm^2）0.05 倍。在水产养殖方面，大同市水产品养殖业主要分布于云州区、广灵县、灵丘县和浑源县，其中云州区水产品产量和主要污染物排放量最大。在农村生活方面，大同市主要为无水冲式厕所，人粪尿处理方式以人粪尿综合利用或填埋为主。

10.2.3 水生态状况

10.2.3.1 重点湖库富营养化情况

大同市册田水库从 2015 年至 2018 年，水质一直处于中度富营养状态，但富营养化程度呈降低趋势。册田水库富营养化情况见表 10-9。

表 10-9 册田水库富营养化情况统计

年份	区县	年平均蓄水量/亿 m^3	富营养化评价		
			营养状态指数	评分值	富营养化程度
2015	云州区	0.488	70.6	75.26	中度富营养
2016	云州区	0.367	63.2	71.56	中度富营养
2017	云州区	0.571	62.6	69.61	中度富营养
2018	云州区	1.012	61.0	63.05	中度富营养

10.2.3.2 湿地状况

大同市湿地主要包括天然湿地和人工湿地，湿地面积约为 22 130 hm^2。天然湿地主要有河流湿地和沼泽湿地，湿地面积约为 19 480 hm^2；人工湿地主要有水库及人工水域湿地，湿地面积约为 2 650 hm^2。大同市湿地类型与面积（2014 年）见表 10-10。

表 10-10 大同市湿地类型与面积（2014 年）

湿地类型			面积/hm^2	占总湿地面积比例/%
一级分类	二级分类	三级分类		
天然湿地	河流湿地	桑干河、御河、十里河、口泉河、饮马河、唐河、壶流河、浑河、南洋河、白登河、黄水河、黑水河、吾其河、丰水湖、百步湖、源子河、山井河、马营河、西洋河	17 917.5	80.96
	沼泽湿地	十里河湿地公园、御河湿地公园、神溪湿地、土林湿地、乌龙峡、广灵圣水堂冷泉、浑源汤头温泉、天镇黑龙寺温泉	1 562.4	7.06
人工湿地	水库	恒山水库、册田水库、茹庄水库、孤峰山水库、墙框堡水库、下羊落水库、赵家窑水库、下河湾水库	1 068.2	4.83
	人工水域湿地	文瀛湖湿地公园、古城墙护城河、灵丘县湿地公园、唐河水电站	1 582.2	7.15

省级以上涉水自然保护区有 1 个，为桑干河保护区，位于大同盆地桑干河流域，横跨朔城区、山阴县、应县、怀仁县、大同县、阳高县，以湿地及森林生态系统为主要保护对象，总面积为 607.87 km^2。

截至 2020 年，大同市省级以上湿地公园有 5 个，其中国家级湿地公园有 2 个，省级湿地公园有 3 个。大同市省级以上湿地公园情况见表 10-11。

表 10-11 大同市省级以上湿地公园情况

序号	湿地名称	控制单元	所属区县	面积/hm^2	级别
1	山西神溪国家湿地公园	寺庄	浑源县	316	国家级
2	山西大同桑干河国家湿地公园	册田水库出口	云州区	3 933	国家级
3	山西大同市文瀛湖省级湿地公园	利仁皂	平城区	674	省级
4	山西左云县十里河省级湿地公园	红卫桥	左云县	420	省级
5	山西大同县土林省级湿地公园	册田水库出口	云州区	—	省级

10.2.3.3 水生生物情况

（1）浮游植物情况

根据 2020 年大同市河流水生态监测结果，共鉴定出浮游植物 8 门 112 种。从种类组成来看，以硅藻门和绿藻门生物为主，两者分别占总种数的 42%和 33%。御河、桑干河蓝藻门种类占比均较高，存在蓝藻水华的风险。从藻类密度来看，大同市各河流的浮游植物密度范围为 0.33×10^6～61.5×10^6 ind./L，其中桑干河的册田水库为中度水华，桑干河其他河段、御河中下游、南洋河中下游为轻度水华，其余河流及河段均无明显水华。大同市浮游植物种类的组成及分布见图 10-12，藻细胞密度检测结果见表 10-12。

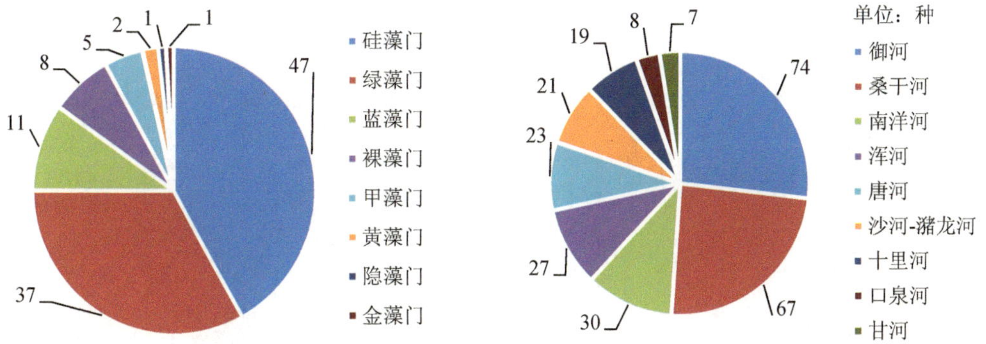

（a）浮游植物类型　（b）浮游植物分布

图 10-12 大同市浮游植物种类的组成及分布

表 10-12 藻细胞密度检测结果统计

河流名称	点位名称	浮游植物密度/（$\times10^6$ ind./L）	水华情况
南洋河	永嘉堡	10.83	轻度水华
	大白登	4.53	无明显水华
桑干河	东册田村北桥	61.5	中度水华
	古家坡	29.19	轻度水华
	固定桥	32.64	轻度水华

河流名称	点位名称	浮游植物密度/（×10⁶ ind./L）	水华情况
御河	堡子湾	4.53	无明显水华
	小南头	29.94	轻度水华
	利仁皂	32.1	轻度水华
十里河	高山	0.33	无明显水华
	小站	1.92	无明显水华
	红卫桥	1.14	无明显水华
唐河	南水芦	0.57	无明显水华
	王庄堡	0.9	无明显水华
浑河	小辛庄	1.74	无明显水华
沙河-猪龙河	杜里村	0.75	无明显水华
口泉河	秀女桥	3.81	无明显水华
甘河	裴家窑	1.14	无明显水华

（2）浮游动物情况

浮游动物共 92 种，平均密度为 320.1 ind./L，以轮虫类生物为主，占总种数的 50%。御河的浮游动物丰富度最高，种数为 52 种，其次是桑干河，种数为 35 种。上述两条河流存在水体富营养化的可能性较大。大同市浮游动物种类的组成及分布见图 10-13。

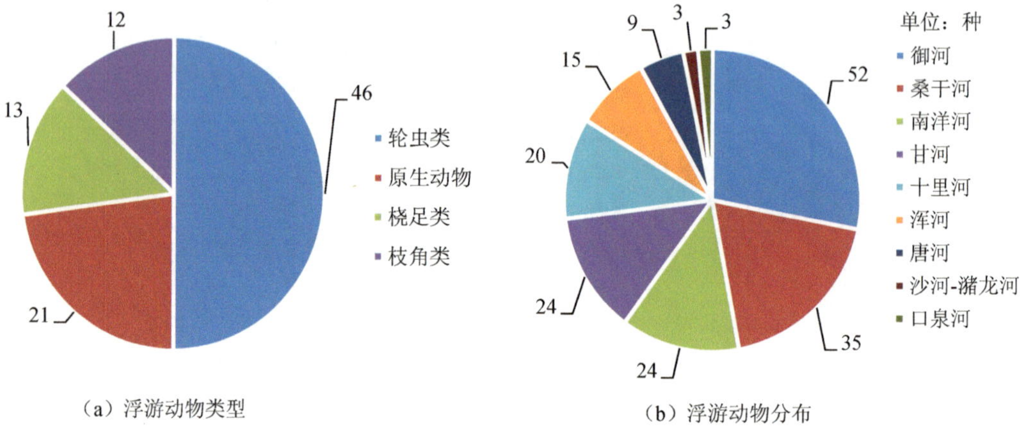

图 10-13 大同市浮游动物种类的组成及分布

（3）底栖动物情况

底栖动物共 3 门 78 种，包含节肢动物门 61 种，软体动物门 8 种，环节动物门 9 种，其中环节动物门的苏氏尾鳃蚓和霍甫水丝蚓优势度较大，两者均为耐污种。唐河的底栖动物种类数量最多，为 33 种，其次是御河，为 27 种。大同市底栖动物种类的组成及分布见图 10-14。

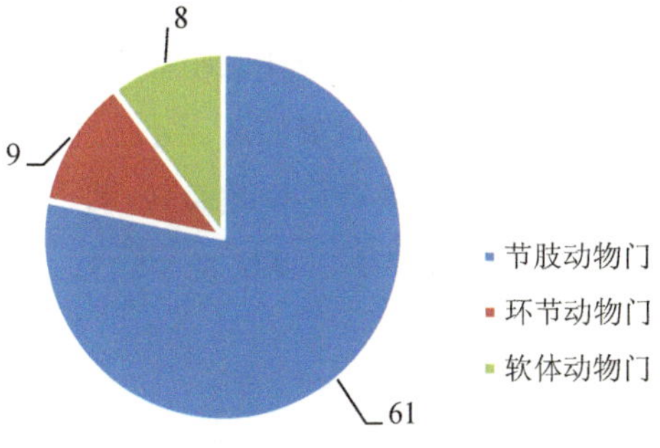

(a) 底栖动物类型

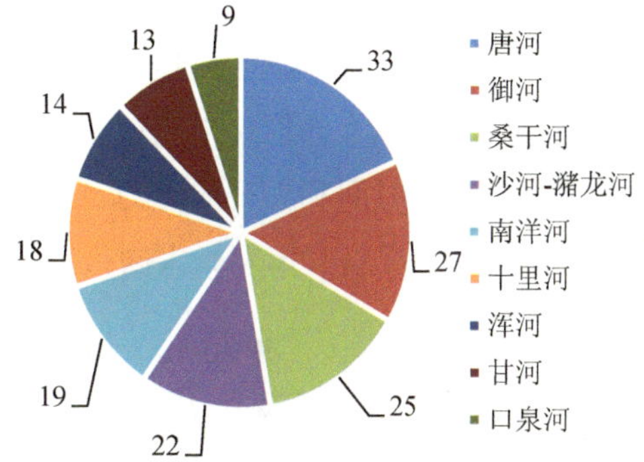

(b) 底栖动物分布

图 10-14 大同市底栖动物种类的组成及分布

(4) 鱼类情况

本次调查共采集到鱼类生物 2 目 4 科 13 种，结合《大同市养殖水域滩涂规划(2019—2030 年)》成果，大同市境内共有鱼类 7 目 12 科 40 种，鲤形目鲤科占据优势。桑干河鱼类丰富度最高，鱼类种数为 35 种。大同市鱼类组成情况见图 10-15。

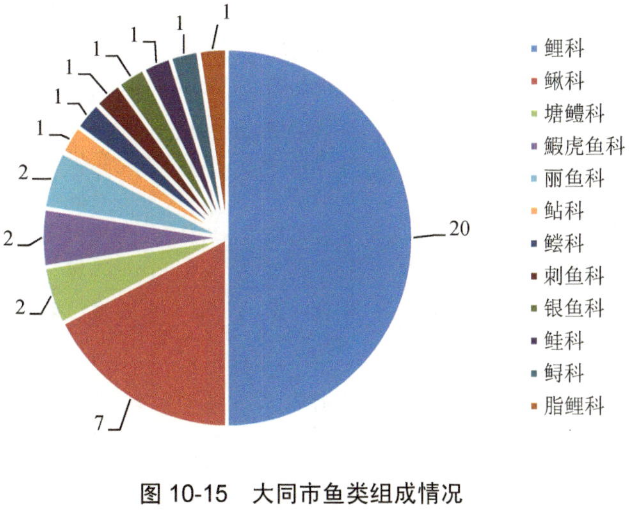

图 10-15 大同市鱼类组成情况

10.2.3.4 水生态健康状况

利用 Shannon-Wiener 生物多样性指数(H')和 Hilsenhoff 指数(HBI)两种评价方法，对 2020 年大同市各河流底栖生物调查结果进行分析评价。从 Shannon-Wiener 生物多样性指数看，河流总体水质为轻-中度污染状态；从 Hilsenhoff 指数看，河流总体水质为良好-中度污染状态，部分河段已经出现了多种对水生态环境要求比较高的蜉蝣科昆虫，如御河和唐河出现逸仙丽翅蜉，沙河-潴龙河出现日本花翅蜉和二刺花翅蜉等。

结合两种评价方法来看，评价的 10 条河流中，清洁水体有 1 条，为桑干河；良好水体有 3 条，分别为南洋河、浑河和沙河-潴龙河；轻度污染水体有 1 条，为唐河；中度污染水体有 3 条，分别为御河、十里河和甘河；重度污染水体 1 条，为口泉河；干涸断流 1 条，为壶流河。本次评价结果略低于水质评价的结果，说明大同市各河流水生生态系统改善需要更长的时间和更多的努力。另外，由于本次调查的采样点位数量较少，调查结果可能与实际状况略有偏差。大同市境内河流底栖动物分析评价结果见表 10-13。

表 10-13　大同市境内河流底栖动物分析评价

河流名称	点位名称	种类数量/种	样本容量/个	Shannon-Wiener 生物多样性指数		Hilsenhoff 指数			
				H'值	评价等级	*HBI* 值	评价等级	*HBI* 总值	评价等级
桑干河	古家坡	16	284	1.69	中度污染	2.93	清洁	3.88	清洁
	固定桥	8	122	1.52	中度污染	5.15	良好		
	册田水库出口	12	60	2.68	轻度污染	5.77	轻度污染		
御河	堡子湾	23	336	2.06	轻度污染	7.83	中度污染	7.60	中度污染
	小南头	3	20	1.14	中度污染	9.51	重度污染		
	利仁皂	7	31	1.83	中度污染	3.91	清洁		
十里河	高山	9	584	0.74	重度污染	9.14	重度污染	8.30	中度污染
	小站	17	212	2.67	轻度污染	5.61	轻度污染		
	红卫桥	2	124	0.98	重度污染	8.99	重度污染		
甘河	裴家窑	13	147	2.5	轻度污染	7.14	中度污染	7.14	中度污染
南洋河	永嘉堡	8	47	2.56	轻度污染	7.05	中度污染	5.20	良好
	大白登	13	120	2.28	轻度污染	4.47	良好		
浑河	小辛庄	14	31	3.26	清洁	5.50	良好	5.50	良好
唐河	南水芦	21	498	1.96	中度污染	7.71	中度污染	6.99	轻度污染
	王庄堡	16	201	2.57	轻度污染	5.30	良好		
口泉河	秀女桥	9	150	1.7	中度污染	9.28	重度污染	9.28	重度污染
	五一桥	断流							
沙河-潴龙河	杜里村	22	214	3.48	清洁	4.40	良好	4.40	良好
壶流河	水神堂泉	断流							
	洗马庄	断流							

10.2.4 环境风险状况

大同市境内唐河两岸有中石油和中石化，有国道和省道穿越唐河；沙河沿线有工业企业，易产生突发性水环境风险；册田水库存在内源污染风险。

10.2.5 小结

本章对大同市水资源、水环境、水生态状况进行分析，梳理河流湖泊断流干涸或生态流量（水位）不足、水环境质量不达标、湖库富营养化、水生态健康状况不佳等问题，并判断造成水生态环境问题的主要原因。

主要结论如下：

①从水资源状况看，大同境内桑干河、沙河等河流现状年实测径流量满足生态需水量要求，御河、浑河、壶流河等河流与生态水量目标有一定差距。桑干河、十里河、唐河基本全年有水，壶流河自 20 世纪 70 年代开始全年干涸，御河和南洋河年均干涸天数为 200 d 以上。造成大同市水资源问题的主要原因有水资源匮乏、水资源开发利用强度大，地下水超采严重、再生水利用不足等。

②从水环境状况看，随着《水污染防治行动计划》及水污染防治攻坚战各项措施的推进，2020 年大同市地表水整体水质由 2015 年的重度污染转为良好，Ⅰ～Ⅲ类水质断面比例为 37.5%，无劣Ⅴ类断面，水质明显好转，但册田水库出口、水神堂泉和寺庄 3 个断面个别月份水质存在劣Ⅴ类情况；水功能区达标率为 73.3%，有 4 个水功能区未达标。造成大同水环境问题的主要原因有区域污水处理能力不均衡、管网配套不健全、雨污分流不全面、农村污水和畜禽养殖废水收集处理不足等。另外，大同市南梁、甘庄和中高庄后备 3 个饮用水水源地水质未达到Ⅲ类水质标准，超标因子均为氟化物，超标原因为天然背景值高。

③从水生态状况看，册田水库一直处于中度富营养状态，但富营养化程度呈降低趋势。结合 Shannon-Wiener 生物多样性指数和 Hilsenhoff 指数两种评价方法，大同市境内部分河段（如唐河、沙河-潴龙河）水生态状况良好，已出现多种对水生态环境要求较高的蜉蝣科昆虫，但十里河、甘河、口泉河、壶流河等水生态健康状况相对不佳。造成水生态问题的主要原因有生态基流不足、河道遭连续性破坏、河道两岸生态空间被侵占、植被覆盖率低等。

④从水环境风险看，唐河、沙河存在突发性水环境风险，册田水库存在内源污染风险。

10.3 保护布局与任务

10.3.1 保护布局与目标

10.3.1.1 保护布局

以河湖水生态环境保护和修复为核心，以实现人水和谐、构建美丽河湖为目标，构建“一带、三区、九廊”的水生态保护格局。

一带：桑干河生态功能带（含册田水库）。积极落实《永定河综合治理与生态修复总体方案》，保障桑干河生态流量。重点推进桑干河生态修复治理，通过实施湿地修复、污染源头管理等措施，建设以桑干河为主导的生态涵养水系，重现桑干河水草丰美的大河风光，打造京津冀晋绿色生态河流廊道，实现人水和谐。

三区：东部水源涵养区、西部生态修复区和南部生态保护区。东部水源涵养区涉及天镇县和阳高县两县，以生态修复为主，重点改善南洋河水生态环境状况，实现“有河有草”。西部生态修复区涉及平城区、云冈区、新荣区和左云县四县（区），以污染治理为主，重点改善中心城区水环境状况、修复新荣区和左云县水生生态系统、支撑永定河流域生态修复，实现“人水和谐”。南部生态保护区涉及广灵县、灵丘县、浑源县三县，以生态扩容为主，重点实现水神堂泉泉域复涌，保护水生生物多样性，实现“有草有鱼”。

九廊：沿御河、十里河、南洋河、浑河、壶流河、口泉河、甘河、唐河、沙河 9 条河道构建生态廊道。御河、十里河、浑河、口泉河、甘河以水质改善为重点；南洋河以水生态修复为重点；壶流河以水神堂泉泉域保护与修复为重点；唐河、沙河以良好水体保护、风险防控为重点。

大同市水生态环境“十四五”保护布局见图 10-16。

图 10-16 大同市水生态环境“十四五”保护布局

10.3.1.2 保护目标

坚持目标导向，突出水资源、水生态、水环境“三水”统筹，以实现“有河有水、有鱼有草、人水和谐”为目标开展水生态环境保护工作。“十四五”期间，稳步提升水生态环境质量，全境消除劣Ⅴ类，城市建成区全面消除黑臭水体，集中式饮用水水源地达标率提升。十里河、口泉河、甘河水质改善；唐河、沙河实现白洋淀源头水高质量保护；壶流河恢复部分时段有水，实现水神堂泉泉域复涌；御河、南洋河、浑河生态修复取得明显进展；实现桑干河土著鱼水密子种群恢复，实现“有鱼有草”。大同市“十四五”水生态环境保护常规指标及亲民指标分别见表10-14和表10-15。

表10-14　大同市“十四五”水生态环境保护常规指标

类别	序号	指标	现状	目标	备注
水环境	1	地表水优良（达到或优于Ⅲ类）比例/%（国考断面）	37.5（3个）	37.5（3个）	优良断面：水神堂泉、下北泉村、杜里村
	2	地表水劣Ⅴ类水体比例/%	基本消除	基本消除	—
	3	水功能区达标率/%	73.3	80	计划达标水功能区断面：水神堂泉
	4	城市集中式饮用水水源达到或优于Ⅲ类比例/%	85.7	100	到达用户家供水水质达到或优于Ⅲ类比例为100%（云州区正常运行南梁、甘庄、中高庄水源地供水除氟工程）
水资源	5	达到生态流量（水位）底线要求的河湖数量/个	3	3	桑干河、南洋河、沙河
水生态	6	开展水生生物完整性调查评估断面个数/个	0	≥8	水生生物完整性调查评估常态化
	7	河湖生态缓冲带修复长度/km	—	0	无缓冲带目标
	8	湿地恢复（建设）面积/km^2	—	4.33	十里河、南洋河、唐河、浑河、白登河等湿地工程

表10-15　大同市“十四五”水生态环境保护亲民指标

类别	序号	指标	现状	目标	备注
水环境	1	城市建成区黑臭水体控制比例/%	地级城市基本消除	地级城市基本消除	—
水资源	2	恢复“有水”的河流数量/个	1	1	壶流河部分时段
水生态	3	重现土著鱼类或水生植物的水体数量/个	—	1	桑干河、御河或十里河恢复银鲴种群数量

10.3.2 保护任务

10.3.2.1 引导推动绿色产业发展

（1）调整产业结构

严格环境准入。强化“三线一单”落地应用，建立动态更新和调整机制，各区县根据区域水质目标和主体功能区规划要求，实施差别化环境准入政策。桑干河、御河、十里河、甘河、口泉河、壶流河、浑河、南洋河、唐河、沙河-潴龙河等重点河流和市区水系沿岸严格控制化学原料和化学制品制造、医药制造、制革、造纸、焦化、化学纤维制造、石油加工、纺织印染等项目环境风险。壶流河流域下游河道干涸、泉域枯竭，限制高耗水行业准入。

强化淘汰落后产能。全面落实《产业结构调整指导目录》中的淘汰和限制措施。加大炼化等行业落后产能淘汰和过剩产能压减力度。依法取缔不符合国家产业政策的化工、采矿和化纤制造等重污染行业落后产能。对尚存在淘汰产能的地区，暂停审批和核准其相关行业新建项目。巩固“散乱污”企业动态清零整治成果，实行拉网式排查，强化持续整治。

推进清洁生产。开展工业污染源全面达标行动，持续推进焦化、钢铁、化工等重点行业工业企业深度治理，强化工业污染源全面达标排放管理。积极推进煤炭、制药、化工等重点行业清洁生产改造工作，引导企业制定清洁生产实施方案，开展先进适用生产工艺和技术改造工作。以种植、养殖等高效农业为重点，加强肥料、农药施用和畜禽排放物、秸秆等废弃物利用，积极推进农业清洁生产。

促进产业合理聚集。科学编制产业园区开发建设规划，依法依规开展规划环境影响评价。新建企业原则上均应建在工业园区。对城市建成区内重污染企业、不符合安全防护距离和卫生防护距离的危险化学品企业实施有序搬迁改造或依法关闭。鼓励推动高耗水企业向水资源条件允许的工业园区集中。

（2）优化空间布局

合理确定工业发展布局。重大项目原则上布局在优化开发区和重点开发区，并符合城乡规划和土地利用总体规划。御河、十里河、甘河、口泉河等污染较为严重的流域，桑干河引黄输水干线、大清河源头、泉域重点保护区等敏感区域，壶流河流域缺水地区严格控制高耗水、高污染行业发展，鼓励推动高耗水企业向水资源条件允许的工业园区集中，提高化工、有色金属、农副食品加工、印染、制革、原料药制造、电镀、冶金等行业园区集聚水平。

优化种养殖结构和布局。严格落实《关于北方农牧交错带农业结构调整的指导意见》，发展旱作节水农业，重点调减籽粒玉米种植面积，推广高效节水、抗逆性强的优良品种，适度发展杂粮杂豆、马铃薯及设施蔬菜等作物，控制露地蔬菜生产面积，积极发展耐盐耐旱的沙生植物。积极引导区域内农户发展青贮玉米、苜蓿、燕麦和豆类等优质饲草料种植，支持苜蓿等饲草种植的节水灌溉工程，重点支持桑干河流域牧草产业①。在地下水超采区引导农民种植抗旱作物。适度发展生猪养殖，适度扩大草食畜牧业规模。推行种养结合的养殖污染综合防治技术，实现规模化畜禽养殖场粪便综合利用率达到100%。

（3）推进循环发展

实施工业废水资源化利用。重点推进大同市经济技术开发区、新荣经济技术开发区等省级以上工业园区统一供水、统一排水、统一集中处理和回用。造纸、食品等重点行业及耗水量大的企业，配备环保循环设施，推行尾水的循环和再生利用示范工程。

推动城镇生活污水资源化利用。实施以需定供、分质用水，合理安排污水处理厂网布局和建设，在推广再生水用于工业生产和市政杂用的同时，严格执行国家规定水质标准，通过逐段补水的方式将再生水作为河流湿地生态补水。单体建筑面积超过2万m^2的新建公共建筑，10万m^2以上集中新建的保障性住房，要安装建筑中水设施，提高中水利用量。

推进农业农村污水资源化利用。推广工程和生态相结合的模块化农村污水处理工艺技术，推动农村污水就近就地资源化利用。推广种养结合、以用促治方式，采用经济适用的肥料化、能源化处理工艺技术促进畜禽粪污资源化利用。大力推进池塘工程化循环水养殖、工厂化循环水养殖等健康循环养殖模式。

10.3.2.2 优先保障饮用水水质安全

（1）深入实施水源地“划立治”

划定饮用水水源保护区。对已划定保护区的饮用水水源地，除因饮用水水源功能发生变化、水质不能满足饮用水要求、饮用水水源安全受到威胁等原因确需调整外，不得调整饮用水水源保护区。加快推进乡镇及以下集中式饮用水水源保护区划分，完成实际供水人口在1 000人或日供水在1 000 t以上的农村水源保护区划定。严格控制墙框堡水库、安家小村、魏辛庄、西万庄、下窝寨、新荣区张士窑、万泉河引水枢纽工程、赵家窑水库、南梁、甘庄、中高庄后备水源地11个地级城市饮用水水源保护区变更。

设立保护区边界标志。严格落实饮用水水源保护区环境保护管理与标识标志规定，推进水源地环境保护规范化建设。根据《集中式饮用水水源地规范化建设环境保护技术要求》（HJ 773—2015）要求，以10个县级以下集中式饮用水水源为重点，规范设立保护区界标、警示牌或宣传牌标志。以浑源县和灵丘县饮用水水源地为重点，建设与自然景观相适宜的隔离防护设施。

整治保护区内环境问题。整治保护区内环境违法问题，针对不同级别保护区明确禁止行为。针对21个集中式饮用水水源保护区，全面排查对其产生影响的工业企业、加油

---

① 山西省人民政府办公厅《关于雁门关农牧交错带示范区建设的实施意见》（晋政办发〔2017〕149号）。

站、垃圾填埋场、居民集聚区等污染源和各类非法建设项目，按照“一个水源地、一套方案、一抓到底”原则，实施污染源清理整治。

（2）加强饮用水水源环境管理

实施饮用水供水全过程监管。启动水源保护区水质监测工作，完善监测机制，及时掌握各取水点水质状况，强化区域综合治理。严格按照相关规范和要求做好集中式生活饮用水水源水质监测及信息公开工作。市、县两级有关部门定期监测、检测和评估饮用水水源、供水厂出水、用户水龙头水质等饮水安全状况，推进基础信息调查录入，引导公众监督。建立健全饮用水水源地日常监管制度，强化生态环境、水利等部门合作，完善饮用水水源地环境保护协调联动机制，切实提高水源地环境安全保障水平。

有效防控水源地环境风险。每年对集中式饮用水水源保护区开展环境风险调查与评估，县级以上城市地表水型集中式饮用水水源编制完成突发环境事件应急预案。适时推进大同市市级应急备用水源建设。各市、县均应建设应急备用水源，应急备用水源至少满足 7 d 供水需求。对整治后仍无法保障水质、水量的饮用水水源地，采取合并水源地、准备备用水源等方式保障饮用水供应。

10.3.2.3 巩固深化水污染治理

（1）入河排污口管控

以入河排污口排查整治为抓手，建立完善污染源管理体系，严格入河排污口设置审批管理。按照“查、测、溯、治”的工作步骤和要求，以县为单元、以城市建成区及重要水体为重点，摸清所有直接、间接排放的各类排污口数量、位置，了解排污口的排放状况，掌握排放的污染物种类及排放量，形成入河排污口台账。对非法排污口一律予以取缔；对因历史原因存在的排污口，视水质达标情况予以补办手续或关闭；对依法依规设置的排污口，完善规范化建设并加强监管。建立排污口整治销号制度，形成需要保留的排污口清单，开展日常监督管理。开展入河污染物通量监测研究。开展排污口排查溯源工作，重点加强对大同市桑干河、御河、十里河、唐河、南洋河、口泉河、甘河等主要河流污染物来源跟踪力度。

（2）工业点源污染防治

强化工业集聚区废水治理，严格执行园区准入制度。推动工业园区全部建成污水处理设施，安装在线监测系统，确保主要指标达到地表水Ⅴ类标准。按照产业发展布局及园区规划环评要求，严格执行企业生态环境准入门槛，严格落实水质超标等区域主要污染物等量或减量置换要求，严格审查废水“零排放”入园项目。“十四五”期间，续建阳高县龙泉工业园区污水处理厂及配套设施。全市工业污水处理厂和工业企业排污口达标率排放率达到 100%。

推进企业清洁生产。严格控制高耗能、高污染、高排放等工业项目新增产能，加快建成区内重污染企业搬迁改造或关闭退出。持续开展“散乱污”企业整治工作，实施拉网式排查，建立管理台账。开展工业污染源全面达标行动，持续推进钢铁、焦化、水泥、化工等重点行业工业企业深度治理，强化工业污染源全面达标排放管理。积极推进煤炭、制药、化工等重点行业清洁生产改造工作，引导企业制定清洁生产实施方案，开展先进适用生产工艺和技术改造工作。

（3）城镇生活源污染治理

补齐污水处理设施短板。根据水环境治理改善需求，针对污水处理能力不足、出水标准偏低、污水收集不全等问题，实施搬迁、提标改造、保温提效、管网建设等措施。对云州区、西郊、广灵县污水处理厂进行扩容，新增污水处理规模 9 万 m^3/d；对云州区、东郊污水处理厂进行搬迁；新建御东第二污水处理厂、天镇县新城污水处理厂以及东河南镇、上寨镇小型污水处理站，新增污水处理能力 7.12 万 m^3/d。

完善污水收集体系。全面加强污水处理厂管网配套建设，基本消除城市建成区和城乡接合部污水管网空白区，实现城市生活污水全收集、全处理。现有合流制排水系统应加快实施雨污分流改造，城镇雨污合流制管网占排水管网比例应控制在 20%以内。在雨污管网未分离的区域，因地制宜地开展初期雨水收集储蓄、初期雨水处理回用工程建设，对出水进行深度处理，确保设施稳定运行，实现污水资源化利用，有效防范初期雨水污染，市辖区和县城污水集中处理率达到 95%以上。

截污纳管全面消除城镇黑臭水体。按季度对平城区建成区水体进行监测，严防水质反弹、黑臭水体再现。做好云冈、云州、新荣、左云、阳高、天镇、广灵、浑源、灵丘等区县城镇建成区黑臭水体治理，强化截污纳管措施，全面消除城镇黑臭水体。

（4）农业农村污染治理

加强畜禽养殖污染防治。推进畜禽粪污资源化利用，实现规模化畜禽养殖乡镇粪污资源化利用全覆盖。鼓励散养密集区实行畜禽粪污分户收集、集中处理，积极培育农村污染治理市场主体，推动建立政府引导、企业运作、农户参与的农村畜禽养殖废弃物收集、转化、利用三级网络体系，形成利益分享、责任共担的农村环保长效机制。加强执法监管，严格畜禽养殖环境准入，认真执行环境影响评价制度和“三同时”制度。规模养殖粪污处理设施配套率达到 95%以上。

推进种植污染管控。精准、优化施肥，严格实施大同市“十四五”化肥施用零增长计划，合理控制化肥、农药施用量，畜禽养殖废物利用，优化农家肥使用。采用生态拦截沟等面源污染防治措施，降低水体中的氮、磷含量，起到“三清除”（清除垃圾、淤泥、杂草）和“三拦截”（拦截污水、泥沙、漂浮物）的作用。强化退水渠管理，冬春农灌期间，对农灌退水采取尾水静置等处理措施，严禁大水漫灌和农灌退水直排河道。

对水产养殖进行规范化管理。按照国家划定的基本农田保护红线和生态保护红线，划定禁止养殖区、限制养殖区和养殖区。禁止养殖区严禁新增任何养殖行为和设施，全面落实河长制的各项管理措施，实行最严格的监控措施；限制养殖区实施养殖证制度，做到持证养殖，规范用药、投饵方式，严格控制渔业投入品污染，养殖尾水达标排放；完善养殖区水域使用审批制度，规范养殖发证登记工作，加强养殖尾水达标排放管理，养殖尾水达标排放。

提升农村生活污水治理水平。按照《县域农村生活污水治理专项规划》，加强农村生活污水治理与农村改厕、农村人居环境整治等工作的有效衔接，按照统筹规划，注重实效；因地制宜，分类施策；重点优先，梯次推进；整体提升，试点先行的原则，逐步推进农村生活污水治理。结合美丽宜居示范村、采煤沉陷搬迁安置区、光伏基地建设工作，深化“以奖促治”政策，继续实施乡村清洁工程，推进农村环境综合整治，提高农村水污染治理能力。以县级行政区为单元，实行农村污水处理统一规划、统一建设、统一管理。对引黄输水沿线、自然保护区等环境敏感区域的村庄，优先解决污水治理问题；对经济发展条件较好、人口聚集度较高的村庄，先行开展污水治理；其他地区污水排放得到有效管控。重点实施开展天镇县、广灵县、灵丘县和阳高县农村生活污水集中连片整治，铺设污水收集管网、建设污水处理设施。

完善农村垃圾收集处理。开展农村非正规垃圾堆放点整治，全面清理村庄历史积存垃圾。统筹考虑生活垃圾和农业废弃物利用、处理，鼓励开展农村生活垃圾分类试点，推进垃圾源头减量化、收集分类化和处理资源化，推行户分类、村收集、乡（镇）转运、县集中处理。建立健全村庄保洁制度，建立方便适用的转运体系，减少二次污染。抓好垃圾终端处理，以县为单位，因地制宜地确定垃圾处理方式，逐步取消简易填埋。按要求推进行政村村域生活垃圾收集处理工作，到 2025 年，全市农村生活垃圾无害化处理率显著提升。

10.3.2.4 着力保障河流生态用水

（1）推进泉域保护

按照《山西省泉域水资源保护条例》的相关要求开展泉域保护工作。通过水源涵养林建设、重点保护区确权定界、设立保护标志建设等措施，有效保护泉域水资源。重点保护浑源县神溪泉域、浑源县汤头泉域、广灵县水神堂泉域、灵丘县城头会泉域。

（2）实施生态补水

实施桑干河跨流域补水，保障册田水库出口断面生态需水要求。研究建立御河孤山水库、淤泥河赵家窑水库、御河景区闸坝联合调度机制，确保御河利仁皂断面生态水量。浑河镇子梁水库下泄生态水量，对桑干河进行补给。

（3）严格限制地下水开采

加快推进全市地下水超采区综合治理，采取强化节水、置换水源、禁采限采、关井压田等措施，压减地下水开采量。重点严控电厂地下水取水，逐步关停电厂地下水取水井，提高中水回用水平。2025 年关井压采及地下水置换工程基本完成，超采区面积减少 30%以上，地下水开采量控制在 3.85 亿 m^3 以内，地下水水位逐年回升。

（4）发展节水农业[①]

坚持用水总量控制和定额管理，严格限制种植高耗水农作物、限制大水漫灌，加大地下水超采治理力度。推进旱作节水，提高优质耐旱品种作物种植比重，集成深松整地、保护性耕作、秸秆还田、增施有机肥等农机农艺措施，提高土壤蓄水保墒能力。推进灌溉节水，推广渠道防渗、管道输水、滴喷微灌、水肥一体化等节水灌溉技术，完善灌溉用水计量设施，提高水资源利用效率。重点在大田作物产区推广测墒灌溉和水肥一体化技术模式，在果树和蔬菜等高效经济作物区全面推广滴灌、微喷水肥一体化技术模式，在畜禽规模养殖场推行干清粪等节水方式。

（5）推进区域再生水循环利用

构建“治、保、用”区域再生水循环利用体系。在确保污水集中处理设施达标排放的基础上，因地制宜在污水处理厂排污口下游、河道沿线等关键节点建设人工湿地，净化后的尾水通过废弃河道、坑塘等天然水体输送至取水河段，作为区域工业生产、市政杂用及河道生态补水的补水水源。严格审批新增取水许可，对具备使用再生水条件但未充分利用的项目，不予批准。积极推动其他新建住房安装建筑中水设施。开展再生水厂（站）及配套管网建设，积极推动城市集中式再生水供水管网到达区域和覆盖区域，逐步替代分散式再生水，重点实施灵丘县再生水处理厂建设工程，新增供水能力 1.4 万 m^3/d。鼓励各级工业园区、经济技术开发区、高新技术开发区等采用统一供水、废水集中治理模式、实施专业化运营，实现水资源梯级优化利用。推动企业开展节水技术改造及再生水回用改造，在火电、化工、食品、制药等行业建成一批节水型企业。到 2022 年，大同市再生水利用率达到 20%以上。

（6）加强水系连通

有序推进生态水系及连通工程建设，充分利用水资源分配量，最大限度地补充河流生态流量。重点实施浑源县河湖连通及神溪湿地补水工程（二期）、灵丘县城水系连通工程，实现水系连通、湿地补水，改善生态环境。

10.3.2.5　水生态保护修复

（1）开展河湖生态治理与修复

加强河流生态修复。大力实施以御河为重点的“七河”（御河、十里河、桑干河、口泉河、甘河、南洋河、唐河）生态修复治理工程，坚持岸上、岸下同治，加快河道治理和水质达标管理。设立唐河、沙河、青羊河上游保护区，实施综合治理修复措施。

保护河流生态空间。加强河湖水生态保护，科学划定保护红线。强化生态保护红线刚性约束，生态保护红线原则上按禁止开发区要求管理，严禁不符合主体功能的各类开发活动。禁止侵占河道、自然湿地空间，非法挤占的要限期恢复。

---

① 根据《关于北方农牧交错带农业结构调整的指导意见》。

（2）加强湿地保护与修复

加强天然湿地保护与修复。实行湿地面积总量管控，禁止侵占自然湿地等水源涵养生态空间，依法对开发活动侵占湿地行为进行查处，严格按照“占补平衡”原则，确保湿地面积不减少。加强大同桑干河湿地、神溪湿地、口泉河湿地保护修复力度。建立健全湿地保护管理体系、科普宣教体系和监测评估体系。

推进湿地生态治理。通过实施河湖沿岸绿化造林、削减面源污染等，改善河湖周边生态环境。重点实施十里河生态湿地工程、天镇县南洋河湿地建设项目、浑河寺庄国考断面水质提升湿地工程等项目工程，全面提升河流水质。

（3）恢复河流生物群落系统

加大水生野生动植物类自然保护区及水产种质资源保护区建设和保护力度，推动河流生态系统重建。在水质稳定改善、生态基流有保障的河段，投放、培育本地鱼苗，河底种植水生草本植物，推动河流生态系统重建，提升河流生物多样性水平。对受人为活动影响资源量显著下降和土著物种消失的重要河湖实施人工增殖放流，在御河、十里河、桑干河投放银鲴等土著鱼类。建立增殖放流站，根据水域生境条件、生态承载力、放流对象生存力等因素，综合确定放流规模及放流规格，实现渔业资源蕴藏量增长和生物的种群结构改善，维护水域生态平衡。探索开展生态系统监测，把部分水生植物作为水生态环境修复的重要评价指标，列入生态监测范围，提升河流生物多样性水平。

（4）推进美丽河流建设

积极推进美丽河流建设试点。制定实施“一河一策”水生态环境保护规划，因地制宜实施生态流量保障、水生态保护修复、水环境治理等措施，确保河流稳定实现“有河有水、有鱼有草、人水和谐”，恢复水清岸绿的水生态系统。到 2025 年，率先建成 1～2 个示范性的美丽河流，恢复水清岸绿的水生态系统。

提升公众亲水环境品质。严格水域岸线、生态缓冲带等水生态空间管控，依法划定河流管理范围，清理整治破坏水生态的人为活动。实施生物多样性保护等措施，提升水生态品质。强化自然生态景观保护，开展河流文化挖掘和文化设施建设，保护传承展示水文化。

（5）清洁小流域建设

在水源涵养区实施清洁小流域建设，实现人与自然和谐相处，生态系统良性循环的发展环境。根据地形地势及人类活动情况，将小流域划分为生态修复区、生态治理区和生态保护区，因地制宜地对河道及支流两侧的植被进行修复，降低坡面径流量及径流速度；增加绿化种植，增强水源涵养能力；对河道进行清淤并修复河道生态，开展河岸生态防护，减少河流对岸坡的冲刷并阻挡地表径流带来的泥沙，有效减少水土流失，建设生态系统良性循环。

10.3.2.6 加强水环境风险防控

（1）加强水环境风险源头防控

完善大同市水生态环境风险基础信息数据库，动态收集水环境风险源与风险受体基础数据，并定期进行数据动态更新，实现水环境风险基础信息的动态管理。针对高风险企业、工业园区密集的特点，加强工业企业水生态环境风险隐患排查治理，针对重点行业，制定隐患排查治理和档案编制指南。严格落实涉重金属企业水生态环境风险防范主体责任，加强工业企业风险隐患排查治理情况监督检查。

（2）加强水环境风险管控

建立健全水环境风险防控责任制和企业环境风险防控体系，强化重金属、危险废物和化学品的环境风险防范。按照环境风险水平，有重点的加强工业企业集聚区域的环境风险管控工作。针对全市工业企业集聚区域，全面开展企业事业单位环境风险评估与区域环境风险评估工作与应急预案的编制工作，加强区域内工业企业及危险化学品运输的监视监测工作，通过区域突发环境事件预警设施的布设，提高区域突发环境事件风险防控与快速响应能力。加强唐河、沙河-潴龙河的风险防控，对危化品车辆实施禁行或限行交通管控，禁止新建焦化、化工、造纸、印染、有色、制药等涉水重污染行业企业，强化空间布局和产业发展管控，在断面上游建设人工湿地、生态缓冲带、应急水坝等，严防水风险安全隐患。

（3）健全突发水环境事件应急预案管理

规范大同市企事业单位环境应急预案编制、评审、备案工作。针对重点行业树立突发环境事件应急预案标杆，推行标杆管理，提升环境应急预案的针对性与可操性。修订完善大同市突发环境事件应急预案，建立健全重点行业企业、尾矿库与政府突发环境事件应急预案定期演练制度，定期开展桌面推演、重点环节演练、全面演练、无脚本演练等多种形式的环境应急演练。加强环境事件应急联动，以突发环境事件全过程管理为主线，有效连接起建设项目审批、污染防治、环境监察、生态保护以及环境应急等相关部门，建立信息共享、协调联动、综合应对的工作机制，形成合力。

（4）降低布局性环境风险

加强安全防护距离监督管理工作，在企业安全防护距离内存在居民区、水源地以及其他各类环境敏感受体，实施企业或环境敏感受体搬迁、企业生产规模调整或者环境风险传输途径阻断等措施，降低企业突发环境事件对周边环境的影响。结合区域环境风险评估结果，严格落实新建化工企业的选址布局要求，引导高风险高污染项目进入风险水平较低的鼓励开发区，逐步清退污染物排放不达标、环境风险隐患排查治理不到位、环境应急预案编制不合格的企业。加强企业环境风险管理主体责任，加大区域内工业企业、尾矿库的环境监管能力建设与环境敏感受体的保护工作。

（5）开展册田水库风险评估

开展册田水库底泥调查，分析底泥、滩涂有毒有害污染物或持久性有机污染物累积风险，评估修复和治理的可行性，开展修复工作。

10.3.2.7 健全综合管控体系

（1）细化行政管理责任体系

依托“流域—水功能区—控制单元—汇水范围—行政区域”空间管控体系，确定大同市各控制单元、汇水范围的控制断面，明确行政责任主体，强化市、县（区）各级政府水生态环境责任传导机制。优化实施地表水生态环境质量目标管理，确定各级控制断面水质保护目标，逐一排查达标状况；未达到水质目标要求的地区，依法制定并实施限期达标规划。

（2）打通水陆污染源管理体系

依托排污许可证信息，实施“水体—入河排污口—排污管线—污染源”全链条管理，强化源解析，追溯并落实治污责任。持续削减COD和氨氮等主要水污染物排放总量。水质超标的水体，制定严格的污染物排放总量削减要求；除污水集中处理设施排污口外，严格控制新设、改设或者扩大排污口。

（3）建立健全横向生态补偿机制

建立“成本共担、效益共享、合作共治”的流域上下游横向生态保护补偿机制，对桑干河、南洋河、壶流河、唐河、沙河-潴龙河等跨省河流，鼓励受益地区与保护地区、流域下游与上游通过资金补偿、对口协作、产业转移、人才培训、共建园区等方式，促进受益地区与生态保护地区良性互动。配合国家和省份加快推进《官厅水库上游永定河流域水源保护横向生态补偿协议》的出台和实施。

第 11 章

保障措施

11.1 加强组织领导

强化地方政府水环境保护责任。各省（自治区、直辖市）、市（自治州）人民政府是规划实施的主体，全面建立省级、市级、县级、乡级四级治理体系，层层分解落实规划目标和任务，将规划实施情况纳入各级党政领导干部政绩考核体系，并将有关情况纳入环保督察范畴。地方各级党委和政府对本地区水环境保护全面负责，将水环境质量“只能更好、不能变坏”作为水环境保护责任红线，加强对规划实施的组织领导，将规划目标、任务、项目等事项纳入本级国民经济和社会发展第十四个五年规划。地方各级政府按照“一岗双责”的要求明确并细化各部门对水环境保护的职责，分解落实规划任务，形成有效治污合力。流域管理部门负责对水环境治理和生态修复工作进行指导、监督及协调。

加强部门联动。省级各部门按照职责分工，加强对规划实施的指导。加强部门协调，及时研究解决规划实施中存在的问题。流域管理部门加强流域上下游、左右岸各级政府及各部门之间协调，健全区域联动，探索各行政区之间的环境保护合作框架，建立定期会商制度和协作应急处置、跨界交叉检查机制。

实施评估考核。地方环境保护部门定期调度规划实施进展，识别水生态环境保护重点问题，适时组织开展水生态环境会商、预警，加大规划实施督导力度。各级地方政府建立水生态环境形势分析机制，及时发现和解决突出问题，动态跟踪规划实施进展，及时研究调整工作部署，确保规划顺利实施。强化考核结果在省级资金分配、区域限批、领导干部追责等方面的应用。对考核结果较差的地区，综合采取预警、挂牌督办、区域限批、行政约谈等手段，督促落实规划各项目标任务。流域管理部门对规划实施情况进行定期评估，实时了解项目进度及存在的问题，评估规划实施可达性，确保规划各项工作有效推进。

11.2 健全政策法规

制定法规标准。依据国家现有法律、法规，尽快制定流域水生态保护法规以及地方性配套法规。建议制定《海河流域生态环境保护条例》《海河流域水域与湿地管理办法》《海河流域地下水管理条例》，建立健全水生态环境保护条例执法体系，加大对流域水生态环境保护的执法力度。

建设管理制度。推动流域建立土地利用空间分区管控、河湖合理生态流量、饮用水水源地保护、污染防治、生态敏感区和生物多样性保护等方面的管理制度。针对工业污染源，强化监管，严格达标排放。严格控制畜禽养殖规模，削减面源污染物入河量，逐步建立农村生活污水收集和处理设施。

健全流域上下游横向生态补偿机制。深化流域水环境补偿，积极推进横向生态补偿工作，研究制定横向生态补偿机制办法，鼓励受益地区与保护地区、流域下游与上游采取资金补偿、对口协作、产业转移、人才培训、共建园区等补偿方式。开展流域上下游生态补偿机制研究，选取部分典型河流、湖库，指导地方开展流域水环境综合治理与可持续发展试点示范，因地制宜地制定补偿措施。组织流域内各省份切实建立“相互监督、联防共治”的流域治理新机制。

11.3 完善经济政策

加大资金筹措。建立完善政府、企业、社会多元化投入机制，大力拓宽投融资渠道，保障重点项目建设资金需求。在统筹加大各级政府财政投入的同时，创新投融资机制，健全政府和社会资本合作机制，鼓励和引导社会资本以多种形式参与工程建设和运营。各级政府要统筹水生态环境保护各项任务，加大金融支持，引导政策性银行和开发性金融机构加大信贷投入力度，扩大直接融资规模，提升资金使用绩效。加强环境保护税征收使用管理，完善财政补贴机制。推进市场化运营，以污水、垃圾处理设施等环境公用设施和工业园区为重点，进一步加强环境保护工程设计、建设、运营等领域招投标管理，推行环境污染第三方治理方式，鼓励环境服务市场主体以可量化的环境效果为基础收取服务费，大力推行基于水体质量改善需求的综合环境服务，提升污染治理效率和专业化水平。

强化激励约束。逐步建立健全工业、城镇生活、农业等领域环保“领跑者”制度，通过树立标杆、强化政策激励、提高标准，形成推动各领域污染防治水平不断提升的长效机制，引领产业高质量绿色发展。加强企业环境信用体系建设，构建守信激励与失信惩戒机制，优先支持循环经济企业、污水处理企业等企业的贷款，严格限制环境违法企业贷款，积极推行绿色金融；将企业环境信用纳入企业法定代表人及相关责任人个人诚信记录，在对失信企业进行联合惩戒的同时，依法对相关责任人采取相应的联合惩戒措施。制定有利于流域经济发展方式转变的激励政策，加大产业结构调整、生态农业和生态养殖业发展以及化肥和农药减施的政策引导力度。

11.4 强化科技支撑

加大科研力度。针对流域、区域亟待解决的水环境、水资源、水生态问题开展科研项目，建立科学研究支撑体系和科技创新体系。开展水域纳污能力调控、限制排污总量动态优化、入河污染物总量控制与空间分配、主要河湖生态水量保障与调控、水环境精细化管理技术体系建设、面源污染估算与防控、水生态系统保护与修复、水生态监测和河湖健康评价、流域污染风险防范和应急处置等工程项目的工程技术和标准研究。积极拓展水生态保护、农业面源污染防治、水环境监控预警、水处理工艺技术装备等领域的国际交流合作。

加强先进技术推广。加强现代化技术手段在监测、评估、执法等工作中的运用。开展区块链、“物联网+”等技术在水生态环境领域的示范应用。鼓励创新财税机制激励科技成果的应用推广，加快公共技术服务平台建设，加强水体污染控制与治理科技重大专项等项目科技成果的提炼、推广与应用，定期编制和发布先进技术目录，供各地规划项目的设计、招投标、实施等环节参考。推进新技术标准的认定，为新技术的推广奠定基础。

规范环境保护产业市场。对涉及环境保护市场准入、经营行为规范的法规、规章和规定进行全面梳理，废止妨碍形成统一环境保护市场和公平竞争的规定。推进先进适用的节水、治污、修复技术和装备的产业化发展。

11.5 鼓励公众参与

加强宣传教育。牢固树立“尊重自然、顺应自然、保护自然”“山水林田湖草是生命共同体”“绿水青山就是金山银山”等生态文明理念。充分利用微博、微信公众号等新媒体，加强生态文化宣传教育，提高全社会生态文明意识。

推进信息公开。各地建立统一的信息公开平台和生态环境监测信息发布机制，定期公布环境质量状况、污染防治方案、河（湖）长制实施情况等信息。国家确定的重点排污单位应依法向社会公开其产生的主要污染物名称、排放方式、排放浓度和总量、超标排放情况，以及污染防治设施的建设和运行情况，主动接受监督。建立“十四五”规划实施政务信息公开制度，及时向社会发布工程进展情况。

引导公众参与。充分利用现代化信息技术手段，拓宽公众参与渠道，加大宣传力度，建立激励机制，引导公众积极参与水生态环境保护建言献策、污染源排放监督等。开展创建绿色家庭、绿色学校、绿色社区、绿色商场等活动。引导和规范生态环保非政府公益组织发展。依托中小学节水教育基地、水土保持教育基地、环境教育基地等社会实践基地，积极开展环境保护社会实践活动。

11.6 加强监督管理

严格行政监督。地方生态环境主管部门负责对本地区规划实施情况进行监督检查。流域管理部门负责对流域规划实施情况进行监督检查。加强规划项目基本建设程序管理，切实落实建设项目法人责任制、招投标制和工程监理制，加强对工程质量、安全、资金和进度的监督管理，确保项目建设有序推进。建立健全项目验收、运行及后评价管理制度。

严格环境执法。持续开展“驻地式”监察、省级专项督察，严格执行第一时间掌握水质变化情况，第一时间分析研判水质变化原因，第一时间现场核查，第一时间督察问责的水质精细化管控要求。开展专项执法检查，重点检查城镇污水处理厂、工业集聚区污水集中处理设施、国（省）控重点污染源污水处理设施的运行情况。对运行不稳定、超标排放的城镇污水处理厂，实行“驻厂式”监察；对于河道有堆放、倾倒畜禽养殖粪便或生活垃圾等情况的，严肃追究河长责任，并对责任单位予以处罚。联合相关执法部门开展专项行动，集中打击非法采砂、盗窃水资源、侵占河湖、破坏农村供水工程设施等违法犯罪行为。

参考文献

[1] 生态环境部办公厅. 重点流域水生态环境保护“十四五”规划编制技术大纲[EB/OL]. （2019-12-26）[2021-08-09]. http：//sthjj.fcgs.gov.cn/tzgg/202009/p020200924637123828075.pdf.

[2] 水利部办公厅. 关于印发京津冀协同发展六河五湖综合治理与生态修复总体方案审查意见的通知[EB/CD]. （2018-11-28）[2021-08-09].

[3] 国家发展和改革委员会，水利部，国家林业局. 永定河综合治理与生态修复总体方案[EB/OL]. （2016-12-02）[2021-08-09]. https：//www. ndrc. gov. cn/fzggw/jgsj/njs/sjdt/201704/P020191101564948961022. pdf.

[4] 国务院. 国务院关于全国重要江河湖泊水功能区划（2011—2030 年）的批复[J]. 中华人民共和国水利部公报，2012（1）：2.

[5] 生态环境部. 关于公布《全国污水集中处理设施清单》（第二批）的公告[EB/OL]. （2020-11-18）[2021-08-09]. https：//www. mee. gov. cn/xxgk2018/xxgk/xxgk01/202011/t20201123_809271. html.

[6] 国家环境保护总局科技标准司. 地表水环境质量标准：GB 3838—2002[S]. 北京：中国环境科学出版社，2002：2-3.

[7] 全国国土资源标准化技术委员会. 地下水质量标准：GB/T 14848—2017[S]. 北京：中国标准出版社，2017：2-3.

[8] 环境保护部水环境管理司，科技标准司. 饮用水水源保护区划分技术规范：HJ 338—2018[S]. 北京：中国环境出版集团，2018：8-16.

[9] 环境保护部科技标准司. 集中式饮用水水源地规范化建设环境保护技术要求：HJ 773—2015[S]. 北京：中国环境出版社，2015：3-5.

[10] 环境保护部科技标准司. 集中式饮用水水源地环境保护状况评估技术规范：HJ 774—2015[S]. 北京：中国环境出版社，2015：2-10.

[11] 国家环境保护总局科技标准司. 城镇污水处理厂污染物排放标准：GB 18918—2002[S]. 北京：中国环境科学出版社，2002：3-6.

[12] 水利部水文局. 地表水资源质量评价技术规程：SL 395—2007[S]. 北京：中国水利水电出版社，2007：12-15.

[13] 李源园，马超德. 国外流域综合规划技术[M]. 北京：中国水利水电出版社，2009.

[14] 郭书英，李云成，刘明喆等. 海河流域河湖健康评估研究与实践[M]. 北京：中国水利水电出版社，2018.

[15] 生态环境部海河流域北海海域生态环境监督管理局. 永定河流域生态水量核算及保障实践探

索[M]. 北京：中国水利水电出版社，2020.

[16] 罗阳，王洪翠，张俊，等. 饮用水源保护生态修复成套关键技术研究[M]. 北京：中国水利水电出版社，2017.

[17] 任宪韶. 海河流域水资源评价[M]. 北京：中国水利水电出版社，2007.

[18] 赵高峰，毛战坡，周洋，等. 海河流域水环境安全问题与对策[M]. 北京：科学出版社，2013.

附件 1

海河流域各河系基本情况

第 1 章　滦河及冀东沿海

1.1　自然地理

（1）地理位置

滦河水系位于东经 115°30′～119°45′、北纬 39°10′～42°40′，北起内蒙古高原，南临渤海，西界潮白河、蓟运河水系，东与辽河流域相邻，总面积为 5.55 万 km^2，其中，山区面积为 4.81 万 km^2，平原面积为 0.74 万 km^2。滦河水系按行政区划分属河北、内蒙古、辽宁三省（自治区），面积分别为 4.59 万 km^2、0.79 万 km^2、0.17 万 km^2，分别占流域面积的 83%、14%、3%。

（2）地形地貌

滦河水系流经区域按地表形态分为高原区、山地区和平原区。滦河多伦段以上属草原区，地势平坦，河道比降约为 1/2 000；郭家屯以下至潘家口河段穿行于燕山峡谷间，河谷宽为 200～300 m，河道比降约为 1/600～1/300，河道蜿蜒曲折；潘家口水库以下河段河宽为 200～500 m，过桑园的峡谷进入迁安盆地，河谷宽为 1 000 m 以上。滦州京山铁路桥以下进入平原区，两岸筑有堤防，最后于乐亭县南兜网铺入海。在滦河干流东西两侧各有若干条独流入海的小河，统称冀东沿海诸河。

（3）土壤植被

滦河水系流经区域的内蒙古高原土壤以栗钙土、草甸土、风沙土和沼泽土为主体，此外还有零星分布的黑土、高山草甸土等；其次是零星分布的隐域性土壤，包括粗骨土、新积土、石质土、潮土和草甸土。

滦河水系流经的区域的植被属于我国东部湿润森林区暖温带半旱生落叶阔叶林和灌丛草原亚带。内蒙古高原分布有寒温带草甸草原，植被主要由旱生多年生草本组成；高原东北部分布有寒温森林草原，其植被类型现已演替为次生落叶阔叶林草原类型。冀北山地因地势和气候差异较大，其植被带可划分为山地草甸植被带，针阔叶混交林、灌木和草本植被带，旱生阔叶林、灌木和草本植被带，以及草被植被带 4 个类型。

（4）水文气象

滦河水系位于中纬度欧亚大陆东岸，属于东亚季风气候区，具有四季分明、雨量集中、雨热同季、地形多样和气候复杂等特征；多年平均降水量为 549 mm，多年平均水面蒸发量为 950～1 150 mm；日照时数除燕山南部迁西县一带小于 2 800 h（年日照百分率小于 63%）以外，其他地区日照时数均大于 2 800 h，年日照百分率在 64%以上；年平均气温由南向北逐渐降低，温度变化为−1.4～10.6℃；无霜期随纬度和海拔的增高而减少，山区为 175～85 d，山前平原区为 215～185 d，滨海平原区为 225 d 左右；冰期随纬度和海拔的增高而增加，山区冰期较长，一般在 11 月上旬结冰，次年 4 月解冻，平原区一般在 12 月开始冰冻，次年 3 月解冻。滦河水系相对湿度为 65%～80%；多年平均日照时间为 2 500～3 000 h，大风日数为 10～60 d，山区和滨海平原区大风日数较多，山间河谷地区大风日数较少。

1.2 河流水系

（1）滦河干流

滦河上源称闪电河，发源于河北省丰宁满族自治县大滩镇，在沽源县从西南向北流入内蒙古多伦县，至外沟门子又入河北省，蜿蜒于峡谷之间，到潘家口越长城，经滦州进入平原，于乐亭县境内注入渤海。滦河流经河北省、内蒙古自治区的 16 个县市，自丰宁满族自治县大滩镇至唐山市乐亭县南兜网铺全长为 888 km，流域形状上宽下窄，上中游平均河宽约为 100 km，滦州以下至入海口平均河宽约为 20 km。

（2）主要支流

滦河水系支流众多，沿途汇入的支流约有 500 条，一级支流中流域面积大于 1 000 km^2 的河流有小滦河、兴洲河、伊逊河、武烈河、老牛河、柳河、瀑河、澈河、青龙河等。

小滦河发源于塞罕坝上老岭山西麓，于隆化县郭家屯汇入滦河，全长为 133 km，流域面积为 2 050 km^2。兴洲河发源于丰宁满族自治县选将营乡冰郎山南北两侧，两源在化吉营村南汇合后向东南流入滦平县至张百湾入滦河，全长为 109 km，流域面积为 1 970 km^2。兴洲河及其支流牤牛河上分别建有黄土梁、窟窿山中型水库。伊逊河是滦河最大的支流，河长为 203 km，面积为 6 750 km^2，发源于河北省围场满族蒙古族自治县哈里哈乡老岭山麓，流经围场，于承德市滦河镇汇入滦河。伊逊河上建有大（Ⅱ）型庙宫水库。伊逊河东南地区先后有莫里莫沟、大扣花营沟、五道川、甘沟注入，西边有大唤起河、直字河、蚁蚂吐河等支流纳入。蚁蚂吐河是伊逊河面积最大的支流，占伊逊河流域面积的 1/3。武烈河有三源，中源茅沟川是武烈河的正源，发源于敖包山东南麓；西源鹰窝川发源于敖包山西北麓；东源玉带河发源于七老图山东南麓。中源接纳西源、东源后成为武烈河，河道蜿蜒南流，至三道河子流经承德市于雹神庙村南汇入滦河。武烈河长为 96 km，流域面积为 2 580 km^2。老牛河发源于承德市獾子岭，于承德县下板城汇入滦河。河长为 57 km，流域面积为 1 680 km^2。柳河发源于兴隆县兴隆镇拔子岭西北麓二道沟，自发源地向西北穿越兴隆县城流向东北，经承德市鹰手营子矿区、兴隆县、承德县，在兴隆县柳河口滦河右岸汇入滦河。河长为 86 km，流域面积为 1 020 km^2。瀑河发源于七老图山南麓，向南穿平泉镇向西南进入宽城满族自治县，在宽城满族自治县滦河左岸瀑河口汇入滦河。河长为 114 km，流域面积为 1 990 km^2。潵河有黑河、横河和潵河三源，均源于河北省兴隆县境内。横河与潵河于闫庄子村东汇流，黑河在迁西县内注入潵河。潵河穿长城在迁西县洒河桥镇北注入滦河。河流全长为 89 km，流域面积为 1 160 km^2。青龙河是滦河的重要支流，在滦河各支流中水量最丰。有西、北两源，北源出自辽宁凌源的台头山，西源出自平泉的大西山北麓，流经青龙满族自治县、卢龙县，于滦河石梯子汇入滦河。河流全长为 246 km，流域面积为 6 340 km^2。

（3）冀东沿海诸河

冀东沿海直接入海的较大的河流有陡河、沙河、洋河、石河、汤河、戴河等，其中沙河流域面积最大。

陡河上游有两大支流，一支为管河，发源于迁安市的管山，河长为 33 km，流域面积为 263 km^2；另一支为泉水河，发源于丰润区马庄户，河长为 38.5 km，流域面积为 239 km^2。两支流于双桥附近汇合后称为陡河，穿过唐山市区进入丰南区，经稻地、尖子沽、柳树圈等地，于涧河村东汇入渤海，全长为 108 km，流域面积为 1 340 km^2。在陡河双桥附近建有大型陡河水库。沙河发源于迁安市大石岭沟，流经滦州市、古冶区至东尖坨村南流入草泊洼淀沙河新道，在黑沿子与黑沿子排干交汇后入渤海，全长为 136 km，流域面积为 1 552 km^2。洋河地处滦河与石河之间，河长为 100 km，流域面积为 1 109 km^2。上游有两条支流，一支为东洋河，另一支为西洋河。东洋河发源于青龙满族自治县南台峪，穿长城入抚宁区在战马王村进入库区，河长为 32 km，流域面积为 300 km^2；西洋河发源于卢龙县冯家沟，在周各庄进入库区，河长为 25 km，流域面积为 343 km^2。两支流汇合后向南前后流经石河村、抚宁城关、黄金山头等，在刘义庄穿津山线铁路至洋河口村注入渤海。洋河上兴建有大型洋河水库。石河位于河北省最东部，发源于抚宁区长城以北的青龙县马尾巴岭。流经官场、城子峪在庄河村南附近汇入二道河，经驻操营于杨山汇入西石河，在滂水崖汇入花场峪河后，进入浅山丘陵区，经上庄坨、石门寨至蟠桃峪附近接纳北沙河、鸭水河后进入滨海平原，在山海关田庄附近注入渤海。河长为 67.5 km，流域面积为 618 km^2。石河建有中型石河水库，集水面积占流域总面积的 93%。汤河有两源，东源发源于柳观峪村西北，西源发源于温泉堡村西南。两源南流至秦皇岛海港区，经海阳镇，至白塔岭村入海。河长为 28.5 km，流域面积为 184 km^2。戴河发源于蚂蚁沟村北的清河塔寺一带，经榆关南流，入北戴河区，至河东寨入海。河长为 35 km，流域面积为 290 km^2。

滦河及冀东沿海水系情况如附图 1-1 所示。

1.3 汇水范围

将滦河及冀东沿海涉及的内蒙古自治区、河北省划定出 29 个汇水区域（即 29 个国考断面），主要包括滦河干流，闪电河、澂河、陡河、柳河、瀑河、伊逊河、武烈河、青龙河等支流，石河、新开河、汤河、戴河、洋河、饮马河等入海河流，以及大黑汀、潘家口等水库，汇水范围面积约为 5.5 万 km^2，详见附表 1-1。

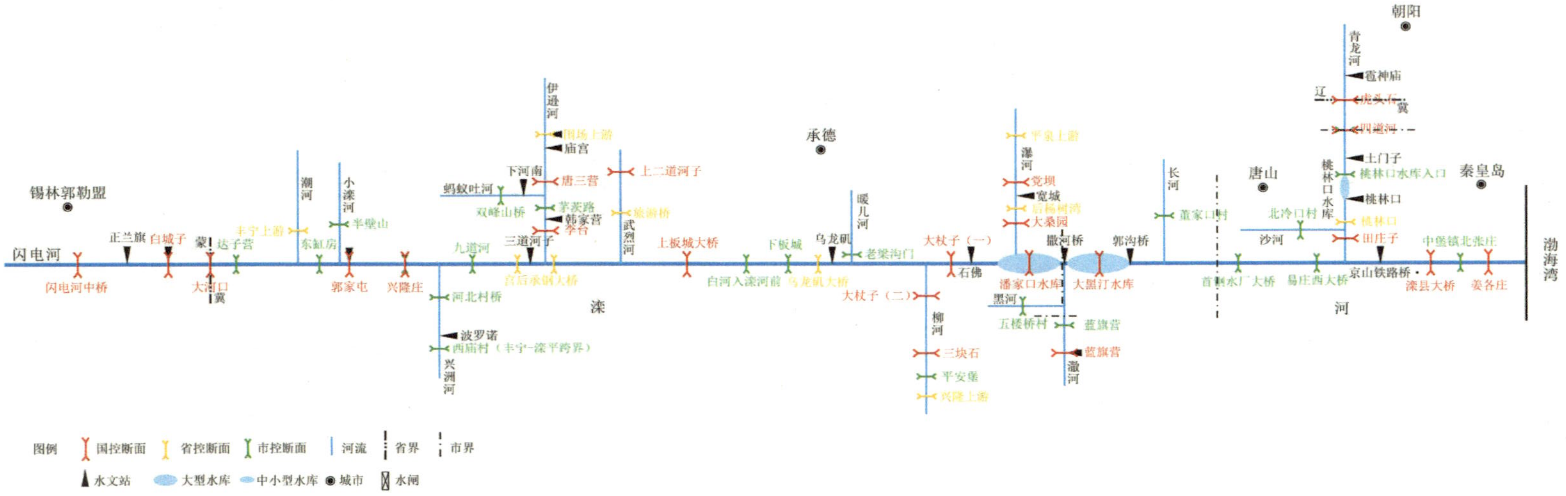

附图 1-1 滦河及冀东沿海水系

附表 1-1　滦河及冀东沿海汇水范围

序号	所在水体	所属地	汇水范围名称	面积/km²	控制单元名称
1	滦河	锡林郭勒盟	大河口	2 639	滦河（内蒙古自治区）控制单元
2	闪电河	锡林郭勒盟	白城子	4 235	
3	滦河	承德市	郭家屯	4 830	滦河（河北省）控制单元
4		承德市	兴隆庄	1 156	
5		承德市	上板城大桥	3 292	
6		承德市	大杖子（一）	2 922	
7		唐山市	大黑汀水库	867	
8		唐山市	滦县大桥	2 224	
9		唐山市/秦皇岛市	姜各庄	4 716	
10	瀑河	承德市	蓝旗营	797	
11	潘家口水库	承德市/唐山市	潘家口水库	398	
12	闪电河	张家口市	闪电河中桥	2 220	闪电河（河北省）控制单元
13	陡河	唐山市	涧河口	2 947	陡河（河北省）控制单元
14	柳河	承德市	三块石	945	柳河（河北省）控制单元
15		承德市	大杖子（二）	392	
16	瀑河	承德市	党坝	1 600	瀑河（河北省）控制单元
17		承德市	大桑园	517	
18	伊逊河	承德市	唐三营	2 897	伊逊河（河北省）控制单元
19		承德市	李台	3 817	
20	武烈河	承德市	上二道河子	2 286	武烈河（河北省）控制单元
21	青龙河	朝阳市	虎头石	1 520	青龙河（辽宁省-河北省）控制单元
22		承德市	四道河	478	
23		秦皇岛市	田庄子	4 184	
24	石河	秦皇岛市	石河口	622	秦皇岛沿海诸河（河北省）控制单元
25	新开河	秦皇岛市	新开河口	155	
26	汤河	秦皇岛市	汤河口	179	
27	戴河	秦皇岛市	戴河口	381	
28	洋河	秦皇岛市	洋河口	1 128	
29	饮马河	秦皇岛市	饮马河口	992	
合计				55 336	

第 2 章　北三河

2.1　自然地理

（1）地理位置

北三河流域包括北运河、蓟运河、潮白河。流域位于海河流域北部，介于滦河及永定河二水系之间，地跨河北、北京、天津 3 个省（直辖市），面积为 3.6 万 km^2，其中，山区和平原面积分别占流域总面积的 66.4%和 33.6%。

（2）地形地貌

北三河流域地势自西北倾向东南，北部、西部被燕山和太行山环绕，形成一道天然的高山屏障，对流域内气候有较大影响。山地以下丘陵地带长度较短，东南部为广阔平原，山区海拔高程为 500～1 500 m，整个平原大体分为山麓平原、中部冲积平原和滨海平原三部分。山麓平原地带地面坡度一般为 1/2 000～1/1 000，属平原的较高地带；冲积平原占平原地区的绝大部分，地面坡度一般为 1/10 000～1/5 000；滨海平原地势低洼，地面高度多在高潮水位以下，区域内堤埝纵横交错，地下水水位较高。

（3）土壤植被

北运河流域土壤为近河多砂壤土，砂壤土、轻壤土沿地形坡向呈带状分布。土壤结构中部多为潮土类二合土，西部为黄潮土，南部有少许硝盐土，土壤熟化程度高，土质好，比较肥沃，适合植物生长①。

蓟运河流域土壤主要是棕壤、褐土、潮土、水稻土 4 个土类。棕壤一般分布在中山区，从上到下分别为黑色或弱灰色腐殖层，土层较薄；褐土主要分布于低山区和丘陵区；潮土和盐化潮土分布在平原区，质地黏重，土壤物理性状好。蓟运河流域植被类型属于暖温带落叶阔叶林，山区常为地带性植被，分布着油松、侧柏针叶林；丘陵区植被以半旱灌木植物、果树、温带阔叶树为主；平原区自然植被已被破坏，仅在少量区域分布着隐域植被，以中、低覆被草地为多，低覆被草地占主导地位；植被覆盖率由北向南逐渐降低。

潮白河流域土壤类型以褐土、棕壤和栗钙土为主，土地利用类型主要为林地、草地和耕地，流域内含丰富的矿产资源、生物资源及地热资源。

（4）水文气象

北三河流域属温带大陆性季风气候，冬春两季受西北季风控制，多风少雨，气候干

① 孙久虎，刘晓萌，李佑钢，等. 北运河地区植被覆盖的遥感估算及变化分析[J]. 水土保持研究，2006，13（6）：97-99.

燥寒冷，多年平均降水量约为 600 mm。受气候和地形的影响，降水量的地区分布存在明显的差异性，总趋势是由多雨的燕山迎风区向东南平原区逐渐减少；降水量在年内分配上很不均匀，6—9 月降水量约占全年降水量的 80%；降水量在年际上变化悬殊，存在连丰、连枯现象。

2.2 河流水系

北三河由蓟运河、潮白河、北运河 3 条河组成，并与运潮减河、引沟入潮、青龙湾减河等相连通。目前，北三河水系已建成密云、怀柔、云州、海子、于桥、邱庄 6 座大型水库，北关、土门楼、吴村等水闸枢纽，785 km 的干流堤防及大黄铺洼、黄庄洼、青甸洼、盛庄洼 4 个蓄滞洪区。

（1）蓟运河

蓟运河河道全长为 138.7 km，流域面积为 10 288 km^2，主要支流有泃河、州河和还乡河，分别发源于燕山南麓河北省兴隆县、遵化市和迁西县境内。泃河、州河在九王庄汇流后称蓟运河，自九王庄到江洼口东纳还乡河后经芦台、汉沽于北塘入海。蓟运河上建有海子、于桥、邱庄 3 座大型水库。

（2）潮白河

潮白河总河长为 467 km，流域面积为 19 354 km^2。上游有潮河、白河两支流，分别发源于河北省的丰宁满族自治县和沽源县，在北京市密云区汇合后称潮白河，至怀柔区纳怀河后流入平原，下游河道经北京市苏庄至河北省香河吴村闸，吴村闸以下称潮白新河，至天津市宁车沽汇入永定新河入海。潮白河上建有密云、云州、怀柔 3 座大型水库。

（3）北运河

北运河干流河长为 238 km，流域面积为 6 166 km^2，发源于北京市昌平区燕山南麓，以北京市通州区北关闸为界，北关闸以上称温榆河，以下称北运河，沿途经过通惠河、凉水河、凤港减河，于屈家店枢纽与永定河交汇，至天津汇入海河。

北三河水系情况如附图 1-2 所示。

2.3 汇水范围

将北三河系涉及的河北省、北京市和天津市划定出 56 个汇水区域（含 57 个国考断面），主要包括蓟运河干流，鲍邱河、泃河、黎河、沙河、淋河、果河、州河和还乡河等支流；潮白河干流，潮河、白河、黑河、汤河、清水河和潮白新河等支流；北运河干流，京密引水渠、清河、凤河、坝河、北护城河、温榆河、通惠河和北京排污河等支流；密云、怀柔、于桥和尔王庄等水库（泵站），汇水范围面积约为 3.6 万 km^2，详见附表 1-2。

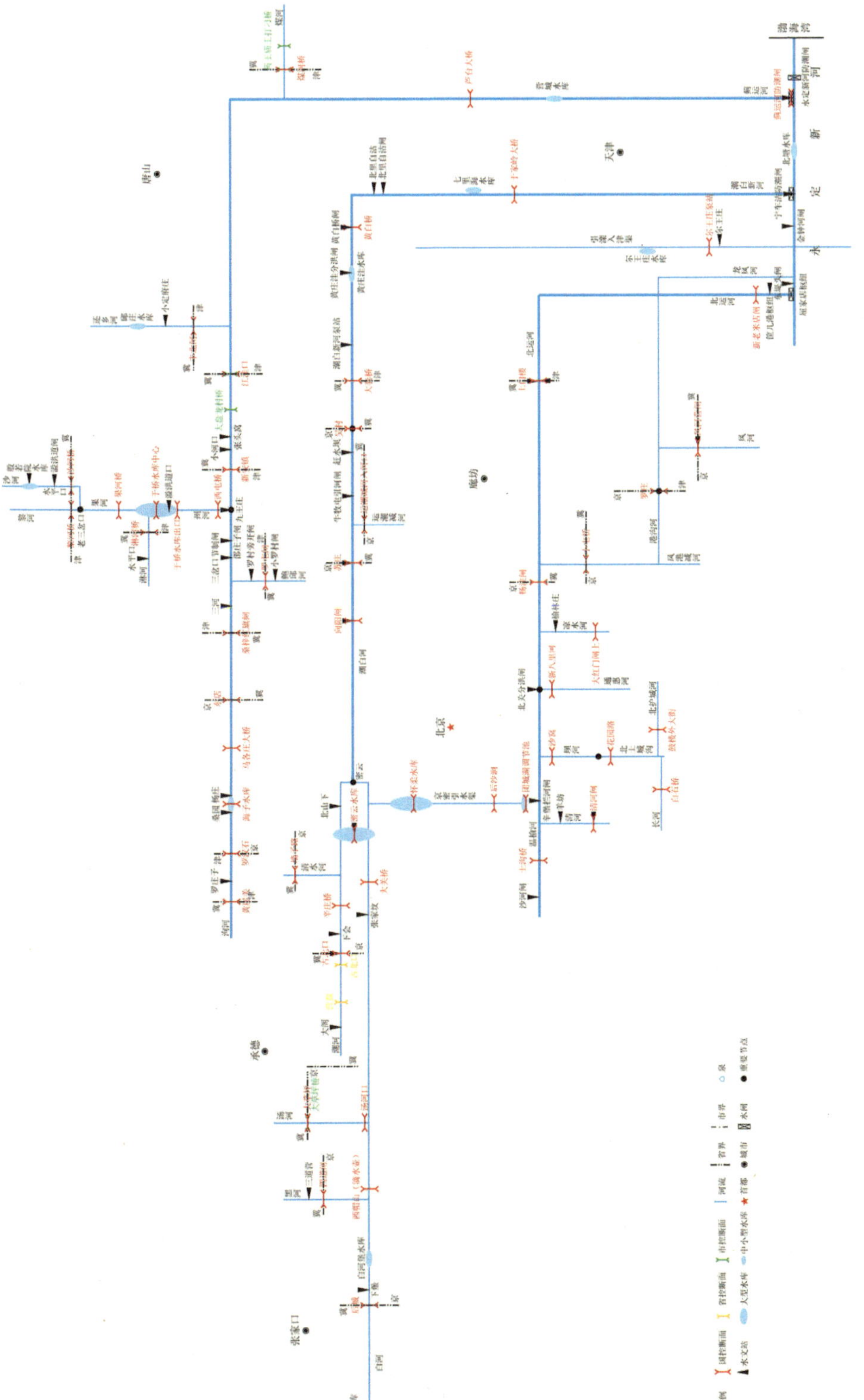

附图 1-2 北三河水系

附表 1-2　北三河系汇水范围

序号	所在水体	所属地	汇水范围名称	面积/km²	控制单元名称
1	海子水库	北京市	海子水库	133	泃河（河北省-天津市-北京市）控制单元
2	泃河	承德市	黄崖关	228	
3		天津市	罗汉石	239	
4		北京市	马各庄大桥	186	
5		北京市	东店	917	
6		廊坊市	桑梓红旗闸	233	
7	黎河	唐山市	黎河桥	503	于桥水库（河北省-天津市）控制单元
8	沙河	唐山市	沙河桥	881	
9	淋河	唐山市	淋河桥	152	
10	果河	天津市	果河桥	46	
11	于桥水库/引滦天津河	天津市	于桥水库库中心/于桥水库出口	326	
12	鲍邱河	廊坊市	罗屯闸	471	蓟运河（天津市、河北省）控制单元
13	州河	天津市	西屯桥	459	
14	蓟运河	天津市	新安镇	577	
15		唐山市	江洼口	793	
16		天津市	江洼口	607	
17		天津市	蓟运河防潮闸	611	
18		天津市	芦台大桥	693	
19	煤河	唐山市	煤河桥	901	
20	还乡河	唐山市	丰北闸	1 489	还乡河（河北省）控制单元
21	潮河	承德市	古北口	5 240	潮河（河北省-北京市）控制单元
22		北京市	辛庄桥	363	
23	黑河	张家口市	四道甸	1 589	黑河（河北省）控制单元
24	汤河	承德市	大草坪	899	汤河（河北省-北京市）控制单元
25		北京市	汤河口	776	
26	清水河	承德市	墙子路	332	密云水库（北京市-河北省）控制单元
27	密云水库	北京市	密云水库	1 124	
28	白河	张家口市	后城	4 768	白河（河北省-北京市）控制单元
29	白河上段	北京市	西帽山（滴水壶）	489	
30	白河	北京市	大关桥	993	

序号	所在水体	所属地	汇水范围名称	面积/km²	控制单元名称
31	潮白河/运潮减河	北京市	吴村/运潮减河入河口	72	潮白河（北京市-河北省）控制单元
32	潮白河	北京市	向阳闸	995	
33		北京市	苏庄	399	
34		廊坊市/北京市	吴村	105	
35	潮白新河	廊坊市	大套桥	236	潮白新河（河北省-天津市）控制单元
36		天津市	黄白桥	701	
37		天津市	于家岭大桥	317	
38	引滦天津河	天津市	尔王庄泵站	91	
39	怀柔水库	北京市	怀柔水库	571	温榆河（北京市）控制单元
40	京密引水渠	北京市	后沙涧	40	
41	温榆河上段	北京市	土沟桥	1 606	
42	清河	北京市	清河闸	91	北运河（北京市-河北省-天津市）控制单元
43	土城沟	北京市	花园路	12	
44	团城湖调节池	北京市	团城湖调节池	63	
45	坝河	北京市	沙窝	216	
46	北护城河	北京市	鼓楼外大街	59	
47	长河	北京市	白石桥	12	
48	永定河引水渠	北京市	广北滨河路（桥）	99	
49	凉水河	北京市	大红门闸上	174	
50	通惠河	北京市	新八里桥	88	
51	北运河	北京市	杨洼闸	992	
52		廊坊市	土门楼	213	
53		天津市	新老米店闸	326	
54	北京排污河（港沟河）	天津市	东堤头闸上	879	港沟河（北京市-天津市）控制单元
55	凤港减河/港沟河	北京市	小屯桥/罗庄	373	
56	凤河	北京市	凤河营闸	201	
合计				35 949	

第 3 章 永定河

3.1 自然地理

（1）地理位置

永定河流域位于东经 112°～117°45′、北纬 39°～41°20′，发源于内蒙古高原的南缘和山西高原的北部，东临潮白河、北运河系，西临黄河流域，南为大清河系，北为内陆河。流域地跨内蒙古、山西、河北、北京、天津 5 个省（直治区、直辖市），面积为 4.7 万 km^2，占海河流域总面积（32.06 万 km^2）的 14.7%。

（2）地形地貌

永定河流域上游是被阴山和太行山支脉恒山包围的高原，北部为内蒙古高原，东南部为恒山及八达岭。永定河承接上源西南部桑干河、西北部洋河后，从官厅水库起穿越八达岭形成了官厅山峡，至三家店流入华北平原。三家店为永定河流域山区、平原分界，其中山区流域面积为 4.51 万 km^2，平原流域面积为 1 953 km^2。永定河流域上游西南部的桑干河区域，西邻管涔山和洪涛山，南屏为海拔 2 000 m 以上的恒山和太行山，平均高程约为 1 000 m，分布有大同盆地、阳原-蔚县盆地；西北部的洋河区域，北接坝上高原内陆河流域，地势西北高东南低，在尚义县、张北县一带是坝上高原和坝下盆地的分界线。

（3）土壤植被

永定河流域内土壤主要有栗钙土、灰褐土、棕壤和潮土等种类。上游高原和山区黄土分布较广，土壤以栗钙土和灰褐土为主。山间盆地以半水成型的草甸土、盐成型的盐渍土以及岩成型的风沙土为主。平原冲积地区主要为潮土，间有褐土化潮土和盐化潮土。滨海地区则为氯化物盐渍土。

永定河流域植被区域分为内蒙古高原温带草原区、华北山地暖温带落叶阔叶林区、平原暖温带落叶阔叶林栽培作物区 3 个区。永定河流域天然植被大都遭到人为破坏，仅山区有少量自然植被分布。天然次生林主要分布在海拔 1 000 m 以上的山峰和山脉上。燕山、太行山迎风坡存在年降水量为 600 mm 以上的弧形多雨带，植被生长良好。永定河流域上游高原和山区地处燕山、太行山背风坡，被山脉阻隔，降水量只有 400 mm 左右，植被稀疏，生态脆弱。

（4）水文气象

永定河流域属温带大陆性季风气候，为半湿润、半干旱气候的过渡区，多年平均气温为 6.9℃，最高气温为 39℃，最低气温为−35℃。盆地区域无霜期为 120～170 d、山区无霜期为 100 d 左右，封冻期达 4 个月以上。永定河流域多年平均降水量为 360～650 mm，不同地区降水量差异颇大。

3.2 河流水系

永定河上游有桑干河、洋河两大支流，于河北省张家口市怀来县朱官屯村汇合后称永定河，在官厅水库纳妫水河，经官厅山峡于三家店进入平原。三家店以下，两岸均靠堤防约束，卢沟桥至梁各庄段为地上河，梁各庄以下进入永定河泛区。永定河泛区下口屈家店以下为永定新河，在大张庄以下纳龙凤河、金钟河、潮白新河和蓟运河，于北塘入海。

（1）桑干河

桑干河是永定河主源，全长为 390 km，流域面积为 2.48 万 km^2，上源有恢河、源子河，两河在山西省朔州市马邑村汇流后成为桑干河。桑干河流经山西省的山阴、应县、大同、阳高，以及河北省的阳原、涿鹿等地，沿线有口泉河、御河、壶流河等支流汇入。桑干河上建有东榆林水库和册田水库。

（2）洋河

洋河全长为 101 km，流域面积约为 1.55 万 km^2，上源有东洋河、西洋河、南洋河等河流，在河北省怀安县柴沟堡镇附近汇合后成为洋河。洋河流经河北省张家口市怀安、万全、宣化、下花园、怀来等地，沿线有清水河、盘肠河、龙洋河等支流汇入。东洋河上建有友谊水库。

（3）永定河

永定河自河北省张家口市怀来县朱官屯村至天津市屈家店，长为 307 km。永定河自朱官屯下行 17 km 入官厅水库，库区纳妫水河，官厅水库至三家店为山峡段，长为 109 km，两岸有清水河、大西沟、湫河等十几条支流汇入。自三家店进入平原，以下两岸均靠堤防约束，流经北京市、河北省廊坊市，至天津市屈家店，长为 146 km，其中梁各庄至屈家店为永定河泛区段，长为 67 km。泛区段有天堂河、龙河汇入。

（4）永定新河

永定新河自天津市屈家店下至入海口，全长为 62 km。沿线有龙凤河、金钟河、北塘排水河、潮白新河、蓟运河等河流汇入，在北塘经防潮闸入渤海。

永定河水系情况如附图 1-3 所示。

3.3 汇水范围

将永定河系涉及的山西省、河北省和北京市等划定出 32 个汇水区域（即 32 个国考断面），主要包括桑干河干流，饮马河（御河）、源子河、浑河、十里河和壶流河等支流；洋河干流，东洋河、南洋河和清水河等支流；永定河干流，妫水河、永定河引水渠、龙河和永定新河等支流；友谊、册田和官厅等水库，汇水范围面积约为 5.9 万 km^2，详见附表 1-3。

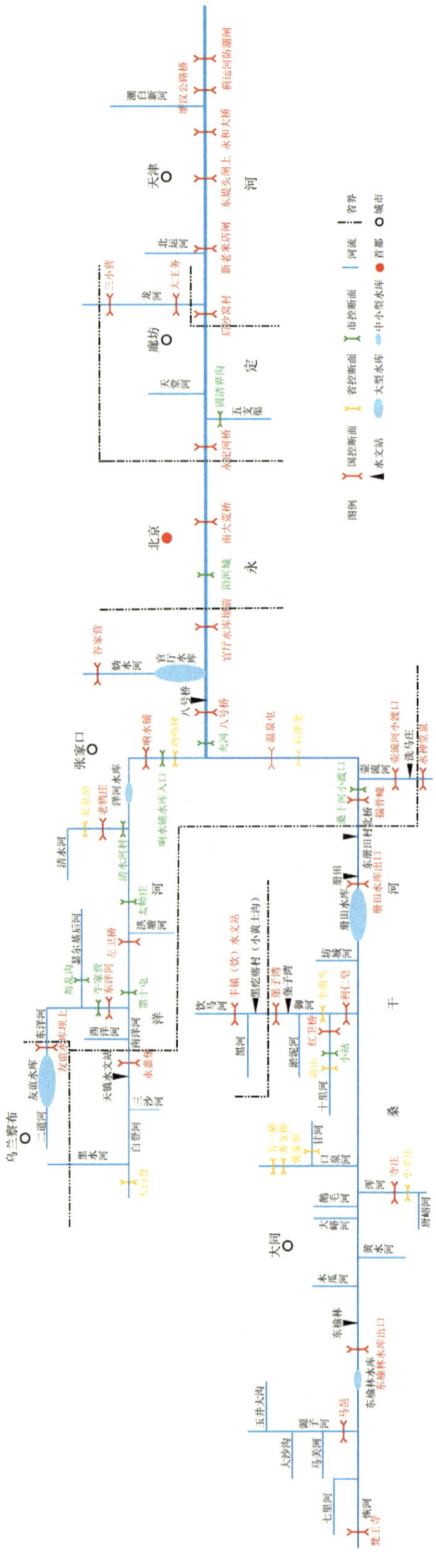

附图 1-3永定河水系

附表 1-3　永定河系汇水范围

序号	所在水体	所属地	汇水范围名称	面积/km²	控制单元名称
1	源子河	朔州市	马邑	2 764	桑干河（山西省）控制单元
2	浑河	大同市	寺庄	1 471	
3	桑干河	忻州市	梵王寺	423	
4		朔州市	东榆林水库出口	849	
5		朔州市	古家坡	5 307	
6		大同市	册田水库出口	1 992	
7	十里河	大同市	红卫桥	1 357	饮马河（御河）（内蒙古自治区-山西省）控制单元
8	饮马河（御河）	乌兰察布市	丰镇（饮）水文站	815	
9		乌兰察布市	堡子湾	1 504	
10		大同市	利仁皂	1 235	
11	壶流河	大同市	水神堂泉	1 212	壶流河（山西省-河北省）控制单元
12		张家口市	壶流河小渡口	3 198	
13	桑干河	张家口市	揣骨疃	508	桑干河（河北省）控制单元
14		张家口市	温泉屯	2 632	
15	东洋河	乌兰察布市	友谊水库坝上	2 962	东洋河/内陆河（内蒙古自治区-河北省）控制单元
16		张家口市	东洋河	11 359	
17	南洋河	大同市	永嘉堡	2 893	洋河（山西省-河北省）控制单元
18	清水河	张家口市	老鸦庄	2 498	
19	洋河	张家口市	左卫桥	1 362	
20		张家口市	响水铺	3 705	
21	永定河	张家口市	八号桥	1 255	官厅水库（河北省）控制单元
22	官厅水库	张家口市/北京市	官厅水库坝前	1 535	
23	妫水河	北京市	谷家营	668	妫水河（北京市）控制单元
24	官厅水库	北京市	官厅水库坝前	454	
25	永定河	北京市	南大荒桥	1 389	永定河（河北省-北京市）控制单元
26		北京市	永定河桥	336	
27		廊坊市	后沙窝村	839	
28	龙河	北京市	三小营	316	龙河（北京市-河北省）控制单元
29		廊坊市	大王务	550	
30	王庆坨水库	天津市	王庆坨水库	56	永定新河（天津市）控制单元
31	永定新河	天津市	永和大桥	788	
32	永定新河/北塘水库	天津市	塘汉公路桥/北塘水库	557	
合计				58 789	

第 4 章　大清河（含海河干流）

4.1　自然地理

（1）地理位置

大清河（含海河干流）地处海河流域中部，位于东经 113°39′～117°34′、北纬 38°10′～40°102′，西起太行山，东临渤海湾，北临永定河及海河干流，南界子牙河。流域地跨山西、河北、北京、天津，总面积为 42 972 km²，其中山区面积为 18 602 km²，丘陵平原面积为 24 370 km²，分别占流域总面积的 43.29%和 56.71%。大清河（含海河干流）流域分区面积见附表 1-4。

附表 1-4　大清河（含海河干流）流域分区面积统计　　单位：km²

项目		河北省	山西省	北京市	天津市	合计
山区和平原合计	南支	17 639	3 406	—	—	21 045
	北支	7 935	—	2 140	—	10 075
	中下游	9 106	—	—	2 746	11 852
山区	南支	8 135	3 406	—	—	11 541
	北支	5 651	—	1 410	—	7 061
	小计	13 786	3 406	1 410	—	18 602
平原	南支	9 504	—	—	—	9 504
	北支	2 284	—	730	—	3 014
	清南	5 202	—	—	35	5 237
	清北	2 833	—	—	161	2 994
	黑龙港及运东地区	1 071	—	—	2 550	3 621
	小计	20 894	—	730	2 746	24 370
总计		34 680	3 406	2 140	2746	42 972

（2）地形地貌

大清河（含海河干流）流域地形西高东低，西部山区高程为 500～2 200 m，最高的五台山东台高达 2 795 m。丘陵地区高程为 100～500 m，大致分布在京广铁路西侧 10～40 km 处，平原高程在 100 m 以下。大清河下游滨海地区高程约为 1 m，主要由永定河、大清河、子牙河以及古黄河冲积而成。由于受永定河、子牙河及南运河等多河系的河道变迁与洪水泛滥的影响，形成多片洼地。

（3）土壤植被

大清河流域山地土壤分为高山草甸土、棕壤和褐土三大类，褐土分布最广，属地带性土壤。

植被方面，植被盖度大于75%的河系面积为5 161.70 km^2，占河系总面积的27.61%；植被盖度为60%～75%的面积为2 716.58 km^2，占河系总面积的14.53%；植被盖度为45%～60%的面积为2 639.62 km^2，占河系总面积的14.12%；植被盖度为30%～45%的面积为3 441.25 km^2，占河系总面积的18.41%；植被盖度为10%～30%的面积为1 988.54 km^2，占河系总面积的10.63%；植被盖度小于10%的面积为2 748.31 km^2，占河系总面积的14.7%。

（4）水文气象

流域地处温带半湿润半干旱大陆性季风气候区，四季分明。冬季寒冷干旱少雨雪，夏季炎热多雨，秋季天高气爽，春季干旱多风沙。多年平均降水量为510 mm，降水时空分布不均，主要集中在6—9月，总的趋势是山区大于平原，北部平原大于南部平原。年平均气温为7.6～13.1℃。多年平均水面蒸发量为800～1 200 mm。水冻期一般为12月至次年2月，标准冻结深度为0.6～1 m。

4.2 河流水系

大清河（含海河干流）是海河流域较大的河系，源于太行山东麓，东淀以上分为南、北两支。

北支为白沟河水系，主要支流有小清河、琉璃河、南拒马河、北拒马河、中易水、北易水等。拒马河在张坊以下分流成为南拒马河和北拒马河。北易水和中易水在北河店汇入南拒马河。琉璃河、小清河在东茨村以上汇入北拒马河后成为白沟河。南拒马河和白沟河在高碑店市白沟镇附近汇合后，由新盖房枢纽经白沟引河入白洋淀、经新盖房分洪道和大清河故道入东淀。大清河北支白沟镇以上流域面积为10 151 km^2，其中张坊以上流域面积为4 820 km^2。

南支为赵王河水系，由潴龙河（支流有磁河、沙河等）、唐河、清水河、府河、瀑河、萍河等组成，各河均汇入白洋淀，南支白洋淀以上流域面积为21 054 km^2。白洋淀为连接大清河山区与平原的缓洪滞洪、综合利用洼淀，淀区（本杂马）滞洪水位为9 m时，水面面积为404 km^2，下游接赵王新河、赵王新渠入东淀。东淀下游分别经海河干流和独流减河入海。在海河干流和独流减河入海口分别建有海河闸和独流减河防潮闸以防潮水倒灌。河源至独流减河防潮闸长为483 km。

大清河（含海河干流）山区建有横山岭、口头、王快、西大洋、龙门、安格庄6座大型水库，除安格庄水库位于大清河北支中易水外，其余5座大型水库均位于南支白洋淀上游。大清河中下游南运河以西的洼淀主要有东淀、文安洼和贾口洼（统称西三洼），西三洼主要用于一般洪水缓洪滞洪。南运河以东有团泊洼、唐家洼和北大港（统称东三洼），东三洼主要用于超标准洪水临时缓洪滞洪。

大清河（含海河干流）系情况如附图1-4所示。

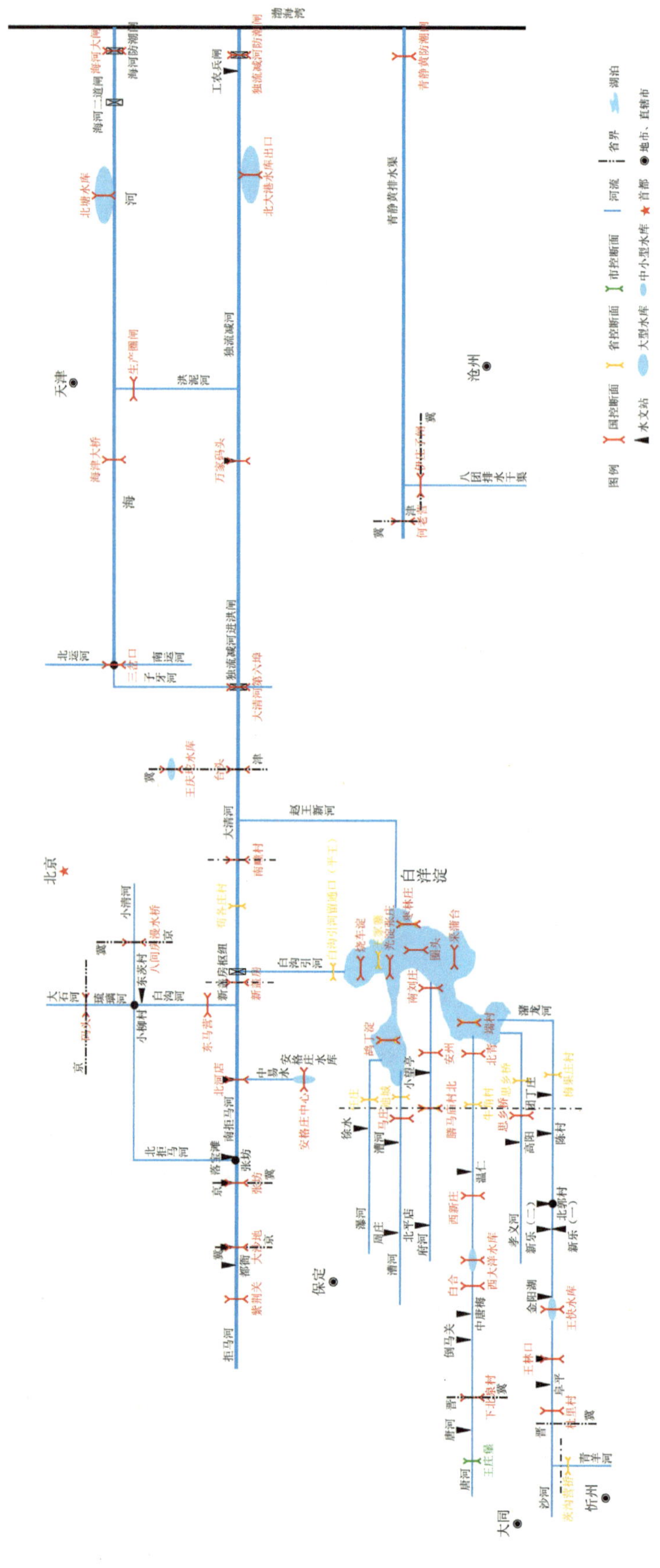

附图 1-4　大清河（含海河干流）系

4.3 汇水范围

将大清河（含海河干流）涉及的河北省、北京市和天津市划出 44 个汇水区域（含 45 个国考断面），主要包括大清河干流，白沟河、拒马河、大石河等北支干支流；潴河、府河、唐河、沙河和孝义河等南支干支流；白洋淀，独流减河和海河干流；西大洋、王快和北塘等水库，汇水范围面积约为 4.3 万 km^2，详见附表 1-5。

附表 1-5 大清河（含海河干流）汇水范围面积

序号	所在水体	所属地	汇水范围名称	面积/km^2	控制单元名称
1	白洋淀	—	烧车淀	298	白洋淀（北淀）（河北省）控制单元
2		—	鸪丁淀	1 081	
3	潴河	保定市	马庄	1 014	
4	白洋淀	—	光淀张庄/圈头/采蒲台/枣林庄	283	白洋淀（南淀）（河北省）控制单元
5		—	端村	3 138	
6	孝义河	保定市	思乡桥	1 001	
7	小清河	北京市	八间房漫水桥	408	白沟河（北京市-河北省）控制单元
8	大石河	北京市	码头	1 339	
9	白沟河	保定市	东马营	1 122	
10	大宁水库	北京市	大宁水库	51	
11	拒马河	保定市	大沙地	2 272	拒马河（河北省-北京市）控制单元
12		北京市	张坊	403	
13		保定市	紫荆关	1 987	
14	南拒马河	保定市	北河店	1 801	南拒马河（河北省）控制单元
15		保定市	新盖房	717	
16	安格庄水库	保定市	安格庄中心	407	
17	府河	—	南刘庄	73	府河（河北省）控制单元
18		保定市	膳马庙村北	2 087	
19		—	安州	78	
20	唐河	大同市	下北泉村	2 351	唐河（山西省-河北省）控制单元
21	唐河	保定市	白合	1 527	
22		定州市	西新庄	460	
23		保定市	北青	914	
24	西大洋水库	保定市	西大洋水库	833	
25	潴龙河	大同市/忻州市	杜里村	1 194	沙河-潴龙河（山西省-河北省）控制单元
26		保定市	王林口	1 558	
27	王快水库	保定市	王快水库	1 059	

序号	所在水体	所属地	汇水范围名称	面积/km²	控制单元名称
28	磁河	石家庄市	段家庄	2 551	磁河（河北省）控制单元
29	大清河	—	南疃村	220	大清河（河北省）控制单元
30		廊坊市	台头	5 704	
31	子牙河/大清河	天津市	十一堡新桥（属于子牙河）/大清河第六埠（属于大清河）	460	子牙河（河北省-天津市）控制单元
32	独流减河	天津市	万家码头	1 278	
33		天津市	独流减河防潮闸	110	
34	青静黄排水渠/北大港水库	天津市	青静黄防潮闸/北大港水库出口	845	
35	青静黄排水渠	沧州市	何老营/伊庄子闸	161	
36	子牙河	天津市	西河闸	129	海河（天津市）控制单元
37	南水北调天津段	天津市	曹庄子泵站	42	
38	南运河	天津市	井冈山桥	10	
39	子牙河	天津市	大红桥	72	
40	北运河	天津市	北洋桥	73	
41	海河	天津市	三岔口	25	
42		天津市	海津大桥	138	
43	洪泥河	天津市	生产圈闸	136	
44	海河	天津市	海河大闸	1 174	
合计				42 584	

第 5 章　子牙河（含黑龙港及运东）

5.1　自然地理

（1）地理位置

子牙河（含黑龙港及运东）流域位于海河流域中南部，地理位置为东经 112°16′～117°11′，北纬 36°19′～39°25′，西起太行山，东临渤海湾，南临漳卫河，北界大清河，流域面积为 46 868 km^2，其中山区面积为 31 248 km^2，平原面积为 15 620 km^2。该流域地跨山西省、河北省、天津市。

（2）地形地貌

子牙河（含黑龙港及运东）流域地势西南高、东北低，该流域兼有山地、丘陵、平原等地形。西部有太行山，最高峰五台山海拔为 3 068 m，东部为平原，一般地面高程为 20～45 m，沿海最低处高程为 1.5～15 m。

（3）土壤植被

子牙河（含黑龙港及运东）流域的植被分为 7 类，分别为栽培植被、草丛、草甸、草原、灌丛、阔叶林和针叶林。栽培植被面积最大，分布在流域东部平原；其次是草丛，主要分布在流域西部山区；再次是阔叶林，分布在流域中部山区。

（4）水文气象

子牙河（含黑龙港及运东）流域地处半湿润半干旱区，属暖温带大陆性季风气候，冬季干冷而雨雪稀少，春季多风少雨，夏季湿润多雨，秋季天高气爽；全年平均气温为 11.8～12.9℃，7 月温度最高，平均气温在 26℃以上，1 月温度最低，平均气温为-4℃；全年无霜期为 180～220 d。该流域耕作制度为一年两熟，是河北省的粮棉主要产区。子牙河（含黑龙港及运东）流域多年平均降水量约为 540 mm，地区分布差别较大，全年雨量的 80%左右集中在 7—9 月。

5.2　河流水系

子牙河（含黑龙港及运东）流域由滏阳河和滹沱河两大河系组成，流域长度为 470 km。

（1）滏阳河

滏阳河发源于太行山东麓，流域面积为 21 737 km^2，有大小支流 20 余条，艾辛庄以上各支流均发源于太行山东麓，艾辛庄以下各支流发源于平原。滏西支流牤牛河、清河、沁河、输元河及生产团结渠等汇入永年洼，集水面积为 2 266 km^2；洺河、南澧河、七里河、李阳河、小马河、白马河及留垒河等流入大陆泽，集水面积为 10 158 km^2；泜河、午河、北沙河、洨河及北澧河等流入宁晋泊，集水面积为 14 877 km^2；滹滏区间骨干排水河道汪洋沟、邵村沟、小西河、龙治河、天平沟及留楚排干等支流入艾辛庄以下的滏阳河，集水面积为 6 643 km^2。滏阳新河主要承泄艾辛庄以上的洪水。滏阳河、滏阳新河至献县枢纽与滹沱河汇合。

（2）滹沱河

滹沱河发源于山西省繁峙县五台山北麓，流经河北省石家庄、衡水两市，在饶阳大齐村进入献县泛区，至献县枢纽与滏阳河汇流，流域面积为 24 774 km^2。滏阳河、滹沱河在献县枢纽汇流后，经子牙新河下泄入海。子牙河只相机分洪，主要留作排沥用。

北排河上游为老漳河和小漳河，汇流进入滏东排河后，自泊头市冯庄节制闸起为北排河，向东与沧浪渠汇流注入渤海，流域面积为 5 714 km^2，其中滏东排河衡水段属引黄入冀补淀工程，每年可为衡水市调引黄河水 5 200 万 m^3 以上。

南排河由老盐河-索泸河、老沙河-清凉江、江江河汇流后形成，向东与廖家洼、新石碑河汇流注入渤海，流域面积为 13 730 km^2，多为排沥河道。

子牙河（含黑龙港及运东）系情况如附图 1-5 所示。

5.3 汇水范围

将子牙河（含黑龙港及运东）涉及的山西省、河北省和天津市划分出 45 个汇水区域（含 51 个国考断面），主要包括滹沱河干流，牧马河、乌河、温河、绵河和桃河等支流；滏阳河干流，洺河、牛尾河、洨河、滏东排河和汪洋沟等支流；子牙河干流和子牙新河支流；北排河、南排河、沧浪渠、江江河、清凉江、石碑河和宣惠河等黑龙港及运东地区诸河；岗南、黄壁庄、东武仕、衡水湖和大浪淀等水库，汇水范围面积约为 7 万 km^2，详见附表 1-6。

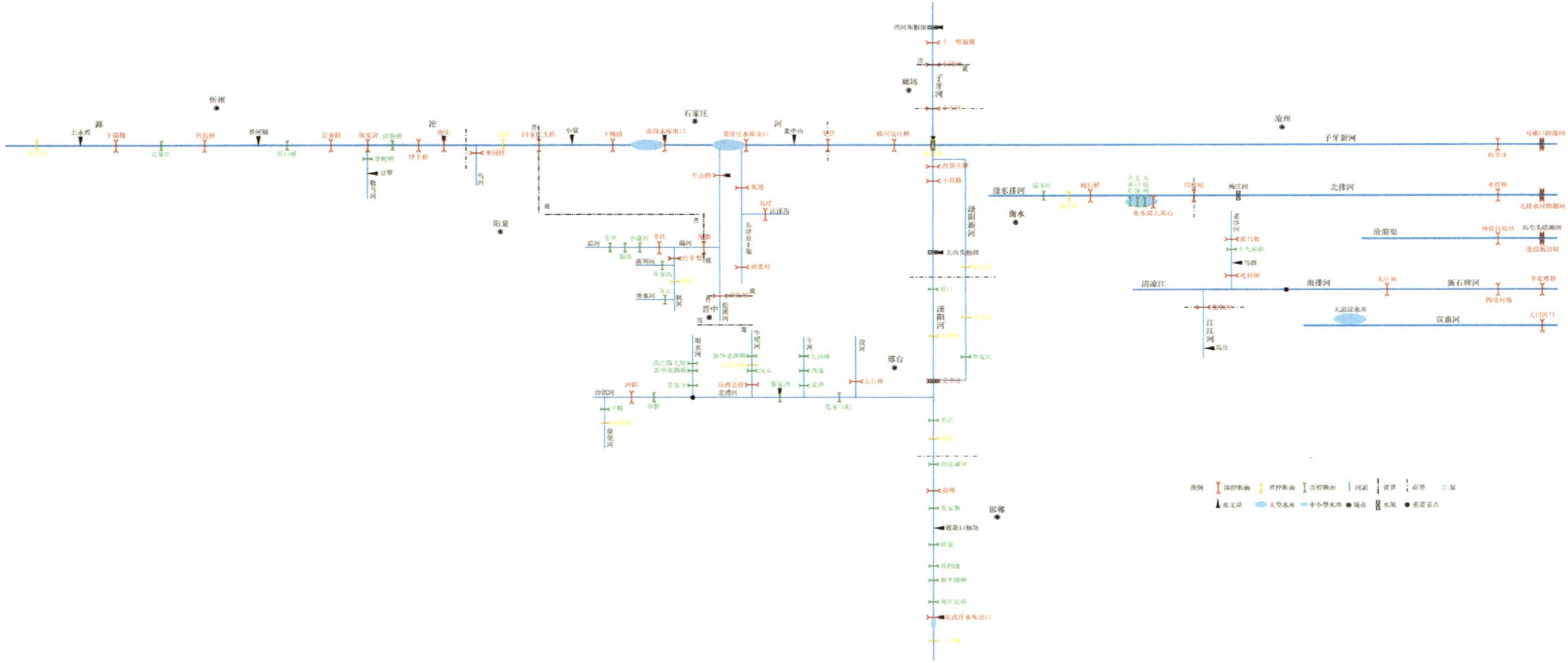

附图 1-5 子牙河（含黑龙港及运东）系

附表 1-6 子牙河（含黑龙港及运东）汇水范围

序号	所在水体	所属地	汇水范围名称	面积/km^2	控制单元名称
1	滹沱河	忻州市	下茹越	1 264	滹沱河（山西省）控制单元
2		忻州市	代县桥	1 842	
3		忻州市	定襄桥	3 517	
4		忻州市	南庄	1 584	
5		阳泉市	闫家庄大桥	963	
6	牧马河	忻州市	陈家营	1 299	
7	清水河	忻州市	坪上桥	2 459	
8	乌河	阳泉市	枣园村	1 366	
9	滹沱河	石家庄市	下槐镇	1 219	滹沱河（河北省）控制单元
10		石家庄市	枣营	939	
11		衡水市	临河富庄桥	515	
12	岗南水库	石家庄市	岗南水库出口	744	
13	黄壁庄水库	石家庄市	黄壁庄水库出口	539	
14	桃河	阳泉市	白羊墅	1 102	绵河（山西省-河北省）控制单元
15	温河	阳泉市	辛庄	927	
16	绵河	阳泉市	地都	1 055	
17		石家庄市	平山桥	1 645	
18	松溪河	晋中市	王寨村	1 708	
19	石津总干渠	辛集市	南张村	2 600	石津总干渠（河北省）控制单元
20		石家庄市	兆通	648	
21	汪洋沟	石家庄市	高庄	234	
22	东武仕水库	邯郸市	东武仕出口	313	滏阳河（河北省）控制单元
23	滏阳河	邯郸市	曲周	2 478	
24		邢台市	艾辛庄	8 009	
25		衡水市	小范桥	1 879	
26		衡水市	西贾庄桥	1 647	
27	洺河	邯郸市	沙阳	2 830	
28	牛尾河	邢台市	后西吴桥	356	
29	洨河	石家庄市	大石桥	1 300	
30	滏东排河	邢台市	城后桥	2 606	滏东排河（河北省）控制单元
31		衡水市	田村闸	542	
32	衡水湖	衡水市	衡水湖大湖心	480	

序号	所在水体	所属地	汇水范围名称	面积/km^2	控制单元名称
33	北排河/子牙新河	沧州市	永红桥/阎辛庄	2 249	北排水河（河北省-天津市）控制单元
34	沧浪渠	沧州市	杨官庄自动站	629	
35	沧浪渠/子牙新河/北排河	天津市	沧浪渠出境/马棚口防潮闸/北排水河防潮闸	326	
36	南排河	沧州市	朱庄闸	1 809	南排河（河北省）控制单元
37	江江河	衡水市	张帆庄	2 405	
38	清凉江	邢台市	郎吕坡	2 574	
39		衡水市	连村闸	2 393	
40	廖佳洼河	沧州市	四埝村桥	515	
41	石碑河	沧州市	李家堡桥	138	
42	大浪淀水库	沧州市	大浪淀水库	104	
43	子牙河	沧州市	小王庄	541	子牙河（河北省-天津市）控制单元
44		廊坊市	小河闸	896	
45	宣惠河	沧州市	大口河口	4 758	宣惠河（河北省）控制单元
合计				69 946	—

第 6 章　漳卫南运河

6.1　自然地理

（1）地理位置

漳卫南运河流域简称漳卫南流域，位于东经 112°～118°、北纬 35°～39°，西以太岳山为界，南接黄河、徒骇马颊河，北界子牙河，东达渤海。河道流经山西、河南、河北、山东、天津，流域面积为 37 700 km^2，经海河和漳卫新河入渤海。

（2）地形地貌

漳卫南运河流域总的地势是西南高、东北低，平均比降为 2.63‰，大致分为山地、平原两种地貌。该流域西部上游地处太岳山东麓和太行山区，地面高程一般在 1 000 m 以上，为土质丘陵区和石质山区；东部及东北部（中下游）为广阔山前洪积、坡积、冲积平原。平原地带高程一般在 100 m 以下，基本上从京广铁路向东或向南倾斜；京广铁路附近为山前洪积平原，地面坡度为 1‰～3‰，排水良好。此区东南为冲积平原，微地形复杂，呈岗、坡、洼相间分布的条带状地形，成为各河流洪水时的天然行滞洪区，地面坡度为 0.1‰～0.3‰，排水不畅。该流域山区、丘陵区面积为 25 466 km^2，占流域总面积的 68%；平原面积为 12 334 km^2，占流域总面积的 32%。流域山区和平原几乎直接交接，其间的丘陵过渡区甚窄，致使各河流几乎没有中游段，形成上下游相接的特殊河道。

（3）土壤植被

清漳河流域内大部分地区属山石地区，地表植被较好，河床土壤尽属沙砾类型，河水澄清。浊漳河流域内黄土覆盖深厚，植被稀疏，洪水挟带泥沙。

卫河河系内山丘地区土壤以黏质砾土为主，部分地区土壤为壤土、砂壤土；太行山石质山区土壤多为灰岩，有裂隙溶洞发育现象，地下水较深，坡度陡，土层薄，上游深山区有一定的林木覆盖。卫河左岸山前洪积、冲积平原土壤主要为砂壤土，部分为沙土；右岸黄河冲积平原土壤以砂壤土为主。

（4）水文气象

漳卫南运河流域为温带半干旱、半湿润季风气候区，平原区平均气温变化范围为 13～14.5℃；山区气温低于平原，年平均气温一般随海拔高程的增高而降低；等温线的走向基本上与山脉的走向一致；处于太行山东麓的一些河谷地区的气温达 12℃以上。该流域极端最高气温一般出现在 6—7 月，其中，平原区通常在 40℃以上，山区通常不超过 40℃；极端最低气温一般出现在 1—2 月，其中，平原区和山区的一些河谷盆地，通常为−30～−20℃，个别年份低于−30℃。该流域的冬季是全年降水最少的季节。

6.2 河流水系

漳卫南运河流域上游分为漳河、卫河两大支流，在徐万仓处汇集入卫运河，再通过四女寺枢纽，大部分洪水经漳卫新河在海丰以下入渤海，少部分从南运河下泄，再经捷地减河、马厂减河及海河入渤海。

（1）漳河

漳河流域面积为 19 537 km^2，河长为 460 km。河流发源于山西高原和太行山区，东与滏阳河为邻，北接滹沱河及潇河，西界沁河，南靠丹河及卫河，地跨晋、冀、豫三省。其上游分清漳河与浊漳河两大支流。清漳河刘家庄以上流域面积为 3 800 km^2，其上游支流清漳西源建有一座中型水库——石匣水库，浊漳河石梁以上流域面积为 9 652 km^2，其南源、西源和北源分别建有漳泽、后湾、关河 3 座大型水库，控制面积分别为 3 146 km^2、1 296 km^2、1 747 km^2。清漳河与浊漳河在合漳处汇合后成为漳河，其下游出山口的观台站以下建有一座大型水库——岳城水库。观台站以上流域面积为 17 800 km^2，岳城水库以下为平原区，在徐万仓处与卫河汇合。

（2）卫河

卫河是漳卫南运河上游两大支流之一，全长为 329 km，流域面积为 15 229 km^2。卫河发源于太行山区，南临黄河，东面与马颊河相接，主要干支流自太行山前的陡坡下跌进入平原，左岸支流均发源于太行山前，呈梳齿状平行汇于卫河干流，较大者有淇河、汤河、安阳河等。河流源出山西省，流经河南、河北、山东三省，于河北省馆陶县徐万仓与漳河汇流。从河南省新乡市合河乡始至漳卫河汇合口徐万仓止。

（3）卫运河

卫运河起自漳河、卫河于馆陶县徐万仓汇合后，止于四女寺枢纽河段，河道全长为 157 km。卫运河沿经山东、河北两省边界，左岸流经河北省的馆陶、临西、清河、故城等地，右岸流经山东省的冠县、临清、夏津、武城等地。

（4）漳卫新河

漳卫新河上起四女寺枢纽，下至无棣县大沽河口入海，河道全长为 257 km（其中孟家庄至大沽河入海口长为 12 km，河道无堤防），左堤长为 206.87 km，右堤长为 243.83 km。是河北、山东两省的界河，右岸流经山东省德州市德城区、宁津县、乐陵市、庆云县及滨州市无棣县等地，左岸流经山东省德州市德城区和河北省沧州市吴桥县、东光县、南皮县、盐山县、海兴县等地。

漳卫新河从四女寺枢纽工程开始，往下有两个分支，一支从四女寺枢纽北进入洪闸至吴桥县大王铺，长为 43.5 km，称为岔河，建有七里庄和吴桥蓄水闸；另一支从四女寺枢纽南进入洪闸至大王铺的老四女寺减河，长为 53 km，称为老减河，建有袁桥蓄水闸。合流后的漳卫新河上建有王营盘、前罗寨、庆云蓄水闸和辛集挡潮蓄水闸。

（5）南运河

四女寺枢纽至天津市静海区独流镇的十一堡节制闸运河河段称南运河，河道全长为 309 km，左堤长为 271.36 km，右堤长为 273.1 km。起于四女寺枢纽，流经山东省德州市德城区，河北省故城、景县、阜城、吴桥、东光、南皮、泊头、沧县、沧州市区、青县等地，止于十一堡节制闸。南运河可分为上、中、下三段，段与段之间有捷地减河和马厂减河分泄洪水。上段为四女寺枢纽节制闸至沧县捷地减河捷地闸，河长为 184.8 km，通过捷地闸可向捷地减河分洪。中段自沧县捷地闸至静海区马厂减河九宣闸止，河长为 76.9 km，通过九宣闸向马厂减河分洪。下段自马厂减河九宣闸至十一堡节制闸止，河长为 47.3 km。

漳卫南运河系情况如附图 1-6 所示。

6.3 汇水范围

将漳卫南运河系涉及的山西省、河南省和河北省划分出 35 个汇水区域（含 38 个国考断面），主要包括漳河干流，清漳河、清漳东源、清漳西源、浊漳河、浊漳南源、浊漳北源、绛河和露水河等支流；卫河干流，共产主义渠、人民胜利渠、淇河、淅河和安阳河等支流；卫运河、南运河和漳卫新河等干支流；岳城、修武、弓上和大屯等水库（水文站），汇水范围面积约为 4.2 万 km^2，详见附表 1-7。

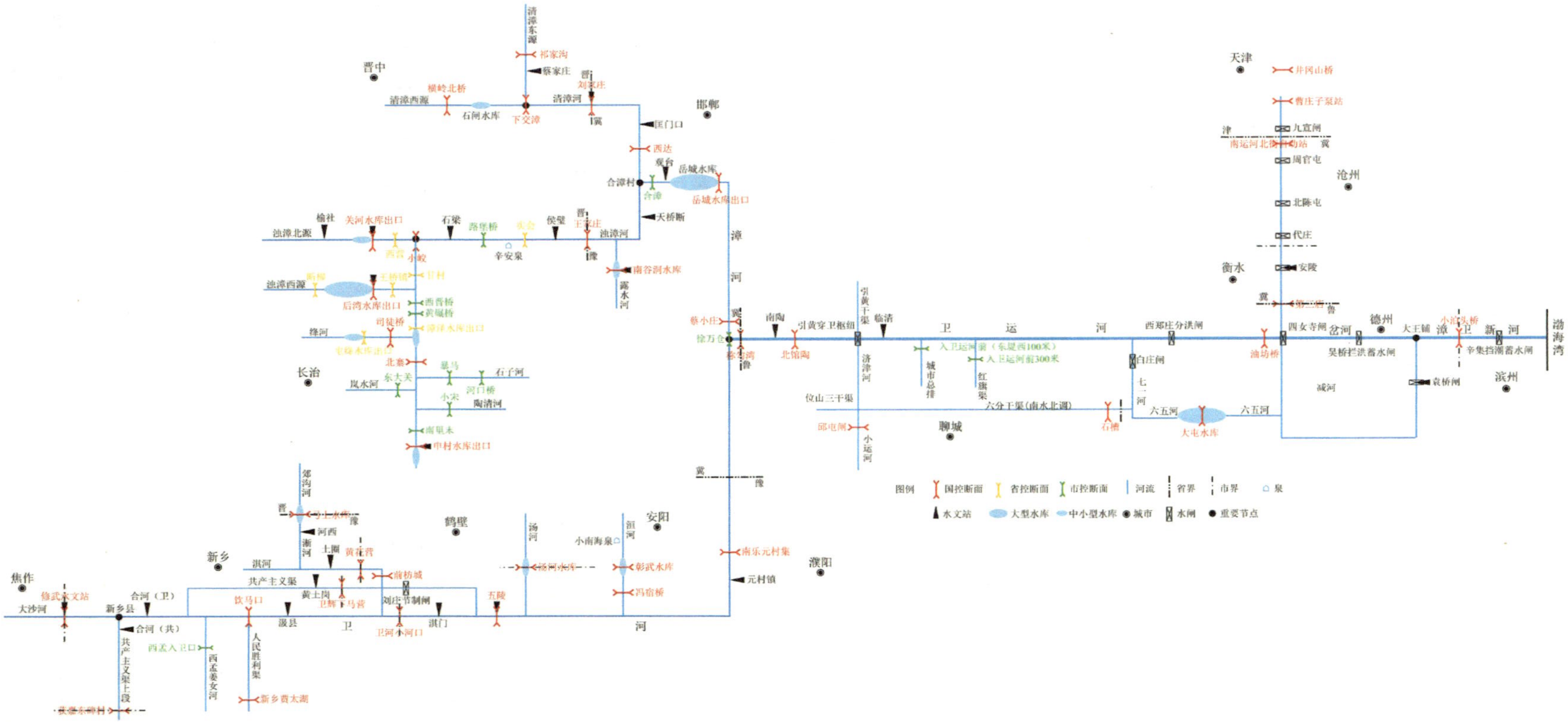
清漳东源
祁家沟
蔡家庄
晋中
横岭北桥
清漳西源
石匣水库
下交漳
清漳河
刘家庄
邯郸
匡门口
西达
观台
岳城水库
合漳村
合漳
岳城水库出口
天桥断
浊漳北源
榆社
关河水库出口
石梁
路堡桥
侯壁
辛安泉
浊漳河
南谷洞水库
露水河
浊漳西源
后湾水库出口
司徒桥
漳泽水库出口
绛河
北寨
长治
东太关
岚水河
石子河
河口桥
小宋
陶清河
南寨木
申村水库出口
漳
河
蔡小庄
徐万仓
南陶
引黄穿卫枢纽
北馆陶
临清
引黄干渠
清津河
卫
运
河
入卫运河前（东堤西100米）
入卫运河前300米
城市总排
红旗渠
位山三干渠
六分干渠（南水北调）
邱屯闸
小运河
聊城
西郑庄分洪闸
白庄闸
七一河
六五河
大屯水库
石槽
天津
井冈山桥
曹庄子泵站
九宣闸
南运河北陈屯站
周官屯
沧州
北陈屯
代庄
衡水
安陵
第三店
四女寺闸
岔河
德州
吴桥拦洪蓄水闸
减河
大王铺
小泊头桥
辛集挡潮蓄水闸
袁桥闸
新
河
滨州
渤海湾
郊沟河
河西
淅河
土圈
黄庄营
鹤壁
汤河
小南海泉
洹河
安阳
彰武水库
冯宿桥
南乐元村集
元村镇
濮阳
新乡
淇河
共产主义渠
黄土岗
前枋城
刘庄节制闸
五陵
淇门
卫河小河口
饮马口
汲县
焦作
修武水文站
大沙河
新乡县
合河（卫）
合河（共）
西孟姜女河
西孟入卫口
人民胜利渠
新乡曹太湖
共产主义渠上段
图例
国控断面
省控断面
市控断面
河流
省界
市界
泉
水文站
大型水库
中小型水库
城市
水闸
重要节点

附图 1-6　漳卫南运河系

附表 1-7　漳卫南运河水系汇水范围

序号	所在水体	所属地	汇水范围名称	面积/km²	控制单元名称
1	清漳东源	晋中市	祁家沟	206	清漳河（山西省-河北省）控制单元
2	清漳河/清漳西源	晋中市	下交漳/横岭北桥	3 180	
3	清漳河	长治市	刘家庄	779	
4		邯郸市	西达	1 008	
5	浊漳北源	长治市	关河水库出口	1 913	浊漳河（山西省-河南省）控制单元
6	浊漳西源	长治市	后湾水库出口	1 324	
7	浊漳南源	长治市	北寨	2 332	
8	绛河	长治市	司徒桥	884	
9	露水河	安阳市	南谷洞水库	284	
10	浊漳河	长治市	小峧	3 235	
11		长治市	王家庄	2 643	
12	漳河	邯郸市	岳城水库出口	747	漳河（河北省）控制单元
13		邯郸市	蔡小庄	2 435	
14	共产主义渠	焦作市	获嘉东碑村	414	共产主义渠（河南省）控制单元
15		新乡市	卫辉下马营	2 402	
16	大沙河	焦作市	修武水文站	1 391	
17	淅河	长治市	弓上水库	1 427	淇河（山西省-河南省）控制单元
18	淇河	安阳市	黄花营	1 175	
19		鹤壁市	前枋城	283	
20	安阳河	安阳市	彰武水库	936	安阳河（河南省）控制单元
21		安阳市	冯宿桥	1 162	
22	卫河/人民胜利渠	新乡市	饮马口/新乡贾太湖	356	卫河（河南省）控制单元
23	汤河	鹤壁市	汤河水库	136	
24	卫河	鹤壁市/新乡市	卫河小河口	734	
25		鹤壁市	五陵	1 933	
26		安阳市	南乐元村集	2 636	
27	小运河	聊城市	邱屯闸	779	京杭运河（卫运河段）（河北省-山东省）控制单元
28	七一河	聊城市	石槽	58	
29	卫运河	邯郸市	秤勾湾	186	
30		邢台市	油坊桥	503	
31		聊城市	油坊桥	275	
32	漳卫新河/六五河	德州市	小泊头桥/大屯水库	3 100	漳卫新河（河北省-山东省）控制单元
33	南运河	德州市	第三店	124	
34	漳卫新河	沧州市/德州市	小泊头桥	324	
35	南运河	沧州市	南运河北街自动站	348	子牙河（河北省-天津市）控制单元
合计				41 652	

第 7 章 徒骇马颊河

7.1 自然地理

（1）地理位置

徒骇马颊河流域位于海河流域的南部，东临渤海，西倚太行，南界黄河；地势平坦，土层深厚，坡度平缓；自西南向东北逐渐倾斜，岗、坡、洼相间分布。该流域涉及的行政区划包括山东省德州市、聊城市、滨州市的绝大部分，济南市、东营市的小部分，流经的面积为 30 945 km^2。

（2）地形地貌

徒骇河流域地形地貌复杂，岗、坡、洼分散分布，微地貌变化很大。其特点包括以下两点：一是流域狭长，地形坡度平缓，地面坡降上游一般为 1/8 000～1/5 000，中游为 1/10 000～1/8 000，下游为 1/20 000～1/12 000，整个流域西南高、东北低；二是微地貌变化复杂，主要为岗、坡、洼 3 种类型及滨海滩涂，中上游地区以岗、坡、洼相间的地貌特征为主，下游地区主要为近代形成的退海滩涂。马颊河流域地形是西南高、东北低，地面坡降上游一般为 1/10 000～1/6 000，地面高程为 45～55 m，西部沙丘高亢，东部低洼缓平。

（3）土壤植被

徒骇马颊河地区构造上属华北坳陷带，300 m 以上为第四系松散沉积物，300 m 以下为第三系，亦属松散沉积物，第四系各更新层发育比较完整，约为 120 m 以上的是黄河冲积层，100～200 m 处有湖积、洪积和冰积。主要岩性为砂壤土、轻黏质壤土、中重粉质壤土及粉质黏土。

（4）水文气象

徒骇马颊河流域位于暖温带季风气候区，冬季空气寒冷而干燥，雨雪稀少，夏季亚热带太平洋暖气团势力增强，冷暖气团交绥机会较多，降雨集中，春季干燥多风，秋季天高气爽。全流域多年平均年降水量为 593 mm，汛期（6—9 月）多年平均降水量为 452 mm。多年平均径流深为 55 mm，主要集中在汛期。

7.2 河流水系

马颊河、徒骇河、德惠新河属海河流域独流入海的河流，为平原区防洪排涝河道。徒骇河发源于河南省清丰县，于山东省沾化区暴风站入海。马颊河发源于河南省濮阳县金堤闸，于山东省无棣县入海。马颊河与徒骇河之间开挖了一条德惠新河，德惠新河于无棣县下泊头村东北 12 km 处与马颊河汇合，两河共用一个河口入海。此外，流域内沿海一带还有若干条独流入海的小河。

（1）马颊河

马颊河起源于河南省濮阳县金堤闸，干流自金堤闸至汇合口全长为 425 km。南与徒骇河相接，西、北与漳卫河接壤，总面积为 8 330.4 km^2，马颊河是海河流域内大型骨干防洪排涝河道，独流入海，地跨豫、冀、鲁三省。

（2）徒骇河

徒骇河属于海河流域，位于黄河下游北岸，流经河南、河北、山东三省，从西南到北呈窄长带状；干流自聊城市莘县文明寨村起，流经聊城、德州、滨州 3 个市，在滨州市沾化区与秦口河汇流后，经东风港于暴风站入海。徒骇河位于山东省海河流域南部，从西南到东北呈窄长带状，山东省境内河道长为 406 km，流域面积为 13 296 km^2。

（3）德惠新河

德惠新河位于徒骇河与马颊河之间，1968—1970 年开挖完成，全长为 204.3 km。上游段起自王庙镇聂庄村南，河道全长为 31 km；干流起自平原县王凤楼镇，于无棣县下泊头村东北 12 km 处与马颊河汇合，河道长为 73.3 km。德惠新河地跨德州、济南、滨州三市，流域面积为 3 249 km^2。

徒骇马颊河系情况如附图 1-7 所示。

7.3 汇水范围

将徒骇马颊河水系涉及的河南省、河北省和山东省划分出 22 个汇水区域（含 24 个国考断面），主要包括马颊河干流；徒骇河干流，秦口河、小米河等支流；德惠新河干流；潮河（滨州市）、挑河和神仙沟等入海河流；芦家河子和三角洼等水库，汇水范围面积约为 2.9 万 km^2，详见附表 1-8。

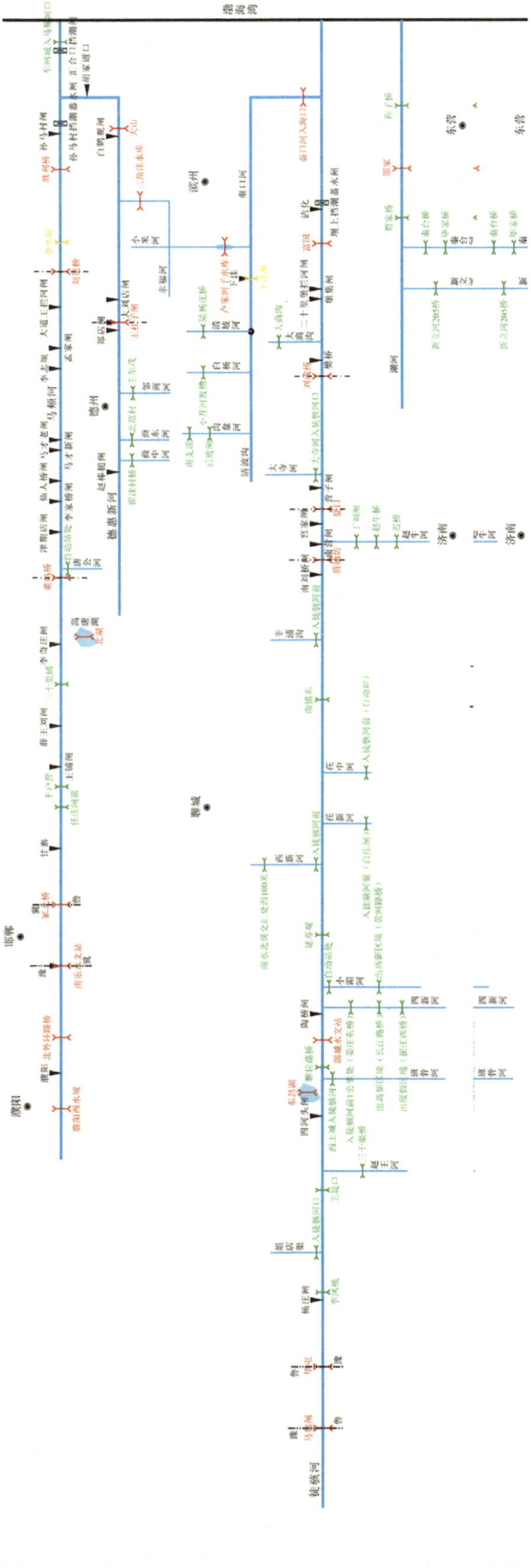

附图 1-7 徒骇马颊河系

附表 1-8 徒骇马颊河水系汇水范围

序号	所在水体	所属地	汇水范围名称	面积/km^2	控制单元名称
1	马颊河	濮阳市	濮阳西水坡	31	马颊河（河南省-河北省-山东省）控制单元
2		濮阳市	北外环路桥	421	
3		濮阳市	南乐水文站	774	
4		邯郸市	冢北桥	336	
5	马颊河/高唐湖	聊城市	董姑桥/北湖	2 588	
6	马颊河	德州市	刘贵桥	2 550	
7	德惠新河/马颊河	滨州市	大山/胜利桥	1 253	
8	幸福河	滨州市	三角洼水库	103	
9	徒骇河	聊城市	马集闸	228	徒骇河（河南省-山东省）控制单元
10		濮阳市	毕屯	518	
11		聊城市	聊城水文站	2 262	
12		聊城市	前油坊	1 587	
13		德州市	夏口	3 152	
14		济南市	刘成桥	1 374	
15		滨州市	富国	2 678	
16	秦口河	滨州市	秦口河入海口	1 829	
17	小米河	滨州市	芦家河子水库	346	
18	环城湖	聊城市	东昌湖	15	
19	潮河	滨州市	邵家	1 598	
20	德惠新河	德州市	王杠子闸	2 419	德惠新河（山东省）控制单元
21	挑河	东营市	滨孤路桥	1 977	挑河（山东省）控制单元
22	神仙沟/刁口河	东营市	五号桩/刁口河滨孤路桥	693	
合计				28 732	

附件 2

入海河流污染物通量及溯源分析

2021 年，生态环境部提出建立地上地下、陆海统筹的生态环境治理制度，认为山水林田湖草是相互依存、紧密联系的生命共同体，一些污染问题表现在地下、在水里，根子却在地上、在岸上。要用系统论的思想和方法看问题，从系统工程和全局寻求治理之道，按照生态系统的整体性、系统性及其内在规律，建立陆海统筹的生态环境保护修复制度，实现陆海整体保护、系统修复与综合治理。污染物分配的合理与否会直接影响水污染控制工作的成效和陆海统筹、以海定陆计划的长期实施。近年来，基于流域模型源解析评估结果的水环境管理框架体系得到普遍认可和有效执行。本附件旨在通过构建基于渤海湾陆域空间响应的流域入海通量模型，进行基于入海口断面通量评估的空间污染溯源解析，为推进与落实海河流域陆海统筹、以海定陆的精细化管理措施提供支持。

第 1 章　入海污染物通量分析

1.1　入海断面水质状况

“十三五”期间海河流域共有 19 个入海河流国控断面，主要污染物指标为 COD、氨氮、总氮和总磷，2020 年，主要污染物指标的浓度分别为 31.41 mg/L、1.02 mg/L、4.9 mg/L、0.14 mg/L，与 2015 年相比，COD、氨氮和总磷分别降低了 25%、32%和 49%。

在附图 2-1～附图 2-4 中，各河系污染物浓度的年际变化趋势为该河系所有入海断面污染物浓度均值的变化趋势。COD 显著减少的有滦河及冀东沿海、永定河和大清河（含海河干流）；子牙河（含黑龙港及运东）的 COD 在 2015—2019 年显著减少，但在 2020 年有轻微增加的趋势，徒骇马颊河与子牙河（含黑龙港及运东）的趋势类似，但 2020 年有显著增加的趋势。氨氮浓度显著减少的有滦河及冀东沿海、北三河、永定河、大清河（含海河干流）、子牙河（含黑龙港及运东），徒骇马颊河则在 2015—2019 年有明显减少趋势，但 2020 年氨氮浓度显著增加。大部分河系的总氮浓度显著减少，总磷浓度的趋势变化与总氮趋势相似。

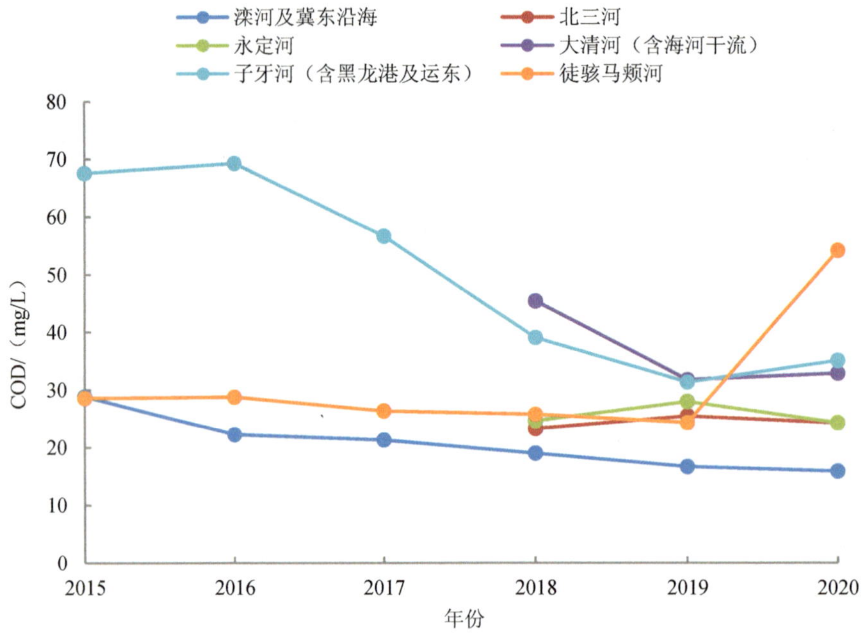

附图 2-1 海河流域 COD 年际变化趋势

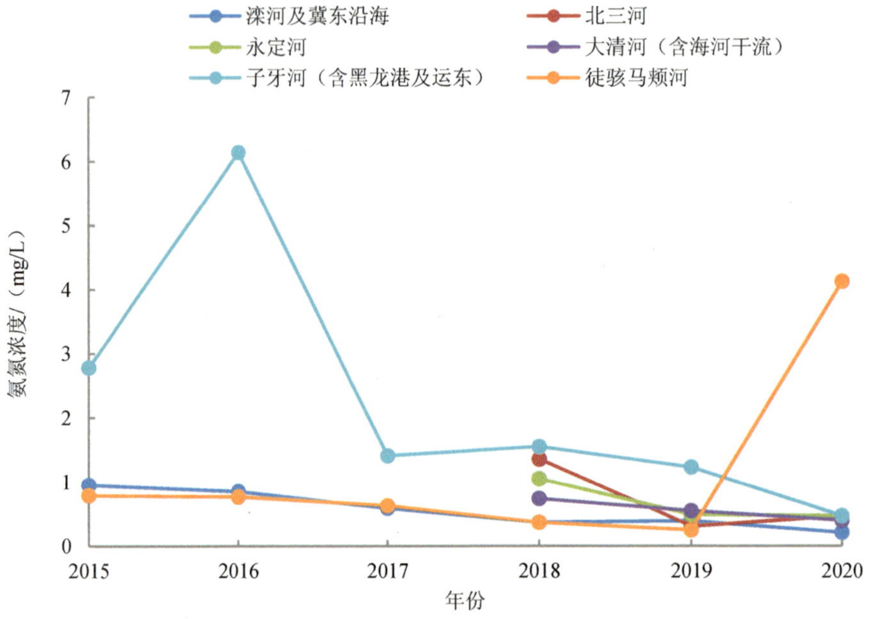

附图 2-2 海河流域氨氮浓度年际变化趋势

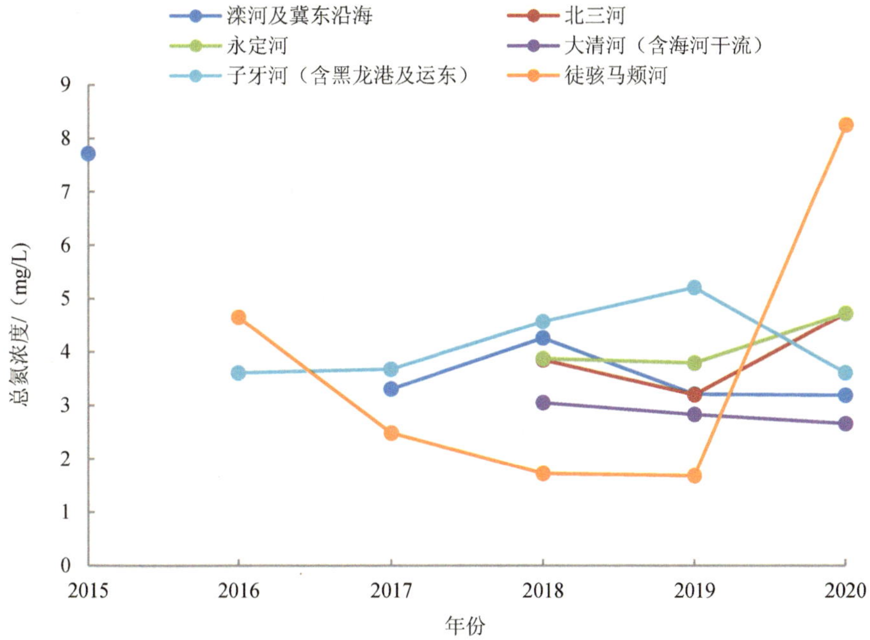

附图 2-3　海河流域总氮浓度年际变化趋势

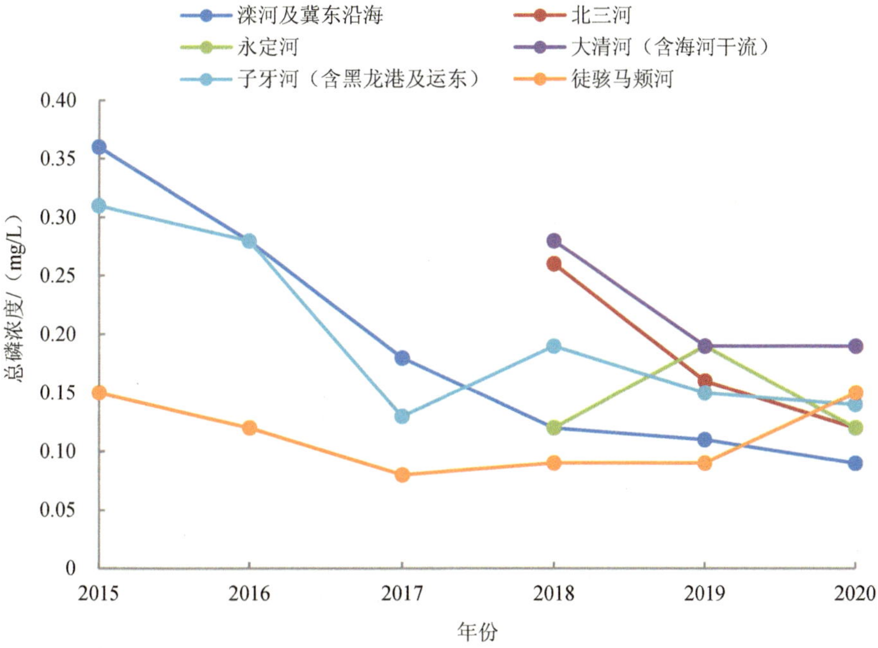

附图 2-4　海河流域总磷浓度年际变化趋势

1.2 入海断面水量情况

据统计，海河流域 20 世纪 50 年代年均入海水量为 241 亿 m^3，而 80 年代只有 22 亿 m^3，2001—2007 年平均入海水量为 16.76 亿 m^3。全流域的年入海水量呈现显著减少的趋势。在控制当地水资源供水量不突破地表水可利用量限制的情况下，全流域多年（1956—2000 年）平均入海水量为 55 亿 m^3。2015 年和 2017 年海河流域平均入海水量分别比多年平均值少 48%和 30%，2015—2017 年只有 2016 年的值超出平均值，其原因可能是 2016 年为丰水年。海河流域入海水量逐年变化情况见附表 2-1。

附表 2-1 海河流域入海水量逐年变化情况

河系	年入海水量/亿 m^3				
	2015 年	2016 年	2017 年	2018 年	2019 年
滦河及冀东沿海	3.13	16.33	9.18	20.99	8.74
北三河	7.27	14.44	10.51	23.00	11.6
永定河	—	—	—	—	—
大清河（含海河干流）	5.71	13.33	6.39	8.57	5.66
子牙河（含黑龙港及运东）	1.57	8.51	3.44	5.73	0.95
漳卫河	—	—	—	—	—
徒骇马颊河	10.70	16.70	5.40	13.43	10.01
总计	28.38	69.31	34.92	71.72	36.96

注：数据来源于流域、省份水资源公报，北三河水量为海河北系水量，大清河水量为海河南系与子牙河水量之差。

1.3 入海污染物通量情况

根据主要污染物 COD、氨氮、总氮及总磷年平均浓度和入海水量，计算主要污染物的入海通量。计算公式如式（附 2-1）所示。

$$T_i = C_i \times Q \quad \text{（附 2-1）}$$

式中，T_i 表示污染物年入海通量，万 t；C_i 表示某种污染物在入海监测断面的平均浓度，mg/L；Q 表示河流年入海水量，亿 m^3。海河流域主要污染物入海通量逐年变化情况见附表 2-2 和附图 2-5～附图 2-8。

附表 2-2　海河流域入海通量逐年变化情况

河系	年份	年入海水量/亿 m^3	入海断面平均浓度/（mg/L）				入海通量/万 t			
			COD	氨氮	总氮	总磷	COD	氨氮	总氮	总磷
滦河及冀东沿海	2015	3.13	28.84	0.95	7.72	0.36	0.90	0.03	0.24	0.01
	2016	16.33	22.23	0.85	—	0.28	3.63	0.14	—	0.05
	2017	9.18	21.29	0.59	3.31	0.18	1.95	0.05	0.30	0.02
	2018	20.99	19.00	0.37	4.26	0.12	3.99	0.08	0.89	0.03
	2019	8.74	16.68	0.39	3.21	0.11	1.46	0.03	0.28	0.01
北三河	2015	7.27	—	—	—	—	—	—	—	—
	2016	14.44	29.67	3.15	6.74	0.64	4.28	0.45	0.97	0.09
	2017	10.51	29.08	1.75	5.28	0.37	3.06	0.18	0.55	0.04
	2018	23.00	23.08	1.13	4.42	0.17	5.31	0.26	1.02	0.04
	2019	11.60	29.92	0.46	4.29	0.18	3.47	0.05	0.50	0.02
大清河（含海河干流）	2015	5.71	—	—	—	—	—	—	—	—
	2016	13.33	—	—	—	—	—	—	—	—
	2017	6.39	—	—	—	—	—	—	—	—
	2018	8.57	45.42	0.74	3.05	0.28	3.89	0.06	0.26	0.02
	2019	5.66	31.78	0.55	2.83	0.19	1.80	0.03	0.16	0.01
子牙河（含黑龙港及运东）	2015	1.57	67.54	2.78	—	0.31	1.06	0.04	—	0.01
	2016	8.51	69.26	6.14	3.61	0.28	5.89	0.52	0.31	0.02
	2017	3.44	56.67	1.41	3.68	0.13	1.95	0.05	0.13	0.00
	2018	5.73	39.05	1.55	4.57	0.19	2.24	0.09	0.26	0.01
	2019	0.95	31.35	1.23	5.21	0.15	0.30	0.01	0.05	0.00
徒骇马颊河	2015	10.70	28.58	0.79	—	0.15	3.06	0.08	—	0.02
	2016	16.70	28.79	0.77	4.65	0.12	4.81	0.13	0.78	0.02
	2017	5.40	26.38	0.63	2.48	0.08	1.42	0.03	0.13	0.00
	2018	13.43	25.77	0.37	1.72	0.09	3.46	0.05	0.23	0.01
	2019	10.01	24.34	0.25	1.68	0.09	2.44	0.03	0.17	0.01
海河流域（总量）	2015	28.38	—	—	—	—	5.02	0.16	0.24	0.03
	2016	69.31	—	—	—	—	18.62	1.25	2.06	0.18
	2017	34.92	—	—	—	—	8.38	0.32	1.11	0.06
	2018	71.72	—	—	—	—	18.89	0.54	2.66	0.12
	2019	36.96	—	—	—	—	9.46	0.15	1.16	0.05

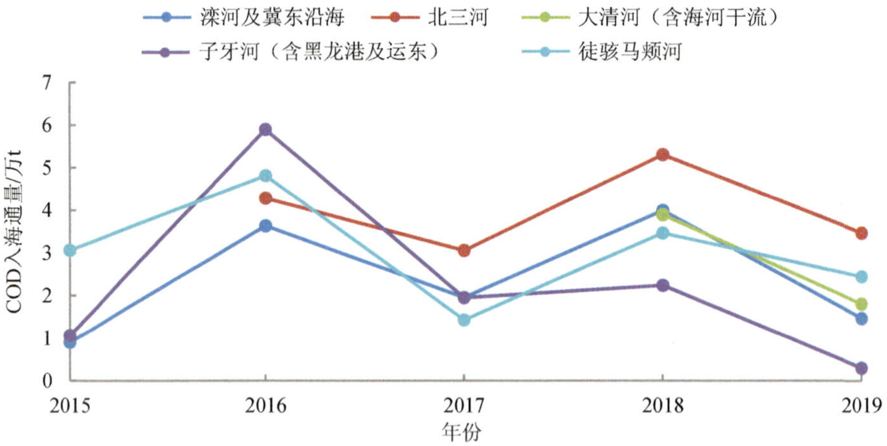

附图 2-5 海河流域 COD 入海通量年际变化趋势

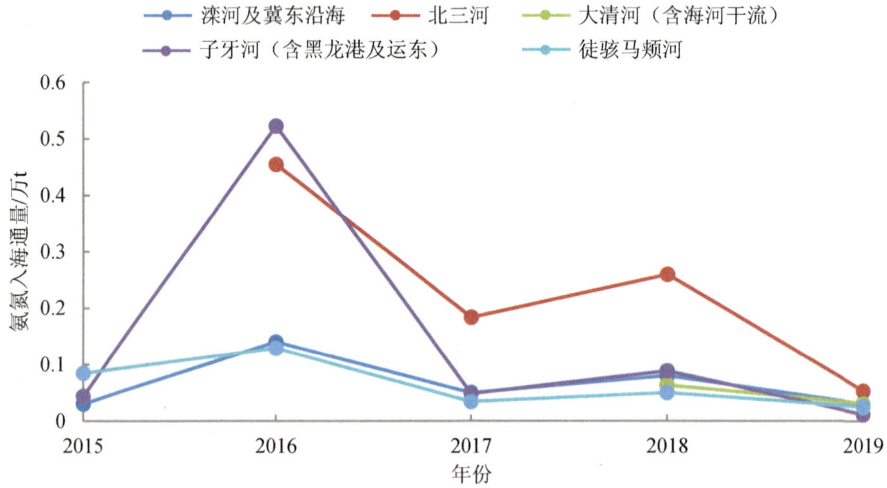

附图 2-6 海河流域氨氮入海通量年际变化趋势

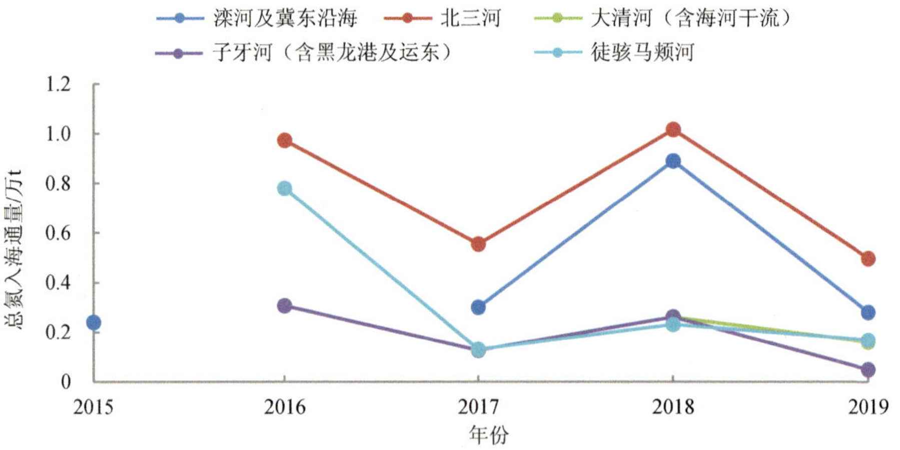

附图 2-7 海河流域总氮入海通量年际变化趋势

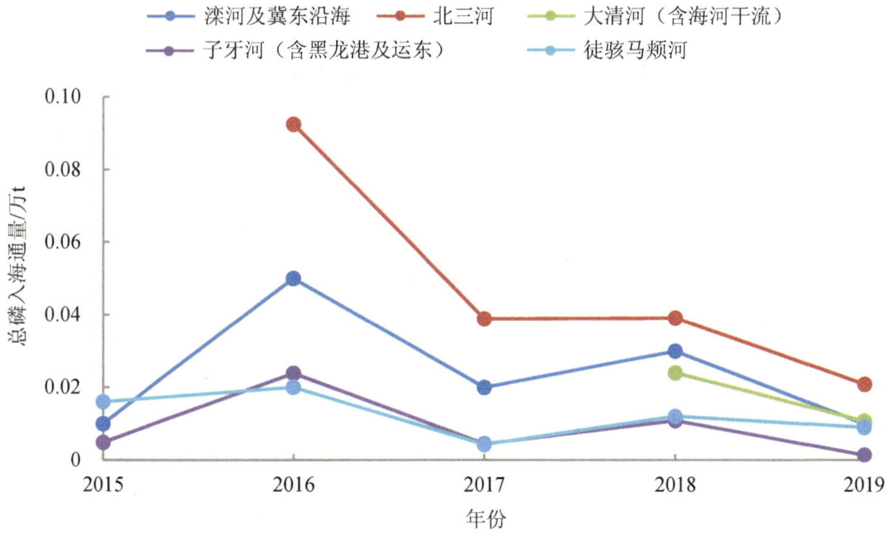

附图 2-8　海河流域总磷入海通量年际变化趋势

通过对 2015—2019 年海河流域的主要污染物入海通量进行计算，发现污染物排放量均呈波动变化。其中，COD 入海通量在 2016 年和 2018 年较大，主要因为这两年为丰水年，入海水量较大；氨氮入海通量呈波动减少的趋势，其中子牙河（含黑龙港及运东）的波动最大；各个河系总氮入海通量呈现波动减少的趋势，总磷入海通量呈现显著减少的趋势，主要是因为总磷浓度降低较为明显，与 2015 年相比，2019 年总磷浓度低了 49%。

第 2 章　污染溯源解析

2.1　模型简介

流域属性基于空间的回归模型（SPARROW 模型）是由美国地质调查局（USGS）开发的一款流域模型，它以统计学方法为基础，同时加入了简单的过程模拟，是介于简单经验模型与复杂机理模型之间的一种预测方法，根据物质守恒定理，利用连续监测数据及非线性回归方法估算地表水的污染源构成及流域内的水质分布，同时考虑气象和土壤条件（如降雨、地形、植被、土壤类型、渗透率等）对污染物传输的影响。该模型最大的特点之一是以数字高程模型（DEM）图为基础，生成研究区域内的河网及子流域分区图，包含监测站点及其他一系列空间属性数据，估算污染物从产生到进入河流的传输过程以及在水中的衰减过程。模型适用于对尺度较大的流域进行较长时间尺度的模拟，获取当地的多年平均污染及水质状况，同时可以设置敏感区域，如海岸带、湖库、饮用水取水区等，进行污染物传输分析。

SPARROW 模型的重要功能是定性和定量地分析对水质造成影响的污染来源。在对污染源进行描述的过程中，首先应用“污染源类别”确定污染源的个数，如点源、大气沉降源、畜禽养殖源等，随后针对每个独立的污染源进行过程分析，探索其从产生到入河的陆上运动过程以及进入河流以后的衰减过程。利用 SPARROW 模型的溯源功能，可以将每个河段的污染量进行定量分配，计算得到各个污染源的贡献量及贡献比例，以每个子流域为单位进行估算。根据管理目标设置削减方案，针对不同污染源的贡献量制订不同的管理方案，提高水质和效率。为了保证预测结果的可靠性，需要对校准参数进行各种有效性的检验，作为以统计学为基础的模型，SPARROW 模型主要以通过验证不同模型形式得到的拟合参数的各种统计学指标作为确定参数的依据，如进行 p 值检验确定某一污染源或传输参数是否显著，利用 R^2 描述预测结果与监测结果之间的拟合程度。当模型中所有的污染源和传输过程都能够通过检验时，则认为模拟结果真实可靠，可以利用它们进行污染源和水质的估算。

2.2　模型原理

SPARROW 模型的解释变量一般都代表各种来自自然或人类活动的污染源，以及传输过程中的物理、化学、生物反应，由用户通过对各种数字化地图进行处理获取相应数据，点源和非点源污染量可能通过直接测量得到，如工厂和污水处理厂的污染物排放量、大气沉降量、施肥量等，其他流域空间属性数据，如气象、地形、土地利用等的数据需要借助 GIS 系统的处理，利用面积加权公式进行计算。具体如式（附 2-2）所示。

$$S_{n,j}=\sum_{k\in P(j)}S_{n,k}\left(A_{j,k}/A_k^*\right) \quad （附 2-2）$$

式中，$S_{n,j}$ 表示第 n 个污染源在子流域 j 中的量；$P(j)$ 表示河段 j 所对应的子流域中所有表示该源的多边形；$S_{n,k}$ 表示源 n 在多边形 k 中的量；$A_{j,k}$ 表示多边形 k 在子流域 j 中的面积；A_k^* 表示多边形 k 的总面积。气象、地形数据处理方法与污染源数据类似，但是根据数据物理意义的不同，气象、地形数据需计算子流域中各个多边形所代表数值的均值而非加和数值。

从概念上讲，离开某一子流域的污染物的总量由两部分组成：上游传输至本河段的污染物的量和本河段所在子流域内产生的污染物的量，利用数学表达式进行表示，如式（附 2-3）所示。

$$F_i^*=\left[\sum_{j\in J(i)}F_j'\right]\delta_i A\left(Z_i^S,Z_i^R;\theta_S,\theta_R\right)\left[\sum_{n=1}^{N_S}S_{n,i}\alpha_n D_n\left(Z_i^D;\theta_D\right)\right]A'\left(Z_i^S,Z_i^R;\theta_S,\theta_R\right) \quad （附 2-3）$$

式中，F_i^* 表示流经子流域 i 的污染通量，kg/a；$J(i)$ 表示与河段 i 相邻的上游河段；δ_i 表示上游通量传输至河段 i 的比例；A（•）表示污染物沿着河道的传输衰减函数，针对河流和湖泊分别有不同的方程形式，如果水体是河流则对应 Z_i^S 与 θ_S，如果水体是水库或湖泊则对应 Z_i^R 与 θ_R，其中 θ 表示待拟合的系数；N_S 表示子流域 i 中包含的污染源总个数；$S_{n,i}$ 分别表示每个污染源的产生量，既可以代表污染源的实际排放量也可以代表不同类型土地的面积；α_n 表示污染源的排放系数；D_n（•）表示土-水传输因子；Z_i^D 表示参数矩阵，θ_D 表示参数 D 对应的系数，如点源之类直接排放入河的污染源传输系数为 1；等式最后一项的 A'（•）表示本地产生的污染物在本段河流中的衰减函数。虽然函数 A 与 A' 形式上相似，但是二者考虑的河流保留时间不同，前者认为污染物受整个河段的衰减作用，后者认为污染物河段 i 半程进入，仅受半程衰减作用。土-水传输因子的数学表达式如式（附 2-4）所示。

$$D_n\left(Z_i^D;\theta_D\right)=\exp\left(\sum_{m=1}^{M_D}\omega_{nm}Z_{m\,i}^D\theta_{Dm}\right) \quad （附 2-4）$$

式中，$Z_{m\,i}^D$ 表示河段 i 中的传输变量 m；θ_{Dm} 表示相应的需要拟合的系数；ω_{nm} 用来指示传输变量 m 是否对污染源 n 产生影响，若有影响则该值为 1，若无影响则该值为 0；M_D 表示传输变量的个数。在模拟过程中，为了减小各变量间的量纲影响，一般进行对数化处理，以自然对数的形式进行方程拟合。

SPARROW 模型中认为污染物在河流中满足一阶衰减方程，如式（附 2-5）所示。

$$A\left(Z_i^S;\theta_S\right)=\exp\left(-\sum_{c=1}^{C_S}\theta_{Sc}T_{c\,i}^S\right) \quad （附 2-5）$$

式中，$T_{c\,i}^S$ 表示第 c 级的河段 i 的保留时间；θ_{Sc} 表示对应需要拟合的系数。根据每个河段的流量大小不同可以将河流进行分级，系数 θ 的个数由 c 决定，河流保留时间利用河段长度除以流速计算得到。除了能够利用保留时间计算河流衰减程度外，还可以利用河段长度进行估算，待拟合的系数的单位即为长度单位的倒数。如果水体形式为水库或湖泊，则衰减函数为

$$A\left(Z_i^R;\theta_R\right)=\frac{1}{1+\theta_{R0}\left(q_i^R\right)^{-1}} \tag{附 2-6}$$

式中，q_i^R 表示湖库表面水力负荷函数的倒数，湖库表面水力负荷一般通过湖库的出流量除以湖库表面积计算得到；θ_{R0} 表示待拟合的湖库衰减系数。根据待拟合的流域与目标污染物的不同，方程形式也可以随之改变，只要满足质量守恒定律即可。

根据流域内监测站点的数量，可以建立相应个数的非线性方程，假设模型误差项是以 0 为均值的、与观测值相互独立的。观测值的误差则需要单独进行计算，模型的拟合算法选择的是不需要定义残差精确分布的非线性加权最小二乘法（NWLS），直接调用 SAS（统计分析软件系统）软件中的相应算法进行计算。与线性方程容易计算得到精确结果不同，仅依靠有限数据很难对一系列非线性方程组求得准确结果，因此解方程的过程即为寻优过程，当结果能够满足最初设定的寻优标准时即认为实现拟合目标。但是由于监测数据数量有限，寻优过程中存在大量的不确定性，因此模型中引入 Bootstrap 法（自助法），利用多次有放回的重采样过程计算得到一组参数结果，通过计算这组结果的均值、标准差以及分位数等相关数据估计模型的不确定性。当模型拟合参数能够通过一系列的统计学检验及进行不确定性分析后，便可以用来估算和预测流域内的污染源及水质分布，设置不同的情景指导管理策略制定等。

2.3 模型构建

（1）数据处理

从正文第二章 2.1.1 水资源量情况可以看出，2017 年为平水年，利用 2017 年的水文数据，可以避免如 2016 年水量突然增大这种情况对模型结果的影响；从本章 1.1 节入海断面水质状况来看，各入海断面 2017 年水质浓度处在相对居中的水平；受污染源数据可达性的限制（2017 年 COD、氨氮的污染源数据相对较全），同时为满足“十四五”规划的要求，保证数据的时效性，本研究的模型数据选择基于 2017 年的数据进行处理。

①基础空间属性数据：主要使用能够公开下载（中国科学院科学数据库）的 90 m 分辨率 DEM，基于 ArcGIS（一种空间数据地理信息系统软件）平台计算海域流域的坡度，相应结果如附图 2-9 所示。

②河流数据：汇水范围及对应河网的矢量数据以坐标文件（.shp）格式提供，如附图 2-10 所示。

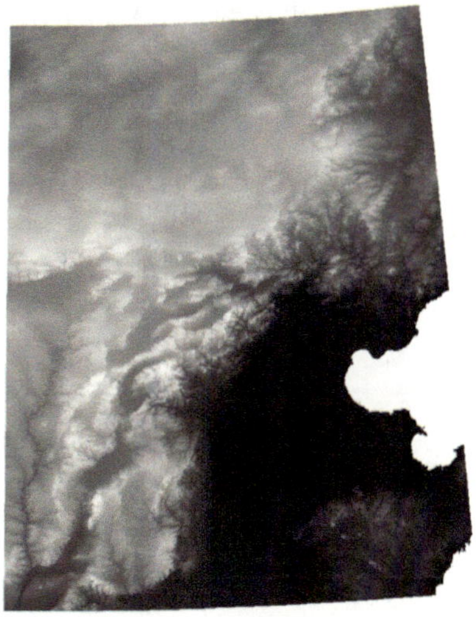

附图 2-9　数字高程模拟

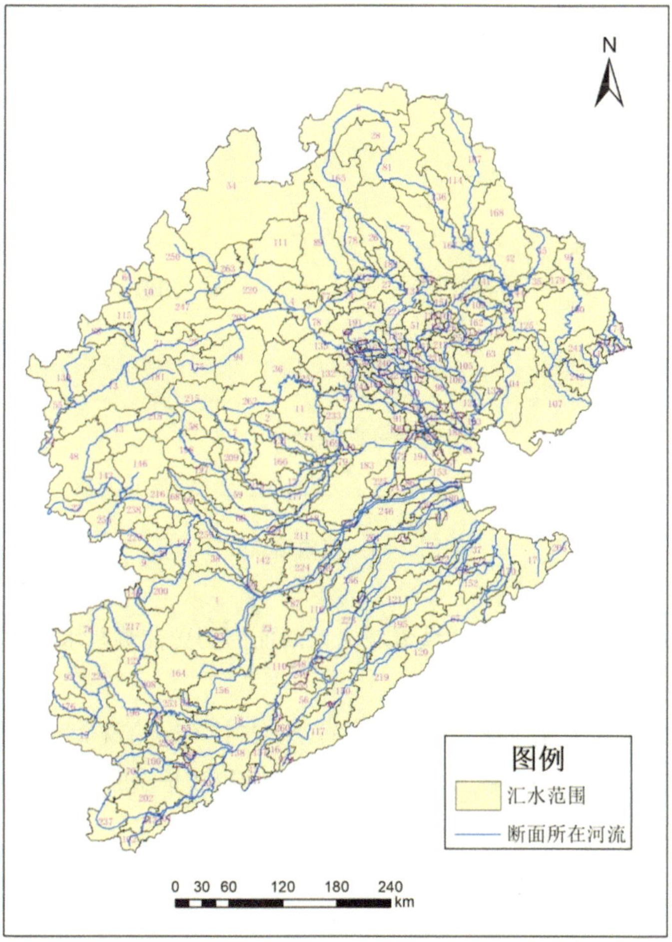

附图 2-10　海河流域各汇水范围及对应河网

③气象数据：首先求出各站点的年平均数据（参考中国气象科学数据共享服务网），之后基于各站点的地理位置利用 ArcGIS 平台计算泰森多边形，最后根据各站点的泰森多边形占各汇水范围的面积比，加权平均计算出对应汇水范围的气温和降雨值，气象站点分布如附图 2-11 所示。

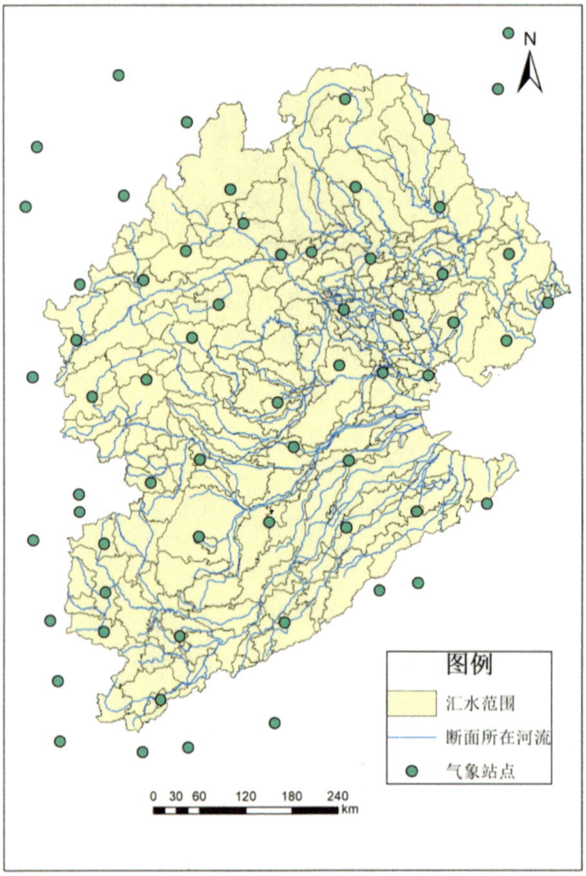

附图 2-11 气象站点分布

④水文数据：主要包括研究区域流域出口断面的历史监测月水量数据，水文站点分布如附图 2-12 所示。

值得注意的是，海河流域部分河段水量较小，2017 年全年干涸时长超过 300 d，这可能会对污染物向下游传输的过程产生较大影响，附表 2-3 干涸时长为 300 d 以上河段的所属河流及大致位置。

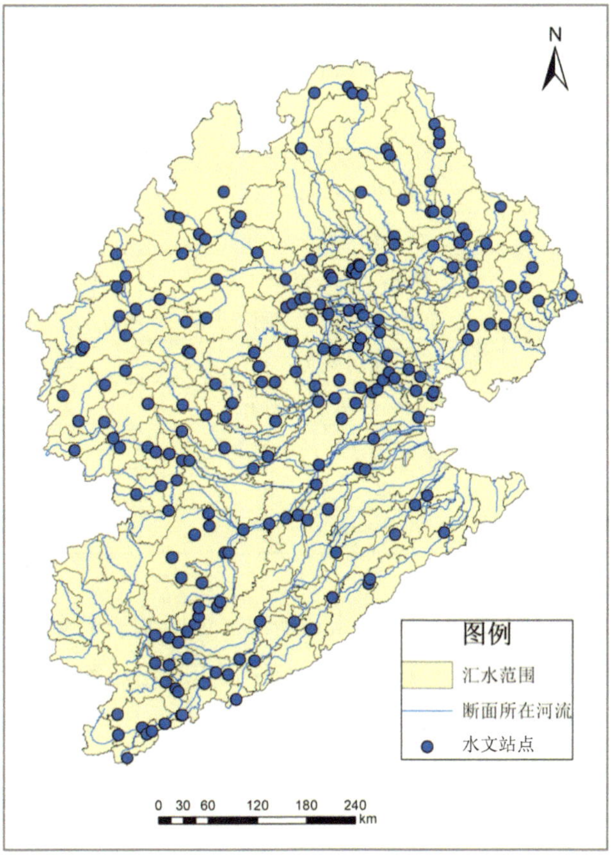

附图 2-12　水文站点分布

附表 2-3　2017 年干涸时长为 300 d 以上河段的情况

所在水体	河流	水位站名称	起止位置
闪电河	闪电河	正蓝旗	闪电河水库—上都分场
蓟运河	蓟运河	张头窝（蓟）（闸下）	江洼口—芦台大桥
潮白河	潮白河	苏庄	怀柔水库坝下—苏庄
淋河	淋河	淋河桥	龙门口—于桥水库入库口
东洋河	东洋河	友谊水库（输水洞、溢洪道）	友谊水库坝下—入洋河口
桑干河	桑干河	新桥	北张寨—固定桥
饮马河（御河）	御河	孤山（河道二）	大庄科河入口—艾庄
壶流河	壶流河	广灵	源头—壶流河水库入口
永定河	永定河	三家店（二）	雁翅（堰下）—三家店（二）
		固安	六环—东州大桥
大清河	大清河	新镇	新盖房—左各庄
大清河	赵王新河	十方院（赵）（堰下）	白洋淀出口—沧州、廊坊交界
南拒马河	南拒马河	落宝滩（二）	落宝滩（二）—北河店

所在水体	河流	水位站名称	起止位置
大石河	大石河	漫水河	堂上—北京市界
子牙河	子牙河	献县（子）（闸下）	献县（子）（闸下）—小王庄
滹沱河	滹沱河	上永兴	源头—下政化
		黄壁庄水库（溢洪道）	黄壁庄水库坝下—石家庄
滏阳河	滏阳河	邢家湾（滏）（二）	邯郸、邢台交界—邢家湾
		衡水（三）（闸上）	邢台、衡水交界—大西头闸
滏东排河	滏东排河	东羡（滏东）（闸下）	邢台、衡水交界—衡水、沧州交界
洺河	洺河	临洺关（二）	源头—任县环水村
南运河	南运河	四女寺（南）（闸下游）	四女寺—德州
漳卫新河	漳卫新河	四女寺闸（漳）（闸下游）	四女寺闸—德州
漳河	漳河	蔡小庄（二）	岳城水库（坝下）—徐万仓
共产主义渠	共产主义渠	刘庄（二）	黄土岗—合河

附图 2-13 为海河流域各汇水范围的水量情况（该图基于水文站点年平均数据，结合汇水范围上下游关系插值得出）。结合附图 2-13 可以看出，各河系上游以及北四河系和大清河系中游出现了干涸断流的情况。

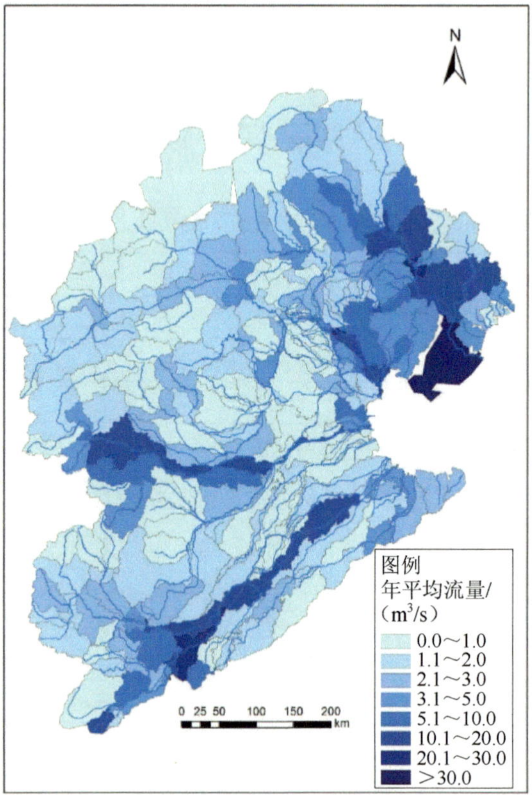

附图 2-13　海河流域水量分布

⑤水质数据：研究区域流域出口断面的历史水质监测数据，主要为 COD 和氨氮污染物浓度；由水量结合水质浓度计算得到负荷量输入模型，式（附 2-7）为相应的计算公式。

$$Load_i = Flow_i \times Conc_i \quad \text{（附 2-7）}$$

式中，i 表示监测站点编码，$Load_i$ 表示通量估计值，$Flow_i$ 表示水质监测站点所在汇水范围年平均流量数据，$Conc_i$ 表示水质监测站点的年平均水质浓度。水质站点分布如附图 2-14 所示。

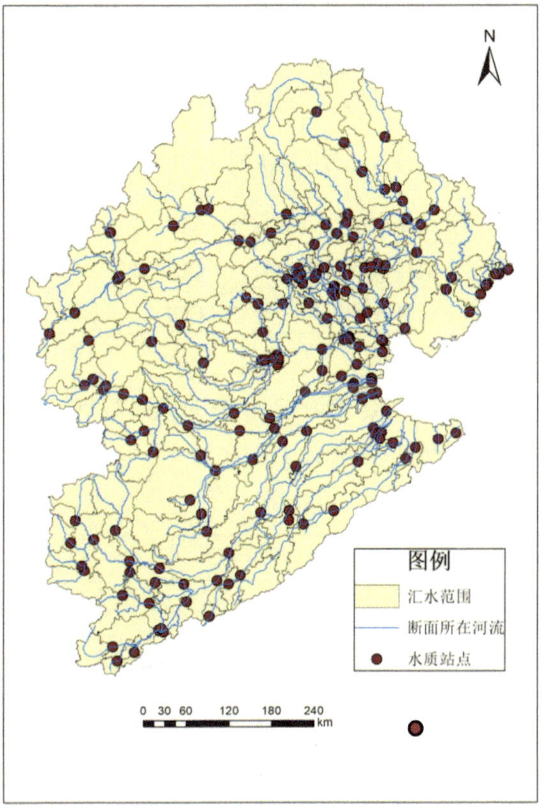

附图 2-14　水质站点分布

⑥土地利用数据：如耕地（水田和旱地）、林地（有林地、灌木林地、疏林地、其他林地）、草地（高覆盖草地、中覆盖草地、低覆盖草地）、河流、湖泊、城镇居民用地、其他建设用地、裸地等，通过 ArcGIS 对所研究区域的土地矢量或栅格数据进行分类整合。

⑦利用 ArcGIS 平台 NANI 工具，将收集整理的工业企业、城镇生活、畜禽养殖、农村生活等污染源核算结果，按面积占比分配到各汇水范围；农业种植由于缺少污染源数据，因此，将耕地面积作为农业污染源数据代入模型进行计算。

模型构建所需数据见附表 2-4。

附表 2-4　模型构建所需数据

序号	模型数据	详细说明
1	行政区划图	具有空间分布特征的矢量数据（shp 格式）
2	汇水范围图	具有空间分布特征的矢量数据（shp 格式）
3	水系分布图	流域河网图（shp 格式）；具有空间分布特征的矢量数据
4	DEM 图	数字高程模型，栅格数据，地理空间数据云网站
5	气象数据	气象站点数量及位置，最高、最低平均温度，降水量等数据，中国气象数据网
6	土地利用分布图	主要土地利用类型及分布情况；中国科学院公开的 1 km×1 km 全国数据
7	水文数据	水文站点名称、经纬度、流量、流速等，2017 年的水文年鉴
8	水质监测断面数据	监测点名称，位置（经纬度），水质数据（COD 或氨氮等）
9	工业企业排放数据清单	工业企业排放的污染物类型（COD 或氨氮等）及排放量
10	畜禽养殖数据	畜禽养殖排放的污染物类型（COD 或氨氮等）及排放量
11	农村生活数据	农村生活排放的污染物类型（COD 或氨氮等）及排放量
12	城镇生活数据	城镇生活排放的污染物类型（COD 或氨氮等）及排放量

模型的基本单位是“子流域”，附表 2-4 中的气象数据、土地利用数据及污染源数据，皆需基于汇水范围进行切割和提取。

模型结构如附图 2-15 所示。

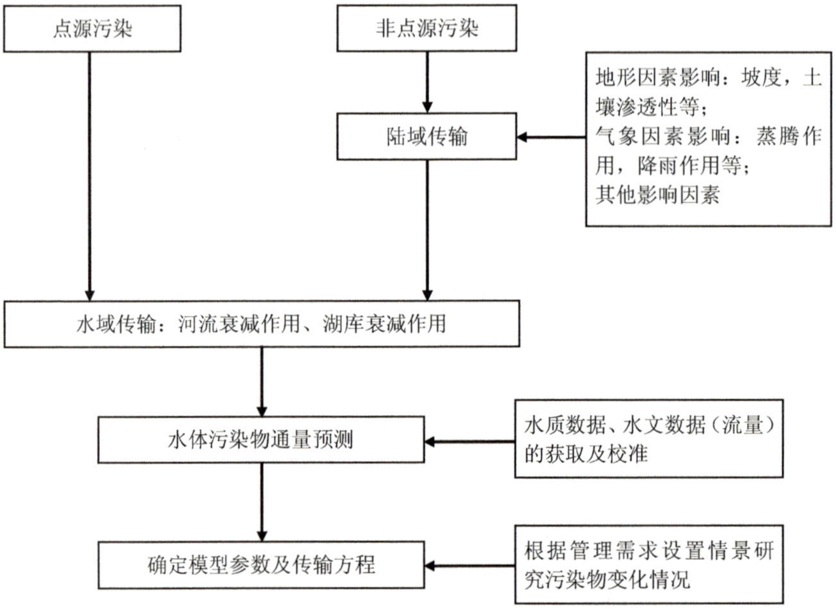

附图 2-15　SPARROW 模型结构

在 SPARROW 模型当中，点源污染由于有排放口，考虑直接进入水体；而非点源污染则还需要考虑通过陆域传输过程，才能进入水体，且传输过程会受到地形、气象等因素的影响。当点源、面源负荷都进入水体以后，随着水域传输过程的进行，污染负荷会有一定程度的衰减。在考虑上述过程以后，即可以建立联立方程组对水体污染通量进行预测。

（2）模型验证

基于 2017 年 COD 构建模型的 R^2 为 0.403，纳什效率系数为 0.402，均方误差（MSE）为 1.74，p 值为 6.24×10^{-8}；基于 2017 年氨氮构建模型的 R^2 为 0.445，纳什效率系数为 0.444，MSE 为 2.26，p 值为 2.54×10^{-5}。虽然两个模型的 R^2 相对较小，但是对应的 MSE 和 p 值也较小，这说明模型误差相对较小。而且从附图 2-16～附图 2-19 中可以进一步看出，根据 2017 年数据建立的模型中所涉及的点基本上都落在对角线附近；同时，预测值的自然对数与残差的自然对数之间无明显的相关关系，可以认为残差相对于预测值独立，不包含任何与预测通量相关的因子，且残差的点基本上也都分布于（−0.5，0.5）。如附图 2-16～附图 2-19 所示，模型的模拟效果良好，预测相对准确。

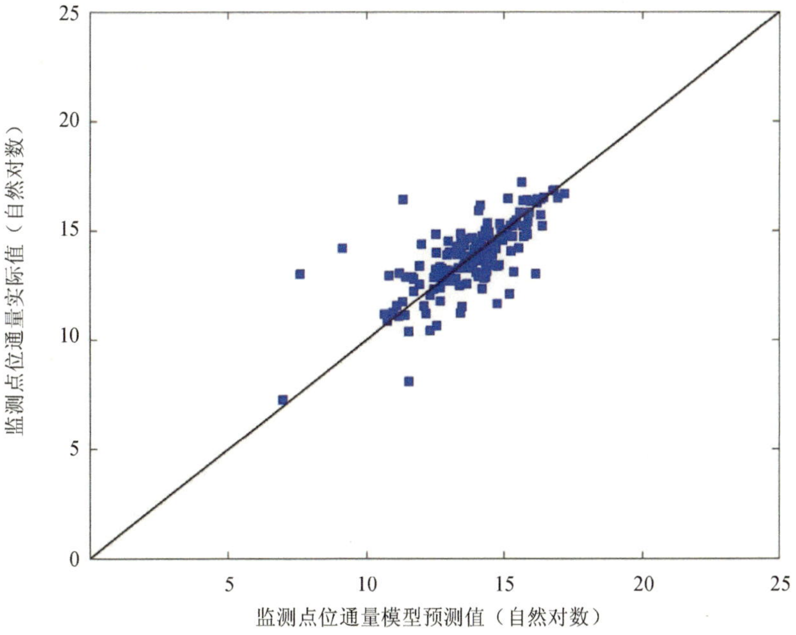

附图 2-16 COD 监测点位通量实际值与模型预测值对比

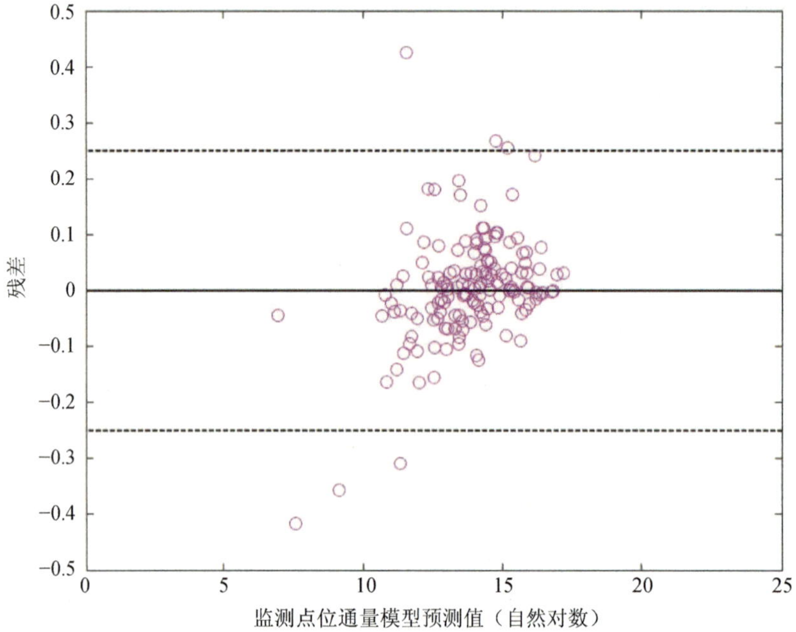

附图 2-17　COD 监测点位通量残差

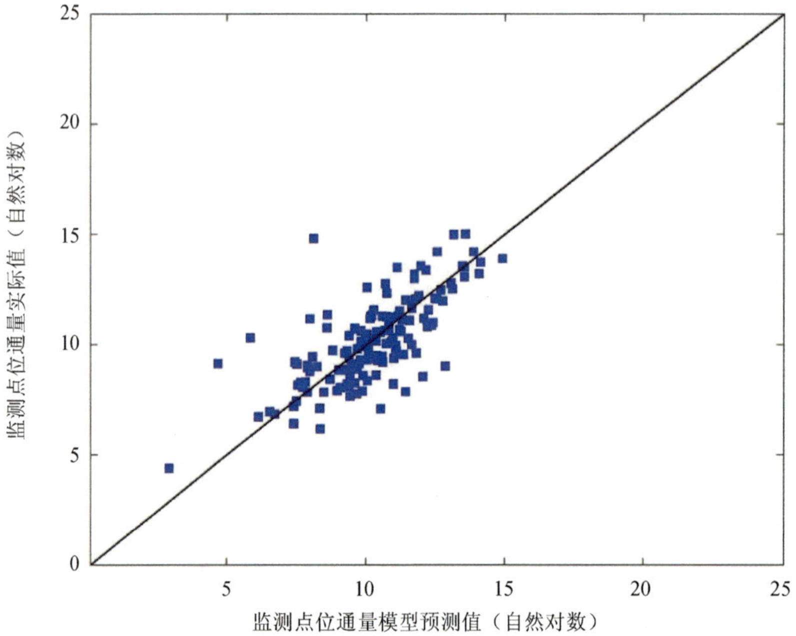

附图 2-18　氨氮监测点位通量实际值与模型预测值对比

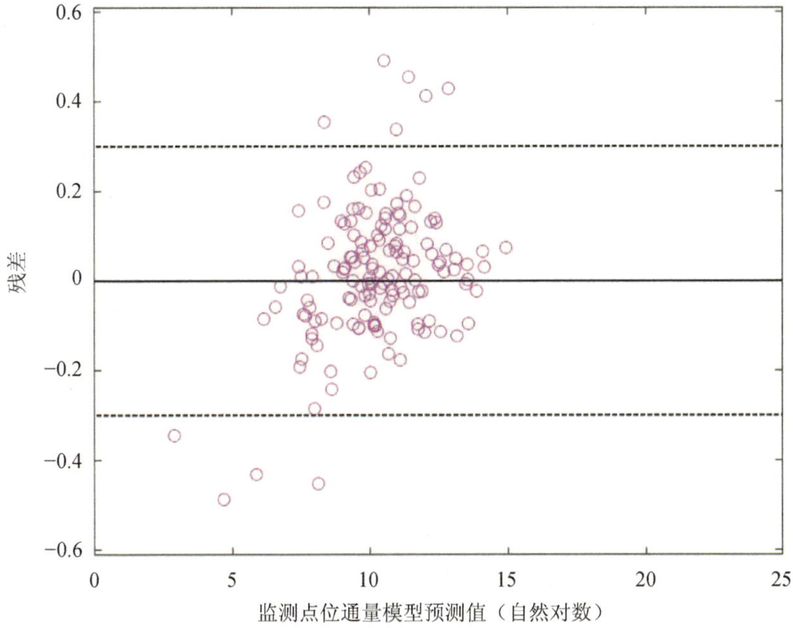

附图 2-19　氨氮监测点位通量残差

模型相关参数如附表 2-5 和附表 2-6 所示。

附表 2-5　模型参数（COD）

年份	农业种植源系数/ [kg/（km²·a）]	点源系数/（kg/a）	其他面源系数/（kg/a）	坡度系数/%	降雨系数/cm	一级河流衰减系数/d	二级河流衰减系数/d
2017	1 713	0.173 7	0.232 9	−0.081 59	0.039 71	0.458 2	0.079 66

附表 2-6　模型参数（氨氮）

年份	农业种植源系数/ [kg/（km²·a）]	点源系数/（kg/a）	其他面源系数/（kg/a）	坡度系数/%	降雨系数/cm	一级河流衰减系数/d	二级河流衰减系数/d
2017	52.52	0.035 54	0.082 48	−0.182 4	0.055 70	0.431 6	0.113 6

由附表 2-5 和附表 2-6 可知，根据 2017 年 COD、氨氮数据建立模型的，其相关水域传输系数基本相近，这是由于模型模拟基于相同流域，因此，能够从侧面说明模型系数的合理性。同时，由于流量越低的河段流速也相应较低，河水的保留时间相对较长，从而使低流量河流的衰减系数远远大于高流量河流，同时低流量河段的河床特征也与高流量河段的有所区别，都是影响一阶衰减系数的原因。海河流域低流量河段的衰减系数为 0.431～0.458，高流量河段的衰减系数为 0.078～0.114，均处于北美和新西兰 SPARROW

模型研究结果的范围内。降雨系数是正值，说明降雨同河流内负荷呈正相关关系，这与实际情况相符，结果较为合理。坡度系数为负值，说明坡度同河流内负荷呈负相关关系，这主要是由于坡度较低的地区为海河流域平原地带，城镇较多，人口密集，因此产生的负荷较多。农业种植源、点源以及其他面源的系数均与其他研究接近。由于农业种植源以耕地面积数据代入计算，单位为 km^2，而其他污染源以产生负荷量带入计算，单位为 kg/a，因此，农业种植的系数和点源以及其他面源的系数相差较大。

2.4 入海通量溯源分析结果

2.4.1 总体污染溯源分析

（1）污染来源识别

海河流域 COD 年均入海总量为 40.38 万 t，主要来源于农业种植和畜禽养殖。农业种植源 COD 年均入海总量为 20.61 万 t，贡献率为 51.04%；畜禽养殖源年均入海总量为 7.8 万 t，贡献率为 19.32%；农村生活源年均入海总量为 6.37 万 t，贡献率为 15.78%；城镇生活源年均入海总量为 4.9 万 t，贡献率为 12.13%；工业企业源年均入海总量为 0.7 万 t，贡献率为 1.73%。

海河流域氨氮年均入海总量为 1.872 万 t，主要来源于农业种植源和农村生活源。农业种植源氨氮年均入海总量为 1.18 万 t，贡献率为 62.77%；农村生活源年均入海总量为 0.29 万 t，贡献率为 15.67%；畜禽养殖源年均入海总量为 0.2 万 t，贡献率为 10.62%；城镇生活源年均入海总量为 0.19 万 t，贡献率为 10.09%；工业企业源年均入海总量为 0.012 万 t，贡献率为 0.66%。

COD、氨氮的源贡献率分别如附图 2-20 和附图 2-21 所示。

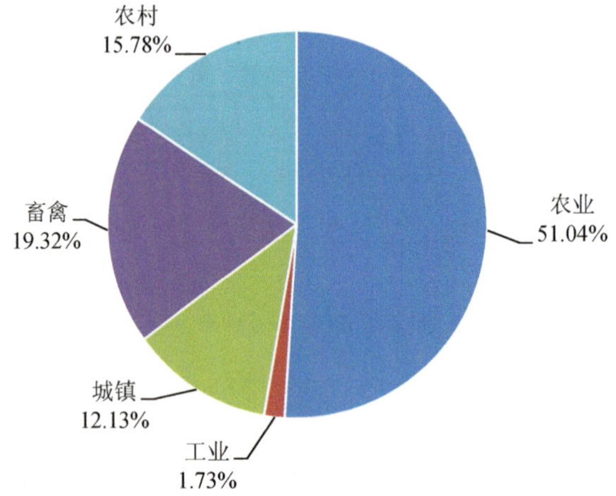

附图 2-20 COD 源贡献率占比

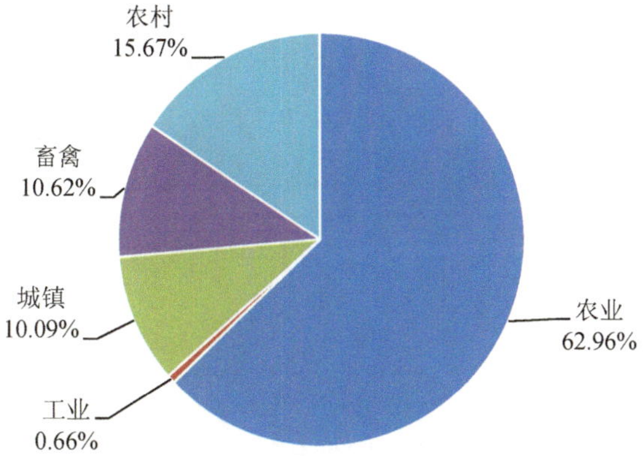

附图 2-21　氨氮源贡献率占比

通过查阅文献可知，对于较清洁的地表水水样（总氮含量低于 2 mg/L），氨氮在总氮中含量占比较小，氨氮/总氮的平均值约为 30%；对于污染较轻的地表水水样（总氮含量为2～5 mg/L），氨氮在总氮中含量占比没有确切结果，氨氮所占比例为14.6%～57.2%；对于污染较严重的地表水水样（总氮含量在 5 mg/L 以上），氨氮在总氮中含量占比明显增大，平均值约为 70%。

2017 年海河流域各国控断面的总平均浓度为 6.07 mg/L，因此，本研究中，假设海域流域氨氮在总氮中的含量占比为 70%，进而估算出海河流域总氮入海通量为 2.68 万 t。按照氨氮入海通量中各污染源的占比，农业种植源年均入海总量为 1.69 万 t，农村生活源年均入海总量为 0.42 万 t，畜禽养殖源年均入海总量为 0.28 万 t，城镇生活源年均入海总量为 0.27 万 t，工业企业源年均入海总量为 0.02 万 t。

（2）空间贡献率

COD 年均入海量贡献量最大的河系是北四河系，为 21.5 万 t，占全流域的 54.82%，江洼口、东堤头闸上、丰北闸等汇水范围（分别位于天津市、唐山市）入海量最大；其次是徒骇马颊河系，年均入海量为 7.95 t，占全流域的 20.28%，刘贵桥、秦口河入海口、富国等汇水范围（分别位于德州市、滨州市）入海量最大。流域各主要河流 COD 入海通量比例如附图 2-22 所示。

氨氮年均入海量贡献量最大的河系是北四河系，为 1.08 万 t，占全流域的 58.72%，江洼口、东堤头闸上、丰北闸等汇水范围（分别位于天津市、唐山市）入海量最大；其次是徒骇马颊河系，年均入海量为 0.37 万 t，占全流域的 20.4%，刘贵桥、秦口河入海口、富国等汇水范围（分别位于德州市、滨州市）入海量最大。流域各主要河流氨氮入海通量比例如附图 2-23 所示。

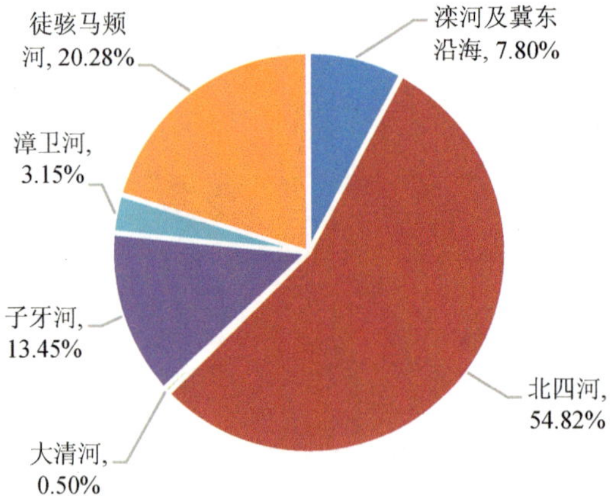

附图 2-22 海河流域各主要河流 COD 入海通量比例

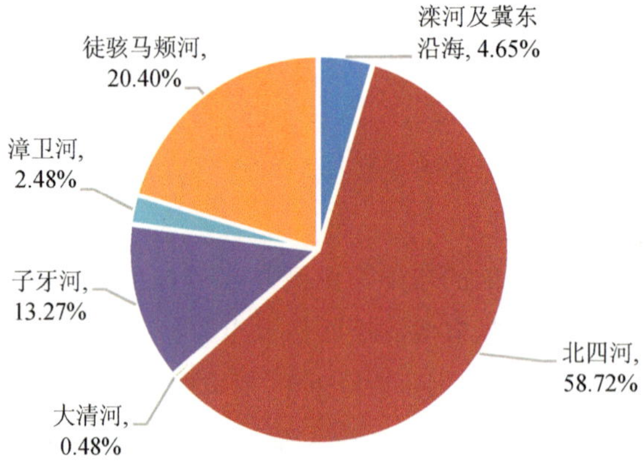

附图 2-23 海河流域各主要河流氨氮入海通量比例

附图 2-24～附图 2-31 为海河流域各汇水范围向下游入海断面传输的通量图和强度图。从入海通量看，北四河中下游、子牙河上游、黑龙港及运东平原和徒骇马颊河下游，向下游传输的 COD 较多；但同时结合入海通量和入海强度来看，对入海断面影响较大的汇水范围，主要集中在北四河中下游和徒骇马颊河下游。氨氮的情况与 COD 的情况大致类似。值得注意的是，由于永定河和大清河系中游出现了断流的情况，因此，对污染物向下游的传输造成了影响，上游污染物无法继续向下游出口断面传输。

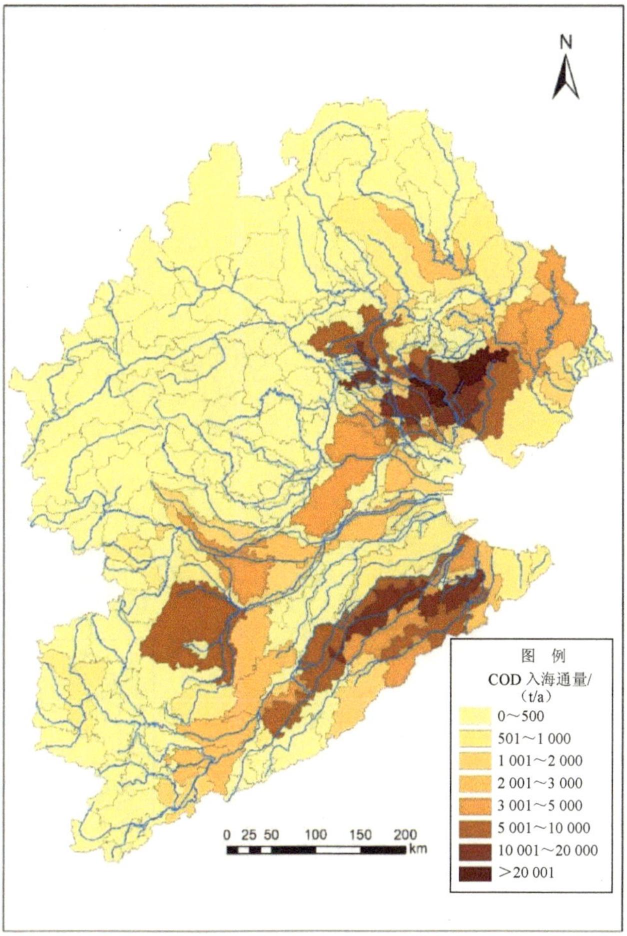

附图 2-24　海河流域 COD 入海通量空间分布

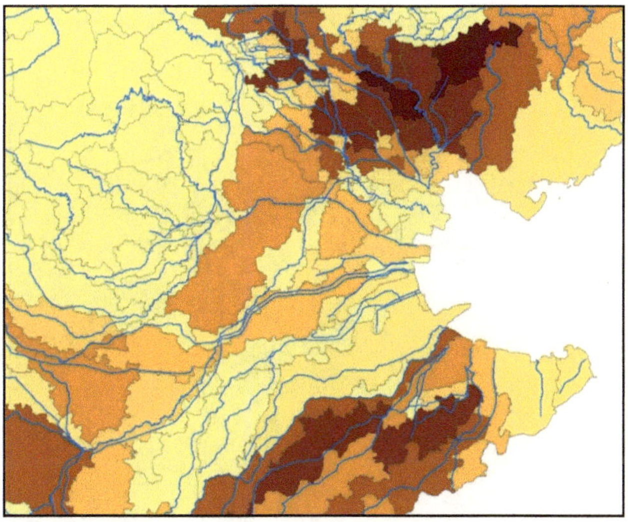

附图 2-25　海河流域 COD 入海通量（放大）

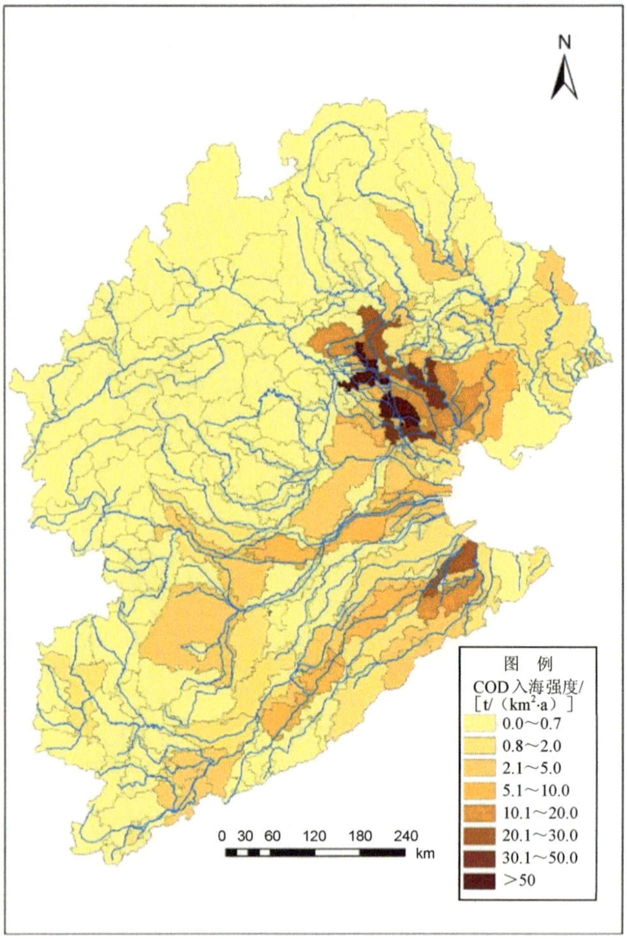

附图 2-26 海河流域 COD 入海强度空间分布

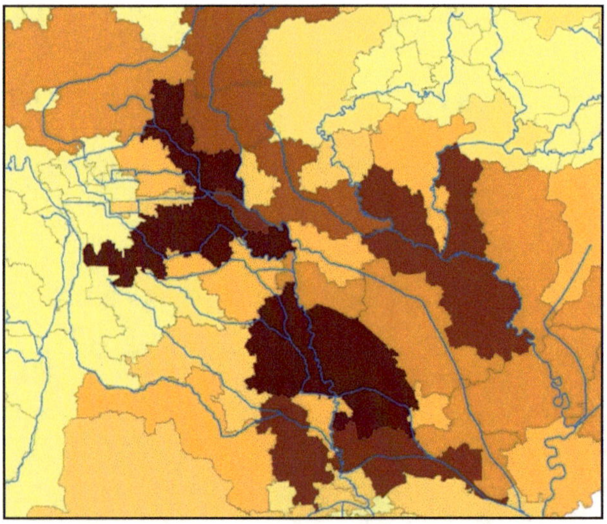

附图 2-27 海河流域 COD 入海强度（放大）

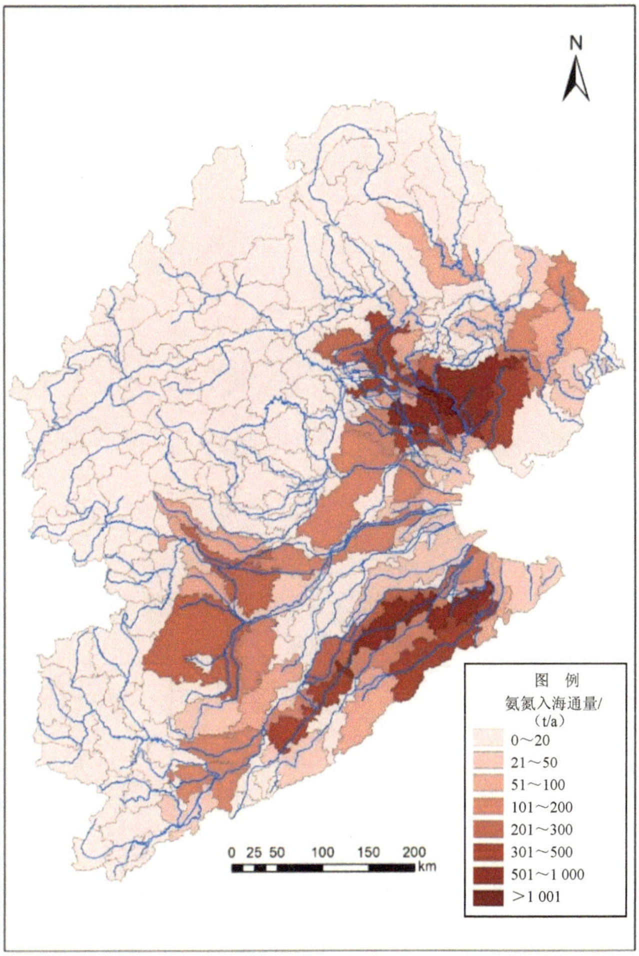

附图 2-28 海河流域氨氮入海通量空间分布

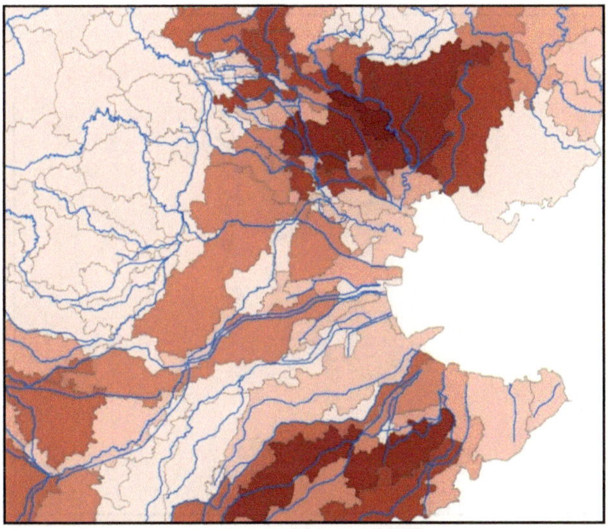

附图 2-29 海河流域氨氮入海通量（放大）

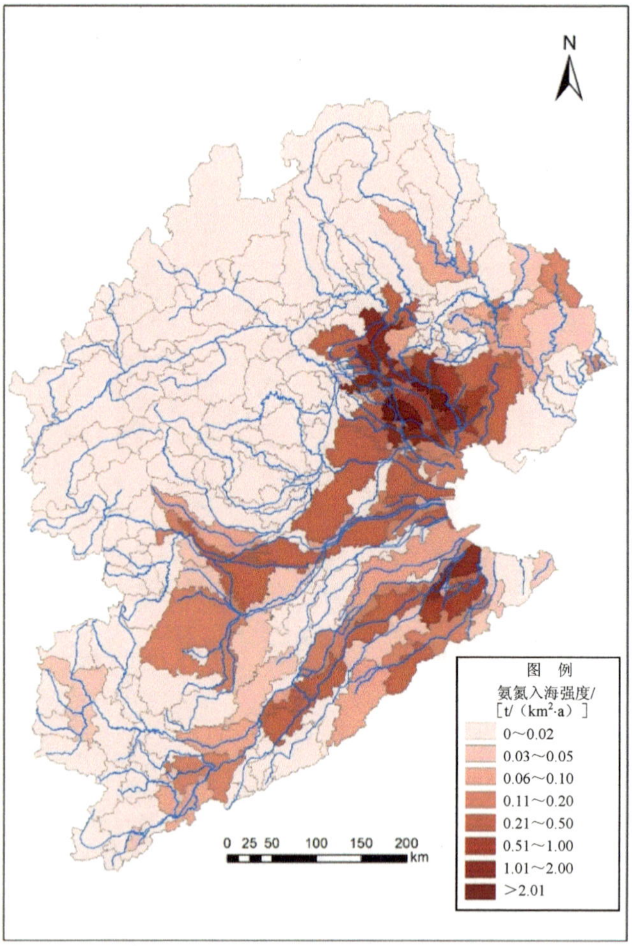

附图 2-30 海河流域氨氮入海强度空间分布

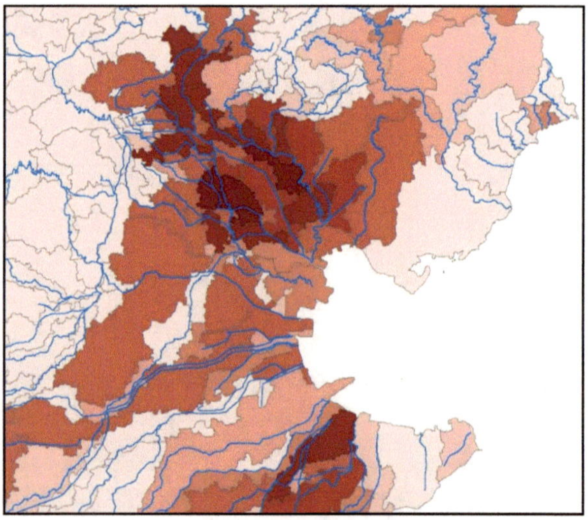

附图 2-31 海河流域氨氮入海强度（放大）

COD、氨氮入海量及源贡献率见附表 2-7 和附表 2-8。

附表 2-7　海河流域 COD 入海量及源贡献率

河系	工业源		城镇生活源		农业面源		农业源（畜禽）		农村生活源		合计	
	入海量/万 t	贡献率/%	入海量/万 t	贡献率/%	入海量/万 t	贡献率/%	入海量/万 t	贡献率/%	入海量/万 t	贡献率/%	入海量/万 t	贡献率/%
滦河及冀东沿海	0.030	4.37	0.188	4.0	1.317	6.52	0.804	10.81	0.720	11.60	3.06	7.8
北四河	0.471	68.98	2.923	62.0	9.826	48.67	4.715	63.43	3.568	57.51	21.50	54.8
大清河	0.015	2.21	0.027	0.6	0.116	0.58	0.038	0.51	0.001	0.02	0.20	0.5
子牙河	0.067	9.87	0.390	8.3	3.697	18.31	0.354	4.76	0.765	12.34	5.27	13.5
漳卫河	0.006	0.91	0.077	1.6	0.926	4.58	0.091	1.22	0.138	2.23	1.24	3.2
徒骇马颊河	0.093	13.66	1.108	23.5	4.309	21.34	1.432	19.26	1.011	16.30	7.95	20.3
合计	0.682	100.00	4.713	100.0	20.191	100.00	7.434	100.00	6.203	100.00	39.22	100.00

附表 2-8　海河流域氨氮入海量及源贡献率

河系	工业源		城镇生活源		农业面源		农业源（畜禽）		农村生活源		合计	
	入海量/万 t	贡献率/%	入海量/万 t	贡献率/%	入海量/万 t	贡献率/%	入海量/万 t	贡献率/%	入海量/万 t	贡献率/%	入海量/万 t	贡献率/%
滦河及冀东沿海	0.036	3.1	0.000 4	3.39	0.008	4.4	0.01	5.15	0.03	10.45	0.09	4.9
北四河	0.649	56.09	0.008	67.8	0.111	60.99	0.141	72.68	0.167	58.19	1.078	58.65
大清河	0.007	0.61	0.000 2	1.69	0.002	1.1	0	0	0	0	0.01	0.54
子牙河	0.186	16.08	0.000 9	7.63	0.015	8.24	0.003	1.55	0.038	13.24	0.24	13.06
漳卫河	0.037	3.2	0.000 1	0.85	0.003	1.65	0.002	1.03	0.003	1.05	0.05	2.72
徒骇马颊河	0.242	20.92	0.002 2	18.64	0.043	23.62	0.038	19.59	0.049	17.07	0.37	20.13
合计	1.157	100	0.011 8	100	0.182	100	0.194	100	0.287	100	1.838	100

2.4.2　不同污染源溯源分析

2.4.2.1　农业种植污染溯源分析

（1）COD 污染溯源分析

从入海通量来看，滦河下游、北四河中下游、子牙河上游、黑龙港及运东平原和徒骇马颊河下游，向下游传输的 COD 较多；同时结合入海通量和入海强度来看，对入海断面影响较大的汇水范围，主要集中在北四河中下游和徒骇马颊河下游。入海通量和入海强度情况如附图 2-32～附图 2-35 所示。

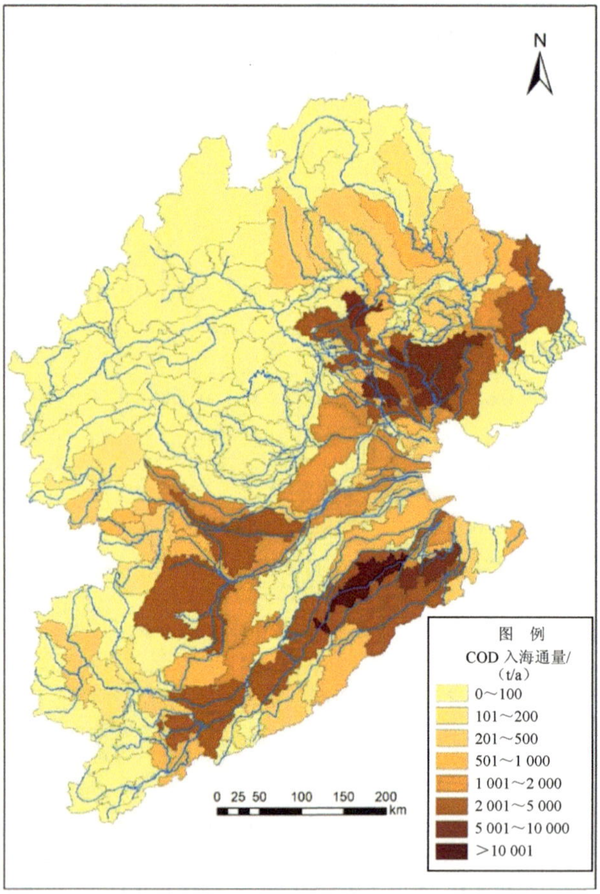

附图 2-32 海河流域农业种植 COD 入海通量空间分布

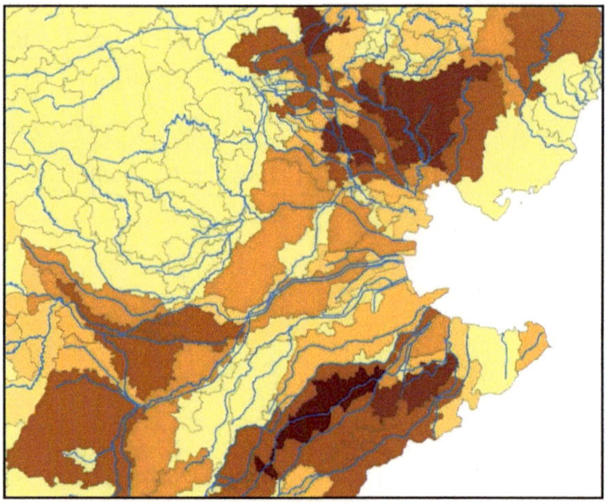

附图 2-33 海河流域农业种植 COD 入海通量（放大）

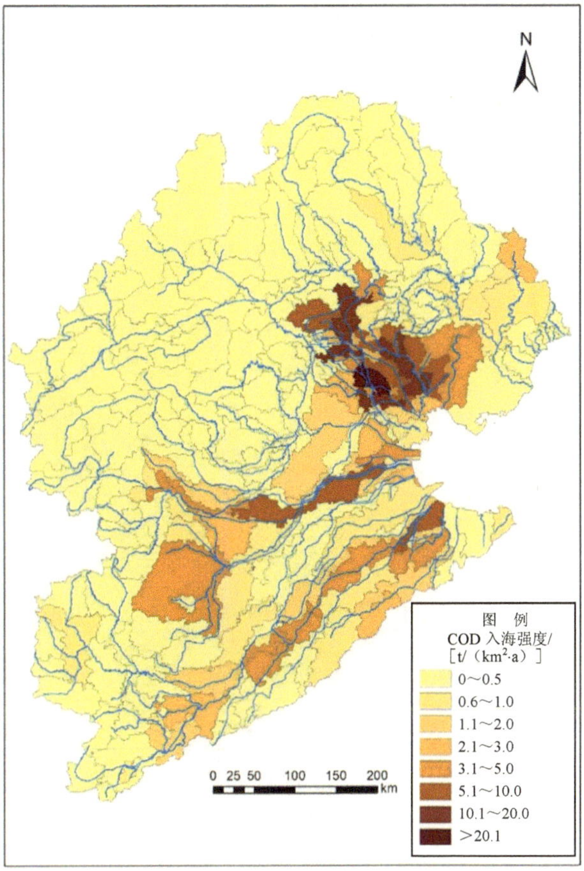

附图 2-34 海河流域农业种植 COD 入海强度空间分布

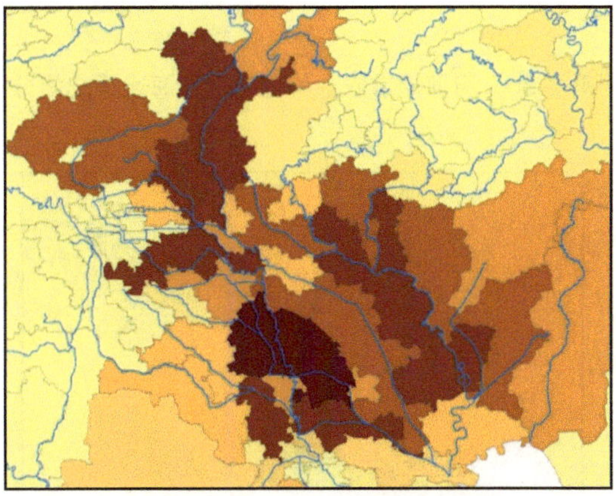

附图 2-35 海河流域农业种植 COD 入海强度（放大）

（2）氨氮污染溯源分析

与 COD 类似，从入海通量来看，北四河中下游、子牙河上游、黑龙港及运东平原和徒骇马颊河下游，向下游传输的氨氮较多；同时结合入海通量和入海强度来看，对入海断面影响较大的汇水范围，主要集中在北四河中下游和徒骇马颊河下游。入海通量和入海强度情况如附图 2-36～附图 2-39 所示。

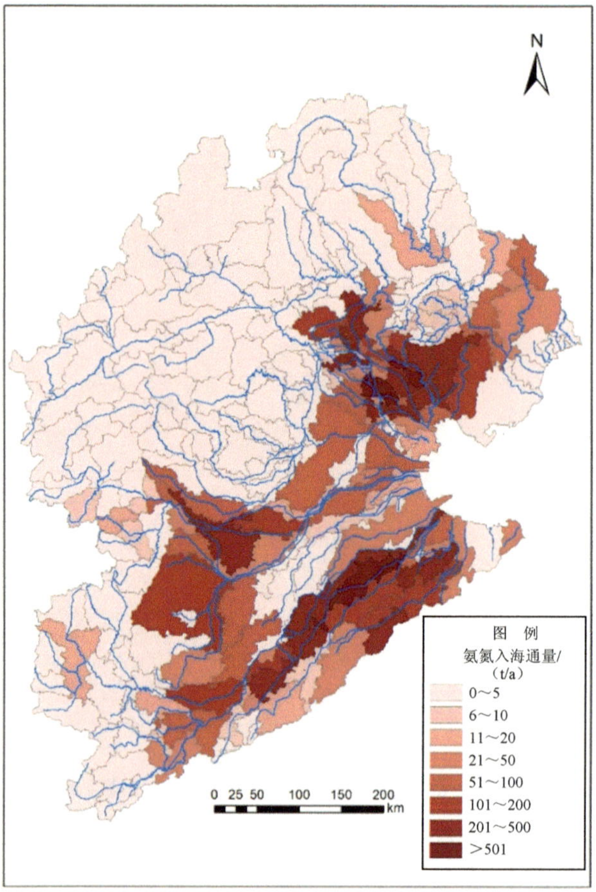

附图 2-36　海河流域农业种植氨氮入海通量空间分布

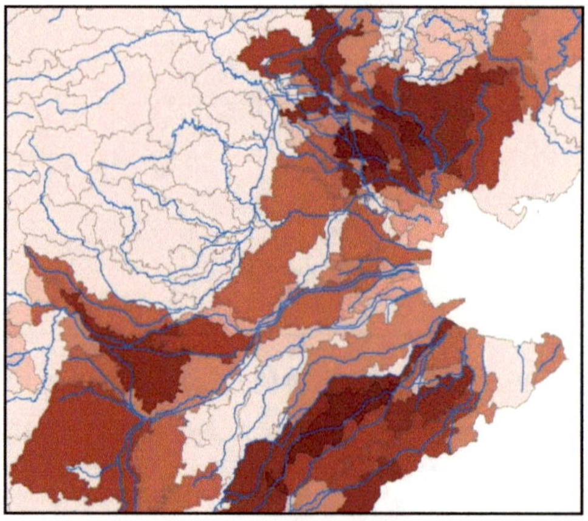

附图 2-37　海河流域农业种植氨氮入海通量（放大）

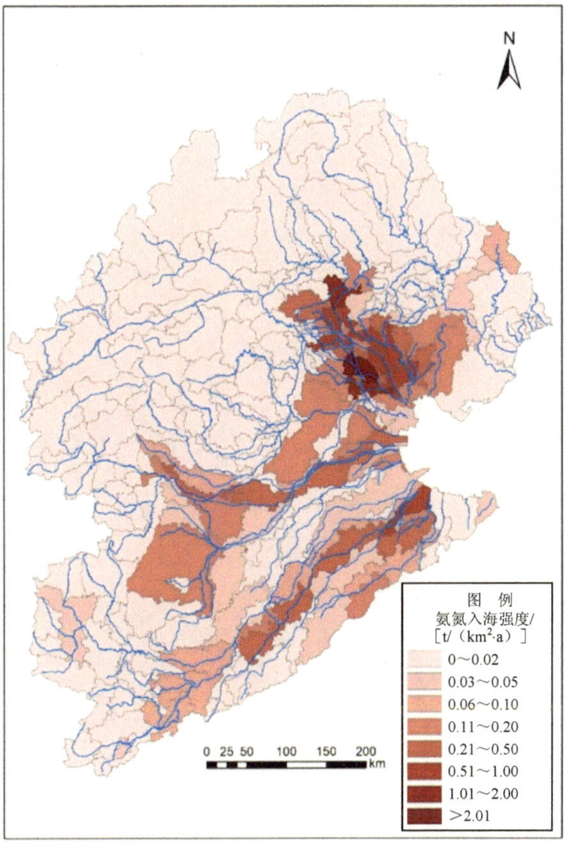

附图 2-38　海河流域农业种植氨氮入海强度空间分布

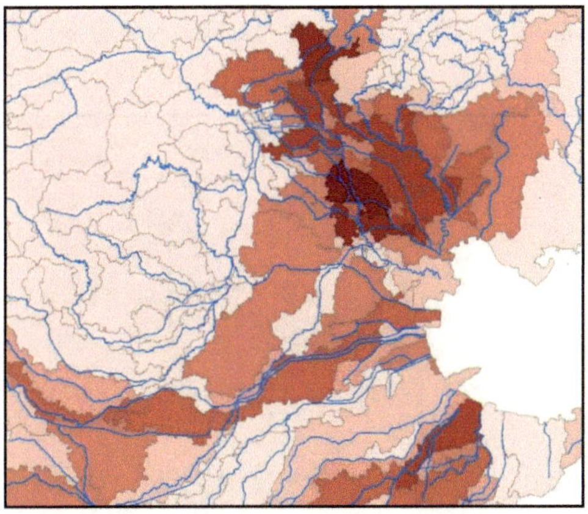

附图 2-39　海河流域农业种植氨氮入海强度（放大）

2.4.2.2　工业企业污染溯源分析

（1）COD 污染溯源分析

从入海通量来看，北四河中下游、子牙河上游和黑龙港及运东平原，向下游传输的

COD 较多；同时结合入海通量和入海强度来看，对入海断面影响较大的汇水范围，主要集中在北四河中下游。入海通量和入海强度情况如附图 2-40～附图 2-43 所示。

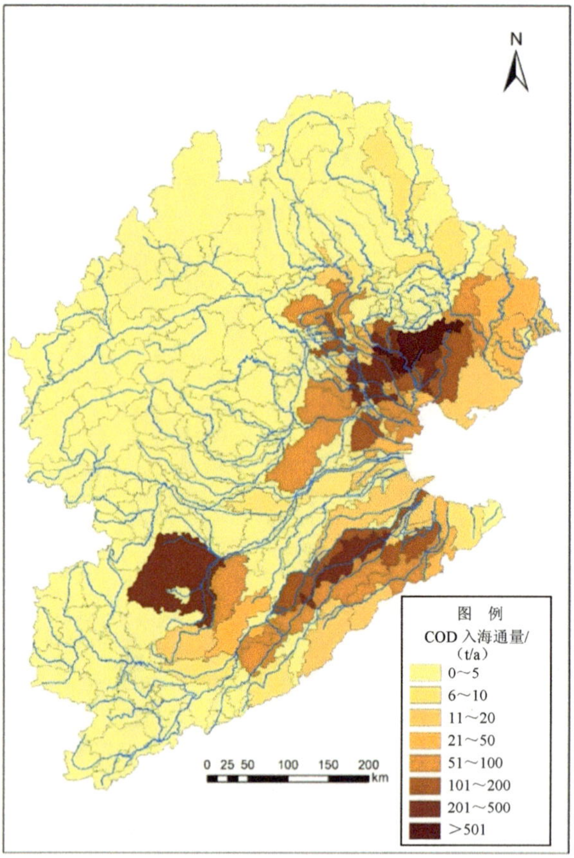

附图 2-40　海河流域工业企业 COD 入海通量空间分布

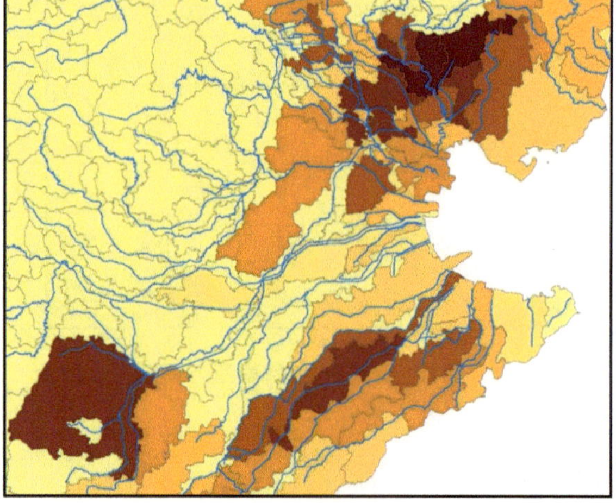

附图 2-41　海河流域工业企业 COD 入海通量（放大）

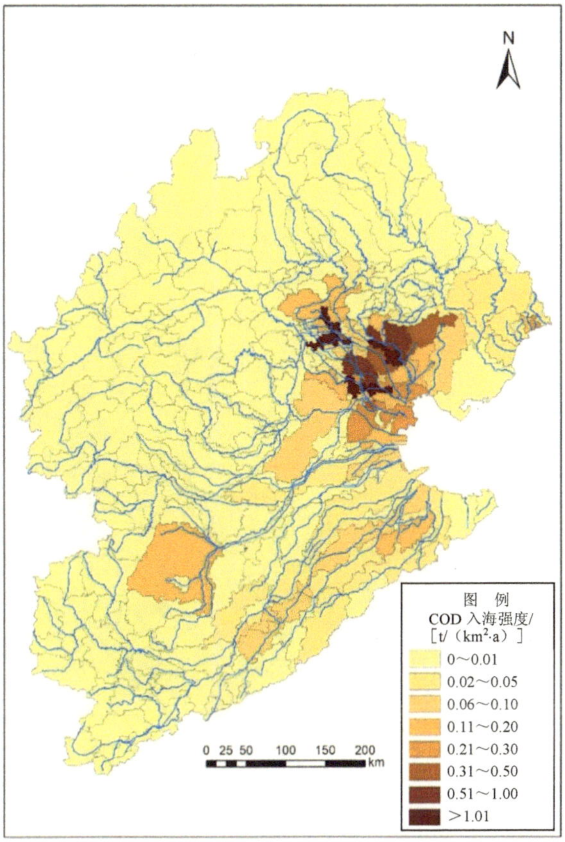

附图 2-42　海河流域工业企业 COD 入海强度空间分布

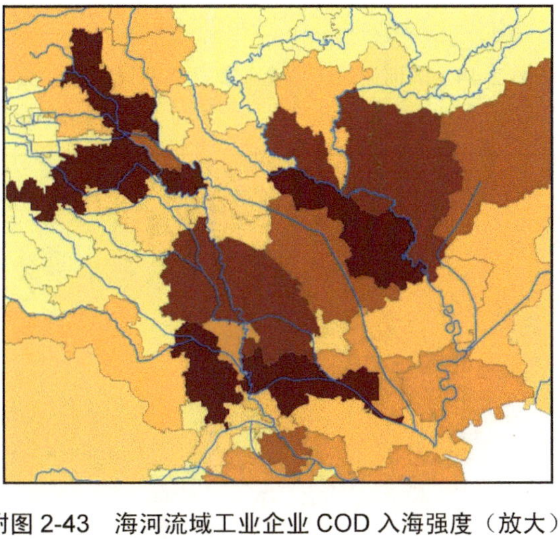

附图 2-43　海河流域工业企业 COD 入海强度（放大）

（2）氨氮污染溯源分析

从入海通量来看，北四河中下游、黑龙港及运东平原和徒骇马颊河下游，向下游传输的氨氮较多；同时结合入海通量和入海强度来看，对入海断面影响较大的汇水范围，主要集中在北四河中下游。入海通量和入海强度情况如附图 2-44～附图 2-47 所示。

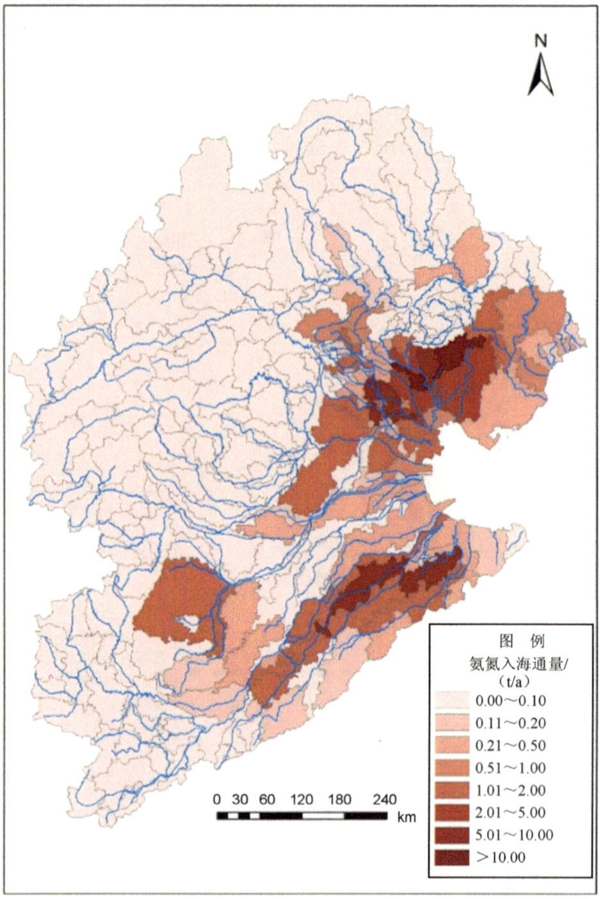

附图 2-44 海河流域工业企业氨氮入海通量空间分布

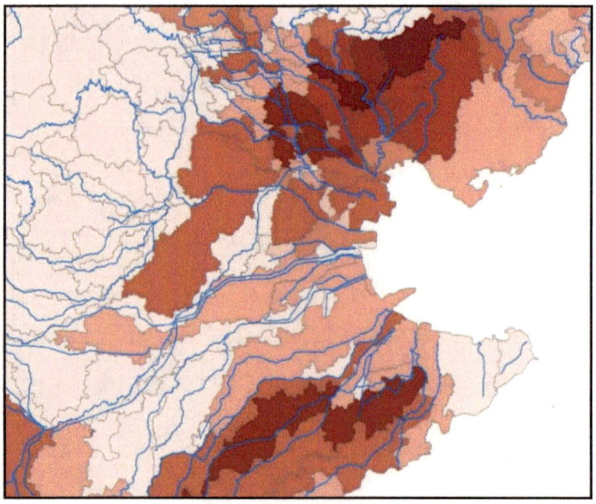

附图 2-45 海河流域工业企业氨氮入海通量（放大）

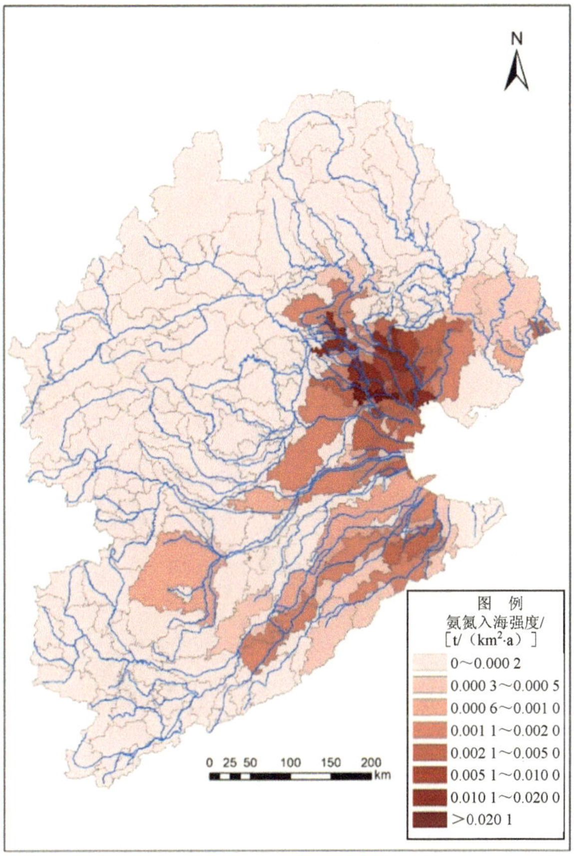

附图 2-46　海河流域工业企业氨氮入海强度空间分布

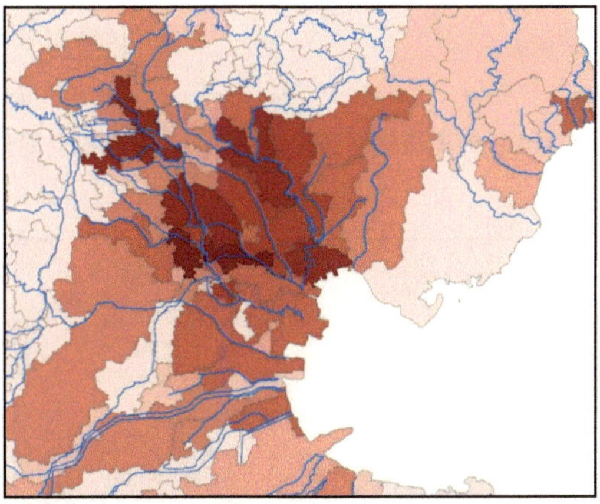

附图 2-47　海河流域工业企业氨氮入海强度（放大）

2.4.2.3　城镇生活污染溯源分析

（1）COD 污染溯源分析

从入海通量来看，北四河中下游、子牙河上游、黑龙港及运东平原和徒骇马颊河下游，向下游传输的 COD 较多；同时结合入海通量和入海强度来看，对入海断面影响较大的汇水范围，主要集中在北四河中游。入海通量和入海强度情况如附图 2-48～附图 2-51 所示。

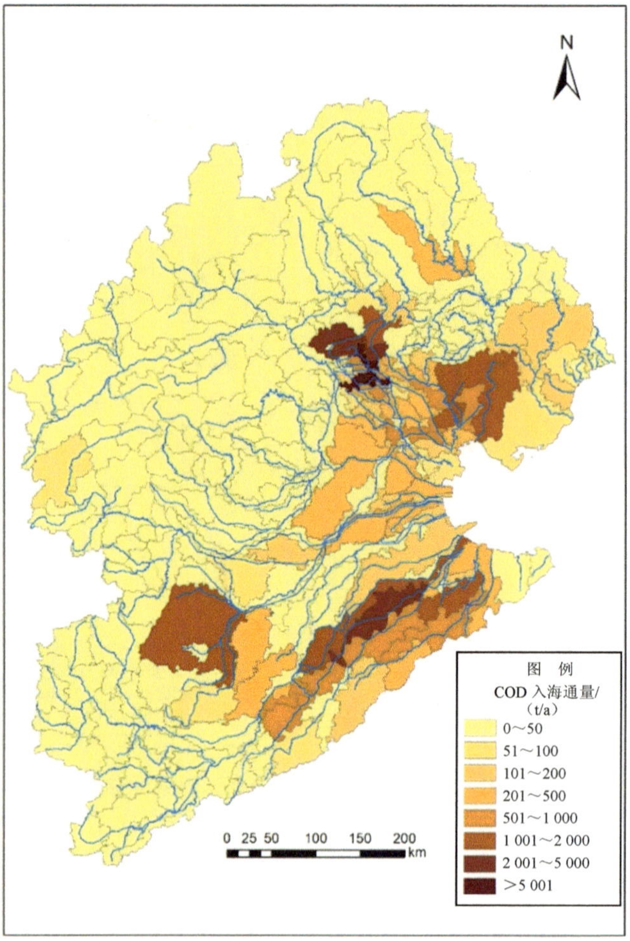

附图 2-48 海河流域城镇生活 COD 入海通量空间分布

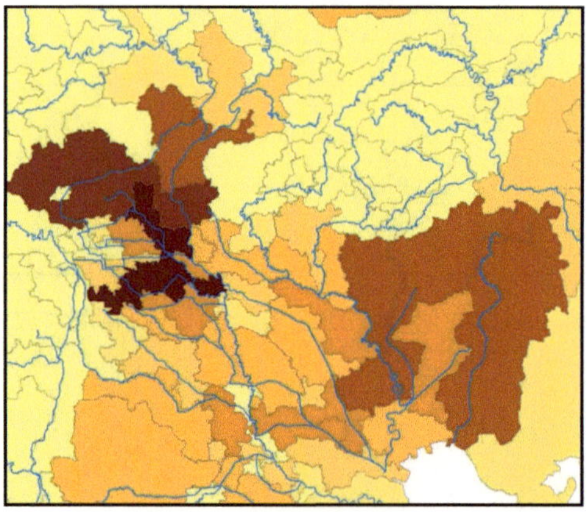

附图 2-49 海河流域城镇生活 COD 入海通量（放大）

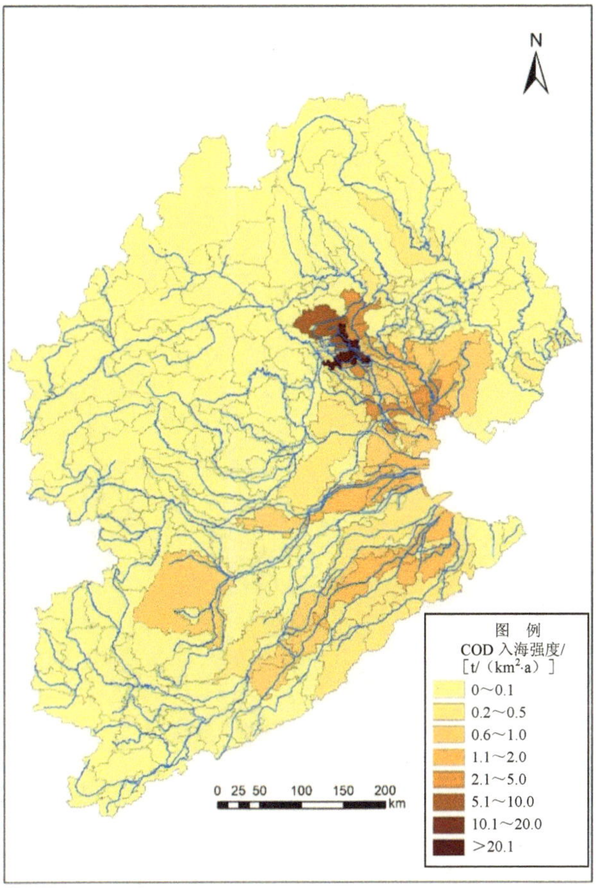

附图 2-50 海河流域城镇生活 COD 入海强度空间分布

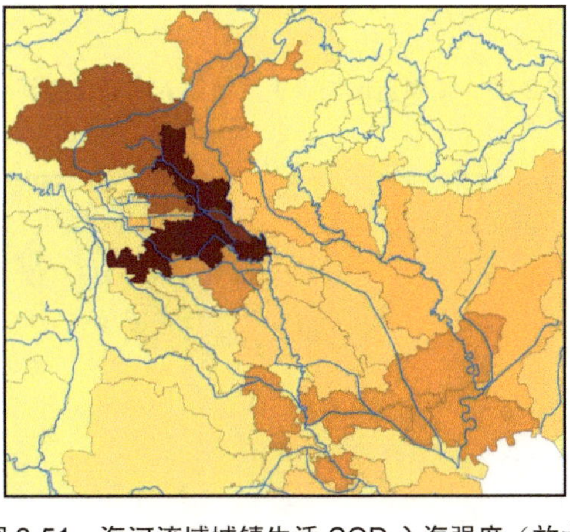

附图 2-51 海河流域城镇生活 COD 入海强度（放大）

（2）氨氮污染溯源分析

从入海通量来看，北四河中下游、子牙河上游、黑龙港及运东平原和徒骇马颊河下游，向下游传输的氨氮较多；同时结合入海通量和入海强度来看，对入海断面影响较大的汇水范围，主要集中在北四河中下游。入海通量和入海强度情况如附图 2-52～附图 2-55 所示。

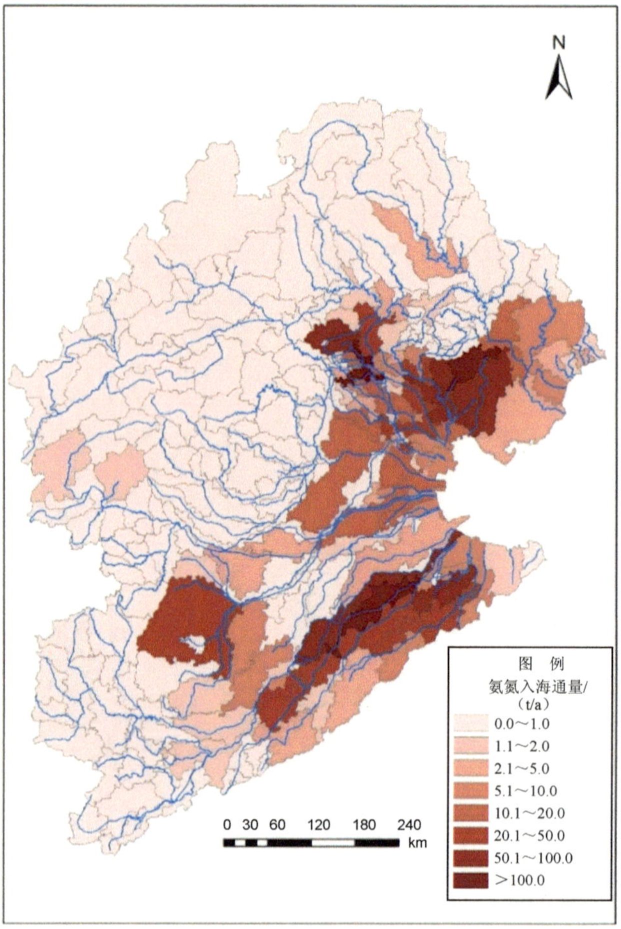

附图 2-52 海河流域城镇生活氨氮入海通量空间分布

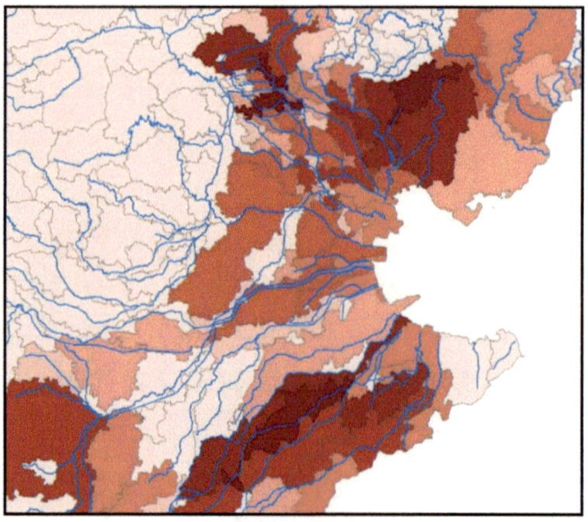

附图 2-53 海河流域城镇生活氨氮入海通量（放大）

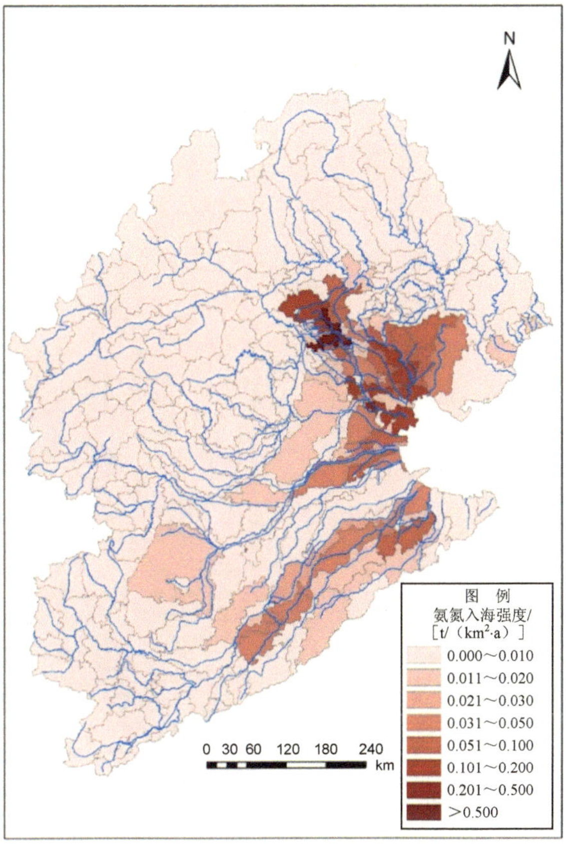

附图 2-54　海河流域城镇生活氨氮入海强度空间分布

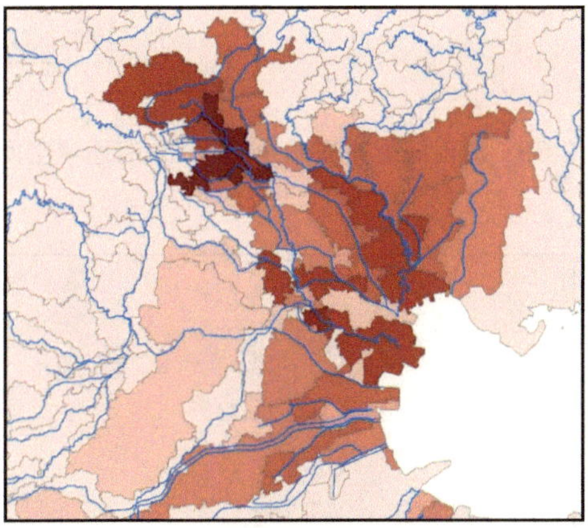

附图 2-55　海河流域城镇生活氨氮入海强度（放大）

2.4.2.4　畜禽养殖污染溯源分析

（1）COD 污染溯源分析

从入海通量来看，滦河下游、北四河下游和徒骇马颊河下游，向下游传输的 COD 较多；同时结合入海通量和入海强度来看，对入海断面影响较大的汇水范围，主要集中在北四河中游和徒骇马颊河下游。入海通量和入海强度情况如附图 2-56～附图 2-59 所示。

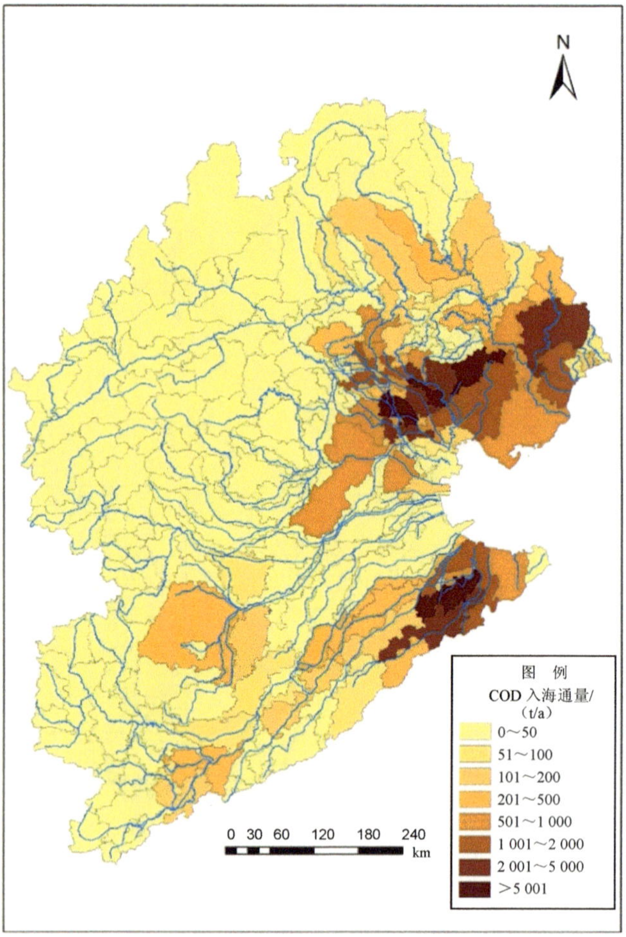

附图 2-56 海河流域畜禽养殖 COD 入海通量空间分布

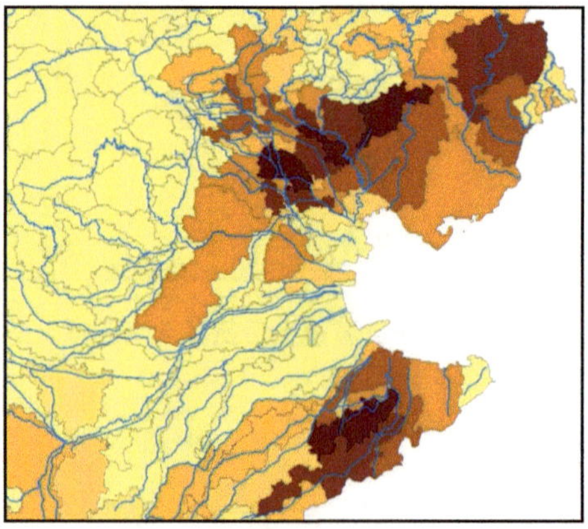

附图 2-57 海河流域畜禽养殖 COD 入海通量（放大）

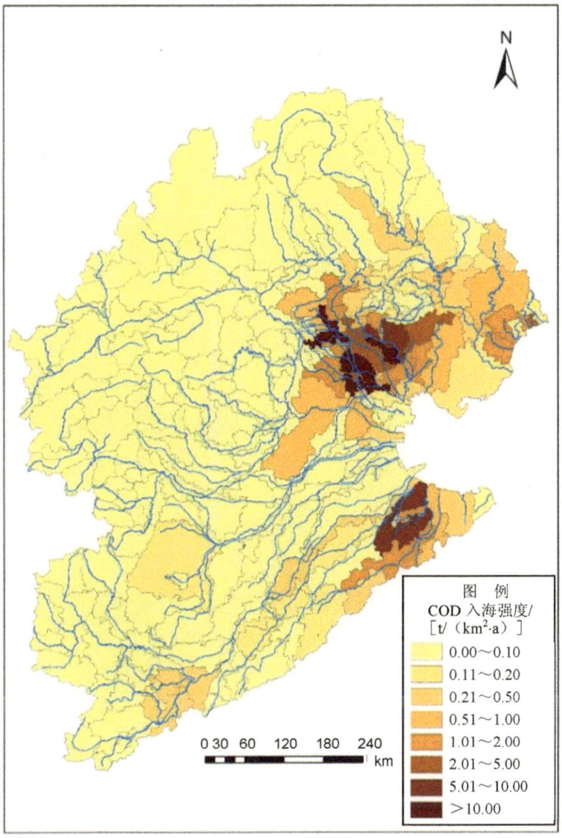

附图 2-58 海河流域畜禽养殖 COD 入海强度空间分布

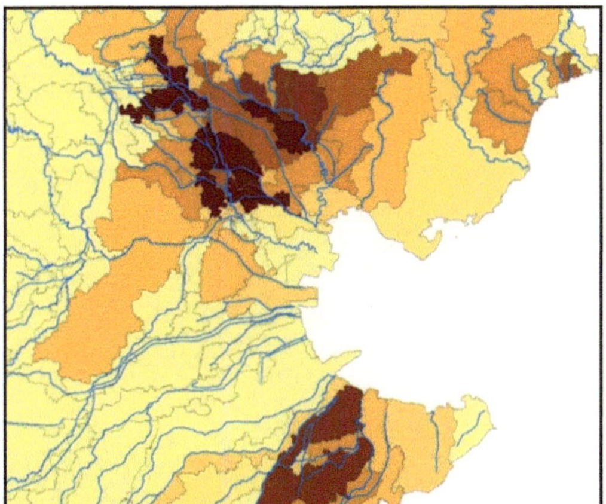

附图 2-59 海河流域畜禽养殖 COD 入海强度（放大）

（2）氨氮污染溯源分析

同时结合入海通量和入海强度来看，对入海断面影响较大的汇水范围，主要集中在北四河下游和徒骇马颊河下游。入海通量和入海强度情况如附图 2-60～附图 2-63 所示。

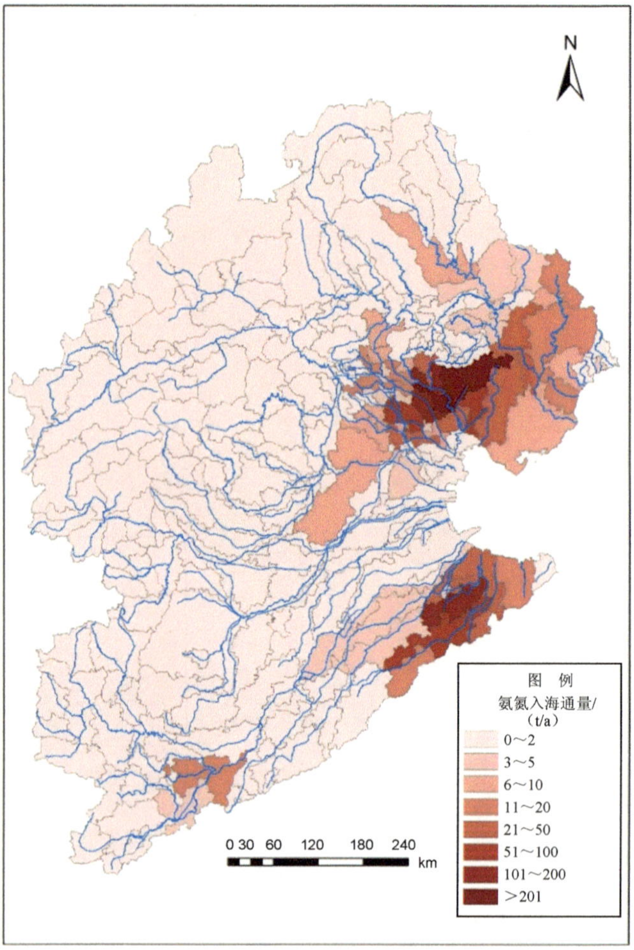

附图 2-60 海河流域畜禽养殖氨氮入海通量空间分布

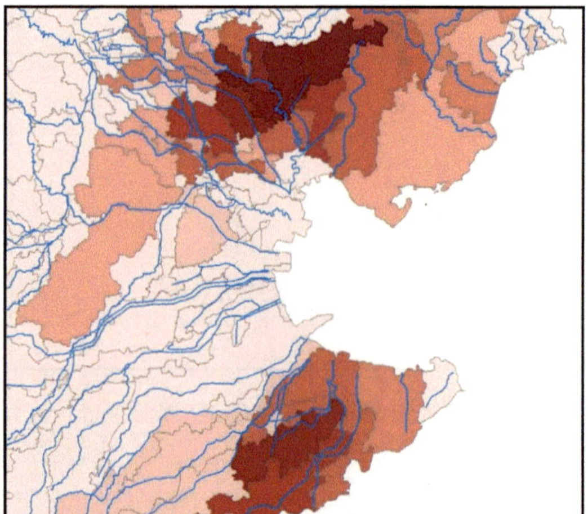

附图 2-61 海河流域畜禽养殖氨氮入海通量（放大）

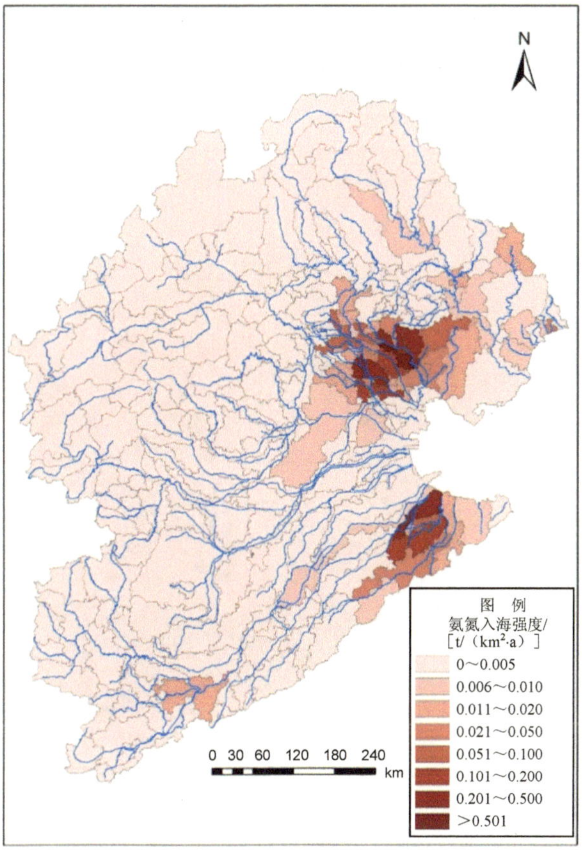

附图 2-62 海河流域畜禽养殖氨氮入海强度空间分布

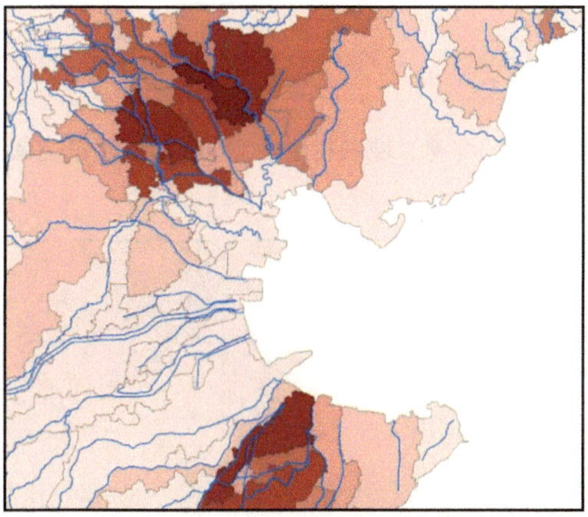

附图 2-63 海河流域畜禽养殖氨氮入海强度（放大）

2.4.2.5 农村生活污染溯源分析

（1）COD 污染溯源分析

从入海通量来看，北四河中游、子牙河上游、黑龙港及运东平原中游和徒骇马颊河下游，向下游传输的COD较多；同时结合入海通量和入海强度来看，对入海断面影响较大的汇水范围，主要集中在北四河下游和徒骇马颊河下游。入海通量和入海强度情况如附图2-64～附图2-67所示。

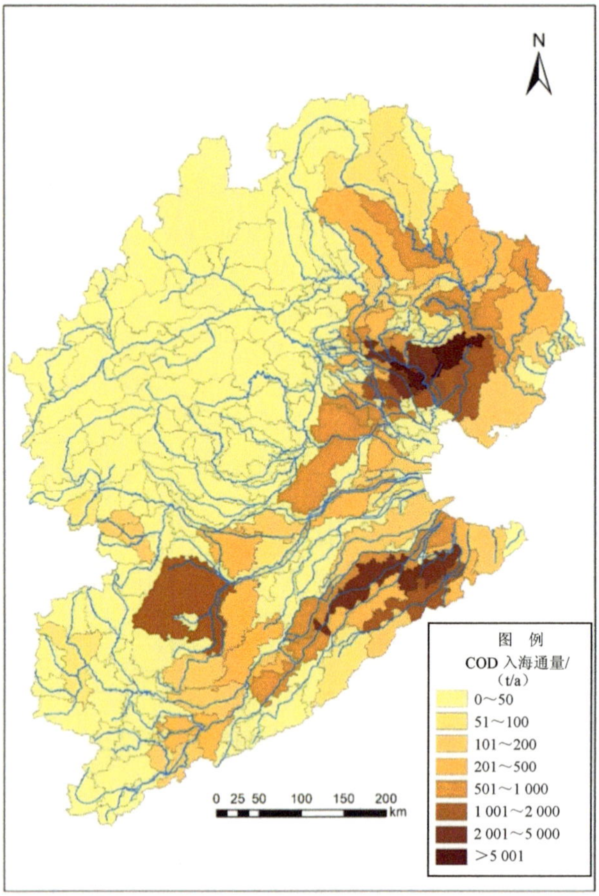

附图2-64 海河流域农村生活COD入海通量空间分布

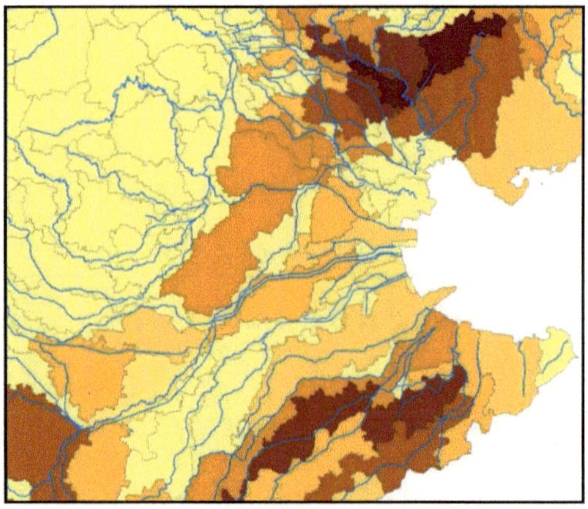

附图2-65 海河流域农村生活COD入海通量（放大）

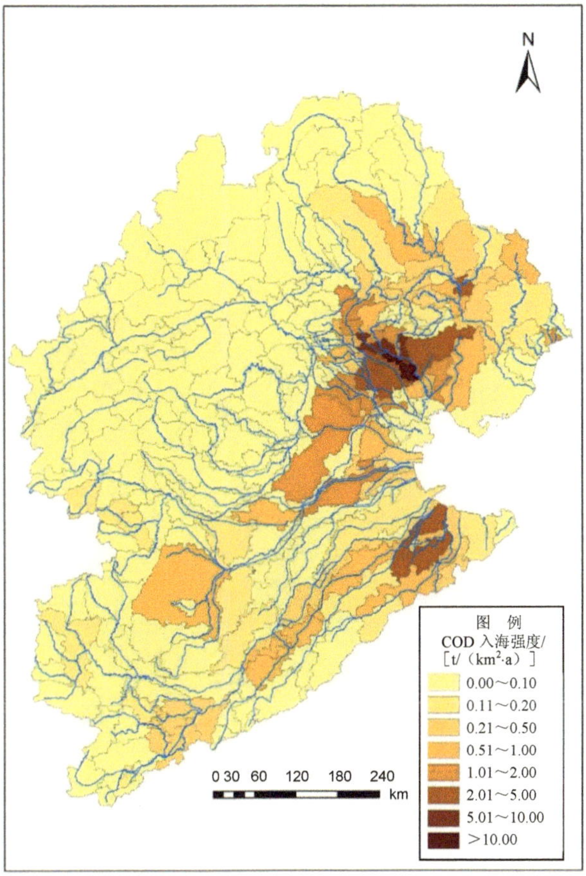

附图 2-66 海河流域农村生活 COD 入海强度空间分布

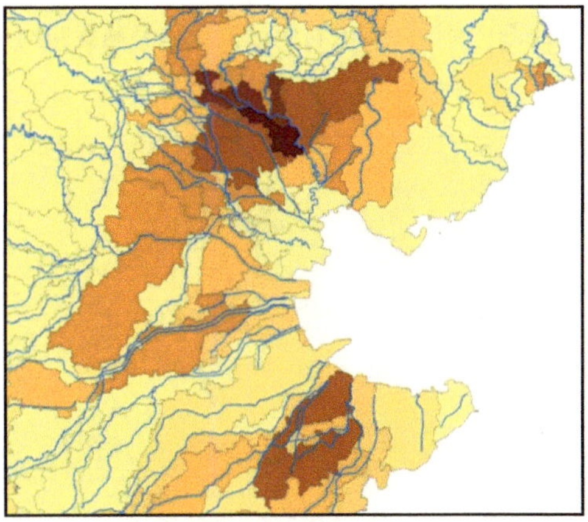

附图 2-67 海河流域农村生活 COD 入海强度（放大）

（2）氨氮污染溯源分析

同时结合入海通量和入海强度来看，对入海断面影响较大的汇水范围，主要集中在北四河中下游、大清河下游和徒骇马颊河下游。入海通量和入海强度情况如附图 2-68～附图 2-71 所示。

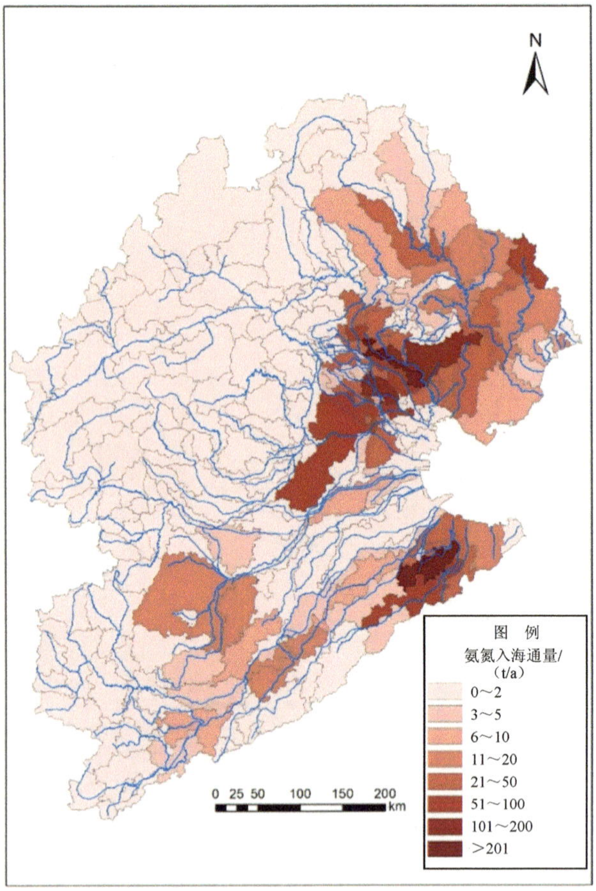

附图 2-68　海河流域农村生活氨氮入海通量空间分布

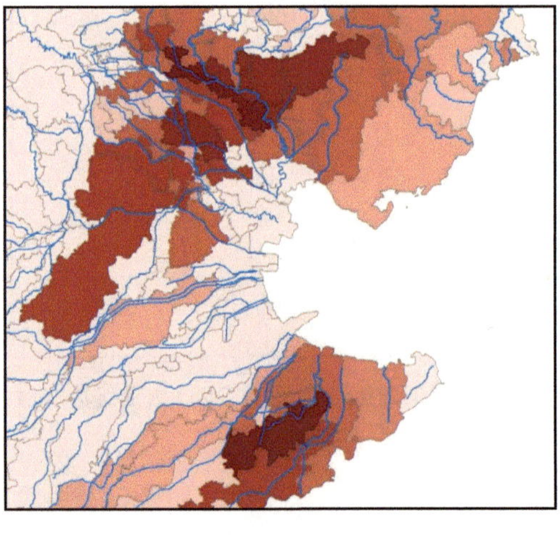

附图 2-69　海河流域农村生活氨氮入海通量（放大）

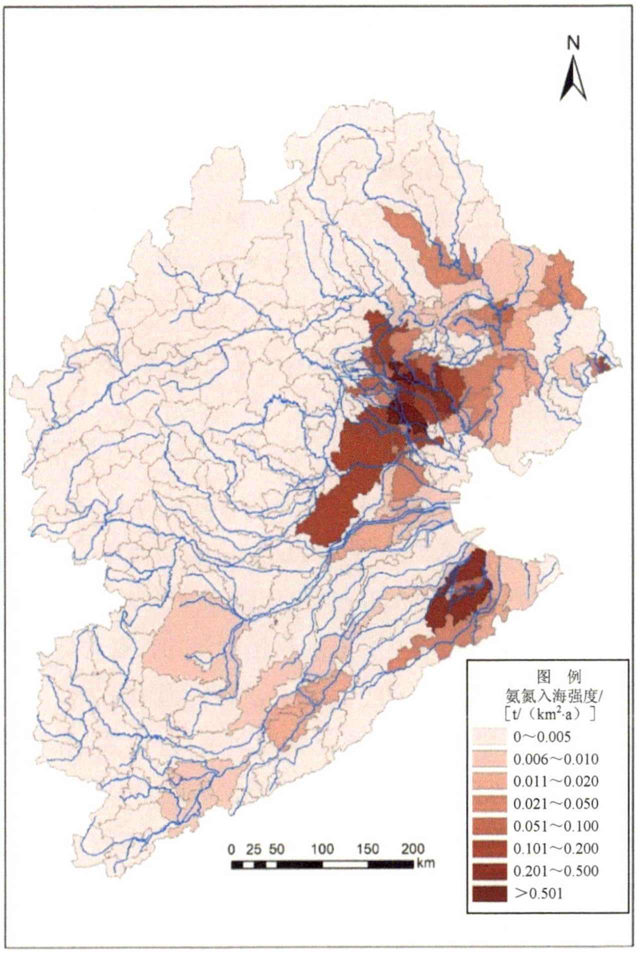

附图 2-70 海河流域农村生活氨氮入海强度空间分布

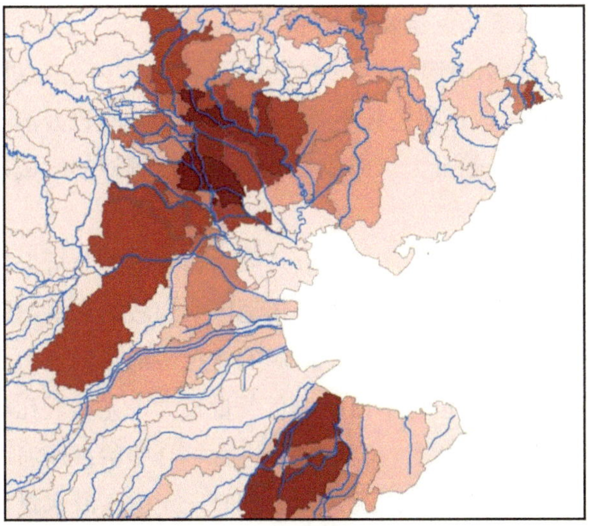

附图 2-71 海河流域农村生活氨氮入海强度（放大）

2.5 小结

本附件以海河流域 COD、氨氮为主要研究对象，基于海河流域监测数据，分析流域水质空间分布特征；基于水文监测数据、水质监测数据和收集整理的污染源数据，构建流域 SPARROW 模型，并且给出模型建立步骤；利用构建好的模型，评估流域各汇水范围内各污染源对出口断面的传输情况；基于溯源解析结果，针对 COD、氨氮不同的来源特征，识别出各污染源对出口断面影响较大的汇水范围，进而以流域水环境管理工作为出发点，结合流域特征及水环境管理实际需求，提出流域管理措施及建议，为流域水污染防治工作提供理论支持。

下面提出几点结论：

①总体来看，海河流域 COD 年均入海总量为 40.38 万 t，主要来源于农业种植和畜禽养殖，其中，农业种植源年均入海总量为 20.61 万 t，贡献率为 51.04%；畜禽养殖源年均入海总量为 7.8 万 t，贡献率为 19.32%；海河流域氨氮年均入海总量为 1.88 万 t，主要来源于农业种植源和农村生活源，其中，农业种植源年均入海总量为 1.18 万 t，贡献率为 62.96%；农村生活源年均入海总量为 0.29 万 t，贡献率为 15.67%。

②COD 年均入海量贡献量最大的河系是北四河系，为 21.5 万 t，占全流域的 54.82%，其次是徒骇马颊河系，年均入海量为 7.95 t，占全流域的 20.28%；氨氮年均入海量贡献量最大的河系是北四河系，为 1.08 万 t，占全流域的 58.72%，其次是徒骇马颊河系，年均入海量为 0.37 万 t，占全流域的 20.4%。

③通过对农业种植、工业企业、城镇生活、畜禽养殖和农村生活等污染源进行空间溯源分析可知，北四河中下游、子牙河上游和徒骇马颊河下游区域各类污染源对各河口的入海通量影响均较大；滦河下游和大清河中下游区域农业农村源对下游河口的入海通量影响较大。

根据上述结论提出以下几点建议：

①农业种植源是目前海河流域最重要的污染源，下一步应重点加强对农业种植源的管控，建议部分地区可以采取退耕还林还草、滨岸带生态建设以及测土施肥等相关措施。北四河系对污染物入海量贡献最大，应成为下一步重点管控的区域，建议加大北四河系环境保护建设的相关投入。

②结合水质空间分析、污染空间分析以及入海通量溯源分析来看，北四河中下游部分地区依然存在水质指标较差的情况，尤其该地区人口较为密集，因此，虽然其城镇化程度较高，但是仍然需要加强农业源和生活源的管控与综合治理；子牙河上游和徒骇马颊河下游虽然水质指标较好，但是本地产生负荷量较大，尤其近几年徒骇马颊河入海水量较大，因此，上述两区域需要对各类污染源进行综合整治；滦河下游和大清河中下游农业农村源的本地产生量较大，加之上述河流都有一定的入海水量，污染源向下游河口传输了较多的污染通量，因此需要对上述区域的相关面源进行综合整治。

附件3

海河流域国控断面、汇水范围、水功能区关系表

序号	河流/湖库	河长/km	河系	断面名称	所在水体	控制单元	汇水范围		所代表水功能区	责任省区市	责任城市/新区	水质类别						“十四五”水质目标
							名称	地区				2015年	2016年	2017年	2018年	2019年	2020年	
1	闪电河	212.2	滦河及冀东沿海	闪电河中桥	闪电河	闪电河（河北省）控制单元	闪电河中桥	鱼儿山镇、大滩镇、二道渠乡、闪电河乡、大二号回族乡、平定堡镇、长梁乡	闪电河冀-内蒙古缓冲区/闪电河河北张家口源头水保护区	河北省	张家口市	—	—	—	—	—	III类	III类
2	闪电河	212.2	滦河及冀东沿海	白城子	闪电河	滦河（内蒙古自治区）控制单元	白城子	上都镇、蔡木山乡、骆驼山镇	闪电河内蒙古正蓝旗保留区/闪电河内蒙古正蓝旗农业用水区/闪电河多伦县农业用水区	内蒙古自治区	锡林郭勒盟	—	—	—	—	—	III类	III类
3	滦河	509	滦河及冀东沿海	大河口	滦河	滦河（内蒙古自治区）控制单元	大河口	大北沟镇、多伦淖尔镇、滦源镇、西干沟乡	滦河内蒙古多伦工业用水区/滦河内蒙古-冀缓冲区	内蒙古自治区	锡林郭勒盟	III类	III类	III类	III类	III类	III类	III类

序号	河流/湖库	河长/km	河系	断面名称	所在水体	控制单元	汇水范围		所代表水功能区	责任省区市	责任城市/新区	水质类别						“十四五”水质目标
							名称	地区				2015年	2016年	2017年	2018年	2019年	2020年	
4	滦河	509	滦河及冀东沿海	郭家屯	滦河	滦河（河北省）控制单元	郭家屯	外沟门乡、苏家店乡、草原乡、万胜永乡、四岔口乡、国营御道口牧场、老窝铺乡、西龙头乡、南山嘴乡、郭家屯镇、御道口镇、塞罕坝机械林场	滦河河北承德保留区 1	河北省	承德市	III类	II类	IV类	III类	III类	III类	III类
5			滦河及冀东沿海	兴隆庄	滦河	滦河（河北省）控制单元	兴隆庄	韩家店乡、湾沟门乡、旧屯满族乡、太平庄满族乡、碱房乡	滦河河北承德保留区 2	河北省	承德市	III类	III类	IV类	IV类	II类	III类	III类
6			滦河及冀东沿海	上板城大桥	滦河	滦河（河北省）控制单元	上板城大桥	波罗诺镇、选将营乡、西官营乡、凤山镇、王营乡、北头营乡、水泉沟镇、中华路街道、头道牌楼街道、西大街街道、潘家沟街道、石洞子沟街道、新华路街道、桥东街道、牛圈子沟镇、大石庙镇、冯营子镇、西地镇、大庙镇、陈栅子乡、偏桥子镇、双塔山镇、元宝山街道、滦河镇、钢城街道、中兴路街道、滦平镇、长山峪镇、付营子乡、大屯镇、张百湾镇、西沟满族乡、金沟屯镇	滦河河北承德饮用水水源区	河北省	承德市	IV类	III类	IV类	IV类	III类	III类	III类

序号	河流/湖库	河长/km	河系	断面名称	所在水体	控制单元	汇水范围		所代表水功能区	责任省区市	责任城市/新区	水质类别						“十四五”水质目标
							名称	地区				2015年	2016年	2017年	2018年	2019年	2020年	
7	滦河	509	滦河及冀东沿海	大杖子（一）	滦河	滦河（河北省）控制单元	大杖子（一）	上板城镇、七沟镇、上谷乡、岔沟乡、五道河乡、仓子乡、三沟镇、六沟镇、孟家院乡、石灰窑乡、东小白旗乡、鞍匠乡、刘杖子乡、新杖子乡、下板城镇、八家乡、甲山镇、满杖子乡	滦河河北承德、唐山缓冲区	河北省	承德市	III类	III类	III类	III类	II类	II类	III类
8			滦河及冀东沿海	大黑汀水库	滦河	滦河（河北省）控制单元	大黑汀水库	汉儿庄乡、滦阳镇、三屯营镇、洒河桥镇、蘑菇峪镇	大黑汀水库水源地保护区	河北省	唐山市	II类	III类	III类	II类	II类	II类	II类
9			滦河及冀东沿海	滦州大桥	滦河	滦河（河北省）控制单元	滦州大桥	油榨镇、东安各庄镇、古城街道、五重安乡、大崔庄镇、马兰庄镇、杨店子街道、兴安街道、野鸡坨镇、赵店子镇、上营乡、太平寨镇、尹庄乡、东荒峪镇、旧城乡、白庙子乡、兴城镇、金厂峪镇、罗家屯镇、渔户寨乡、栗乡街道、亮甲台镇、东黄花川乡、峪耳崖镇、碾子峪镇、铧尖乡、松岭镇、凉水河乡、永顺街道、滨河街道	滦河河北唐山工业用水区	河北省	唐山市	II类	II类	II类	II类	II类	II类	II类

序号	河流/湖库	河长/km	河系	断面名称	所在水体	控制单元	汇水范围		所代表水功能区	责任省区市	责任城市/新区	水质类别						“十四五”水质目标
							名称	地区				2015年	2016年	2017年	2018年	2019年	2020年	
10	滦河	509	滦河及冀东沿海	姜各庄	滦河	滦河（河北省）控制单元	姜各庄	汤家河镇、乐安街道、乐亭镇、姜各庄镇、胡家坨镇、毛庄镇、大相各庄乡、新寨镇、闫各庄镇、王滩镇、古河乡、庞各庄乡、汀流河镇、滨海镇、唐海镇、七农场、五农场、一农场、三农场、四农场、柳赞镇、双井镇、胡各庄镇、程庄镇、侉城镇、宋道口镇、马城镇、长凝镇、东黄坨镇、坨里镇、南堡镇、柏各庄镇、姚王庄镇、方各庄镇、青坨营镇、扒齿港镇、司各庄镇、安各庄镇、友谊路街道、古马镇、响嘡街道、小马庄镇、滦城路街道、滦河街道、石门镇、朱各庄镇、靖安镇、荒佃庄镇、新集镇、茹荷镇、六农场、中堡镇、马头营镇	滦河河北唐山、秦皇岛工业用水区	河北省	唐山市/秦皇岛市	III类	II类	II类	II类	II类	II类	II类
11	潘家口水库	509	滦河及冀东沿海	潘家口水库	潘家口水库	滦河（河北省）控制单元	潘家口水库	独石沟乡、孟子岭乡、桲罗台镇、塌山乡	潘家口水库水源地保护区	河北省	承德市/唐山市	—	II类	III类	III类	II类	II类	III类

序号	河流/湖库	河长/km	河系	断面名称	所在水体	控制单元	汇水范围		所代表水功能区	责任省区市	责任城市/新区	水质类别						“十四五”水质目标
							名称	地区				2015年	2016年	2017年	2018年	2019年	2020年	
12	伊逊河	227	滦河及冀东沿海	唐三营	伊逊河	伊逊河（河北省）控制单元	唐三营	哈里哈乡、黄土坎乡、四道沟乡、兰旗卡伦乡、道坝子乡、四合永镇、围场镇、大唤起乡、龙头山镇、棋盘山镇、腰站镇、银窝沟乡、唐三营镇	—	河北省	承德市	III类	II类	II类	III类	II类	II类	III类
13			滦河及冀东沿海	李台	伊逊河	伊逊河（河北省）控制单元	李台	石桌子乡、城子乡、大头山乡、下伙房乡、牌楼乡、燕格柏乡、半截塔镇、红旗镇、小营满族乡、偏坡营满族乡、汤头沟镇、张三营镇、山湾乡、西阿超满族蒙古族乡、庙子沟蒙古族满族乡、尹家营满族乡、安州街道、白虎沟满族蒙古族乡、八达营蒙古族乡、蓝旗镇、步古沟镇	—	河北省	承德市	III类	III类	V类	II类	II类	III类	III类
14	武烈河	113	滦河及冀东沿海	上二道河子	武烈河	武烈河（河北省）控制单元	上二道河子	双峰寺镇、狮子沟镇、两家满族乡、磴上乡、岗子满族乡、高寺台镇、三家乡、头沟镇、茅荆坝乡、七家镇、荒地乡、章吉营乡、韩麻营镇、中关镇	—	河北省	承德市	II类	II类	III类	II类	II类	I类	III类

序号	河流/湖库	河长/km	河系	断面名称	所在水体	控制单元	汇水范围		所代表水功能区	责任省区市	责任城市/新区	水质类别						“十四五”水质目标
							名称	地区				2015年	2016年	2017年	2018年	2019年	2020年	
15	柳河	150	滦河及冀东沿海	三块石	柳河	柳河（河北省）控制单元	三块石	李家营乡、北营房镇、寿王坟镇、汪家庄镇、雾灵山乡、兴隆镇、平安堡镇、北马圈子镇、鹰手营子镇、铁北路街道	柳河河北承德饮用水水源区	河北省	承德市	III类	III类	IV类	III类	II类	II类	III类
16			滦河及冀东沿海	大杖子（二）	柳河	柳河（河北省）控制单元	大杖子（二）	大杖子乡、大营子乡	柳河河北承德缓冲区	河北省	承德市	II类	II类	II类	II类	I类	I类	II类
17	瀑河	149	滦河及冀东沿海	党坝	瀑河	瀑河（河北省）控制单元	党坝	杨树岭镇、王土房乡、平泉镇、南五十家子镇、道虎沟乡、卧龙镇、青河镇、小寺沟镇、党坝镇、梓椤树镇	瀑河河北承德饮用水水源区/瀑河河北承德源头水保护区	河北省	承德市	II类	III类	III类	III类	II类	II类	III类
18			滦河及冀东沿海	大桑园	瀑河	瀑河（河北省）控制单元	大桑园	龙须门镇、宽城镇、板城镇、化皮溜子镇	瀑河河北承德、唐山缓冲区	河北省	承德市	II类	II类	II类	III类	II类	II类	III类
19	潵河	114	滦河及冀东沿海	蓝旗营	潵河	滦河（河北省）控制单元	蓝旗营	三道河乡、安子岭乡、半壁山镇、大水泉镇、蓝旗营镇、南天门满族乡	潵河河北承德、唐山保留区	河北省	承德市	—	—	—	—	—	I类	II类
20	青龙河	265	滦河及冀东沿海	虎头石	青龙河	青龙河（辽宁省-河北省）控制单元	虎头石	三十家子镇、前进乡、松岭子镇、杨杖子镇、刀尔登镇、佛爷洞乡、河坎子乡、三道河子镇、刘杖子镇、大河北镇、老大杖子乡	—	辽宁省	朝阳市	—	—	—	—	—	I类	II类

序号	河流/湖库	河长/km	河系	断面名称	所在水体	控制单元	汇水范围		所代表水功能区	责任省区市	责任城市/新区	水质类别						“十四五”水质目标
							名称	地区				2015年	2016年	2017年	2018年	2019年	2020年	
21	青龙河	265	滦河及冀东沿海	四道河	青龙河	青龙河（辽宁省-河北省）控制单元	四道河	苇子沟乡、汤道河镇、大字沟门乡、大石柱子乡	—	河北省	承德市	—	II类	I类	II类	II类	I类	II类
22			滦河及冀东沿海	田庄子	青龙河	青龙河（辽宁省-河北省）控制单元	田庄子	建昌营镇、闫家店乡、上射雁庄乡、杨各庄镇、扣庄乡、夏官营镇、彭店子乡、刘家营乡、潘庄镇、卢龙镇、下寨乡、大石岭乡、土门子镇、木头凳镇、干沟乡、三星口乡、龙王庙乡、大巫岚镇、青龙镇、八道河镇、娄杖子镇、肖营子镇、朱杖子乡、双山子镇、凤凰山乡、安子岭乡、平方子乡、祖山镇、隔河头镇、茨榆山乡、官场乡、三拨子乡、七道河乡、草碾乡、马圈子镇	—	河北省	秦皇岛市	II类	II类	II类	II类	II类	I类	II类
23	石河	67	滦河及冀东沿海	石河口	石河	秦皇岛沿海诸河（河北省）控制单元	石河口	孟姜镇、石河镇、渤海乡、船厂路街道、西关街道、古城街道、南关街道、路南街道、第一关镇、驻操营镇、石门寨镇	—	河北省	秦皇岛市	IV类	III类	III类	III类	II类	III类	III类

序号	河流/湖库	河长/km	河系	断面名称	所在水体	控制单元	汇水范围		所代表水功能区	责任省区市	责任城市/新区	水质类别						“十四五”水质目标
							名称	地区				2015年	2016年	2017年	2018年	2019年	2020年	
24	新开河	11	滦河及冀东沿海	新开河口	新开河	秦皇岛沿海诸河（河北省）控制单元	新开河口	海滨路街道、河东街道、文化路街道、建设大街街道、东港镇、港城大街街道、海港镇、东环路街道、燕山大街街道、北环路街道、北港镇	—	河北省	秦皇岛市	Ⅲ类	Ⅲ类	Ⅲ类	Ⅱ类	Ⅱ类	Ⅲ类	Ⅲ类
25	汤河	27	滦河及冀东沿海	汤河口	汤河	秦皇岛沿海诸河（河北省）控制单元	汤河口	喇叭沟门满族乡、汤河口镇、长哨营满族乡	—	河北省	秦皇岛市	Ⅳ类	Ⅳ类	Ⅳ类	Ⅳ类	Ⅳ类	Ⅲ类	Ⅲ类
26	戴河	32	滦河及冀东沿海	戴河口	戴河	秦皇岛沿海诸河（河北省）控制单元	戴河口	牛头崖镇、戴河镇、海滨镇、东山街道、西山街道、深河乡、榆关镇	—	河北省	秦皇岛市	Ⅳ类	Ⅳ类	Ⅳ类	Ⅳ类	Ⅲ类	Ⅲ类	Ⅲ类
27	洋河	100	滦河及冀东沿海	洋河口	洋河	秦皇岛沿海诸河（河北省）控制单元	洋河口	燕河营镇、陈官屯乡、双望镇、印庄乡、台营镇、抚宁镇、大新寨镇、南戴河街道、留守营镇、骊城街道、茶棚乡	—	河北省	秦皇岛市	Ⅳ类	Ⅲ类	Ⅲ类	Ⅲ类	Ⅱ类	Ⅲ类	Ⅲ类
28	饮马河	44	滦河及冀东沿海	饮马河口	饮马河	秦皇岛沿海诸河（河北省）控制单元	饮马河口	木井镇、刘田各庄镇、蛤泊乡、安山镇、大蒲河镇、团林乡、两山乡、葛条港乡、昌黎镇、十里铺乡、刘台庄镇、泥井镇、马坨店乡、龙家店镇	—	河北省	秦皇岛市	劣Ⅴ类	劣Ⅴ类	劣Ⅴ类	Ⅴ类	Ⅳ类	Ⅳ类	Ⅲ类

序号	河流/湖库	河长/km	河系	断面名称	所在水体	控制单元	汇水范围		所代表水功能区	责任省区市	责任城市/新区	水质类别						“十四五”水质目标
							名称	地区				2015年	2016年	2017年	2018年	2019年	2020年	
29	陡河	123	滦河及冀东沿海	涧河口	陡河	陡河（河北省）控制单元	涧河口	王兰庄镇、柳树鄯镇、黑沿子镇、黄各庄镇、西葛镇、钱营镇、稻地镇、大齐各庄镇、小集镇、大新庄镇、尖字沽乡、王官营镇、姜家营乡、刘家营乡、银城铺镇、常庄镇、卑家店镇、范各庄镇、大庄坨乡、王辇庄乡、赵各庄街道、唐家庄街道、林西街道、古冶街道、京华街道、习家套乡、双桥镇、栗园镇、郑庄子镇、越河镇、开平镇、洼里镇、马家沟街道、税务庄街道、陡电街道、荆各庄街道、开平街道、希望路街道、十农场、十一农场、孙塘庄镇、九百户镇、榛子镇、雷庄镇、茨榆坨镇、杨柳庄镇、王店子镇、果园乡、小山街道、惠民道街道、永红桥街道、广场街道、友谊街道、学院南路街道、梁家屯路街道、女织寨乡、文北街道、蔡园镇、大五里乡、木厂口镇、太平庄乡、沙河驿镇、河北路街道、龙东街道、缸窑街道、东新村街道、乔屯街道、钓鱼台街道、文化路街道、机场路街道、翔云道街道、大里街道、光明街道、钱营街道	—	河北省	唐山市	Ⅴ类	Ⅳ类	Ⅳ类	Ⅴ类	Ⅳ类	Ⅳ类	Ⅲ类

序号	河流/湖库	河长/km	河系	断面名称	所在水体	控制单元	汇水范围		所代表水功能区	责任省区市	责任城市/新区	水质类别						“十四五”水质目标
							名称	地区				2015年	2016年	2017年	2018年	2019年	2020年	
30	蓟运河	175	北三河	新安镇	蓟运河	蓟运河（天津市、河北省）控制单元	新安镇	新安镇、桑梓镇、别山镇、杨津庄镇、礼明庄镇、尤古庄镇、东施古镇、下仓镇、侯家营镇	沟河天津农业、工业用水区/蓟运河天津农业用水区1	天津市	天津市	—	劣V类	劣V类	劣V类	IV类	IV类	IV类
31			北三河	江洼口	蓟运河	蓟运河（天津市、河北省）控制单元	江洼口	大钟庄镇、方家庄镇、林亭口镇、王卜庄镇、霍各庄镇、朝霞街道、牛道口镇、八门城镇、海滨街道	蓟运河冀津缓冲区	河北省/天津市	唐山市/天津市	—	—	—	—	—	IV类	IV类
32			北三河	芦台大桥	蓟运河	蓟运河（天津市、河北省）控制单元	芦台大桥	丰台镇、岳龙镇、板桥镇、苗庄镇、廉庄镇、宁河镇、东棘坨镇	还乡河天津农业用水区/蓟运河天津农业用水区2	天津市	天津市	—	—	—	—	V类	IV类	IV类
33			北三河	蓟运河防潮闸	蓟运河	蓟运河（天津市、河北省）控制单元	蓟运河防潮闸	芦台镇、大北涧沽镇、七里海镇、寨上街道、茶淀街道、汉沽街道、杨家泊镇	蓟运河天津工业、农业用水区	天津市	天津市	劣V类	劣V类	劣V类	V类	IV类	V类	V类
34	潮白河	414	北三河	向阳闸	潮白河	潮白河（北京市-河北省）控制单元	向阳闸	木林镇、牛栏山、北小营镇、双丰街道、杨宋镇、庙城、怀柔、龙山街道、泉河街道、北房镇、怀北镇、雁栖、巨各庄镇、河南寨镇、密云镇、鼓楼街道、果园街道、十里堡镇、西田各庄镇、檀营	潮白河上段北京饮用水水源区	北京市	北京市	V类	V类	IV类	IV类	IV类	III类	III类
35			北三河	苏庄	潮白河	潮白河（北京市-河北省）控制单元	苏庄	北务镇、杨镇、李遂镇、李桥镇、旺泉街道、仁和、石园街道、胜利街道、光明街道、南彩镇、南法信、马坡	潮白河下段北京景观娱乐用水区	北京市	北京市	—	—	—	IV类	IV类	IV类	IV类

序号	河流/湖库	河长/km	河系	断面名称	所在水体	控制单元	汇水范围		所代表水功能区	责任省区市	责任城市/新区	水质类别						“十四五”水质目标
							名称	地区				2015年	2016年	2017年	2018年	2019年	2020年	
36	潮白河	414	北三河	吴村	潮白河	潮白河（北京市-河北省）控制单元	吴村	燕郊镇、迎宾北路街道	潮白河京冀缓冲区	北京市/河北省	北京市/廊坊市	劣V类	劣V类	劣V类	V类	V类	IV类	IV类
37	潮白新河	100	北三河	大套桥	潮白新河	潮白新河（河北省-天津市）控制单元	大套桥	安头屯镇、蒋辛屯镇、渠口镇、钱旺镇、淑阳镇	潮白新河冀津缓冲区	河北省	廊坊市	劣V类	劣V类	劣V类	劣V类	V类	IV类	IV类
38			北三河	黄白桥	潮白新河	潮白新河（河北省-天津市）控制单元	黄白桥	新开口镇、史各庄镇、钰华街道、潮阳街道、郝各庄镇、周良街道、大白庄镇、口东镇、黄庄镇、大口屯镇、牛家牌镇、宝平街道	潮白新河天津渔业用水区	天津市	天津市	劣V类	劣V类	V类	IV类	IV类	IV类	IV类
39			北三河	于家岭大桥	潮白新河	潮白新河（河北省-天津市）控制单元	于家岭大桥	北淮淀镇、潘庄镇、俵口镇、大唐庄镇	潮白新河天津工业、农业用水区	天津市	天津市	—	劣V类	V类	IV类	IV类	IV类	IV类
40	北运河	147	北三河	杨洼闸	北运河	北运河（北京市-河北省-天津市）控制单元	杨洼闸	首都机场街道、亦庄、高丽营镇、十八里店、垡头街道、小红门、王四营、金盏、孙河、黑庄户、豆各庄、天竺、后沙峪、空港街道、中仓街道、新华街道、北苑街道、玉桥街道、永顺镇、梨园镇、宋庄镇、张家湾镇、西集镇、台湖镇、西红门、高米店街道、清源街道、观音寺街道、旧宫、瀛海、荣华街道、博兴街道、黄村	北运河北京景观娱乐用水区	北京市	北京市	劣V类	劣V类	劣V类	IV类	V类	IV类	IV类

序号	河流/湖库	河长/km	河系	断面名称	所在水体	控制单元	汇水范围		所代表水功能区	责任省区市	责任城市/新区	水质类别						“十四五”水质目标
							名称	地区				2015年	2016年	2017年	2018年	2019年	2020年	
41	北运河	147	北三河	土门楼	北运河	北运河（北京市-河北省-天津市）控制单元	土门楼	刘宋镇、安平镇、钳屯镇、五百户镇	北运河京冀津缓冲区	河北省	廊坊市	劣V类	劣V类	劣V类	IV类	IV类	IV类	IV类
42			北三河	新老米店闸	北运河	北运河（北京市-河北省-天津市）控制单元	新老米店闸	东蒲洼街道、运河西街道、徐官屯街道、黄庄街道	北运河天津工业、农业用水区	天津市	天津市	—	劣V类	劣V类	V类	V类	V类	V类
43			北三河	北洋桥	北运河	海河（天津市）控制单元	北洋桥	北仓镇、果园新村街道、集贤里街道、天穆镇、佳荣里街道、新开河街道、丁字沽街道、双环村街道、咸阳北路街道	北运河天津饮用、工业、景观用水区	天津市	天津市	—	IV类	IV类	IV类	II类	II类	III类
44	北京排污河（港沟河）	133.7	北三河	东堤头闸上	北京排污河（港沟河）	港沟河（北京市-天津市）控制单元	东堤头闸上	东马圈镇、城关镇、大王古庄镇、高村镇、河西务镇、下伍旗镇、河北屯镇、白古屯镇、泗村店镇、杨村街道、南蔡村镇、大孟庄镇、大良镇、大碱厂镇、曹子里镇、上马台镇、崔黄口镇、大黄堡镇、梅厂镇	北京排污河（北京港沟河）天津农业用水区	天津市	天津市	—	劣V类	劣V类	V类	V类	IV类	IV类
45	州河	154	北三河	西屯桥	州河	蓟运河（天津市、河北省）控制单元	西屯桥	白涧镇、许家台镇、官庄镇、文昌街道、泗溜镇、邦均镇、东二营镇、东赵各庄镇、上仓镇、下窝头镇、渔阳镇	—	天津市	天津市	劣V类	劣V类	IV类	IV类	III类	III类	III类

序号	河流/湖库	河长/km	河系	断面名称	所在水体	控制单元	汇水范围		所代表水功能区	责任省区市	责任城市/新区	水质类别						“十四五”水质目标
							名称	地区				2015年	2016年	2017年	2018年	2019年	2020年	
46	引滦入津渠	64.2	北三河	于桥水库出口	引滦天津河	于桥水库（河北省-天津市）控制单元	于桥水库库中心/于桥水库出口	孙各庄满族乡、马伸桥镇、出头岭镇、五百户镇、穿芳峪镇	—	天津市	天津市	Ⅲ类	Ⅲ类	Ⅲ类	Ⅲ类	Ⅳ类	Ⅲ类	Ⅲ类
47			北三河	尔王庄泵站	引滦天津河	潮白新河（河北省-天津市）控制单元	尔王庄泵站	尔王庄镇	引滦专线天津水源地保护区 2	天津市	天津市	Ⅲ类	Ⅲ类	Ⅲ类	Ⅲ类	Ⅲ类	Ⅱ类	Ⅲ类
48	果河	—	北三河	果河桥	果河	于桥水库（河北省-天津市）控制单元	果河桥	西龙虎峪镇	—	天津市	天津市	Ⅲ类	Ⅲ类	Ⅲ类	Ⅱ类	Ⅱ类	Ⅲ类	Ⅲ类
49	黎河	70	北三河	黎河桥	黎河	于桥水库（河北省-天津市）控制单元	黎河桥	小厂乡、建明镇、崔家庄乡、东旧寨镇、团瓢庄乡、东新庄镇、刘备寨乡、新店子镇	引滦专线天津水源地保护区 1	河北省	唐山市	Ⅲ类	Ⅳ类	Ⅲ类	Ⅱ类	Ⅱ类	Ⅱ类	Ⅱ类
50	沙河	157	北三河	沙河桥	沙河	于桥水库（河北省-天津市）控制单元	沙河桥	候家寨乡、马兰峪镇、西下营满族乡、兴旺寨乡、汤泉满族乡、平安城镇、堡子店镇、苏家洼镇、西三里乡、遵化镇、西留村乡、文化路街道、华明路街道、挂兰峪镇、八卦岭满族乡、孤山子镇	沙河冀津缓冲区/沙河河北唐山农业用水区	河北省	唐山市	Ⅲ类	Ⅳ类	Ⅳ类	Ⅱ类	Ⅲ类	Ⅱ类	Ⅲ类

序号	河流/湖库	河长/km	河系	断面名称	所在水体	控制单元	汇水范围		所代表水功能区	责任省区市	责任城市/新区	水质类别						“十四五”水质目标
							名称	地区				2015年	2016年	2017年	2018年	2019年	2020年	
51	淋河	49	北三河	淋河桥	淋河	于桥水库（河北省-天津市）控制单元	淋河桥	东陵满族乡、石门镇	淋河冀津缓冲区	河北省	唐山市	Ⅱ类	Ⅱ类	Ⅲ类	Ⅱ类	Ⅲ类	Ⅱ类	Ⅲ类
52	泃河	176	北三河	黄崖关	泃河	泃河（河北省-天津市-北京市）控制单元	黄崖关	陡子峪乡、青松岭镇	—	河北省	承德市	—	—	—	—	—	Ⅰ类	Ⅱ类
53			北三河	罗汉石	泃河	泃河（河北省-天津市-北京市）控制单元	罗汉石	罗庄子镇、下营镇	泃河冀津京缓冲区	天津市	天津市	—	—	—	—	—	Ⅱ类	Ⅲ类
54			北三河	马各庄大桥	泃河	泃河（河北省-天津市-北京市）控制单元	马各庄大桥	兴谷街道、南独乐河镇、山东庄镇、黄松峪乡	泃河上段北京工业用水区	北京市	北京市	—	—	—	—	—	—	Ⅲ类
55			北三河	东店	泃河	泃河（河北省-天津市-北京市）控制单元	东店	镇罗营镇、张镇、大孙各庄镇、龙湾屯镇、马坊、马昌营镇、峪口、东高村镇、渔阳、滨河街道、夏各庄镇、熊儿寨乡、王辛庄镇、刘家店镇、大华山镇、大兴庄镇、东邵渠镇	泃河下段北京农业用水区/泃河京冀缓冲区	北京市	北京市	劣Ⅴ类	劣Ⅴ类	Ⅴ类	Ⅳ类	Ⅳ类	Ⅲ类	Ⅲ类
56			北三河	桑梓红旗闸	泃河	泃河（河北省-天津市-北京市）控制单元	桑梓红旗闸	李旗庄镇、段甲岭镇、黄土庄镇、泃阳镇、泃阳西大街街道、鼎盛东大街街道	泃河冀津缓冲区	河北省	廊坊市	劣Ⅴ类	劣Ⅴ类	劣Ⅴ类	劣Ⅴ类	Ⅴ类	Ⅲ类	Ⅲ类

序号	河流/湖库	河长/km	河系	断面名称	所在水体	控制单元	汇水范围		所代表水功能区	责任省区市	责任城市/新区	水质类别						“十四五”水质目标
							名称	地区				2015年	2016年	2017年	2018年	2019年	2020年	
57	还乡河	158	北三河	丰北闸	还乡河	还乡河（河北省）控制单元	丰北闸	火石营镇、左家坞镇、沙流河镇、杨官林镇、七树庄镇、丰润镇、白官屯镇、泉河头镇、太平路街道、燕山路街道、石各庄镇、浭阳街道、林头屯乡、郭家屯乡、亮甲店镇、杨家套乡、鸦鸿桥镇、窝洛沽镇、东莲花院乡、新集镇、新庄子乡、铁厂镇、娘娘庄乡、党峪镇、地北头镇	还乡河河北唐山农业用水区/还乡河冀津缓冲区	河北省	唐山市	Ⅴ类	劣Ⅴ类	劣Ⅴ类	Ⅴ类	Ⅳ类	Ⅳ类	Ⅳ类
58	港沟河	8.4	北三河	罗庄	港沟河	港沟河（北京市-天津市）控制单元	小屯桥/罗庄	漷县镇、马驹桥镇、永乐店镇、于家务回族乡	北京港沟河北京农业用水区/北京港沟河（北京排污河）京津缓冲区	北京市	北京市	劣Ⅴ类	劣Ⅴ类	劣Ⅴ类	劣Ⅴ类	Ⅴ类	Ⅳ类	Ⅴ类
59	潮河	274	北三河	古北口	潮河	潮河（河北省-北京市）控制单元	古北口	黄旗镇、小坝子乡、窟窿山乡、土城镇、五道营乡、石人沟乡、天桥镇、南关蒙古族乡、胡麻营乡、黑山咀镇、大阁镇、五道营子满族乡、邓厂满族乡、马营子满族乡、虎什哈镇、付家店满族乡、安纯沟门满族乡、平坊满族乡、火斗山镇、巴克什营镇、涝洼乡、两间房乡	潮河河北承德源头水保护区/潮河河北承德保留区/潮河冀京缓冲区	河北省	承德市	Ⅱ类	Ⅱ类	Ⅱ类	Ⅱ类	Ⅰ类	Ⅱ类	Ⅱ类

序号	河流/湖库	河长/km	河系	断面名称	所在水体	控制单元	汇水范围		所代表水功能区	责任省区市	责任城市/新区	水质类别						“十四五”水质目标
							名称	地区				2015年	2016年	2017年	2018年	2019年	2020年	
60	潮河	274	北三河	辛庄桥	潮河	潮河（河北省-北京市）控制单元	辛庄桥	新城子镇、高岭镇、古北口镇	潮河北京保留区	北京市	北京市	II类	II类	II类	II类	I类	I类	II类
61	白河	180	北三河	后城	白河	白河（河北省-北京市）控制单元	后城	小河子乡、莲花滩乡、小厂镇、丰源店乡、独石口镇、马营乡、龙门所镇、云州乡、镇宁堡乡、赤城镇、样田乡、炮梁乡、龙关镇、田家窑镇、雕鹗镇、大海陀乡、后城镇	白河河北张家口保留区/白河河北张家口源头水保护区/白河冀京缓冲区	河北省	张家口市	III类	III类	III类	II类	II类	II类	II类
62			北三河	西帽山（滴水壶）	白河上段	白河（河北省-北京市）控制单元	西帽山（滴水壶）	千家店镇、香营乡	—	北京市	北京市	I类	II类	II类	II类	II类	II类	II类
63			北三河	大关桥	白河	白河（河北省-北京市）控制单元	大关桥	琉璃庙镇、宝山镇、石城镇、珍珠泉乡、四海镇	—	北京市	北京市	II类	II类	I类	II类	II类	II类	II类
64	黑河	55	北三河	四道甸	黑河	黑河（河北省）控制单元	四道甸	白草镇、茨营子乡、东卯镇、东万口乡、三道川乡	黑河河北张家口源头水保护区/黑河冀京缓冲区	河北省	张家口市	—	—	—	—	—	II类	II类
65	汤河	113	北三河	大草坪	汤河	汤河（河北省-北京市）控制单元	大草坪	汤河乡、杨木栅子乡	汤河冀京缓冲区/汤河河北承德保留区	河北省	承德市	—	—	—	—	—	IV类	IV类
66			北三河	汤河口	汤河	汤河（河北省-北京市）控制单元	汤河口	喇叭沟门满族乡、汤河口镇、长哨营满族乡	汤河北京保留区	北京市	北京市	II类	II类	II类	II类	II类	I类	II类

序号	河流/湖库	河长/km	河系	断面名称	所在水体	控制单元	汇水范围		所代表水功能区	责任省区市	责任城市/新区	水质类别						"十四五"水质目标
							名称	地区				2015年	2016年	2017年	2018年	2019年	2020年	
67	清水河	71	北三河	墙子路	清水河	密云水库（北京市、河北省）控制单元	墙子路	上石洞乡、六道河镇	—	河北省	承德市	Ⅱ类	Ⅱ类	Ⅱ类	Ⅰ类	Ⅰ类	Ⅰ类	Ⅱ类
68	京密引水渠	102	北三河	后沙涧	京密引水渠	温榆河（北京市）控制单元	后沙涧	阳坊镇	—	北京市	北京市	Ⅲ类	Ⅱ类	Ⅱ类	Ⅱ类	Ⅱ类	Ⅱ类	Ⅱ类
69	温榆河	97	北三河	土沟桥	温榆河上段	温榆河（北京市）控制单元	土沟桥	兴寿镇、温泉、西北旺、苏家坨、上庄、北石槽镇、赵全营镇、流村镇、马池口、南口、十三陵镇、城南街道、城北街道、南邵镇、沙河、龙泽园街道、东小口、北七家镇、百善镇、崔村镇、小汤山镇、天通苑南街道、天通苑北街道、霍营街道、史各庄街道、回龙观街道、延寿镇	—	北京市	北京市	劣Ⅴ类	劣Ⅴ类	劣Ⅴ类	劣Ⅴ类	Ⅴ类	Ⅳ类	Ⅳ类
70	凉水河	67	北三河	大红门闸上	凉水河	北运河（北京市-河北省-天津市）控制单元	大红门闸上	鲁谷街道、广安门外街道、右安门街道、太平桥街道、西罗园街道、大红门街道、南苑、和义街道、南苑街道、东高地街道、方庄、东铁匠营街道、卢沟桥街道、丰台街道、马家堡街道、新村街道、花乡、卢沟桥、八宝山街道	—	北京市	北京市	Ⅴ类	Ⅴ类	Ⅳ类	Ⅲ类	Ⅲ类	Ⅱ类	Ⅲ类

序号	河流/湖库	河长/km	河系	断面名称	所在水体	控制单元	汇水范围		所代表水功能区	责任省区市	责任城市/新区	水质类别						“十四五”水质目标
							名称	地区				2015年	2016年	2017年	2018年	2019年	2020年	
71	清河	22	北三河	清河闸	清河	北运河（北京市-河北省-天津市）控制单元	清河闸	学院路街道、中关村街道、海淀街道、青龙桥街道、清河街道、西三旗街道、马连洼街道、上地街道、清华园街道、东升、燕园街道	—	北京市	北京市	劣Ⅴ类	Ⅱ类	Ⅲ类	Ⅱ类	Ⅲ类	Ⅱ类	Ⅲ类
72	坝河	22	北三河	沙窝	坝河	北运河（北京市-河北省-天津市）控制单元	沙窝	崔各庄、朝外街道、呼家楼街道、三里屯街道、左家庄街道、香河园街道、和平街街道、安贞街道、亚运村街道、小关街道、酒仙桥街道、麦子店街道、团结湖街道、六里屯街道、八里庄街道、东风、将台、太阳宫、大屯街道、望京街道、平房、奥运村街道、来广营、常营、东坝、东湖街道	—	北京市	北京市	劣Ⅴ类	劣Ⅴ类	劣Ⅴ类	劣Ⅴ类	Ⅳ类	Ⅳ类	Ⅳ类
73	通惠河	56	北三河	新八里桥	通惠河	北运河（北京市-河北省-天津市）控制单元	新八里桥	天坛街道、白纸坊街道、前门街道、体育馆路街道、龙潭街道、崇文门外街道、东花市街道、永定门外街道、大栅栏街道、天桥街道、椿树街道、陶然亭街道、广安门内街道、牛街街道、建外街道、双井街道、劲松街道、潘家园街道、南磨房、高碑店、三间房、管庄	—	北京市	北京市	劣Ⅴ类	劣Ⅴ类	Ⅳ类	Ⅳ类	Ⅲ类	Ⅲ类	Ⅳ类

序号	河流/湖库	河长/km	河系	断面名称	所在水体	控制单元	汇水范围		所代表水功能区	责任省区市	责任城市/新区	水质类别						“十四五”水质目标
							名称	地区				2015年	2016年	2017年	2018年	2019年	2020年	
74	凤河	49	北三河	凤河营闸	凤河	港沟河（北京市-天津市）控制单元	凤河营闸	长子营镇、采育镇、青云店镇	—	北京市	北京市	劣V类	劣V类	劣V类	V类	IV类	III类	IV类
75	运潮减河	12	北三河	运潮减河入河口	运潮减河	潮白河（北京市-河北省）控制单元	吴村/运潮减河入河口	潞城镇、潞源街道、通运街道	—	北京市	北京市	—	—	—	—	—	IV类	IV类
76	凤港减河	40	北三河	小屯桥	凤港减河	港沟河（北京市-天津市）控制单元	小屯桥/罗庄	漷县镇、马驹桥镇、永乐店镇、于家务回族乡	—	北京市	北京市	—	劣V类	劣V类	劣V类	V类	IV类	IV类
77	鲍丘河	59	北三河	罗屯闸	鲍邱（武）河	蓟运河（天津市、河北省）控制单元	罗屯闸	皇庄镇、高楼镇、齐心庄镇、新集镇、杨庄镇、行宫东大街街道、邵府镇、祁各庄镇、大厂镇、陈府镇、夏垫镇	—	河北省	廊坊市	—	—	—	—	—	劣V类	氟化物不参与考核，其他指标为IV类
78	北护城河	12	北三河	鼓楼外大街	北护城河	北运河（北京市-河北省-天津市）控制单元	鼓楼外大街	和平里街道、安定门街道、交道口街道、景山街道、东直门街道、北新桥街道、东四街道、朝阳门街道、建国门街道、东华门街道、西长安街街道、新街口街道、展览路街道、德胜街道、金融街街道、什刹海街道、北下关街道	—	北京市	北京市	IV类	II类	II类	II类	II类	II类	III类

序号	河流/湖库	河长/km	河系	断面名称	所在水体	控制单元	汇水范围		所代表水功能区	责任省区市	责任城市/新区	水质类别						“十四五”水质目标
							名称	地区				2015年	2016年	2017年	2018年	2019年	2020年	
79	土城沟	12	北三河	花园路	土城沟	北运河（北京市-河北省-天津市）控制单元	花园路	北太平庄街道、花园路街道	—	北京市	北京市	Ⅳ类	Ⅱ类	Ⅲ类	Ⅱ类	Ⅱ类	Ⅱ类	Ⅲ类
80	长河	10	北三河	白石桥	长河	北运河（北京市-河北省-天津市）控制单元	白石桥	紫竹院街道、曙光街道	—	北京市	北京市	Ⅲ类	Ⅱ类	Ⅱ类	Ⅱ类	Ⅱ类	Ⅱ类	Ⅲ类
81	煤河	15	北三河	煤河桥	煤河	蓟运河（天津市、河北省）控制单元	煤河桥	南孙庄乡、胥各庄街道、唐坊镇、丰南镇、李钊庄镇、小张各庄镇、丰登坞镇、老庄子镇、欢喜庄乡、新军屯镇、韩城镇、岔河镇、任各庄镇、振兴街道、汉丰镇、东田庄乡	—	河北省	唐山市	—	—	—	—	—	劣Ⅴ类	Ⅴ类
82	于桥水库	—	北三河	于桥水库库中心	于桥水库	于桥水库（河北省-天津市）控制单元	于桥水库库中心/于桥水库出口	孙各庄满族乡、马伸桥镇、出头岭镇、五百户镇、穿芳峪镇	于桥水库天津水源地保护区	天津市	天津市	Ⅳ类	Ⅳ类	Ⅳ类	Ⅲ类	Ⅲ类	Ⅲ类	Ⅲ类
83	密云水库	—	北三河	密云水库	密云水库	密云水库（北京市、河北省）控制单元	密云水库	不老屯镇、大城子镇、北庄镇、穆家峪镇、溪翁庄镇、太师屯镇、冯家峪镇	密云水库北京水源地保护区	北京市	北京市	Ⅱ类	Ⅱ类	Ⅱ类	Ⅱ类	Ⅱ类	Ⅱ类	Ⅱ类

序号	河流/湖库	河长/km	河系	断面名称	所在水体	控制单元	汇水范围		所代表水功能区	责任省区市	责任城市/新区	水质类别						“十四五”水质目标
							名称	地区				2015年	2016年	2017年	2018年	2019年	2020年	
84	海子水库	—	北三河	海子水库	海子水库	泃河（河北省-天津市-北京市）控制单元	海子水库	金海湖	海子水库景观娱乐用水区	北京市	北京市	III类	II类	II类	II类	II类	II类	III类
85	怀柔水库	—	北三河	怀柔水库	怀柔水库	温榆河（北京市）控制单元	怀柔水库	桥梓镇、九渡河镇、渤海镇、大庄科乡	—	北京市	北京市	II类	II类	II类	II类	II类	II类	II类
86	团城湖调节池	—	北三河	团城湖调节池	团城湖调节池	北运河（北京市-河北省-天津市）控制单元	团城湖调节池	香山街道、四季青、万柳	—	北京市	北京市	II类	III类	II类	II类	I类	II类	II类
87	永定河引水渠	34	永定河	广北滨河路（桥）	永定河引水渠	北运河（北京市-河北省-天津市）控制单元	广北滨河路（桥）	甘家口街道、月坛街道、老山街道、八角街道、苹果园街道、金顶街街道、五里坨街道、万寿路街道、永定路街道、羊坊店街道、八里庄街道、田村路街道	—	北京市	北京市	IV类	IV类	IV类	III类	III类	III类	III类
88	永定河	306	永定河	南大荒桥	永定河	永定河（河北省-北京市）控制单元	南大荒桥	古城街道、广宁街道、龙泉、清水镇、斋堂镇、雁翅镇、妙峰山镇、军庄镇、永定、大台街道、王平、大峪街道、东辛房街道、城子街道	永定河平原段饮用水水源区/永定河山峡段饮用水水源区	北京市	北京市	IV类	IV类	IV类	IV类	III类	III类	III类
89			永定河	永定河桥	永定河	永定河（河北省-北京市）控制单元	永定河桥	宛平城、北臧村镇、庞各庄镇、榆垡镇	—	北京市	北京市	—	—	—	—	—	—	III类

序号	河流/湖库	河长/km	河系	断面名称	所在水体	控制单元	汇水范围		所代表水功能区	责任省区市	责任城市/新区	水质类别						“十四五”水质目标
							名称	地区				2015年	2016年	2017年	2018年	2019年	2020年	
90	永定河	306	永定河	后沙窝村	永定河	永定河（河北省-北京市）控制单元	后沙窝村	固安镇、杨税务乡、码头镇、葛渔城镇、调河头乡、东沽港镇、管家务回族乡、韩村镇、曹家务乡、别古庄镇	永定河京冀津缓冲区	河北省	廊坊市	—	—	—	—	—	劣V类	V类
91	永定新河	66	永定河	永和大桥	永定新河	永定新河（天津市）控制单元	永和大桥	双口镇、大张庄镇、小淀镇、宜兴埠镇、普东街道、双街镇、广源街道、青源街道、西堤头镇、造甲城镇、石各庄镇、黄花店镇、豆张庄镇、下朱庄街道、陈咀镇、汉沽港镇	永定新河天津工业、农业用水区/永定河天津农业用水区/永定新河天津农业用水区 1	天津市	天津市	—	劣V类	劣V类	V类	V类	IV类	IV类
92			永定河	塘汉公路桥	永定新河	永定新河（天津市）控制单元	塘汉公路桥/北塘水库	东丽湖街道、金钟街道、军粮城街道、华明街道、华新街道、北塘街道	永定新河天津农业用水区 2	天津市	天津市	劣V类	劣V类	劣V类	IV类	IV类	IV类	IV类
93	洋河	267	永定河	左卫桥	洋河	洋河（山西省-河北省）控制单元	左卫桥	洗马林镇、高庙堡乡、旧堡乡、北沙城乡、北新屯乡、郭磊庄镇、安家堡乡、渡口堡乡、西湾堡乡、柴沟堡镇、西沙城乡、第六屯乡	南洋河河北张家口饮用水水源区	河北省	张家口市	III类	III类	III类	II类	III类	III类	III类

序号	河流/湖库	河长/km	河系	断面名称	所在水体	控制单元	汇水范围		所代表水功能区	责任省区市	责任城市/新区	水质类别						“十四五”水质目标
							名称	地区				2015年	2016年	2017年	2018年	2019年	2020年	
94	洋河	267	永定河	响水铺	洋河	洋河（山西省-河北省）控制单元	响水铺	膳房堡乡、万全镇、宣平堡乡、孔家庄镇、赵川镇、深井镇、崞村镇、塔儿村乡、河子西乡、春光乡、皇城街道、天泰寺街街道、南大街街道、南关街道、工业街街道、侯家庙乡、建国街街道、大北街街道、顾家营镇、贾家营镇、李家堡乡、庞家堡镇、江家屯乡、洋河南镇、怀安城镇、左卫镇、王虎屯乡、头百户镇、第三堡乡、太平庄乡、大仓盖镇、东望山乡、姚家庄镇、南站街道、老鸦庄镇、马路东街道、沈家屯镇、沙岭子镇、姚家房镇	洋河河北张家口农业用水区	河北省	张家口市	Ⅳ类	Ⅲ类	Ⅲ类	Ⅲ类	Ⅱ类	Ⅲ类	Ⅲ类
95			永定河	八号桥	洋河	洋河（山西省-河北省）控制单元	八号桥	辛庄子乡、花园乡、定方水乡、段家堡乡、煤矿街道、城镇街道、鸡鸣驿乡、西八里镇、桑园镇、大黄庄镇、新保安镇、东八里乡、王家楼回族乡、存瑞镇、沙城镇、东小庄镇、温泉屯镇、张家堡镇	洋河冀京缓冲区	河北省	张家口市	Ⅳ类	Ⅲ类	Ⅲ类	Ⅲ类	Ⅲ类	Ⅲ类	Ⅲ类
96	桑干河	437	永定河	梵王寺	桑干河	桑干河（山西省）控制单元	梵王寺	阳方口镇、凤凰镇、余庄乡	—	山西省	忻州市	Ⅲ类	Ⅳ类	Ⅲ类	Ⅳ类	Ⅴ类	Ⅱ类	Ⅲ类

序号	河流/湖库	河长/km	河系	断面名称	所在水体	控制单元	汇水范围		所代表水功能区	责任省区市	责任城市/新区	水质类别						“十四五”水质目标
							名称	地区				2015年	2016年	2017年	2018年	2019年	2020年	
97	桑干河	437	永定河	东榆林水库出口	桑干河	桑干河（山西省）控制单元	东榆林水库出口	白堂乡、北旺庄街道、下团堡乡、张蔡庄乡、窑子头乡、神头镇、南城街道、北城街道	—	山西省	朔州市	III类	III类	II类	III类	III类	II类	III类
98			永定河	古家坡	桑干河	桑干河（山西省）控制单元	古家坡	鸦儿崖乡、口泉乡、水窑乡、王村街道、杏儿沟街道、雁崖街道、四老沟街道、大斗沟街道、平盛路街道、和瑞街道、和顺街道、新平旺街道、新胜街道、平泉路街道、民胜街道、新泉路街道、口泉街道、煤峪口街道、永定庄街道、同家梁街道、白洞街道、忻州窑街道、挖金湾街道、合盛堡乡、安荣乡、后所乡、张家庄乡、马营庄乡、岱岳镇、古城镇、薛圐圙乡、金城镇、南河种镇、下社镇、义井乡、臧寨乡、大黄巍乡、下马峪乡、南泉乡、薛家洼乡、北周庄镇、白马石乡、镇子梁乡、大临河乡、杏寨乡、吴家窑镇、何家堡乡、亲和乡、海北头乡、河头乡、云中镇、金沙滩镇、新家园乡、马辛庄乡、毛家皂镇、沙塄河乡、南榆林乡、滋润乡、福善庄乡、贾庄乡	桑干河山西山阴应县农业用水区/桑干河山西怀仁过渡区	山西省	朔州市	劣V类	劣V类	劣V类	劣V类	IV类	III类	IV类

序号	河流/湖库	河长/km	河系	断面名称	所在水体	控制单元	汇水范围		所代表水功能区	责任省区市	责任城市/新区	水质类别						“十四五”水质目标
							名称	地区				2015年	2016年	2017年	2018年	2019年	2020年	
99	桑干河	437	永定河	册田水库出口	桑干河	桑干河（山西省）控制单元	册田水库出口	周士庄镇、吉家庄乡、峰峪乡、杜庄乡、许堡乡、党留庄乡、瓜园乡、倍加造镇、西坪镇、湖东街道、东街街道、西街街道、吴城乡、友宰镇、马家皂乡、古城镇、东小村镇、鳌石乡	桑干河山西册田水库大同市饮用水、工业水源区/桑干河晋冀缓冲区	山西省	大同市	Ⅳ类	Ⅳ类	Ⅳ类	Ⅳ类	Ⅳ类	Ⅳ类	Ⅳ类
100			永定河	揣骨疃	桑干河	桑干河（河北省）控制单元	揣骨疃	揣骨疃镇、东井集镇、要家庄乡	—	河北省	张家口市	—	—	—	Ⅳ类	Ⅲ类	Ⅳ类	Ⅳ类
101			永定河	温泉屯	桑干河	桑干河（河北省）控制单元	温泉屯	王家湾乡、五堡镇、武家沟镇、辉耀镇、涿鹿镇、栾庄乡、保岱镇、大堡镇、西城镇、大田洼乡、高墙乡、东城镇、井儿沟乡、东坊城堡乡、辛堡乡、三马坊乡、化稍营镇、马圈堡乡、浮图讲乡	桑干河河北张家口农业用水区	河北省	张家口市	Ⅲ类	Ⅲ类	Ⅱ类	Ⅲ类	Ⅲ类	Ⅲ类	Ⅲ类
102	妫水河	96	永定河	谷家营	妫水河	妫水河（北京市）控制单元	谷家营	旧县镇、刘斌堡乡、永宁镇、井庄镇、大榆树镇、延庆镇、百泉街道、香水园街道、儒林街道、沈家营镇	—	北京市	北京市	Ⅳ类	Ⅴ类	Ⅲ类	Ⅲ类	Ⅲ类	Ⅲ类	Ⅲ类

序号	河流/湖库	河长/km	河系	断面名称	所在水体	控制单元	汇水范围		所代表水功能区	责任省区市	责任城市/新区	水质类别						“十四五”水质目标
							名称	地区				2015年	2016年	2017年	2018年	2019年	2020年	
103	清水河	51	永定河	老鸦庄	清水河	洋河（山西省-河北省）控制单元	老鸦庄	四台嘴乡、驿马图乡、狮子沟乡、石窑子乡、石嘴子乡、高家营镇、清三营乡、白旗乡、西湾子镇、红旗营乡、五一路街道、花园街街道、胜利北路街道、工业路街道、红旗楼街道、明德南街街道、东窑子镇、明德北街道、大境门街道、新华街街道、堡子里街道、南营坊街道、工人新村街道	—	河北省	张家口市	III类	III类	IV类	IV类	IV类	III类	III类
104	龙河	66	永定河	三小营	龙河	龙河（北京市-河北省）控制单元	三小营	兴丰街道、林校路街道、天宫院街道、礼贤镇、魏善庄镇、安定镇	—	北京市	北京市	劣V类	劣V类	劣V类	劣V类	IV类	IV类	III类
105			永定河	大王务	龙河	龙河（北京市-河北省）控制单元	大王务	落垡镇、仇庄乡、光明西道街道、银河南路街道、永华道街道、北史家务乡、万庄镇、云鹏道街道、九州镇、北旺乡、爱民东道街道、银河北路街道、新源道街道、解放道街道、新开路街道、耀华道街道、南尖塔镇	—	河北省	廊坊市	劣V类	劣V类	劣V类	IV类	IV类	II类	III类
106	东洋河	135	永定河	友谊水库坝上	东洋河	东洋河/内陆河（内蒙古自治区-河北省）控制单元	友谊水库坝上	店子镇、城关镇、张皋镇、鄂尔栋镇、民族团结乡、大同夭乡、五股泉乡、黄茂营乡	二道河内蒙古兴和县源头水保护区/二道河内蒙古兴和农业用水区/二道河内蒙古兴和排污控制区/二道河内蒙古兴和过渡区/二道河（东洋河）内蒙古-冀缓冲区	内蒙古自治区	乌兰察布市	III类	II类	II类	II类	II类	III类	III类

序号	河流/湖库	河长/km	河系	断面名称	所在水体	控制单元	汇水范围		所代表水功能区	责任省区市	责任城市/新区	水质类别						“十四五”水质目标
							名称	地区				2015年	2016年	2017年	2018年	2019年	2020年	
107	东洋河	135	永定河	东洋河	东洋河	东洋河/内陆河（内蒙古自治区-河北省）控制单元	东洋河	大苏计乡、大青沟镇、七甲乡、南壕堑镇、红土梁镇、套里庄乡、小蒜沟镇、下马圈乡、甲石河乡、石井乡、满井镇、八道沟镇、三工地镇、大营盘乡、照阳河镇、屯垦镇、李家地镇、二号卜乡、阎油房乡、处长地乡、哈必嘎乡、张纪镇、忠义乡、邓油坊镇、土城子镇、康保镇、满德堂乡、芦家营乡、丹清河乡、大囫囵镇、三号乡、战海乡、二泉井乡、二台镇、海流图乡、馒头营乡、大河乡、张北镇、郝家营乡、白庙滩乡、小二台镇、单晶河乡、公会镇、两面井乡、台路沟乡、油篓沟乡、大西湾乡、沙沟镇、宇宙营乡、西辛营乡、高山堡乡、白土窑乡、九连城镇、黄盖淖镇	东洋河河北张家口农业用水区	河北省	张家口市	—	—	—	—	—	II类	III类
108	南洋河	134	永定河	永嘉堡	南洋河	洋河（山西省-河北省）控制单元	永嘉堡	巨乐乡、新平堡镇、逯家湾镇、张西河乡、玉泉镇、南高崖乡、米薪关镇、贾家屯乡、南河堡乡、赵家沟乡、谷前堡镇、卅里铺乡、长城乡、龙泉镇、罗文皂镇、北徐屯乡、王官屯镇、大白登镇、下深井乡、狮子屯乡	南洋河山西阳高源头水保护区/南洋河山西阳高、天镇农业、工业用水区/南洋河晋冀缓冲区	山西省	大同市	IV类	IV类	IV类	III类	IV类	IV类	IV类

序号	河流/湖库	河长/km	河系	断面名称	所在水体	控制单元	汇水范围		所代表水功能区	责任省区市	责任城市/新区	水质类别						“十四五”水质目标
							名称	地区				2015年	2016年	2017年	2018年	2019年	2020年	
109	浑河	113	永定河	寺庄	浑河	桑干河（山西省）控制单元	寺庄	南榆林乡、沙圪坨镇、蔡村镇、永安镇、下韩村乡、驼峰乡、西留村乡、西坊城镇、大仁庄乡、裴村乡、大磁窑镇、黄花滩乡、东坊城乡、官儿乡、青磁窑乡	—	山西省	大同市	—	V类	IV类	V类	V类	IV类	IV类
110	饮马河（御河）	148	永定河	丰镇（饮）水文站	饮马河（御河）	饮马河（御河）（内蒙古自治区-山西省）控制单元	丰镇（饮）水文站	隆盛庄镇、红砂坝镇、北城区街道、旧城区街道、南城区街道	饮马河内蒙古丰镇市源头水保护区/饮马河内蒙古丰镇农业用水区	内蒙古自治区	乌兰察布市	劣V类	劣V类	III类	I类	III类	II类	III类
111			永定河	堡子湾	饮马河（御河）	饮马河（御河）（内蒙古自治区-山西省）控制单元	堡子湾	黑土台镇、巨宝庄镇、浑源窑乡、元山子乡、官屯堡乡、新城区街道、工业区街道	饮马河内蒙古丰镇排污控制区/饮马河内蒙古丰镇过渡区/饮马河（御河）内蒙古-晋缓冲区	内蒙古自治区	乌兰察布市	IV类	IV类	IV类	V类	劣V类	IV类	V类
112			永定河	利仁皂	饮马河（御河）	饮马河（御河）（内蒙古自治区-山西省）控制单元	利仁皂	南街街道、新华街街道、北关街道、向阳里街道、南关街道、北街街道、西街街道、东街街道、新建南路街道、古店镇、水泊寺乡、新旺乡、新荣镇、破鲁堡乡、郭家窑乡、花园屯乡、西村乡、上深涧乡、堡子湾乡	御河山西大同市排污控制区/御河山西大同市过渡区/御河山西大同市农业用水区	山西省	大同市	劣V类	劣V类	劣V类	劣V类	IV类	IV类	IV类

序号	河流/湖库	河长/km	河系	断面名称	所在水体	控制单元	汇水范围		所代表水功能区	责任省区市	责任城市/新区	水质类别						“十四五”水质目标
							名称	地区				2015年	2016年	2017年	2018年	2019年	2020年	
113	十里河	95	永定河	红卫桥	十里河	饮马河（御河）（内蒙古自治区-山西省）控制单元	红卫桥	开源街道、老平旺街道、西花园街道、大庆路街道、振华南街街道、新建北路街道、高山镇、云冈镇、平旺乡、马军营乡、西韩岭乡、鹊儿山镇、管家堡乡、三屯乡、云兴镇、店湾镇、张家场乡、四台沟街道、晋华宫街道、清泉街街道、燕子山街道、马脊梁街道、姜家湾街道、青磁窑街道、马口街道	—	山西省	大同市	劣Ⅴ类	劣Ⅴ类	Ⅴ类	劣Ⅴ类	Ⅴ类	Ⅳ类	Ⅳ类
114	壶流河	161	永定河	水神堂泉	壶流河	壶流河（山西省-河北省）控制单元	水神堂泉	南村镇、一斗泉乡、蕉山乡、加斗乡、宜兴乡、作疃乡、梁庄乡、望狐乡、壶泉镇	壶流河山西广灵农业用水区/壶流河晋冀缓冲区	山西省	大同市	—	—	—	—	Ⅱ类	Ⅲ类	Ⅲ类
115			永定河	壶流河小渡口	壶流河	壶流河（山西省-河北省）控制单元	壶流河小渡口	下宫村乡、草沟堡乡、宋家庄镇、桃花镇、黄梅乡、北水泉镇、南岭庄乡、陈家洼乡、杨庄窠乡、涌泉庄乡、阳眷镇、代王城镇、白草村乡、南留庄镇、暖泉镇、常宁乡、吉家庄镇、白乐镇、西合营镇、南杨庄乡、柏树乡、蔚州镇	壶流河河北张家口农业用水区 1/壶流河河北张家口农业用水区 2	河北省	张家口市	—	—	—	—	—	Ⅲ类	Ⅲ类

序号	河流/湖库	河长/km	河系	断面名称	所在水体	控制单元	汇水范围		所代表水功能区	责任省区市	责任城市/新区	水质类别						“十四五”水质目标
							名称	地区				2015年	2016年	2017年	2018年	2019年	2020年	
116	源子河	110	永定河	马邑	源子河	桑干河（山西省）控制单元	马邑	马道头乡、小京庄乡、井坪镇、陶村乡、双碾乡、阻虎乡、西水界乡、向阳堡乡、榆岭乡、下面高乡、元堡子镇、高家堡乡、玉井镇、吴马营乡、马营乡、下喇叭乡、神头街道、小平易乡	—	山西省	朔州市	—	—	—	—	—	Ⅱ类	Ⅲ类
117	官厅水库	—	永定河	官厅水库坝前	官厅水库	官厅水库（河北省）控制单元	官厅水库坝前	八达岭镇、康庄镇、张山营镇	官厅水库北京水源地保护区	河北省/北京市	张家口市/北京市	—	—	—	—	—	Ⅳ类	氟化物≤1.5 mg/L，其他指标为Ⅲ类
118	大宁水库	—	永定河	大宁水库	大宁水库	白沟河（北京市-河北省）控制单元	大宁水库	长辛店街道、长辛店镇	—	北京市	北京市	Ⅲ类	Ⅱ类	Ⅲ类	Ⅲ类	Ⅲ类	Ⅱ类	Ⅲ类
119	独流减河	73	大清河	万家码头	独流减河	子牙河（河北省-天津市）控制单元	万家码头	王稳庄镇、大寺镇、精武镇、张家窝镇、赤龙南街道、团泊镇、唐官屯镇、西翟庄镇、陈官屯镇、双塘镇、静海镇、杨成庄乡、大邱庄镇、大丰堆镇、良王庄乡、蔡公庄镇、李七庄街道、华康街道	独流减河天津农业用水区 1	天津市	天津市	劣Ⅴ类	劣Ⅴ类	劣Ⅴ类	劣Ⅴ类	劣Ⅴ类	Ⅴ类	Ⅴ类
120			大清河	独流减河防潮闸	独流减河	子牙河（河北省-天津市）控制单元	独流减河防潮闸	大港街道、古林街道	独流减河天津工业用水区/独流减河天津饮用水水源区/独流减河天津农业用水区 2	天津市	天津市	—	Ⅳ类	Ⅴ类	劣Ⅴ类	Ⅳ类	Ⅴ类	Ⅴ类

序号	河流/湖库	河长/km	河系	断面名称	所在水体	控制单元	汇水范围		所代表水功能区	责任省区市	责任城市/新区	水质类别						“十四五”水质目标
							名称	地区				2015年	2016年	2017年	2018年	2019年	2020年	
121	拒马河	239	大清河	张坊	拒马河	拒马河（河北省-北京市）控制单元	张坊	张坊镇、十渡镇、蒲洼乡	—	北京市	北京市	Ⅰ类	Ⅱ类	Ⅱ类	Ⅰ类	Ⅰ类	Ⅰ类	Ⅱ类
122			大清河	大沙地	拒马河	拒马河（河北省-北京市）控制单元	大沙地	南城司乡、九龙镇、其中口乡、赵各庄镇、龙门口乡、三坡镇、谢家堡乡、蟒石口镇、大河南镇、河东镇	拒马河冀京缓冲区	河北省	保定市	Ⅰ类	Ⅱ类	Ⅱ类	Ⅰ类	Ⅰ类	Ⅰ类	Ⅱ类
123			大清河	紫荆关	拒马河	拒马河（河北省-北京市）控制单元	紫荆关	紫荆关镇、蔡家峪乡、东团堡乡、上庄乡、留家庄乡、金家井乡、烟煤洞乡、乌龙沟乡、塔崖驿乡、北石佛乡、涞源镇、白石山镇、南屯镇、王安镇、杨家庄镇	拒马河河北保定饮用水水源区	河北省	保定市	Ⅱ类	Ⅱ类	Ⅱ类	Ⅱ类	Ⅱ类	Ⅱ类	Ⅱ类
124	白沟河	56	大清河	东马营	白沟河	白沟河（北京市-河北省）控制单元	东马营	东城坊镇、百尺竿镇、东仙坡镇、码头镇、义和庄镇、松林店镇、清凉寺街道、刁窝镇、豆庄乡、孙家庄乡、双塔街道、桃园街道、泗庄镇、辛立庄镇、辛桥乡、张六庄镇、白沟镇、宫村镇、东湾乡	白沟河河北保定饮用水水源区	河北省	保定市	—	—	—	—	—	Ⅱ类	Ⅲ类
125	大清河	110	大清河	南疃村	大清河	大清河（河北省）控制单元	南疃村	朱各庄镇、龙湾镇、雄州镇	大清河河北保定农业用水区	河北省	雄安新区	—	—	—	—	—	Ⅳ类	Ⅳ类

序号	河流/湖库	河长/km	河系	断面名称	所在水体	控制单元	汇水范围		所代表水功能区	责任省区市	责任城市/新区	水质类别						“十四五”水质目标
							名称	地区				2015年	2016年	2017年	2018年	2019年	2020年	
126	大清河	110	大清河	台头	大清河	大清河（河北省）控制单元	台头	北埝头乡、大营镇、北沙口乡、米家务镇、昝岗镇、张岗乡、双堂乡、庞口镇、庞家佐乡、柳泉镇、渠沟乡、马庄镇、礼让店乡、彭村乡、牛驼镇、滩里镇、左各庄镇、德归镇、新镇镇、苏桥镇、兴隆宫镇、史各庄镇、大围河回族满族乡、大留镇镇、赵各庄镇、文安镇、大柳河镇、孙氏镇、里澜城镇、三圣口乡、后奕镇、龙虎庄乡、刘街乡、永清镇、杨芬港镇、康仙庄镇、霸州镇、南孟镇、岔河集乡、东段乡、煎茶铺镇、东杨庄乡、王庄子镇、堂二里镇、胜芳镇、信安镇、北辛庄乡、出岸镇、长丰镇、于村乡、梁召镇、吕公堡镇、麻家坞镇、辛中驿镇、北汉乡、永丰路街道、石门桥镇、中华路街道、新华路街道、青塔乡、西环路街道、议论堡乡、兴村乡、郭家村乡、卧佛堂镇、束城镇、留古寺镇、诗经村镇、瀛州路街道、龙华店乡、西九吉乡、时村乡、沙洼乡、行别营乡、米各庄镇、果子洼回族乡、北石槽乡、段村乡、陌南镇、西城乡、商林乡、付家佐乡、尚村镇、师素镇、梁家村镇、窝北镇、万里镇、河北留善寺乡、邵庄乡、肃宁镇、城垣西路街道	大清河河北廊坊农业用水区/大清河冀津缓冲区	河北省	廊坊市	劣V类	劣V类	劣V类	劣V类	劣V类	劣V类	氟化物不参与考核，其他指标为V类

序号	河流/湖库	河长/km	河系	断面名称	所在水体	控制单元	汇水范围		所代表水功能区	责任省区市	责任城市/新区	水质类别						“十四五”水质目标
							名称	地区				2015年	2016年	2017年	2018年	2019年	2020年	
127	大清河	110	大清河	大清河第六埠	大清河	大清河（河北省）控制单元	十一堡新桥/大清河第六埠	台头镇、王口镇、子牙镇、沿庄镇、独流镇、梁头镇	大清河天津农业用水区	天津市	天津市	—	劣Ⅴ类	劣Ⅴ类	Ⅳ类	Ⅴ类	Ⅳ类	Ⅳ类
128	南拒马河	83	大清河	北河店	南拒马河	南拒马河（河北省）控制单元	北河店	张家庄乡、高里乡、贤寓镇、定兴镇、北河镇、东落堡乡、流井乡、桥头乡、白马乡、易州镇、高陌乡、梁格庄镇、西陵镇、高村镇、凌云册满族回族乡、大龙华乡、裴山镇、石亭镇、娄村镇、永阳镇、东文山乡、义安镇、涞水镇、胡家庄乡、明义镇、王村镇、一渡镇	南拒马河河北保定饮用水水源区	河北省	保定市	—	Ⅱ类	Ⅱ类	Ⅱ类	Ⅱ类	Ⅱ类	Ⅲ类
129			大清河	新盖房	南拒马河	南拒马河（河北省）控制单元	新盖房	李郁庄乡、天宫寺镇、杨村乡、北田乡、北南蔡乡、小朱庄镇、林家屯镇、高官庄镇、东盛街道、新城镇、方官镇、东马营镇、北城街道、梁家营镇、军城街道、和平街道、兴华街道、肖官营镇	—	河北省	保定市	Ⅳ类	Ⅳ类	Ⅴ类	Ⅳ类	Ⅳ类	Ⅲ类	Ⅲ类

序号	河流/湖库	河长/km	河系	断面名称	所在水体	控制单元	汇水范围		所代表水功能区	责任省区市	责任城市/新区	水质类别						“十四五”水质目标
							名称	地区				2015年	2016年	2017年	2018年	2019年	2020年	
130	大石河	120	大清河	码头	大石河	白沟河（北京市-河北省）控制单元	码头	琉璃河镇、长沟镇、大石窝镇、霞云岭乡、韩村河镇、石楼镇、窦店镇、阎村镇、周口店、南窖乡、史家营乡、大安山乡、佛子庄乡、河北镇、东风街道、向阳街道、迎风街道、新镇街道、城关街道、星城街道	—	北京市	北京市	劣Ⅴ类	劣Ⅴ类	劣Ⅴ类	劣Ⅴ类	Ⅴ类	Ⅳ类	Ⅲ类
131	小清河	50	大清河	八间房漫水桥	小清河	白沟河（北京市-河北省）控制单元	八间房漫水桥	云岗街道、王佐镇、青龙湖镇、长阳镇、良乡、西潞街道、拱辰街道、潭柘寺镇	小清河北京景观娱乐用水区/小清河京冀缓冲区	北京市	北京市	劣Ⅴ类	Ⅴ类	劣Ⅴ类	Ⅴ类	Ⅳ类	Ⅲ类	Ⅲ类
132	漕河	134	大清河	马庄	漕河	白洋淀（北淀）（河北省）控制单元	马庄	义联庄乡、大王店镇、正村镇、漕河镇、大因镇、留村镇、桥家河乡、甘河净乡、坡仓乡、七峪乡、狼牙山镇、独乐乡、阎庄乡、臧村镇、白龙乡、贤台乡、神星镇、要庄乡、大册营镇、惠阳街道	—	河北省	保定市	—	—	—	—	—	—	Ⅴ类

序号	河流/湖库	河长/km	河系	断面名称	所在水体	控制单元	汇水范围		所代表水功能区	责任省区市	责任城市/新区	水质类别						“十四五”水质目标
							名称	地区				2015年	2016年	2017年	2018年	2019年	2020年	
133	府河	31	大清河	膳马庙村北	府河	府河（河北省）控制单元	膳马庙村北	北店头乡、北罗镇、都亭乡、王京镇、仁厚镇、高昌镇、长古城镇、南店头乡、寺庄镇、黑堡乡、望都镇、赵庄镇、固店镇、高岭乡、中韩庄镇、孙村乡、望亭镇、清苑镇、刘家台乡、石井乡、坨南乡、南韩村镇、满城镇、方顺桥镇、于家庄乡、先锋街道、江城乡、南奇乡、大马坊乡、韩村乡、建南街道、韩北街道、东风路街道、新市场街道、颉庄乡、富昌乡、百楼镇、韩庄乡、西关街道、五尧乡、南关街道、永华街道、联盟路街道、东关街道、五四路街道、东金庄乡、和平里街道、中华路街道、杨庄乡、焦庄乡、南大园乡、红星街道、裕华街道、安阳乡、河口乡、白云乡、蒲上镇、蒲阳镇、高于铺镇、台鱼乡、腰山镇	—	河北省	保定市	劣V类	劣V类	劣V类	劣V类	V类	IV类	IV类
134			大清河	安州	府河	府河（河北省）控制单元	安州	安州镇	—	河北省	雄安新区	劣V类	劣V类	劣V类	V类	III类	III类	III类

序号	河流/湖库	河长/km	河系	断面名称	所在水体	控制单元	汇水范围		所代表水功能区	责任省区市	责任城市/新区	水质类别						“十四五”水质目标
							名称	地区				2015年	2016年	2017年	2018年	2019年	2020年	
135	唐河	354	大清河	下北泉村	唐河	唐河（山西省-河北省）控制单元	下北泉村	千佛岭乡、王庄堡镇、上寨镇、落水河乡、红石塄乡、武灵镇、史庄乡、赵北乡、柳科乡、石家田乡、东河南镇	唐河山西浑源农业用水区/唐河山西灵丘工业、农业用水区/唐河晋冀缓冲区	山西省	大同市	III类	III类	III类	III类	III类	II类	III类
136			大清河	白合	唐河	唐河（山西省-河北省）控制单元	白合	倒马关乡、川里镇、黄石口乡、齐家佐乡、白合镇、走马驿镇、水堡镇、南马庄乡、银坊镇、神南镇、大悲乡	唐河河北保定饮用水水源区1	河北省	保定市	II类	II类	II类	I类	I类	I类	II类
137			大清河	西新庄	唐河	唐河（山西省-河北省）控制单元	西新庄	砖路镇、留早镇、大辛庄镇、清风店镇、庞村镇、大鹿庄乡、下河乡、庄窠乡、东旺乡	唐河河北保定农业用水区	河北省	定州市	—	—	—	—	—	II类	III类
138			大清河	北青	唐河	唐河（山西省-河北省）控制单元	北青	老河头镇、芦庄乡、同口镇、贾村镇、阳城镇、魏村镇、白团乡、北店乡、何桥乡、大庄镇、张登镇、北王力乡、温仁镇、石桥乡、李庄乡、东闾乡、冉庄镇	唐河河北保定缓冲区	河北省	保定市	—	—	—	—	—	—	III类
139	孝义河	88	大清河	思乡桥	孝义河	白洋淀（南淀）（河北省）控制单元	思乡桥	小店镇、东墟镇、北杨村乡、博野镇、城东乡、南小王镇、西伏落镇、北段村乡、祁州药市街道、祁州镇、桑园镇、小陈乡、蠡吾镇、辛兴镇、大百尺镇、林堡乡、万安镇、北郭丹镇、晋庄镇、蒲口乡、邢家南镇、高阳镇	—	河北省	保定市	—	—	—	—	—	III	IV类

序号	河流/湖库	河长/km	河系	断面名称	所在水体	控制单元	汇水范围		所代表水功能区	责任省区市	责任城市/新区	水质类别						"十四五"水质目标
							名称	地区				2015年	2016年	2017年	2018年	2019年	2020年	
140	渚龙河	50	大清河	杜里村	渚龙河	沙河-渚龙河（山西省-河北省）控制单元	杜里村	独峪乡、下关乡、白崖台乡、神堂堡乡	—	山西省	大同市/忻州市	—	Ⅱ类	Ⅰ类	Ⅱ类	Ⅰ类	Ⅱ类	Ⅱ类
141			大清河	王林口	渚龙河	沙河-渚龙河（山西省-河北省）控制单元	王林口	龙泉关镇、吴王口乡、砂窝镇、大台乡、天生桥镇、阜平镇、史家寨乡、王林口镇	—	河北省	保定市	Ⅱ类	Ⅱ类	Ⅱ类	Ⅱ类	Ⅱ类	Ⅱ类	Ⅱ类
142	磁河	178	大清河	段家庄	磁河	磁河（河北省）控制单元	段家庄	邢邑镇、李亲顾镇、子位镇、息冢镇、协神乡、马头铺镇、彭家庄回族乡、东王镇、化皮镇、木村乡、邯郚镇、长寿街道、南流乡、里城道乡、无极镇、郭庄镇、北苏镇、高头回族乡、张段固镇、七汲镇、大陈镇、东侯坊乡、西平乐乡、新安镇、南牛乡、新城铺镇、南楼乡、白庄乡、赵八镇、留村乡、南燕川乡、北谭庄乡、寨头乡、北洼乡、岔头镇、慈峪镇、南寨乡、陈庄镇、南营乡、增村镇、西关镇、南孟镇、张家庄镇、翟营乡、安香乡、上阎庄乡	—	河北省	石家庄市	—	—	—	—	—	—	Ⅴ类

序号	河流/湖库	河长/km	河系	断面名称	所在水体	控制单元	汇水范围		所代表水功能区	责任省区市	责任城市/新区	水质类别						“十四五”水质目标
							名称	地区				2015年	2016年	2017年	2018年	2019年	2020年	
143	青静黄排水渠	47	大清河	何老营	青静黄排水渠	子牙河（河北省-天津市）控制单元	何老营/伊庄子闸	马厂镇	青静黄排水渠冀津缓冲区	河北省	沧州市	劣Ⅴ类	劣Ⅴ类	劣Ⅴ类	劣Ⅴ类	Ⅴ类	Ⅴ类	Ⅴ类
144			大清河	伊庄子闸	青静黄排水渠	子牙河（河北省-天津市）控制单元	何老营/伊庄子闸	马厂镇	—	河北省	沧州市	—	—	—	—	—	Ⅴ类	Ⅴ类
145			大清河	青静黄防潮闸	青静黄排水渠	子牙河（河北省-天津市）控制单元	青静黄防潮闸/北大港水库出口	海滨街道、中塘镇、小王庄镇、中旺镇	—	天津市	天津市	劣Ⅴ类	劣Ⅴ类	劣Ⅴ类	劣Ⅴ类	Ⅴ类	Ⅴ类	Ⅴ类
146	安格庄中心	—	大清河	安格庄中心	安格庄水库	南拒马河（河北省）控制单元	安格庄中心	良岗镇、安格庄乡、牛岗乡、富岗乡	—	河北省	保定市	Ⅱ类	Ⅱ类	Ⅲ类	Ⅱ类	Ⅱ类	Ⅱ类	Ⅲ类
147	西大洋水库	—	大清河	西大洋水库	西大洋水库	唐河（山西省-河北省）控制单元	西大洋水库	石门乡、军城镇、羊角乡、迷城乡、罗庄镇、雹水乡、大洋乡、北台乡、范家庄乡、郎家庄乡、灵山镇	唐河河北保定饮用水水源区 2	河北省	保定市	Ⅱ类	Ⅱ类	Ⅱ类	Ⅰ类	Ⅰ类	Ⅰ类	Ⅱ类
148	王快水库	—	大清河	王快水库	王快水库	沙河-潴龙河（山西省-河北省）控制单元	王快水库	党城乡、齐村镇、台峪乡、下庄乡、城南庄镇、平阳镇、北果园镇	—	河北省	保定市	Ⅱ类	Ⅱ类	Ⅱ类	Ⅰ类	Ⅰ类	Ⅰ类	Ⅱ类

序号	河流/湖库	河长/km	河系	断面名称	所在水体	控制单元	汇水范围		所代表水功能区	责任省区市	责任城市/新区	水质类别						“十四五”水质目标
							名称	地区				2015年	2016年	2017年	2018年	2019年	2020年	
149	白洋淀	—	大清河	烧车淀	白洋淀	白洋淀（北淀）（河北省）控制单元	烧车淀	大王镇、贾光乡、容城镇、八于乡、晾马台镇、大河镇、平王乡	白洋淀河北湿地保护区	河北省	雄安新区	Ⅳ类	Ⅳ类	Ⅳ类	Ⅳ类	Ⅳ类	Ⅲ类	Ⅲ类
150			大清河	圈头	白洋淀	白洋淀（南淀）（河北省）控制单元	光淀张庄/圈头/采蒲台/枣林庄	赵北口镇、圈头乡、鄚州镇、苟各庄镇、七间房乡	白洋淀河北湿地保护区	河北省	雄安新区	Ⅴ类	Ⅴ类	Ⅴ类	Ⅴ类	Ⅳ类	Ⅳ类	Ⅲ类
151			大清河	采蒲台	白洋淀	白洋淀（南淀）（河北省）控制单元	光淀张庄/圈头/采蒲台/枣林庄	赵北口镇、圈头乡、鄚州镇、苟各庄镇、七间房乡	白洋淀河北湿地保护区	河北省	雄安新区	Ⅴ类	Ⅴ类	Ⅴ类	Ⅴ类	Ⅳ类	Ⅳ类	Ⅲ类
152			大清河	光淀张庄	白洋淀	白洋淀（南淀）（河北省）控制单元	光淀张庄/圈头/采蒲台/枣林庄	赵北口镇、圈头乡、鄚州镇、苟各庄镇、七间房乡	白洋淀河北湿地保护区	河北省	雄安新区	Ⅳ类	Ⅳ类	Ⅳ类	Ⅳ类	Ⅳ类	Ⅳ类	Ⅲ类
153			大清河	枣林庄	白洋淀	白洋淀（南淀）（河北省）控制单元	光淀张庄/圈头/采蒲台/枣林庄	赵北口镇、圈头乡、鄚州镇、苟各庄镇、七间房乡	白洋淀河北湿地保护区	河北省	雄安新区	Ⅳ类	Ⅳ类	Ⅳ类	Ⅳ类	Ⅳ类	Ⅳ类	Ⅳ类

序号	河流/湖库	河长/km	河系	断面名称	所在水体	控制单元	汇水范围		所代表水功能区	责任省区市	责任城市/新区	水质类别						“十四五”水质目标
							名称	地区				2015年	2016年	2017年	2018年	2019年	2020年	
154	白洋淀	—	大清河	端村	白洋淀	白洋淀（南淀）（河北省）控制单元	端村	程委镇、大五女镇、石佛镇、伍仁桥镇、南娄底乡、郑章镇、明官店乡、西城镇、刘李庄镇、端村镇、东旺镇、开元镇、明月店镇、周村镇、叮咛店镇、号头庄回族乡、东留春乡、西城乡、高蓬镇、西城区街道、东亭镇、长安路街道、北城区街道、杨家庄乡、南城区街道、孝墓镇、恒州镇、晓林镇、羊平镇、邸村镇、燕赵镇、产德乡、路庄子乡、文德镇、留史镇、鲍墟镇、南庄镇、大曲堤镇、龙化乡、小王果庄镇、西演镇、正莫镇、南大岳镇、承安镇、杜固镇、九口子乡、口头镇、北河乡、上方乡、玉亭乡、南桥镇、上碑镇、独羊岗乡、龙州镇、市同乡、只里乡、城寨乡、马店镇	白洋淀河北湿地保护区	河北省	雄安新区	劣V类	劣V类	劣V类	V类	V类	IV类	IV类

序号	河流/湖库	河长/km	河系	断面名称	所在水体	控制单元	汇水范围		所代表水功能区	责任省区市	责任城市/新区	水质类别						“十四五”水质目标
							名称	地区				2015年	2016年	2017年	2018年	2019年	2020年	
155	白洋淀	—	大清河	鸪丁淀	白洋淀	白洋淀（北淀）（河北省）控制单元	鸪丁淀	寨里乡、三台镇、姚村乡、肖村乡、柳卓乡、固城镇、南张镇、小里镇、东釜山乡、瀑河乡、户木乡、遂城镇、高林村镇、安肃镇、东史端镇、崔庄镇、尉都乡、西山北乡、塘湖镇	白洋淀河北湿地保护区	河北省	雄安新区	—	—	—	—	—	Ⅳ类	Ⅳ类
156	府河	—	大清河	南刘庄	府河	府河（河北省）控制单元	南刘庄	安新镇	—	河北省	雄安新区	劣Ⅴ类	劣Ⅴ类	劣Ⅴ类	劣Ⅴ类	Ⅴ类	Ⅴ类	Ⅳ类
157	王庆坨水库	—	大清河	王庆坨水库	王庆坨水库	永定新河（天津市）控制单元	王庆坨水库	王庆坨镇	—	天津市	天津市	—	—	—	—	—	Ⅱ类	Ⅲ类
158	北大港水库	—	大清河	北大港水库出口	北大港水库	子牙河（河北省-天津市）控制单元	青静黄防潮闸/北大港水库出口	海滨街道、中塘镇、小王庄镇、中旺镇	北大港水库天津饮用、工业、农业水源区	天津市	天津市	—	劣Ⅴ类	劣Ⅴ类	劣Ⅴ类	劣Ⅴ类	劣Ⅴ类	Ⅴ类
159	海河	72	海河干流	三岔口	海河	海河（天津市）控制单元	三岔口	月牙河街道、建昌道街道、铁东路街道、鸿顺里街道、宁园街道、王串场街道、望海楼街道、江都路街道、三条石街道	—	天津市	天津市	Ⅴ类	Ⅳ类	Ⅲ类	Ⅲ类	Ⅱ类	Ⅱ类	Ⅲ类

序号	河流/湖库	河长/km	河系	断面名称	所在水体	控制单元	汇水范围		所代表水功能区	责任省区市	责任城市/新区	水质类别						“十四五”水质目标
							名称	地区				2015年	2016年	2017年	2018年	2019年	2020年	
160	海河	72	海河干流	海津大桥	海河	海河（天津市）控制单元	海津大桥	体育中心街道、长虹街道、鼓楼街道、广开街道、兴南街道、嘉陵道街道、万兴街道、学府街道、水上公园街道、王顶堤街道、华苑街道、南市街道、新兴街道、劝业场街道、小白楼街道、五大道街道、南营门街道、大王庄街道、大直沽街道、富民路街道、东新街道、向阳楼街道、唐家口街道、中山门街道、上杭路街道、春华街道、二号桥街道、常州道街道、鲁山道街道、光复道街道、马场街道、桃园街道、大营门街道、下瓦房街道、越秀路街道、友谊路街道、挂甲寺街道、尖山街道、陈塘庄街道、天塔街道、东海街道、柳林街道、梅江街道、太湖路街道	海河天津饮用水、工业用水、景观用水区	天津市	天津市	—	Ⅳ类	Ⅳ类	Ⅲ类	Ⅲ类	Ⅲ类	Ⅲ类
161			海河干流	海河大闸	海河	海河（天津市）控制单元	海河大闸	新立街道、无瑕街道、张贵庄街道、丰年村街道、金桥街道、万新街道、北闸口镇、咸水沽镇、双桥河镇、小站镇、葛沽镇、双新街道、双港镇、大沽街道、新河街道、杭州道街道、新城镇、塘沽街道、新北街道、胡家园街道、泰达街道、新港街道、新村街道、双林街道	海河天津过渡区	天津市	天津市	劣Ⅴ类	劣Ⅴ类	劣Ⅴ类	劣Ⅴ类	Ⅴ类	Ⅴ类	Ⅴ类

序号	河流/湖库	河长/km	河系	断面名称	所在水体	控制单元	汇水范围		所代表水功能区	责任省区市	责任城市/新区	水质类别						“十四五”水质目标
							名称	地区				2015年	2016年	2017年	2018年	2019年	2020年	
162	洪泥河	26	海河干流	生产圈闸	洪泥河	海河（天津市）控制单元	生产圈闸	辛庄镇、八里台镇	—	天津市	天津市	劣V类	V类	V类	IV类	III类	III类	III类
163	北塘水库	—	海河干流	北塘水库	北塘水库	永定新河（天津市）控制单元	塘汉公路桥/北塘水库	东丽湖街道、金钟街道、军粮城街道、华明街道、华新街道、北塘街道	—	天津市	天津市	—	—	IV类	III类	III类	II类	III类
164	子牙河	180	子牙河	小王庄	子牙河	子牙河（河北省-天津市）控制单元	小王庄	尊祖庄乡、沙河桥镇、张村乡、本斋回族乡、十五级乡、乐寿镇、临河乡、小平王乡	子牙河河北沧州工业用水区	河北省	沧州市	—	—	—	IV类	V类	IV类	IV类
165			子牙河	小河闸	子牙河	子牙河（河北省-天津市）控制单元	小河闸	旺村镇、南赵扶镇、北魏镇、臧屯镇、里坦镇、权村镇、广安镇、留各庄镇、平舒镇、大尚屯镇	子牙河冀津缓冲区	河北省	廊坊市	—	—	IV类	V类	IV类	IV类	IV类
166			子牙河	十一堡新桥	子牙河	子牙河（河北省-天津市）控制单元	十一堡新桥/大清河第六埠	台头镇、王口镇、子牙镇、沿庄镇、独流镇、梁头镇	子牙河天津农业用水区	天津市	天津市	—	劣V类	劣V类	IV类	V类	IV类	IV类
167			子牙河	西河闸	子牙河	海河（天津市）控制单元	西河闸	杨柳青镇、辛口镇	子牙河天津饮用水、工业用水、景观用水区	天津市	天津市	—	—	—	—	V类	II类	III类
168			子牙河	大红桥	子牙河	海河（天津市）控制单元	大红桥	青光镇、瑞景街道、西于庄街道、和苑街道、西沽街道、西营门街道	子牙河天津饮用、农业用水区	天津市	天津市	—	IV类	II类	III类	II类	II类	III类

序号	河流/湖库	河长/km	河系	断面名称	所在水体	控制单元	汇水范围		所代表水功能区	责任省区市	责任城市/新区	水质类别						“十四五”水质目标
							名称	地区				2015年	2016年	2017年	2018年	2019年	2020年	
169	子牙新河	152	子牙河	阎辛庄	子牙新河	北排水河（河北省-天津市）控制单元	永红桥/阎辛庄	杜生镇、崔尔庄镇、大官厅乡、高川乡、黄递铺乡、纸房头乡、大褚村回族乡、杜林回族乡、兴济镇、黎民居乡、景和镇、故仙乡、陈庄镇、高官乡、淮镇镇、垒头乡、郭庄镇、河城街镇、韩村镇、南河头乡、小王庄镇、水月寺街街道、南湖街道、南陈屯乡、南环中路街道、市场街道、西环中街街道、公园街道、金牛镇、上伍乡、木门店镇、新兴镇、陈嘴乡、盘古镇、齐家务乡	滏阳新河河北衡水农业用水区/滏阳新河河北沧州农业用水区/子牙新河河北沧州农业用水区/子牙新河冀津缓冲区	河北省	沧州市	劣V类	劣V类	劣V类	劣V类	V类	V类	V类
170			子牙河	马棚口防潮闸	子牙新河	北排水河（河北省-天津市）控制单元	沧浪渠出境/马棚口防潮闸/北排水河防潮闸	太平镇	子牙新河天津农业用水区	天津市	天津市	劣V类	劣V类	劣V类	劣V类	V类	Ⅳ类	Ⅳ类

序号	河流/湖库	河长/km	河系	断面名称	所在水体	控制单元	汇水范围		所代表水功能区	责任省区市	责任城市/新区	水质类别						“十四五”水质目标
							名称	地区				2015年	2016年	2017年	2018年	2019年	2020年	
171	滹沱河	615	子牙河	下茹越	滹沱河	滹沱河（山西省）控制单元	下茹越	横涧乡、光裕堡乡、东山乡、集义庄乡、砂河镇、金山铺乡、柏家庄乡、大营镇	滹沱河山西繁峙饮用水、农业用水区	山西省	忻州市	—	—	—	—	III类	IV类	III类
172			子牙河	代县桥	滹沱河	滹沱河（山西省）控制单元	代县桥	胡峪乡、滩上镇、峪口乡、聂营镇、峨口镇、上磨坊乡、枣林镇、繁城镇、杏园乡、岩头乡、下茹越乡	滹沱河山西代县农业用水区	山西省	忻州市	II类	II类	II类	II类	II类	III类	III类
173			子牙河	定襄桥	滹沱河	滹沱河（山西省）控制单元	定襄桥	新高乡、阳明堡镇、上馆镇、雁门关乡、新原乡、崞阳镇、大牛店镇、闫庄镇、长梁沟镇、中阳乡、大林乡、西镇乡、解村乡、楼板寨乡、段家堡乡、王家庄乡、苏龙口镇、沿沟乡、轩岗镇、子干乡、轩煤矿街道、北城街道、南城街道、奇村镇、高城乡、阳坡乡、秦城乡、曹张乡	—	山西省	忻州市	劣V类	IV类	IV类	V类	V类	IV类	IV类

序号	河流/湖库	河长/km	河系	断面名称	所在水体	控制单元	汇水范围		所代表水功能区	责任省区市	责任城市/新区	水质类别						“十四五”水质目标
							名称	地区				2015年	2016年	2017年	2018年	2019年	2020年	
174	滹沱河	615	子牙河	南庄	滹沱河	滹沱河（山西省）控制单元	南庄	阳白乡、东冶镇、建安乡、神西乡、东社镇、南白乡、河边镇、受禄乡、季庄乡、宏道镇、杨芳乡、长征街道、播明镇、解原乡、东楼乡、北义井乡、合索乡、新建路街道	滹沱河山西原平忻定工业、农业用水区	山西省	忻州市	II类	II类	II类	II类	II类	II类	II类
175			子牙河	闫家庄大桥	滹沱河	滹沱河（山西省）控制单元	闫家庄大桥	苌池镇、上社镇、下社乡、梁家寨乡	滹沱河山西阳泉饮用水水源区/滹沱河晋冀缓冲区	山西省	阳泉市	II类	II类	II类	II类	III类	II类	II类
176			子牙河	下槐镇	滹沱河	滹沱河（河北省）控制单元	下槐镇	合河口乡、下口镇、杨家桥乡、营里乡、蛟潭庄镇、上观音堂乡、小觉镇、下槐镇	滹沱河河北石家庄水源地保护区	河北省	石家庄市	II类	II类	III类	II类	II类	II类	III类
177			子牙河	枣营	滹沱河	滹沱河（河北省）控制单元	枣营	郝庄乡、槐树镇、曲阳桥乡、北旱现乡、正定镇、诸福屯街道、三里屯街道、铁杆镇、桥头乡、深泽镇、青同镇、狗台乡、灵寿镇、三圣院乡、塔上镇、九门回族乡、南董镇、桃园镇、高营镇、西兆通镇	滹沱河河北石家庄农业用水区	河北省	石家庄市	劣V类	劣V类	—	II类	III类	III类	III类
178			子牙河	临河富庄桥	滹沱河	滹沱河（河北省）控制单元	临河富庄桥	程油子乡、大何庄乡、大官亭镇、饶阳镇、留楚乡、大尹村镇	滹沱河河北衡水农业用水区/滹沱河河北沧州农业用水区	河北省	衡水市	—	V类	IV类	III类	III类	III类	III类

序号	河流/湖库	河长/km	河系	断面名称	所在水体	控制单元	汇水范围		所代表水功能区	责任省区市	责任城市/新区	水质类别						“十四五”水质目标
							名称	地区				2015年	2016年	2017年	2018年	2019年	2020年	
179	滏阳河	450	子牙河	曲周	滏阳河	滏阳河（河北省）控制单元	曲周	小西堡乡、姚寨乡、南吕固乡、尚壁镇、黄粱梦镇、兼庄乡、三陵乡、南沿村镇、从台西街道、联纺西街道、联纺东街道、苏曹乡、从台东街道、四季青街道、和平街道、中华街道、人民路街道、柳林桥街道、光明桥街道、康庄乡、林坛镇、南城乡、户村镇、化林路街道、石化街道、庞村街道、彭家寨乡、百家村街道、胜利桥街道、铁路大院街道、大社镇、新坡镇、峰峰镇、北乡义镇、成安镇、道东堡乡、商城镇、长巷乡、大河道乡、白寨乡、淑村镇、西苏镇、广府镇、西河庄乡、张西堡镇、小龙马乡、东杨庄镇、界河店乡、磁州镇、大寺上镇、天台山镇、辛安镇、肥乡镇、屯庄营乡、旧店乡、毛演堡乡、东漳堡镇、元固乡、河沙镇、代召乡、南堡乡、光禄镇、高臾镇、辛庄营乡、马头镇、马庄乡、罗城头街道、火磨街道、陵园街道、光明路街道、贸东街道、滏东街道、贸西街道、渚河路街道、农林路街道、浴新南街道、北张庄镇、台城乡、花官营乡、盛和路街道	滏阳河河北邯郸农业用水区	河北省	邯郸市	Ⅴ类	Ⅴ类	Ⅳ类	Ⅴ类	Ⅳ类	Ⅲ类	Ⅲ类

序号	河流/湖库	河长/km	河系	断面名称	所在水体	控制单元	汇水范围		所代表水功能区	责任省区市	责任城市/新区	水质类别						“十四五”水质目标
							名称	地区				2015年	2016年	2017年	2018年	2019年	2020年	
180	滏阳河	450	子牙河	艾辛庄	滏阳河	滏阳河（河北省）控制单元	艾辛庄	苏阳乡、槐阳镇、宋曹镇、东张乡、许亭乡、嶂石岩乡、黄北坪乡、张楞乡、南邢郭乡、赞皇镇、土门乡、南清河乡、西阳泽乡、院头镇、西龙门乡、高村乡、沙河店镇、万城镇、中韩乡、富村镇、高邑镇、大营镇、郝庄镇、赵庄乡、石城乡、黑城乡、鸭鸽营乡、西竖镇、临城镇、东镇镇、骆庄乡、西固城乡、大屯乡、任城镇、永福庄乡、天口镇、邢家湾镇、辛店镇、侯家庄乡、獐獏乡、南赛乡、柳林镇、五郭店乡、内丘镇、大孟村镇、官庄镇、金店镇、三思乡、贾宋镇、阎里乡、和阳镇、史召乡、郝桥镇、河郭乡、东三召乡、耿庄桥镇、北河庄镇、河渠镇、大曹庄乡、北鱼乡、徐家河乡、西郭城镇、油召乡、平乡镇、节固乡、王家庄乡、柏乡镇、内步乡、固城店镇、龙华镇、西汪镇、东郭村镇、李村镇、钢铁路街道、张宽街道、中	滏阳河河北邢台农业用水区/滏阳新河河北邢台农业用水区	河北省	邢台市	劣V类	劣V类	劣V类	劣V类	劣V类	V类	V类

序号	河流/湖库	河长/km	河系	断面名称	所在水体	控制单元	汇水范围		所代表水功能区	责任省区市	责任城市/新区	水质类别						“十四五”水质目标
							名称	地区				2015年	2016年	2017年	2018年	2019年	2020年	
180	滏阳河	450	子牙河	艾辛庄	滏阳河	滏阳河（河北省）控制单元	艾辛庄	兴路街道、蝉房乡、十里亭镇、綦村镇、沙河城镇、留村镇、刘石岗乡、桥东街道、白岸乡、路罗镇、城计头乡、浆水镇、冀家村乡、将军墓镇、龙泉寺乡、宋家庄镇、北小庄乡、西黄村镇、太子井乡、羊范镇、南石门镇、皇寺镇、双碑乡、莲子镇镇、北楼乡、东良镇、千户营乡、隆尧镇、固城镇、魏家庄镇、大张庄乡、牛家桥乡、山口镇、尹村镇、辛庄堡乡、曹庄乡、双塔镇、风正乡、小寨镇、鸡泽镇、吴官营乡	滏阳河河北邢台农业用水区/滏阳新河河北邢台农业用水区	河北省	邢台市	劣V类	劣V类	劣V类	劣V类	劣V类	V类	V类
181			子牙河	小范桥	滏阳河	滏阳河（河北省）控制单元	小范桥	门家庄乡、码头李镇、西王庄镇、官道李镇、小寨乡、大麻森乡、赵家圈镇、郑家河沿镇、河东街道、何家庄乡、河西街道、路北街道、中华大街街道、豆村乡、周家窝镇、龙店镇、圈头乡、东安庄乡、榆科镇、护驾迟镇、乔屯乡、大堤镇、魏家桥镇、王家井镇、前磨头镇、大屯镇、高古庄镇、侯口乡	滏阳河河北衡水农业用水区1/滏阳河河北衡水景观娱乐用水区/滏阳河河北衡水农业用水区2	河北省	衡水市	—	—	劣V类	IV类	IV类	III类	III类

序号	河流/湖库	河长/km	河系	断面名称	所在水体	控制单元	汇水范围		所代表水功能区	责任省区市	责任城市/新区	水质类别						"十四五"水质目标
							名称	地区				2015年	2016年	2017年	2018年	2019年	2020年	
182	滏阳河	450	子牙河	西贾庄桥	滏阳河	滏阳河（河北省）控制单元	西贾庄桥	小樵镇、小辛庄乡、中里厢乡、天宫营乡、张古庄镇、位伯镇、安平镇、南王庄镇、西两洼乡、大子文镇、东黄城镇、东孙庄镇、北代乡、街关镇、武强镇、唐奉镇、穆村乡、兵曹乡、辰时镇、深州镇、大冯营乡、北溪村乡、王同岳镇、五公镇、东里满乡	滏阳河河北沧州农业用水区	河北省	衡水市	—	—	—	—	—	Ⅳ类	Ⅳ类
183	滏东排河	131	子牙河	城后桥	滏东排河	滏东排河（河北省）控制单元	城后桥	南杜街道、南便村乡、北胡街道、凤岗街道、苏村镇、大村乡、西丁街道、贺营镇、张家营乡、高公庄乡、七级镇、章台镇、堤村乡、张王疃乡、王虎寨镇、小吕寨镇、官亭镇、观寨乡、苏家营乡、阎疃镇、巨鹿镇、田付村乡、河古庙镇、寻召乡、丰州镇、中华路街道、葫芦乡、广宗镇、核桃园镇、大平台乡、东召乡、件只乡、北塘疃镇、冯家寨镇、仁让里乡、荆家庄乡、白神首乡、西流乡、新河镇、曲周镇、第四疃镇、河南疃镇、古城营镇、寻寨镇	滏东排河河北邢台过渡区/滏东排河河北邢台饮用水水源区	河北省	邢台市	—	劣Ⅴ类	劣Ⅴ类	劣Ⅴ类	Ⅳ类	Ⅳ类	Ⅲ类

序号	河流/湖库	河长/km	河系	断面名称	所在水体	控制单元	汇水范围		所代表水功能区	责任省区市	责任城市/新区	水质类别						“十四五”水质目标
							名称	地区				2015年	2016年	2017年	2018年	2019年	2020年	
184	滏东排河	131	子牙河	田村闸	滏东排河	滏东排河（河北省）控制单元	田村闸	彭杜村乡、邓庄镇、赵桥镇、武邑镇、韩庄镇	滏东排河河北衡水饮用水水源区/滏东排河河北沧州饮用水水源区	河北省	衡水市	—	Ⅴ类	劣Ⅴ类	Ⅴ类	Ⅳ类	Ⅲ类	Ⅲ类
185	牧马河	114	子牙河	陈家营	牧马河	滹沱河（山西省）控制单元	陈家营	神山乡、晋昌镇、南王乡、蒋村乡、兰村乡、紫岩乡、三交镇、西张乡、豆罗镇、庄磨镇、董村镇、秀容街道	—	山西省	忻州市	劣Ⅴ类	Ⅲ类	Ⅲ类	Ⅳ类	Ⅳ类	Ⅲ类	Ⅲ类
186	清水河	111	子牙河	坪上桥	清水河	滹沱河（山西省）控制单元	坪上桥	台城镇、豆村镇、耿镇镇、陈家庄乡、沟南乡、东雷乡、高洪口乡、蒋坊乡、灵境乡、石咀乡、金岗库乡、门限石乡、茹村乡、台怀镇、白家庄镇	—	山西省	忻州市	Ⅱ类	Ⅱ类	Ⅱ类	Ⅱ类	Ⅰ类	Ⅰ类	Ⅱ类
187	乌河	93	子牙河	枣园村	乌河	滹沱河（山西省）控制单元	枣园村	凌井店乡、杨兴乡、西烟镇、东梁乡、西潘乡	—	山西省	阳泉市	Ⅰ类	Ⅰ类	Ⅱ类	Ⅰ类	Ⅰ类	Ⅰ类	Ⅱ类
188	绵河	128	子牙河	地都	绵河	绵河（山西省-河北省）控制单元	地都	东回镇、柏井镇、娘子关镇、巨城镇、岔口乡、荫营镇、西南舁乡、杨家庄乡、坡底街道	—	山西省	阳泉市	Ⅴ类	劣Ⅴ类	Ⅱ类	Ⅱ类	Ⅲ类	Ⅱ类	Ⅲ类
189			子牙河	平山桥	绵河	绵河（山西省-河北省）控制单元	平山桥	辛庄乡、南峪镇、南陉乡、孙庄乡、上安镇、微水镇、秀林镇、于家乡、南王庄乡、测鱼镇、北正乡、威州镇、天长镇、苍岩山镇、南障城镇、吴家窑乡、小作镇、贾庄镇、四微街道、横涧乡、凤山镇、矿市街道、东回舍镇、平山镇	—	河北省	石家庄市	Ⅲ类	Ⅱ类	Ⅱ类	Ⅱ类	Ⅱ类	Ⅱ类	Ⅲ类

序号	河流/湖库	河长/km	河系	断面名称	所在水体	控制单元	汇水范围		所代表水功能区	责任省区市	责任城市/新区	水质类别						“十四五”水质目标
							名称	地区				2015年	2016年	2017年	2018年	2019年	2020年	
190	松溪河	73.3	子牙河	王寨村	松溪河	绵河（山西省-河北省）控制单元	王寨村	李阳镇、牛川乡、皋落镇、冶头镇、大寨镇、三都乡、赵壁乡、孔氏乡、闫庄乡、界都乡、李家庄乡、乐平镇	—	山西省	晋中市	I类	I类	II类	I类	I类	I类	II类
191	桃河	148.5	子牙河	白羊墅	桃河	绵河（山西省-河北省）控制单元	白羊墅	尹灵芝镇、南山路街道、义井街道、北大街街道、下站街道、上站街道、冠山镇、冶西镇、锁簧镇、张庄镇、石门口乡、桥头街道、沙坪街道、赛鱼街道、蔡洼街道、平潭街街道、贵石沟街道、义井镇、旧街乡、平坦镇、李家庄乡	—	山西省	阳泉市	劣V类	劣V类	劣V类	劣V类	劣V类	III类	IV类
192	温河	87	子牙河	辛庄	温河	绵河（山西省-河北省）控制单元	辛庄	孙家庄镇、路家村镇、牛村镇、仙人乡、北下庄乡、秀水镇、南娄镇、河底镇	—	山西省	阳泉市	—	—	—	—	—	劣V类	IV类
193	洺河	171	子牙河	沙阳	洺河	滏阳河（河北省）控制单元	沙阳	柴关乡、册井乡、白塔镇、新城镇、褡裢街道、赞善街道、桥西街道、周庄街道、二六七二街道、管陶乡、阳邑镇、活水乡、贺进镇、冶陶镇、石洞乡、马家庄乡、徘徊镇、午汲镇、上团城乡、矿山镇、伯延镇、武安镇、西土山乡、邑城镇、北安乐乡、康二城镇、西寺庄乡、大同镇、北安庄乡、磁山镇、永合会镇、西阳城乡、临洺关镇、讲武镇、曲陌乡、正西乡、刘营镇、刘汉乡、大北汪镇、木井乡、龙虎乡、西戌镇、浮图店乡	—	河北省	邯郸市	—	V类	劣V类	IV类	IV类	IV类	IV类

序号	河流/湖库	河长/km	河系	断面名称	所在水体	控制单元	汇水范围		所代表水功能区	责任省区市	责任城市/新区	水质类别						“十四五”水质目标
							名称	地区				2015年	2016年	2017年	2018年	2019年	2020年	
194	洨河	76	子牙河	大石桥	洨河	滏阳河（河北省）控制单元	大石桥	北正乡、前仙乡、黑水河乡、南佐镇、姬村镇、马村镇、南因镇、苏村乡、北褚镇、赵同乡、殷村镇、楼底镇、郄马镇、冶河镇、栾城镇、柳林屯乡、窦妪镇、西营乡、南高乡、城区街道、北王里镇、新寨店镇、赵州镇、王西章乡、铜冶镇、山尹村镇、寺家庄镇、上寨乡、上庄镇	—	河北省	石家庄市	劣Ⅴ类	劣Ⅴ类	劣Ⅴ类	劣Ⅴ类	劣Ⅴ类	Ⅳ类	Ⅴ类
195	汪洋沟	80	子牙河	高庄	汪洋沟	石津总干渠（河北省）控制单元	高庄	东汪镇、凤凰镇、换马店镇	—	河北省	石家庄市	—	劣Ⅴ类	劣Ⅴ类	劣Ⅴ类	Ⅴ类	Ⅴ类	Ⅴ类
196	牛尾河	58	子牙河	后西吴桥	牛尾河	滏阳河（河北省）控制单元	后西吴桥	火炬街道、豫让桥街道、西门里街道、西大街街道、南长街街道、大梁庄乡、泉东街道、北大街街道、章村街道、南大郭镇、泉西街道、达活泉街道、中华大街街道、团结路街道、晏家屯镇、会宁镇	—	河北省	邢台市	劣Ⅴ类	劣Ⅴ类	劣Ⅴ类	劣Ⅴ类	Ⅳ类	Ⅳ类	Ⅳ类

序号	河流/湖库	河长/km	河系	断面名称	所在水体	控制单元	汇水范围		所代表水功能区	责任省区市	责任城市/新区	水质类别						“十四五”水质目标
							名称	地区				2015年	2016年	2017年	2018年	2019年	2020年	
197	石津总干渠	151	子牙河	兆通	石津总干渠	石津总干渠（河北省）控制单元	兆通	西三庄街道、杜北街道、大郭街道、天苑街道、石岗街道、联盟街道、新华路街道、宁安街道、西苑街道、北苑街道、东焦街道、合作路街道、革新街街道、汇通街道、维明街道、留营街道、长兴街道、苑东街道、西里街道、友谊街道、南长街道、中山街道、振头街道、红旗街道、新石街道、东里街道、东风街道、彭后街道、东华街道、休门街道、裕华路街道、东苑街道、裕兴街道、裕强街道、建通街道、裕翔街道、建华南街道、裕东街道、槐底街道、方村镇、中山东路街道、谈固街道、长丰街道、育才街道、河东街道、跃进街道、广安街道、阜康街道、建安街道、胜利街道、建北街道、青园街道、黄壁庄镇、宜安镇、李村镇、大河镇、白鹿泉乡、获鹿镇、石井乡、赵陵铺路街道、赵佗路街道	—	河北省	石家庄市	II类	II类	III类	II类	II类	I类	III类

序号	河流/湖库	河长/km	河系	断面名称	所在水体	控制单元	汇水范围		所代表水功能区	责任省区市	责任城市/新区	水质类别						“十四五”水质目标
							名称	地区				2015年	2016年	2017年	2018年	2019年	2020年	
198	石津总干渠	151	子牙河	南张村	石津总干渠	石津总干渠（河北省）控制单元	南张村	晋州镇、桃园镇、周家庄乡、马于镇、东里庄镇、营里镇、东卓宿镇、总十庄镇、丘头镇、南营镇、梅花镇、廉州镇、贾市庄镇、兴安镇、岗上镇、常安镇、宋营镇、长江街道、太行街道、前大章乡、谢庄乡、范庄镇、韩村镇、南柏舍镇、新垒头镇、前营乡、和睦井乡、辛集镇、新城镇、马庄乡、南智丘镇、旧城镇、田家庄乡、王口镇、南村镇、唐邱乡、苏家庄镇、四芝兰镇、纪昌庄乡、大陆村镇、贾家口镇	—	河北省	辛集市	III类	III类	III类	II类	II类	II类	II类
199	岗南水库	—	子牙河	岗南水库出口	岗南水库	滹沱河（河北省）控制单元	岗南水库出口	古月镇、西柏坡镇、宅北乡、苏家庄乡、岗南镇、北冶乡、孟家庄镇	岗南水库河北水源地保护区	河北省	石家庄市	I类	I类	II类	I类	I类	I类	II类
200	黄壁庄水库	—	子牙河	黄壁庄水库出口	黄壁庄水库	滹沱河（河北省）控制单元	黄壁庄水库出口	温塘镇、西大吾乡、两河乡、南甸镇、东王坡乡、上三汲乡、牛城乡	滹沱河河北石家庄饮用水水源区/黄壁庄水库河北水源地保护区	河北省	石家庄市	II类	III类	II类	II类	II类	I类	II类
201	东武仕水库	—	子牙河	东武仕出口	东武仕水库	滏阳河（河北省）控制单元	东武仕出口	和村镇、界城镇、彭城镇、义井镇、大峪镇、滏阳东路街道、西固义乡、临水镇、路村营乡	滏阳河河北邯郸饮用水水源区2/滏阳河河北邯郸饮用水水源区1	河北省	邯郸市	II类	II类	II类	III类	II类	III类	III类

序号	河流/湖库	河长/km	河系	断面名称	所在水体	控制单元	汇水范围		所代表水功能区	责任省区市	责任城市/新区	水质类别						“十四五”水质目标
							名称	地区				2015年	2016年	2017年	2018年	2019年	2020年	
202	衡水湖		子牙河	衡水湖大湖心	衡水湖	滏东排河（河北省）控制单元	衡水湖大湖心	冀州镇、北漳淮乡、徐家庄乡、南午村镇、周村镇	千顷洼河北衡水饮用水水源区	河北省	衡水市	III类	III类	III类	III类	III类	III类	III类
203	北排水河	146	黑龙港及运东	永红桥	北排水河	北排水河（河北省-天津市）控制单元	永红桥/阎辛庄	杜生镇、崔尔庄镇、大官厅乡、高川乡、黄递铺乡、纸房头乡、大褚村回族乡、杜林回族乡、兴济镇、黎民居乡、景和镇、故仙乡、陈庄镇、高官乡、淮镇镇、垒头乡、郭庄镇、河城街镇、韩村镇、南河头乡、小王庄镇、水月寺街道、南湖街道、南陈屯乡、南环中路街道、市场街道、西环中街街道、公园街道、金牛镇、上伍乡、木门店镇、新兴镇、陈嘴乡、盘古镇、齐家务乡	北排水河河北沧州工业用水区/北排水河冀津缓冲区	河北省	沧州市	劣V类	劣V类	劣V类	劣V类	劣V类	V类	V类
204			黑龙港及运东	北排水河防潮闸	北排水河	北排水河（河北省-天津市）控制单元	沧浪渠出境/马棚口防潮闸/北排水河防潮闸	太平镇	北排水河天津农业用水区	天津市	天津市	劣V类	劣V类	劣V类	劣V类	V类	V类	V类

序号	河流/湖库	河长/km	河系	断面名称	所在水体	控制单元	汇水范围		所代表水功能区	责任省区市	责任城市/新区	水质类别						“十四五”水质目标
							名称	地区				2015年	2016年	2017年	2018年	2019年	2020年	
205	南排河	119	黑龙港及运东	朱庄闸	南排河	南排河（河北省）控制单元	朱庄闸	冯家口镇、旧州镇、仵龙堂乡、汪家铺乡、捷地回族乡、张官屯乡、风化店乡、富镇镇、文庙镇、齐桥镇、王武庄乡、寺门村镇、营子乡、郝村镇、交河镇、四营乡、泊镇镇、西辛店乡、洼里王镇、解放街道、河东街道、鼓楼街道、滕庄子乡	—	河北省	沧州市	劣V类	劣V类	—	V类	V类	V类	V类
206	沧浪渠	69	黑龙港及运东	杨官庄自动站	沧浪渠	北排水河（河北省-天津市）控制单元	杨官庄自动站	小赵庄乡、建设北街街道、南大街街道、车站街道、东环街道、道东街道、姚官屯乡、李天木回族乡、薛官屯乡、官庄乡、吕桥镇	沧浪渠冀津缓冲区/沧浪渠河北沧州农业用水区	河北省	沧州市	劣V类	劣V类	劣V类	劣V类	劣V类	V类	V类
207	沧浪渠	69	黑龙港及运东	沧浪渠出境	沧浪渠	北排水河（河北省-天津市）控制单元	沧浪渠出境/马棚口防潮闸/北排水河防潮闸	太平镇	沧浪渠天津农业用水区	天津市	天津市	—	劣V类	劣V类	V类	V类	V类	V类

序号	河流/湖库	河长/km	河系	断面名称	所在水体	控制单元	汇水范围		所代表水功能区	责任省区市	责任城市/新区	水质类别						“十四五”水质目标
							名称	地区				2015年	2016年	2017年	2018年	2019年	2020年	
208	清凉江	254	黑龙港及运东	郎吕坡	清凉江	南排河（河北省）控制单元	郎吕坡	下堡寺镇、摇鞍镇乡、小吕寨镇、段芦头镇、第什营镇、枣园乡、常庄乡、洺州镇、方家营镇、固献乡、常屯乡、梨园屯镇、王官庄镇、葛仙庄镇、谢炉镇、坝营镇、胜营镇、十里铺镇、南韩镇、东张孟镇、广平镇、南阳堡镇、平固店镇、依庄乡、安寨镇、南里岳乡、槐桥乡、侯村镇、梁二庄镇、邱城镇、新马头镇、陈村回族乡、香城固镇、南辛店乡、王桥乡、馆陶镇、房寨镇、柴堡镇、路桥乡、寿山寺乡	清凉江河北邢台过渡区	河北省	邢台市	劣V类	劣V类	劣V类	劣V类	IV类	III类	III类
209	清凉江	254	黑龙港及运东	连村闸	清凉江	南排河（河北省）控制单元	连村闸	魏家屯镇、建国镇、军屯镇、西半屯镇、三朗镇、武官寨镇、肖张镇、马屯镇、枣强镇、张秀屯镇、王均乡、唐林镇、嘉会镇、新屯镇、大营镇、王常乡、恩察镇、清凉店镇、肖桥头镇、审坡镇、大紫塔乡、薛吴村乡、紫冢镇、垂杨镇、明化镇、大高村镇、王道寨乡、大屯乡、赵村镇、侯贯镇、贺钊镇、连庄镇、饶阳店镇	清凉江河北衡水、沧州水源地保护区	河北省	衡水市	—	V类	劣V类	III类	IV类	III类	III类

序号	河流/湖库	河长/km	河系	断面名称	所在水体	控制单元	汇水范围		所代表水功能区	责任省区市	责任城市/新区	水质类别						“十四五”水质目标
							名称	地区				2015年	2016年	2017年	2018年	2019年	2020年	
210	江江河	120	黑龙港及运东	张帆庄	江江河	南排河（河北省）控制单元	张帆庄	青罕镇、郑口镇、房庄镇、夏庄镇、故城镇、辛庄乡、里老乡、青兰乡、温城乡、后留名府乡、王谦寺镇、龙华镇、广川镇、安陵镇、刘集乡、涤河流镇、景州镇、北留智镇、留智庙镇、杜桥镇、梁集镇、连镇乡、王瞳镇、漫河镇、码头镇、王集乡、大白乡、古城镇、蒋坊乡、阜城镇、霞口镇、建桥乡、崔家庙镇	—	河北省	衡水市	—	—	劣V类	Ⅳ类	Ⅳ类	Ⅳ类	Ⅳ类
211	石碑河	13	黑龙港及运东	李家堡桥	石碑河	南排河（河北省）控制单元	李家堡桥	骅西街道、黄骅镇、骅东街道、骅中街道	—	河北省	沧州市	劣V类	劣V类	劣V类	劣V类	V类	Ⅳ类	Ⅳ类
212	廖家洼河	89	黑龙港及运东	四埝村桥	廖佳洼河	南排河（河北省）控制单元	四埝村桥	南排河镇、羊三木回族乡	—	河北省	沧州市	劣V类	劣V类	劣V类	V类	V类	V类	V类
213	宣惠河	193	黑龙港及运东	大口河口	宣惠河	宣惠河（河北省）控制单元	大口河口	于桥乡、大单镇、灯明寺镇、找王镇、连镇镇、南霞口镇、东光镇、秦村镇、龙王李镇、王寺镇、南皮镇、刘八里乡、鲍官屯镇、乌马营镇、潞灌乡、寨子镇、何庄乡、梁集镇、于集镇、杨家寺乡、宋门乡、安陵镇、沟店铺乡、桑园镇、曹家洼乡、铁城镇、	—	河北省	沧州市	劣V类	劣V类	劣V类	V类	Ⅳ类	Ⅳ类	Ⅳ类

序号	河流/湖库	河长/km	河系	断面名称	所在水体	控制单元	汇水范围		所代表水功能区	责任省区市	责任城市/新区	水质类别						“十四五”水质目标
							名称	地区				2015年	2016年	2017年	2018年	2019年	2020年	
213	宣惠河	193	黑龙港及运东	大口河口	宣惠河	宣惠河（河北省）控制单元	大口河口	高寨镇、牛进庄乡、孟村镇、新县镇、宋庄子乡、辛店镇、刘家庙乡、小山乡、苏基镇、赵毛陶乡、高湾镇、辛集镇、香坊乡、盐山镇、圣佛镇、小庄乡、孟店乡、望树镇、小营乡、边务乡、常郭乡、羊二庄回族乡、新村回族乡、旧城镇	—	河北省	沧州市	劣Ⅴ类	劣Ⅴ类	劣Ⅴ类	Ⅴ类	Ⅳ类	Ⅳ类	Ⅳ类
214	大浪淀水库	—	黑龙港及运东	大浪淀水库	大浪淀水库	南排河（河北省）控制单元	大浪淀水库	大浪淀乡	大浪淀水库河北沧州引黄调水水源地保护区	河北省	沧州市	Ⅱ类	Ⅱ类	Ⅱ类	Ⅱ类	Ⅱ类	Ⅲ类	Ⅲ类
215	南运河	353	漳卫河	第三店	南运河	漳卫新河（河北省、山东省）控制单元	第三店	天衢街道、二屯镇、运河街道、新湖街道、广川街道	南运河南水北调东线调水水源地保护区	山东省	德州市	Ⅴ类	Ⅴ类	Ⅴ类	Ⅳ类	Ⅳ类	Ⅱ类	Ⅱ类
216			漳卫河	南运河北街自动站	南运河	子牙河（河北省-天津市）控制单元	南运河北街自动站	流河镇、清州镇、曹寺乡	—	河北省	沧州市	—	—	—	—	—	Ⅴ类	Ⅴ类
217			漳卫河	曹庄子泵站	南水北调天津段	海河（天津市）控制单元	曹庄子泵站	中北镇	—	天津市	天津市	Ⅱ类	Ⅰ类	Ⅱ类	Ⅱ类	Ⅱ类	Ⅰ类	Ⅱ类
218			漳卫河	井冈山桥	南运河	海河（天津市）控制单元	井冈山桥	向阳路街道、邵公庄街道、芥园道街道、铃铛阁街道	—	天津市	天津市	—	Ⅳ类	Ⅱ类	Ⅱ类	Ⅱ类	Ⅱ类	Ⅲ类

序号	河流/湖库	河长/km	河系	断面名称	所在水体	控制单元	汇水范围		所代表水功能区	责任省区市	责任城市/新区	水质类别						“十四五”水质目标
							名称	地区				2015年	2016年	2017年	2018年	2019年	2020年	
219	卫运河	157	漳卫河	秤勾湾	卫运河	京杭运河（卫运河段）（河北省、山东省）控制单元	秤勾湾	龙王庙镇、红庙乡、金滩镇、营镇回族乡	卫河河北邯郸农业用水区	河北省	邯郸市	劣V类	V类	V类	IV类	IV类	III类	IV类
220			漳卫河	油坊桥	卫运河	京杭运河（卫运河段）（河北省、山东省）控制单元	油坊桥	河西镇、老官寨镇、东枣园乡、大刘庄乡、尖冢镇、临西镇、油坊镇、魏僧寨镇、南徐村乡	卫运河冀鲁缓冲区	河北省/山东省	邢台市/聊城市	劣V类	劣V类	V类	IV类	V类	IV类	IV类
221	漳卫新河	257	漳卫河	小泊头桥	漳卫新河	漳卫新河（河北省、山东省）控制单元	小泊头桥	张会亭乡、千童镇、韩集镇、常庄乡、庆云镇、杨集乡	漳卫新河鲁冀缓冲区	河北省/山东省	沧州市/德州市	V类	劣V类	V类	V类	V类	V类	V类
222	卫河	264	漳卫河	饮马口	卫河	卫河（河南省）控制单元	饮马口/新乡贾太湖	大块镇、北干道街道、花园街道、卫北街道、新辉路街道、合河乡、大召营镇、翟坡镇、小冀镇、太山镇、西街街道、东街街道、渠东街道、文化街街道、向阳街道、胜利路街道、解放路街道、中同街街道、健康路街道、自由路街道、南桥街道、铁西街道、平原镇	卫河河南新乡市农业用水区/卫河河南新乡市景观娱乐用水区	河南省	新乡市	—	—	劣V类（劣V～V类）	劣V类	V类（劣V～II类）	劣V类	V类

序号	河流/湖库	河长/km	河系	断面名称	所在水体	控制单元	汇水范围		所代表水功能区	责任省区市	责任城市/新区	水质类别						“十四五”水质目标
							名称	地区				2015年	2016年	2017年	2018年	2019年	2020年	
223	卫河	264	漳卫河	卫河小河口	卫河	卫河（河南省）控制单元	卫河小河口	上乐村镇、后河镇、城郊乡、柳庄乡、孙杏村镇、宝西街道、宝东街道、耿黄镇、潞王坟乡、王村镇、东干道街道、荣校路街道、和平路街道、牧野镇、七里营镇、朗公庙镇、亢村镇、冯庄镇、洪门镇、关堤乡	卫河河南新乡市排污控制区/卫河河南卫辉市排污控制区/卫河河南卫辉市农业用水区	河南省	鹤壁市/新乡市	劣Ⅴ类	劣Ⅴ类（劣Ⅴ～Ⅴ类）	劣Ⅴ类（劣Ⅴ～Ⅳ类）	Ⅴ类（劣Ⅴ～Ⅳ类）	Ⅳ类（劣Ⅴ～Ⅲ类）	Ⅲ类	Ⅲ类
224			漳卫河	五陵	卫河	卫河（河南省）控制单元	五陵	二安镇、五陵镇、新镇镇、黎阳街道、伾山街道、善堂镇、王庄镇、屯子镇、浚州街道、卫溪街道、白寺乡、小河镇、卫贤镇、庙口镇、北阳镇、黄洞乡、灵山街道、卫都街道、朝歌街道、西岗镇、桥盟街道、高村镇、庞寨乡、李源屯镇、小铺乡、王庄镇、道口镇街道	卫河河南浚县农业用水区1/卫河河南滑县排污控制区/卫河河南浚县农业用水区2/卫河河南浚县排污控制区/卫河河南浚县农业用水区3	河南省	鹤壁市	劣Ⅴ类（劣Ⅴ～Ⅴ类）	劣Ⅴ类（劣Ⅴ～Ⅳ类）	Ⅴ类（Ⅴ～Ⅲ类）	Ⅴ类（劣Ⅴ～Ⅲ类）	Ⅴ类（劣Ⅴ～Ⅲ类）	Ⅳ类	Ⅳ类
225			漳卫河	南乐元村集	卫河	卫河（河南省）控制单元	南乐元村集	北郭乡、吕村镇、辛村镇、白壁镇、瓦店乡、梁村乡、元村镇、中召乡、梁庄镇、后河镇、六村乡、亳城镇、井店镇、高堤乡、东庄镇、豆公镇、城关镇、马上乡、张龙乡、石盘屯乡、楚旺镇、宋村乡、田氏镇、高庄镇、永明路街道、紫薇大道街	卫河河南内黄县农业用水区/卫河河南濮阳市农业用水区/卫河豫冀缓冲区	河南省	安阳市	劣Ⅴ类	劣Ⅴ类（劣Ⅴ～Ⅳ类）	Ⅴ类（劣Ⅴ～Ⅳ类）	Ⅴ类（劣Ⅴ～Ⅳ类）	Ⅴ类（劣Ⅴ～Ⅲ类）	Ⅳ类	Ⅳ类

序号	河流/湖库	河长/km	河系	断面名称	所在水体	控制单元	汇水范围		所代表水功能区	责任省区市	责任城市/新区	水质类别						“十四五”水质目标
							名称	地区				2015年	2016年	2017年	2018年	2019年	2020年	
225	卫河	264	漳卫河	南乐元村集	卫河	卫河（河南省）控制单元	南乐元村集	道、东关街道、光华路街道、甜水井街道、北大街街道、西关街道、东大街街道、西大街街道、南关街道、中华路街道、峨嵋大街街道、银杏大街街道、商颂大街街道、宝莲寺镇、头二三道街道、马投涧镇、田村街道、文昌大道街道、中州路街道、太行小区街道、文明大道街道、东风乡、阳邵镇、鹤壁集镇、中北街道、中山路街道、新华街街道、任固镇、菜园镇、古贤镇、白营镇、韩庄镇、城关镇、伏道镇、瓦岗乡、宜沟镇、大赉店镇、海河路街道、东杨街道	卫河河南内黄县农业用水区/卫河河南濮阳市农业用水区/卫河豫冀缓冲区	河南省	安阳市	劣V类	劣V类（劣V～IV类）	V类（劣V～IV类）	V类（劣V～IV类）	V类（劣V～III类）	IV类	IV类
226	漳河	189	漳卫河	岳城水库出口	漳河	漳河（河北省）控制单元	岳城水库出口	关防乡、合漳乡、西达镇、陶泉乡、北贾壁乡、观台镇、都党乡、白土镇、黄沙镇、岳城镇	岳城水库水源地保护区	河北省	邯郸市	II类	I类	I类	I类	II类	II类	II类

序号	河流/湖库	河长/km	河系	断面名称	所在水体	控制单元	汇水范围		所代表水功能区	责任省区市	责任城市/新区	水质类别						“十四五”水质目标
							名称	地区				2015年	2016年	2017年	2018年	2019年	2020年	
227	漳河	189	漳卫河	蔡小庄	漳河	漳河（河北省）控制单元	蔡小庄	习文乡、邺城镇、孙陶集镇、章里集镇、杜村集乡、狄邱乡、张村集乡、柳园镇、西羊羔乡、砖寨营乡、柏鹤集乡、临漳镇、南东坊镇、称勾集镇、旧治乡、大名镇、大街镇、西未庄乡、铺上镇、黄金堤乡、王村乡、杨桥镇、沙圪塔镇、万堤镇、李家疃镇、漳河店镇、柏寺营乡、辛义乡、时村营乡、讲武城镇、张二庄镇、牙里镇、边马乡、大马村乡、大辛庄乡、回隆镇、泊口乡、双井镇、沙口集乡、南双庙镇、北台头乡、野胡拐乡、德政镇、东代固镇、北皋镇、前大磨乡、仕望集乡、魏城镇、车往镇、棘针寨镇、院堡镇	漳河河北邯郸农业用水区	河北省	邯郸市	—	—	—	—	—	—	Ⅳ类
228	浊漳河	106.6	漳卫河	小峧	浊漳河	浊漳河（山西省-河南省）控制单元	小峧	上村镇、渔泽镇、路村乡、丰州镇、蟠龙镇、监漳镇、故城镇、墨镫乡、韩北乡、大有乡、贾豁乡、故县乡、石北乡、涌泉乡、洪水镇、上司乡、松村乡、牛寺乡、潞华街道、翟店镇、史回乡、店上镇、古韩镇、王桥镇、夏店镇、西营镇、王村镇、下良镇、善福乡、北底乡、侯堡镇、老顶山镇、西白兔乡、马厂镇、大辛庄镇、黄碾镇、故县街道、长北街道	—	山西省	长治市	Ⅳ类	Ⅲ类	Ⅲ类	Ⅲ类	Ⅲ类	Ⅲ类	Ⅲ类

序号	河流/湖库	河长/km	河系	断面名称	所在水体	控制单元	汇水范围		所代表水功能区	责任省区市	责任城市/新区	水质类别						“十四五”水质目标
							名称	地区				2015年	2016年	2017年	2018年	2019年	2020年	
229	浊漳河	106.6	漳卫河	王家庄	浊漳河	浊漳河（山西省-河南省）控制单元	王家庄	龙溪镇、石城镇、苗庄镇、杏城镇、西沟乡、东寺头乡、虹梯关乡、阳高乡、北耽车乡、中五井乡、北社乡、青羊镇、成家川街道、微子镇、合室乡、黄牛蹄乡、辛安泉镇、黎侯镇、东阳关镇、上遥镇、西作乡、停河铺乡、程家山乡、洪井乡	浊漳河山西黎城工业用水区/浊漳河晋冀豫缓冲区	山西省	长治市	Ⅲ类	Ⅲ类	Ⅱ类	Ⅱ类	Ⅱ类	Ⅱ类	Ⅲ类
230	清漳河	210	漳卫河	下交漳	清漳河	清漳河（山西省-河北省）控制单元	下交漳/横岭北桥	义兴镇、松烟镇、横岭镇、阳光占乡、喂马乡、平松乡、青城镇、芹泉镇、拐儿镇、寒王乡、石匣乡、龙泉乡、辽阳镇、羊角乡、粟城乡	清漳河山西左权农业用水区	山西省	晋中市	—	—	—	—	Ⅲ类	Ⅱ类	Ⅲ类
231			漳卫河	刘家庄	清漳河	清漳河（山西省-河北省）控制单元	刘家庄	桐峪镇、麻田镇、黄崖洞镇、西井镇	清漳河晋冀缓冲区	山西省	长治市	Ⅲ类	Ⅱ类	Ⅱ类	Ⅱ类	Ⅱ类	Ⅰ类	Ⅱ类
232			漳卫河	西达	清漳河	清漳河（山西省-河北省）控制单元	西达	天津铁厂街道	清漳河河北邯郸饮用水水源区/清漳河岳城水库豫冀缓冲区	河北省	邯郸市	Ⅱ类	Ⅲ类	Ⅱ类	Ⅲ类	Ⅱ类	Ⅲ类	Ⅲ类
233	共产主义渠	103	漳卫河	获嘉东碑村	共产主义渠	共产主义渠（河南省）控制单元	获嘉东碑村	詹店镇、嘉应观乡、乔庙镇、圪当店乡、木栾街道、谢旗营镇、龙源街道、龙泉街道、木城街道	—	河南省	焦作市	劣Ⅴ类（劣Ⅴ～Ⅳ类）	劣Ⅴ类（劣Ⅴ～Ⅲ类）	Ⅴ类（劣Ⅴ～Ⅳ类）	Ⅴ类（劣Ⅴ～Ⅲ类）	Ⅴ类（劣Ⅴ～Ⅳ类）	Ⅳ类	Ⅳ类

序号	河流/湖库	河长/km	河系	断面名称	所在水体	控制单元	汇水范围		所代表水功能区	责任省区市	责任城市/新区	水质类别						“十四五”水质目标
							名称	地区				2015年	2016年	2017年	2018年	2019年	2020年	
234	共产主义渠	103	漳卫河	卫辉下马营	共产主义渠	共产主义渠（河南省）控制单元	卫辉下马营	拍石头乡、黄水乡、高庄乡、洪洲乡、上八里镇、薄壁镇、吴村镇、峪河镇、冀屯镇、赵固乡、孟庄镇、占城镇、张村乡、常村镇、城关街道、胡桥街道、百泉镇、北云门镇、唐庄镇、狮豹头乡、安都乡、太公镇、顿坊店乡、汲水镇、云台山镇、七贤镇、王屯乡、郇封镇、城关镇、大新庄乡、中和镇、徐营镇、史庄镇、黄堤镇、位庄乡、照境镇	共产主义渠河南新乡市排污控制区/共渠河南新乡、鹤壁农业用水区	河南省	新乡市	劣Ⅴ类（劣Ⅴ～Ⅴ类）	劣Ⅴ类（劣Ⅴ～Ⅳ类）	Ⅴ类（劣Ⅴ～Ⅳ类）	Ⅴ类（劣Ⅴ～Ⅳ类）	Ⅳ类（劣Ⅴ～Ⅲ类）	Ⅲ类	Ⅳ类
235	淇河	176	漳卫河	黄花营	淇河	淇河（山西省-河南省）控制单元	黄花营	合涧镇、原康镇、桂林镇、茶店镇、临淇镇、五龙镇、南寨镇、沙窑乡、西平罗乡、南村镇	—	河南省	安阳市	Ⅰ类（Ⅱ～Ⅰ类）	Ⅱ类（Ⅱ～Ⅰ类）	Ⅰ类（Ⅳ～Ⅰ类）	Ⅰ类（Ⅴ～Ⅰ类）	Ⅱ类（Ⅲ～Ⅰ类）	Ⅰ类	Ⅱ类
236			漳卫河	前枋城	淇河	淇河（山西省-河南省）控制单元	前枋城	大河涧乡、上峪乡、渤海路街道、金山街道、九州路街道、长江路街道、钜桥镇、黎阳路街道、泰山路街道	—	河南省	鹤壁市	Ⅱ类（Ⅱ～Ⅰ类）	Ⅱ类（Ⅲ～Ⅰ类）	Ⅱ类（Ⅱ～Ⅰ类）	Ⅱ类（Ⅲ～Ⅰ类）	Ⅱ类（Ⅲ～Ⅰ类）	Ⅳ类	Ⅲ类
237	汤河	49	漳卫河	汤河水库	汤河	卫河（河南省）控制单元	汤河水库	九矿广场街道、石林镇、宝山街道、鹿楼街道、红旗街道、长风中路街道、山城路街道、汤河街道、大胡街道	—	河南省	鹤壁市	劣Ⅴ类	劣Ⅴ类	Ⅴ类	Ⅳ类	Ⅳ类	Ⅳ类	Ⅳ类

序号	河流/湖库	河长/km	河系	断面名称	所在水体	控制单元	汇水范围		所代表水功能区	责任省区市	责任城市/新区	水质类别						“十四五”水质目标
							名称	地区				2015年	2016年	2017年	2018年	2019年	2020年	
238	安阳河	161	漳卫河	彰武水库	安阳河	安阳河（河南省）控制单元	彰武水库	姚村镇、陵阳镇、横水镇、黄华镇、采桑镇、东姚镇、龙山街道、振林街道、开元街道、桂园街道、马家乡、善应镇、彰武街道、姬家山乡、鹤山街街道	—	河南省	安阳市	III类（V～II类）	II类	II类（III～II类）	II类（劣V～II类）	II类（V～I类）	I类	II类
239			漳卫河	冯宿桥	安阳河	安阳河（河南省）控制单元	冯宿桥	东岗镇、河顺镇、崔家桥镇、韩陵镇、柏庄镇、安丰乡、洪河屯乡、曲沟镇、水冶镇、伦掌镇、铜冶镇、都里镇、磊口乡、许家沟乡、永和镇、梅园庄街道、李珍街道、电厂路街道、纱厂路街道、铁西路街道、清风街道、相台街道、西郊乡、北蒙街道、水冶街道、彰东街道、红旗路街道、解放路街道、灯塔路街道、豆腐营街道、洹北街道、彰北街道、民航街道、曙光街道、龙泉镇	—	河南省	安阳市	V类	IV类（劣V～II类）	II类（V～II类）	IV类（劣V～II类）	II类（V～II类）	III类	III类
240	浊漳北源	135	漳卫河	关河水库出口	浊漳北源	浊漳河（山西省-河南省）控制单元	关河水库出口	云簇镇、北寨乡、西马乡、郝北镇、讲堂乡、社城镇、河峪乡、箕城镇、岚峪乡、分水岭乡	—	山西省	长治市	II类	II类	II类	II类	II类	II类	II类
241	浊漳西源	84	漳卫河	后湾水库出口	浊漳西源	浊漳河（山西省-河南省）控制单元	后湾水库出口	定昌镇、郭村镇、故县镇、漳源镇、册村镇、段柳乡、次村乡、南里乡、南泉乡、杨安乡、新店镇、虒亭镇、上马乡	—	山西省	长治市	II类	II类	II类	II类	II类	II类	II类

序号	河流/湖库	河长/km	河系	断面名称	所在水体	控制单元	汇水范围		所代表水功能区	责任省区市	责任城市/新区	水质类别						“十四五”水质目标
							名称	地区				2015年	2016年	2017年	2018年	2019年	2020年	
242	浊漳南源	104	漳卫河	北寨	浊漳南源	浊漳河（山西省-河南省）控制单元	北寨	五马街道、东街街道、英雄南路街道、西街街道、常青街道、英雄中路街道、太行东街街道、太行西街街道、紫金街道、延安南路街道、龙泉镇、百尺镇、晋庄镇、集店乡、黄山乡、东井岭乡、五龙山乡、店上镇、丰宜镇、堠北庄镇、鲍店镇、石哲镇、大堡头镇、慈林镇、色头镇、南漳镇、岚水乡、碾张乡、常张乡、宋村乡、丹朱镇、南陈乡、韩店镇、苏店镇、荫城镇、八义镇、郝家庄乡、西池乡、北呈乡、东和乡、南宋乡、西火镇、贾掌镇	—	山西省	长治市	劣Ⅴ类	劣Ⅴ类	Ⅴ类	Ⅳ类	Ⅳ类	Ⅳ类	Ⅳ类
243	绛河	87	漳卫河	司徒桥	绛河	浊漳河（山西省-河南省）控制单元	司徒桥	麟绛街道、余吾镇、吾元镇、张店镇、李高乡、西贾乡、河神庙乡	—	山西省	长治市	Ⅲ类	Ⅲ类	Ⅱ类	Ⅲ类	Ⅳ类	Ⅲ类	Ⅲ类
244	清漳东源	120	漳卫河	祁家沟	清漳东源	清漳河（山西省-河北省）控制单元	祁家沟	西寨乡	—	山西省	晋中市	Ⅰ类	Ⅱ类	Ⅱ类	Ⅰ类	Ⅱ类	Ⅱ类	Ⅱ类
245	清漳西源	104	漳卫河	横岭北桥	清漳西源	清漳河（山西省-河北省）控制单元	下交漳/横岭北桥	义兴镇、松烟镇、横岭镇、阳光占乡、喂马乡、平松乡、青城镇、芹泉镇、拐儿镇、寒王乡、石匣乡、龙泉乡、辽阳镇、羊角乡、粟城乡	—	山西省	晋中市	Ⅱ类	Ⅱ类	Ⅱ类	Ⅱ类	Ⅱ类	Ⅱ类	Ⅱ类

序号	河流/湖库	河长/km	河系	断面名称	所在水体	控制单元	汇水范围		所代表水功能区	责任省区市	责任城市/新区	水质类别						“十四五”水质目标
							名称	地区				2015年	2016年	2017年	2018年	2019年	2020年	
246	大沙河	17	漳卫河	修武水文站	大沙河	共产主义渠（河南省）控制单元	修武水文站	西村乡、五里源乡、城关镇、周庄镇、金城乡、寨豁乡、苏家作乡、阳庙镇、柏山镇、月山镇、孝敬镇、鸿昌街道、清化镇街道、安阳城街道、冯营街道、待王街道、武王街道、演马街道、九里山街道、马村街道、龙翔街道、月山街道、朱村街道、府城街道、龙洞街道、王封街道、李封街道、冯封街道、许衡街道、文昌街道、中星街道、太行街道、百间房街道、东方红街道、艺新街道、光亚街道、焦东街道、定和街道、新城街道、文苑街道、李万街道、宁郭镇、上白作街道、焦南街道、民主街道、王褚街道、焦西街道、新华街道、民生街道、七百间街道、焦北街道、三阳乡、小董乡	—	河南省	焦作市	劣Ⅴ类（劣Ⅴ～Ⅳ类）	劣Ⅴ类（劣Ⅴ～Ⅴ类）	Ⅳ类（Ⅴ～Ⅳ类）	Ⅳ类（Ⅴ～Ⅲ类）	Ⅳ类（劣Ⅴ～Ⅲ类）	Ⅳ类	Ⅳ类
247	人民胜利渠	40	漳卫河	新乡贾太湖	人民胜利渠	卫河（河南省）控制单元	饮马口/新乡贾太湖	大块镇、北干道街道、花园街道、卫北街道、新辉路街道、合河乡、大召营镇、翟坡镇、小冀镇、太山镇、西街街道、东街街道、渠东街道、文化街街道、向阳街道、胜利路街道、解放路街道、中同街街道、健康路街道、自由路街道、南桥街道、铁西街道、平原镇	—	河南省	新乡市	—	Ⅱ类	Ⅱ类（Ⅳ～Ⅱ类）	Ⅲ类（Ⅴ～Ⅱ类）	Ⅲ类（Ⅳ～Ⅱ类）	Ⅱ类	Ⅲ类

序号	河流/湖库	河长/km	河系	断面名称	所在水体	控制单元	汇水范围		所代表水功能区	责任省区市	责任城市/新区	水质类别						“十四五”水质目标
							名称	地区				2015年	2016年	2017年	2018年	2019年	2020年	
248	六五河	73	漳卫河	大屯水库	六五河	漳卫新河（河北省、山东省）控制单元	小泊头桥/大屯水库	黄夹镇、西段乡、朱集镇、大孙乡、郑保屯镇、渡口驿乡、双庙镇、宋楼镇、田庄乡、银城街道、苏留庄镇、白马湖镇、新盛店镇、北城街道、大曹镇、崔口镇、黄河涯镇、赵虎镇、宋官屯街道、袁桥镇、抬头寺镇、新华街道、长河街道、老城镇、李家户镇、甲马营镇、广运街道、鲁权屯镇、四女寺镇、郝王庄镇、武城镇、保店镇、相衙镇、刘营伍乡、张大庄镇、大柳镇、长官镇、恩城镇、王杲铺镇、渤海路街道、严务乡、小泊头镇、埕口镇	六五河山东调水水源地保护区/大屯水库山东调水水源地保护区	山东省	德州市	III类	III类	III类	III类	III类	IV类	III类
249	七一河	21	漳卫河	石槽	七一河	京杭运河（卫运河段）（河北省、山东省）控制单元	石槽	先锋路街道	七一河山东调水水源地保护区	山东省	聊城市	III类	断流	III类	III类	III类	IV类	III类
250	小运河	40	漳卫河	邱屯闸	小运河	京杭运河（卫运河段）（河北省、山东省）控制单元	邱屯闸	大辛庄街道、刘垓子镇、新华路街道、戴湾镇、尚店镇、魏湾镇、柳林镇、范寨镇、东古城镇、北馆陶镇、清水镇、甘官屯乡、万善乡	小运河山东调水水源地保护区	山东省	聊城市	III类	III类	III类	IV类	III类	III类	III类

序号	河流/湖库	河长/km	河系	断面名称	所在水体	控制单元	汇水范围		所代表水功能区	责任省区市	责任城市/新区	水质类别						“十四五”水质目标
							名称	地区				2015年	2016年	2017年	2018年	2019年	2020年	
251	露水河	43	漳卫河	南谷洞水库	露水河	浊漳河（山西省-河南省）控制单元	南谷洞水库	任村镇、石板岩镇	—	河南省	安阳市	—	Ⅱ类	Ⅱ类（Ⅱ～Ⅰ类）	Ⅰ类（Ⅲ～Ⅰ类）	Ⅰ类（Ⅱ～Ⅰ类）	Ⅰ类	Ⅱ类
252	淅河	95	漳卫河	弓上水库	淅河	淇河（山西省-河南省）控制单元	弓上水库	平城镇、夺火乡、马圪当乡、古郊乡、六泉乡、鹅屋乡、树掌镇、石坡乡、桥上乡	—	山西省	长治市	—	Ⅱ类	Ⅱ类	Ⅰ类	Ⅱ类	Ⅰ类	Ⅱ类
253	马颊河	438	徒骇马颊河	濮阳西水坡	马颊河	马颊河（河南省-河北省-山东省）控制单元	濮阳西水坡	城关镇	—	河南省	濮阳市	—	Ⅱ类	Ⅱ类	Ⅱ类	Ⅱ类	Ⅱ类	Ⅱ类
254			徒骇马颊河	北外环路桥	马颊河	马颊河（河南省-河北省-山东省）控制单元	北外环路桥	马庄桥镇、胡村乡、濮东街道、孟轲乡、长庆路街道、任丘路街道、大庆路街道、建设路街道、黄河路街道、昆吾街道、濮上街道、新习镇、王助镇、皇甫街道、开州街道、中原路街道、胜利路街道、人民路街道、清河头乡、昌湖街道	马颊河河南濮阳市景观娱乐用水区	河南省	濮阳市	—	—	—	—	—	Ⅳ类	Ⅳ类
255			徒骇马颊河	南乐水文站	马颊河	马颊河（河南省-河北省-山东省）控制单元	南乐水文站	谷金楼乡、城关镇、近德固乡、西邵乡、寺庄乡、高堡乡、六塔乡、双庙乡、纸房乡、城关镇、柳格镇、固城镇、韩村镇、大屯乡、古城乡、大流乡、岳村镇	马颊河河南濮阳市农业用水区/马颊河豫冀缓冲区	河南省	濮阳市	Ⅴ类（劣Ⅴ～Ⅴ类）	Ⅴ类（劣Ⅴ～Ⅳ类）	Ⅳ类（Ⅴ～Ⅳ类）	Ⅳ类（劣Ⅴ～Ⅲ类）	Ⅳ类（Ⅴ～Ⅲ类）	Ⅲ类	Ⅲ类

序号	河流/湖库	河长/km	河系	断面名称	所在水体	控制单元	汇水范围		所代表水功能区	责任省区市	责任城市/新区	水质类别						“十四五”水质目标
							名称	地区				2015年	2016年	2017年	2018年	2019年	2020年	
256	马颊河	438	徒骇马颊河	冢北桥	马颊河	马颊河（河南省-河北省-山东省）控制单元	冢北桥	张铁集乡、束馆镇、北峰乡、西付集乡、埝头乡、孙甘店镇	—	河北省	邯郸市	—	Ⅴ类	Ⅴ类	Ⅳ类	Ⅳ类	Ⅲ类	Ⅲ类
257			徒骇马颊河	董姑桥	马颊河	马颊河（河南省-河北省-山东省）控制单元	董姑桥/北湖	东李官屯镇、香赵庄镇、南城镇、郑家镇、堂邑镇、张炉集镇、梁水镇、斗虎屯镇、老赵庄镇、康庄镇、金郝庄镇、松林镇、辛集镇、定远寨镇、桑阿镇、梁堂镇、斜店乡、兰沃乡、贾镇、烟庄街道、店子镇、崇文街道、清泉街道、菜屯镇、贾寨镇、王奉镇、大王寨镇、河店镇、张鲁回族镇、魏庄镇、三十里铺镇、赵寨子镇、汇鑫街道、鱼邱湖街道、人和街道、梁村镇、尹集镇、清平镇	马颊河山东聊城工业用水区/马颊河山东高唐农业用水区	山东省	聊城市	劣Ⅴ类	劣Ⅴ类	Ⅴ类	Ⅴ类	Ⅴ类	Ⅳ类	Ⅳ类

序号	河流/湖库	河长/km	河系	断面名称	所在水体	控制单元	汇水范围		所代表水功能区	责任省区市	责任城市/新区	水质类别						“十四五”水质目标
							名称	地区				2015年	2016年	2017年	2018年	2019年	2020年	
258	马颊河	438	徒骇马颊河	刘贵桥	马颊河	马颊河（河南省-河北省-山东省）控制单元	刘贵桥	丁坞镇、杨安镇、寨头堡乡、郭家街道、铁营镇、市中街道、云红街道、胡家街道、孔镇镇、化楼镇、雷集镇、东辛店镇、庆云镇、时集镇、柴胡店镇、杜集镇、津城街道、宁城街道、腰站镇、张华镇、王打卦镇、三唐乡、丁庄镇、滋镇、神头镇、于集乡、边临镇、徽王庄镇、前孙镇、义渡口镇、糜镇、宋家镇、临齐街道、安德街道	马颊河山东德州饮用水水源区	山东省	德州市	—	—	—	—	—	Ⅳ类	Ⅳ类
259	马颊河	438	徒骇马颊河	胜利桥	马颊河	马颊河（河南省-河北省-山东省）控制单元	大山/胜利桥	尚堂镇、中丁乡、常家镇、徐园子乡、马山子镇、车王镇、碣石山镇、柳堡镇	马颊河山东滨州农业用水区	山东省	滨州市	劣Ⅴ类	Ⅴ类	Ⅴ类	Ⅴ类	Ⅳ类	Ⅳ类	Ⅳ类
260	徒骇河	439	徒骇马颊河	马集闸	徒骇河	徒骇河（河南省-山东省）控制单元	马集闸	古云镇、大张家镇、王庄集镇、观城镇	—	山东省	聊城市	—	—	—	—	—	Ⅳ类	Ⅴ类
261	徒骇河	439	徒骇马颊河	毕屯	徒骇河	徒骇河（河南省-山东省）控制单元	毕屯	福堪镇、千口镇、韩张镇、张果屯镇、杨村乡、马村乡、巩营乡、仙庄镇、瓦屋头镇	徒骇河豫鲁缓冲区	河南省	濮阳市	劣Ⅴ类（劣Ⅴ～Ⅳ类）	Ⅴ类	Ⅴ类	Ⅴ类	Ⅴ类	Ⅳ类	Ⅳ类

序号	河流/湖库	河长/km	河系	断面名称	所在水体	控制单元	汇水范围		所代表水功能区	责任省区市	责任城市/新区	水质类别						“十四五”水质目标
							名称	地区				2015年	2016年	2017年	2018年	2019年	2020年	
262	徒骇河	439	徒骇马颊河	聊城水文站	徒骇河	徒骇河（河南省-山东省）控制单元	聊城水文站	李海务街道、沙镇镇、侯营镇、湖西街道、朱老庄镇、柳园街道、东城街道、燕店镇、燕塔街道、莘州街道、董杜庄镇、樱桃园镇、张寨镇、古城镇、柿子园镇、朝城镇、徐庄镇、妹冢镇、俎店镇、十八里铺镇、东鲁街道、莘亭街道、定水镇、张秋镇、十五里园镇、寿张镇、李台镇、金斗营镇、高庙王镇、西湖镇、大布乡、侨润街道、石佛镇、安乐镇、阎楼镇、阿城镇、郭屯镇、七级镇、博济桥街道、狮子楼街道	徒骇河山东莘县农业用水区/徒骇河山东莘县过渡区/徒骇河山东莘县景观娱乐用水区/徒骇河山东阳谷农业用水区/徒骇河山东东昌府过渡区1/徒骇河山东聊城景观娱乐用水区	山东省	聊城市	Ⅴ类	Ⅴ类	Ⅴ类	Ⅴ类	Ⅴ类	Ⅳ类	Ⅳ类
263			徒骇马颊河	前油坊	徒骇河	徒骇河（河南省-山东省）控制单元	前油坊	韩集乡、广平乡、道口铺街道、闫寺街道、蒋官屯街道、于集镇、北城街道、顾官屯镇、许营镇、新区街道、刘集镇、韩屯镇、胡屯镇、振兴街道、信发街道、博平镇、杨官屯乡、肖家庄镇、洪官屯镇、温陈街道、杨屯镇、固河镇、姜店镇	徒骇河山东东昌府过渡区2/徒骇河山东茌平农业用水区	山东省	聊城市	Ⅴ类	Ⅴ类	Ⅴ类	Ⅴ类	Ⅴ类	Ⅴ类	Ⅴ类

序号	河流/湖库	河长/km	河系	断面名称	所在水体	控制单元	汇水范围		所代表水功能区	责任省区市	责任城市/新区	水质类别						“十四五”水质目标
							名称	地区				2015年	2016年	2017年	2018年	2019年	2020年	
264	徒骇河	439	徒骇马颊河	夏口	徒骇河	徒骇河（河南省-山东省）控制单元	夏口	莒镇、李屯乡、辛寨镇、安仁镇、十里望镇、张庄镇、房寺镇、梁家镇、市中街道、伦镇、东城街道、马集镇、赵官镇、仁里集镇、潘店镇、焦庙镇、晏城街道、安头乡、大黄乡、宣章屯镇、华店镇、刘桥镇、祝阿镇、胡官屯镇、晏北街道、大桥镇、牛角店镇、高集镇、姚寨镇、陈集镇、铜城街道、姜楼镇、冯官屯镇、杜郎口镇、乐平铺镇、琉璃寺镇、新城街道	徒骇河山东德州农业用水区	山东省	德州市	Ⅴ类	Ⅴ类	Ⅳ类	Ⅳ类	Ⅳ类	Ⅳ类	Ⅴ类
265			徒骇马颊河	刘成桥	徒骇河	徒骇河（河南省-山东省）控制单元	刘成桥	表白寺镇、白桥镇、桑梓店街道、大桥街道、孙耿街道、崔寨镇、济阳街道、垛石镇、仁风镇、太平镇、曲堤镇、回河镇、济北街道	徒骇河山东济南农业用水区	山东省	济南市	Ⅳ类	Ⅳ类	Ⅲ类	Ⅲ类	Ⅳ类	Ⅲ类	Ⅲ类
266			徒骇马颊河	富国	徒骇河	徒骇河（河南省-山东省）控制单元	富国	临南镇、孟寺镇、许商街道、孙集镇、郑路镇、玉皇庙镇、新市镇、淄角镇、姜楼镇、大年陈镇、皂户李镇、李庄镇、清河镇、辛店镇、麻店镇、桑落墅镇、魏集镇、何坊街道、胡集镇、黄升镇、泊头镇、富国街道、里则街道、三河湖镇、杨柳雪镇	徒骇河山东滨州工业用水区	山东省	滨州市	Ⅴ类	Ⅳ类	Ⅳ类	Ⅴ类	Ⅳ类	Ⅳ类	Ⅳ类

序号	河流/湖库	河长/km	河系	断面名称	所在水体	控制单元	汇水范围		所代表水功能区	责任省区市	责任城市/新区	水质类别						“十四五”水质目标
							名称	地区				2015年	2016年	2017年	2018年	2019年	2020年	
267	德惠新河	222	徒骇马颊河	王杠子闸	德惠新河	德惠新河（山东省）控制单元	王杠子闸	兴隆镇、临盘街道、林子镇、临邑镇、宿安乡、翟家镇、德平镇、理合务镇、恒源街道、邢侗街道、郑店镇、花园镇、桃园街道、王凤楼镇、龙门街道、坊子乡、前曹镇、王庙镇、辛店镇、郑家寨镇、张坊乡、贾庄镇、殷巷镇、沙河乡、韩庙镇、龙桑寺镇、怀仁镇	—	山东省	德州市	V类	V类	IV类	IV类	III类	IV类	IV类
268			徒骇马颊河	大山	德惠新河	德惠新河（山东省）控制单元	大山/胜利桥	尚堂镇、中丁乡、常家镇、徐园子乡、马山子镇、车王镇、碣石山镇、柳堡镇	—	山东省	滨州市	V类	V类	IV类	IV类	IV类	IV类	IV类
269	潮河	72.5	徒骇马颊河	邵家	潮河	徒骇河（河南省-山东省）控制单元	邵家	利津街道、明集乡、富源街道、滨海镇、下河乡、利国乡、市西街道、北镇街道、市东街道、秦皇台乡、梁才街道、滨北街道、市中街道、沙河街道、彭李街道、杜店街道	—	山东省	滨州市	劣V类	劣V类	V类	V类	IV类	V类	V类
270	秦口河	107	徒骇马颊河	秦口河入海口	秦口河	徒骇河（河南省-山东省）控制单元	秦口河入海口	石庙镇、孙武街道、武定府街道、棣丰街道、佘家镇、下洼镇、古城镇、大高镇、冯家镇、洋湖乡、温店镇、流坡坞镇、劳店镇、河流镇、商店镇、水落坡镇、信城街道、翟王镇、金阳街道	—	山东省	滨州市	—	—	—	—	—	劣V类	V类

序号	河流/湖库	河长/km	河系	断面名称	所在水体	控制单元	汇水范围		所代表水功能区	责任省区市	责任城市/新区	水质类别						“十四五”水质目标
							名称	地区				2015年	2016年	2017年	2018年	2019年	2020年	
271	神仙沟	30	徒骇马颊河	五号桩	神仙沟	挑河（山东省）控制单元	五号桩/刁口河滨孤路桥	孤岛镇、仙河镇	—	山东省	东营市	劣Ⅴ类	劣Ⅴ类	劣Ⅴ类	Ⅳ类	Ⅳ类	Ⅳ类	Ⅳ类
272	小米河	39	徒骇马颊河	芦家河子水库	小米河	徒骇河（河南省-山东省）控制单元	芦家河子水库	水湾镇、西小王镇	—	山东省	滨州市	Ⅲ类	Ⅲ类	Ⅲ类	Ⅱ类	Ⅱ类	Ⅲ类	Ⅲ类
273	幸福河	22	徒骇马颊河	三角洼水库	幸福河	马颊河（河南省-河北省-山东省）控制单元	三角洼水库	信阳镇、海丰街道	—	山东省	滨州市	Ⅲ类	Ⅳ类	Ⅱ类	Ⅱ类	Ⅱ类	Ⅱ类	Ⅲ类
274	挑河	32.6	徒骇马颊河	滨孤路桥	挑河	挑河（山东省）控制单元	滨孤路桥	刁口乡、盐窝镇、陈庄镇、汀罗镇、六合街道、义和镇、新户镇、海防办事处、河口街道	—	山东省	东营市	劣Ⅴ类	Ⅴ类	Ⅴ类	Ⅳ类	Ⅳ类	Ⅳ类	Ⅳ类
275	高唐湖	—	徒骇马颊河	北湖	高唐湖	马颊河（河南省-河北省-山东省）控制单元	董姑桥/北湖	东李官屯镇、香赵庄镇、南城镇、郑家镇、堂邑镇、张炉集镇、梁水镇、斗虎屯镇、老赵庄镇、康庄镇、金郝庄镇、松林镇、辛集镇、定远寨镇、桑阿镇、梁堂镇、斜店乡、兰沃乡、贾镇、烟庄	—	山东省	聊城市	—	Ⅳ类	Ⅱ类	Ⅱ类	Ⅱ类	Ⅱ类	Ⅲ类

序号	河流/湖库	河长/km	河系	断面名称	所在水体	控制单元	汇水范围		所代表水功能区	责任省区市	责任城市/新区	水质类别						“十四五”水质目标
							名称	地区				2015年	2016年	2017年	2018年	2019年	2020年	
275	高唐湖	—	徒骇马颊河	北湖	高唐湖	马颊河（河南省-河北省-山东省）控制单元	董姑桥/北湖	街道、店子镇、崇文街道、清泉街道、菜屯镇、贾寨镇、王奉镇、大王寨镇、河店镇、张鲁回族镇、魏庄镇、三十里铺镇、赵寨子镇、汇鑫街道、鱼邱湖街道、人和街道、梁村镇、尹集镇、清平镇	—	山东省	聊城市	—	Ⅳ类	Ⅱ类	Ⅱ类	Ⅱ类	Ⅱ类	Ⅲ类
276	环城湖	—	徒骇马颊河	东昌湖	环城湖	徒骇河（河南省-山东省）控制单元	东昌湖	古楼街道	徒骇河山东聊城环城湖景观娱乐用水区	山东省	聊城市	Ⅳ类	Ⅳ类	Ⅳ类	Ⅳ类	Ⅳ类	Ⅳ类	Ⅳ类

注：本表中汇水范围划分基准年为 2020 年，因此涉及的行政区划截至 2020 年 12 月 31 日。

附件 4

海河流域重要江河湖泊水功能区划表

序号	水系	河流/湖库	一级水功能区名称	二级水功能区名称	重要水功能区索引码	评价行政区	水体类型	水功能区类型	水质目标	“十四五”监控断面名称	长度/km	面积/km^2	原监测断面名称
1	滦河及冀东沿海	滦河	滦河蒙冀缓冲区	—	G167-03-1-0002	蒙	河流	缓冲	III类	大河口	40	—	外沟门子
2	滦河及冀东沿海	滦河	滦河河北承德保留区 1	—	G167-03-1-0003	冀	河流	保留	III类	郭家屯	89	—	郭家屯
3	滦河及冀东沿海	滦河	滦河河北承德保留区 2	—	G167-03-1-0004	冀	河流	保留	III类	兴隆庄	100	—	三道河子
4	滦河及冀东沿海	滦河	滦河河北承德、唐山缓冲区	—	G167-03-1-0006	冀	河流	缓冲	III类	大杖子（一）	11	—	乌龙矶
5	滦河及冀东沿海	潘家口水库	潘家口水库水源地保护区	—	G167-03-1-0007	冀	湖库	保护	II类	潘家口水库	—	64	潘家口水库坝上
6	滦河及冀东沿海	大黑汀水库	大黑汀水库水源地保护区	—	G167-03-1-0008	冀	湖库	保护	II类	大黑汀水库	—	25	大黑汀水库
7	滦河及冀东沿海	闪电河	闪电河河北张家口源头水保护区	—	G167-03-1-0011	冀	河流	保护	II类	闪电河中桥	40	—	闪电河水库（坝上）
8	滦河及冀东沿海	闪电河	闪电河冀蒙缓冲区	—	G167-03-1-0012	冀	河流	缓冲	III类	闪电河中桥	40	—	闪电河中桥
9	滦河及冀东沿海	闪电河	闪电河内蒙古正蓝旗保留区	—	G167-03-1-0013	蒙	河流	保留	III类	白城子	29	—	八浩特

序号	水系	河流/湖库	一级水功能区名称	二级水功能区名称	重要水功能区索引码	评价行政区	水体类型	水功能区类型	水质目标	“十四五”监控断面名称	长度/km	面积/km^2	原监测断面名称
10	滦河及冀东沿海	柳河	柳河河北承德缓冲区	—	G167-03-1-0017	冀	河流	缓冲	III类	大杖子（二）	33	—	柳河口
11	滦河及冀东沿海	瀑河	瀑河河北承德源头水保护区	—	G167-03-1-0018	冀	河流	保护	II类	党坝	19	—	平泉
12	滦河及冀东沿海	瀑河	瀑河河北承德、唐山缓冲区	—	G167-03-1-0020	冀	河流	缓冲	III类	大桑园	15	—	宽城
13	滦河及冀东沿海	潵河	潵河河北承德、唐山保留区	—	G167-03-1-0021	冀	河流	保留	III类	蓝旗营	60	—	蓝旗营
14	北三河	潮河	潮河河北承德源头水保护区	—	G167-03-1-0022	冀	河流	保护	II类	古北口	25	—	土城子
15	北三河	潮河	潮河河北承德保留区	—	G167-03-1-0023	冀	河流	保留	II类	古北口	127	—	古北口
16	北三河	潮河	潮河冀京缓冲区	—	G167-03-1-0024	冀	河流	缓冲	II类	古北口	25	—	古北口
17	北三河	潮河	潮河北京保留区	—	G167-03-1-0025	京	河流	保留	II类	辛庄桥	20	—	辛庄桥
18	北三河	白河	白河河北张家口源头水保护区	—	G167-03-1-0026	冀	河流	保护	II类	后城	40	—	云州水库（坝上）
19	北三河	白河	白河河北张家口保留区	—	G167-03-1-0027	冀	河流	保留	II类	后城	65	—	下堡
20	北三河	白河	白河冀京缓冲区	—	G167-03-1-0028	冀	河流	缓冲	II类	后城	75	—	下堡（后城）
21	北三河	密云水库	密云水库北京水源地保护区	—	G167-03-1-0029	京	湖库	保护	II类	密云水库	—	179.3	白河主坝、潮河主坝
22	北三河	潮白河	潮白河京冀缓冲区	—	G167-03-1-0033	京、冀	河流	缓冲	IV类	吴村	30	—	苏庄桥、赶水坝
23	北三河	潮白河	潮白新河冀津缓冲区	—	G167-03-1-0034	冀	河流	缓冲	IV类	大套桥	42	—	大套桥
24	北三河	北运河	北运河京冀津缓冲区	—	G167-03-1-0037	京、冀、津	河流	缓冲	IV类	土门楼	12.5	—	杨洼闸、凤港减河公路桥、土门楼

序号	水系	河流/湖库	一级水功能区名称	二级水功能区名称	重要水功能区索引码	评价行政区	水体类型	水功能区类型	水质目标	"十四五"监控断面名称	长度/km	面积/km^2	原监测断面名称
25	北三河	蓟运河	蓟运河冀津缓冲区	—	G167-03-1-0041	冀、津	河流	缓冲	Ⅳ类	江洼口	76.4	—	新安镇、双城闸、江洼口大桥
26	北三河	汤河	汤河河北承德保留区	—	G167-03-1-0043	冀	河流	保留	Ⅱ类	大草坪	70	—	三道河
27	北三河	汤河	汤河冀京缓冲区	—	G167-03-1-0044	冀	河流	缓冲	Ⅱ类	大草坪	40	—	大草坪
28	北三河	汤河	汤河北京保留区		G167-03-1-0045	京	河流	保留	Ⅱ类	汤河口	40		汤河口
29	北三河	泃河	泃河冀津京缓冲区	—	G167-03-1-0046	冀	河流	缓冲	Ⅲ类	罗汉石	20	—	罗汉石
30	北三河	泃河	泃河京冀缓冲区	—	G167-03-1-0048	京	河流	缓冲	Ⅲ～Ⅳ类	东店	30	—	东店
31	北三河	泃河	泃河冀津缓冲区	—	G167-03-1-0049	冀	河流	缓冲	Ⅲ类	桑梓红旗闸	20	—	桑梓红旗闸
32	北三河	还乡河	还乡河冀津缓冲区	—	G167-03-1-0052	冀	河流	缓冲	Ⅳ类	丰北闸	15	—	小赵官庄节制闸
33	北三河	港沟河	北京港沟河（北京排污河）京津缓冲区	—	G167-03-1-0055	京	河流	缓冲	Ⅳ类	罗庄	10	—	里老节制闸
34	北三河	黑河	黑河河北张家口源头水保护区	—	G167-03-1-0057	冀	河流	保护	Ⅱ类	四道甸	72	—	三道营
35	北三河	黑河	黑河冀京缓冲区	—	G167-03-1-0058	冀	河流	缓冲	Ⅱ类	四道甸	20	—	四道甸
36	北三河	黎河	引滦专线天津水源地保护区 1	—	G167-03-1-0059	津	河流	保护	Ⅱ类	黎河桥	57.6	—	黎河下游
37	北三河	淋河	淋河冀津缓冲区	—	G167-03-1-0060	冀	河流	缓冲	Ⅱ类	淋河桥	20	—	淋河桥
38	北三河	沙河	沙河冀津缓冲区	—	G167-03-1-0062	冀	河流	缓冲	Ⅲ类	沙河桥	33	—	沙河桥
39	北三河	于桥水库	于桥水库天津水源地保护区	—	G167-03-1-0063	津	湖库	保护	Ⅱ类	于桥水库库中心	—	113.8	库区
40	北三河	引滦天津河	引滦专线天津水源地保护区 2	—	G167-03-1-0064	津	河流	保护	Ⅱ类	尔王庄泵站	64.2	—	尔王庄

序号	水系	河流/湖库	一级水功能区名称	二级水功能区名称	重要水功能区索引码	评价行政区	水体类型	水功能区类型	水质目标	“十四五”监控断面名称	长度/km	面积/km^2	原监测断面名称
41	永定河	官厅水库	官厅水库北京水源地保护区	—	G167-03-1-0065	京	湖库	保护	Ⅱ类	官厅水库坝前	—	157	永 1000 表
42	永定河	永定河	永定河京冀津缓冲区	—	G167-03-1-0067	京、冀、津	河流	缓冲	Ⅳ类	后沙窝村	66	—	永定河桥、罗古判村
43	永定河	桑干河	桑干河晋冀缓冲区	—	G167-03-1-0071	晋	河流	缓冲	Ⅲ类	册田水库出口	42	—	东册田村北桥
44	永定河	洋河	洋河冀京缓冲区	—	G167-03-1-0074	冀	河流	缓冲	Ⅲ类	八号桥	41	—	八号桥
45	永定河	东洋河	二道河内蒙古兴和县源头水保护区	—	G167-03-1-0075	蒙	河流	保护	Ⅱ类	友谊水库坝上	30	—	鄂卜坪水库入库（原团结水库）
46	永定河	东洋河	二道河（东洋河）蒙冀缓冲区	—	G167-03-1-0077	蒙	河流	缓冲	Ⅲ类	友谊水库坝上	6.5	7.7	友谊水库坝上
47	永定河	南洋河	南洋河山西阳高源头水保护区	—	G167-03-1-0079	晋	河流	保护	Ⅲ类	永嘉堡	35	—	桥头
48	永定河	南洋河	南洋河晋冀缓冲区	—	G167-03-1-0081	晋	河流	缓冲	Ⅲ类	永嘉堡	38	—	天镇水文站
49	永定河	饮马河（御河）	饮马河内蒙古丰镇市源头水保护区	—	G167-03-1-0083	蒙	河流	保护	Ⅱ类	丰镇（饮）水文站	26.2	—	九龙湾水库入库
50	永定河	饮马河（御河）	饮马河（御河）蒙晋缓冲区	—	G167-03-1-0085	蒙	河流	缓冲	Ⅲ类	堡子湾	28.7	—	堡子湾、黑疙瘩村（小黄土沟）
51	永定河	壶流河	壶流河晋冀缓冲区	—	G167-03-1-0088	晋	河流	缓冲	Ⅲ类	水神堂泉	20	—	洗马庄
52	永定河	壶流河	大清河冀津缓冲区	—	G167-03-1-0092	冀	河流	缓冲	Ⅲ类	台头	15	—	安里屯
53	大清河（含海河干流）	拒马河	拒马河冀京缓冲区	—	G167-03-1-0095	冀	河流	缓冲	Ⅲ类	大沙地	117	—	大沙地、张坊
54	大清河（含海河干流）	唐河	唐河晋冀缓冲区	—	G167-03-1-0098	晋	河流	缓冲	Ⅲ类	下北泉村	71	—	水堡

序号	水系	河流/湖库	一级水功能区名称	二级水功能区名称	重要水功能区索引码	评价行政区	水体类型	水功能区类型	水质目标	“十四五”监控断面名称	长度/km	面积/km^2	原监测断面名称
55	大清河（含海河干流）	唐河	唐河河北保定缓冲区	—	G167-03-1-0102	冀	河流	缓冲	III类	北青	47	—	北青
56	大清河（含海河干流）	白洋淀	白洋淀河北湿地保护区	—	G167-03-1-0103	冀	湖库	保护	III类	烧车淀、圈头、采蒲台、光淀张庄、枣林庄、端村、鸪丁淀	—	360	安新桥、端村、同口、王家寨、留通、大张庄、圈头、采莆台、枣林庄
57	大清河（含海河干流）	小清河	小清河京冀缓冲区	—	G167-03-1-0106	京	河流	缓冲	IV类	八间房漫水桥	16	—	八间房
58	子牙河（含黑龙港及运东）	子牙河	子牙河冀津缓冲区	—	G167-03-1-0110	冀	河流	缓冲	IV类	小河闸	21.5	—	群英闸
59	子牙河（含黑龙港及运东）	子牙河	子牙新河冀津缓冲区	—	G167-03-1-0114	冀	河流	缓冲	IV类	阎辛庄	30	—	翟庄子桥（阎辛庄）
60	子牙河（含黑龙港及运东）	滹沱河	滹沱河晋冀缓冲区	—	G167-03-1-0117	晋	河流	缓冲	III类	闫家庄大桥	50	—	闫家庄大桥
61	子牙河（含黑龙港及运东）	滹沱河	滹沱河河北石家庄水源地保护区	—	G167-03-1-0118	冀	河流	保护	II类	下槐镇	30	—	长桑桥
62	子牙河（含黑龙港及运东）	岗南水库	岗南水库河北水源地保护区	—	G167-03-1-0119	冀	湖库	保护	II类	岗南水库出口	—	52.8	岗南水库
63	子牙河（含黑龙港及运东）	黄壁庄水库	黄壁庄水库河北水源地保护区	—	G167-03-1-0121	冀	湖库	保护	II类	黄壁庄水库出口	—	55.1	黄壁庄水库
64	子牙河（含黑龙港及运东）	清凉江	清凉江河北衡水、沧州水源地保护区	—	G167-03-1-0131	冀	河流	保护	II类	连村闸	250	—	寇村
65	子牙河（含黑龙港及运东）	大浪淀水库	大浪淀水库河北沧州引黄调水水源地保护区	—	G167-03-1-0132	冀	湖库	保护	II类	大浪淀水库	—	16.7	大浪淀水库（坝上）

序号	水系	河流/湖库	一级水功能区名称	二级水功能区名称	重要水功能区索引码	评价行政区	水体类型	水功能区类型	水质目标	“十四五”监控断面名称	长度/km	面积/km^2	原监测断面名称
66	子牙河（含黑龙港及运东）	北排水河	北排水河冀津缓冲区	—	G167-03-1-0134	冀	河流	缓冲	Ⅳ类	永红桥	9	—	翟庄子北桥
67	子牙河（含黑龙港及运东）	沧浪渠	沧浪渠冀津缓冲区	—	G167-03-1-0137	冀	河流	缓冲	Ⅳ类	杨官庄自动站	16	—	翟庄子南桥
68	大清河（含海河干流）	青静黄排水渠	青静黄排水渠冀津缓冲区	—	G167-03-1-0141	冀	河流	缓冲	Ⅲ类	何老营	30	—	团瓢桥
69	漳卫南运河	清漳河	清漳河晋冀缓冲区	—	G167-03-1-0143	晋	河流	缓冲	Ⅲ类	刘家庄	50	—	麻田
70	漳卫河	清漳河	清漳河岳城水库豫冀缓冲区	—	G167-03-1-0145	冀	河流	缓冲	Ⅲ类	西达	15	—	合漳
71	漳卫河	浊漳河	浊漳河晋冀豫缓冲区	—	G167-03-1-0147	晋	河流	缓冲	Ⅲ类	王家庄	56.3	—	三省桥
72	漳卫河	漳河	漳河岳城水库上游缓冲区	—	G167-03-1-0148	冀	河流	缓冲	Ⅲ类	岳城水库出口	75	—	观台
73	漳卫河	漳河	岳城水库水源地保护区	—	G167-03-1-0149	冀	湖库	保护	Ⅱ类	岳城水库出口	—	51.2	岳城水库库心
74	漳卫河	卫河	卫河豫冀缓冲区	—	G167-03-1-0152	豫	河流	缓冲	Ⅳ～Ⅴ类	南乐元村集	20	—	元村、龙王庙
75	漳卫河	卫运河	卫运河冀鲁缓冲区	—	G167-03-1-0154	冀、鲁	河流	缓冲	Ⅲ类	油坊桥	157	—	秤钩湾、临清大桥（临清）、油坊桥
76	漳卫河	漳卫新河	漳卫新河鲁冀缓冲区	—	G167-03-1-0155	冀、鲁	河流	缓冲	王营盘以上Ⅳ类，王营盘以下Ⅲ类	小泊头桥	165	—	袁桥闸、田龙庄桥、玉泉庄桥、王营盘、辛集闸

序号	水系	河流/湖库	一级水功能区名称	二级水功能区名称	重要水功能区索引码	评价行政区	水体类型	水功能区类型	水质目标	“十四五”监控断面名称	长度/km	面积/km^2	原监测断面名称
77	漳卫河	南运河	南运河南水北调东线调水水源地保护区	—	G167-03-1-0157	冀	河流	保护	II类	第三店	264	—	第三店、九宣闸
78	漳卫河	小运河	小运河山东调水水源地保护区	—	G167-03-1-0158	鲁	河流	保护	III类	邱屯闸	104.2	—	关山、邱屯闸
79	漳卫河	七一河	七一河山东调水水源地保护区	—	G167-03-1-0159	鲁	河流	保护	III类	石槽	30	—	夏津、石槽
80	漳卫河	六五河	六五河山东调水水源地保护区	—	G167-03-1-0160	鲁	河流	保护	III类	大屯水库	58.1	—	夏津县范窑桥
81	漳卫河	六五河	大屯水库山东调水水源地保护区	—	G167-03-1-0161	鲁	湖库	保护	III类	大屯水库		40	大屯水库
82	徒骇马颊河	徒骇河	徒骇河豫鲁缓冲区	—	G167-03-1-0164	豫	河流	缓冲	IV类	毕屯	41.9	—	毕屯、马集闸
83	徒骇马颊河	马颊河	马颊河豫冀缓冲区	—	G167-03-1-0167	豫	河流	缓冲	IV类	南乐水文站	27	—	南乐水文站、沙王庄
84	滦河及冀东沿海	滦河	滦河内蒙古多伦县开发利用区	滦河内蒙古多伦县工业用水区	G167-03-2-0001	蒙	河流	工业	III类	大河口	40	—	曲家湾
85	滦河及冀东沿海	滦河	滦河河北承德开发利用区	滦河河北承德饮用水水源区	G167-03-2-0002	冀	河流	饮用	III类	上板城大桥	71	—	乌龙矶
86	滦河及冀东沿海	滦河	滦河河北唐山开发利用区	滦河河北唐山工业用水区	G167-03-2-0003	冀	河流	工业	III类	滦州大桥	95.5	—	滦州
87	滦河及冀东沿海	滦河	滦河河北唐山、秦皇岛开发利用区	滦河河北唐山、秦皇岛工业用水区	G167-03-2-0004	冀	河流	工业	III类	姜各庄	62.5	—	姜各庄
88	滦河及冀东沿海	闪电河	闪电河内蒙古正蓝旗开发利用区	闪电河内蒙古正蓝旗农业用水区	G167-03-2-0005	蒙	河流	农业	III类	白城子	50	—	正蓝旗水文站
89	滦河及冀东沿海	闪电河	闪电河多伦县开发利用区	闪电河多伦县农业用水区	G167-03-2-0006	蒙	河流	农业	III类	白城子	53.2	—	白城子（闪）水文站

序号	水系	河流/湖库	一级水功能区名称	二级水功能区名称	重要水功能区索引码	评价行政区	水体类型	水功能区类型	水质目标	“十四五”监控断面名称	长度/km	面积/km^2	原监测断面名称
90	滦河及冀东沿海	柳河	柳河河北承德开发利用区	柳河河北承德饮用水水源区	G167-03-2-0007	冀	河流	饮用	III类	三块石	33	—	李营（一）
91	滦河及冀东沿海	瀑河	瀑河河北承德开发利用区	瀑河河北承德饮用水水源区	G167-03-2-0008	冀	河流	饮用	III类	党坝	63	—	宽城
92	北三河	潮河	潮河北京开发利用区	潮河北京饮用水水源区	G167-03-2-0009	京	河流	饮用	III类	向阳闸	25.3	—	宁村
93	北三河	白河	白河北京开发利用区	白河北京饮用水水源区	G167-03-2-0010	京	河流	饮用	III类	向阳闸	16.3	—	双井
94	北三河	潮白河	潮白河北京开发利用区	潮白河上段北京饮用水水源区	G167-03-2-0011	京	河流	饮用	III类	向阳闸	29	—	向阳闸
95	北三河	潮白河	潮白河北京开发利用区	潮白河下段北京景观娱乐用水区	G167-03-2-0012	京	河流	景观	IV类	苏庄	29	—	苏庄
96	北三河	潮白河	潮白新河天津开发利用区	潮白新河天津渔业用水区	G167-03-2-0013	津	河流	渔业	III类	黄白桥	36	—	黄白桥
97	北三河	潮白河	潮白新河天津开发利用区	潮白新河天津工业、农业用水区	G167-03-2-0014	津	河流	工业	IV类	于家岭大桥	40.4	—	宁车沽闸上
98	北三河	北运河	北运河北京开发利用区	北运河北京景观娱乐用水区	G167-03-2-0015	京	河流	景观	V类	杨洼闸	41.9	—	榆林庄闸
99	北三河	北运河	北运河天津开发利用区 1	北运河天津农业用水区	G167-03-2-0016	津	河流	农业	IV类	新老米店闸	41.4	—	筐儿港
100	北三河	北运河	北运河天津开发利用区 1	北运河天津工业、农业用水区	G167-03-2-0017	津	河流	工业	IV类	新老米店闸	32.9	—	屈家店节制闸上
101	北三河	北运河	北运河天津开发利用区 2	北运河天津饮用水、工业用水、景观用水区	G167-03-2-0018	津	河流	饮用	III类	北洋桥	14.1	—	北洋桥
102	北三河	蓟运河	蓟运河天津开发利用区 1	蓟运河天津农业用水区 1	G167-03-2-0019	津	河流	农业	IV类	新安镇	21	—	新安镇

序号	水系	河流/湖库	一级水功能区名称	二级水功能区名称	重要水功能区索引码	评价行政区	水体类型	水功能区类型	水质目标	“十四五”监控断面名称	长度/km	面积/km^2	原监测断面名称
103	北三河	蓟运河	蓟运河天津开发利用区 2	蓟运河天津农业用水区 2	G167-03-2-0020	津	河流	农业	Ⅳ类	芦台大桥	47	—	芦台大桥
104	北三河	蓟运河	蓟运河天津开发利用区 2	蓟运河天津工业、农业用水区	G167-03-2-0021	津	河流	工业	Ⅳ类	蓟运河防潮闸	44.6	—	蓟运河闸上
105	北三河	泃河	泃河北京开发利用区	海子水库景观娱乐用水区	G167-03-2-0022	京	湖库	景观	Ⅲ类	海子水库	—	6.3	海子水库
106	北三河	泃河	泃河北京开发利用区	泃河上段北京工业用水区	G167-03-2-0023	京	河流	工业	Ⅳ类	马各庄大桥	30.8	—	马各庄大桥
107	北三河	泃河	泃河北京开发利用区	泃河下段北京农业用水区	G167-03-2-0024	京	河流	农业	Ⅴ类	东店	12	—	英城大桥
108	北三河	泃河	泃河天津开发利用区	泃河天津农业、工业用水区	G167-03-2-0025	津	河流	农业	Ⅳ类	新安镇	54.8	—	九王庄
109	北三河	还乡河	还乡河河北唐山开发利用区	还乡河河北唐山农业用水区	G167-03-2-0026	冀	河流	农业	Ⅳ类	丰北闸	99	—	小定府庄
110	北三河	还乡河	还乡河天津开发利用区	还乡河天津农业用水区	G167-03-2-0027	津	河流	农业	Ⅳ类	芦台大桥	8	—	闫庄桥
111	北三河	港沟河	北京港沟河开发利用区	北京港沟河北京农业用水区	G167-03-2-0028	京	河流	农业	Ⅴ类	罗庄	50	—	罗庄
112	北三河	北京排污河（港沟河）	北京排污河（北京港沟河）天津开发利用区	北京排污河（北京港沟河）天津农业用水区	G167-03-2-0029	津	河流	农业	Ⅳ类	东堤头闸上	73.7	—	东堤头闸上
113	北三河	沙河	沙河河北唐山开发利用区	沙河河北唐山农业用水区	G167-03-2-0030	冀	河流	农业	Ⅳ类	沙河桥	33	—	水平口
114	永定河	永定河	永定河北京开发利用区	永定河山峡段饮用水水源区	G167-03-2-0031	京	河流	饮用	Ⅱ类	南大荒桥	92	—	三家店
115	永定河	永定河	永定河北京开发利用区	永定河平原段饮用水水源区	G167-03-2-0032	京	河流	饮用	Ⅲ类	南大荒桥	57.6	—	卢沟桥

序号	水系	河流/湖库	一级水功能区名称	二级水功能区名称	重要水功能区索引码	评价行政区	水体类型	水功能区类型	水质目标	“十四五”监控断面名称	长度/km	面积/km^2	原监测断面名称
116	永定河	永定河	永定河天津开发利用区	永定河天津农业用水区	G167-03-2-0033	津	河流	农业	Ⅳ类	永和大桥	22	—	屈家店闸上
117	永定河	永定新河	永定新河天津开发利用区	永定新河天津工业、农业用水区	G167-03-2-0034	津	河流	工业	Ⅳ类	永和大桥	14.5	—	大张庄
118	永定河	永定新河	永定新河天津开发利用区	永定新河天津农业用水区 1	G167-03-2-0035	津	河流	农业	Ⅳ类	永和大桥	28.9	—	永和大桥
119	永定河	永定新河	永定新河天津开发利用区	永定新河天津农业用水区 2	G167-03-2-0036	津	河流	农业	Ⅴ类	塘汉公路桥	18.6	—	永定新河防潮闸上
120	永定河	桑干河	桑干河山西开发利用区	桑干河山西山阴应县农业用水区	G167-03-2-0037	晋	河流	农业	Ⅳ类	古家坡	71.1	—	东榆林水库
121	永定河	桑干河	桑干河山西开发利用区	桑干河山西怀仁过渡区	G167-03-2-0038	晋	河流	过渡	Ⅲ类	古家坡	59	—	新桥
122	永定河	桑干河	桑干河山西开发利用区	桑干河山西册田水库大同市饮用水、工业水源区	G167-03-2-0039	晋	河流	饮用	Ⅱ类	册田水库出口	32	—	册田水库
123	永定河	桑干河	桑干河河北张家口开发利用区	桑干河河北张家口农业用水区	G167-03-2-0040	冀	河流	农业	Ⅳ类	温泉屯	130	—	保庄
124	永定河	东洋河	二道河内蒙古兴和县开发利用区	二道河内蒙古兴和农业用水区	G167-03-2-0041	蒙	河流	农业	Ⅳ类	友谊水库坝上	45	—	前河入河处
125	永定河	东洋河	二道河内蒙古兴和县开发利用区	二道河内蒙古兴和排污控制区	G167-03-2-0042	蒙	河流	排污	无类	友谊水库坝上	3.3	—	南十八台
126	永定河	东洋河	二道河内蒙古兴和县开发利用区	二道河内蒙古兴和过渡区	G167-03-2-0043	蒙	河流	过渡	Ⅳ类	友谊水库坝上	3	—	付家夭
127	永定河	东洋河	东洋河河北张家口开发利用区	东洋河河北张家口农业用水区	G167-03-2-0044	冀	河流	农业	Ⅳ类	东洋河	46	—	东洋河
128	永定河	南洋河	南洋河山西阳高、天镇开发利用区	南洋河山西阳高、天镇农业、工业用水区	G167-03-2-0045	晋	河流	农业	Ⅳ类	永嘉堡	45	—	大白登

序号	水系	河流/湖库	一级水功能区名称	二级水功能区名称	重要水功能区索引码	评价行政区	水体类型	水功能区类型	水质目标	"十四五"监控断面名称	长度/km	面积/km²	原监测断面名称
129	永定河	南洋河	南洋河河北张家口开发利用区	南洋河河北张家口饮用水水源区	G167-03-2-0046	冀	河流	饮用	III类	左卫桥	4	—	柴沟堡（南）
130	永定河	洋河	洋河河北张家口开发利用区	洋河河北张家口农业用水区	G167-03-2-0047	冀	河流	农业	IV类	响水铺	78	—	响水堡
131	永定河	饮马河（御河）	饮马河内蒙古丰镇市开发利用区	饮马河内蒙古丰镇农业用水区	G167-03-2-0048	蒙	河流	农业	III类	丰镇（饮）水文站	30	—	丰镇（饮）水文站
132	永定河	饮马河（御河）	饮马河内蒙古丰镇市开发利用区	饮马河内蒙古丰镇排污控制区	G167-03-2-0049	蒙	河流	排污	无类	堡子湾	5.8	—	新城湾乡
133	永定河	饮马河（御河）	饮马河内蒙古丰镇市开发利用区	饮马河内蒙古丰镇过渡区	G167-03-2-0050	蒙	河流	过渡	IV类	堡子湾	3.3	—	乞塔村
134	永定河	饮马河（御河）	御河山西大同市开发利用区	御河山西大同市农业用水区	G167-03-2-0051	晋	河流	农业	IV类	利仁皂	26	—	孤山
135	永定河	饮马河（御河）	御河山西大同市开发利用区	御河山西大同市排污控制区	G167-03-2-0052	晋	河流	排污	V类	利仁皂	11	—	艾庄
136	永定河	饮马河（御河）	御河山西大同市开发利用区	御河山西大同市过渡区	G167-03-2-0053	晋	河流	过渡	IV类	利仁皂	20	—	利仁皂
137	永定河	壶流河	壶流河山西广灵县开发利用区	壶流河山西广灵农业用水区	G167-03-2-0054	晋	河流	农业	III类	水神堂泉	46.6	—	水神堂泉
138	永定河	壶流河	壶流河河北张家口开发利用区 1	壶流河河北张家口农业用水区 1	G167-03-2-0055	冀	湖库	农业	III类	壶流河小渡口	—	10.8	壶流河水库
139	永定河	壶流河	壶流河河北张家口开发利用区 2	壶流河河北张家口农业用水区 2	G167-03-2-0056	冀	河流	农业	III类	壶流河小渡口	79	—	钱家沙洼
140	大清河（含海河干流）	大清河	大清河河北保定、廊坊开发利用区	大清河河北保定农业用水区	G167-03-2-0057	冀	河流	农业	IV类	南疃村	40	—	张青口
141	大清河（含海河干流）	大清河	大清河河北保定、廊坊开发利用区	大清河河北廊坊农业用水区	G167-03-2-0058	冀	河流	农业	IV类	台头	60	—	新镇
142	大清河（含海河干流）	大清河	大清河天津开发利用区	大清河天津农业用水区	G167-03-2-0059	津	河流	农业	III类	大清河第六埠	12.6	—	进洪闸上

序号	水系	河流/湖库	一级水功能区名称	二级水功能区名称	重要水功能区索引码	评价行政区	水体类型	水功能区类型	水质目标	“十四五”监控断面名称	长度/km	面积/km^2	原监测断面名称
143	大清河（含海河干流）	拒马河	拒马河河北保定开发利用区	拒马河河北保定饮用水水源区	G167-03-2-0060	冀	河流	饮用	II类	紫荆关	67	—	紫荆关
144	大清河（含海河干流）	南拒马河	南拒马河河北开发利用区	南拒马河河北保定饮用水水源区	G167-03-2-0061	冀	河流	饮用	III类	北河店	70	—	北河店
145	大清河（含海河干流）	唐河	唐河山西浑源、灵丘开发利用区	唐河山西浑源农业用水区	G167-03-2-0062	晋	河流	农业	III类	下北泉村	35	—	王庄堡镇
146	大清河（含海河干流）	唐河	唐河山西浑源、灵丘开发利用区	唐河山西灵丘工业、农业用水区	G167-03-2-0063	晋	河流	工业	III类	下北泉村	38	—	南水芦
147	大清河（含海河干流）	唐河	唐河河北保定开发利用区 1	唐河河北保定饮用水水源区 1	G167-03-2-0064	冀	河流	饮用	II类	白合	75	—	中唐梅
148	大清河（含海河干流）	唐河	唐河河北保定开发利用区 2	唐河河北保定饮用水水源区 2	G167-03-2-0065	冀	湖库	饮用	II类	西大洋水库	—	29	西大洋水库（坝上）
149	大清河（含海河干流）	唐河	唐河河北保定开发利用区 3	唐河河北保定农业用水区	G167-03-2-0066	冀	河流	农业	IV类	西新庄	93	—	钓鱼台、西新庄
150	大清河（含海河干流）	独流减河	独流减河天津开发利用区	独流减河天津农业用水区 1	G167-03-2-0067	津	河流	农业	IV类	万家码头	43.5	—	万家码头
151	大清河（含海河干流）	独流减河	独流减河天津开发利用区	独流减河天津饮用水水源区	G167-03-2-0068	津	河流	饮用	III类	独流减河防潮闸	11	—	十里横河桥
152	大清河（含海河干流）	独流减河	独流减河天津开发利用区	独流减河天津农业用水区 2	G167-03-2-0069	津	河流	农业	IV类	独流减河防潮闸	9.7	—	北腰闸上、南腰闸上
153	大清河（含海河干流）	独流减河	独流减河天津开发利用区	独流减河天津工业用水区	G167-03-2-0070	津	河流	工业	V类	独流减河防潮闸	6.1	—	工农兵闸上
154	大清河（含海河干流）	小清河	小清河北京开发利用区	小清河北京景观娱乐用水区	G167-03-2-0071	京	河流	景观	IV类	八间房漫水桥	30	—	薛庄
155	大清河（含海河干流）	白沟河	白沟河河北保定开发利用区	白沟河河北保定饮用水水源区	G167-03-2-0072	冀	河流	饮用	III类	东马营	54	—	东马营

序号	水系	河流/湖库	一级水功能区名称	二级水功能区名称	重要水功能区索引码	评价行政区	水体类型	水功能区类型	水质目标	“十四五”监控断面名称	长度/km	面积/km²	原监测断面名称
156	大清河（含海河干流）	北大港水库	北大港水库天津开发利用区	北大港水库天津饮用水、工业、农业水源区	G167-03-2-0073	津	湖库	饮用	Ⅲ类	北大港水库出口	—	149	调节闸上
157	子牙河（含黑龙港及运东）	子牙河	子牙河河北沧州、廊坊开发利用区	子牙河河北沧州工业用水区	G167-03-2-0074	冀	河流	工业	Ⅳ类	小王庄	72	—	杨张各
158	子牙河（含黑龙港及运东）	子牙河	子牙河天津开发利用区 1	子牙河天津农业用水区	G167-03-2-0075	津	河流	农业	Ⅳ类	十一堡新桥	31.6	—	八堡节制闸上
159	子牙河（含黑龙港及运东）	子牙河	子牙河天津开发利用区 1	子牙河天津饮用水、农业用水区	G167-03-2-0076	津	河流	饮用	Ⅲ类	大红桥	20	—	西河闸上
160	子牙河（含黑龙港及运东）	子牙河	子牙河天津开发利用区 2	子牙河天津饮用水、工业用水、景观用水区	G167-03-2-0077	津	河流	饮用	Ⅲ类	西河闸	17	—	红卫桥
161	子牙河（含黑龙港及运东）	子牙新河	子牙新河河北沧州开发利用区	子牙新河河北沧州农业用水区	G167-03-2-0078	冀	河流	农业	Ⅳ类	阎辛庄	90	—	周官屯
162	子牙河（含黑龙港及运东）	子牙新河	子牙新河天津开发利用区	子牙新河天津农业用水区	G167-03-2-0079	津	河流	农业	Ⅳ类	马棚口防潮闸	21.2	—	子牙新河主槽闸上
163	子牙河（含黑龙港及运东）	滹沱河	滹沱河山西忻州、阳泉开发利用区	滹沱河山西繁峙饮用水、农业用水区	G167-03-2-0080	晋	河流	饮用	Ⅱ类	下茹越	52.5	—	下茹越水库
164	子牙河（含黑龙港及运东）	滹沱河	滹沱河山西忻州、阳泉开发利用区	滹沱河山西代县农业用水区	G167-03-2-0081	晋	河流	农业	Ⅳ类	代县桥	57	—	西留属
165	子牙河（含黑龙港及运东）	滹沱河	滹沱河山西忻州、阳泉开发利用区	滹沱河山西原平忻定工业、农业用水区	G167-03-2-0082	晋	河流	工业	Ⅳ类	南庄	146.5	—	界河铺
166	子牙河（含黑龙港及运东）	滹沱河	滹沱河山西忻州、阳泉开发利用区	滹沱河山西阳泉饮用水水源区	G167-03-2-0083	晋	河流	饮用	Ⅲ类	闫家庄大桥	45	—	鳌头
167	子牙河（含黑龙港及运东）	滹沱河	滹沱河河北石家庄开发利用区	滹沱河河北石家庄饮用水水源区	G167-03-2-0084	冀	河流	饮用	Ⅱ类	黄壁庄水库出口	10	—	王母桥

序号	水系	河流/湖库	一级水功能区名称	二级水功能区名称	重要水功能区索引码	评价行政区	水体类型	水功能区类型	水质目标	“十四五”监控断面名称	长度/km	面积/km^2	原监测断面名称
168	子牙河（含黑龙港及运东）	滹沱河	滹沱河河北石家庄、衡水、沧州开发利用区	滹沱河河北石家庄农业用水区	G167-03-2-0085	冀	河流	农业	Ⅳ类	枣营	107	—	大兴村北
169	子牙河（含黑龙港及运东）	滹沱河	滹沱河河北石家庄、衡水、沧州开发利用区	滹沱河河北衡水农业用水区	G167-03-2-0086	冀	河流	农业	Ⅳ类	临河富庄桥	64	—	豆店
170	子牙河（含黑龙港及运东）	滹沱河	滹沱河河北石家庄、衡水、沧州开发利用区	滹沱河河北沧州农业用水区	G167-03-2-0087	冀	河流	农业	Ⅳ类	临河富庄桥	19	—	大八里庄
171	子牙河（含黑龙港及运东）	滏阳河	滏阳河河北邯郸开发利用区 1	滏阳河河北邯郸饮用水水源区 1	G167-03-2-0088	冀	河流	饮用	Ⅲ类	东武仕出口	13.5	—	南留旺
172	子牙河（含黑龙港及运东）	滏阳河	滏阳河河北邯郸开发利用区 2	滏阳河河北邯郸饮用水水源区 2	G167-03-2-0089	冀	湖库	饮用	Ⅲ类	东武仕出口	—	18	东武仕水库（坝上）
173	子牙河（含黑龙港及运东）	滏阳河	滏阳河河北邯郸、邢台、衡水开发利用区	滏阳河河北邯郸农业用水区	G167-03-2-0090	冀	河流	农业	Ⅴ类	曲周	115	—	莲花口
174	子牙河（含黑龙港及运东）	滏阳河	滏阳河河北邯郸、邢台、衡水开发利用区	滏阳河河北邢台农业用水区	G167-03-2-0091	冀	河流	农业	Ⅳ类	艾辛庄	214	—	郜宋
175	子牙河（含黑龙港及运东）	滏阳河	滏阳河河北邯郸、邢台、衡水开发利用区	滏阳河河北衡水农业用水区 1	G167-03-2-0092	冀	河流	农业	Ⅳ类	小范桥	26	—	零藏口
176	子牙河（含黑龙港及运东）	滏阳河	滏阳河河北衡水开发利用区	滏阳河河北衡水景观娱乐用水区	G167-03-2-0093	冀	河流	景观	Ⅳ类	小范桥	10	—	南外环桥
177	子牙河（含黑龙港及运东）	滏阳河	滏阳河河北衡水、沧州开发利用区	滏阳河河北衡水农业用水区 2	G167-03-2-0094	冀	河流	农业	Ⅳ类	小范桥	47	—	庞疃
178	子牙河（含黑龙港及运东）	滏阳河	滏阳河河北衡水、沧州开发利用区	滏阳河河北沧州农业用水区	G167-03-2-0095	冀	河流	农业	Ⅳ类	西贾庄桥	20	—	西贾庄桥

序号	水系	河流/湖库	一级水功能区名称	二级水功能区名称	重要水功能区索引码	评价行政区	水体类型	水功能区类型	水质目标	“十四五”监控断面名称	长度/km	面积/km^2	原监测断面名称
179	子牙河（含黑龙港及运东）	滏阳新河	滏阳新河河北邢台、衡水、沧州开发利用区	滏阳新河河北邢台农业用水区	G167-03-2-0096	冀	河流	农业	Ⅳ类	艾辛庄	22	—	车张砖
180	子牙河（含黑龙港及运东）	滏阳新河	滏阳新河河北邢台、衡水、沧州开发利用区	滏阳新河河北衡水农业用水区	G167-03-2-0097	冀	河流	农业	Ⅳ类	阎辛庄	83	—	后庄村
181	子牙河（含黑龙港及运东）	滏阳新河	滏阳新河河北邢台、衡水、沧州开发利用区	滏阳新河河北沧州农业用水区	G167-03-2-0098	冀	河流	农业	Ⅳ类	阎辛庄	20	—	东贾庄桥
182	子牙河（含黑龙港及运东）	衡水湖	千顷洼河北衡水开发利用区	千顷洼河北衡水饮用水水源区	G167-03-2-0099	冀	湖库	饮用	Ⅲ类	衡水湖大湖心	—	75	湖内
183	子牙河（含黑龙港及运东）	北排水河	北排水河河北沧州开发利用区	北排水河河北沧州工业用水区	G167-03-2-0100	冀	河流	工业	Ⅳ类	永红桥	76	—	冯官屯
184	子牙河（含黑龙港及运东）	北排水河	北排水河天津开发利用区	北排水河天津农业用水区	G167-03-2-0101	津	河流	农业	Ⅳ类	北排水河防潮闸	20	—	北排河防潮闸上
185	子牙河（含黑龙港及运东）	沧浪渠	沧浪渠河北沧州开发利用区	沧浪渠河北沧州农业用水区	G167-03-2-0102	冀	河流	农业	Ⅴ类	杨官庄自动站	60	—	鞠官屯、小元、赵官屯
186	子牙河（含黑龙港及运东）	沧浪渠	沧浪渠天津开发利用区	沧浪渠天津农业用水区	G167-03-2-0103	津	河流	农业	Ⅳ类	沧浪渠出境	25.4	—	沧浪渠防潮闸上
187	子牙河（含黑龙港及运东）	滏东排河	滏东排河河北邢台开发利用区	滏东排河河北邢台过渡区	G167-03-2-0104	冀	河流	过渡	Ⅲ类	城后桥	6.6	—	北陈海、孙家口
188	子牙河（含黑龙港及运东）	滏东排河	滏东排河河北邢台、衡水、沧州开发利用区	滏东排河河北邢台饮用水水源区	G167-03-2-0105	冀	河流	饮用	Ⅲ类	城后桥	18	—	徐十户
189	子牙河（含黑龙港及运东）	滏东排河	滏东排河河北邢台、衡水、沧州开发利用区	滏东排河河北衡水饮用水水源区	G167-03-2-0106	冀	河流	饮用	Ⅲ类	田村闸	67	—	冯庄

序号	水系	河流/湖库	一级水功能区名称	二级水功能区名称	重要水功能区索引码	评价行政区	水体类型	水功能区类型	水质目标	“十四五”监控断面名称	长度/km	面积/km^2	原监测断面名称
190	子牙河（含黑龙港及运东）	滏东排河	滏东排河河北邢台、衡水、沧州开发利用区	滏东排河河北沧州饮用水水源区	G167-03-2-0107	冀	河流	饮用	III类	田村闸	22	—	杨庄闸
191	子牙河（含黑龙港及运东）	清凉江	清凉江河北邢台开发利用区	清凉江河北邢台过渡区	G167-03-2-0108	冀	河流	过渡	III类	郎吕坡	22	—	郎吕坡
192	漳卫河	清漳河	清漳河山西左权开发利用区	清漳河山西左权农业用水区	G167-03-2-0109	晋	河流	农业	III类	下交漳	3	—	下交漳
193	漳卫河	清漳河	清漳河河北邯郸开发利用区	清漳河河北邯郸饮用水水源区	G167-03-2-0110	冀	河流	饮用	III类	西达	45	—	匡门口
194	漳卫河	浊漳河	浊漳河山西黎城开发利用区	浊漳河山西黎城工业用水区	G167-03-2-0111	晋	河流	工业	III类	王家庄	50.3	—	辛安桥
195	漳卫河	漳河	漳河河北邯郸开发利用区	漳河河北邯郸农业用水区	G167-03-2-0112	冀	河流	农业	IV类	蔡小庄	114	—	蔡小庄
196	漳卫河	卫河	卫河河南开发利用区	卫河河南新乡市农业用水区	G167-03-2-0113	豫	河流	农业	IV类	饮马口	12.1	—	西孟入口
197	漳卫河	卫河	卫河河南开发利用区	卫河河南新乡市景观娱乐用水区	G167-03-2-0114	豫	河流	景观	IV类	饮马口	5	—	饮马口
198	漳卫河	卫河	卫河河南开发利用区	卫河河南新乡市排污控制区	G167-03-2-0115	豫	河流	排污	无类	卫河小河口	11.6	—	107 公路桥
199	漳卫河	卫河	卫河河南开发利用区	卫河河南卫辉市排污控制区	G167-03-2-0116	豫	河流	排污	无类	卫河小河口	17	—	卫辉市倪湾乡洪庄
200	漳卫河	卫河	卫河河南开发利用区	卫河河南卫辉市农业用水区	G167-03-2-0117	豫	河流	农业	V类	卫河小河口	25	—	淇门水文站
201	漳卫河	卫河	卫河河南开发利用区	卫河河南浚县农业用水区 1	G167-03-2-0118	豫	河流	农业	V类	五陵	29.5	—	浚/滑县界（烧酒营）
202	漳卫河	卫河	卫河河南开发利用区	卫河河南滑县排污控制区	G167-03-2-0119	豫	河流	排污	无类	五陵	6	—	滑/浚县界（东方红桥）

序号	水系	河流/湖库	一级水功能区名称	二级水功能区名称	重要水功能区索引码	评价行政区	水体类型	水功能区类型	水质目标	“十四五”监控断面名称	长度/km	面积/km^2	原监测断面名称
203	漳卫河	卫河	卫河河南开发利用区	卫河河南浚县农业用水区 2	G167-03-2-0120	豫	河流	农业	V类	五陵	11	—	浚县城关南环公路桥
204	漳卫河	卫河	卫河河南开发利用区	卫河河南浚县排污控制区	G167-03-2-0121	豫	河流	排污	无类	五陵	4.8	—	备战桥
205	漳卫河	卫河	卫河河南开发利用区	卫河河南浚县农业用水区 3	G167-03-2-0122	豫	河流	农业	V类	五陵	19	—	汤阴县五陵水文站
206	漳卫河	卫河	卫河河南开发利用区	卫河河南内黄县农业用水区	G167-03-2-0123	豫	河流	农业	V类	南乐元村集	50	—	内黄县楚旺
207	漳卫河	卫河	卫河河南开发利用区	卫河河南濮阳市农业用水区	G167-03-2-0124	豫	河流	农业	V类	南乐元村集	19	—	元村水文站（元村集）
208	漳卫河	卫河	卫河河北邯郸开发利用区	卫河河北邯郸农业用水区	G167-03-2-0125	冀	河流	农业	Ⅳ类	秤勾湾	42	—	馆陶
209	漳卫河	共产主义渠	共渠新乡市鹤壁市开发利用区	共渠河南新乡市排污控制区	G167-03-2-0126	豫	河流	排污	V类	卫辉下马营	21	—	六店村 107 国道公路桥上
210	漳卫河	共产主义渠	共渠新乡市鹤壁市开发利用区	共渠河南新乡、鹤壁农业用水区	G167-03-2-0127	豫	河流	农业	V类	卫辉下马营	79	—	浚县刘庄水文站
211	大清河（含海河干流）	海河	海河天津开发利用区 1	海河天津饮用水、工业用水、景观用水区	G167-03-2-0128	津	河流	饮用	Ⅲ类	海津大桥	33.5	—	三岔口
212	大清河（含海河干流）	海河	海河天津开发利用区 2	海河天津过渡区	G167-03-2-0129	津	河流	过渡	V类	海河大闸	38.5	—	海河闸
213	徒骇马颊河	徒骇河	徒骇河山东开发利用区	徒骇河山东莘县农业用水区	G167-03-2-0130	鲁	河流	农业	V类	聊城水文站	10.6	—	滑营闸
214	徒骇马颊河	徒骇河	徒骇河山东开发利用区	徒骇河山东莘县过渡区	G167-03-2-0131	鲁	河流	过渡	Ⅳ类	聊城水文站	8.1	—	杨庄闸
215	徒骇马颊河	徒骇河	徒骇河山东开发利用区	徒骇河山东莘县景观娱乐用水区	G167-03-2-0132	鲁	河流	景观	Ⅳ类	聊城水文站	6.6	—	刘马庄

序号	水系	河流/湖库	一级水功能区名称	二级水功能区名称	重要水功能区索引码	评价行政区	水体类型	水功能区类型	水质目标	“十四五”监控断面名称	长度/km	面积/km^2	原监测断面名称
216	徒骇马颊河	徒骇河	徒骇河山东开发利用区	徒骇河山东阳谷农业用水区	G167-03-2-0133	鲁	河流	农业	Ⅴ类	聊城水文站	16.8	—	王堤口闸
217	徒骇马颊河	徒骇河	徒骇河山东开发利用区	徒骇河山东东昌府过渡区 1	G167-03-2-0134	鲁	河流	过渡	Ⅳ类	聊城水文站	13.6	—	明堤
218	徒骇马颊河	徒骇河	徒骇河山东开发利用区	徒骇河山东聊城环城湖景观娱乐用水区	G167-03-2-0135	鲁	湖库	景观	Ⅳ类	东昌湖	—	4.2	东昌湖
219	徒骇马颊河	徒骇河	徒骇河山东开发利用区	徒骇河山东聊城景观娱乐用水区	G167-03-2-0136	鲁	河流	景观	Ⅳ类	聊城水文站	11.5	—	聊城
220	徒骇马颊河	徒骇河	徒骇河山东开发利用区	徒骇河山东东昌府过渡区 2	G167-03-2-0137	鲁	河流	过渡	Ⅴ类	前油坊	9.1	—	邓官屯、何庄
221	徒骇马颊河	徒骇河	徒骇河山东开发利用区	徒骇河山东茌平农业用水区	G167-03-2-0138	鲁	河流	农业	Ⅴ类	前油坊	51.7	—	南镇东、前油坊
222	徒骇马颊河	徒骇河	徒骇河山东开发利用区	徒骇河山东德州农业用水区	G167-03-2-0139	鲁	河流	农业	Ⅴ类	夏口	60	—	宫家闸、夏口大桥
223	徒骇马颊河	徒骇河	徒骇河山东开发利用区	徒骇河山东济南农业用水区	G167-03-2-0140	鲁	河流	农业	Ⅴ类	刘成桥	59.1	—	营子闸、刘成桥
224	徒骇马颊河	徒骇河	徒骇河山东开发利用区	徒骇河山东滨州工业用水区	G167-03-2-0141	鲁	河流	工业	Ⅳ类	富国	129	—	郎中河桥、堡集闸、流钟桥
225	徒骇马颊河	马颊河	马颊河濮阳市开发利用区	马颊河河南濮阳市景观娱乐用水区	G167-03-2-0142	豫	河流	景观	Ⅳ类	北外环路桥	16.5	—	清丰县马庄桥
226	徒骇马颊河	马颊河	马颊河濮阳市开发利用区	马颊河河南濮阳市农业用水区	G167-03-2-0143	豫	河流	农业	Ⅳ类	南乐水文站	44.7	—	南乐水文站
227	徒骇马颊河	马颊河	马颊河山东开发利用区	马颊河山东聊城工业用水区	G167-03-2-0144	鲁	河流	工业	Ⅳ类	董姑桥	76	—	沙王庄、务庄闸、王铺闸、薛王刘闸

序号	水系	河流/湖库	一级水功能区名称	二级水功能区名称	重要水功能区索引码	评价行政区	水体类型	水功能区类型	水质目标	"十四五"监控断面名称	长度/km	面积/km^2	原监测断面名称
228	徒骇马颊河	马颊河	马颊河山东开发利用区	马颊河山东高唐农业用水区	G167-03-2-0145	鲁	河流	农业	Ⅳ类	董姑桥	53	—	裴庄闸、李奇闸、津期店闸
229	徒骇马颊河	马颊河	马颊河山东开发利用区	马颊河山东德州饮用水水源区	G167-03-2-0146	鲁	河流	饮用	Ⅲ类	刘贵桥	164	—	李家桥、陵县前范家桥、乐陵市朱家桥、大道王闸
230	徒骇马颊河	马颊河	马颊河山东开发利用区	马颊河山东滨州农业用水区	G167-03-2-0147	鲁	河流	农业	Ⅳ类	胜利桥	45	—	筛罗坡桥

注：表中"蒙"指内蒙古自治区。

附件 5

重点河湖生态流量保障目标

附表 5-1　水利部印发的重点河湖生态流量保障目标（试行）

批次	序号	水资源分区	河湖	主要控制断面	生态基流/最低生态水位①	基本生态水量/万 m^3	敏感生态流量/（m^3/s）②	最小下泄流量/（m^3/s）③	备注
第一批	1	海河区	白洋淀	十方院	6.5 m	—	—	—	—
第一批	2	海河区	七里海	淮淀闸	1.5 m（4 月）；1.7 m（5—10 月）	—	—	—	—
第二批	3	海河区	永定河	三家店	—	全年生态水量：近期 2 300；中期 3 800；远期 7 600；远景 11 500	—	—	①中期目标为永定河综合治理与生态修复全部达到效果，基本建成绿色生态河流廊道；远期目标为实施南水北调东中线后续工程等工程措施，全面实现地下水采补平衡；远景目标为永定河生态修复步入良性循环，地下水位回升；②册田、响水堡水库目标值为下泄入河道水量扣除下游灌溉取水后的水量；三家店目标值为三家店下泄水量与小红门再生水等生态补水量之和
第二批	4	海河区	桑干河（永定河支流）	册田水库	—	全年生态水量：近期 1 300；中期 2 200；远期 4 400；远景 6 600	—	—	
第二批	5	海河区	洋河（永定河支流）	响水堡	—	全年生态水量：近期 700；中期 1 200；远期 2 400；远景 3 700	—	—	
第二批	6	海河区	滦河	滦县站	—	全年生态水量：近期 12 200；远期 24 500	—	—	①滦县全年生态水量为年实测径流量扣除岩山渠首年取水量；②远期目标为南水北调东中线后续工程得到全面实施，引滦跨流域供水任务缓解

注：①生态基流是为维护河湖等水生态系统功能不丧失，需要保留的底限流量（水量、水位、水深）过程中的最小值，单位为 m^3/s；最低生态水位是指维持湖泊基本生态功能所对应的最低水位，单位为 m。②敏感生态流量是指维系河湖生态保护对象敏感期正常生态功能所需要的流量（水量、水位、水深）及其过程。③最小下泄流量是满足河流生态基流和下游河道外基本生活生产用水需求的流量（水量、水位、水深）。

附件 6

《国务院关于海河流域综合规划（2012—2030 年）的批复》（国函〔2013〕36 号）生态需水量成果

附表 6-1　海河流域山区河流规划生态水量

序号	河系	所在河流	控制站	多年平均天然径流量/（亿 m^3/a）	规划生态水量/（亿 m^3/a）	占多年平均天然径流比例/%
1	滦河	闪电河	白城子	0.47	0.14	30
2	滦河	滦河	三道河子	6.55	1.31	20
3	北三河	沙河	水平口	2.13	0.43	20
4	北三河	白河	张家坟	5.12	0.77	15
5	北三河	潮河	戴营	2.86	0.57	20
6	永定河	二道河	兴和	0.66	0.13	20
7	永定河	桑干河	固定桥	5.32	0.80	15
8	永定河	洋河	响水堡	5.48	0.82	15
9	大清河	拒马河	紫荆关	2.41	0.72	30
10	大清河	唐河	城头会	1.14	0.34	30
11	子牙河	滹沱河	南庄	7.36	1.10	15
12	漳卫河	浊漳河	侯壁	7.90	1.23	15
13	漳卫河	清漳河	刘家庄	2.60	0.39	15
14	漳卫河	漳河	观台	16.28	1.60	10
15	漳卫河	淇河	新村	4.18	0.63	15
合计				70.46	10.98	15.6

注：表中数据来自国函〔2013〕36 号。下同。

附表 6-2　海河流域平原河流规划生态水量

单位：亿 m^3

序号	河系	河流名称	规划河段	最小生态水量	入海水量	沿海诸河入海水量
1	滦河	滦河	大黑汀水库—河口	4.21	4.21	0.32
2	滦河	陡河	陡河水库—河口	1.02	1.02	
3	北三河	蓟运河	九王庄—新防潮闸	0.95	0.85	1.30
4	北三河	潮白河	苏庄—宁车沽	1.38	0.70	
5	北三河	北运河	通县—子北汇流口	1.53	1.00	
6	永定河	永定河	卢沟桥—屈家店	1.42	—	
7	永定河	永定新河	屈家店—河口	0.68	1.10	
8	大清河	白沟河	东茨村—新盖房	0.68	1.24	
9	大清河	南拒马河	张坊—新盖房	0.35	—	
10	大清河	潴龙河	北郭村—白洋淀	0.50	—	
11	大清河	唐河	西大洋—白洋淀	0.68	—	
12	大清河	独流减河	进洪闸—防潮闸	1.24	—	
13	海河	海河干流	子北汇流口—海河闸	0.60	0.60	
14	子牙河	滹沱河	黄壁庄水库—献县	1.00	—	0.21
15	子牙河	滏阳河	京广铁路桥—献县	0.73	—	
16	子牙河	子牙河	献县—第六堡	0.96	0.96	
17	漳卫河	漳河	铁路桥—徐万仓	0.32	1.60	
18	漳卫河	卫河	合河—徐万仓	3.25	—	
19	漳卫河	卫运河	徐万仓—四女寺	2.07	—	
20	漳卫河	漳卫新河	四女寺—辛集闸	1.20	—	
21	漳卫河	南运河	四女寺—第六堡	0.66	—	
22	徒骇马颊河	徒骇河	毕屯 —坝上挡水闸	1.90	1.90	
23	徒骇马颊河	马颊河	沙王庄—大道王闸	0.82	0.82	
24	徒骇马颊河	德惠新河	王凤楼闸—白鹤观闸	0.36	0.36	
合计				28.51	16.36	1.83

附表 6-3　海河流域平原主要湿地规划生态水量

序号	湿地名称	生态水面/km^2	年蒸发量/亿 m^3	年降水量/亿 m^3	年渗漏量/亿 m^3	规划生态水量/亿 m^3	一次性补水量/亿 m^3
1	青甸洼	5	0.05	0.02	0.04	0.06	0.06
2	黄庄洼	95	0.84	0.44	0.61	1.01	0.93
3	七里海	85	0.85	0.39	0.62	1.08	0.74
4	大黄堡洼	95	0.84	0.44	0.61	1.01	0.93
5	白洋淀	122	1.34	0.53	0.24	1.05	1.22
6	团泊洼	60	0.6	0.31	0.3	0.6	0.55
7	北大港	177	1.95	0.76	0.97	2.16	1.78
8	永年洼	11	0.12	0.04	0.04	0.12	0.12
9	衡水湖	55	0.6	0.22	0.13	0.51	0.55
10	大浪淀	49	0.54	0.21	0.1	0.43	0.49
11	南大港	55	0.61	0.24	0.1	0.47	0.55
12	恩县洼	17	0.19	0.07	0.04	0.16	0.16
13	良相坡	10	0.12	0.04	0.03	0.11	0.15
合计		836	8.66	3.73	3.84	8.77	8.22

附件 7

海河流域污水集中处理设施名录

序号	省份	地市	区县	生产经营场所地址	污水处理厂名称	运营单位	设计处理能力/（万 t/d）	年实际处理水量/万 t	排污许可证载明应当执行的排放标准	是否为城镇污水集中处理设施
1	北京市		昌平区	沙河镇于辛庄村东南	北京北控昌沙污水净化有限公司（沙河再生水厂二期）	北京北控昌沙污水净化有限公司	6	1 862.73	《城镇污水处理厂水污染物排放标准》（DB11/ 890—2012）	是
2	北京市		怀柔区	庙城镇庙城村 302 号	怀柔区污水处理厂	北京北排京怀水务有限公司（怀柔区污水处理厂）	13	2 657.62	《城镇污水处理厂水污染物排放标准》（DB11/ 890—2012）	是
3	北京市		朝阳区	大屯乡辛店村甲 162 号	北小河再生水厂	北京北排水环境发展有限公司北小河再生水厂	10	3 121.94	《城镇污水处理厂水污染物排放标准》（DB11/ 890—2012）	是
4	北京市		朝阳区	东风乡将台洼 52 号	北京北排水环境发展有限公司酒仙桥再生水厂	北京北排水环境发展有限公司酒仙桥再生水厂	20	7 847.08	《城镇污水处理厂水污染物排放标准》（DB11/ 890—2012）	是
5	北京市		丰台区	新村街道杨树庄 196 号 08 幢	北京北排水环境发展有限公司卢沟桥再生水厂	北京北排水环境发展有限公司卢沟桥再生水厂	10	3 621.54	《城镇污水处理厂水污染物排放标准》（DB11/ 890—2012）	是

序号	省份	地市	区县	生产经营场所地址	污水处理厂名称	运营单位	设计处理能力/（万 t/d）	年实际处理水量/万 t	排污许可证载明应当执行的排放标准	是否为城镇污水集中处理设施
6	北京市		海淀区	东升乡马房村村北	清河再生水厂	北京北排水环境发展有限公司清河再生水厂	55	17 858.26	《城镇污水处理厂水污染物排放标准》（DB11/ 890—2012）	是
7	北京市		丰台区	卢沟桥乡大屯村（建工二建砼搅拌站北侧）	北京北排水环境发展有限公司吴家村再生水厂	北京北排水环境发展有限公司吴家村再生水厂	8	2 879.16	《城镇污水处理厂水污染物排放标准》（DB11/ 890—2012）	是
8	北京市		朝阳区	小红门乡肖村南四环东路 86 号	北京北排水环境发展有限公司小红门再生水厂	北京北排水环境发展有限公司小红门再生水厂	60	19 280.99	《城镇污水处理厂水污染物排放标准》（DB11/ 890—2012）	是
9	北京市		北京经济技术开发区	科创十七街经惠西路 28 号院	北京碧水源博大水务科技有限公司（东区污水处理厂三期、四期）	北京碧水源博大水务科技有限公司	5	1 752.69	《城镇污水处理厂水污染物排放标准》（DB11/ 890—2012）	是
10	北京市		门头沟区	永定镇卧龙岗桥北	北京碧水源环境科技有限公司（门头沟区第二再生水厂）	北京碧水源环境科技有限公司	8	1 532.14	《城镇污水处理厂水污染物排放标准》（DB11/ 890—2012）	是
11	北京市		朝阳区	黑庄户乡定辛庄东村村委会向东 100 m	北京城市排水集团有限责任公司定福庄再生水厂	北京城市排水集团有限责任公司定福庄再生水厂	30	10 643.69	《城镇污水处理厂水污染物排放标准》（DB11/ 890—2012）	是
12	北京市		朝阳区	金盏乡高安屯北街	北京城市排水集团有限责任公司高安屯再生水厂	北京城市排水集团有限责任公司高安屯再生水厂	20	6 112.06	《城镇污水处理厂水污染物排放标准》（DB11/ 890—2012）	是
13	北京市		朝阳区	高碑店乡小郊亭村 1 号	北京城市排水集团有限责任公司高碑店污水处理厂	北京城市排水集团有限责任公司高碑店污水处理厂	100	32 655.54	《城镇污水处理厂水污染物排放标准》（DB11/ 890—2012）	是
14	北京市		丰台区	南苑乡南环铁路以南通久路以北马家堡西路以东槐房路以西	北京城市排水集团有限责任公司槐房再生水厂	北京城市排水集团有限责任公司槐房再生水厂	60	15 471.84	《城镇污水处理厂水污染物排放标准》（DB11/ 890—2012）	是

序号	省份	地市	区县	生产经营场所地址	污水处理厂名称	运营单位	设计处理能力/（万 t/d）	年实际处理水量/万 t	排污许可证载明应当执行的排放标准	是否为城镇污水集中处理设施
15	北京市		朝阳区	孙河乡沈家坟村	北京城市排水集团有限责任公司清河第二再生水厂	北京城市排水集团有限责任公司清河第二再生水厂	50	10 734.99	《城镇污水处理厂水污染物排放标准》（DB11/ 890—2012）	是
16	北京市		丰台区	新村街道看丹乡杨树庄 196 号	北京城市排水集团有限责任公司威嘉污水处理厂	北京城市排水集团有限责任公司威嘉污水处理厂	10	3 719.64	《北京市卢沟桥污水处理厂特许服务协议》	是
17	北京市		海淀区	上庄镇西马坊路南侧	稻香湖再生水厂	北京稻香水质净化有限公司稻香湖再生水厂	8	2 494.24	《城镇污水处理厂水污染物排放标准》（DB11/ 890—2012）	是
18	北京市		密云区	河南寨镇云蒙大桥	密云新城再生水厂	北京格润美云环境治理有限公司密云新城再生水厂	6.5	463.17	《城镇污水处理厂水污染物排放标准》（DB11/ 890—2012）	是
19	北京市		北京经济技术开发区	西环南路 3 号	北京金源经开污水处理有限责任公司	北京金源经开污水处理有限责任公司	6	2 161.09	《城镇污水处理厂水污染物排放标准》（DB11/ 890—2012）	是
20	北京市		顺义区	李桥镇半壁店村李天路北 50 m	顺义区污水处理厂	北京京禹顺环保有限公司顺义区污水处理厂	18	3 820.00	《城镇污水处理厂水污染物排放标准》（DB11/ 890—2012）	是
21	北京市		丰台区	王佐镇南岗洼村	北京久安建设投资集团有限公司（河西再生水厂）	北京久安建设投资集团有限公司（河西再生水厂）	5	1 753.49	《城镇污水处理厂水污染物排放标准》（DB11/ 890—2012）	是
22	北京市		延庆区	延庆镇西屯村西 500 m	城西再生水厂	北京龙庆首创水务有限责任公司城西再生水厂	6	1 373.81	《城镇污水处理厂水污染物排放标准》（DB11/ 890—2012）	是
23	北京市		平谷区	平谷镇赵各庄村西南 1 号	平谷洳河污水处理厂	北京洳河污水处理有限公司	8	2 420.00	《城镇污水处理厂水污染物排放标准》（DB11/ 890—2012）	是
24	北京市		昌平区	北七家镇未来科技城南侧	北京市昌平区水务局未来科技城再生水处理中心	北京市昌平区水务局未来科技城再生水处理中心	8	2 518.40	《城镇污水处理厂水污染物排放标准》（DB11/ 890—2012）	是

序号	省份	地市	区县	生产经营场所地址	污水处理厂名称	运营单位	设计处理能力/（万 t/d）	年实际处理水量/万 t	排污许可证载明应当执行的排放标准	是否为城镇污水集中处理设施
25	北京市		昌平区	南邵镇京密引水渠南 100 m	北京市昌平污水处理中心	北京市昌平污水处理中心	5.4	1 200.00	《城镇污水处理厂水污染物排放标准》（DB11/ 890—2012）	是
26	北京市		顺义区	首都机场 T3 航站楼东 1 000 m 东航空净化站	首都机场东航空净化站	北京首都机场动力能源有限公司东航空净化站	8	297.00	《城镇污水处理厂水污染物排放标准》（DB11/ 890—2012）	是
27	北京市		海淀区	马连洼街道树村西路 27 号	北京肖家河污水处理有限公司	北京肖家河污水处理有限公司	8	1 393.40	《城镇污水处理厂水污染物排放标准》（DB11/ 890—2012）	是
28	北京市		通州区	梨园镇砖厂村	北京碧水再生水厂	北京信通碧水再生水有限公司	18	6 570.00	《城镇污水处理厂水污染物排放标准》（DB11/ 890—2012）	是
29	北京市		大兴区	礼贤镇西梁各庄村村北 500 m	新航城西区再生水厂	北京新航城水务有限公司	5	—	《城镇污水处理厂水污染物排放标准》（DB11/ 890—2012）	是
30	北京市		大兴区	黄村镇刘村北	北京市大兴区黄村再生水厂	北京兴水水务有限责任公司	12	4 106.93	《城镇污水处理厂水污染物排放标准》（DB11/ 890—2012）	是
31	北京市		房山区	燕山杏花东路 5 号	牛口峪污水处理厂	北京燕山威立雅水务有限责任公司（牛口峪）	8.4	2 685.03	《水污染物综合排放标准》（DB11/ 307—2013）、《石油化学工业污染物排放标准》（GB 31571—2015）	否
32	北京市		北京经济技术开发区	经惠西路 28 号院	北京亦庄水务有限公司（东区污水处理厂一期、二期、提级改造工程）	北京亦庄水务有限公司	5	1 868.87	《城镇污水处理厂水污染物排放标准》（DB11/ 890—2012）	是
33	北京市		房山区	良乡镇南刘庄村	良乡污水处理厂（一期、二期）	北京中设水处理有限公司	8	3 308.98	《城镇污水处理厂水污染物排放标准》（DB11/ 890—2012）	是
34	北京市		大兴区	北臧村镇魏永路 8 号	光大水务（北京）有限公司	光大水务（北京）有限公司	8	2 512.41	《城镇污水处理厂水污染物排放标准》（DB11/ 890—2012）	是
35	北京市		昌平区	小汤山镇后蔺沟村北（小东流村西）	中节能燕龙（北京）水务有限公司（北京市昌平区小汤山镇再生水厂）	中节能燕龙（北京）水务有限公司（北京市昌平区小汤山镇再生水厂）	7	604.26	《城镇污水处理厂水污染物排放标准》（DB11/ 890—2012）	是

序号	省份	地市	区县	生产经营场所地址	污水处理厂名称	运营单位	设计处理能力/（万 t/d）	年实际处理水量/万 t	排污许可证载明应当执行的排放标准	是否为城镇污水集中处理设施
36	天津市		滨海新区	裕川微生物制品有限公司以北、新裕道以南、新河东干渠以东、塘汉路以西	北塘污水处理厂	天津滨海新区环塘污水处理有限公司	15	4 886.00	《城镇污水处理厂污染物排放标准》（DB12/ 599—2015）	是
37	天津市		滨海新区	空港经济区东八道18 号	天津空港经济区污水处理厂	天津空港经济区水务有限公司	5	1 715.00	《城镇污水处理厂污染物排放标准》（DB12/ 599—2015）	是
38	天津市		滨海新区	中新生态城中生大道与静湖西路交口	天津生态城水处理中心	天津生态城水务投资建设有限公司、天津创业环保集团股份有限公司	10	3 024.71	《城镇污水处理厂污染物排放标准》（DB12/ 599—2015）	是
39	天津市		滨海新区	塘沽营口道 931 号泛华国际大厦 26 层 F 室	天津市塘滨市政工程有限责任公司南排河污水处理厂	天津市塘滨市政工程有限责任公司南排河污水处理厂	5	782.20	《城镇污水处理厂污染物排放标准》（DB12/ 599—2015）	是
40	天津市		滨海新区	经济技术开发区南海路 188 号	天津经济技术开发区污水处理厂（东区）	天津泰达威立雅水务有限公司	10	3 617.63	《城镇污水处理厂污染物排放标准》（DB12/ 599—2015）	是
41	天津市		滨海新区	经济技术开发区西区中心庄路以东、杨北公路以南、蓟港铁路以北	天津泰达新水源科技开发有限公司（一期污水处理厂）	天津泰达新水源科技开发有限公司	5	1 098.00	《城镇污水处理厂污染物排放标准》（DB12/ 599—2015）	否
42	天津市		滨海新区	塘沽海洋科技园	中翔（天津）水业发展有限公司新河污水提标及再生水厂	中翔（天津）水业发展有限公司	12	2 102.00	《城镇污水处理厂污染物排放标准》（DB12/ 599—2015）	是
43	天津市		滨海新区	临港经济区淮河道与渤海十八路交口	天津市青沅水处理技术有限公司	天津市青沅水处理技术有限公司	10	95.00	《城镇污水处理厂污染物排放标准》（DB12/ 599—2015）	是
44	天津市		北辰区	大张庄镇大兴庄村对面	北辰区大双污水处理厂	凯发新泉（天津）污水处理有限公司	8	1 494.35	《城镇污水处理厂污染物排放标准》（DB12/ 599—2015）	是
45	天津市		北辰区	北仓镇外环北路28 km 处	北仓污水处理厂	天津创业环保集团股份有限公司北仓污水处理厂	15	4 001.28	《城镇污水处理厂污染物排放标准》（DB12/ 599—2015）	是

序号	省份	地市	区县	生产经营场所地址	污水处理厂名称	运营单位	设计处理能力/（万 t/d）	年实际处理水量/万 t	排污许可证载明应当执行的排放标准	是否为城镇污水集中处理设施
46	天津市		北辰区	科技园华丰路	天津市华博水务有限公司北辰科技园区污水处理厂应急提标改造工程	天津市华博水务有限公司北辰科技园区污水处理厂应急提标改造工程	5	1 282.85	《城镇污水处理厂污染物排放标准》（DB12/ 599—2015）	否
47	天津市		西青区	海泰北道 2 号	天津创业环保集团股份有限公司咸阳路污水处理厂	天津创业环保集团股份有限公司	15	10 502.00	《城镇污水处理厂污染物排放标准》（DB12/ 599—2015）	是
48	天津市		西青区	独流减河与陈台子排水河交口西北侧	天津创业环保集团股份有限公司咸阳路污水处理厂（新厂）	天津创业环保集团股份有限公司	45	9 339.00	《城镇污水处理厂污染物排放标准》（DB12/ 599—2015）	是
49	天津市		西青区	开发区四期用地，总排河东侧、大沽排污河北侧的石庄子村内	大寺污水处理厂	天津市赛达恒洁环保科技有限公司	6	1 865.45	《城镇污水处理厂污染物排放标准》（DB12/ 599—2015）	是
50	天津市		津南区	八里台镇大孙庄西侧	天津创业环保集团股份有限公司津沽污水处理厂	天津创业环保集团股份有限公司	65	21 551.65	《城镇污水处理厂污染物排放标准》（DB12/ 599—2015）	是
51	天津市		东丽区	航新路 629 号	天津创业环保集团股份有限公司张贵庄污水处理厂	天津创业环保集团股份有限公司	22	7 990.83	《城镇污水处理厂污染物排放标准》（DB12/ 599—2015）	是
52	天津市		东丽区	登州路 1#	天津创业环保集团股份有限公司东郊污水处理厂	天津创业环保集团股份有限公司东郊污水处理厂	40	15 059.99	《城镇污水处理厂污染物排放标准》（DB12/ 599—2015）	是
53	天津市		蓟州区	洇溜镇北六里屯西	天津市蓟州区城区污水处理厂	天津蓟源水处理有限公司	6	1 986.04	《城镇污水处理厂污染物排放标准》（DB12/ 599—2015）	是
54	天津市		武清区	开发区浩源道 91 号	武清开发区三期西区污水厂及中水厂	华电水务（天津）有限公司	5.5	1 332.19	《城镇污水处理厂污染物排放标准》（DB12/ 599—2015）	否
55	天津市		宁河区	经济开发区六经路 2 号	天津康达环保水务有限公司	天津康达环保水务有限公司	6	2 166.77	《城镇污水处理厂污染物排放标准》（DB12/ 599—2015）	是

序号	省份	地市	区县	生产经营场所地址	污水处理厂名称	运营单位	设计处理能力/（万 t/d）	年实际处理水量/万 t	排污许可证载明应当执行的排放标准	是否为城镇污水集中处理设施
56	天津市		宝坻区	津蓟铁路以东、潮阳大道以北、大套排干渠以南	宝坻区第一污水处理厂	天津市碧水源环境科技有限公司	5	1 337.05	《城镇污水处理厂污染物排放标准》（DB12/ 599—2015）	是
57	天津市		北辰区	科技工业园景云路1号	北辰科技园区污水处理厂	凯发新泉水务（天津）有限公司	5	1 355.00	《城镇污水处理厂污染物排放标准》（GB 18918—2002）	否
58	天津市		滨海新区	塘沽海洋科技园京津塘高速公路以北、黑潴河以东、塘黄路以西	天津滨海新区塘沽环科新河污水处理有限公司	中国葛洲坝集团水务运营有限公司	7	2 102.00	《城镇污水处理厂污染物排放标准》（GB 18918—2002）	是
59	天津市		滨海新区	开发区南海路188号	天津泰达新水源科技开发有限公司新水源一厂	天津泰达新水源科技开发有限公司	5	1 643.01	《污水综合排放标准》（DB12/ 356—2018）	是
60	河北省	保定市	安国市	南七公村北侧	安国市嘉诚污水处理有限公司	安国市嘉诚污水处理有限公司	5	1 039.61	《大清河流域水污染物排放标准》（DB13/ 2795—2018）、《城镇污水处理厂污染物排放标准》（GB 18918—2002）	是
61	河北省	保定市	高碑店市	汇通南街639号	高碑店市污水处理厂	河北英泰环境工程有限公司	8	2 376.77	《城镇污水处理厂污染物排放标准》（GB 18918—2002）	是
62	河北省	廊坊市	三河市	燕郊开发区西南部、潮白河大堤东侧	燕郊西5万吨污水处理厂	三河市龙源水业有限公司	5	1 336.57	《城镇污水处理厂污染物排放标准》（GB 18918—2002）	是
63	河北省	衡水市	安平县	东寨子村南	安平县污水处理厂	安平县凯悦污水处理有限公司	5	1 256.80	《城镇污水处理厂污染物排放标准》（GB 18918—2002）	是
64	河北省	廊坊市	霸州市	胜芳镇滨河东路北	中信环境水务（霸州）有限公司胜芳分公司	中信环境水务（霸州）有限公司胜芳分公司	5	1 227.32	《城镇污水处理厂污染物排放标准》（GB 18918—2002）	是
65	河北省	保定市	竞秀区	建设北路还清路69号	保定市排水总公司鲁岗污水处理厂	保定市排水总公司鲁岗污水处理厂	8	1 430.00	《城镇污水处理厂污染物排放标准》（GB 18918—2002）	是
66	河北省	保定市	莲池区	东金庄乡银定庄村	保定市溪源污水处理厂	保定市排水总公司溪源污水处理厂	16	5 597.90	《城镇污水处理厂污染物排放标准》（GB 18918—2002）	是

序号	省份	地市	区县	生产经营场所地址	污水处理厂名称	运营单位	设计处理能力/（万 t/d）	年实际处理水量/万 t	排污许可证载明应当执行的排放标准	是否为城镇污水集中处理设施
67	河北省	保定市	莲池区	东金庄乡银定庄村	保定市排水总公司银定庄污水处理厂	保定市排水总公司银定庄污水处理厂	8	2 693.97	《城镇污水处理厂污染物排放标准》（GB 18918—2002）	是
68	河北省	沧州市	渤海新区	千吨码头东 800 m	沧州渤海新区渤投污水处理有限公司	沧州渤海新区渤投污水处理有限公司	10	1 670.00	《城镇污水处理厂污染物排放标准》（GB 18918—2002）	否
69	河北省	沧州市	渤海新区	临港化工园区中捷农场十五队	沧州绿源水处理有限公司临港污水处理厂	沧州绿源水处理有限公司临港污水处理厂	5	1 519.87	《城镇污水处理厂污染物排放标准》（GB 18918—2002）	否
70	河北省	沧州市	运河区	迎宾大道与北外环交叉路口西 200 m 路南	运西污水处理厂	沧州市供水排水集团有限公司	12	2 114.48	《城镇污水处理厂污染物排放标准》（GB 18918—2002）	是
71	河北省	唐山市	曹妃甸区	唐海镇阴阳村东	曹妃甸城区污水处理厂	唐山城市排水有限公司曹妃甸区运营分公司	5	1 128.41	《城镇污水处理厂污染物排放标准》（GB 18918—2002）	是
72	河北省	邯郸市	成安县	商城工业区经四路中段西	成安县商城污水处理厂	成安县商城污水处理厂	5	433.79	《城镇污水处理厂污染物排放标准》（GB 18918—2002）	是
73	河北省	承德市	承德县	下板城镇路通沟村	承德清承水务有限公司	承德清承水务有限公司	5	830.00	《城镇污水处理厂污染物排放标准》（GB 18918—2002）	是
74	河北省	承德市	双滦区	双塔山白庙子村	承德清泉水务有限公司	承德清泉水务有限公司	5	1 477.00	《城镇污水处理厂污染物排放标准》（GB 18918—2002）	是
75	河北省	承德市	平泉市	红山咀村	承德清泽水务有限公司平泉污水处理分公司	承德清泽水务有限公司	5	1 064.57	《城镇污水处理厂污染物排放标准》（GB 18918—2002）	是
76	河北省	承德市	双桥区	大石庙镇太平庄东	承德市城市污水处理有限责任公司	承德市城市污水处理有限责任公司	15	4 343.77	《城镇污水处理厂污染物排放标准》（GB 18918—2002）	是
77	河北省	张家口市	宣化区	幸福街 57 号	葛洲坝水务（张家口）有限公司	葛洲坝水务（张家口）有限公司	12	4 194.00	《城镇污水处理厂污染物排放标准》（GB 18918—2002）	是
78	河北省	廊坊市	固安县	工业园南区四海路最南端路西	固安绿源城区污水处理有限公司	固安绿源城区污水处理有限公司	6.6	1 686.00	《城镇污水处理厂污染物排放标准》（GB 18918—2002）	是
79	河北省	廊坊市	固安县	新兴产业示范区东南	固安绿源城区污水处理有限公司（固安县第二污水处理厂）	固安绿源城区污水处理有限公司(固安县第二污水处理厂）	6	563.20	《大清河流域水污染物排放标准》（DB13/ 2795—2018）、《城镇污水处理厂污染物排放标准》（GB 18918—2002）	是

序号	省份	地市	区县	生产经营场所地址	污水处理厂名称	运营单位	设计处理能力/（万 t/d）	年实际处理水量/万 t	排污许可证载明应当执行的排放标准	是否为城镇污水集中处理设施
80	河北省	秦皇岛市	海港区	龙港路 10 号	秦皇岛市第四污水处理厂	国中（秦皇岛）污水处理有限公司	12	4 428.41	《城镇污水处理厂污染物排放标准》（GB 18918—2002）	是
81	河北省	邯郸市	复兴区	彭家寨乡北环路西段	邯郸市市政排水有限责任公司（西污水处理厂）	邯郸市市政排水有限责任公司（西污水处理厂）	10	4 154.10	《城镇污水处理厂污染物排放标准》（GB 18918—2002）	是
82	河北省	邯郸市	丛台区	东环路中段东	邯郸市市政有限责任公司东污水处理厂	邯郸市市政排水有限责任公司东污水处理厂	6	1 552.95	《城镇污水处理厂污染物排放标准》（GB 18918—2002）	是
83	河北省	邯郸市	永年县	临洺关镇建安街南阳光路东	邯郸市永年区城区污水处理厂	邯郸市永年区城区污水处理厂	7	1 255.42	《城镇污水处理厂污染物排放标准》（GB 18918—2002）	是
84	河北省	邯郸市	丛台区	东环北路 127 号	邯郸通用污水处理有限责任公司	邯郸通用污水处理有限责任公司	10	3 698.80	《城镇污水处理厂污染物排放标准》（GB 18918—2002）	是
85	河北省	石家庄市	正定县	诸福屯镇固营村村东	正定新区污水处理厂（一期）	河北正定京源环境科技有限公司	10	2 436.38	《城镇污水处理厂污染物排放标准》（GB 18918—2002）	是
86	河北省	石家庄市	循环化工园区	丘头镇丽阳村北汪洋沟北侧	石家庄良村南污水处理厂	河北中科威德环境工程有限公司石家庄循环化工园区分公司	5	964.62	《城镇污水处理厂污染物排放标准》（GB 18918—2002）	是
87	河北省	衡水市	高新技术产业开发区	大麻森乡魏村	衡水市振华污水处理有限公司	衡水市振华污水处理有限公司	10	3 029.29	《城镇污水处理厂污染物排放标准》（GB 18918—2002）	是
88	河北省	石家庄市	晋州市	市区东北部石黄高速公路北侧、东环路西侧，龙头村东北 650 m 处	晋州市城市污水处理厂	晋州市城市污水处理厂	6	731.91	《城镇污水处理厂污染物排放标准》（GB 18918—2002）	是
89	河北省	石家庄市	晋州市	槐树镇龙头村	晋州市第二城市污水处理厂	晋州市第二城市污水处理厂	6	1 386.09	《城镇污水处理厂污染物排放标准》（GB 18918—2002）	是
90	河北省	廊坊市	安次区	龙河高新技术产业区富饶道 103 号	廊坊凯发新泉水务有限公司	廊坊凯发新泉水务有限公司	14	4 136.00	《城镇污水处理厂水污染物排放标准》（DB11/ 890—2012）	是
91	河北省	廊坊市	广阳区	北旺乡彭庄村东	铁路北污水处理厂	廊坊市云新环境治理有限公司	5	1 303.63	《城镇污水处理厂水污染物排放标准》（DB11/ 890—2012）	是

序号	省份	地市	区县	生产经营场所地址	污水处理厂名称	运营单位	设计处理能力/(万 t/d)	年实际处理水量/万 t	排污许可证载明应当执行的排放标准	是否为城镇污水集中处理设施
92	河北省	保定市	蠡县	城内（工业园区）	蠡县污水处理有限公司	河北星源环境科技有限公司	6	2 091.95	《城镇污水处理厂污染物排放标准》（GB 18918—2002）	是
93	河北省	保定市	高阳县	高任路北侧杨家屯村北	联合环境水务（高阳）有限公司	联合环境水务（高阳）有限公司	26	5 248.12	《城镇污水处理厂污染物排放标准》（GB 18918—2002）	是
94	河北省	承德市	滦平县	张百湾镇下南湾村	滦平德龙污水处理有限责任公司	滦平德龙污水处理有限责任公司	6	1 496.50	《城镇污水处理厂污染物排放标准》（GB 18918—2002）	是
95	河北省	唐山市	滦州市	古马镇包麻子村南侧	滦州市污水处理厂	滦州市中环嘉诚污水处理有限公司	6	1 200.35	《城镇污水处理厂污染物排放标准》（GB 18918—2002）	是
96	河北省	唐山市	迁安市	三李庄村东南	迁安市华控环境投资有限责任公司	迁安市华控环境投资有限责任公司	8	2 777.41	《城镇污水处理厂污染物排放标准》（GB 18918—2002）	是
97	河北省	秦皇岛市	昌黎县	龙家店镇垂柳庄村北	贾河污水处理厂	秦皇岛碧水源环境科技有限公司贾河污水处理厂	7	1 444.00	《城镇污水处理厂污染物排放标准》（GB 18918—2002）	否
98	河北省	秦皇岛市	昌黎县	葛条港乡歇马台村南侧，饮马河以南	中心城区污水处理厂	秦皇岛碧水源再生水有限公司	6	963.92	《城镇污水处理厂污染物排放标准》（GB 18918—2002）	是
99	河北省	秦皇岛市	北戴河新区	西河南村西南（后朱建坨村北侧）	秦皇岛秦南水务有限公司	秦皇岛排水有限责任公司第二污水处理厂	10	2 721.69	《城镇污水处理厂污染物排放标准》（GB 18918—2002）	是
100	河北省	秦皇岛市	经济技术开发区	开发区兴凯湖路 5 号支 5 号	北控（秦皇岛）水务有限责任公司第三污水处理厂	北控（秦皇岛）水务有限责任公司第三污水处理厂	12	3 163.82	《城镇污水处理厂污染物排放标准》（GB 18918—2002）	是
101	河北省	秦皇岛市	海港区	建设大街 5 号	秦皇岛市第一污水处理厂	秦皇岛市第一污水处理厂	8	1 017.78	《城镇污水处理厂污染物排放标准》（GB 18918—2002）	是
102	河北省	秦皇岛市	抚宁区	留守营镇 205 国道北侧	秦皇岛市抚宁区中冶水务有限公司	秦皇岛市抚宁区中冶水务有限公司	5	1 599.01	《城镇污水处理厂污染物排放标准》（GB 18918—2002）	是
103	河北省	保定市	清苑区	清苑镇北大冉村	清苑县祥太水务有限责任公司	天津润田环境科技有限公司（临时接管）	6	1 388.53	《城镇污水处理厂污染物排放标准》（GB 18918—2002）	是
104	河北省	邯郸市	邱县	新马头镇经济开发区发展大道中段西侧	邱县污水处理厂	邱县污水处理厂	5	689.40	《城镇污水处理厂污染物排放标准》（GB 18918—2002）	否
105	河北省	沧州市	任丘市	北环路东北角	任丘市城东污水处理厂	任丘中持环境发展有限公司	5	1 658.00	《城镇污水处理厂污染物排放标准》（GB 18918—2002）	是

序号	省份	地市	区县	生产经营场所地址	污水处理厂名称	运营单位	设计处理能力/（万 t/d）	年实际处理水量/万 t	排污许可证载明应当执行的排放标准	是否为城镇污水集中处理设施
106	河北省	廊坊市	三河市	燕郊高新区京秦铁路南侧，东柳河屯村东侧	燕郊南 5 万吨污水处理厂	三河市金桥污水处理有限公司	5	1 999.81	《城镇污水处理厂污染物排放标准》（GB 18918—2002）	是
107	河北省	邢台市	沙河市	桥东办事处大杜村村东北	沙河市新环污水处理厂	沙河市嘉诚环境工程有限公司	5	1 783.51	《城镇污水处理厂污染物排放标准》（GB 18918—2002）	否
108	河北省	邢台市	沙河市	田村西北	沙河市污水处理厂	沙河市嘉诚环境工程有限公司	5	1 811.00	《城镇污水处理厂污染物排放标准》（GB 18918—2002）	是
109	河北省	衡水市	深州市	城关支渠南侧，黄河东路以北，顺达大街以西	深州嘉诚水质净化有限公司	深州嘉诚水质净化有限公司	5	1 051.00	《城镇污水处理厂污染物排放标准》（GB 18918—2002）	是
110	河北省	石家庄市	高新技术产业开发区	泰山街 6 号	石家庄高新技术产业开发区污水处理厂	石家庄高新技术产业开发区污水处理厂	10	2 622.80	《城镇污水处理厂污染物排放标准》（GB 18918—2002）	是
111	河北省	石家庄市	经济技术开发区	丰产路 28 号	石家庄经济技术开发区污水处理厂	石家庄经济技术开发区污水处理厂	10	2 287.40	《城镇污水处理厂污染物排放标准》（GB 18918—2002）	是
112	河北省	石家庄市	藁城区	振兴北街 15 号	石家庄市藁城区振兴污水处理厂	石家庄市藁城区振兴污水处理厂	10	10.00	《城镇污水处理厂污染物排放标准》（GB 18918—2002）	是
113	河北省	石家庄市	栾城区	西南外环前彪冢村南	石家庄市栾城区污水处理厂	石家庄市栾城区污水处理厂	6	972.74	《城镇污水处理厂污染物排放标准》（GB 18918—2002）	是
114	河北省	石家庄市	栾城区	楼底镇楼底村西南	石家庄市桥东污水治理工程筹建处	石家庄市桥东污水治理工程筹建处	60	19 671.71	《城镇污水处理厂污染物排放标准》（GB 18918—2002）	是
115	河北省	石家庄市	桥西区	汇明路 8 号	石家庄市桥西污水处理厂	石家庄市桥西污水处理厂	36	6 714.54	《城镇污水处理厂污染物排放标准》（GB 18918—2002）	是
116	河北省	石家庄市	鹿泉区	上庄镇大宋楼村南	石家庄西部上庄污水处理厂	石家庄西部上庄污水处理厂	5	1 148.00	《城镇污水处理厂污染物排放标准》（GB 18918—2002）	是
117	河北省	唐山市	路北区	裕华桥西侧	唐山城市排水有限公司北郊污水处理厂	唐山城市排水有限公司	15	3 105.79	《城镇污水处理厂污染物排放标准》（GB 18918—2002）	是

序号	省份	地市	区县	生产经营场所地址	污水处理厂名称	运营单位	设计处理能力/（万 t/d）	年实际处理水量/万 t	排污许可证载明应当执行的排放标准	是否为城镇污水集中处理设施
118	河北省	唐山市	开平区	路南区胜利桥东	唐山城市排水有限公司东郊污水处理厂	唐山城市排水有限公司东郊污水处理厂	15	3 966.00	《城镇污水处理厂污染物排放标准》（GB 18918—2002）	是
119	河北省	唐山市	路北区	西电路果园乡谢家庄村	唐山城市排水有限公司西郊污水处理厂	唐山城市排水有限公司	12	4 266.65	《城镇污水处理厂污染物排放标准》（GB 18918—2002）	是
120	河北省	唐山市	海港经济开发区	港兴大街东段	唐山海港开发区水务有限公司	唐山海港开发区水务有限公司	5	546.00	《城镇污水处理厂污染物排放标准》（GB 18918—2002）	是
121	河北省	唐山市	丰南区	朝阳路南侧	唐山市丰南区利源污水处理有限公司	唐山市丰南区利源污水处理有限公司	5	468.00	《城镇污水处理厂污染物排放标准》（GB 18918—2002）	是
122	河北省	唐山市	丰润区	丰润镇老魏庄子村西	唐山市唐排润丰水净化有限公司	唐山市唐排润丰水净化有限公司	12	3 585.61	《城镇污水处理厂污染物排放标准》（GB 18918—2002）	是
123	河北省	唐山市	曹妃甸区	南堡开发区荣华道北侧	南堡经济技术开发区污水处理厂	唐山市南堡经济技术开发区污水处理厂	14	4 223.49	《城镇污水处理厂污染物排放标准》（GB 18918—2002）	是
124	河北省	承德市	围场满族蒙古族自治县	四合永镇雷字村	围场满族蒙古族自治县鑫汇污水净化处理中心	围场满族蒙古族自治县永澄环保科技有限责任公司（鑫汇）	5	879.43	《城镇污水处理厂污染物排放标准》（GB 18918—2002）	是
125	河北省	石家庄市	无极县	无极镇东罗尚村村北	无极县城北工业区污水处理厂	无极县城北工业区综合污水处理厂	8	131.00	《城镇污水处理厂污染物排放标准》（GB 18918—2002）	否
126	河北省	邯郸市	武安市	东环路与中兴路交叉口路南	武安市水处理有限公司	武安市水处理有限公司	13.2	1 603.76	《城镇污水处理厂污染物排放标准》（GB 18918—2002）	是
127	河北省	辛集市	辛集市	沧辛过境路南段	辛集市水处理中心	辛集市水处理中心	10	2 342.02	《城镇污水处理厂污染物排放标准》（GB 18918—2002）	是
128	河北省	石家庄市	新乐市	邯邰镇坚固村	新乐市第二再生水厂	石家庄北排水环境发展有限公司	5	671.07	《城镇污水处理厂污染物排放标准》（GB 18918—2002）	否
129	河北省	邢台市	襄都区	北小吕村石武高铁西侧、京港澳高速东侧、泉北大街南侧	邢台润城污水处理有限公司	邢台润城污水处理有限公司	10	2 983.00	《城镇污水处理厂污染物排放标准》（GB 18918—2002）	是

序号	省份	地市	区县	生产经营场所地址	污水处理厂名称	运营单位	设计处理能力/（万 t/d）	年实际处理水量/万 t	排污许可证载明应当执行的排放标准	是否为城镇污水集中处理设施
130	河北省	邢台市	襄都区	森林公园内	邢台市污水处理厂	邢台市污水处理厂	10	3 085.78	《城镇污水处理厂污染物排放标准》（GB 18918—2002）	是
131	河北省	邢台市	襄都区	东汪镇东汪村	邢台冀泉中水有限公司七里河污水处理分厂	邢台冀泉中水有限公司	5	79.71	《子牙河流域水污染物排放标准》（DB13/ 2796—2018）、《城镇污水处理厂污染物排放标准》（GB 18918—2002）	是
132	河北省	保定市	易县	固村大桥北	易县钰泉污水处理厂	易县钰泉城市建设开发有限公司	5	808.32	《城镇污水处理厂污染物排放标准》（GB 18918—2002）	是
133	河北省	张家口市	经济开发区	姚家房镇姚家房村东	张家口市鸿泽排水有限公司污水处理厂	张家口市鸿泽排水有限公司	10	2 914.70	《城镇污水处理厂污染物排放标准》（GB 18918—2002）	是
134	河北省	石家庄市	赵县	柏林街南头路西	赵县清源污水处理厂	赵县清源污水处理厂	10	1 462.50	《城镇污水处理厂污染物排放标准》（GB 18918—2002）	是
135	河北省	石家庄市	无极县	无极镇东罗尚村村北	无极县城市综合污水处理厂	中信环境水务（无极县）有限公司	16	1 591.00	《污水综合排放标准》（GB 8978—1996）	是
136	河北省	辛集市	辛集市	市府街东头北侧六前公路西头北侧	辛集市佳洁污水处理厂	中信环境水务（辛集）有限公司	12	1 856.25	《城镇污水处理厂污染物排放标准》（GB 18918—2002）	是
137	河北省	唐山市	遵化市	西留村乡五里屯村西南	遵化国祯污水处理有限公司	遵化国祯污水处理有限公司	8	2 660.24	《城镇污水处理厂污染物排放标准》（GB 18918—2002）	是
138	河北省	沧州市	新华区	永济东路 103 号	运东污水处理厂	沧州市供水排水集团有限公司	10	2 748.49	《城镇污水处理厂污染物排放标准》（GB 18918—2002）	是
139	山西省	大同市	平城区	新旺乡新泉村御河西路	大同市东郊污水处理厂	大同市东郊污水处理厂	10	2 667.25	《城镇污水处理厂污染物排放标准》（GB 18918—2002）	是
140	山西省	大同市	平城区	开源街西口	大同市西郊污水处理厂	大同市西郊污水处理厂	10	2 885.58	《城镇污水处理厂污染物排放标准》（GB 18918—2002）	是
141	山西省	大同市	经济技术开发区	高新技术产业园	大同市御东污水处理有限责任公司	大同市御东污水处理有限责任公司	6	1 557.42	《城镇污水处理厂污染物排放标准》（GB 18918—2002）	是
142	山西省	大同市	云冈区	口泉乡落里湾村东南 500 m 处	恒安新区污水处理厂	大同市御水生态环境治理有限公司	6	1 155.00	《城镇污水处理厂污染物排放标准》（GB 18918—2002）	是

序号	省份	地市	区县	生产经营场所地址	污水处理厂名称	运营单位	设计处理能力/（万 t/d）	年实际处理水量/万 t	排污许可证载明应当执行的排放标准	是否为城镇污水集中处理设施
143	山西省	朔州市	朔城区	贾庄乡太平窑村东北	华电水务朔州有限公司	华电水务朔州有限公司	6	1 221.33	《城镇污水处理厂污染物排放标准》（GB 18918—2002）	是
144	山西省	朔州市	怀仁市	海北头乡黎寨村西南 800 m 处	怀仁市污水处理中心	怀仁市污水处理中心	5	1 218.21	《城镇污水处理厂污染物排放标准》（GB 18918—2002）	是
145	山西省	忻州市	忻府区	开发区播明路	忻州市污水处理厂	忻州市污水处理厂	6.5	2 348.30	《城镇污水处理厂污染物排放标准》（GB 18918—2002）	是
146	山西省	忻州市	原平市	京原南路 2812 号	原平县污水处理厂	原平中荷水务有限公司	5	953.00	《城镇污水处理厂污染物排放标准》（GB 18918—2002）	是
147	山西省	阳泉市	平定县	石门口乡乱流村南	阳泉昇阳污水净化有限公司	阳泉昇阳污水净化有限公司	8	2 405.00	《城镇污水处理厂污染物排放标准》（GB 18918—2002）	是
148	山西省	阳泉市	城区	平安路	阳泉市污水处理厂	阳泉市污水处理厂	6	1 945.00	《城镇污水处理厂污染物排放标准》（GB 18918—2002）	是
149	山西省	长治市	潞州区	紫金西街 400 号	主城区污水处理厂	长治市首创水务有限责任公司	20	4 924.30	《城镇污水处理厂污染物排放标准》（GB 18918—2002）	是
150	山西省	长治市	潞州区	黄碾镇黄南村	长北污水处理厂	长治市首创水务有限责任公司	7.5	2 521.26	《城镇污水处理厂污染物排放标准》（GB 18918—2002）	是
151	河南省	安阳市	北关区	光明路与邺城大道交叉口光明桥北 370 m 路东	安阳博华水务投资有限公司	安阳博华水务投资有限公司	5	1 136.60	《城镇污水处理厂污染物排放标准》（GB 18918—2002）	是
152	河南省	安阳市	文峰区	光明路与文明大道交叉口东北角 100 m 路北	安阳首创水务有限公司	安阳首创水务有限公司	10	3 560.74	《城镇污水处理厂污染物排放标准》（GB 18918—2002）	是
153	河南省	安阳市	文峰区	光明路东侧洪河北侧	安阳泰元水务有限公司	安阳泰元水务有限公司	5	2 017.90	《城镇污水处理厂污染物排放标准》（GB 18918—2002）	是
154	河南省	安阳市	龙安区	文昌大道与铁西路交叉口南 600 m	安阳宗村桑德水务有限公司	安阳宗村桑德水务有限公司	10	2 456.98	《城镇污水处理厂污染物排放标准》（GB 18918—2002）	是
155	河南省	安阳市	林州市	陵阳镇南辛庄村西 470 m	林州市污水处理有限公司	林州市污水处理有限公司	5	1 144.48	《城镇污水处理厂污染物排放标准》（GB 18918—2002）	是

序号	省份	地市	区县	生产经营场所地址	污水处理厂名称	运营单位	设计处理能力/（万 t/d）	年实际处理水量/万 t	排污许可证载明应当执行的排放标准	是否为城镇污水集中处理设施
156	河南省	安阳市	内黄县	繁阳三路与 213 省道交叉口西南角 940 m	内黄县绿源污水处理有限公司	内黄县绿源污水处理有限公司	5	1 124.31	《城镇污水处理厂污染物排放标准》（GB 18918—2002）	是
157	河南省	鹤壁市	淇滨区	钜桥镇北	鹤壁市淇滨污水处理有限责任公司	鹤壁市淇滨污水处理有限责任公司	6.5	2 013.00	《城镇污水处理厂污染物排放标准》（GB 18918—2002）	是
158	河南省	鹤壁市	山城区	鹤耿公路南耿寺村西	鹤壁市深水山城污水处理有限公司	鹤壁市深水山城污水处理有限公司	6	1 821.10	《城镇污水处理厂污染物排放标准》（GB 18918—2002）	是
159	河南省	鹤壁市	淇县	朝歌镇南杨庄东 300m	中节能淇县水务有限公司（城南厂）	中节能淇县水务有限公司（城南厂）	6	1 283.72	《城镇污水处理厂污染物排放标准》（GB 18918—2002）	否
160	河南省	焦作市	中站区	中南路西	嘉诚（焦作）水务有限公司	嘉诚（焦作）水务有限公司	5	776.80	《城镇污水处理厂污染物排放标准》（GB 18918—2002）	否
161	河南省	焦作市	博爱县	广兴路南段	博爱县污水处理厂	焦作中持水务有限公司博爱分公司	5	1 692.00	《城镇污水处理厂污染物排放标准》（GB 18918—2002）	是
162	河南省	焦作市	修武县	周庄乡部屯村西	康达环保水务有限公司修武分公司	康达环保水务有限公司修武分公司	5	1 691.00	《城镇污水处理厂污染物排放标准》（GB 18918—2002）	否
163	河南省	焦作市	武陟县	朝阳二街东段	武陟县润天污水处理有限公司	武陟县润天污水处理有限公司	6	1 300.70	《城镇污水处理厂污染物排放标准》（GB 18918—2002）	是
164	河南省	濮阳市	南乐县	产业集聚区安济公路与三里沟交叉路西南角	南乐县城污水处理有限公司	南乐县城污水处理有限公司	5	1 643.60	《城镇污水处理厂污染物排放标准》（GB 18918—2002）	是
165	河南省	濮阳市	濮阳县	柳屯镇焦村西	濮阳市第三污水处理厂	濮阳北控城东水务有限公司	5	1 415.63	《城镇污水处理厂污染物排放标准》（GB 18918—2002）	是
166	河南省	濮阳市	华龙区	京开大道与濮台路交叉口东 500 m 路北	濮阳德恒水务有限公司	濮阳德恒水务有限公司	10	3 623.91	《城镇污水处理厂污染物排放标准》（GB 18918—2002）	是
167	河南省	濮阳市	濮阳县	工业路北段西侧	濮阳县污水处理厂	濮阳县清源水务有限公司	5	1 511.60	《城镇污水处理厂污染物排放标准》（GB 18918—2002）	是
168	河南省	新乡市	经济技术开发区	东三干渠与纬七路交叉口西北	新乡市小店污水处理厂（二期）	河南新投环保科技股份有限公司新乡市小店污水处理厂（二期）	5	604.11	《城镇污水处理厂污染物排放标准》（GB 18918—2002）	否
169	河南省	新乡市	辉县市	胡桥乡胡桥村南	辉县市共城污水净化有限责任公司	辉县市共城污水净化有限责任公司	10	2 718.88	《城镇污水处理厂污染物排放标准》（GB 18918—2002）	是

序号	省份	地市	区县	生产经营场所地址	污水处理厂名称	运营单位	设计处理能力/（万 t/d）	年实际处理水量/万 t	排污许可证载明应当执行的排放标准	是否为城镇污水集中处理设施
170	河南省	新乡市	辉县市	孟庄镇常屯村南	辉县市孟庄污水处理厂	辉县市孟庄污水处理厂	5	863.92	《城镇污水处理厂污染物排放标准》（GB 18918—2002）	否
171	河南省	新乡市	牧野区	鸿源路西侧	新乡市骆驼湾污水处理厂	厦门水务集团（新乡）城建投资有限公司	15	5 027.39	《城镇污水处理厂污染物排放标准》（GB 18918—2002）	是
172	河南省	新乡市	卫辉市	东环路中段东关村	卫辉中州水务有限公司东关污水处理厂	卫辉中州水务有限公司	5	1 312.88	《城镇污水处理厂污染物排放标准》（GB 18918—2002）	是
173	河南省	新乡市	牧野区	东环路与北环路交叉口路北向东约 400 m	新乡市东部污水处理厂	新乡市碧水源水处理有限公司	5	444.29	《城镇污水处理厂污染物排放标准》（GB 18918—2002）	是
174	河南省	新乡市	经济技术开发区	东三干渠与纬七路交叉口西北	新乡市小店污水处理厂	新乡东区环保科技有限公司	5	1 092.58	《城镇污水处理厂污染物排放标准》（GB 18918—2002）	否
175	河南省	新乡市	牧野区	西环路与北环路交叉口向东 700 m 路北	新乡市铁西北污水处理厂	新乡市排水工程有限公司（铁西北部污水处理厂）	5	905.21	《城镇污水处理厂污染物排放标准》（GB 18918—2002）	是
176	河南省	新乡市	牧野区	牧野路北环路交叉口向东 100 m 路南	新乡市小尚庄污水处理厂	新乡市排水工程有限公司（小尚庄污水处理厂）	15	5 108.79	《城镇污水处理厂污染物排放标准》（GB 18918—2002）	是
177	河南省	新乡市	卫滨区	平原镇贾屯村东	新乡市贾屯污水处理厂	新乡市卫滨区贾屯污水处理有限公司	15	4 621.51	《城镇污水处理厂污染物排放标准》（GB 18918—2002）	是
178	山东省	济南市	天桥区	黄岗路 1995 号	光大水务（济南）有限公司二厂	光大水务（济南）有限公司二厂	30	9 131.52	《城镇污水处理厂污染物排放标准》（GB 18918—2002）	是
179	山东省	济南市	天桥区	历山北路 19 号	光大水务（济南）有限公司一厂	光大水务（济南）有限公司一厂	45	17 464.60	《城镇污水处理厂污染物排放标准》（GB 18918—2002）	是
180	山东省	东营市	利津县	利十路东首，太平河西岸	利津县环海污水处理有限公司	利津县环海污水处理有限公司	6	2 081.80	《城镇污水处理厂污染物排放标准》（GB 18918—2002）	是
181	山东省	德州市	德城区	二屯镇杨二路北	德州市南运河污水处理厂	光大水务（德州）有限公司	17	2 746.61	《城镇污水处理厂污染物排放标准》（GB 18918—2002）	是
182	山东省	德州市	宁津县	振华大街东首拐角处北侧 200 m	宁津县污水处理厂	宁津县嘉诚水质净化有限公司	5	791.24	《城镇污水处理厂污染物排放标准》（GB 18918—2002）	是

序号	省份	地市	区县	生产经营场所地址	污水处理厂名称	运营单位	设计处理能力/（万 t/d）	年实际处理水量/万 t	排污许可证载明应当执行的排放标准	是否为城镇污水集中处理设施
183	山东省	德州市	平原县	经济开发区民生北路东首	平原县污水处理厂	平原县污水处理厂	6	1 677.00	《城镇污水处理厂污染物排放标准》（GB 18918—2002）	是
184	山东省	德州市	德城区	果园路 2 号	上实环境（德州）污水处理有限公司	上实环境（德州）污水处理有限公司	10	2 137.00	《城镇污水处理厂污染物排放标准》（GB 18918—2002）	是
185	山东省	德州市	禹城市	市中街道办事处东街史张营村东 300m	禹城东郊城建污水处理有限公司	禹城东郊城建污水处理有限公司	6	2 045.58	《城镇污水处理厂污染物排放标准》（GB 18918—2002）	是
186	山东省	德州市	禹城市	建设路北首建设路桥西 20 m	禹城市污水处理厂	禹城市润禹水务有限公司（禹城市污水处理厂）	5	1 686.42	《城镇污水处理厂污染物排放标准》（GB 18918—2002）	是
187	山东省	聊城市	高唐县	管道街北首路西，官道街与 S316 交叉路口往南 200 m 路西	高唐县污水处理厂	高唐县污水处理厂	8	1 972.54	《城镇污水处理厂污染物排放标准》（GB 18918—2002）	是
188	山东省	聊城市	高唐县	人和办事处 105 国道路北王庄村西 500 m	高唐泽泉污水处理有限公司	高唐泽泉污水处理有限公司	5	1 362.78	《城镇污水处理厂污染物排放标准》（GB 18918—2002）	是
189	山东省	聊城市	东昌府区	凤凰工业园纬二路东首路北	聊城市城南污水处理厂	聊城市城南污水处理有限公司	7	1 015.99	《流域水污染物综合排放标准 第 4 部分：海河流域》（DB37/ 3416.4—2018）	是
190	山东省	聊城市	临清市	先锋办事处唐窑三和路与银河路路口往北 600 m 路西	临清市碧水水质净化有限公司	临清市碧水水质净化有限公司	6	1 832.10	《流域水污染物综合排放标准 第 4 部分：海河流域》（DB37/ 3416.4—2018）	是
191	山东省	聊城市	冠县	清泉街道办事处东三里庄南东环路东侧	山东冠县嘉诚水质净化有限公司	山东冠县嘉诚水质净化有限公司	8	2 422.96	《城镇污水处理厂污染物排放标准》（GB 18918—2002）、《流域水污染物综合排放标准 第 4 部分：海河流域》（DB37/ 3416.4—2018）	是
192	山东省	聊城市	阳谷县	黄河路西首路北（狮子楼办事处）	阳谷县国环污水处理有限公司	阳谷县国环污水处理有限公司	8	1 743.00	《城镇污水处理厂污染物排放标准》（GB 18918—2002）	是

序号	省份	地市	区县	生产经营场所地址	污水处理厂名称	运营单位	设计处理能力/（万 t/d）	年实际处理水量/万 t	排污许可证载明应当执行的排放标准	是否为城镇污水集中处理设施
193	山东省	滨州市	滨城区	黄河八路渤海二路交叉口东南角	滨化集团股份有限公司工业水运营中心	山东昱泰环保工程有限公司	6.96	1 532.44	《流域水污染物综合排放标准 第 4 部分：海河流域》（DB37/ 3416.4—2018）	否
194	山东省	滨州市	滨城区	滨北街道办事处梧桐七路以北、凤凰八路以东	北城污水处理厂	滨州市深港环保工程技术有限公司	6	1 564.00	《流域水污染物综合排放标准 第 4 部分：海河流域》（DB37/ 3416.4—2018）	是
195	山东省	滨州市	滨城区	市东办事处黄河十四路东首	葛洲坝水务（滨州）有限公司	葛洲坝水务（滨州）有限公司	11	4 386.57	《城镇污水处理厂污染物排放标准》（GB 18918—2002）	是
196	辽宁省	朝阳市	凌源市	东城街道房申村	凌源远达水务有限公司	凌源远达水务有限公司	5	1 854.40	《城镇污水处理厂污染物排放标准》（GB 18918—2002）	是

注：处理规模为 8 万 t/d 以上。

附件 8

海河流域省级以上涉水自然保护区名录

序号	省级行政区	地级行政区	区县	保护区名称	面积/hm^2	主要保护对象	级别	河系
1	天津市	—	滨海新区、宁河区、津南区、宝坻区	古海岸与湿地	35 913	贝壳堤、牡蛎滩古海岸遗迹、滨海湿地	国家级	北三河
2	北京市	—	房山区	拒马河	1 125	大鲵等水生野生动物	省级	大清河（含海河干流）
3	北京市	—	顺义区	汉石桥湿地	1 615	湿地生态系统及野生动植物	省级	北三河
4	北京市	—	延庆县、怀柔区	怀沙河、怀九河	111.2	大鲵、中华九刺鱼、鸳鸯等野生动物	省级	北三河
5	北京市	—	延庆县	野鸭湖	8 700	湿地生态系统及鸟类	省级	永定河
6	天津市	—	武清区	大黄堡	10 465	湿地生态系统及野生动植物	省级	北三河
7	天津市	—	滨海新区	北大港湿地	34 887	湿地生态系统及珍稀濒危动植物	省级	大清河（含海河干流）
8	天津市	—	静海区、西青区	团泊鸟类	6 270	黑鹳、东方白鹳、大鸨等珍稀候鸟及其生境	省级	大清河（含海河干流）
9	河北省	秦皇岛市	昌黎县	昌黎黄金海岸	33 620.5	海滩及近海生态系统	国家级	滦河及冀东沿海
10	河北省	衡水市	—	衡水湖	16 365	湿地生态系统及鸟类	国家级	子牙河（含黑龙港及运东）
11	河北省	唐山市	曹妃甸区	曹妃甸湿地和鸟类	10 081.4	湿地生态系统及鸟类	省级	滦河及冀东沿海
12	河北省	唐山市	乐亭县	乐亭菩提岛诸岛	4 281.55	海洋生态系统及鸟类	省级	滦河及冀东沿海
13	河北省	保定市	安新县	白洋淀湿地	29 696	湿地生态系统及野生动植物	省级	大清河（含海河干流）

序号	省级行政区	地级行政区	区县	保护区名称	面积/hm^2	主要保护对象	级别	河系
14	河北省	张家口市	宣化县	黄羊滩	11 035	湿地生态系统及鸟类	省级	永定河
15	河北省	承德市	围场满族蒙古族自治县	御道口	32 620	草原、湿地生态系统	省级	滦河及冀东沿海
16	河北省	沧州市	运河区	南大港湿地和鸟类	7 500	湿地生态系统及鸟类	省级	子牙河（含黑龙港及运东）
17	河北省	沧州市	海兴县	海兴湿地和鸟类	16 800	湿地生态系统及鸟类	省级	子牙河（含黑龙港及运东）
18	河北省	黄骅市	—	黄骅古贝壳堤	117	古贝壳堤生物遗迹	省级	子牙河（含黑龙港及运东）
19	山西省	大同市	广灵县	壶流河湿地	12 918	黑鹳繁殖地及湿地生态系统	省级	永定河
20	山西省	长治市	沁县	浊漳河源头	14 200	森林生态系统、源泉、野生动植物	省级	漳卫河
21	山西省	朔州市	朔城区、怀仁县、应县、山阴县、大同县、阳高县	桑干河	69 583.4	迁徙水禽及其生境	省级	永定河
22	山东省	滨州市	无棣县	滨州贝壳堤岛与湿地	43 541.5	贝壳堤岛、湿地、珍稀鸟类、海洋生物	国家级	徒骇马颊河

附件 9

海河流域研究相关附图

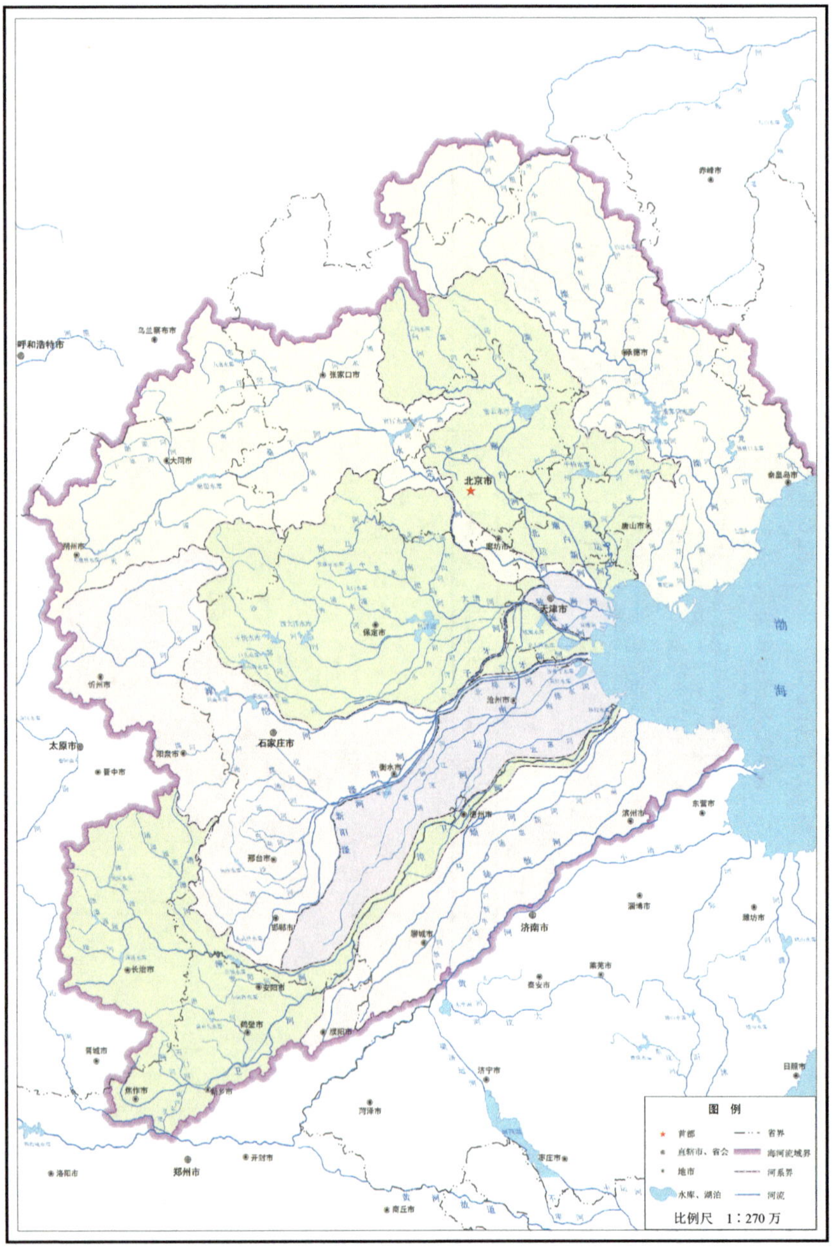

附图 9-1　海河流域水系

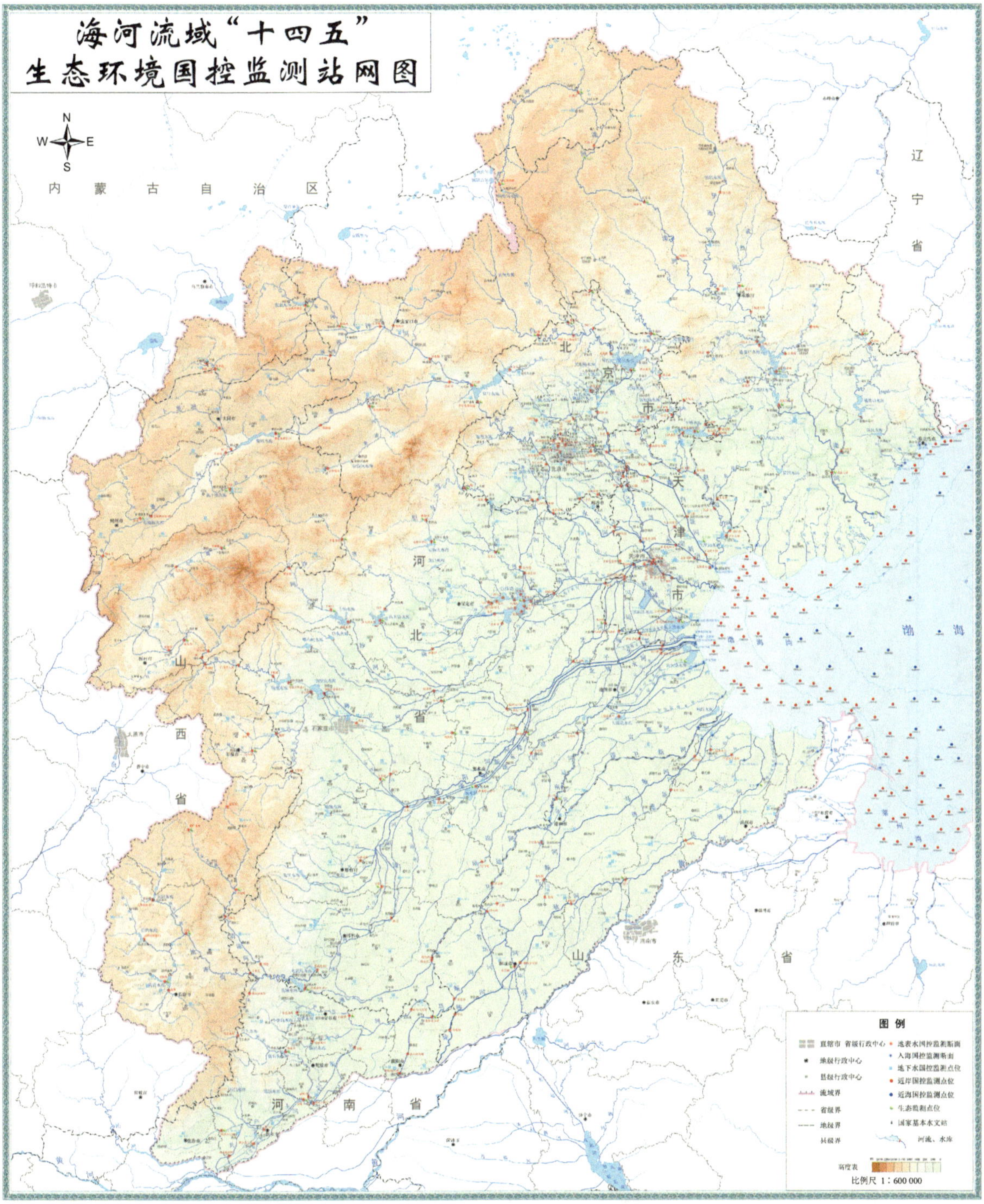

附图 9-2　海河流域“十四五”生态环境国控监测站

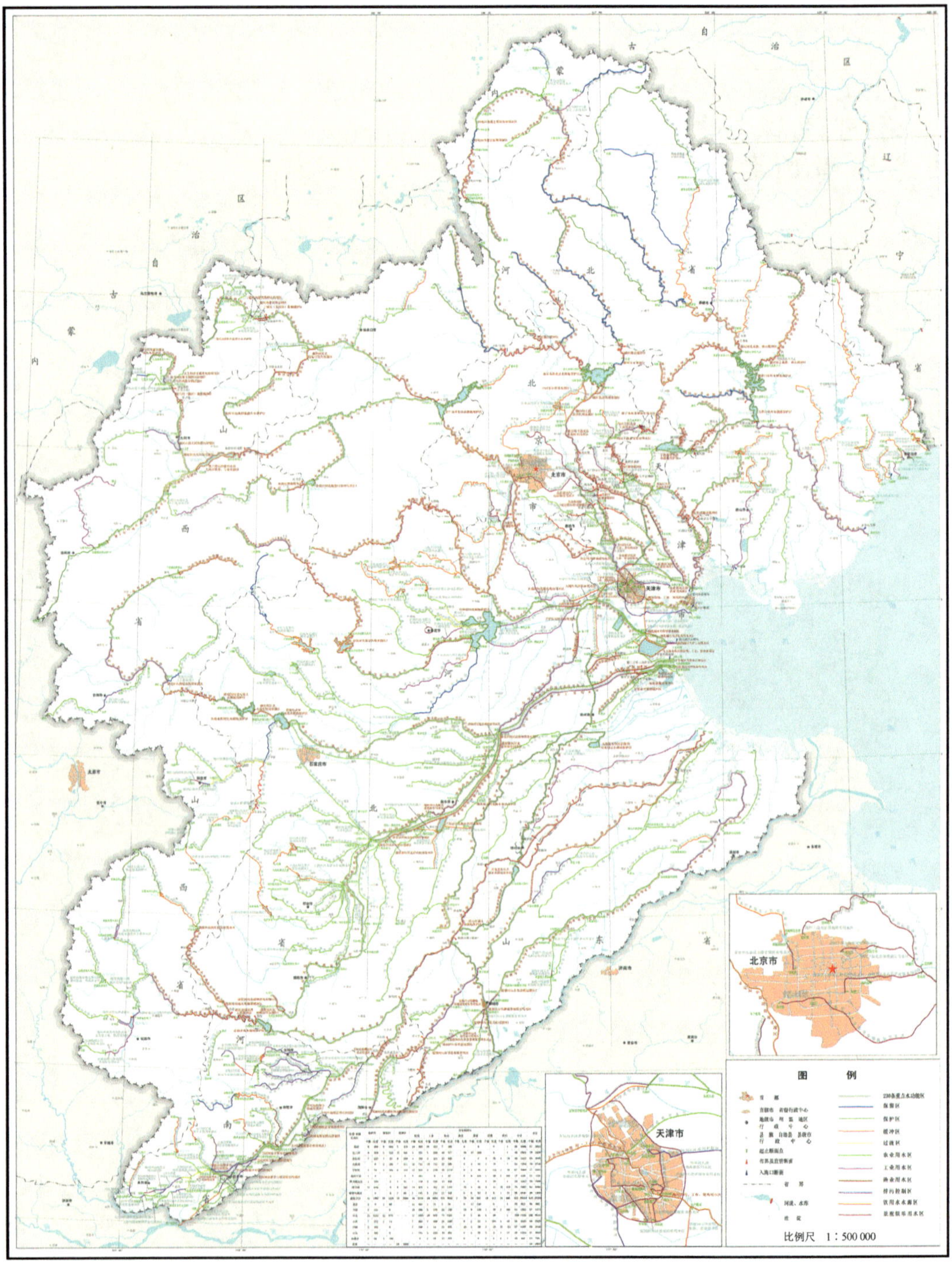

附图 9-3 海河流域水功能区划

注：图中表格来自《海河流域综合规划（2012—2030 年）》。

附图 9-4 海河流域汇水范围

附图 9-5 海河流域控制单元

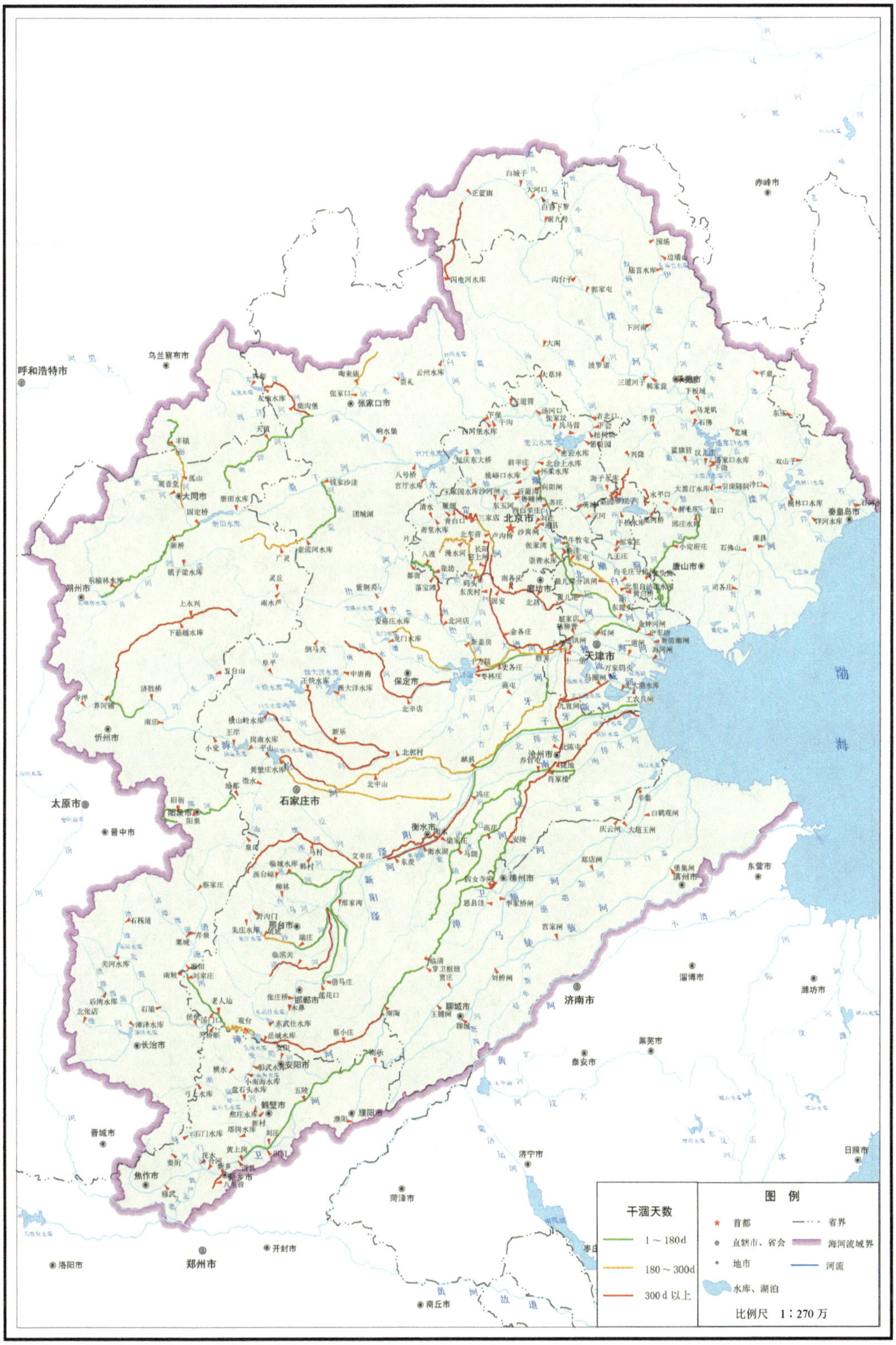

附图 9-6　海河流域河流干涸现状

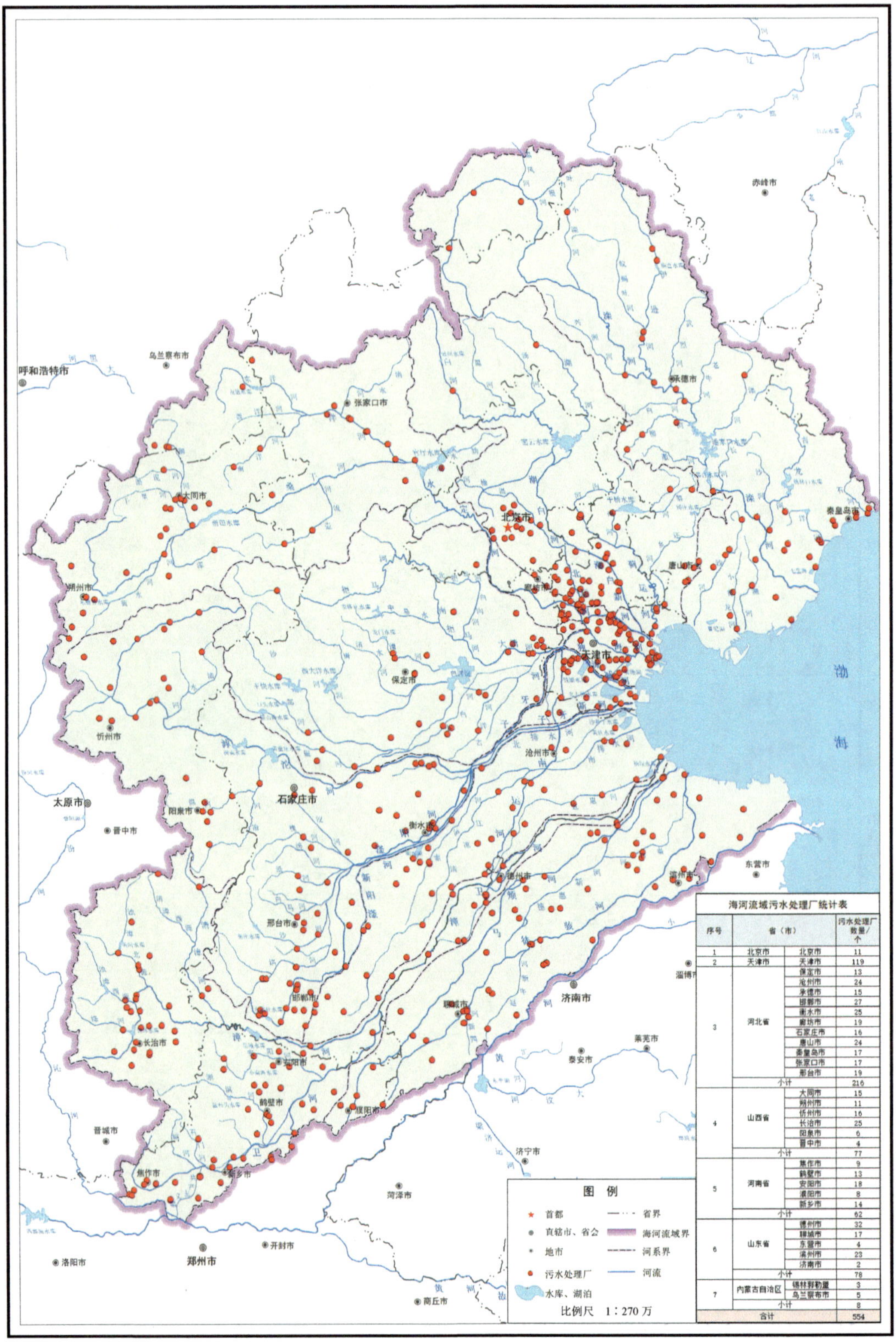

海河流域污水处理厂统计表			
序号	省（市）		污水处理厂数量/个
1	北京市	北京市	11
2	天津市	天津市	119
3	河北省	保定市	13
		沧州市	24
		承德市	15
		邯郸市	27
		衡水市	25
		廊坊市	19
		石家庄市	16
		唐山市	24
		秦皇岛市	17
		张家口市	17
		邢台市	19
	小计		216
4	山西省	大同市	15
		朔州市	11
		忻州市	16
		长治市	25
		阳泉市	6
		晋中市	4
	小计		77
5	河南省	焦作市	9
		鹤壁市	13
		安阳市	18
		濮阳市	8
		新乡市	14
	小计		62
6	山东省	德州市	32
		聊城市	17
		东营市	4
		滨州市	23
		济南市	2
	小计		78
7	内蒙古自治区	锡林郭勒盟	3
		乌兰察布市	5
	小计		8
合计			554

附图 9-7 海河流域污水处理厂分布

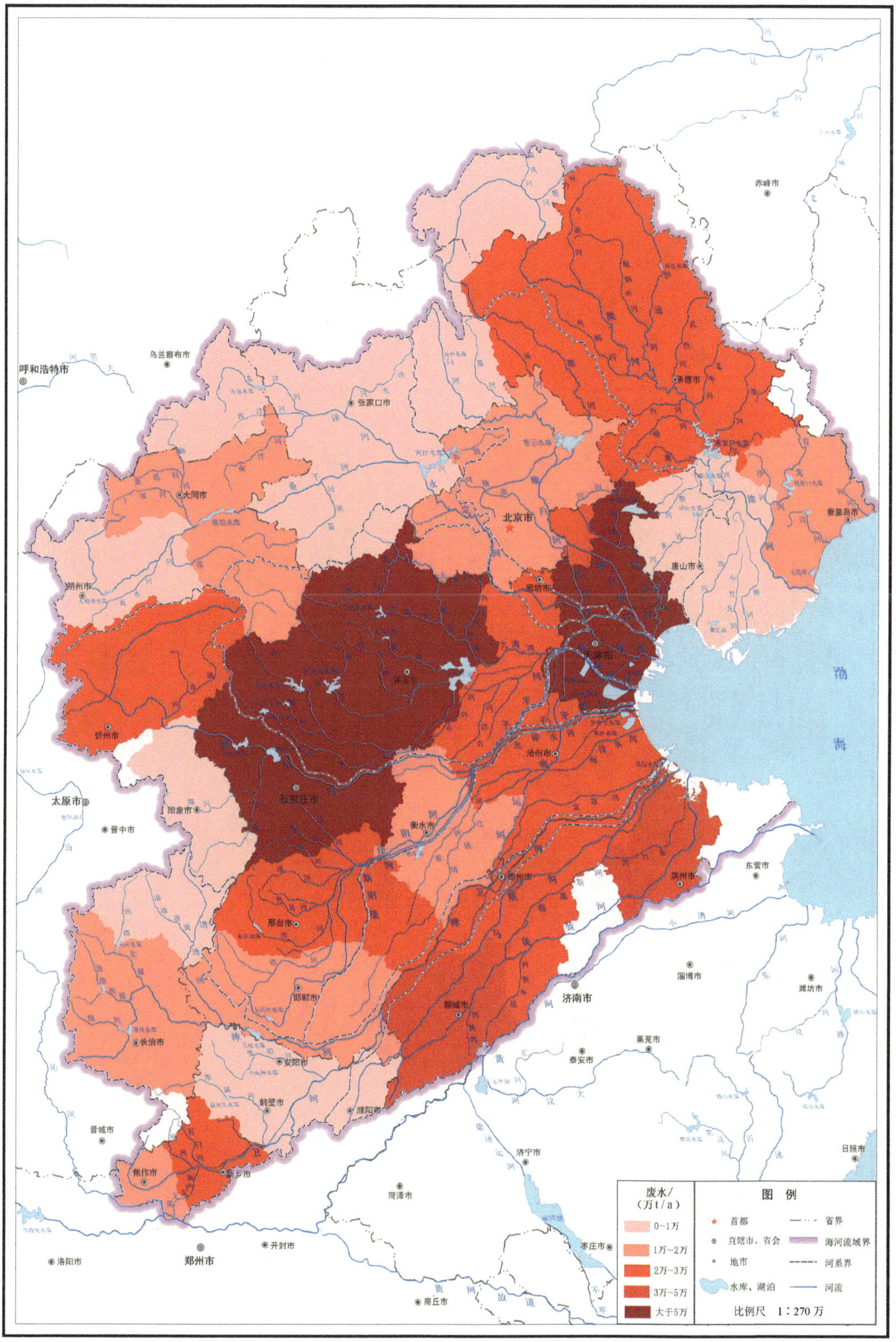

附图 9-8　海河流域各地市废污水排放量分布

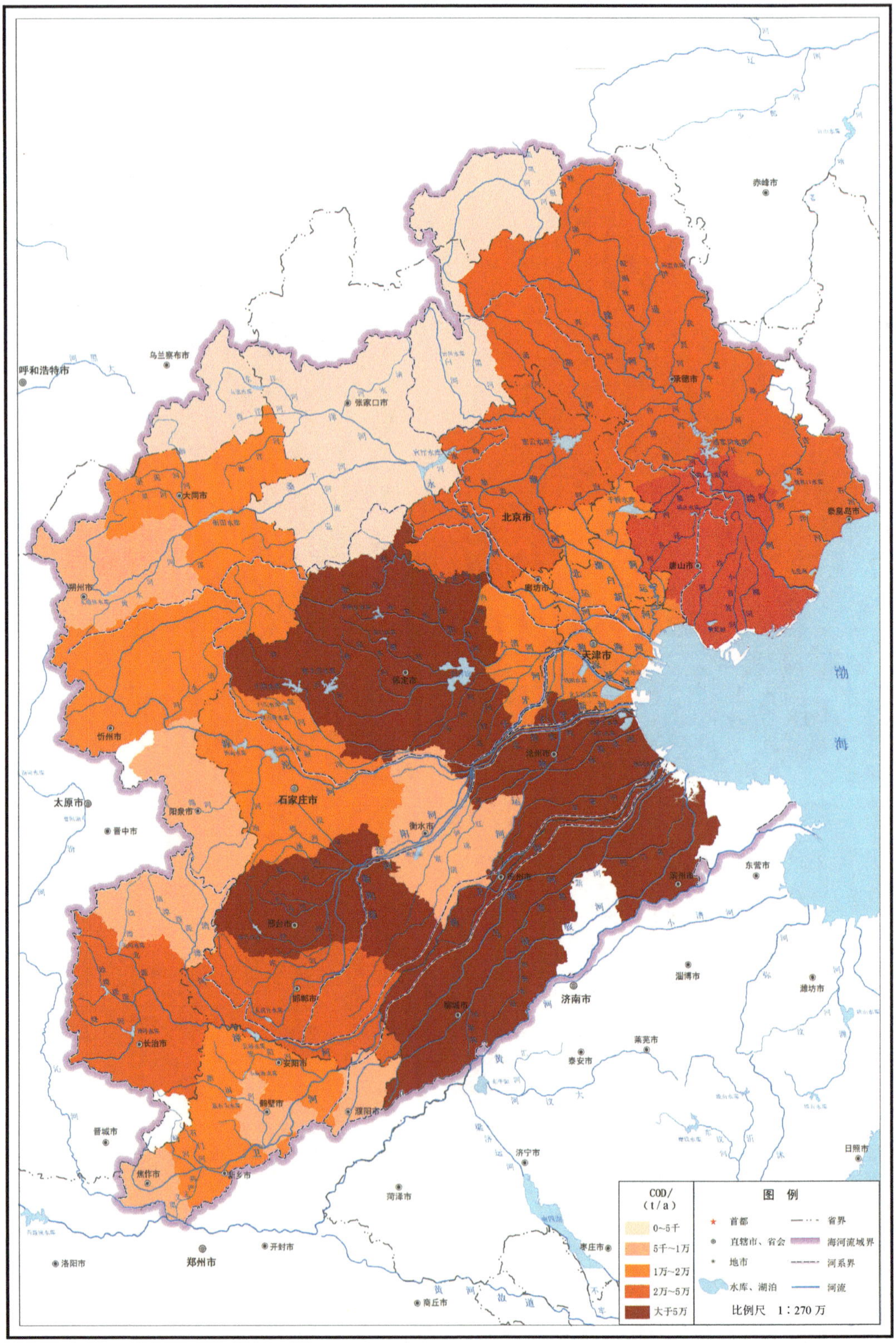

附图 9-9 海河流域各地市 COD 排放量分布

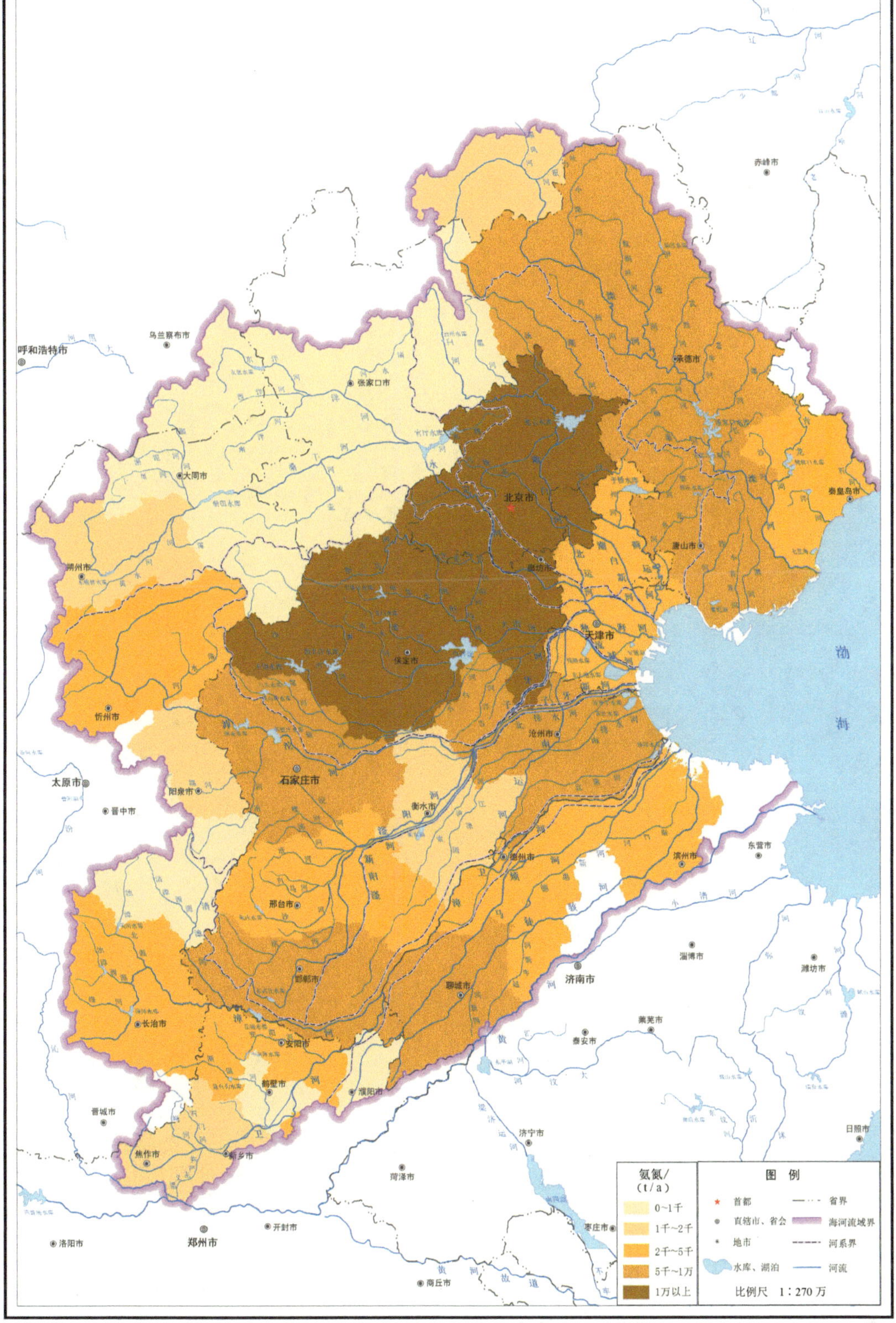

附图 9-10 海河流域各地市氨氮排放量分布

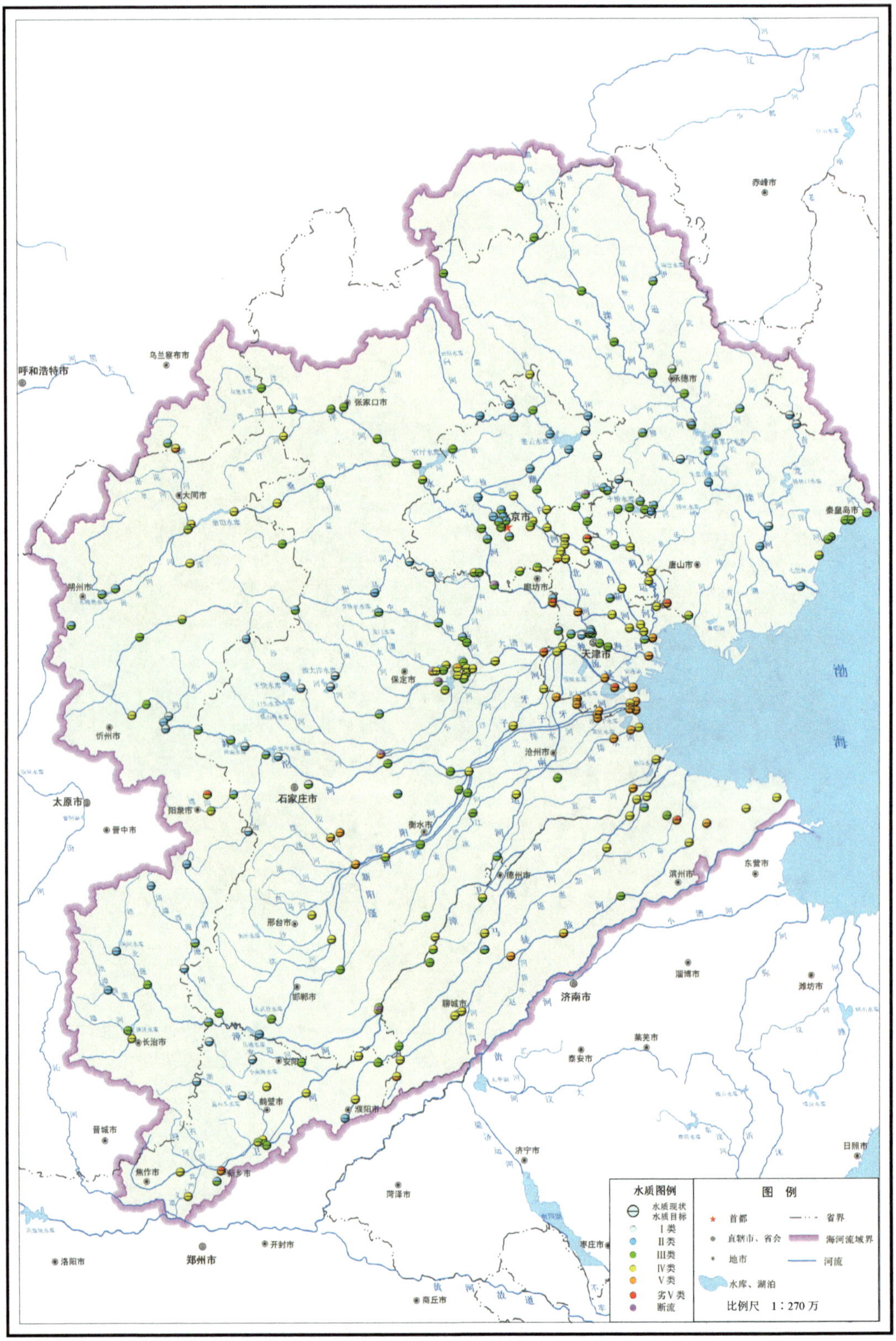

附图 9-11 海河流域水质现状及目标

附图 9-12 海河流域水生态恢复目标